LE

JARDINIER

MODERNE

A LA MÊME LIBRAIRIE

2009-89. — CORBEIL. Imprimerie CRÉTÉ.

LE JARDINIER MODERNE

TRAITÉ COMPLET DE JARDINAGE

INDIQUANT LA MANIÈRE

D'ÉTABLIR, DE DISTRIBUER ET D'ENTRETENIR UN JARDIN

LA CULTURE DES FLEURS

PLANTES ET ARBRES D'ORNEMENT

PLANTES POTAGÈRES

ARBRES FRUITIERS, VIGNE

Les travaux de chaque mois, etc.

PAR

V. FOURNIER et L. BAILLEUL

Illustré de 325 gravures dans le texte.

PARIS

LIBRAIRIE DE THÉODORE LEFÈVRE ET Cie

ÉMILE GUÉRIN, ÉDITEUR

2, RUE DES POITEVINS

LE

JARDINIER MODERNE

LIVRE PREMIER

LE JARDIN FLEURISTE

PREMIÈRE PARTIE

NOTIONS PRÉLIMINAIRES

CHAPITRE PREMIER

DE LA NATURE ET DE LA COMPOSITION DES TERRES

Pour l'amateur s'occupant de la culture des fleurs, aussi bien que pour le jardinier fleuriste, l'étude des terres s'impose d'abord : *chaque fleur exige la terre qui lui est propice.* De là, pour ce livre, l'obligation de donner, avant tout, l'enseignement des différentes sortes de terres et leur composition, afin que chacun soit à même de s'en servir avec connaissance de cause, et, au besoin, de les améliorer.

On partage les terres en deux grandes catégories : les *terres fortes* et les *terres légères.*

Les terres fortes sont celles où domine l'*argile ;* les terres légères, celles où domine le *sable.* L'excès d'argile ou glaise, comme l'excès de sable, sont deux grands défauts pour n'importe quelle culture, et pour celle des fleurs en particulier.

On divise encore les terres en *terres chaudes* et en *terres froides ;* les premières sont les *siliceuses* et les *noires ;* les secondes, les *argileuses* et les *blanches ;* la chaleur du soleil a moins d'action immédiate sur ces dernières.

Terres argileuses. — Cette terre, dite aussi alumineusè et *terre forte*, se compose d'argile, de silice et de sable, mais avec excès d'argile. Elle est froide et pourrissante, lorsqu'elle est humide. Les racines ne peuvent s'enfoncer suffisamment lorsqu'elle est sèche, et se rompent par les crevasses qui la sillonnent dans tous les sens, quand arrivent les grandes chaleurs.

On corrige les grands défauts de cette terre, en y mêlant d'autant plus de sable qu'elle est plus argileuse.

Terre franche. — Cette terre, que le savant horticulteur Poiteau a qualifiée de *normale*, est la meilleure de toutes. Le *loam* des Anglais n'est pas autre chose qu'une terre franche d'excellente qualité. A son plus haut degré de bonne qualité, la terre franche est douce au toucher comme de la farine. L'argile entre dans sa composition pour 40 p. 100; le sable pour 35, et le calcaire pour 25.

Terre noire. — On appelle ainsi la terre des jardins qui est devenue noire par l'usage du terreau qu'on y a mêlé pour la cultiver. Elle est très fertile à cause de sa porosité et de la grande quantité d'acide carbonique qu'elle contient. Elle est légère, élastique et avide d'eau. Elle demande à être constamment entretenue de terreau, et souvent arrosée.

Terre de bruyère. — Elle est exclusivement composée de sable fin et d'humus formé naturellement par la décomposition des feuilles de bruyère et des plantes qui s'y mêlent.

On distingue trois sortes de terres de bruyère :

La première, qu'on nomme *terreauteuse*, est noire, douce au toucher et ne laisse point d'humidité dans la main quand on l'y presse. Elle est substantielle, parce qu'elle contient plus d'humus et moins de détritus végétaux, mais elle s'use promptement, son humus étant dans un état de solubilité très avancé qui le rend facilement absorbable par les fibres radicales des plantes.

La seconde espèce est dite *sablonneuse*. Elle est d'un gris fauve, plus sèche au toucher et plus chargée de détritus végétaux. C'est elle qu'on emploie, après l'avoir tamisée, pour le semis des graines fines de plantes délicates, et pour la nourriture des plantes faites, en la concassant grossièrement. Sa fertilité est plus durable, parce qu'elle est entretenue par la décomposition lente et successive des détritus végétaux qu'elle contient.

La troisième sorte est nommée *tourbeuse*. On la lève dans les lieux humides ou marécageux et sur la surface depuis longtemps mise à sec des tourbières. Elle est très noire et la moins estimée des trois, parce qu'elle contient un principe astringent analogue au tannin, et quelques acides ; elle convient cependant très bien à la culture des rhododendrons. On l'améliore en l'exposant à l'air en couches minces, et beaucoup plus vite en y mélangeant une petite quantité de chaux, qui neutralise les acides et détruit le principe astringent. La terre de bruyère est indispensable à un grand nombre de végétaux d'ornement. La meilleure, dans les deux premières sortes, est celle qui est la plus nouvellement recueillie. Il faut se garder d'acheter celle qui aurait été conservée quelque temps, en tas, à l'air et à la pluie; on doit la recevoir par plaques couvertes encore sur une surface d'une végétation desséchée.

La terre de bruyère de Meudon contient pour 100 parties :

Sable siliceux (analogue au grès)........	63	parties.
Racines et débris végétaux............	20	»
Terreau de végétaux..................	16	»
Carbonate de chaux..................	0	8
Matière soluble à l'eau froide...........	0	2

La terre de bruyère, la terre noire et la terre sablonneuse sont des terres légères.

Terre sablonneuse. — La terre *siliceuse* ou *sableuse* se reconnaît à la grande quantité de sable qui y domine. Son défaut principal est de trop laisser s'infiltrer l'eau, sans garder l'humidité nécessaire aux plantes.

On l'améliore par un mélange de terre argileuse ; et, par la raison qu'elle est une terre chaude, en ne la nourrissant que de fumier de vache, qui est une fumure froide.

Terre calcaire. — La terre calcaire est blanche, parce qu'elle contient de la chaux, de la marne ou de la craie.

Elle est complétement stérile lorsque le carbonate de chaux y domine en trop grande proportion ; dans cet état, on ne s'en sert que pour amender les terres argileuses.

On améliore une terre calcaire en y mêlant, avec proportion, de l'argile ; en la fumant avec du terreau, des feuilles d'arbre ou du fumier pailleux.

Terres composées ou composts. — Nous avons dit que la terre franche ou normale était le type de la fertilité. Elle doit entrer par conséquent dans la composition de tous les mélanges qui se font en culture, pour satisfaire aux besoins connus des plantes.

Mêlée à un quart de terreau de couches, elle constitue une bonne terre substantielle pour les plantes vigoureuses cultivées en pot ou en caisse. Si elle a besoin d'être plus poreuse et plus légère, on la compose de moitié terre franche et moitié terreau de couches ou de feuilles ; plus légère encore, on mélange un tiers terre franche, un tiers terreau de couches et un tiers terreau de feuilles. On maintient la ténacité de la terre, ou on augmente sa légèreté et sa perméabilité en variant ces proportions.

La terre de bruyère naturelle ne s'emploie seule et pure que pour quelques végétaux délicats qui souffriraient de la présence d'un humus animal dans le mélange. Pour beaucoup d'autres, ce dernier humus n'a aucun inconvénient. On peut donc faire avec la terre de bruyère, la terre franche et du terreau de feuilles ou de fumier, suivant les cas, des composts à proportions variables, selon la nature des végétaux auxquels ils sont destinés. Tous les mélanges ci-dessus doivent être faits un an à l'avance, à l'abri de la pluie, qui dissoudrait leurs principes les plus solubles. On les tient en tas, qu'on remanie plusieurs fois.

On fait une terre de bruyère artificielle, et qui peut être employée avec succès pour les plantes les plus délicates, en prenant le terreau végétal formé dans les bois à la surface du sol par la décomposition des feuilles tombées des arbres, et y ajoutant une suffisante quantité de sable et un 200e d'oxyde de fer ou rouille, ou enfin en mêlant neuf parties de terreau végétal principalement formé de gazons décomposés et convertis en humus par une longue fermentation, à trois parties de sable fin recueilli à la surface du sol. Celui des coteaux est préférable ; on peut cependant employer celui de rivière en le recueillant aux places où l'herbe croît. Avant d'être incorporé dans le mélange, ce sable doit être passé à un crible très fin pour lui donner la ténuité pulvérulente de celui qu'on remarque dans la terre de bruyère naturelle. Il est essentiel que ces composts soient faits longtemps à l'avance, car leur qualité résulte de leur mélange intime. Ils doivent être, jusqu'à leur emploi, tenus à l'abri du soleil et des vents desséchants.

Terre d'oranger. — L'oranger si beau comme arbuste d'ornement, et si précieux pour ses fleurs, mérite une place spéciale ici, par rapport à la terre utile à sa culture.

D'abord, le meilleur bois pour le mettre en caisse est l'acacia à bois jaune ; ce bois est solide et de longue durée.

La terre qui lui convient le mieux est un mélange, préparé depuis plus d'une année, de terre franche avec du fumier de cheval bien consommé, et de crottin nouveau. Cette composition est la plus usuelle ; en voici une autre :

	Semis.	Éclaircissages et séparages.	Encaissage des semis.	Encaissage de 18 à 30 c.	Encaissage de 30 c. et au-dess.
Terre franche...	»	5	5	7	7
Balayures de rue	»	7	7	7	7
Terre de bruyère	20	7	5	2	»
Poudrette.......	»	1	1	1	1
Terre ordinaire de jardin.........	»	»	2	3	5
	20	20	20	20	20

Il est évident qu'il ne s'agit, ici, que des orangers cultivés, par exemple, dans le climat de Paris.

Procédé pour reconnaitre une terre bonne pour la culture des fleurs. — Laver la terre que l'on a avec de l'eau froide. Si elle a beaucoup de limon, c'est-à-dire de liaison, elle sera bonne ; s'il y a plus d'eau que de limon, elle sera pauvre ; enfin, si elle est gluante comme de la cire, elle ne vaudra rien.

CHAPITRE II

DES AMENDEMENTS ET DES ENGRAIS.

Amendements.

Les amendements ou améliorations des terres sont particulièrement indispensables pour la culture des fleurs; ils sont peut-être de moindre importance, mais de plus immédiate nécessité.

Amender une terre, c'est en modifier la composition actuelle, de manière à la rendre propre à abriter, à maintenir les racines des végétaux, ainsi qu'à leur fournir l'humidité convenable. C'est, en un mot, corriger la nature afin de la rendre plus propice à la production des végétaux.

Le plus usuel des amendements consiste dans les terres rapportées, et qu'on mélange judicieusement.

Les composts, ou engrais composés de diverses matières, servent à la fois pour les amendements et comme engrais.

Les amendements naturels sont généralement les meilleurs; il en est une multitude qu'on peut faire sans danger pour les possessions et presque sans dépense; tout, ici, est à examiner et à raisonner en vue des besoins de chaque terre; mais, évidemment, s'il faut regarder à la dépense et repousser les moyens qui semblent impraticables, il faut aussi savoir éviter la lésinerie et la routine : « *La science*, a dit M. Philippart, le docte et modeste professeur, *la science est le régulateur du succès.* »

Le principe général qui domine dans la pratique des amendements est d'ajouter à la terre les matériaux qui lui manquent pour la rendre parfaitement meuble. Est-elle forte, compacte, humide, ce qu'elle doit à la surabondance de l'argile, l'addition d'un sable grossier, siliceux, y portera une division favorable qui la rendra perméable à l'humidité et à l'influence de la température. Est-elle sableuse à l'excès et par conséquent sèche et brûlante, l'argile viendra lui donner la cohésion qui lui manque. Enfin, si l'élément crayeux y est prédominant au point de la rendre peu fertile, on atténuera cet inconvénient en y mêlent de l'argile et du sable. C'est à l'intelligence du jardinier à le guider dans les proportions à employer, et qui sont subordonnées aux éléments composant le sol sur lequel il agit.

Assainir les terres humides par des fossés et donner de l'humidité aux prés par des rigoles, sont encore d'excellents moyens d'amendement.

Engrais.

Les engrais sont la chose la plus importante dans la culture horticole; on peut même dire qu'il n'y en a jamais assez. C'est à eux et à l'eau que les jardiniers de Paris doivent l'étonnante fécondité du sol qu'ils exploitent. On préfère pour engrais les fumiers d'âne, de mulet, de cheval et de vache, effectivement indispensables dans de certaines pratiques; mais il y a une foule d'autres substances qui fournissent d'excellents éléments à la fumure des terres. Ainsi, outre les fumiers désignés plus haut, la fiente des pigeons, des volailles, des lapins, des moutons, des porcs, toutes les substances animales, comme chair, sang, entrailles, poissons, cornes, poils, plumes, rognures de cuir, chiffons de laine, etc., les matières stercoracées humaines; tous les détritus végétaux, comme tourteaux de graines oléagineuses, de betterave, marcs de raisins, de pommes, de poires, la paille, les chaumes des céréales, les bruyères, les genêts, les fougères, les joncs, les plantes aquatiques des rivages de la mer, des fleuves et marais, la tourbe, les mousses, les tontures de jardins, les mauvaises herbes sarclées, les feuilles tombées des arbres, les écorces, le tan, la sciure de bois, les foins et les gazons pourris forment la base de très bons engrais. Les balayures des rues et des routes, qui sont connues à Paris sous le nom de gadoue, et tiennent en mélange des matières animales et végétales, fournissent encore une fumure très utile.

Les substances que nous venons d'énumérer ont une action différente en énergie. C'est pourquoi il est généralement préférable d'employer *en mélange* celles dont on dispose, à l'exception des fumiers proprement dits et des feuilles qui reçoivent ordinairement une destination particulière. Ceux-ci sont conservés en tas que leur enveloppe pailleuse garantit à peu près de l'action dissolvante de l'air, mais pas assez de celle de la pluie, qui en dissout les principes les plus solubles et par conséquent les plus appropriés à la nutrition des plantes. Quant aux autres, on les dispose aussi en tas, pour qu'une fermentation en facilite la décomposition, et l'on rend le mélange plus intime en les remaniant de temps en temps. Ces tas sont conservés plus ou moins, selon la nature du terrain auquel ils sont destinés. Il est en effet bon de remarquer, qu'en outre de la propriété qu'ont les engrais de fournir aux terres des éléments nutritifs, ils agissent encore d'une manière mécanique qui n'est pas à dédaigner. Ainsi on aurait tort d'appliquer sur un terrain froid et compact un engrais trop consommé et à molécules trop ténues, tandis qu'il est très convenable sur un sol léger et sableux dont il augmente la cohésion. Il faut donc, sur les serres argileuses, un fumier pailleux ou un engrais contenant beaucoup de détritus végétaux non décomposés et qui en diminuent la compacité; et sur une terre légère, sableuse, un terreau très consommé ou un engrais dont la décomposition déjà complète n'ajoute pas à la perméabilité du sol. Toutes les substances mises en tas, pour en provoquer la fermentation, ont besoin d'être arrosées si elles sont trop sèches, parce que l'humidité est un agent de décomposition, et l'on active encore celle-ci par l'addition d'une petite quantité de chaux vive.

Le terreau est l'état auquel se réduisent les substances végétales et animales qui ont éprouvé, sous le contact de l'air, une fermentation plus ou moins active. Il est très propre à la nutrition des plantes par les nombreux éléments d'assimilation qu'il leur présente; mais son effet est de courte durée.

Le terreau est très employé pour les semis des plantes

d'agrément; dans ce cas, il doit être criblé pour atteindre l'état de ténuité convenable et être mélangé en proportions diverses à de la terre franche. Quand on l'emploie à terreauter des planches emblavées, on lui conserve tous les débris pailleux auxquels il est mêlé.

La chaux, le plâtre, la marne, la craie, le sel, le sulfate de soude, le chlorure de chaux et les sels de potasse, servent très utilement comme engrais; mais avec mesure, après avoir bien étudié la nature et l'état des terres, et surtout, en en mesurant bien exactement les quantités : trop peu, serait insuffisant; avec excès, serait nuisible. La quantité de ces substances, par are, peut varier de 2 à 4 kilos pour les cas ordinaires. Il faut en être extrêmement sobre pour la culture des fleurs.

Les plâtras de la démolition des vieilles constructions sont de précieux engrais pour toutes les terres, autres que celles qui sont calcaires; ils contiennent une quantité très appréciable de salpêtre ou nitrate de potasse.

CHAPITRE III

DE L'EAU ET DES ARROSEMENTS.

L'eau est l'agent indispensable de toute végétation. Non seulement elle constitue en elle-même un des principaux éléments qui entrent dans la composition organique des plantes, mais en outre, elle charrie dans leurs tissus les autres matériaux plus ou moins solubles qui servent à leur alimentation. L'oxygène, l'acide carbonique et divers sels jouent à cet égard un rôle important.

L'eau se congèle à la température de 0° et entre en ébullition à celle de + 100°. En se congelant, elle se dilate, et lorsqu'elle est renfermée en vases clos, elle les brise. C'est à cette propriété qu'est dû le fendillement des pierres pendant les grands froids, la rupture des arbres pendant les hivers rigoureux. Il faut donc avoir soin, pendant la froide saison, de ne pas laisser séjourner d'eau dans les tuyaux des pompes et autres récipients exposés à l'air; elle se transformerait en glace qui, en augmentant de volume, briserait infailliblement ces ustensiles.

Dans la nature, l'eau ne se rencontre pas à l'état de pureté absolue. Les substances qu'elle tient en dissolution ou en suspension varient selon les lieux qu'elle a traversés.

Toutes les eaux ne sont pas également bonnes aux plantes; quelques-unes même leur sont nuisibles. Voici quelques indications qui serviront à reconnaître la qualité de l'eau sans avoir besoin de recourir à l'analyse.

Les eaux où croissent le cresson de fontaine, les véroniques, la renoncule aquatique, sont de bonne qualité. Celles où poussent les joncs, les roseaux, les menthes, les ciguës, sont médiocres. Quant à celles qui donnent naissance au carex ou qui contiennent des matières se déposant en incrustations, elles sont mauvaises et même nuisibles.

Nous allons rapidement passer en revue les eaux qui se trouvent le plus souvent à la disposition du jardinier pour les arrosements et exposer brièvement, d'après les observations de M. Barral, les propriétés qui les caractérisent.

Eau de pluie. — L'eau de pluie est considérée comme la meilleure pour les arrosements.

Bien qu'elle soit la plus pure de celles que l'on rencontre dans la nature, cette eau n'est pas chimiquement pure; en traversant l'atmosphère, elle s'est saturée de principes fertilisants tels que l'azotate d'ammoniaque et le sulfate de chaux; elle est en outre très aérée et propre à la cuisson des légumes.

Pour recueillir l'eau de pluie, il faut disposer autour des toits des gouttières qui la conduisent, au moyen de tuyaux, dans des réservoirs où elle prend la température de l'air ambiant et où il est facile de la puiser au fur et à mesure des besoins. On peut également établir, dans les parties basses du jardin, des citernes où, en suivant la pente du terrain, coulerait l'eau de pluie que n'aurait pas immédiatement absorbée le sol.

Eau de source. — L'eau de source est celle qui sort à la surface du sol, pour former des cours d'eau ou des fontaines. Ses qualités bonnes ou mauvaises dépendent des terrains qu'elle a traversés et auxquels elle a emprunté certains principes minéralogiques qu'elle tient en dissolution. Elle doit, par conséquent, être employée avec prudence.

En outre, cette eau a l'inconvénient d'être trop froide à son point de départ et il faut avoir soin de l'exposer à l'air pendant un temps assez long pour l'amener à la température de l'air ambiant. Ce n'est qu'après avoir pris cette précaution que l'on pourra se servir de l'eau de source pour l'arrosement des plantes potagères.

Eau courante. — L'eau courante des fleuves, rivières et ruisseaux, coulant à ciel découvert, est, après l'eau de pluie, celle qui convient le mieux aux végétaux.

Cette eau est formée par le mélange des eaux de milliers de sources chargées de principes minéralogiques différents, ou de proportions diverses, et par cela même, se corrigeant mutuellement. Elle convient d'autant mieux à la végétation, qu'on l'emploie à une plus grande distance des sources qui lui ont donné naissance; elle est alors plus mélangée, plus chaude et plus aérée.

Eau de puits. — L'eau de puits est la plus mauvaise de toutes, car elle est beaucoup trop chargée de principes calcaires; elle ne dissout pas ou dissout rarement le savon et cuit mal les légumes. Malgré ses mauvaises qualités, cette eau est celle que les jardiniers emploient le plus souvent parce qu'ils n'en ont pas d'autre à leur disposition.

Avant de se servir de l'eau de puits pour arroser les plantes, on devra toujours la tirer à l'avance et l'exposer à l'air pendant une journée. Elle est parfois tellement *séléniteuse* (c'est-à-dire chargée de sulfate de chaux ou de magnésie) qu'elle fait périr les végétaux.

Dans ce cas, le mieux serait de ne pas l'employer; si l'on

y est forcé, il est nécessaire de la tirer à l'avance, d'y mêler un peu de potasse, puis de l'agiter vivement. Les substances séléniteuses sont neutralisées ou converties en sulfate de potasse qui se dépose, insoluble qu'il est dans l'eau froide.

Eau stagnante. — L'eau stagnante des étangs et des mares, exposée au soleil et aux influences atmosphériques, tient en suspension des détritus végétaux et animaux en décomposition.

Cette eau corrompue est impotable pour l'homme et les animaux; mais elle possède de précieuses qualités fertilisantes, grâce à l'humus végétal et animal qu'elle tient en dissolution.

On peut donc l'employer avec avantage pour arroser les plantes; cependant, il faut éviter de se servir de l'eau des tourbières qui renferme des substances nuisibles à la végétation.

Bouillon. — On a imaginé, pour activer la végétation, de faire macérer dans de l'eau divers fumiers, et de se servir pour arrosements du liquide ainsi chargé des parties solubles de l'engrais. Cette dissolution, à laquelle on donne le nom de bouillon, devra être employée avec prudence à l'égard des plantes en souffrance.

Arrosements. — Dans les jardins, l'eau des arrosements se distribue ordinairement avec des arrosoirs. Les uns sont à pommes percées de trous fins pour faire tomber l'eau en rosée, afin de ne pas tasser la terre sur les semis et de n'en donner que la quantité suffisante; d'autres, à pommes percées de trous plus gros pour la verser en plus grande abondance. Enfin, on a des arrosoirs à bec plus ou moins allongé pour la porter sur les pots ou la verser au pied des plantes dont on ne veut pas mouiller les feuilles.

Nous ne dirons rien de la distribution des eaux dans les diverses parties du jardin; on dispose, selon la situation, les conduites qui doivent la porter, et on établit, de distance en distance, des réservoirs plus ou moins simples, plus ou moins ornés, où il soit facile de puiser avec des arrosoirs.

Si l'on ne peut obtenir l'eau que par un puits, nous conseillons d'y adapter une pompe pour l'en tirer, parce qu'il y a économie de temps et de peine.

Lorsque l'arrosement est léger, on l'appelle *bassinage*. S'il est abondant, il porte le nom de *mouillure*.

Les arrosements se pratiquent depuis le printemps jusqu'aux pluies d'automne. Pendant la première période de la germination principalement, l'eau ne sera pas épargnée.

Lorsque le temps est frais, on mouille le matin, vers neuf ou dix heures, afin que la chaleur de la journée s'oppose au refroidissement qui pourrait en résulter; s'il fait chaud, on mouille le soir pour rendre l'évaporation moins prompte. Quant aux fleurs qui, pour donner de très bons résultats, ont besoin de beaucoup d'arrosements, on les leur distribue à toute heure.

Il est parfois très utile d'arroser les feuillages; il faut le faire avec une pompe ou seringue à pomme percée de trous très fins, afin d'imiter une douce pluie et de ne pas blesser la plante. Il faut cependant retenir que cette pratique serait nuisible pour diverses plantes, par exemple, pour les plantes à feuilles velues.

Il est bon de ne pas arroser les plantes ni de les seringuer sous les rayons ardents du soleil.

L'aspersion, dans les serres, a pour but d'entretenir leur atmosphère dans une certaine humidité très favorable à la végétation, et aussi pour obvier aux déperditions de l'humidité causées par la condensation des vapeurs sur les vitres. L'aspersion est surtout nécessaire pour les plantes qui croissent spontanément dans les lieux humides et ombreux de leur pays d'origine, pour les plantes tropicales. Elle est nécessaire, enfin, pour la très grande généralité des végétaux monocotylédones cultivés en serres.

Dans le Midi, on se sert d'irrigations pour entretenir les plates-bandes dans une continuelle humidité; par ce moyen, la terre ne se tasse pas et ne se couvre pas d'une croûte dure, comme cela se voit par l'arrosement ordinaire

---

CHAPITRE IV

DES OUTILS ET DES INSTRUMENTS D'HORTICULTURE

V. — *Pour le défoncement.*

Bêche. — C'est l'outil principal et le plus indispensable du jardinage; c'est le meilleur de tous pour retourner et ameublir la terre, en lui donnant de profonds labours. Cet outil, que tout le monde connaît, se compose d'un manche de bois de $1^m,25$ environ de longueur. Renflé à sa partie supérieure, ce manche est au contraire effilé par le bas pour entrer dans une douille pratiquée dans le fer ou lame de la bêche.

Cette lame a la forme d'un quadrilatère plus ou moins régulier, elle doit être assez forte pour pénétrer dans un sol quelquefois dur, et supporter une charge de terre de 8 à 10 kilogrammes. Sa longueur est de $0^m,25$ à $0^m,35$ et sa largeur de $0^m,20$ à $0^m,25$.

Il se fait aussi des bêches à fer triangulaire pour les terrains rocailleux, et des bêches à trois dents pour remuer la terre sans endommager des racines.

Houe. — Cet outil diffère de la bêche par la direction du fer qui est recourbé de manière à former un angle avec le manche qui est plus court que celui de la bêche. On en fait à lame triangulaire qui conviennent mieux dans les terres compactes, et à deux ou trois dents, que l'on emploie dans les terrains pierreux ou pour labourer aux pieds des arbres dont on doit ménager les racines.

Pioche. — Espèce de houe à deux lames, l'une tranchante et étroite, l'autre ovale, finissant en pointe comme un pic. La première sert dans les terres fortes, l'autre dans celles qui sont rocailleuses.

Houette-binette. — Instrument à manche très long et dont le fer porte, d'un côté de la douille,, une lame étroite et plate, et de l'autre, deux dents. On se sert de la lame pour détruire les mauvaises herbes, et du *bident* pour remuer la terre entre les plantes que l'on veut respecter.

Serfouette. — Petite binette pour ouvrir la terre dans les endroits où la binette est trop large.

Sarcloir. — Petite bêche à très long manche et à tranchant oblique pour couper les mauvaises herbes entre les plantes délicates, lorsqu'on ne veut pas endommager la culture par leur arrachement.

Déplantoir. — C'est une bêche plus petite, servant à retourner la terre entre les plantes rapprochées, et plus souvent à faire les trous pour la transplantation des plantes vivaces.

II. — *Pour la plantation et la transplantation.*

Plantoir. — C'est un piquet de bois, pointu à son extrémité inférieure, et recourbé à l'autre par laquelle on le tient dans la main.

On en fait de diverses grandeurs et à pointe garnie ou non de fer ou de cuivre. C'est un outil dont on ne fait guère usage que dans la culture maraîchère, quand on a de nombreux repiquages à faire. Il sert aussi avec avantage lorsque l'on veut transplanter de jeunes plantes à racines plongeantes.

Transplantoir simple, houlette. — Il consiste en une lame de fer longue de 16 à 20 centimètres, formant un demi-tube, dont l'extrémité inférieure est plus étroite et aiguisée. Il sert à soulever les plantes qu'on veut arracher.

Transplantoir double ou **à tube.** — Il se compose de deux houlettes semi-cylindriques, dont les manches courbés sont réunis comme dans des tenailles. On l'enfonce en terre, de manière à embrasser la plante qu'on veut enlever, et dont la tige se trouve au milieu du tube. Cela fait, on rapproche les deux poignées pour serrer les demi-cylindres, on donne une secousse à l'instrument, en l'inclinant un peu, et on soulève la plante, qu'on porte ainsi avec sa motte dans le trou qu'on a préparé d'avance, et où on la dépose en écartant les deux poignées. Cet instrument n'est utile que pour les végétaux délicats et les oignons à fleur.

Traçoir à trois dents. — Cet instrument sert à tracer sur la terre des lignes parallèles pour l'alignement des plantes. Pour cela, on trace la première ligne au cordeau, et on la suit avec le traçoir, dont on a espacé les dents mobiles, à la distance convenable. Il est peu usité. Il y a des traçoirs simples, comme un piquet.

III. — *Pour l'entretien des jardins.*

Râteau. — Tout le monde connaît cet instrument. On en fait de différentes dimensions et armés de dents, soit en bois, soit en fer, plus ou moins longues et rapprochées.

Ratissoire à tirer. — Elle convient mieux sur les terrains durs. On s'en sert en reculant. Elle se compose d une lame en fer de 20 à 25 centimètres de largeur, et recourbée comme une lame de houe.

Ratissoire à pousser. — Dans celle-ci, la lame, qui a les mêmes dimensions que la précédente, suit la direction du manche, qui a 1 mètre 25 c. de longueur. Elle est préférable pour nettoyer les plates-bandes.

Echenilloir. — C'est un instrument composé d'une lame de sécateur, pour couper les branches élevées où se trouvent des nids de chenille. Il est monté sur un manche le long duquel descend la corde qui sert à faire mouvoir le sécateur. Il est préférable au **croissant** qu'on emploie aux mêmes usages.

Ciseaux à tondre. — Ce sont de grands ciseaux dont les manches ou poignées sont coudées. Les lames, longues de 40 centimètres, ne doivent pas être trop serrées l'une sur l'autre. On s'en sert pour la tondure des gazons, des haies, des bordures, etc.

Faux. — N'est utile que pour faucher les grandes pièces de gazon.

Émoussoirs. — Petits instruments de diverses formes, pour enlever la mousse sur les arbres.

Rouleau. — Cet instrument, employé pour raffermir les allées et les routes dans les jardins, et au roulage des gazons, est fait en bois pesant comme l'orme, en pierre, ou en fonte creuse ou pleine. Il est garni d'un châssis pour en faciliter le tirage.

IV. — *Pour greffer, pour tailler.*

Greffoir. — Instrument indispensable pour l'exécution des greffes en écusson et de toutes celles qui exigent des incisions à l'écorce. La lame doit être en acier fin et très acéré. Le manche, en corne de cerf ou matière rugueuse, se termine par une spatule en bois ou en ivoire. On en fait de plusieurs grandeurs.

Serpette. — Instrument précieux pour la taille des arbres, et que beaucoup de cultivateurs préfèrent. On en fait de différentes forces et formes. Il faut que la lame soit en acier, très tranchante et d'une courbe allongée ; que le manche soit proportionné à la main qui doit l'employer, et d'une matière assez rugueuse pour qu'il ne glisse pas, ce qui pourrait occasionner des blessures.

Sécateur. — On en fait d'un grand nombre de modèles. Les bons tailleurs d'arbres ne l'ont pas encore tous généralement adopté. Il est d'un bon usage pour la taille des rosiers et des arbrisseaux épineux. Mais, à l'égard des arbres fruitiers, on ne l'emploie que pour la vigne et pour toutes les jeunes productions des autres arbres, jusqu'à la grosseur d'une forte plume à écrire. On lui reproche de ne pas faire la plaie assez nette. Cet inconvénient est moindre quand la lame est bien faite, très tranchante, très évidée en dehors et décrivant une courbe allongée.

Coupe-bourgeons. — Espèce de petit sécateur dont les deux lames sont tranchantes, et qui peut servir à la suppression des bourgeons.

Scie à main. — On en fait de diverses formes et de forces variées. Toutes servent pour la greffe, à couper la tête des sujets, ou l'extrémité des branches, et dans la taille des arbustes d'ornement, à supprimer les tiges inutiles, mal placées ou gênantes.

Cisailles. — Elles servent pour supprimer ce qui pousse en trop des arbustes d'ornement, et même de diverses plantes, soit solitaires, soit en bordures. On s'en sert essentiellement pour donner aux plantes, qui en comportent la possibilité, la forme et l'élégance qu'on leur veut.

Habilleur. — Cet instrument, récemment inventé par M. Hardivilliers, est particulièrement appelé à rendre de grands services aux rosiéristes, pour tailler les racines des églantiers.

V. — *Pour les arrosements.*

Arrosoirs. — Ils sont le plus souvent en cuivre. On en fait en fer-blanc et en zinc, mais ils sont beaucoup moins durables. Les grands arrosoirs ont plusieurs têtes de rechange dont les pommes, de grandeur variable, sont percées de trous plus ou moins fins. On a des arrosoirs plus petits, ayant deux becs de longueur différente, pour porter l'eau facilement sur les rangées de pots.

Les arrosoirs de forme ovale sont aujourd'hui reconnus comme les plus commodes : ils évitent la chute d'eau des anciens arrosoirs droits, par leur extrémité ouverte.

Pour l'arrosement des plantes en pots, on devra en avoir de la forme dernière, mais plus petits et pourvus d'un long goulot pour verser aisément l'eau au pied des plantes. Leur goulot pourra, au besoin, être muni d'une pomme percée de trous très fins pour faire tomber l'eau en pluie fine sur les sommités des plantes.

Seringue. — Cet instrument de forme connue est indispensable pour laver les feuilles de leur poussière et pour les rafraîchir dans les jours de grande chaleur. Des fabricants intelligents ont imaginé d'y adapter des pommes de diverses formes avec lesquelles on peut produire les jets d'eau les plus appropriés au besoin des plantes. Un, entre autres, a imaginé un bout n'ayant qu'un seul trou très fin, à l'aide duquel on peut atteindre les insectes dans leur retraite, à distance, et sans mouiller entièrement la plante.

Pompe-seringue. — Avec cette pompe, dont le bas est plongé dans un seau d'eau, on arrose à distance, de haut comme de loin, et de la façon qu'on veut.

Réservoirs. — Les réservoirs de forme ronde sont les plus agréables à la vue et les plus abordables pour s'en servir. Jadis, on se servait de tonneaux ayant contenu de l'huile ou du savon, et ces tonneaux avaient une durée de 12 à 15 ans ; mais aujourd'hui l'on préfère, avec raison, les petits bassins ronds que l'on fait construire avec des briques et du ciment.

VI. — *Instruments de transport.*

Brouette. — Tout le monde connaît la forme et l'usage des brouettes; mais c'est de leur construction qu'il est bon de dire un mot: il y a la brouette-caisse, la brouette à deux panneaux et la brouette à claire-voie. Or, la première sert à transporter les objets casuels et menus; la seconde, les terres, et la troisième, les fumiers pailleux.

Hotte. — C'est l'instrument de jardinage le plus usuel, le plus utile. Avec la hotte, on va partout, on passe partout.

Crochets. — **Civières-crochets.** — Ces deux instruments servent essentiellement à transporter, à deux hommes, les caisses pesantes. Une troisième *civière*, celle-ci plate et à claire-voie, sert au transport des fumiers d'écurie ou de vacherie.

Paniers. — Les paniers sont les plus nécessaires objets pour tous les petits transports.

Chargeoir. — C'est une espèce de trépied grossier, surmonté de deux bâtons formant dossier. Il reçoit la hotte quand on la charge de fumier, de terre ou de sable.

VII. — *Outils et objets divers.*

Pelle. — La pelle est un bras pour le jardinier: elle lui sert pour remuer la terre, distribuer les terreaux, enlever le sable ou les cailloux, creuser ou élever le terrain.

Fourche. — C'est une espèce de trident en fer garni d'un manche comme une bêche. On l'emploie au chargement et remaniement des fumiers. On fait aussi quelquefois des labours et hersages à la fourche.

Ratissoire. — La ratissoire sert à couper les herbes des allées et à les nettoyer concurremment avec le rateau. Elle sert encore pour couper les herbes parasites entre les touffes des plantes, Il y en a de deux sortes : l'une qui coupe en la poussant en avant, et l'autre, en la tirant à soi.

Bordoir. — C'est un bout de planche long d'un mètre, large de 20 centimètres, et garni, au milieu d'un côté, d'un manche long de 15 centimètres. On s'en sert pour border le terreau dont on couvre les couches sourdes sur lesquelles on pose des cloches et non des châssis.

A cet effet, on le pose de champ sur le bord de la couche, on le maintient contre le haut du corps, et on attire et presse contre lui le terreau, de façon à lui donner une consistance solide. On glisse ensuite le bordoir de presque toute sa longueur, et on continue cette opération jusqu'à la fin de la couche.

Claie. — Ustensile à claire-voie, fait en bois ou en fer, à brins plus ou moins rapprochés, pour nettoyer la terre qu'on jette dessus à la pelle, de tous les corps étrangers dont on veut la purger. — On donne le même nom à des châssis légers sur lesquels sont fixées de minces traverses en bois ou des brins d'osier. On s'en sert pour ombrer. Il faut que les traverses soient perpendiculaires et non horizontales.

Tamis. — On en fait en osier ou en fil de fer à mailles plus ou moins serrées. Employé à passer les terres composées pour les plantes délicates.

Étiquettes. — On en fait de toutes formes et en toutes matières.

Caisses. — Ustensiles pour cultiver les plantes qu'on rentre l'hiver. On en fait de carrées dites à la jardinière, les plus économiques de toutes, et de rondes, plus commodes, plus maniables, d'un prix plus élevé dans les petites dimensions, mais d'un service plus durable.

Pots. — On en fait de toutes grandeurs. Ils doivent être bien cuits, sonores, plus longs que larges dans leur plus grand diamètre, plus étroits d'un cinquième en bas qu'en haut, garnis à leur fond, au lieu de trous au milieu, de trois fentes latérales.

CHAPITRE V

TRAVAIL DE LA TERRE.

Avant d'être emblavé, un terrain a besoin d'être préparé à recevoir les graines ou les plantes qu'on lui destine.

Défoncement. — Si le terrain n'a point encore été cultivé en jardin, il est utile de le défoncer. Pour cela, on sonde l'épaisseur de la terre végétale, et on porte le défoncement jusqu'au point où elle finit. Cette opération a pour but de ramener à la surface les éléments les plus utiles à la végétation, et que l'eau des pluies a entraînés au fond, à cause de leur solubilité dans ce fluide.

Cette opération peut se faire en toute saison, mais mieux en automne et en hiver; toutefois, il ne faut pas dépasser l'épaisseur de la couche végétale, parce que l'on risquerait de ramener à la superficie une terre stérile. Ce n'est que dans les localités où la terre arable n'a pas au moins une profondeur de 50 centimètres, que, dans le but d'augmenter son épaisseur, il faut bien attaquer la couche inférieure, et suppléer par des engrais à son peu de fertilité.

Le défoncement se fait à la pioche dans les terrains durs et compacts, et à la bêche dans ceux qui sont plus perméables.

On commence par ouvrir une jauge, au début du travail, sur la largeur du terrain à miner, en le divisant toutefois par planches, suivant son étendue. La terre qu'on en sort doit être épierrée, quelquefois même passée à la claie et déposée sur le côté. On continue ce travail en rejetant dans la jauge ouverte la terre qu'on tire de la seconde tranchée, après l'avoir ameublie de la même manière, et on continue jusqu'à la fin; on remplit alors la dernière jauge avec la terre de la première.

Bêchage. — Le bêchage ou labourage à la bêche a pour but d'ameublir la terre en la retournant, ce qui la rend plus perméable à tous les fluides que lui procure l'atmosphère. Plus il est profond, meilleur il est. Pendant cette opération, l'ouvrier doit scrupuleusement briser les mottes, enlever les pierres et les racines des plantes, ainsi que détruire les insectes ou larves qu'il rencontre, comme vers blancs, courtilières, lombrics, qu'il doit écraser et non couper en deux, car ces vers de terre se reproduisent entiers de leurs fragments. Les planches labourées doivent être soigneusement nivelées et recevoir un coup de fourche ou de râteau avant d'être ensemencées ou plantées.

Binage. — Cette espèce de labour se fait plusieurs fois par an; il est peu profond et a pour but de détruire les herbes parasites et inutiles, de rompre la surface croûteuse de la terre qui résulte du contact de l'air, de l'eau, de la pluie et des arrosements, et d'y faciliter l'accès des gaz atmosphériques. On conçoit que les terres compactes ont besoin d'être binées plus souvent que celles qui sont légères. Le binage se donnant pendant que le terrain est garni de plantes doit être fait avec soin pour ménager les racines et leur collet, et ne pas froisser leur feuillage, ni écorcher leur tige. Le binage ne doit se faire que quand l'état de l'atmosphère est favorable à la végétation, et sa profondeur est réglée sur la nature des plantes, selon que leurs racines vivent plus ou moins rapprochées de la surface du sol.

Serfouissage. — Cette opération, dont les effets sont les mêmes que ceux de la précédente, se fait plus souvent, plus superficiellement, et par le même temps. Elle est surtout utile pour la perméabilité de la terre.

Sarclarge. — C'est un serfouissage fait à la main sur les planches ou plates-bandes d'un jardin occupées par des plantes trop rapprochées pour l'emploi d'un instrument. On sarcle par un temps humide ou à la suite d'un arrosement.

C'est aussi l'opération de détruire les mauvaises herbes d'un jardin.

Allées. — Quand on dispose un jardin, on trace les allées, qu'on ne défonce qu'autant qu'on a besoin de la terre végétale qu'elles contiennent, car autrement ce serait un travail inutile et même nuisible, puisqu'il ôterait au sol la solidité dont il a besoin.

Lorsqu'on en prend la bonne terre, on comble avec des pierrailles, des tufs, etc., que l'on tasse en les battant, et que l'on recouvre de sable. Si on laisse le terrain tel, il ne s'agit que de le niveler et le ratisser.

Râtelage. — Le râtelage a pour but de donner aux allées et aux plates-bandes un aspect de propreté. On donne un coup de râteau après un labour, un binage, et quelquefois après avoir semé. Enfin, on entretient les allées en les ratissant et les râtelant souvent.

Terreautage. — Il consiste à répandre sur une planche semée, ou que l'on se propose de planter, du terreau fin, c'est-à-dire passé au crible. Cette couche ne doit avoir qu'une épaisseur de 1 à 2 centimètres au plus.

On dépose sur la planche le terreau par petits tas à peu près également distancés, et on l'étale le mieux possible à l'aide d'un râteau.

On peut terreauter jusqu'à la fin d'avril.

Paillage. — C'est répandre sur une planche du terreau très pailleux pour en couvrir la terre de 3 à 4 centimètres et aussi également qu'on le peut.

On ne paille qu'à partir de la fin d'avril, parce que le paillis entretient l'humidité, ce qui pourrait être surabondant avant cette époque. En tenant la terre humide, il l'empêche de se croûter, ce qui la rend plus apte à s'imbiber de l'eau des arrosements à l'évaporation de laquelle il s'oppose.

Comme le terreautage, cette opération a en outre pour but de céder au sol toutes les substances solubles qu'il contient, et qui y sont entraînées successivement par les arrosements ou les pluies, au grand avantage des plantes.

Des feuilles sèches répandues comme le paillis font un excellent effet.

Fumure. — C'est une opération par laquelle on applique les engrais au terrain.

Dans la culture des fleurs où l'on fait un grand usage de terreau et de paillis, il est rare qu'on ait besoin de fumer les planches dont la fertilité se trouve suffisamment entretenue par les labours successifs qui les enfouissent.

Mais si ces deux opérations sont négligées, il est utile de rendre chaque année au sol, par l'application d'engrais, les fertilisants que la culture a épuisés.

En pareil cas, on apporte sur les parties à fumer, en décembre et janvier, la quantité de fumier nécessaire qu'on y dépose en tas également distancés. Ce fumier est ensuite distribué à la fourche, et se trouve mêlé au terrain par le labour qu'il reçoit avant d'être ensemencé ou planté.

En bêchant autour des plantes, il faut avoir bien soin de n'en pas couper, arracher ni découvrir les racines. On dépose, sur ce labour, de l'engrais à demi consommé, qu'on recouvre ensuite de terre. Le fumier ne doit pas être mis en contact avec les racines. Si les plates-bandes dans lesquelles végètent les plantes sont terreautées, et si l'on entretient autour d'elles un paillis assez épais, ces fumures peuvent être beaucoup plus éloignées.

Il en est de même pour les plantes des parterres et de toutes les places où l'on cultive les plantes d'agrément, soit isolées, soit en massif. Elles n'ont besoin d'être fumées, avant leur labour, que lorsqu'on ne les terreaute ni ne les paille. Dans le cas contraire, ces engrais, et les binages, sarclages, ainsi que le travail à la bêche lorsqu'il est nécessaire, suffisent parfaitement.

On ne saurait trop répéter aux amateurs que toute bonne culture est impossible sans une quantité convenable de fumier ou engrais.

Une multitude d'excellents procédés peu coûteux d'engrais nous sont donnés par la plupart de nos savants et laborieux chimistes ; consultons-les ; il y a là progrès réel et sûr profit. Ne faisons fi de rien ; raisonnons, essayons et pratiquons.

CHAPITRE VI

CONDITIONS D'ÉTABLISSEMENT D'UN JARDIN D'AGRÉMENT.

Si l'on a le choix du lieu pour l'établissement d'un jardin d'*agrément*, lequel est dit aussi d'*ornement* et même *paysager*, ces trois observations sont d'abord à mettre en pratique, savoir :

1° Son emplacement.

2° Son exposition.

3° La nature de sa terre ou de ses terres.

I. **Emplacement.** — Le goût raisonné de l'amateur et la science du bon jardinier fleuriste savent toujours tirer parti d'une situation quelconque. Mais si le lieu est à choisir, voici quelques considérations générales qui pourront servir à cette fin.

D'abord, tout jardin d'agrément étant fait expressément pour plaire à la vue, on choisira, autant que possible, un lieu qui ait pour le moins quelque partie haute : puis, dans sa partie basse, une rivière ou une source dont on puisse faire à son gré des bassins d'ornement, de petits lacs, etc.

A défaut de cours d'eau, un jardin d'agrément doit posséder un puits ne tarissant pas en été.

II. **Exposition.** — A cet égard, nous ne saurions donner des principes absolus, car l'exposition doit varier suivant les lieux, les climats et les influences météorologiques propres à chaque localité.

Il ne faut pas oublier, du reste, que certaines plantes préfèrent une exposition qui serait nuisible à d'autres végétaux.

Dans les pays froids, l'exposition du midi est préférable, tandis que, dans les pays chauds, il vaut mieux qu'un jardin soit exposé au soleil levant ou au couchant. Sous un climat modéré, l'exposition au sud-est est celle que l'on regarde comme la plus avantageuse.

III. Nature du sol. — Le meilleur sol sera, ici comme ailleurs, celui qui contiendra le plus de terre franche ou normale; puis, ce seront les terres noires de bruyère ou terreautées, et les siliceuses ou sablonneuses. On sait combien sont précieux les amendements bien entendus, or, c'est ici le cas de les pratiquer avec la plus grande attention, avec jugement et prévoyance.

A ces trois observations générales, s'ajoutent celles des clôtures et de divers engins indispensables pour la culture des jardins.

Clôtures. — Il existe deux sortes de clôtures pour un jardin : les murs et les haies.

Les *murs*, en maçonnerie, ont l'inconvénient d'être coûteux à établir; mais ils constituent les meilleures clôtures, durent indéfiniment et abritent parfaitement contre les vents. On les fait en terre, en pierre ou en brique et on leur donne généralement une hauteur de 2m,50. Lorsqu'un jardin est exposé au vent du nord, on peut élever jusqu'à 3m,50 le mur qui fait face à ce vent, tandis que celui qui est du côté du midi a une plus faible hauteur, 1 mètre environ, afin de laisser pénétrer dans le jardin le plus de soleil possible.

Les *haies* constituent une clôture moins chère à établir que les murs, mais aussi moins efficace contre les vents. De plus, elles n'arrêtent pas les animaux rongeurs qui les traversent pour venir dévaster le jardin. On distingue deux sortes de haies : les haies sèches et les haies vives.

Nous nous occuperons peu des premières qui ne durent pas assez longtemps et que l'on est obligé de renouveler très souvent.

Les haies vives durent fort longtemps, mais, par contre, exigent des soins continuels.

Pour former des haies, on doit choisir de préférence des espèces qui présentent constamment une tige bien garnie de rameaux et dont les racines n'exercent pas d'influence fâcheuse sur les terrains environnants. Ces espèces doivent, de plus, pouvoir se tailler régulièrement et rester pendant de longues années dans un bon état de végétation. Ces espèces varient selon le sol où doit être établie la haie.

Celles qui réussissent dans tous les terrains sont : l'aubépine, le prunellier sauvage, l'épine-vinette, l'orme, et en outre, dans le Midi, l'olivier sauvage.

On peut donner aux haies une hauteur de 2 mètres environ, sur 0m,40 d'épaisseur.

Les haies demandent des soins continuels d'entretien, et surtout des tontes annuelles qui se pratiquent sur le sommet et sur les côtés, et qui ont pour but d'empêcher les haies de devenir trop épaisses. Il faut de plus les élaguer de temps en temps, et remplacer les brins qui languissent et finissent par périr.

Comme nous l'avons dit, les haies ont l'inconvénient de ne pas constituer un obstacle suffisant aux rats et aux lapins qui peuvent les traverser pour venir ronger les jeunes pousses et les racines des plantes cultivées dans le jardin.

Abris. — Les abris sont destinés, soit à défendre les cultures contre la violence des vents, soit à garantir les plantes des gelées tardives. Nous allons passer en revue les principaux abris employés en horticulture.

Cloches. — On les choisit en verre le plus blanc possible, et, s'il a une teinte, il vaut mieux qu'elle soit verdâtre que bleuâtre. Elles sont surmontées d'un bouton plat placé au centre de leur sommet, et qui sert à les manier. Elles ont à leur base environ 0m,40 de diamètre sur 0m,30 de hauteur.

Les cloches servent à garantir du froid et de l'humidité les plantes délicates et les boutures, et à maintenir la chaleur autour des végétaux qui en réclament.

Crémaillère.

On a, pour donner de l'air sous les cloches, des *crémaillères* longues de 20 à 24 centimètres sur les crans desquelles on repose le côté de la cloche que l'on veut soulever ; ces crans sont espacés de cinq centimètres. Trois crémaillères sont nécessaires pour soutenir une cloche en l'air.

Une cloche cassée en grands fragments peut être facilement raccommodée. On essuie soigneusement les bords des deux morceaux qu'il s'agit de réunir ; on les enduit d'un mastic composé de blanc de céruse et de blanc d'œuf; on les applique fortement l'un contre l'autre et on colle le long de la fente trois morceaux de verre longs de 2 ou 3 centimètres, l'un au milieu, les deux autres chacun à une extré-

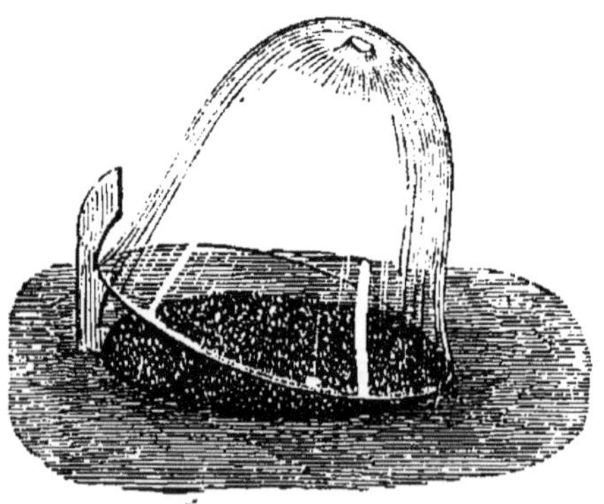

Manière de se servir des crémaillères.

mité. Ces verres sont fixés avec le même mastic. Une cloche ainsi raccommodée dure autant qu'une neuve.

Lorsque l'on manque de cloches, on peut, à la rigueur, les remplacer par des pots renversés, ainsi que le montre la figure ci-dessous; pour donner l'air et la lu-

Pots tenant lieu de cloches.

mière nécessaires, de simples pierres tiendront lieu de crémaillères.

Cages ou verrines. — On en fait de toutes grandeurs et de toutes formes. — Elles se composent de carreaux plus ou moins grands, enchâssés entre deux lames de plomb. Les petites ont leur base garnie d'un fort fil de fer; les grandes ont leur carcasse en fer.

Leur usage est le même que celui des cloches. On en fait avec un carreau ouvert sur le côté pour donner de l'air. On en fait aussi dont la moitié est vitrée en verres dépolis ; elles servent en même temps à ombrer les plantes.

Châssis. — Les châssis se composent de deux parties : le coffre et le panneau vitré.

Le coffre a ordinairement $1^{m},33$ de largeur sur une longueur indéterminée mais qui doit offrir toujours la place d'un nombre exact de panneaux vitrés dont la dimension a

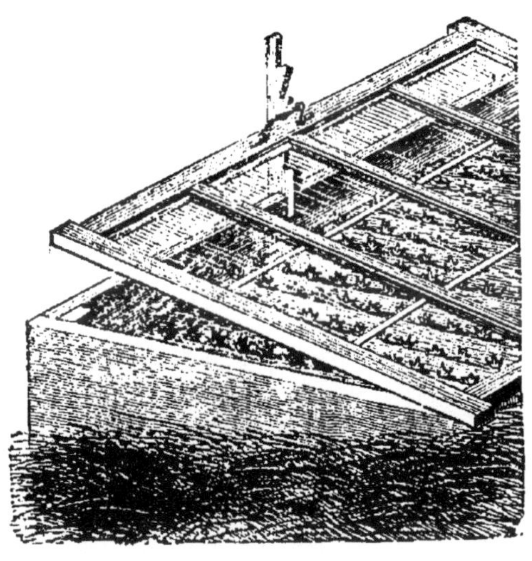

Châssis.

$1^{m},33$ en tous sens. Ainsi un coffre de 4 mètres de longueur peut recevoir trois panneaux. Le coffre est plus haut par derrière que par devant pour donner aux panneaux une inclinaison convenable vers le midi. Le devant du coffre est garni de petits taquets qui retiennent les panneaux ; le dessus a trois traverses à queue d'aronde qui empêchent l'écartement et supportent les panneaux.

Les châssis sont nécessaires pour le semis des plantes délicates. Ils conservent et augmentent la chaleur des couches et peuvent servir, sous le nom de *châssis froids*, à abriter pendant l'hiver les plantes en pots ou en caisses qui ne peuvent en supporter les intempéries.

Bâche. — Une bâche est plus grande qu'un châssis. Son

encaissement peut être en bois ou formé d'un petit mur en briques, selon sa destination. Il y a un sentier de service. Le sol de la bâche est plus ou moins enfoncé, en raison des besoins des végétaux qu'on veut y mettre à l'abri. Son exposition est au midi si on l'emploie à la germination des plantes délicates ou à la reprise de boutures difficiles; elle est au levant, si elle sert à la conservation des bruyères ou d'autres plantes analogues.

On couvre les bâches de panneaux vitrés de dimension convenable. On peut, au besoin, y adapter un poêle.

Paillassons. — Les paillassons jouent un rôle important dans l'horticulture.

On les emploie : 1° à couvrir les serres et les châssis pour

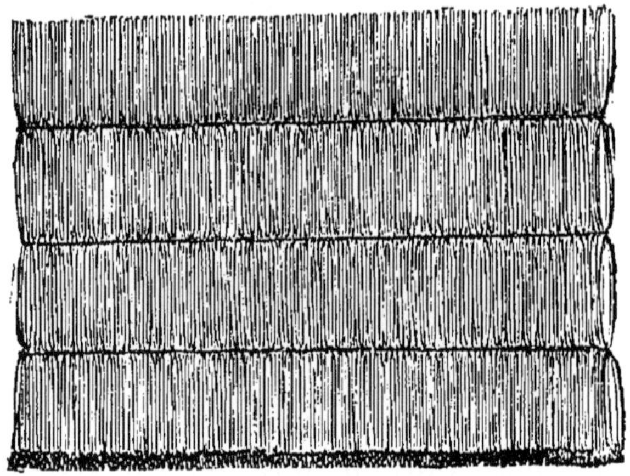

Paillasson.

y maintenir la chaleur en s'opposant à sa déperdition au travers des vitraux, et aux mauvais effets du rayonnement; 2° à ombrer les mêmes conservatoires pour garantir les jeunes plantes ou les végétaux délicats de l'action des rayons solaires ; 3° à former des brise-vent, espèces d'abris mobiles.

Nous appellerons les premiers, *paillassons pleins;* les seconds, *paillassons à claire-voie,* et les troisièmes, *paillassons brise-vent.*

Nous allons indiquer sommairement les moyens de les faire, car il y a économie à les fabriquer. Les paillassons pleins et les paillassons brise-vent sont longs de 2 m. et larges de 1 m. 33 c. Cette grandeur est la plus commode. On pose sur un terrain plat et uni deux traverses de bois longues de 2 m., larges de 10 c., et épaisses de 5 c.; on les dispose parallèlement à une distance de 1 m. 33 c. Cet espace est divisé en trois parties égales, aux extrémités de chacune desquelles on plante un piquet. On fixe à un de ces piquets, au moyen d'une boucle, de la *ficelle* dite *à paillassons*, et on l'attache par deux ou trois tours au piquet opposé. On mesure ensuite deux fois la longueur de la distance entre les deux piquets avec la ficelle, qu'on coupe alors; on en fait autant aux deux rangs de piquets; on pose ensuite sur les trois ficelles tendues, et en travers de l'intervalle vide entre les deux tringles, un lit de paille de seigle bien épurée et égalisée par le bout coupé qu'on ajuste contre une d'elles, puis un second lit de même épaisseur qu'on range tête-bêche sur le premier, et dont le pied touche à l'autre tringle, de façon que les épis se trouvent croisés.

On dispose sur une navette toute la ficelle restée libre sur le piquet du centre, par lequel on doit commencer à coudre le paillasson. Pour cela, on prend une pincée de paille d'un diamètre d'environ 2 centimètres, on passe la navette par dessus, puis par dessous, en comprenant dans cette révolution la ficelle tendue sur la terre, enfin on glisse la navette dans cette maille pour former une espèce de nœud coulant que l'on serre en posant le pouce sur la paille pour qu'elle soit plus plate que ronde. On a soin de ne pas serrer avec excès, pour que la paille, gonflée par l'humidité, ne rompe pas la ficelle. On continue de cette manière jusqu'à la fin, en faisant le plus également possible les pincées de paille, qui doivent se toucher. En finissant, on noue ensemble les deux bouts de ficelle. Cette sorte de couture se fait de même sur les deux autres ficelles tendues, et le paillasson est terminé. Dans cet état, il peut servir à couvrir les châssis et les serres.

Quand on veut faire des *brise-vent*, on les pose de champ autour des objets qu'on veut abriter, et on les maintient avec des piquets plantés en terre et des lattes horizontales fixées avec des fils de fer.

Les paillassons à *claire-voie* se font de la même manière, excepté qu'on espace chaque pincée de paille d'un centimètre environ, et qu'on n'y comprend que cinq brins.

On fait encore un abri fort léger contre le soleil en tendant deux ficelles sur des piquets plantés aux quatre coins d'une planche dans la terre de laquelle on a disposé des plantes en pots. On pose sur ces deux ficelles un rang de pailles fortes et choisies que l'on y coud une à une par le moyen d'une petite navette. Cet abri une fois placé ne se dérange plus qu'à la fin de la saison, et garantit des brûlures sans diminuer la masse d'air.

Les paillassons *auvents*, destinés à garantir les arbres en espalier et particulièrement les pêchers, se font plus simplement. Leur largeur dépend de l'exposition et de la hauteur des murs. Supposons que ceux-ci aient 3 mètres : elle devra être de 40 centimètres au midi, de 30 à l'est et de 50 à l'ouest. Si les murs sont moins hauts, la largeur peut être diminuée de 2 centimètres par 30 centimètres en moins; s'ils sont plus hauts, elle devra être augmentée de 4 centimètres en plus. La longueur est subordonnée à la distance des supports sur lesquels ils doivent être fixés. S'ils sont à 1 mètre, on fera les auvents de 2 ou de 3; s'ils sont à 2 mètres, on les fera de 5. On a un châssis de la longueur voulue et maintenu à la largeur nécessaire par deux traverses percées de plusieurs trous à leurs extrémités pour recevoir une cheville en fer. On place deux lattes de longueur à plat sur le terrain sur lequel repose le châssis, et éloignées d'environ 6 à 8 centimètres des montants. On range transversalement aux châssis un lit de paille de seigle bien talonnée, et dont le pied porte contre un des montants. Avec une tringle en bois suffisamment forte et placée parallèlement au montant, on presse sur la paille pour l'enfoncer et on pose précisément, au-dessus de la latte qui se trouve dessous, une autre latte pareille, et on les attache ensemble avec du fil de fer de distance en distance. Cela fait, on agit de la même manière du côté opposé, on retire le paillasson du châssis, puis, avec de grands ciseaux, on coupe proprement le bord à la largeur voulue. Ces paillassons auvents s'appuient contre les murs sous le chaperon et sont portés par les supports dont nous avons parlé, ou par des espèces de potences en bois dont le dessus est incliné, et qu'on fixe avec de l'osier sur les mailles du treillage, ou en les clouant sur les murs. De distance en distance, on place sur le mur, sous le chaperon, un fort clou sur lequel on assujettit les auvents au moyen d'osiers qui embrassent les lattes de devant. Cette précaution est nécessaire pour les empêcher d'être enlevés par le vent.

Abris temporaires. — Quant aux abris temporaires, chaque amateur, de même que chaque jardinier, les compose comme il l'entend, avec les matériaux qu'il a à sa disposition; il les dresse à sa fantaisie, selon les besoins de ses cultures et les conditions locales.

Toiles. — Les toiles sans enduit sont, de tous les abris temporaires, le plus en usage parmi les praticiens. Elles servent à toutes fins. Elles ont d'abord pour premier avantage considérable de tamiser la lumière, ce qui fait que les plantes ne sont pas absolument privées de cet agent si nécessaire.

On devra prendre quelques précautions pour que le vent ne les enlève pas.

CHAPITRE VII

DISTRIBUTION D'UN JARDIN D'AGRÉMENT.

Dans les jardins fleuristes, on doit réserver la partie la plus chaude et la plus hâtive pour les plus belles fleurs, ainsi que pour les plantes d'ornement les plus sensibles aux froids de la terre et aux intempéries des saisons. On doit également la réserver pour les plantes à oignons et pour celles qui demandent de l'ombre, telles que les primevères, les œillets, les oreilles-d'ours et d'autres.

On doit nécessairement entremêler les fleurs vivaces et les fleurs annuelles, qu'elles soient de printemps, d'été ou d'automne, de façon à ce qu'elles soient placées alternativement, c'est-à-dire une fleur de printemps, une fleur d'été et une fleur d'automne ; mais cela, bien entendu, avec talent, goût et prévision.

Nous n'avons pas la prétention de nous étendre longuement sur les dispositions d'un jardin d'agrément. Le goût de chacun, la nature du site, son étendue et sa configuration plus ou moins accidentée, les localités environnantes, et mille autres causes, donnent lieu à des combinaisons sans nombre qui toutes ont leur mérite, du moment qu'elles sont agréables, et satisfont celui qui en jouit. Nous nous bornerons donc à quelques indications touchant l'emploi qu'on peut faire des végétaux.

Pour décorer un jardin, nous avons des arbres, des arbrisseaux, des arbustes et des plantes herbacées tant annuelles que vivaces. Examinons rapidement les combinaisons auxquelles peuvent donner lieu ces ressources.

Un arbre planté solitairement a besoin de l'être avec beaucoup plus de raisons qu'on ne le supposerait d'abord. Il doit être approprié à la scène dont on le fait acteur. Plus son port est singulier et pittoresque, plus son feuillage ou ses fleurs sont remarquables, plus son isolement est motivé. On l'emploie pour interrompre une ligne droite, pour appeler la vue sur une fabrique, sur un point de perspective agréable, pour embellir une pelouse, et dans toutes les circonstances où le goût en pressent le besoin. C'est ainsi qu'il peut servir à masquer l'aspect désagréable d'objets extérieurs. Il y a mille circonstances où un *arbre isolé* forme le plus charmant effet. Le cèdre du Liban, le cèdre Deodora, l'araucaria du Chili, le noyer, le laurier sassafras, le cyprès chauve, le tilleul argenté, le hêtre pourpre, le frêne parasol, le saule pleureur, le sophora à rameaux pendants, le paulownia impérial, le vernis du Japon, et tant d'autres, sont dans ce cas, lorsqu'ils s'harmonisent parfaitement avec la scène à laquelle on les associe.

Les arbrisseaux, et même les arbustes, peuvent recevoir

une pareille destination. Mais on voudra bien remarquer que ce n'est point aux fleurs qu'il faut demander la décoration qu'on veut produire; c'est, nous le répétons, dans le feuillage et le port des sujets qu'il faut rechercher le caractère qui doit éveiller l'attention.

Il en est de même pour les *arbres groupés :* c'est la différence et l'opposition dans la couleur des feuilles qui donnent à la scène l'originalité qu'on désire et qui forment des contrastes ravissants. Dans les arbres groupés, il ne faut employer que ceux à tête, et dont les troncs nus et élevés laissent apercevoir l'horizon entre eux. Il serait à désirer que l'on employât davantage, en pareil cas, les arbres fruitiers, qui orneraient très bien aussi et ajouteraient à ce mérite celui de leurs fruits.

Les *massifs* diffèrent des groupes en ce qu'ils sont composés d'arbres, d'arbrisseaux et d'arbustes irrégulièrement rangés, de façon cependant que les plus grands occupent le centre et les plus petits la bordure. Leur irrégularité de contours et de hauteur permet de ménager des points de vue au travers, mais la base est très touffue.

Le *bois* est une plantation d'arbres plus ou moins étendue et assez épaisse pour ne laisser passer entre leur feuillage qu'une lumière incertaine. Il peut être mêlé de taillis ou arbres sans têtes élevées, d'arbrisseaux et d'arbustes. Il sert à dissimuler l'étendue d'un jardin, à masquer des points désagréables qui se montreraient à l'horizon, et souvent à abriter des mauvais vents les autres plantations. Les contours d'un bois doivent être gracieusement dessinés, l'intérieur coupé d'allées droites et onduleuses, et admettre des clairières plus ou moins ornées, des pelouses, des quinconces, des fabriques pittoresques, etc.

Le *bocage* ne diffère du bois que parce qu'il est formé de groupes plus ou moins espacés et touffus, et jetés çà et là comme par le hasard.

Le *bosquet* est un assemblage d'arbres, arbrisseaux et arbustes à fleurs et à feuillage remarquables; c'est un mélange de massifs, de buissons et d'arbres isolés. Il doit être dessiné d'une manière gracieuse et s'harmonisant avec l'ensemble du jardin. Les sentiers, les petites clairières seront ornés d'arbustes à fleurs et de plantes herbacées, de façon à joindre une certaine coquetterie à une grande variété de formes, de feuillage et de fleurs. Il peut servir à masquer les murs de clôture, sinon il doit être rapproché de l'habitation pour offrir, aussi près que possible, un lieu de promenade agréable, pouvant, dans ses sinuosités, conduire à des plantations d'un autre ordre. Rien de plus gracieux dans ces bosquets que des arbres isolés autour desquels on fait grimper des plantes sarmenteuses à fleurs agréables, comme rosier toujours vert, noisetiers et autres, glycine de la Chine, etc.

Les *palissades* et les *haies*, qu'on emploie assez communément pour clôture, de préférence aux murs d'un aspect plus triste, sont très favorables à dissimuler l'étendue de l'horizon par la variété de formes qu'on leur donne au moyen de la tonte. Les palissades sont plus spécialement employées, soit pour rompre les mauvais vents qui règnent dans la localité, soit pour dissimuler quelque partie qu'on veuille soustraire aux regards. La charmille, les ifs, les thuyas, forment de fort belles palissades ; l'alisier-aubépine, le prunellier, le genêt épineux, d'excellentes haies défensives. Nous conseillons d'employer, pour garnir celles-ci, le vernis du Japon, qui, coupé tous les ans, ne se dégarnit pas du bas, parce qu'il trace beaucoup, et dont on peut laisser quelques sujets monter à tige ; ce que l'on obtient en ébranchant et supprimant les rejetons qui s'élèvent de son pied. On rend le bas des haies impénétrable en croisant les branches vivantes et les soudant par la greffe en approche. On varie la tonte des palissades et des haies de manière à les rendre ornementales; on y pratique des arcades, des créneaux, ainsi que des hahas ou des jours pour ménager des points de vue.

L'*allée couverte* est plus fréquemment employée dans les jardins réguliers, dits français; elle se compose de grands arbres, également espacés, qui forment au-dessus de la promenade un dôme de verdure, et dont les côtés sont soumis à la tonte; elle diffère de l'*avenue* par son développement plus restreint, parce que celle-ci, se composant d'arbres susceptibles de prendre les plus grandes dimensions, a quelque chose de plus majestueux. Le *berceau* est, au contraire, une allée couverte, mais en miniature. C'est ordinairement un léger treillage, supportant les branches sarmenteuses d'arbrisseaux et arbustes grimpants et à fleurs, et dont le feuillage doit être aussi épais près du sol que sous la voûte.

Le *gazon* que l'on emploie pour garnir les clairières, où il figure une petite prairie, et le devant de l'habitation, pour que la vue ne soit pas obstruée, doit être entretenu avec le plus grand soin pour présenter une verdure aussi constante qu'uniforme. Sur un terrain préparé par des labours et une fumure, et convenablement nivelé, on sème, à raison d'un kilogr. et demi au moins par are, le *ray-grass* fin ou gazon anglais. Il convient parfaitement aux sols frais et profonds, et se conserve d'autant mieux qu'on peut l'arroser et le faucher souvent. Dans les terres sèches, sablonneuses et peu profondes, on remplacera avantageusement le ray-grass par un mélange de quelques plantes résistant mieux à la sécheresse, telles que le brome, le paturin des prés, les fétuques traçante et ovine, la crételle, la flouve et le trèfle nain blanc. Ce sont de semblables composés qu'il a fallu employer dans les vastes pelouses du bois de Boulogne, à Paris. Toutefois, au château de Fontainebleau, l'on forme les gazons sur un terrain éminemment sablonneux avec le ray-grass et la fétuque ovine, qui reste seule dès la seconde année. Quant aux gazons sous bois, il faut semer de préférence les fétuques hétérophylle et traçante, la flouve et le paturin des bois, avec un peu de ray-grass, qui garnit le terrain d'abord et cède ensuite la place aux autres plantes. Enfin, le brome des prés forme d'assez beaux gazons sur un sol calcaire et sec où la végétation est à peu près nulle. On sème par un jour pluvieux, on herse et on passe le rouleau, ce qu'il peut être utile de faire plusieurs fois, afin que les plantes tallent davantage. Pour être beau, un gazon doit être arrosé dans les sécheresses et fauché au moins quatre fois par an, toujours avant qu'il monte à graines. Il faut, après le fauchage, y passer le rateau de bois pour enlever tout ce qui pourrait y pourrir et le gâter, et arroser copieusement. Après la dernière coupe, on passe le rouleau et on étend partout une légère couche de terreau. Toutes les fois qu'il s'agit de garnir de verdure un talus ou un plan incliné quelconque, on gazonne en placage, c'est-à-dire qu'on ajuste sur la surface préalablement arrosée, des plaques de gazon levées dans les prairies ou le long des chemins, et on les consolide à l'aide d'une batte à main.

Les plantes annuelles et vivaces, qui offrent de l'intérêt dans les fleurs et le feuillage, viennent prêter leur décoration dans toutes les compositions pittoresques, régulières ou non. On les dispose en *massifs* jetés çà et là. Les plantes vivaces les plus élevées occupent le centre, les plus basses les bords, ce qui est d'ailleurs un principe général. On fait entrer dans les massifs les plantes semées en pépinières et repiquées, et celles en pots, exotiques ou non, que l'on enterre ; on en forme à l'entour des arbres isolés, des groupes, de grands massifs d'arbres dont ils complètent l'ornement, et enfin, selon le goût, à différentes places sur les gazons.

Le *parterre* était autrefois la partie la plus ornée des jardins français ; il se composait de compartiments, de plates-bandes et de corbeilles régulièrement dessinées, et encadrées de bordures de buis soigneusement taillées. Aujourd'hui, dans les jardins particuliers, il n'y a, pour ainsi dire, plus de parterre. Les fleurs sont répandues partout dans les *plates-bandes* sinueuses, serpentant le long des allées et de tous les dessins du jardin. Leur longueur est indéterminée, mais leur largeur est calculée sur les besoins de la culture et excède rarement 1 mètre 50 centimètres. Le centre est en dos d'âne, et les plantes y sont plantées dans un ordre plus ou moins régulier. Les arbustes à fleurs comme les rosiers, le genêt à fleurs blanches greffé sur ébénier, les cytises, la coronille des jardins, quelques groseilliers, plusieurs arbustes à fruits, comme les pommiers à bouquets et de Sibérie, le pêcher à fleurs doubles, et les plantes vivaces les plus élevées, en occupent le milieu. Elles sont bordées.

La *corbeille* est une sorte de massif très orné, d'une forme arbitraire quoique le plus souvent elle soit circulaire. Le centre est plus élevé encore que celui de la plate-bande, et un arbuste distingué, ou une plante vivace remarquable par sa beauté, en marque le milieu ; le reste est occupé par plusieurs rangs de plantes de toutes espèces, mais choisies. Elle est bordée par une ceinture de buis assez forte pour soutenir les terres, et dont le beau vert est un ornement de plus.

Les *fleurs en vases* ou *pots* concourent parfaitement à l'ornement des jardins; celles qu'on y cultive ainsi, et qui forment collection, servent à composer des massifs élégants rapprochés de l'habitation. D'autres sont destinées à regarnir à volonté les plates-bandes lorsque les fleurs ont besoin d'être renouvelées.

Les *planches*, formant un carré long et régulier, doivent être établies dans diverses parties du jardin pour recevoir séparément les plantes de collection, comme tulipes, jacinthes, renoncules, anémones, glaïeuls, etc. Ces plantes bulbeuses, qu'il faut arracher après la floraison, pourraient se perdre si on les disséminait çà et là dans les plates-bandes. On peut toutefois en former des massifs que l'on remplace par d'autres plantes lorsqu'elles sont défleuries. Il faut avoir, dans les parties retirées du jardin, quelques planches pour élever en pépinière les plantes destinées à regarnir les plates-bandes, lorsque le besoin s'en fait sentir.

Les *bordures* sont une chose importante. On en fait avec des plantes annuelles, vivaces et ligneuses. Les premières s'emploient très rarement pour former la ligne extérieure. On en fait une contre-bordure intérieure à quelques centimètres de la première. Le pied-d'alouette, la giroflée de Mahon, la reine-marguerite, la crépide rose, la collinsie bicolore, la linaire à feuilles d'orchis, les némophiles, etc., etc., forment de jolies bordures intérieures, qu'on sème, ou mieux qu'on repique. Dans les grandes compositions, on choisit les variétés plus élevées.

Les bordures extérieures sont faites avec le buis, le thym, la lavande, la citronnelle, le romarin, etc., qu'on multiplie d'éclats des pieds au printemps et à l'automne. L'alysse corbeille d'or, l'anémone hépatique, la gentiane sans feuilles, la pâquerette, la primevère auricule, le saxifrage, la statice gazon d'Olympe, le thlaspi, la violette, etc., peuvent aussi former des bordures et des contre-bordures. Parmi les plantes bulbeuses qu'on peut employer, nous citerons le crocus printanier, le narcisse des poètes et celui des prés, qu'il faut planter en octobre, mais toujours en contre-bordure. Le lierre est très bon pour bordures sous bois, où il conserve sa belle couleur vert foncé. Il supporte bien la tonte. La germandrée est également très convenable en pareil cas. Il en est de même de la statice.

Après les végétaux, l'*eau* est la chose la plus importante sous le rapport de l'utilité comme sous celui de l'agrément et de la décoration. Si l'on a l'avantage d'avoir de l'eau naturelle, on peut, par diverses combinaisons calculées d'après la quantité dont on dispose, former un lac, un étang, une rivière, ou simplement un ruisseau. Un rocher, proportionné à la prise d'eau, peut en marquer l'entrée dans la propriété, et des roches, jetées çà et là dans son cours, peuvent figurer des cataractes en miniature; mais il faut bien prendre garde de tomber dans le ridicule par des exagérations disproportionnées avec les alentours. Les eaux artificielles que l'on obtient par des pompes, des machines hydrauliques, doivent être d'autant plus ménagées qu'elles occasionnent plus de dépenses. On peut par leur secours entretenir des bassins et une rivière anglaise, c'est-à-dire à eau dormante, et établir dans le premier un jet d'eau, si cela peut s'obtenir sans trop de frais. Les bords des eaux, quels qu'ils soient, prêtent à une ornementation spéciale; partout où on peut former un rocher ou jeter quelques pierres meulières, on plante dans les interstices des végétaux appropriés, comme pulmonaire de Virginie, cynoglosse printanière, phalaris rubané, populage des marais; trolle, alysse des jardins, doronique du Caucase, bugrane à feuilles rondes, primevère, ronce commune, hépatique, gypsophylle, œillet deltoïde, saxifrage, lotier corniculé, thym, véronique couchée, faux narcisse, narcisse des poètes, etc.

Dans les parties du jardin où l'eau arrive facilement, on peut, par des dispositions fort simples, cultiver quelques plantes aquatiques en baissant une portion de terrain où l'on fait venir l'eau, à laquelle on donne un écoulement à peine sensible. La place submergée et les bords peuvent recevoir la canne de Provence, les typha, butome en ombelle, salicaire, la spirée ulmaire, l'iris faux acore, l'épilobe en épi, rose et blanc, le myosotis, le populage des marais, la cardamine des prés, les saules, l'alisma flottant, la fléchière aquatique, la macre flottante, le ményanthe ou trèfle d'eau, le nénuphar blanc, la phalaride roseau, etc., qu'on peut encore cultiver dans des bassins, et même dans des baquets pleins d'eau.

Les végétaux que l'on emploie à la décoration des jardins ont une existence dont la durée est différente. On appelle *annuels* ceux qui n'ont besoin que d'un an pour accomplir leur période végétative, depuis la germination des graines jusqu'à la fructification ; *bisannuels*, ceux auxquels il faut deux ans pour parcourir la même carrière; *trisannuels*, quand cette période doit être de trois ans ; *vivaces*, tous ceux dont l'existence plus ou moins prolongée excède ce dernier terme; et enfin *ligneux*, ceux dont l'organisation solide atteint la densité et la ténacité du bois.

Ces différences dans la longévité des plantes et dans leur constitution, amènent naturellement des différences dans les moyens de multiplication et dans la culture. Il sera donc nécessaire que nous fassions connaître tout ce qui est convenable à chacune de ces catégories, afin de ne plus avoir qu'à y renvoyer par un signe convenu lorsque nous signalerons les plantes dont nous conseillons l'emploi de préférence. Il en résultera une grande économie de répétitions qui nous permettra d'indiquer un choix beaucoup plus nombreux dans l'espace restreint où nous sommes obligé de nous renfermer.

CHAPITRE VIII

COMPOSITION ET ORGANISATION D'UN JARDIN D'AGRÉMENT.

I. — *Constructions pittoresques.*

Le goût, l'époque et l'étendue du jardin d'agrément, déterminent le genre des constructions à faire : pavillons ou kiosques, imités de l'Inde ou de la Turquie; grottes ou ruines simulées, bassins ou cours d'eau, ponts de formes diverses; en un mot, constructions en maçonnerie, en fer, en bois ou en pisé, splendides ou rustiques, tout dépend d'un bon choix à faire, des lieux et même des localités.

En voici quelques spécimens :

II. — *Plantations d'arbres et d'arbustes.*

Les massifs d'arbres et d'arbustes, et même l'organisation des tapis de verdure, entrent pour une majeure partie dans la composition des jardins d'agrément.

A moins que l'espace ne soit extrêmement étendu, les massifs ne doivent pas avoir la prétention de passer pour des bois ou des forêts. On peut ne leur donner que 20 ou 25 mètres de diamètre, mais le choix des arbres doit être fait de manière à produire l'effet le plus pittoresque; il faut les planter de façon à faire contraster la nuance de leurs feuillages. Les conifères, par exemple, dont l'aspect est sombre et sévère, feront valoir les masses de feuillages d'un vert clair.

Lorsqu'on veut planter un massif, on évitera soigneusement d'associer des arbres à végétation vigoureuse et rapide à des arbres dont la végétation est lente ; car ceux-ci, plus faibles, seraient promptement étouffés par leurs robustes voisins et il en résulterait des vides désagréables à l'œil.

En France, la plupart des propriétaires sont pressés de jouir et croient gagner du temps en plantant des arbres déjà forts : c'est une faute ; ces arbres pourront reprendre, mais leur végétation sera lente et pénible, souvent même ils périront avant d'avoir acquis tout leur développement.

Citons des exemples : de superbes marronniers, déjà âgés, furent transportés, en 1858, avec leur motte entière, sur la place du Châtelet, à Paris, pour y former une sorte de quinconce. Un tiers au moins de ces arbres a péri et a dû être remplacé, malgré les précautions minutieuses qui avaient présidé à leur transplantation et la richesse du nouveau sol.

Les marroniers de la magnifique avenue de l'Observatoire de Paris, bien que transplantés beaucoup plus jeunes, sont encore loin d'avoir acquis leur grosseur normale, quoique leur transplantation date de près d'un siècle.

Les arbres de la famille des conifères, pins, sapins, thuyas, épicéas, mélèzes, cèdres, reprennent mal ou même ne reprennent pas du tout lorsqu'ils ont plus de quatre ans. Les propriétaires de jardins ont en général de la répugnance à former des massifs au moyen de semis ; cependant ce procédé est à la fois le plus sûr et le meilleur, car jamais un arbre de cette famille, lorsqu'il a été transplanté, ne vaudra celui qui est venu à la place où il a été semé.

Voici, au reste, un procédé mixte : semez en graines de conifères l'espace que vous aurez choisi, et dont vous désirez former un massif ; plantez-y en même temps de jeunes arbres de l'espèce semblable venus en pépinière ; plus tard vous supprimerez tous les individus languissants, qui se trouveront naturellement remplacés par ceux venus de semence. Il est bon de noter, au reste, que si le diamètre de l'arbre résineux à transplanter dépasse 3 ou 4 millimètres, il ne reprendra presque jamais, n'eût-il que trois ans de pépinière. Mais beaucoup d'arbres de cette famille peuvent être transplantés avec succès au bout de deux ans de pépinière.

Le chêne, le châtaignier et le hêtre demandent trois ans de pépinière ; l'orme, le platane, le sycomore et le frêne n'exigent qu'une année lorsque le plant est vigoureux.

On peut planter les arbres d'ornement, soit à l'automne,

soit au printemps, c'est-à-dire à la fin d'octobre ou au commencement d'avril, en choisissant un temps sans pluie, mais couvert. Le mieux est de préparer la terre en décembre et de planter au printemps. On plante les conifères du 15 au 30 avril, mais il ne faut les laisser que le moins possible hors de terre, et l'opération réussira d'autant mieux qu'il restera un peu de terre adhérente aux racines.

Nous ne nous étendrons pas davantage sur les procédés de culture applicables aux arbres et arbustes destinés à la formation d'un jardin paysager, mais on trouvera à ce sujet des notices suffisantes au VIe chapitre de cet ouvrage.

Dans ce chapitre, consacré aux végétaux d'ornement de pleine terre, nous avons soigneusement désigné la hauteur des arbustes et plantes, indication fort utile pour leur disposition, soit dans les massifs, soit dans les autres parties du jardin paysager. Ces indications ne sont pas moins nécessaires pour leur arrangement dans un parterre.

Quelques bancs rustiques et des chaises de jardin trouvent facilement leur place dans la disposition d'un jardin pittoresque. On les construit souvent en menus branchages revêtus de leur écorce qu'on a soin de conserver, au point de vue du pittoresque; ils sont préférables aux sièges de menuiserie peints en vert, mais ils ont moins de durée. D'autres sont en fer mince, et peints de manière à imiter le bambou; le siège et le dosier sont garnis d'un treillis en fil de fer. On en fabrique beaucoup en fonte rustiquée, imitant à s'y méprendre, des branchages tortus : ceux-ci, également peints à l'huile, sont d'une grande solidité; mais il faut veiller à ce que la rouille ne s'y attache pas, car il en résulterait des taches ineffaçables sur les robes.

III. — *Choix des arbres et arbustes.*

L'*acacia* de Constantinople.

L'*alaterne*, arbre à feuilles persistantes.

L'*alisier*, arbre de 8 à 10 mètres. L'aubépine appartient au même genre.

L'*argousier*, arbre épineux, au feuillage argenté, exellent pour former des haies.

L'*aune*, arbre très élevé, qui se plaît dans les terrains humides.

Le *bouleau*, arbre de 14 à 16 mètres, doit nécessairement entrer dans la composition d'un jardin paysager.

Le *catalpa* de l'Amérique s'élève à 10 mètres.

Le *cèdre du Liban* est un arbre magnifique, mais, de même que tous les conifères, sa croissance est très lente.

Le *charme commun* est très élevé. On l'emploie pour former des charmilles.

Le *chêne*, le plus beau et le plus pittoresque de nos arbres forestiers.

Il y en a une quinzaine d'espèces cultivées.

Le *cyprès*, arbre très pittoresque, de 10 à 12 mètres.

Le *cytise des Alpes*, arbuste à fleurs en grappes et pendantes, et d'un excellent effet.

L'*érable*. C'est l'un des plus beaux arbres de nos forêts. Le sycomore, appartenant au même genre, n'est pas moins remarquable.

Le *frêne*. Très bel arbre. Ce genre renferme un nombre assez grand d'espèces très propres à l'ornement des jardins paysagers.

Le *genévrier*. C'est l'un des arbres les plus pittoresques de nos forêts.

Le *hêtre*, arbre de première grandeur (30 mètres).

Le *houx*. Les différentes espèces de houx font bon effet dans la décoration des jardins. Il en est de même des *lyciets*.

Les *magnoliers*; leurs différentes espèces figurent très bien dans les grands jardins.

Le *marronnier d'Inde*. Tout le monde connaît cet arbre plus beau que réellement pittoresque.

Le *mélèze*. Cet arbre très élevé convient particulièrement aux jardins paysagers.

Le *micocoulier*, arbre de 15 à 16 mètres.

Le *noyer*, grand et magnifique arbre, qui convient peu dans les jardins paysagers, car il tue les autres végétaux lorsqu'ils ne sont pas plantés à une distance suffisante. On ne peut donc l'employer que comme arbre isolé.

Le *peuplier*. Les grands arbres de ce genre sont extrêmement convenables à l'ornementation des jardins paysagers. Nous citerons particulièrement le peuplier d'Italie.

Le *pin*. La nombreuse famille des pins fournit un grand nombre d'espèces parfaitement convenables pour les jardins paysagers; nous renvoyons le lecteur à leur description, à venir.

Le *platane d'Orient* est l'un de nos plus beaux arbres.

Le *robinier*. Le genre des robiniers (faux acacia) est très intéressant pour la décoration des jardins paysagers dans lesquels, par ses grappes de fleurs nombreuses, blanches ou roses, il occupe un rang distingué.

Le *sumac*, arbre indigène et pittoresque, remarquable par ses feuilles ailées.

Le *sureau*. Sa croissance rapide le rend utile dans certaines places.

Le *tilleul*. Bel arbre qui convient mieux pour les allées régulières d'un ancien jardin français que pour le jardin paysager.

Le *vernis du Japon*. Bel arbre de 20 mètres. Sa croissance est assez rapide.

Nous bornons ici cette énumération des arbres les plus propres à décorer un jardin paysager. Le lecteur trouvera du reste dans le cours de cet ouvrage des détails que nous ne pouvons donner ici, et l'indication de nombre d'arbrisseaux et de sous-arbrisseaux, qui, par leur feuillage ou par leurs fleurs, peuvent servir d'ornements à un jardin pittoresque.

CHAPITRE IX

DES SERRES ET DES MOYENS D'ACTIVER LA VÉGÉTATION PAR LA CHALEUR

I. — *Serres.*

Les serres sont de diverses sortes, et chacune porte le nom de l'usage qu'on en fait : il y a la serre pour les *orangers* et les végétaux qui n'ont pas besoin d'une grande chaleur; puis, la *serre froide*, la *serre tempérée*, la *serre chaude* et la *serre à forcer*.

Orangerie. — Elle doit avoir l'exposition du midi, être peu profonde, pour que le dernier rang des arbres n'y soit pas dans l'obscurité. Ses fenêtres doivent être grandes et multipliées, vitrées en verres doubles espacés d'un centimètre au moins; ses murs et son plafond assez épais pour s'opposer à la gelée; sa porte assez grande pour permettre, sans froissement, l'entrée des plantes, et son sol, sec et ferme. L'orangerie reçoit tous les végétaux à feuillage persistant qui, sans exiger de chaleur, ne passeraient pas sans dommage l'hiver à l'air libre, et qui cependant ne fleurissent pas avant le 15 mai. On peut aussi y adapter un poêle, bien que la plupart des plantes d'orangerie ne souffrent pas quand le thermomètre y descend à zéro.

Toutes les plantes qu'elle reçoit ne sont pas vigoureuses au même degré, c'est-à-dire qu'elles ne doivent pas entrer et sortir de l'orangerie au même moment. Nulles ne peuvent être mises dehors avant le 15 avril, et les plus délicates, le 15 mai au plus tôt. Les premières peuvent résister en plein air jusqu'à la fin d'octobre; les secondes doivent être rentrées dès les premiers jours de ce mois.

Tous les végétaux importés de la Nouvelle-Hollande, de la Nouvelle-Zélande, du Chili, et une grande partie de ceux du Cap, peuvent être cultivés en orangerie. Les uns exigent les places éclairées de ce conservatoire, les autres peuvent être placés dans les endroits obscurs ou sous le feuillage des plus grands végétaux.

On peut, jusqu'à un certain point, suppléer au défaut d'orangerie en appliquant contre un mur la charpente d'une serre mobile non vitrée. On la couvre pendant l'hiver de paillassons en nombre suffisant pour former une couverture qui arrête parfaitement le froid, ce qu'on obtient avec une épaisseur de 16 centimètres. On les attache avec des cordes. Quand il ne gèle pas, on en déplace afin de renouveler l'air.

Serre mobile. — Lorsqu'on a des panneaux vitrés sans emploi, on peut les utiliser en les appliquant contre un espalier pour hâter la végétation, et par conséquent la fructification des arbres qu'on recouvre ainsi. Il faut qu'ils soient soutenus par des montants, que les deux côtés soient hermétiquement fermés par des planches, et que sur l'un de ces côtés, on ménage une porte afin de pouvoir entrer par-dessous. Si on veut chauffer pour obtenir de véritables primeurs, on peut disposer un poêle dont les tuyaux passent près de terre, le long de la base de ces panneaux. Lorsqu'il y a entre cette base et le mur de l'espalier un espace suffisant, outre le sentier, on le garnit de pots de fraisiers qu'on rapproche autant que possible des verres.

Serre froide. — La serre froide est entièrement vitrée, c'est là sa principale différence avec l'orangerie, qui pour de certaines plantes n'a pas assez de lumière. Elle a deux pentes assemblées au milieu par un petit toit couvert en zinc, et qui sert de sentier pour le service extérieur. On y établit deux bâches séparées par un sentier. La terre dont on les remplit est en quantité proportionnée à la grandeur des végétaux qu'on y place, et on lui donne l'inclinaison que commande le vitrage. On ne fait point de feu dans la serre froide, à moins qu'un froid de 10 à 12 degrés se prolonge pendant un mois. On fait alors usage d'un poêle, et on ne chauffe que tout juste ce qu'il faut pour que, à l'intérieur, le thermomètre ne descende pas plus bas que trois degrés au-dessous de zéro.

Les plantes de serre froide, plantées dans la pleine terre des bâches, ne réclament pas beaucoup de soins. Pendant la belle saison, la serre est entièrement dépanneautée, et elles vivent comme en plein air ; seulement il faut veiller à cette époque à les garantir des mauvais effets des orages et surtont de la grêle. Quand le froid commence à se faire sentir, on couvre de paillassons la pente tournée vers le nord, et on laisse sans couverture celle qui regarde le midi. A mesure que le froid augmente, on ajoute à la couverture du nord des voliges et de la litière, et on l'établit à demeure jusqu'au printemps. Quant au côté du midi, on le garnit de paillassons qu'on a soin de lever pendant le jour lorsque le temps est doux, et qu'il faut soigneusement replacer tous les soirs. Toutes les couvertures sont ôtées définitivement au mois de mars, pour ne pas laisser trop longtemps les plantes privées de lumière. Les panneaux peuvent être enlevés au 15 mai et doivent être replacés au plus tard le 15 septembre. Les plantes cultivées en pots et qui n'exigent pas un conservatoire plus chaud, peuvent être rentrées dans la serre froide vers le 15 septembre, et placés sur des gradins, et sorties après le 15 mai pour être déposées en plein air, à des positions plus ou moins ombragées selon leur nature.

Le jardin d'hiver est une serre froide assez spacieuse pour qu'on puisse y dessiner un jardin et le planter de végétaux qui conviennent à cette température.

Serre tempérée. — La serre tempérée peut être disposée à un versant lorsqu'elle est appuyée contre un mur, ou à deux lorsqu'elle est en plein terrain. Elle ne diffère en rien de la précédente quant à la forme et à la disposition. Son sol devant être très sain, il vaut mieux qu'il soit plus élevé que celui environnant. L'inclinaison des châssis peut varier de 30 à 50 degrés suivant qu'on veut y cultiver des végétaux plus élevés. La température de la serre ne doit pas surpasser 25 degrés en été, ni descendre plus bas que 8 degrés sur zéro en hiver, ce qui nécessite un appareil de chauffage, thermosiphon ou autre. On peut cependant donner de l'air à la serre toutes les fois qu'à la fin de l'hiver le thermomètre est à l'extérieur à 6 degrés au-dessus de zéro. Cette aérification est favorable à l'évaporation de l'humidité intérieure qui est un des plus grands inconvénients de ces conservatoires. Pour cela, on soulève un ou plusieurs panneaux et on les referme avant que la température s'abaisse. Dans les serres à deux pentes, c'est toujours sur le côté qui regarde le midi qu'il faut lever les paneaux. Il est très essentiel d'ombrer avec des toiles les plantes de serre tempérée au début de la reprise de leur végétation, car alors elles redoutent beaucoup l'insolation.

Serre chaude. — Pour peu qu'on cultive des plantes qui appartiennent à cette température, il faut deux sortes de serres : l'une sèche, l'autre humide.

La première doit être adossée à un mur en briques de 50 centimètres d'épaisseur ; elle n'a qu'un versant regardant le midi et dont l'inclinaison varie selon la hauteur des végétaux qu'on y loge. La dispostion intérieure est une bâche d'une largeur proportionnée à celle de la serre et entourée de sentiers. Elle est construite en dalles minces et remplie de terre végétale appropriée à la nature des végétaux qu'on veut cultiver. La chaleur dont ils ont besoin doit être produite par un appareil de chauffage et non par la fermentation des matières employées à cet usage, parce qu'elles répandent de l'humidité. Sa température ne doit jamais, même dans les plus grands froids, descendre au-dessous de 10 degrés, ni pendant l'été surpasser 35 degrés. On place sur le devant de la serre des tablettes ou des dalles d'environ 40 centimètres de longeur, sur lesquelles on dépose les plantes qui ont le plus besoin de lumière. Lorsqu'on ne remplit la serre que de plantes en pot, la bâche est inutile, un gradin suffit. On peut à volonté convertir cette serre en serre humide, en arrosant les sentiers, pour produire une évaporation suffisante.

La seconde doit jouir également de l'exposition méridionale. Elle est dans une position avantageuse lorsqu'on peut l'adosser à un mur de terrasse qui transmet une humidité favorable. Elle n'a de même qu'un versant. Sa température ne doit en aucun temps descendre au-dessous de 10 degrés ni dépasser 30 degrés au-dessus de zéro. Toutefois, un abaissement inférieur qui ne serait que momentané, ne pourrait être très nuisible. Il n'est pas rare de voir sur les feuilles le matin une sorte de rosée résultant de la condensation pendant la nuit des vapeurs humides de la serre, surtout lorsque son sol est plus bas que le terrain environnant. Il faut pour les plantes de ces deux serres avoir l'attention d'ombrer au besoin, et de donner de l'air, quand le temps le permet ou l'exige.

Observations générales. L'orangerie et les différentes serres doivent toujours être munies d'un ou de plusieurs thermomètres, afin de connaître constamment et avec exactitude le degré de la température régnante. Il faut visiter le plus souvent possible les plantes renfermées dans ces conservatoires pendant la saison de l'hiver. On a soin de les nettoyer des feuilles mortes et des moisissures qui peuvent s'y développer, et de laisser entre elles le plus grand espace possible, pour qu'elles aient une somme d'air suffisante pour entretenir leurs feuilles et s'opposer à la moisissure. Il faut profiter exactement de tous les instants de beau temps pour leur rendre la lumière et les aérer, avec le soin de fermer les châssis soulevés avant l'abaissement de la température et de replacer les paillassons assez à temps pour que la chaleur produite par la présence momentanée du soleil soit conservée dans la terre.

L'eau destinée aux arrosements doit séjourner dans chaque conservatoire, afin d'en prendre la température. Ils doivent d'ailleurs être rares en hiver. Les plantes cultivées en pots, et placées sur les dressoirs ou gradins, sont celles qui en réclament davantage, parce qu'elles évaporent plus vite leur humidité. Il faut veiller à ce que la terre des pots ne se durcisse pas autour des racines qu'elle prive ainsi du bienfait de l'arrosage qui ne peut parvenir jusqu'à elles. Dès qu'on s'en aperçoit, il faut dépoter, dégager les racines de l'étreinte qu'elle éprouvent, et les rempoter immédiatement dans une nouvelle terre peu tassée.

Le rempotage est, au reste, pour les plantes de serres, une opération de la plus grande importance. On conçoit qu'on emploierait un trop grand espace si l'on donnait à chaque plante, dès le début, un vase aussi grand qu'il le lui faudra lorsqu'elle aura pris son développement. Ce n'est donc que graduellement et successivement qu'il faut leur donner des pots ou caisses proportionnés à leur volume. Il y a d'ailleurs des végétaux qui réussiraient mal si on ne maintenait leurs racines dans un espace restreint. L'époque favorable au rempotage est indiquée par l'état de la plante aux yeux des praticiens exercés. Mais en général, c'est avant la reprise de la végétation que cette opération est favorable, et les plantes de serre renouvelant leur activité végétative aux diverses époques de l'année, il en résulte que le rempotage varie selon les espèces de végétaux.

La terre de bruyère pure ou mélangée dans diverses proportions est celle qu'on emploie le plus généralement pour remplir les poteries et les bâches des serres. Les plantes cultivées dans la pleine terre de ces dernières, ont besoin de peu d'arrosement, excepté celles de la serre chaude humide.

Toutes les plantes de serre ont besoin d'être garanties de l'insolation par des toiles ou des claies pendant la belle saison et de jouir de beaucoup d'air. Parmi celles de la serre chaude sèche, un grand nombre peuvent être mises en plein air à exposition ombragée dès le mois de juin, et rentrées à la fin d'août. Il ne reste dans la serre tempérée durant l'été que celles plantées en pleine terre, mais on enlève les panneaux pour qu'elles jouissent de l'air libre.

Le thermosiphon, ou chauffage par la circulation de l'eau chaude, est aujourd'hui le moyen le plus généralement employé pour produire dans les serres la chaleur artificielle nécessaire.

L'espace ne nous permettant pas de traiter de toutes les plantes d'orangerie et de serre, nous allons seulement en donner la nomenclature par ordre alphabétique, en ajoutant quelques explications sur la culture de quelques-unes des plus importantes.

Plantes d'orangerie et de serre tempérée.

Acacia. Plusieurs espèces.
Æschinanthus grandiflorus et autres.
Agave americana.
Aloe ferox.
— soccotrina.
— variegata.
Alstrœmeria.
Angelonia grandiflora et autres.
Araucaria brasiliensis.
— excelsa.
Arbutus andrachne,
— canariensis.
Ardisia canariensis.
Azalea indica.
Banksia verticillata.
— australis.
— ericifolia.
— occidentalis.
Begonia discolor.
— manicata.
— semperflorens, etc.
Bignonia australis.
— jasminifolia.
— pandorea.
Brachysema latifolia.
Bubdleia madagascariensis.
Calcéolaires.
Callistachys lanceolata,
Calothamnus quadrifida.
Camelia.
Camphrier.
**Capparis spinosa.
Cassuarina torrulosa.
Celastrus multiflora.
* — pyracantha.
Chamœdorea elatior.
— lindeniana.
— schideana.
Chamœrops humilis.
— griffithiana.
Chorizema Dicksonii et autres.
** Clematis azurea.
** — bicolor.
** Clianthus puniceus.
Citrus aurantium.
Correa pulchella, etc.
Cunonia capensis.
Cussonia thyrsiflora,
Cycas revoluta.
* Dais cotinifolia.
* Datura arborea.
Daviesia genistoides.
Dentelaire du Cap.
Dillwynia floribunda.
Diosma ericoides, etc.
Dombeya erythroxylon.
** Daubentonia punicea.
Dracæna australis.
* Edwardsia microphylla.
* — tetraptera.
** Escallonia floribunda.
** — rubra.
Eucalyptus glauca.
— pulverulenta.
** — robusta.
Eugenia australis.
Franciscea mutabilis.
** Fuchsia corymbiflora.
** — magellanica.
Galphimia mollis.
Gnidia pinifolia.
Goldfussia glomerata.
Gompholobium polymorphum.
* Grevia occidentalis.
* Grevillea robusta et autres.
* Halleria lucida.
Houx Cassine.
Inga Harrisii.
Juanulloa aurantiaca.
Justicia hysopifolia.
Kigellaria africana.
Labichea lanceolata.
* Lagerstrœmia indica.
Lagunea squamea.
Laurier d'Apollon.
** — rose.
** Ligustrum nepalense.
Liparia sphærica.

Loddigesia oxalidifolia.
** Mahonia fascicularis.
** Mandevilla suaveolens.
Manettia bicolor.
Metrosideros lophanta.
** Myrtus communis.
— bullatus.
Nandina domestica.
Nematanthus Guilleminii.
** Olivier d'Europe.
Oxylobium arborescens et autres.
Pelargonium. Plusieurs.
Phœnix dactylifera.
Pin. Plusieurs.
Pittosporum sinense.
— tobira.
— undulatum.
Platylobium formosum.
Podocarpus. Plusieurs.
Podolobium polymorphum.
** Poinciana Gilliesii.
Polygala cordifolia.
Protea argentea.
Protea formosa.
— latifolia.
— speciosa, etc.
Psoralea uniflora.
Pultenæa daphnoides.
Punica granatum.
Rhapis flabelliformis.
Rondeletia speciosa.
Royena lucida,
Sabal Adansoni.
— mexicana.
** Schinus mollis.
— therebentifolius.
Sparmannia africana.
Siphocampylus.
Tarchonantus camphoratus.
Tecoma australis.
Tetranthera Japonica.
* Verveine à trois feuilles.
* Viburnum cassinoides.
Virgilia aurea.
Zieria à grandes feuilles.

N. B. — Parmi les plantes qui précèdent, celles qui n'ont point d'astérisques (*) ont besoin de l'orangerie éclairée, ou mieux de la serre tempérée; celles qui en ont un, peuvent résister dans les parties obscures de ce conservatoire; enfin celles qui en ont deux passent l'hiver sans encombre avec l'abri de la serre mobile et de paillassons.

Il en est quelques-unes auxquelles nous consacrerons quelques observations rapides, parce qu'elles forment collection, et qu'elles sont aujourd'hui d'un intérêt considérable.

Agave. Aloe. — Ces plantes se cultivent comme les *Cactées* (Voy. plus loin aux *Plantes de serre chaude*), mais elles craignent moins le froid et l'humidité.

Azalées de l'Inde. — Il leur faut un abri pour la mauvaise saison, et nous dirons qu'elles sont toujours plus belles en serre tempérée éclairée que partout ailleurs. On en élève à tiges que l'on peut greffer de plusieurs variétés à la hauteur de 2 mètres environ, et qui forment un charmant effet. Il faut les rempoter souvent, et veiller à maintenir la terre dans un bon état de fraîcheur, en se garantissant toutefois de trop d'humidité par le drainage dont on garnit le fond des pots, et qui est généralement utile pour toutes les plantes de terre de bruyère.

Camélia. — Les nombreuses variétés qui composent les collections de ces beaux arbrisseaux ont toutes pour

Camélia.

type le *C. japonica* ou *Rose du Japon*, et c'est à la culture et au semis que l'on doit leur perfection et leur beauté. On se procure des sujets pour greffer par le marcottage, et de boutures prises sur le camélia à fleurs simples. On les greffe en fente et en placage. Le semis est le moyen d'obtenir des variétés. On tient les camélias en pots, ou mieux en caisses, en terre de bruyère pure ou artificielle, mais non mélangée de sable. Il leur faut dès la mi-septembre la serre tempérée et éclairée. La température ne doit pas descendre au-dessous de 8 degrés centigrades. Il faut aérer souvent la serre, autrement l'humidité leur est fatale et fait tomber les boutons. Ils végètent surtout au printemps et en août, époque où ils ont besoin de plus de mouillure. Les arrosements doivent être faits à l'eau de pluie ou à l'eau de rivière, toujours à une température douce. Leur feuillage a également besoin d'un bassinage souvent répété. Ils fleurissent de novembre en avril. On peut tailler si l'on veut, mais avant la pousse du printemps. On rencaisse s'il est nécessaire au moment de la sortie, qui a lieu à la fin de juin.

Fuchsia. — Ces jolis arbrisseaux, presque tous originaires du Chili et du Mexique, fournissent depuis quelques années un nombre considérable de variétés, toutes fort remarquables, autant par les diverses nuances de rouge, de rose et de blanc, que par leur forme élégante et peu commune. On les multiplie de graines, qu'il faut semer sur couches, ou de boutures également sur couches et étouffées. On les cultive en pots ou en caisses, en terre de bruyère mélangée. On peut les planter à l'air libre, pendant l'été, en terre légère, pour les relever en automne, et les rentrer en serre tempérée avant les froids. Ils fleurissent tout l'été et une partie de l'automne. Il leur faut de fréquents arrosements durant la floraison. On en voit aujoud'hui de fort belles collections.

Laurier-rose, *Nerium oleander.* — Arbrisseau charmant de l'Inde et de l'Europe méridionale, fleurissant pendant l'été et une partie de l'automne. Ses fleurs sont roses, blanches, jaunâtres, simples et doubles. On le cultive en pots, en caisses ou en terre à oranger. Il lui faut l'orangerie pendant l'hiver, qu'il passe facilement, sans beaucoup de précautions, et où il réclame une mouillure ou deux. On le multiplie de semis, de boutures, de marcottes et de greffes. Cet arbrisseau a fourni une quarantaine de variétés. On a le tort de le cultiver trop peu.

Pelargonium. — Ce beau genre, qui compte un grand nombre d'espèces, auxquelles l'horticulture a ajouté 5 ou 600 variétés, a, au contraire, un grand nombre d'amateurs. Les variétés qui ont des racines tuberculeuses, se multiplient

Pelargonium zébré.

par la séparation de leurs tubercules. Les autres se reproduisent de boutures et toutes de semis. Leur culture exige beaucoup de précautions. On les tient en serre tempérée depuis la mi-septembre jusqu'au 1er juin; on les cultive en pots, en terre douce mélangée de terreau. Il faut, pendant leur séjour dans la serre tempérée, les arroser modérément, et en se conformant pour cela à leur état de vigueur et de végétation. Il leur faut une très grande propreté, et la même température que pour les camélias. Ils fleurissent du 15 avril à la fin de juin. On les taille en août, et on les raccourcit beaucoup, en ayant soin de supprimer tout ce qui est faible et mal placé. On s'efforce de leur faire prendre une tête arrondie à laquelle on ne conserve que quatre ou six branches. On sème à nu, sous châssis, pour obtenir de nouvelles variétés; mais toutes celles que l'on cultive ne donnent pas de graines. On les multiplie également de boutures, qu'on fait reprendre en terreau de couche sous châssis, ce qu'on obtiendra assez facilement si l'on opère de juillet en septembre. Après un mois, ces boutures peuvent être empotées et traitées comme des plantes faites. On en connaît aujourd'hui de fort belles collections. On a maintenant des variétés dont les pétales inférieurs sont, comme les supérieurs, garnis de macules d'une couleur plus foncée, et qui font un bel effet.

Une espèce très distinguée est le *Pelargonium zébré :* Arbuste à tiges sous-ligneuses, charnues et fermes; feuilles en cœur, parfois rondes et souvent dentées, avec une zone rougeâtre en dessus; fleurs tout l'été, rouge écarlate carminé, ou rose vif, ou mêlées de diverses teintes.

C'est à tort que quelques personnes confondent les pelargonium avec les geranium.

Plantes de serre chaude.

Nous avons dit tout à l'heure qu'il y avait deux sortes principales de serres chaudes, celle dont l'air est sec et celle dont il est plus ou moins chargé de vapeurs humides. Nous pourrions ajouter que l'on se trouverait beaucoup mieux d'avoir une serre chaude appropriée à chaque genre de plantes, comme le font les horticulteurs marchands, mais cela entraîne à des dépenses que le plus grand nombre des amateurs ne peuvent ou ne veulent pas faire. Nous allons donc indiquer ici un choix nominatif de plantes de serre chaude, en distinguant par un astérisque celles qui réclament l'humidité.

Abroma fastuosa.
Acacia cornigera.
— grandiflora.
* Achimenes grandiflora.
* — longiflora.
* — pedunculata.
* — rosea.
* Acrocomia sclerocarpa.
* Agathophyllum aromaticum.
Allamanda verticillata.
* Alsodeia Roxburghii.
* Anacardium occidentale.
Andropogon squarrosus.
Anona glabra.
— palustris.
— squamosa.
* — sylvestris.
* Ardisia crenata.
— crenulata.
* — paniculata.
— solonacea
Areca catechu.
— crinita.
— rubra.
Arenga saccharifera.
* Argyreia speciosa.
Aristolochia grandiflora
— labiosa.
* Artocarpus incisa.
* — integrifolia.
* Arthrostemma parietaria.
Asclepias curassavica.
Astrapea Wallichii.
Astrocaryum Ayrii.
Attalea compta.
* Bactris acanthonæmia.
* — caryotæfolia.
* — minor.
* — setosa.
Bambusa arundinacea.
— Thouarsii,
Barringtonia acutangula.
Barringtonia racemosa.
— speciosa.
Basella rubra.
Bauhinia aculeata.
— anatomica.
— forficata.
— racemosa.
Begonia coccinea.
— discolor.
— Dregii.
— Fischeri, etc , etc.
* Bertholetia insignis.
* Besleria coccinea.
* — mellitifolia.
Bignonia lactiflora.
* — paniculata.
* — venusta.
* Blackea trinervia.
Bonplandia geminiflora.
Bougainvillea spectabilis.
* Bragantia tomentosa.
* Brexia madagascariensis.
— spinosa.
* Brownea grandiceps.
Brunsfelsia americana.
— grandiflora.
— violacea.
* Byrsonima spicata.
Cacaoyer.
* Cæsalpinia echinata.
Caladium esculentum.
* Cannellier.
Capparis frondosa.
— glandulosa.
— saligna.
— viridiflora.
* Carapa guyanensis.
* Carolinea princeps.
* Caryophyllus aromaticus.
Cecropia peltata.
* Cedrela odorata.
Cerbera fruticosa.

Cerbera manghas.
Cereus flagelliformis.
— speciosissimus.
Cestrum diurnum.
— macrophyllum.
Chrysophyllum Cainito.
* — macrophyllum.
* Clavija lanceæfolia.
* — latifolia.
Clerodendron speciosissimum
* — splendens.
— squamatum.
— viscosum.
* Clitoria ternata.
* Clusia rosea.
* Coccoloba pubescens.
Cocos flexuosa.
— mikaniana.
— nucifera.
Coffea arabica.
— mauritiana.
Combretum purpureum.
* Copaifera officinalis.
* Cupania glabra.
Curculigo sumatrana.
* Curcuma aromatica.
* — roscœena.
Cycas circinalis.
Dentelaire rose.
* Dichorisandra ovata.
— thyrsiflora.
* Dillenia speciosa.
Diospyros ebenus.
* — mabolo.
Diplothemium maritimum.
Dombeya Ameliæ.
* Dorstenia cerathosanthos
* — fruticosa.
Dracæna brasiliensis.
— emarginata.
— ferrea.
— reflexa.
— terminalis.
Duranta microphylla.
* Echites melaleuca.
* — torrulosa.
Epiphyllum truncatum.
Epiphyllum Russelianum.
Eranthemum strictum.
Erytrochiton brasiliense.
Eugenia malaccensis.
Eupatorium ayapana
* Exostemma caribæa.
— northumberlandiana.
Figuier cerasiformis.
Figuier cestrifolia.
— citrifolia.
— macrophylla.
— nymphæifolia.
— stipulata.
Franciscea latifolia.
— uniflora.
* Gardenia genipa.
Gastonia acuminata.
Gayacum officinale.
Gay-Lussacia pseudo-vaccinium.
* Genipa americana.
* Geoffroya inermis.
* Geonoma pinnatifrons.
— stricta.
*Gesneria caracassana.
* — Cooperii.
* — elongata.
* — labiosa.
* — latifolia.
* — spicata.
* — zebrina.
* Gloriosa superba.
* Gloxinia bicolor.
* — candida.
* — caulescens.
* — maxima.
* — rubra.
* — Schotii.
* — speciosa, etc.
Goldfussia glomerata.
Gossypium arboreum.
Griffinia hyacinthina.
* Gustavia augusta.
* Gynerium saccaroides.
Hedychium coronarium.
— flavescens.
Heteropteris chrysophylla.
— nitida.

Heteropteris sericea.
Hibiscus Cameroni.
— macrophyllus.
— rosa sinensis.
Hymenæa Courbaril.
* Hyophorbe amara.
* — commersoniana.
* Imbricaria maxima.
Inga ferruginea.
Ipomæa pendula.
Ixora coccinea.
— cuneifolia, etc.
Jacaranda mimosæfolia.
— pubescens.
Jacquinia aurantiaca.
Jasminum angustifolium.
— multiflorum.
Jatropha acuminata.
— multifida.
— purpurescens.
* Jonesia asoca.
* — pinnata.
Justicia bicolor.
— carnea.
— coccinea.
— cristata.
— venusta, etc.
Lantana camara.
— nivea.
— speciosa.
* Latania borbonica.
* — rubra.
Lecythis ollaria.
Lemonia spectabilis.
Malpighia glabra.
— neumanniana.
— urens, etc.
Mammea americana.
Marantha zebrina.
Marica cærulea.
— nortiana.
* Melastoma cymosum.
* Melastoma malabaricum.
Melocactus amœnus.
— Duboisianus.
Musa discolor.
— sinensis, etc.
* Myristica officinarum.
* Nepenthes distillatoria.
* Ormosia dasycarpa.
* Pandanus bromeliæfolius.
* — inermis, etc.
Passiflora alata.
— kermesina.
— palmata.
— quadrangularis.
— racemosa.
— rubra.
— serratifolia, etc.
Petrea volubilis.
Plumeria acuminata.
* Poinciana pulcherrima.
* — regia.
* Quassia amara.
* Quisqualis indica.
* Ravenala madagascariensis.
* Rhipsalis crispata.
— paradoxa.
* Santalum album.
Sinningia guttata.
— Lindleyii.
— villosa.
Sipanea carnea.
Spathodea speciosa.
Stephanotis floribunda.
Sterculia fetida.
Stigmaphyllon aristatum.
— ciliatum.
Stiftia chrysantha.
Urania amazonica.
Xantochymus ovatifolius
— tinctorius
Zalacca azamica.

Parmi les plantes de serre chaude sèche qui exigent encore le moins d'humidité dans ce conservatoire, et que pour cette raison on doit de préférence placer sur les tablettes disposées sur le devant, nous devons citer les *Amaryllis reginæ* et *fulgida*, les *Angelonia minor* et *salicarioides*, le *Columnea scandens*, les *Heliotropium peruvianum* et *grandiflorum*, l'*Hibiscus fulgens*, les *Lantana*, quelques *Lobelia*, le *Mentzelia hispida*, les *Ruellia formosa* et *varians*, les *Sinningia* et toutes celles qui n'ont pas besoin de chaleur aux racines. Il en est aussi quelques-unes qui passent fort bien l'hiver en serre

Achimènes variés.

humide, pourvu qu'on leur réserve les places les plus saines. Telles sont les *Astrapea*, *Barringtonia speciosa* et *acutangula*, *Cecropia peltata*, *Carolinea princeps*, *Combretum*, *Coffea arabica*, etc.

Il faut ajouter aux plantes de serre chaude humide toutes les aroïdées, les broméliacées, les fougères et les orchidées, moyennant que, pour ces dernières, qui croissent à l'ombre des forêts les plus impénétrables des pays chauds, on ait soin de barbouiller le vitrage avec du blanc d'Espagne pour modifier l'activité de la lumière, et cela depuis le printemps jusqu'à l'automne.

Les **Achimènes** constituent un genre nouveau qui se compose déjà d'un assez grand nombre d'espèces, la plupart originaires de la Jamaïque et du Mexique. Elles ont les racines tubéreuses, et c'est par leurs tubercules qu'on les multiplie. Il leur faut une terre légère, et beaucoup d'eau en été. Elles perdent leurs tiges chaque année, mais on conserve les tubercules au sec pendant l'hiver en serre chaude, et on ne les arrose que lorsque la végétation commence. Elles fleurissent tout l'été. Leurs fleurs, dont le limbe est plan, et qui sont tubulées, sont roses, rouges, coccinées, bleues, rose violacé, etc., selon l'espèce.

Les **Begonia**, originaires de la Chine et de l'Amérique méridionale, comptent aussi dans la serre chaude un assez grand nombre d'espèces, remarquables la plupart par leurs feuilles inégales. Elles fleurissent de mai en décembre. Les fleurs sont d'un rose plus ou moins pâle, blanches, coccinées. Ils veulent tous la culture en pots plutôt petits que grands. On les rempote peu souvent, et il suffit que les nouveaux pots puissent contenir les racines. La terre de bruyère tourbeuse et fraîche leur convient. On les tient continuellement en serre chaude, et on les multiplie de rejetons et de boutures.

Le **Bougainvillea** *spectabilis* est un arbrisseau sarmenteux du Brésil auquel il faut la pleine terre en serre chaude. Il y fleurit d'avril en mai, et les guirlandes qu'il forme sont alors couvertes de fleurs entourées de grandes bractées d'un rose violacé, magnifiques et du plus bel effet. On le multiplie facilement de boutures.

Les **Cactées**, qui ne doivent jamais supporter une température au-dessous de 10 degrés, ce qui serait très nuisible à la plupart des échinocactes, mamillaires et mélocactes, doivent être cultivées dans une serre à part. On peut y admettre les plantes grasses, quoique plusieurs, les *opuntia*, par exemple, puissent supporter une température bien plus basse.

Toutes ces plantes se cultivent en pots dans un mélange

de bruyère et un tiers de terre franche. Tous doivent être garnis d'un épais drainage et peuvent être déposés sur des tablettes ou des gradins. On les rempote après l'hiver avant le début de la végétation nouvelle.

Si, en opérant, on trouve des racines atteintes de pourri-

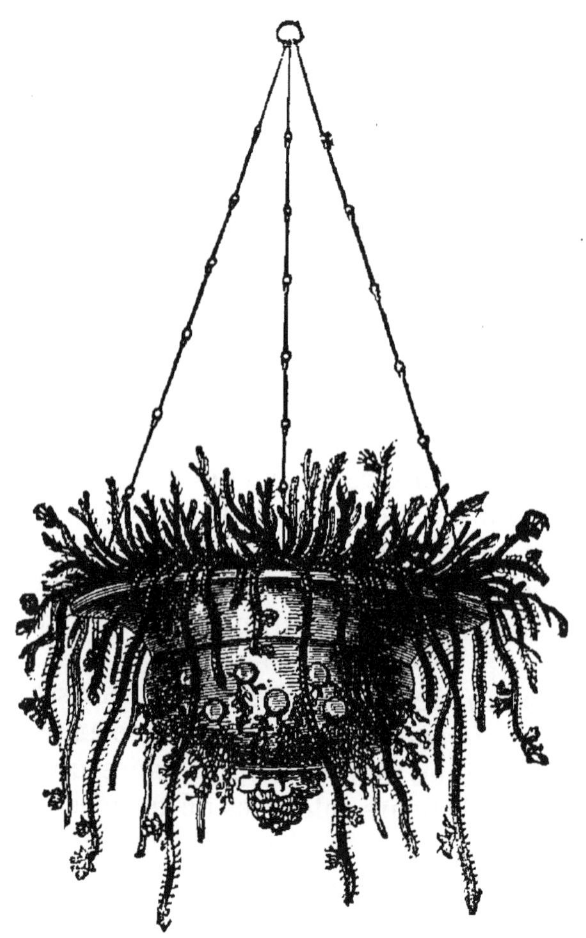

Cactus serpentaire.

ture, il faut les retrancher jusqu'au vif et tenir les plantes ainsi amputées sur une table, et dans un lieu très sec. Après quelques jours, on les pose sans les enterrer sur la terre d'un pot où elles ne tardent pas à émettre de nouvelles racines.

Les cactées peuvent être placées en plein air durant les grandes chaleurs, en les ombrant avec une toile pendant les premiers jours. Les *epiphyllum* et les *rhipsalis* redoutent le plus l'action directe du soleil, et les *mélocactes* doivent constamment être tenus en serre. Il leur faut peu, mais cependant quelques arrosages pendant l'hiver, et ce qui leur est le plus nécessaire, le renouvellement de l'air. Le *cereus flagelliformis* ou *cactus serpentaire* est une des espèces les plus gracieuses de cette famille.

Les **Clerodendrons** ornent la serre chaude de plusieurs espèces originaires de Ceylan, de l'Inde et de la Chine. Nous citerons les *C. infortunatum*, à fleurs d'un blanc de neige et carminées à la base, à odeur de fleurs d'oranger, les *speciosissimum*, à fleurs coccinées: les *splendens*, à fleurs d'un rouge éblouissant; les *japonicum*, à fleurs blanches en dedans et purpurines en dehors; ils se dépouillent en hiver et il leur faut peu d'eau, mais beaucoup en été. La terre franche légère est celle qui leur convient. On les multiplie de rejetons et de boutures sur couche chaude et sous châssis.

Les **Gesneria**, dont on connaît plusieurs espèces originaires de l'Amérique méridionale, craignent l'humidité pendant l'hiver, et veulent, pour cette saison, la serre chaude sèche, tandis que, dans l'été, il leur faut la serre chaude humide. Dès qu'ils perdent leur tige, de la fin d'octobre aux premiers jours de novembre, il faut commencer à ralentir les arrosements, qu'on finit par ne plus leur donner qu'une fois en quinze jours. On les reporte avant la reprise de la végétation, et dès qu'ils poussent des tiges, on les arrose abondamment et souvent. Il leur faut à tous une terre légère, et leurs fleurs rouge éclatant, rouge color coccinié, roses, etc., se montrent toute l'année, mais à diverses époques, selon les espèces.

Les **Gloxinia** constituent un genre qui semble devoir jouer un rôle important dans la serre chaude. On en connaît plusieurs espèces qui toutes donnent des graines, dont on a déjà obtenu un certain nombre de variétés fort belles. Ils veulent les soins de culture des gesneria, et se multiplient de boutures et par les tubercules de leurs racines. On a fait, sous le nom de *Ligeria*, une classe de gloxinia qui, née du *fyfiana*, porte sa corolle redressée, tandis qu'elle est inclinée dans les gloxinia.

Ixora. On cultive en serre chaude humide plusieurs espèces de ce genre, dont les fleurs, écarlate vif dans le *coccinea*, sont plus ou moins jaune orangé dans les autres. Leur culture, au reste, exige beaucoup de soins. On les multiplie de marcottes et de boutures. Celles-ci, que l'on fait au printemps, sur couche étouffée et sous châssis, ne s'enracinent pas facilement. Il leur faut à la fois beaucoup de chaleur, d'humidité et d'ombre. La terre qui leur convient est une terre franche substantielle.

Les **Justicia** ou **Carmantines**, dont quelques espèces exigent la serre chaude, s'y font remarquer, les unes par leurs fleurs écarlates et brillantes dans la *justicia picta*, blanches et pourpres, dans la *justicia bicolor;* roses, dans la *carnea*, etc., toutes en épis élégants. Elles veulent une terre légère et fraîche, et se multiplient de boutures et de graines.

Les **Passiflores** sont d'élégants arbustes, qui forment de charmantes guirlandes dans les serres chaudes qu'elles parent de leurs jolies fleurs. Plusieurs ont des fruits comestibles, mais qui ne mûrissent pas toujours. Les unes ont les feuilles entières, les autres lobées. Il leur faut une terre légère et douce, avec arrosements soutenus pendant la végétation. Elles font mieux, plantées en pleine terre dans les bâches.

Nous ne disons rien des serres aquatiques dont l'établissement est d'ailleurs coûteux, surtout si l'on voulait cultiver des plantes comme le *victoria regia*, dont les feuilles ont des dimensions colossales. Cependant les personnes qui dans leur serre chaude auraient un bassin, pourraient y cultiver les *nelumbium*, *nymphæa*, *pontederia*, *thalia*, *valisneria*, etc., auxquels même des baquets peuvent suffire.

II. *Moyens d'activer la végétation par la chaleur.*

Côtières. — On entend par côtières des plates-bandes abritées contre le vent du nord au moyen d'un mur ou d'une haie et exposées au soleil. Cette disposition est très favorable à la végétation et produit les meilleurs effets.

Côtière.

Ados. — On donne ce nom à des plates-bandes disposées en talus inclinés du nord au sud, c'est-à-dire de telle sorte que le côté nord soit plus élevé que le côté sud.

La pente que l'usage a indiquée comme étant la meilleure est 1/4. C'est-à-dire que pour une plate-bande large de 2 mètres, le côté nord devra être de 0^m,50 cent. plus élevé que le côté sud. Cette disposition protège d'une façon très efficace les végétaux contre les vents et les pluies du nord. De plus elle facilite l'écoulement des eaux dans les terrains humides.

Outre les côtières et les ados, il existe un autre moyen bien plus puissant d'activer la végétation par la chaleur. Nous voulons parler des couches.

Couches. — Les couches sont des planches plus ou moins longues, larges, épaisses, ou élevées au-dessus du sol, que l'on forme avec divers fumiers, des feuilles, des mousses et généralement toutes substances fermentescibles capables de développer de la chaleur et de la conserver un temps plus ou moins long.

On les recouvre de terreau ou de terre mélangée, selon la nature des végétaux auxquels elles sont destinées.

On les distingue en couches *chaudes* et *tièdes*, qui se font sur le sol que l'on choisit sec et non humide, et en couches *sourdes*, que l'on monte dans une tranchée.

Toutes se font de l'est à l'ouest, pour qu'elles jouissent de l'exposition du midi.

Pour monter une couche *chaude* ou *tiède*, on tend parallèlement deux cordeaux à la distance d'un mètre 30, largeur qu'on adopte généralement à cause de la dimension des coffres, qui est de 1^{m},33 centimètres.

On apporte à proximité le fumier dont on veut la former, et on le range par lits égaux entre les deux cordeaux. On a soin que l'épaisseur soit partout la même, et après avoir piétiné et frappé avec le dos de la fourche chaque lit, on arrose le fumier pour activer sa fermentation, dans le cas où il est trop sec. Lorsque le fumier est très long et sec, il faut souvent l'arroser plusieurs fois pendant la confection de la couche. On le couvre immédiatement de terreau ou de terre préparée. On pose les coffres, et par dessus, les panneaux vitrés. La longueur des couches dépend du nombre de coffres qu'elles doivent recevoir. Elles ont toujours 4, 8, 12, 16, etc., mètres de long; plus, 0^{m},05 centimètres par coffre, pour l'épaisseur du bois.

Les couches *sourdes* se font dans des tranchées dont la largeur est aussi d'un mètre 30 et dont la profondeur varie selon la nature du terrain. Elle est de 40 centimètres quand il est sec, et de 30 seulement s'il est humide.

On y range de la même manière le fumier, de façon toutefois à ce qu'il forme le dos d'âne, et on les couvre entièrement de terre, qui est ordinairement celle de la tranchée, quand le sol est de bonne qualité, ou mêlée avec du terreau, en cas de besoin.

Ces couches sont ordinairement employées aux cultures sous cloches. Cependant on y pose aussi quelquefois des châssis.

On comprend qu'afin que les conches puissent se soutenir convenablement, il faut que le fumier qu'on y emploie soit pailleux, ou si on les construit avec d'autres substances, il est nécessaire d'y mêler de la paille ou des matières fibreuses, qui puissent lier et maintenir les parties désagrégées.

Les couches ont d'autant plus de chaleur qu'elles sont plus épaisses. Ainsi, celles d'hiver ou chaudes, ont 0m,66 centimètres d'élévation, celles de printemps ou tièdes 0m,50 centimètres, et celles en tranchées ne dépassent le sol que de 20 à 30 centimètres.

Nous avons dit que toutes les substances fermentescibles étaient susceptibles de développer de la chaleur, mais à un degré variable. Il importe donc, si l'on veut les faire entrer dans la composition des couches, d'avoir une idée de la température chaude qu'elles peuvent produire et du temps pendant lequel cette température peut être maintenue. Nous empruntons les données suivantes à la *Monographie du melon* de M. Jacquin :

« Le fumier de mouton donne 60 à 70 degrés et dure quatre mois.

« Le fumier d'âne, de cheval, de mulet, 50 à 60 degrés ; dure six mois.

« Le fumier des bêtes à cornes, 35 à 45 degrés, dure huit mois. Cette chaleur peut être augmentée par le mélange avec de la poudrette, de la colombine et de la fiente de volailles.

« Le tan, 35 à 40 degrés, dure six mois.

« Les feuilles sèches, 35 à 48 degrés, durent un an. Toutes les autres substances végétales seules produisent la même chaleur, lorsqu'elles ont été conservées plus ou moins longtemps en tas. Cette chaleur peut être augmentée en les saupoudrant de chaux vive pulvérisée ; mais alors la durée est moindre. La poudrette, la colombine et la fiente des volailles, mêlées en tiers à ces substances, peuvent en faire monter la chaleur au même taux que celle du fumier de cheval.

« Les marcs de plantes oléagineuses donnent environ

35 degrés; les résidus des raisins, des pommes et des poires dont on extrait le jus, produisent une chaleur d'environ 50 degrés; les uns et les autres durent, dit-on, 15 ou 18 mois.

« Quant aux boues des rues et aux balayures des grandes routes, leur énergie dépend des localités où elles furent ramassées.

« Ces données peuvent servir à composer les mélanges pour arriver à un degré de chaleur voulu On pense bien que celui que nous avons indiqué pour chaque fumier ne se conserverait pas pendant tout le temps que nous avons déterminé si l'on ne remaniait les couches chaque fois que la chaleur est trop diminuée. »

On conçoit que lorsqu'on forme une couche avec des fumiers mêlés, il faut avoir un grand soin de faire le mélange aussi égal et intime que possible, pour qu'il ne se développe pas plus de chaleur sur un point que sur un autre.

Les couches d'hiver doivent être faites parallèlement, à 50 centimètres l'une de l'autre, disposition économique qui permet de les réchauffer, en remplissant de fumier neuf de cheval les sentiers qui les séparent.

C'est ce fumier ainsi appliqué qu'on nomme *réchaud.* Il a besoin d'être remanié tous les quinze jours, et quelquefois même renouvelé.

Les couches faites après le 15 avril ont rarement besoin d'être réchauffées.

Lorsqu'il y a nécessité d'appliquer un réchaud à une couche isolée, il faut qu'il soit large d'au moins 0m,50 centimètres, et vienne jusqu'à la hauteur du coffre.

Les couches sur lesquelles on ne pose point de châssis doivent être, aussitôt leur confection, couvertes du terreau ou de la terre nécessaire, mais alors il faut les border. Pour cela, on se sert du bordoir (V. page 20), ou l'on fait un bourrelet ou corde de paille ou de litière de 12 à 15 centimètres de diamètre; on en entoure toute la couche, sur les bords de laquelle on le fixe avec des piquets en bois. Ensuite on charge la couche et on presse soigneusement la terre ou le terreau contre ce bourrelet.

Les jardiniers qui pratiquent depuis longtemps ont l'habitude de reconnaître à la main la chaleur de leurs couches. Pour cela, ils y plongent un morceau de bois pointu, qu'ils retirent au besoin, pour presser dans leur main la partie enterrée; mais il nous paraît plus sûr de se servir d'un thermomètre. C'est, en pareil cas, le thermomètre-piquet de Renier dont il convient de faire usage. Il est entouré d'un tuyau de bois de chêne pointu, ce qui protège sa fragilité et le rend commode pour être enfoncé dans les couches.

Il arrive que les couches qui viennent d'être faites développent immédiatement un degré de chaleur assez élevé pour tuer les graines ou les jeunes plants dont on les garnit. Cet inconvénient a surtout lieu pour celles qui sont composées de fumier de cheval pur, et, dans ce cas, il faut quelquefois attendre huit jours pour que la chaleur soit abaissée au point convenable.

On hâte ce moment en y pratiquant des *ventouses*.

On les fait en tirant sur les flancs de la couche quelques poignées de fumier. Les trous qui en résultent permettent à l'air d'y pénétrer et de ralentir la fermentation.

Il faut donc, quand on prépare les couches, calculer tous ces retards, à moins qu'on n'ait le soin de faire, pour les monter, des mélanges de fumiers moins actifs. Les feuilles, celles de chêne surtout, peuvent être employées avec succès dans les couches en les mêlant au fumier

DEUXIÈME PARTIE

TRAVAUX MENSUELS — ALTERNANCE

AVRIL

Nous commençons notre nomenclature des travaux de chaque mois par le mois d'avril, parce que c'est celui des mois de l'année qui oblige le jardinier à la reprise de ses travaux actifs et nombreux. C'est le mois où la nature a déjà commencé à faire surgir du sein de la terre quelques-unes de ses plantes et de ses fleurs.

Nous empruntons les conseils qui vont suivre au *Journal de la Société centrale d'horticulture.*

Travaux généraux. — Il faut se hâter de mettre la dernière main aux travaux qui n'ont pas été terminés dans le mois de mars, tels que les labours, l'enfouissement des engrais. Les allées doivent être nettoyées et sablées, les massifs binés et labourés. La température devenue plus douce, permet de finir toutes sortes de semis ; on éclaircira ceux qui ont été faits en mars.

Il faut mettre du paillis sur les plantations, afin de les préserver du hâle. Les nuits étant encores froides, les arrosements doivent être faits le matin et pendant la première partie de la journée seulement. Détruire, autant que possible, les insectes et terminer l'échenillage.

On enlèvera tous les abris, tels que paillassons, litières, qui ont servi à protéger les végétaux délicats.

Plantes d'ornement de pleine terre. — Les plates-bandes destinées à recevoir les plantes herbacées doivent être tenues propres et soigneusement râtelées ; semer en place les capucines, les haricots d'Espagne, les volubilis, les lupins annuels, les nigelles, les giroflées de Mahon, les collinsies bicolores, les némophylles, les ibéris odorants, les campanules, etc. Semer pour être repiqués les œillets et roses d'Inde, les belles de jour, les belles de nuit, les reines-marguerites, les coréopsis, les œillets de Chine, les phlox, les giroflées quarantaines, le souci doré et pluvial, le séneçon des Indes. Semer sur couche : les amaranthes crêtes de coq tricolores, les gonphrènes ou amarantines globuleuses, les aubergines blanches, les diverses variétés de tomates d'ornement, les balsamines. Toutes ces plantes doivent être repiquées en pépinière sur une petite couche avant d'être mises en place. Les cucurbitacées d'ornement, telles que les coloquintes, les gourdes, peuvent être semées en même temps que ces plantes. En ce mois, il faut planter toutes les plantes vivaces que l'on n'aurait pas mises en terre dans le mois de mars, et généralement celles qui fleurissent à l'automne, à l'exception des chrysanthèmes, dont nous parlerons pour le mois de mai. Séparer les œilletons d'oreilles d'ours. Repiquer les jeunes plantes semées au commencement de la saison. Séparer les bourgeons de dahlia mis sous châssis, afin d'en activer la végétation. Mettre en pots les œillets, leur donner des tuteurs et les garantir contre les gelées blanches. Si le froid menace, couvrir pendant la nuit les tulipes, renoncules et anémones. Semer les graines d'arbres verts. Rechausser de terre neuve les touffes isolées d'arbustes à fleurs. Diviser les phlox, les asters et généralement toutes les plantes qui donnent beaucoup de rejets ; en les éclaircissant, non-seulement on obtient de plus belles panicules de fleurs, mais on augmente leur force au point de pouvoir se dispenser de les soutenir par des tuteurs. Planter les roses trémières d'arrière-saison.

Commencer à tondre les pelouses. Cette opération doit fréquemment se répéter, si l'on veut avoir de beaux gazons. Les pelouses doivent être souvent arrosées, et même quelquefois, avec de l'eau contenant un peu d'engrais.

Il faut avoir soin que les arbustes ou arbrisseaux d'ornement transplantés ne souffrent pas de la sécheresse. Un fort mouillage dans les terres légères, après leurs plantations, est souvent nécessaire pour maintenir de l'humidité aux racines qui ne doivent pas être noyées. On réglera les arrosements selon le plus ou moins de sécheresse de l'atmosphère. On doit aussi prendre des précautions pour que les coups de vent ne puissent déraciner les jeunes plantations, ce qu'on prévient au moyen de tuteurs ou de fils de fer.

Repiquer les giroflées, les delphinium et généralement les jeunes tiges de plantes herbacées; repiquer aussi ou empoter les boutures faites sur couche, aussitôt qu'elles seront suffisamment enracinées; mais, avant de les mettre en plein air, avoir soin de les endurcir en les aérant graduellement.

Il faut semer, dans les endroits dégarnis, où l'on a mis des plantes herbacées, des pavots doubles de diverses couleurs, des lupins, des soucis français ou d'Afrique, des érysimum, des juliennes, des silènes, escholtzia, mignonnettes, etc. Il faut aussi empoter les grimpantes qu'on voudra planter au printemps, telles que les cobœa, lophospermum, mourandia, loasa, tropœolum canariense, etc. On sait le parti qu'on peut tirer de ces plantes pour orner les parties dégarnies des murs ou des treillages.

A la fin du mois, il est encore dangereux de retirer les châssis des plantes même les plus robustes, telles que les calcéolaires et les verveines fortes, à moins qu'on ne puisse les protéger contre le froid des nuits et le hâle des vents desséchants. Le meilleur moyen de les endurcir est, comme nous l'avons dit, de leur donner autant d'air que les circonstances le permettent. Lorsqu'on relève ces sortes de plantes pour les mettre dans une bâche froide, on doit les placer dans du sable fin; cela rend les arrosements plus profitables et elles se trouvent mieux que resserrées dans des pots étroits. On commence à remarquer les plantes en fleurs pour choisir les porte-graines.

Serre tempérée. — Les graines de plantes d'ornement en général semées en mars commencent à lever dans le mois d'avril; il faut les habituer progressivement à l'air avec demi-soleil, et leur donner de légers bassinages avec une seringue très fine.

On peut cesser de faire du feu dans les serres tempérées,

excepté durant les quelques nuits froides qui peuvent survenir dans le courant de ce mois. On continue de sortir, en les abritant des courants d'air froid, les rhododendrons, métrosidéros, azalées de l'Inde et autres plantes également rustiques. Pendant la seconde quinzaine d'avril, on pourra de même sortir les pélargonium, qui devront être mis contre des abris ou sous châssis. On fera ainsi de la place à ceux qui sont réservés pour la première floraison, et qui doivent être retournés souvent et exposés à la lumière dans tous les sens, afin que la végétation se fasse également dans toutes leurs parties. Il faut s'assurer de l'état du drainage des fortes plantes qui n'ont pas été rempotées et qui sont ou en fleurs ou sur le point de le devenir. Elles ont besoin de fréquents arrosements, et le séjour de l'eau au fond des pots dans lesquels elles sont placées leur serait fatal. En général, pour toutes les plantes de serre tempérée, on peut donner des bassinages deux ou trois fois par semaine au moins; mais il faut le faire si la température est convenable, c'est-à-dire si l'air n'est pas trop dur, et principalement dans la matinée ; il faut encore donner de l'air une heure après cette opération. Apporter le plus grand soin dans l'examen des plantes placées sur les gradins et qui souvent ont besoin d'eau, bien que la terre des pots qui les renferment paraisse humide à la superficie.

En général, les jeunes sujets de plantes ligneuses de serre tempérée doivent être tenus dans une humidité ordinaire et à une température de 8 à 10 degrés au-dessus de 0. Il faut continuer à laver et à nettoyer les plantes; si les insectes, tels que pucerons et autres, se montrent, il faut avoir recours aux fumigations de tabac, principalement le soir et lorsque les feuilles sont sèches; ne pas oublier de clore l'endroit où se fait l'opération. Le lendemain donner un bon bassinage pour faire tomber les pucerons morts qui resteraient encore après les tiges. Il faut continuer aussi d'ombrer, mais seulement lorsque le soleil est ardent, de onze heures à trois heures de l'après-midi. Examiner avec soin les plantes grimpantes et supprimer les branches et les bourgeons qui détruiraient l'harmonie de leur végétation. Plusieurs espèces, telles que les ipomœa, les thunbergia, les passiflora, qui sont sujettes à prendre l'araignée rouge, demandent à être visitées avec soin, afin d'empêcher la propagation de cet insecte.

On peut greffer en approche, magnolias, camélias, azaléas, rhododendrons ; on peut aussi dans le commencement ou le courant du mois faire les greffes de rosiers en plein air par la greffe en fente ou en placage, ce dernier mode étant préférable. Rempoter les jeunes boutures de rosiers qui ont été faites l'année précédente et qui ont été conservées sous bâches; on pourra, dès la seconde quinzaine, les laisser à l'air libre.

Serre chaude. — Chauffer modérément; allumer le feu seulement le soir après le coucher du soleil et le matin, pour l'éteindre à huit heures si l'atmosphère est tempérée. Ombrer vers le milieu du jour dans les journées claires, de dix heures à trois heures, suivant l'exposition de la serre. Par les journées chaudes, on peut commencer à donner de l'air, mais seulement pendant deux ou trois heures de la plus grande chaleur. Dans la deuxième quinzaine, les arrosements doivent être augmentés et les feux allumés seulement le matin, car, quel que soit l'état de la température extérieure, il faut éviter l'excès de chaleur pendant les nuits. Les plantes commençant à végéter, 15° centigrades au-dessus de zéro leur sont suffisants. Veiller aussi aux courants d'air qui peuvent nuire à la végétation des jeunes pousses, qu'ils saisissent et détruisent quelquefois entièrement.

On doit terminer le rempotage des grandes plantes, telles que palmiers, cycades, pandanées, et généralement de toutes celles qui sont ou trop à l'étroit, ou dans de la terre usée, et qui vont entrer ou sont déjà entrées en végétation. Les bassinages ou seringages seront donnés de temps en temps.

C'est encore le moment de rempoter les orchidées qui en ont besoin; beaucoup de ces plantes entrent en végétation. Il faut avoir soin de les bassiner avec discrétion et prendre garde de ne pas trop humecter les jeunes pousses, qui sont très délicates. Veiller à ce que les plantes en paniers et sur bois ne manquent pas d'humidité. Les paniers secs laissent souvent passer l'eau sans en retenir; il faut, dans ce cas, les faire tremper jusqu'à ce que la terre soit imprégnée d'humidité.

A la fin d'avril, on met les tubercules de dahlias en terre dans l'orangerie ou dans la serre froide, afin que leurs pousses soient déjà développées quand la température sera propice pour les mettre en place dans le parterre. Alors, on pourra également risquer en pleine terre des oignons de glaïeuls, afin d'en avoir une précoce floraison.

MAI

Travaux généraux. — Les soins recommandés pour le mois précédent doivent être continués dans le mois de mai ; c'est l'époque de l'année où la végétation a le plus de vigueur, et qui commande toute l'activité et la vigilance des jardiniers. A l'appui de cette assertion, il nous suffira d'énumérer successivement les nombreux travaux à exécuter dans chacune des branches de l'horticulture. Il faut encore ne donner les arrosages que le matin, les nuits trop fraîches pourraient rendre ceux du soir nuisibles.

Plantes d'ornement de pleine terre. — Repiquer en pépinière, pour les garnitures d'automne : les balsamines, œillets de Chine et d'Inde, roses d'Inde, marguerites, agératoires du Mexique, coréopsis, pétunias, etc. Dans les terres fortes, on aura soin d'effectuer de fréquents et profonds binages. Planter les garnitures d'été. Mettre sur de vieilles couches encore un peu chaudes, si cela n'a pas été fait en avril, les dahlias, érythrines crêtes-de-coq, ipomées et autres plantes tuberculeuses qui ont besoin d'entrer en végétation avant d'être placées définitivement.

Planter en place ou en pépinière les chrysanthèmes, et s'y prendre de la manière suivante : on plante un seul œilleton que l'on pince à 20 centimètres. Si l'on veut obtenir des plantes basses très fortes, il est nécessaire de les placer à 50 centimètres au moins de distance les unes des autres. Vers le 15 juin, il sera temps de les pincer pour les faire ramifier. On pourra faire des boutures avec les branches que l'on mettra sous cloche ou sous châssis. Une fois les boutures enracinées, on les plantera en pleine terre, en ménageant entre chacune d'elles un espace de 30 à 40 centimètres. Mises en pots à la fin d'août, ces plantes seront très propres à orner les appartements.

La seconde quinzaine de mai est l'époque favorable pour former dans les terrains légers les massifs de pétunias, de verveines, de géraniums et autres plantes auxquelles on a fait passer dans ce but l'hiver sous châssis. Dans les terrains lourds et froids, ces plantations ne doivent être faites qu'en juin. Les gelées tardives étant à craindre pendant la seconde quinzaine de mai, il faut garnir de court fumier les terres sèches. Dans tous les terrains, quels qu'ils soient, le binage est bon avant de couvrir la terre de fumier. Semer, pour repiquer à l'automne et pour former les garnitures de l'année suivante, les corbeilles d'or, thlaspis, roses trémières, et généralement toutes les plantes vivaces et bisannuelles qui fleurissent en juin.

Serres. — Dans le courant de mai, on achèvera de rempoter et de sortir à l'air libre toutes les plantes d'orangerie. En les mettant en place, on aura soin d'enterrer les pots de telle sorte qu'ils dépassent de 4 centimètres le niveau du sol, afin d'empêcher tout contact entre celui-ci et la terre des vases. Les plantes devront être placées à mi-ombre, afin de les habituer graduellement au grand air et au soleil. Veiller avec soin aux arrosements.

Dans les jours calmes, on pourra aérer les plantes de serre chaude en évitant les courants d'air. Continuer les bassinages tous les deux jours. Nettoyer les feuilles et détruire les insectes qui pourraient s'y attacher. C'est le moment de pincer les pousses qui pourraient altérer la forme des camélias, auxquels on donnera des arrosages fréquents et des bassinages tous les jours, si c'est possible. On contribuera ainsi puissamment au développement des nouvelles tiges et à la formation des boutons naissants.

Les arbres destinés à former des massifs, magnolias, rhododendrons, kalmias, azalées, etc., qui n'auraient pas été plantés dans le mois précédent, devront l'être dans le mois de mai. Pour ces divers végétaux, il faut préparer un lit de terre de bruyère de 40 à 50 centimètres au moins de profondeur. La meilleure exposition est le levant et le nord

En mai, les jeunes plantes de semis pourront être séparées et repiquées chacune dans un pot. Il faut, pour cette opération, des bâches toutes prêtes pour les recevoir, avoir soin, dans les premiers jours, de ne pas y laisser pénétrer le soleil. Donner des bassinages légers tous les jours. Même recommandation pour les boutures qui auraient été faites plusieurs dans un pot.

Il faut, dans ce mois, ne laisser pousser aucun bourgeon aux rosiers chez lesquels toute la force de la végétation doit être utilisée au profit des fleurs.

Apporter une grande attention à la destruction des insectes dans les serres chaudes. On peut seringuer les plantes à la fin des journées de beau temps, et ne donner de chaleur artificielle que lorsqu'elle est indispensable.

Pour les orchidées, conserver une atmosphère humide à celles qui poussent, en leur donnant un bon bassinage chaque après-midi des journées claires et chaudes. On pourra même commencer à leur donner un peu d'air de 11 heures à 2 heures, en ayant bien soin d'éviter les courants d'air.

Il faut examiner les plantes individuellement, aussi souvent que possible les arroser convenablement, et surtout ne pas trop mouiller celles qui commencent à pousser. Eviter aussi le séjour de l'eau entre les écailles des yeux qui prennent leur premier développement.

En tenant les orchidées en fleurs à une température un peu froide, on conservera les fleurs plus longtemps fraîches et brillantes.

Vers le 20 mai, dans le climat de Paris, il est déjà possible de commencer à sortir en plein air les orangers, les lauriers-roses, les grenadiers, les myrthes et autres arbustes de l'orangerie. Comme leur végétation n'est pas encore en activité, on peut les tailler et renouveler leur terre en partie, sinon en totalité.

JUIN

Travaux généraux. — La végétation étant en pleine activité, les jardiniers ne sauraient apporter trop de zèle ni trop de soins dans leurs travaux. On ne peut assez leur recommander de bien sarcler et arroser tout ce qui en a besoin.

Au commencement du mois, si le temps est un peu frais, les arrosages se donneront encore le matin; mais aussitôt que les journées deviennent chaudes, les mouillages se feront plus avantageusement le soir.

Il faut couper souvent les pelouses et les gazons, pour les entretenir en bon état, et détruire les herbes étrangères qui se propageraient, si on les laissait porter graine.

Tondre les charmilles et les buis, afin qu'ils puissent repousser avant l'automne. Labourer souvent les terres fortes, afin de ne pas leur donner le temps de se durcir et de se fendre; le meilleur moment pour labourer les terres légères est pendant la pluie ou immédiatement après. On doit au contraire choisir pour remuer les terres fortes un temps sec et chaud. — Faire la guerre aux vers blancs.

On veille à maintenir l'équilibre de tous les végétaux qui couvrent le sol, et on les récolte à point.

Plantes d'ornement de pleine terre. — Dans la première quinzaine de juin, on continue les travaux de mai. Garnir les massifs de toutes les plantes qui ont été conservées en bâches l'hiver, ainsi que d'un grand nombre de jeunes boutures et semis faits dans le printemps. Pour certains végétaux délicats, tels que les *Sylvia splendens*, héliotropes, érythrines, cannes de l'Inde, etc., il est préférable de ne s'y prendre qu'en juin. Du reste, ces travaux peuvent être exécutés quinze jours plus tôt ou plus tard, suivant les localités, les terres et les expositions.

Beaucoup d'amateurs, pour former les massifs, ont recours à des fleurs d'une seule nuance et obtiennent ainsi des groupes du plus bel effet. S'il s'agit de grands massifs, il est peut-être préférable d'y réunir plusieurs couleurs. Par exemple, pour un massif de six mètres de largeur, on pourra planter les deux mètres du centre en chrysanthèmes ligneuses blanches ; on formera ensuite une zone d'un mètre avec des géraniums rouges, puis une autre zone d'égale largeur avec des eupatoires naines, des pétunias violets ou des verveines bleues. Le nombre des couleurs que l'on peut ainsi réunir peut aller jusqu'à quatre et plus, suivant les dimensions du massif ; mais il faut autant que possible que chaque zone n'ait pas moins d'un mètre de largeur, surtout si le massif est éloigné de son point de vue. Ce mélange de coloris peut être pratiqué ainsi dans les petits massifs, s'ils sont à peu de distance de leur point de vue.

Quant aux massifs d'arbustes de terre de bruyère, le milieu pourra être planté en magnolias à feuilles caduques *Soulangeana et Yulan*, dont on masquera la nudité du tronc au moyen de rhododendrons placés sur un ou plusieurs rangs. Viendront ensuite des kalmias, puis des bruyères de la Méditerrannée. On continuera graduellement par des plantes plus basses ; menziezias à fleurs roses ou à fleurs blanches. On ajoutera en bordures, si les dimensions du massif le permettent, soit des thymelées des Alpes, soit des gentianes sans tiges.

Dans le cas où cette bordure se trouverait à l'abri de l'ardeur du soleil, on peut la planter en anémones hépatiques bleues et roses doubles. Entre chaque pied d'hépatique, on placera, par touffes de quatre ou cinq oignons, des érythrones dents de chien, à fleurs blanches.

On obtiendra ainsi des fleurs de trois nuances différentes qui, s'épanouissant en même temps, produiront un effet charmant. Il est bon de faire observer que les érythrones, ne pouvant rester longtemps hors de terre, la plantation devra en être faite en août et en septembre.

Voici la liste d'un certain nombre de plantes très propres à former des massifs, et qui restent tout l'été en fleurs :

Eupatoire bleue au milieu du massif ;
Chrysanthème blanche ;
Geranium rouge ;
Petunia violet ;
Nierembergia gracilis pour la bordure ;
Petunia blanc ;
Lobelia *Erinus speciosa* bleu ;

Eupatoire naine bleue ;
Petunia rouge ;
Nierembergia gracilis blanc ;
Lobelia *speciosa* bleu ;
Phlox *Drummundii*;
Verveine rouge ;
Verveine bleue ;

Semer pour les garnitures du printemps dans la première quinzaine de juin et pas plus tard, les roses trémières, lins vivaces de Sibérie, campanules violettes marines, giroflées rouges et cocardeaux, ainsi que toutes les plantes vivaces et bisannuelles qui fleurissent au printemps.

Dans la seconde quinzaine de juin, tous les massifs doivent être couverts de court fumier. A défaut, les ratisser et biner fréquemment. Veiller aux plantes qui réclament l'appui des tuteurs.

Serres. — Dans le mois de juin, toutes les plantes de serre tempérée peuvent être mises à l'air libre sous des abris préparés à l'avance. Leur donner de légers bassinages, et avoir soin, durant la sécheresse, d'arroser tous les jours les chemins de service, afin d'y maintenir l'humidité et d'empêcher la formation de la poussière qui pourrait s'attacher au feuillage, ce qui est très nuisible surtout pour les végétaux de la Nouvelle-Hollande.

Ne pas cesser les arrosages et les seringuages aux camélias dont les boutons continuent de se former.

Les azalées de l'Inde peuvent être mises en place dans la partie du jardin la plus aérée. Ces plantes ne redoutent pas le grand soleil, elles acquièrent ainsi plus de rusticité et développent mieux leurs boutons à fleurs. Leur donner de fréquents arrosages, si elles sont bien portantes.

Toutes les plantes de semis ou de boutures qui auront été séparées dans le mois précédent pourront être remises à l'air libre, soit sur des couches tièdes, soit sur des plates-bandes dûment préparées de terrain meuble. Enfoncer les pots jusqu'à la couronne et les recouvrir d'une légère couche de terre de bruyère, afin d'éviter que la terre qu'ils renferment ne se dessèche par trop. De simples bassinages suffisent aux plantes placées dans ces conditions.

On peut cesser totalement le feu dans les serres chaudes, et donner de l'air plus largement qu'en mai, eu égard à la température ordinairement chaude de juin. Bassiner fréquemment et tenir la serre fermée après cette opération pendant une heure au moins. Continuer à entretenir la propreté des plantes et de leur feuillage.

Les rosiers commençant à fleurir, ne pas négliger l'ébourgeonnement. On peut aussi pincer les jeunes greffes qui ne formeraient pas bien leur tête. Quant à celles qui se développent avec vigueur, il est préférable de les laisser pousser sans interruption.

Les orchidées d'une partie du Brésil, du Mexique et des autres contrées de l'Amérique où la température est la moins élevée, auront été mises dans la partie la plus froide de la serre. Elles doivent pousser rapidement, et lors des mouillages, il est important de ne pas laisser séjourner l'eau autour des jeunes pousses, il faut donc les bassiner avec modération. Le trop d'humidité les détruirait infailliblement.

C'est vers le milieu de juin qu'il faut faire les importantes opérations de la levée des oignons de tulipes et de jacinthes, ainsi que des griffes d'anémones et de renoncules. Les caïeux ou petits oignons sont mis à part pour être plantés en pépinière au printemps suivant. Tous ces oignons, gros et petits, doivent être plantés tous les ans, car ils seraient perdus sans cela : au printemps qui suit leur extraction du sol, ils entrent en végétation. Les griffes sont moins susceptibles ; on peut en garder une partie pour en avoir des fleurs en septembre.

JUILLET

Travaux généraux. — On continue les travaux du mois précédent. Les chaleurs devenant plus fortes, il faut redoubler d'activité pour défendre les plantes contre la sécheresse, en leur donnant de nombreux et copieux arrosages. On commence à récolter des graines.

Mêmes recommandations que le mois précédent, pour les pelouses et gazons qui doivent être maintenus aussi humides que possible.

Plantes d'ornement de pleine terre. — Il y a peu à

faire en ce mois en fait de labours, tous les massifs et plates-bandes devant être garnis et dans toute leur beauté. Les principaux travaux sont les arrosages et les ratissages; la propreté doit régner partout. Mettre des tuteurs aux plantes qui en ont besoin. Tondre les bordures et les haies. Sortir de terre toutes les greffes et tous les oignons qui ont leurs feuilles sèches, les conserver au sec pour les remettre en place à l'automne. Il est mieux de laisser en place les fritillaires Damier, couronne impériale, les Erythrones dent de chien, pour les replanter après l'arrachage. Les Erythrones laissés hors de terre se perdraient rapidement : il en est de même de l'anémone des Apennins.

C'est le moment des soins minutieux pour la récolte des graines.

Faire des boutures à l'air libre, dans un endroit un peu ombré, de toutes les variétés de *Pelargonium zonale inquinans*. Une fois ces boutures bien enracinées, on les place dans de petits pots et on leur fait passer l'hiver en serre tempérée ou sous bâches. On obtiendra ainsi de bonnes plantes pour les garnitures de l'année suivante.

Pour les autres espèces de *Pelargonium* à grandes fleurs et de fantaisie, on fait les boutures sous châssis bien garantis du soleil. La nuit, on leur donne beaucoup d'air, et l'on peut même enlever les vitraux quand le temps est doux et qu'il n'y a pas de grandes pluies à craindre. Les chrysanthèmes ligneux réussissent très bien de cette manière.

A la fin du mois, semer les pensées. On bassinera légèrement les boutures. Si le soleil est très chaud, avoir soin d'arroser, dans le moment de la chaleur, toute la terre qui entoure les boutures, afin d'entretenir une humidité suffisante.

On doit répandre beaucoup d'eau, principalement le soir. Un bassinage fait à ce moment profite beaucoup plus aux plantes qu'un fort arrosage fait pendant le jour.

Dans la dernière quinzaine du mois, on marcotte les œillets. Mettre en place toutes les plantes annuelles qui ont été enlevées en pépinière. On sème les quarantaines.

Serres. — Il n'y a presque rien à changer aux travaux

du mois précédent. Continuer les arrosages et les bassinages tous les soirs, si la température est sèche et chaude. Ne pas négliger de tenir les chemins de service dans un bon état d'humidité. Comme les eaux des puits de Paris sont généralement chargées de sels calcaires, il est nécessaire de biner légèrement la surface de la terre et de retirer celle qui forme la croûte, pour lui en substituer de la nouvelle. On se sert, pour cette opération, d'un morceau de bois en forme de spatule.

On peut aussi, dans ce mois, pratiquer le pincement sur diverses plantes, principalement sur celles de terre tempérée qui n'auraient pas atteint un développement suffisant pour fleurir.

Continuer aux plantes de serre chaude les soins recommandés pour le mois précédent. Quelques-unes des plus rustiques pourront être exposées à l'air libre. Avoir la précaution de les garantir des grands vents et du soleil.

Il est bon de regarnir de sphaigne ou de mousse les orchidées cultivées sur bois ou en paniers suspendus. Par ce moyen, on conservera assez d'humidité autour des racines, qu'il faut se garder de laisser dessécher. Quant aux plantes cultivées en pot et en terre de bruyère, on peut laisser pousser les petites bruyères et quelques fougères qui y viennent naturellement : elles serviront de thermomètre, et leurs feuilles fanées indiqueront le degré de sécheresse de la terre, qui ne contient plus assez d'eau pour les nourrir. Elles sont toujours plus agréables à la vue et font un meilleur effet dans les serres que la couleur brune ou noirâtre des morceaux de terre sur lesquels poussent les orchidées. Si ces végétaux indigènes devenaient trop forts et pouvaient nuire aux orchidées, il ne faudrait pas hésiter à les en débarrasser.

Il faut veiller avec beaucoup de soins à ombrer les serres depuis le moment où le soleil commence à les frapper, jusqu'à celui où il s'est entièrement retiré. Si la sécheresse est très forte, il faut jeter beaucoup d'eau dans les sentiers, non seulement le matin, mais encore à midi.

On fera bien de donner beaucoup d'air dans les journées chaudes et humides, et par les temps couverts.

Dans la deuxième quinzaine de ce mois, on commence à récolter les graines des robiniers et de différents autres arbres d'ornement, que l'on a le dessein de propager par des semis.

AOUT

Travaux mensuels. — C'est par ce mois que l'auteur d'un excellent ouvrage sur la culture horticole fait commencer l'année pratique. C'est, en effet, au mois d'août que se préparent les premiers travaux d'automne, dont ceux d'hiver ne sont que la conséquence. On fait en ce mois les premiers semis, et, à partir de ce moment, on continue successivement pour ne terminer qu'en juillet suivant.

On commence également la plantation des végétaux destinés à passer l'hiver, et qui doivent donner leurs produits l'année suivante.

Quoique les chaleurs soient souvent plus fortes qu'en juillet, l'atmosphère est moins desséchante, et les nuits, plus longues, sont plus fraîches. Ces circonstances ne doivent cependant pas diminuer l'activité dans les bassinages et les arrosages.

On fait la guerre aux guêpes et aux mouches qui attaquent les fruits. Pour cela, on attache aux branches des arbres en espaliers de petites fioles pleines aux deux tiers d'eau dans laquelle on a détrempé du miel.

Plantes d'ornement de pleine terre. — Continuer à veiller aux arrosages, ratissages, etc. Récolter les graines. Mettre en place les plantes annuelles.

Pendant tout le courant du mois, on sème les pensées, pour les repiquer en pépinière. Vers le 25, on sème en place pour l'année suivante les adonides, pieds d'alouettes, pavots, bleuets, coquelicots. Ces semis peuvent également se faire dans tout le mois de septembre.

Visiter les serres, bâches, systèmes de chauffage, vitres; mastiquer, peindre les panneaux, faire enfin tout ce qui est nécessaire pour que tout soit en bon état pour l'hiver.

Serres. — En août et en septembre, mais principalement

dans le premier de ces mois, il faut s'occuper de la greffe des rosiers, et choisir pour cela les jours secs et chauds. Greffer par les temps humides, lorsque la séve est plus dilatée, serait s'exposer à noyer l'œil, comme l'on dit. Dans le cas où le sujet serait trop en séve, on devra avoir soin, un jour avant de poser les écussons, de pincer la sommité des branches sur lesquelles on veut opérer. Par ce moyen, la séve devient moins liquide et aide la greffe à se souder promptement. Mais il est essentiel de ne pincer que juste la quantité de sujets que l'on se propose de greffer, autrement la séve descendrait par trop, et il faudrait attendre plusieurs jours pour qu'elle eût repris son mouvement ascensionnel.

Continuer à regarnir de sphaigne les paniers et les bois auxquels cela est nécessaire. Les nuits devenant plus longues, on devra découvrir les serres entre quatre et cinq heures du soir, et les tenir bien closes pour la nuit.

Plusieurs plantes qui fleurissent en hiver devront être retirées de la serre pour être tenues plus froidement. Il en est ainsi de toutes celles qui montrent leurs fleurs aussitôt qu'elles commencent à pousser. On obtiendra de cette manière une moisson riche et abondante ; mais il faut déjà avoir un peu d'habitude de la culture de ces plantes pour bien juger quelles sont celles qui peuvent être traitées par cette méthode.

Nous devons cependant insister pour donner aux orchidées une saison de repos, car plusieurs espèces tenues constamment dans une température chaude et humide pousseront sans cesse et ne fleuriront jamais.

Celles qui demandent à commencer de recevoir un traitement sec et froid sont les *Dendrobium nobile cærulescens*, etc., dont les fleurs poussent pendant leur repos. On doit les retirer dans une serre tempérée, et leur donner de l'air abondamment et point d'eau pendant près de deux mois, pendant lesquels leurs boutons à fleurs commenceront à se former.

Les plantes qui réclament un traitement chaud et sec sont les *Dendrobium densiflorum* et autres, dont les fleurs paraissent avant la pousse.

D'autres orchidées qui fleurissent en pleine végétation,

telles que les *Cirrhœa*, *Cœlognie*, etc., ne pourraient pas longtemps résister à un état sec qui compromettrait leurs feuilles et leur santé, il faut continuer à les mouiller. Ces principes de culture, donnés par un amateur anglais, sont généralement adoptés.

On continue, pendant tout ce mois, à récolter les graines des plantes d'ornement; puis, vers la fin, on prépare la terre pour recevoir, dans la première quinzaine de septembre, les oignons de tulipes et de jacinthes dont on veut des fleurs au printemps prochain.

SEPTEMBRE

Travaux généraux. — A cette époque une température modérée vient remplacer les chaleurs caniculaires qui avaient presque suspendu la circulation de la séve; celle-ci reprend son mouvement ascensionnel pour le conserver jusque vers la fin d'octobre : c'est le moment de renouveler les produits des jardins pour l'automne et le printemps prochains.

Les nuits devenant fraîches, il ne faut donner les arrosages que le matin, et supprimer ceux du soir. On doit récolter les graines soigneusement et assurer leur conservation en les mettant à l'abri de l'humidité.

Il faut réparer les coffres et faire peindre les serres et les châssis.

Plantes d'ornement de pleine terre. — Les travaux du mois d'août se continuent en partie en septembre. Tenir les allées propres. Visiter les massifs. Enlever les tiges des plantes passées. Retourner les gazons usés, pour les resemer, afin qu'ils soient verts l'hiver et en état de mieux supporter les hâles du printemps.

Planter en pépinière toutes les plantes dont les graines ont été semées en juin. Serrer les œillets pour les mettre en pépinière. Les variétés délicates de Flamands et de fantaisie seront mises en pots pour passer l'hiver sous châssis. Avoir soin de leur donner le plus d'air possible ; ces plantes en craignent que l'humidité et non le froid.

On mettra en pots tous les oignons destinés à être chauffés pendant l'hiver, tels que ceux de jacinthes romaines, passe-touts, double rose dite Parisienne, et les variétés de Hollande, crocus, tulipes duc de Thol et tournesols doubles, narcisse de Constantinople, etc. Voici l'époque où l'on devra commencer à chauffer chaque espèce :

Jacinthe romaine pour le 1er novembre;
— Passe-tout — 15 janvier.
— Double Parisienne, — 30 —
— De Hollande, — 15 —
Tulipe duc de Thol, — 1er —
Crocus tournesol, — 15 —
Narcisse de Constantinople, — 25 —

Tous les pots seront enterrés dans une planche et couverts de litière, de telle sorte que la gelée ne les atteigne pas. On les prendra là pour les mettre sur la couche chaude.

Voici les noms des jacinthes de Hollande qui sont les plus faciles à chauffer :

Grand vainqueur, blanche; *Emilius*, bleue; *Anna-Maria*, couleur de chair; l'ami du cœur, rouge; bouquet, rose tendre.

Semer en place les pavots, adonides, pieds d'alouettes, bluets, coquelicots, immortelles. Semer pour repiquer en pépinière ou en place les thlaspis blanc et violet, collinsies, pensées, *Silene pendula* à fleurs roses et blanches.

Si on ne l'a pas fait en août, il est encore temps de s'y prendre, bien qu'il soit un peu tard, pour semer les calcéolaires, cinéraires, *Mimulus cardinalis* et *rivularis*, *Cantua picta*, etc. On repiquera ces plantes en pots pour les conserver sous châssis.

Diviser les pâquerettes, dites petites marguerites; les planter en pépinière pour mettre en place au printemps. Séparer les mignardises, œillets d'Espagne, les juliennes, et toutes les plantes qui fleurissent de bonne heure au printemps.

Serres. — Dans la première quinzaine du mois, on continuera d'arroser les plantes le soir, si la température se maintient chaude. Si les nuits venaient à se rafraîchir, il faudrait le faire le matin. On doit déjà penser à la préparation des serres pour recevoir les plantes de serre tempérée les plus délicates, qui devront être rentrées dans la deuxième quinzaine. Il faudra les visiter et s'assurer si elles n'ont plus besoin de terre, car il faut faire cette opération avant la rentrée. Les plantes de serre chaude devront être rentrées définitivement. On doit terminer les greffes de rosiers, desserrer les ligatures de celles faites dans le mois précédent. On peut aussi greffer toutes les conifères, les camélias, rhododendrons, azalées de l'Inde. Cette opération, faite à l'ombre et aux deux tiers de soleil, réussit très bien.

Dans la deuxième quinzaine, on continuera le rempotage des plantes de serre tempérée, l'organisation des serres. On terminera aussi la rentrée des plantes de serre chaude en leur réservant le grand air même de la nuit. Si la température ne descend pas à 8° au-dessus de 0, diminuer les arrosages suivant l'état de la température. Relever les plantes qui auraient été enterrées.

Pour les orchidées, on ne doit plus ombrer les serres que pendant les heures où le soleil a le plus de force, et cela jusque vers la fin du mois, car à cette époque l'ombrage serait plus nuisible qu'utile.

A partir du commencement du mois, il faut donner de l'air aux serres depuis six heures du matin jusqu'à trois heures du soir, en ouvrant les panneaux du bas de 15 à 18 centimètres. Cet air est pour assainir la serre et a de plus l'avantage de prévenir le trop d'humidité, si fatal aux jeunes pousses. Cette opération endurcit un peu les plantes ; elle les prépare et les dispose pour la saison d'hiver. Il ne faudrait cependant pas donner d'air dans les journées pluvieuses ; on introduirait ainsi dans la serre l'humidité dont on veut l'affranchir pendant ce mois.

Si les journées devenaient froides, on cesserait d'ouvrir les panneaux. On commencera de chauffer, mais le matin seulement, la température devant toujours être plus basse pendant la nuit que pendant le jour.

A ce mois, commence la floraison d'automne, et ce sont les dahlias qui en sont la partie la plus brillante. C'est aussi le mois où l'on met, dans les parterres, à leur place judicieusement choisie, les véroniques, les vervcines et autres plantes automnales. A côté des dahlias, dont la chute des fleurs est prévue, on place les chrysanthèmes de l'Inde, dont les fleurs s'épanouiront au moment même où celles des dahlias disparaîtront; puis aussi, l'héliotrope et le réséda, humbles fleurs, mais dont le délicieux parfum embaume les parterres.

OCTOBRE

Travaux généraux. — On commence les labours d'hiver et principalement dans les terres fortes. C'est le moment d'effectuer les changements projetés pour les jardins. On fait les trous pour recevoir les arbres qui doivent être plantés, ce qui peut avoir lieu à la fin de ce mois. On sépare les touffes de plantes vivaces; on replante les bordures et on tond les haies.

Achever la récolte des graines.

Plantes d'ornement de pleine terre. — Octobre est le mois où se font les grands mouvements de terre; il est avantageux de terminer cette opération avant les gelées; l'hiver ameublira la terre, et la végétation du printemps en ira bien mieux. On doit commencer en ce mois et continuer en novembre à enfouir les fumiers à profusion; car le meilleur jardinier, on le sait, c'est le fumier. Labourer et fumer les plates-bandes et massifs, à l'exception des places destinées à recevoir les oignons et greffes de toutes sortes. Ces places doivent avoir été bien fumées l'année précédente. Une fois tous les semis et plantations d'automne terminés, la terre doit être recouverte de terreau consommé. Les fumiers destinés aux labours doivent être remués une fois ou deux avant d'être enterrés. Dans les terrains secs, le fumier de vache est préférable; le fumier de cheval convient mieux aux terrains lourds et humides.

On fait, en ce mois, provision de terre lourde ou franche pour la répandre sur les terrains secs et maigres, afin de leur donner du corps. Ajouter du sable ou de la terre maigre aux terrains lourds, qui deviendront ainsi d'une culture plus facile.

Dans les premiers jours de ce mois, on sèmera des plantes annuelles destinées à être repiquées en bâche pour passer l'hiver sous vitraux. Ces plantes seront d'une grande ressource pour les garnitures du printemps, et se développeront beaucoup mieux que si elles n'avaient été semées qu'au printemps.

Voici la liste de celles à choisir de préférence : *Nycterinia selaginoïdes; Gilia tricolor;* tous les *Schizanthus; Centranthus macrosiphon* (grand et nain) ; *Nemesia elegans; Nemesia floribunda, Eutoca Menziezii; Leptosiphon androsaceus* (les quatre variétés) ; *Clarkia pulchella* (rose et variété blanche) ; *Eucharidium grandiflorum; Viscaria oculata* (bleu et blanc) ; *Coreopsis Drummondii; Nemophila insignis* (bleu et blanc) ; *Malope grandiflora* (rose et blanc) ; *Cantua picta,* ou *Ipomopsis elegans; Linum grandiflorum.* Ce dernier lève difficilement, si on n'a pas soin de faire tremper la graine 24 heures environ, pour la séparer de la matière glutineuse qui l'enveloppe ; il faut mélanger cette graine avec du sable sec, la frotter jusqu'à ce qu'elle ne soit plus gluante ; sans quoi, il serait presque impossible de la semer.

Il est encore temps, si cela n'a pas été fait en septembre, de semer, pour passer l'hiver dehors, des *Coreopsis tinctoria, Collinsia bicolor*, les *Iberis* (blanc et violet), *Silene pendula* (rose et blanc).

Diviser les pivoines herbacées, si les touffes sont trop fortes ; si l'on veut multiplier les pivoines en arbre, retirer du pied les jeunes pousses sortant de terre : elles reprennent très bien à l'air libre.

Diviser et replanter une grande partie des plantes vivaces dont la floraison a lieu au printemps. Quant à celles d'été et d'automne, la plantation du printemps est préférable. Mettre en place les roses trémières, œillet de poète, scabieuse, corbeille d'or, thlaspis vivace, etc.

Diviser et replanter les bordures de sauge, lavande et petit chêne, mignardise, statice, thlaspis vivace, etc. Les feuilles commencent à tomber en assez grande quantité pour en faire provision à l'état sec autant que possible, afin de couvrir différentes plantes qui craignent le froid. Les feuilles sont également d'une grande ressource pour couvrir les bâches et serres ; quand l'hiver n'est plus à craindre, on s'en sert pour faire des couches au printemps, en les mélangeant avec du fumier neuf.

Serres. — Dans la première quinzaine d'octobre, on continue les rempotages qui n'auraient pas été faits. On redressera les plantes avec des tuteurs, pour les rentrer dans les serres, sans pourtant les y renfermer de suite sous le vitrage. Les châssis ne seront mis que s'il survient des pluies trop abondantes et froides. Toutes les plantes des serres chaude et tempérée qui sont délicates devront être couvertes immédiatement, afin d'éviter la trop grande humidité qui pourrait survenir dans les serres ; mais il faut leur réserver un peu de grand air et surveiller les arrosements. On pourra commencer à visiter les greffes en fente ou placages qui ont été faites le mois précédent, celles qui sont déjà reprises devront être mises séparément, et il faudra leur donner sensiblement de l'air.

Dans la seconde quinzaine, toutes les plantes indistinctement devront être rentrées et aérées suivant l'état de la température ; les arrosages deviendront moins fréquents et devront se faire dans le milieu du jour. Si les nuits sont froides et humides, il ne faudra plus laisser pénétrer l'air la nuit, dans les serres tempérées. Les camélias auront encore besoin de recevoir des arrosages assez copieux, attendu que la formation du bouton à fleur n'est pas encore terminée à cette époque. Visiter de nouveau les multiplications de greffes et en faire le triage comme dans la quinzaine précédente.

Pour les orchidées, on commence à chauffer les serres le matin seulement, de bonne heure ; il n'est plus dès lors utile de donner d'air direct, et on cessera d'ouvrir les panneaux.

Plusieurs plantes des différents genres ont les feuilles jaunes et fanées : c'est un indice certain qu'elles demandent à être mises dans une situation plus froide de 10 à 12°. Il est bien essentiel, avant de les changer de température, de laisser sécher le compost dans lequel elles sont cultivées; sans cette précaution, il est certain qu'elles perdraient la majeure partie des racines, que l'humidité froide ferait pourrir, ce qui serait un retard fâcheux lors de la reprise de leur végétation.

D'autres espèces, dans plusieurs genres, commencent à pousser; il faut les rempoter, si elles en ont besoin, et augmenter les bassinages suivant le progrès de la végétation. Ces plantes doivent être placées dans la partie de la serre où elles pourront recevoir le plus de lumière et de chaleur.

Dès que menace la gelée, il faut, sans retard, retirer de la terre des dahlias, et les mettre en lieu sec.

NOVEMBRE

Travaux généraux. — Dès le commencement du mois, on doit faire des provisions de grands fumiers et de feuilles pour former des abris contre les froids. On les fait porter aux endroits où ils seront nécessaires, afin d'éviter les retards et de pouvoir les utiliser dès que le froid commence.

Il faut couvrir les figuiers sans attendre la venue des gelées.

Il est bon de donner un labour à toutes les plantes dégarnies, surtout dans les terres sèches, tant pour les rendre pénétrables aux eaux de pluies et de neige que pour détruire les mauvaises herbes.

Les plates-bandes et massifs de fleurs ou d'arbustes d'ornement doivent aussi recevoir un labour, sans préjudice de celui qu'il faudra faire au printemps.

C'est le moment de s'occuper des dispositions nouvelles et des changements à faire dans les jardins, c'est également l'époque convenable pour planter les arbustes d'ornement.

On continue de faire des paillassons pour couvrir les châssis, les cloches et les serres.

Plantes d'ornement de pleine terre. — Novembre est l'avant-courrier de l'hiver; pendant ce mois les gelées blanches et les brouillards font tomber les feuilles, qu'il faut ramasser avec soin, par un temps sec autant que possible. On les met en tas de manière à les préserver de l'humidité, et elles seront d'une grande ressource, ainsi conservées, pour les différentes couvertures.

Entourer les bâches de feuilles ou de fumier ou, à défaut, de terre. Toutes les plantes devant être en place, on profitera du beau temps pour donner le plus d'air possible. On pourra même, si le temps le permet, enlever les panneaux des bâches, de 9 à 10 heures, jusqu'à 2 ou 3 heures de l'après-midi. Par ce moyen, les plantes s'étiolent moins, sont plus robustes et mieux en état de supporter la privation d'air et de lumière durant les grands froids.

Nettoyer les gazons des feuilles qui pourraient, en y séjournant, les étouffer. On doit également en enlever les mauvaises herbes et les mousses, les couvrir de terreau ou de différentes espèces de terre, telles, par exemple, que celles provenant du curage des ruisseaux qui sont restés un an en tas.

Tous les petits semis des plantes annuelles qui ont été faits dans la dernière quinzaine de septembre ou dans les premiers jours d'octobre doivent être en place, sous châssis, vers les premiers jours de novembre ou plus tôt, suivant la végétation des espèces.

Planter toutes les espèces d'arbres et arbustes, excepté les résineux, magnolias, et certaines plantes dites de bruyère, à racines menues et délicates. Le printemps convient mieux pour la plantation de ce genre de végétaux. Pour les terrains très humides, il est préférable d'attendre le printemps pour effectuer ces plantations; il est bon de faire les trous à l'automne et de les laisser vides tout l'hiver. Planter les collections de tulipes, jacinthes, narcisses, anémones, renoncules et différents autres oignons qui sont destinés à passer l'hiver dehors. Continuer les labours et enfouir les fumiers, diviser et replanter les plantes vivaces si on ne l'a pas fait en octobre; arracher les dahlias et toutes les espèces de tubercules qui doivent être rentrés l'hiver. Continuer les mouvements de terres; labourer les gazons qui ne valent plus rien; mettre le sable des allées en petits tas pour l'étaler au printemps. Cette opération ne se fait généralement que dans les localités où le sable est rare, et où l'on a besoin de le conserver le plus longtemps possible. Empoter les giroflées et quarantaines; c'est le moment le plus favorable pour cette opération.

Serres. — Les plantes de serre tempérée, rentrées dans le mois précédent, devront être visitées et débarrassées des feuilles qui auraient jauni. Les arrosements seront moins fréquents, les plantes absorbant moins. Si le temps le permet, et que la brume ne soit pas trop humide, il faut encore donner de l'air; s'il faisait froid, il faudrait commencer à faire un peu de feu pour chasser l'humidité, et combattre l'influence fâcheuse des rosées froides qui s'attachent au feuillage. On évite en partie cet inconvénient, en couvrant la serre chaque soir. Mêmes observations pour les serres à géraniums et à azalées de l'Inde. Les géraniums devront être tenus un peu sèchement; il faut éviter de les mettre en végétation durant ces derniers mois de l'année.

Dans la seconde quinzaine, on pourra profiter de la stagnation de la végétation pour commencer à faire les boutures de serre tempérée.

Les plantes de serre chaude devront être tenues chaudement à une température de 12 à 15 degrés; leur donner quelquefois de l'air, si le thermomètre monte extérieurement à 8 ou 10 degrés au-dessus de zéro, mais seulement pour renouveler l'atmosphère. Les greffes qui auront été faites dans le mois précédent devront être remises sous bâches pour y passer le reste de l'hiver.

Dans ce mois, toutes les déplantations pourront être faites sans danger, à l'exception de celles des rhododendrons, s'il n'y a pas nécessité de les déplacer; le printemps est plus favorable pour le changement de ces plantes.

Modérer les arrosages aux camélias sans pourtant les laisser trop dessécher : ce qui pourrait amener la chute des boutons. Il est bon aussi d'entretenir une température de 5 à 8 degrés pour que l'humidité ne soit pas trop abondante sur les feuilles, et ne puisse nuire au développement des boutons des variétés tardives.

Orchidées. — Nous avons recommandé de tenir la serre assez sèche et d'éviter de donner trop de chaleur pendant les nuits, où le thermomètre ne doit pas monter à plus de 14 à 15 degrés. Il faut même éviter pendant le jour de le laisser dépasser 20 à 21 degrés. Si la chaleur devient plus forte, il ne faut pas craindre de donner de l'air qui contribuera à enlever l'humidité dont on doit encore se garder pendant ce mois, en ne conservant que celle qui provient des bassinages. Ces précautions sont importantes; elles retardent la végétation des plantes jusqu'aux premiers jours du printemps.

On doit continuer à mouiller avec beaucoup de discrétion. On donnera un peu plus d'eau aux plantes qui commencent à végéter et aux petites espèces qu'il serait dangereux de laisser dans un état trop sec.

Les plantes de l'Inde doivent être tenues à une plus haute température, mais un peu sèchement, afin de ne pas forcer leur végétation.

On continue de rempoter celles de ces plantes qui en ont besoin.

Nous ne pouvons trop recommander de tenir les plantes proprement et d'en nettoyer souvent les feuilles.

Ce mois ne comporte que quelques plantations : des perce-neige, des hellébores roses d'hiver, des buissons de houx panachés et des mahonias. Remplir les places vides dans les plantations d'arbres et les bosquets.

DÉCEMBRE

Travaux généraux. — Il est très important de finir les travaux qu'on n'a pu terminer dans le mois précédent; les froids ne tarderont pas à se faire sentir et il n'y a plus de temps à perdre pour se mettre en garde contre les rigueurs de la saison. Il faut donc couvrir tout ce qui n'a pu être garanti en novembre.

On peut porter les fumiers aux endroits qu'on veut fumer,

et on les répand afin que les eaux de pluie et de neige en entraînent les sels à la superficie de la terre où les semis doivent être faits.

Lorsque les gelées sont à craindre, il faut couvrir avec soin de paillassons, dès le coucher du soleil, tout ce qui est sous verre et enlever ces couvertures le matin, à moins de froids excessifs.

Plantes d'ornement de pleine terre. — On ne doit plus avoir beaucoup à faire en décembre dans les jardins bien tenus. Continuer les terrassements et profiter des gelées pour charrier les terres et engrais sur les terres labourées. C'est le moment de faire des paillassons, de visiter les tuteurs, de rappointer ceux qui peuvent encore servir et d'en faire de neufs, ainsi que des étiquettes en bois, que l'on peint au blanc de céruse, en ayant soin de mettre plus d'essence que d'huile, afin que le crayon prenne plus facilement. Après avoir épluché les graines, on les met dans des sacs que l'on étiquette. Veiller minutieusement à la propreté des plantes qui sont en bâches et en serres et leur donner de l'air autant que possible. Les arrosements doivent être extrêmement modérés en décembre; il est très rare qu'une plante, à cette époque, périsse faute d'eau, tandis que l'humidité pourrait en faire perdre un grand nombre. Visiter les massifs et en enlever les bois morts. Élaguer les arbres trop touffus, suivant la forme que l'on désire leur donner. Tondre les haies et les avenues. Abattre les arbres qui nuiraient aux points de vue. Quand il n'y a plus rien à faire dans les bosquets, on les laboure pour enterrer les feuilles mortes.

Serres. — Ce mois est un de ceux qui demandent le plus de surveillance pour les plantes de serres en général, à cause de la grande humidité qui s'y concentre. Il est donc nécessaire de faire du feu, quand même la température ne serait pas très basse, et de n'arroser que les plantes qui en auraient positivement besoin. Enlever avec soin les feuilles mortes ou gâtées, et s'assurer si toutes les parties du vitrage sont en bon état. S'assurer également si les châssis sont bien à leur place; calfeutrer partout où l'air pourrait pénétrer, couvrir le côté nord des serres froides et tempérées; on emploie à cet effet, dans les environs de Paris, une sorte de fumier sec ou des feuilles ; les feuilles sont préférables. On couvre le côté exposé au midi avec des paillassons qui peuvent être retirés tous les jours, si le temps le permet. Ces travaux extérieurs terminés, on pourra s'occuper du baguettage, du nettoyage, du binage avec pots. Si quelques plantes n'avaient pas été rempotées, on pourra leur faire subir cette opération.

Les bâches froides qui renferment les camélias, azalées, magnoliers, rhododendrons, myrtes, orangers, pourront être couvertes durant les grands froids, après avoir reçu une bonne garniture de feuilles ou de fumier, et l'on ne devra leur faire voir le jour que lorsque la température sera à zéro. Autrement, on courrait le risque d'attendrir les plantes et de les exposer ainsi à la moisissure. Quant aux plantes qui peuvent supporter nos hivers tempérés, elles ne doivent pas rester abandonnées aux influences atmosphériques. Il faut donc aussi, si elles sont en pots, les réunir derrière un abri et les garantir par des couvertures de paille ou par des paillassons, afin que la neige, plus dangereuse qu'un froid vif, ne les atteigne pas. S'il s'agit d'arbres ou de plantes placés isolément, avoir soin de les envelopper de paille, et de couvrir à leur pied la terre soit avec la même paille, soit avec des feuilles.

On pourra déjà chauffer quelques plantes, pour les avoir en fleurs dans le courant de janvier ou de février. Les plantes généralement employées à cet effet sont les camélias, azalées de l'Inde, orangers, rhododendrons, ainsi que les rosiers quatre-saisons, rose du roi, lilas Saugé et lilas de Marly, ce dernier devra être chauffé à 35 degrés dans une serre bien fermée et chauffée à la vapeur de préférence. Même soin pour les serres chaudes que le mois précédent.

Orchidées. — Plusieurs plantes commencent à montrer de jeunes pousses qu'il faut bien prendre soin de préserver de l'humidité qui, dans cette saison, les détruirait promptement. Aussi faut-il, autant que possible, éviter de mouiller les feuilles et se contenter de tenir les pots légèrement humides.

Les genres de la tribu des épidendrées, tels que *Cattleya*, *Lælia*, *Epidendrum*, etc., ne veulent pas d'humidité à leurs racines qui commencent à pousser dans ce mois. Il faut donc les tenir dans un compost très perméable et sur un bon drainage; il ne leur faut pas non plus une grande chaleur.

Faire la guerre aux cloportes. Ces insectes mangent et détruisent les racines. Pour en diminuer le nombre, on place sur les pots des pommes de terre ou des navets creusés, où ils vont se réfugier et qu'on a soin d'examiner tous les matins.

Les personnes qui auront cultivé les *Dendrobium*, comme nous l'avons précédemment indiqué, doivent voir les boutons à fleur se former. On peut dans ce cas les tenir un peu plus chaudement.

Particulièrement vers la fin de ce mois pullulent, dans les serres, les pucerons, la petite araignée rouge et divers autres insectes; on les détruit par quelques fumigations de tabac. De même qu'à la fin du mois précédent, remplacer les arbres et arbustes morts par de nouveaux.

JANVIER

Travaux genéraux. — Ce mois étant ordinairement le plus froid de l'année, on pourra reconnaître l'utilité des précautions que nous avons recommandées dans les mois précédents pour se mettre à l'abri des rigueurs de la saison. On profitera des gelées et des temps secs pour continuer les provisions de toutes les espèces de terres et d'engrais qui peuvent être nécessaires dans le courant de l'année pour former les composts. Nous supposons qu'on a fait toutes les provisions de feuilles, fumier sec et paillassons dont le besoin se fait alors rigoureusement sentir.

On peut, quand le temps le permet, continuer les labours et défoncements qui n'ont pu être faits le mois précédent. On répare les treillages et on en fait de neufs. On détruit les anciennes couches et on porte les fumiers consommés aux endroits qui ont besoin d'être amendés. On met les terreaux à part.

Il faut avoir grand soin de préserver de la gelée, en les couvrant de paillassons, les coffres, les serres et tout ce qui pourrait être attaqué par le froid.

Plantes d'ornement de pleine terre. — Les travaux de ce mois diffèrent peu de ceux de décembre. Les soins les plus minutieux devront être apportés à la propreté des plantes. On profitera des moments de soleil pour visiter les bâches et faire disparaître la moisissure occasionnée par l'humidité, ainsi que par le défaut d'air, qu'on renouvellera autant que possible et avec gradation pour ne pas saisir les plantes. Les principales occupations consistent à couvrir et à découvrir les bâches. Lorsque le froid est rigoureux, il est essentiel de couvrir les bâches avant le coucher du soleil; la gelée aura ainsi moins d'action sous les vitraux. Les couvertures devront être en rapport avec le degré de froid présumé et avec la délicatesse des végétaux qui devront être réunis par catégories de force. Lorsque le froid est entré dans les bâches, il faut avoir grand soin de ne pas les découvrir dans les moments de soleil; on attendra pour exposer les plantes au soleil qu'elles soient dégelées naturellement. Il est très dangereux de les laisser geler la nuit et de les faire dégeler le jour. Ainsi, pour citer un exemple, le *Thlaspi sempervirens,* qui ne peut résister à l'air libre, supporte très bien, traité de cette manière, 5 ou 6 degrés de froid. On obtient par ce moyen des plantes convenablement ramifiées et qui ne sont pas étiolées.

Serres. — On devra surveiller jour et nuit le chauffage des serres, tant pour garantir du froid que pour éviter les incendies qui pourraient résulter d'un défaut d'attention.

Les soins à donner aux plantes sont les mêmes que ceux du mois précédent. Veiller à ce qu'il n'y ait pas de feuilles gâtées sur les plantes, ménager les arrosages (si ce n'est dans les serres qui ont 10 degrés de chaleur), et en exceptant les plantes voisines des foyers de la chaudière et qui osnt beaucoup plus susceptibles de se dessécher que les autres. Dans le courant de la première quinzaine, on peut continuer de faire les boutures des diverses plantes de serre tempérée, en n'oubliant pas de rentrer les pieds, sur lesquels on doit opérer, au moins huit à douze jours à l'avance, afin de les mettre à la température de la serre où on les multipliera. On laissera une huitaine de jours les pots sans les enfoncer dans la tannée. Si la tannée est échauffée par des tuyaux d'eau chaude, il faudra avoir soin de la remanier tous les quinze jours de fond; autrement elle se dessécherait aux alentours des tuyaux, et la chaleur ne pourrait plus pénétrer dans la couche.

Dans la seconde quinzaine de janvier, il y a quelquefois des jours de soleil; on en profitera pour découvrir les serres, bâches, et châssis, pour ressuyer les feuillages humides, et, si le temps est doux, pour donner passage à l'air. Il ne faut pas bassiner le feuillage des plantes durant ce mois, mais nettoyer et éponger les feuilles où s'attacheraient des insectes ou du noir; avoir soin de visiter souvent les boutures qui auront été faites. On pourra continuer de faire fleurir les diverses plantes indiquées dans le mois précédent.

Orchidées. — Nous recommandons de ne pas donner aux serres où se trouvent les orchidées du Mexique, du Guatemala et des parties froides du Brésil une température au-delà de 14 à 16 degrés centigrades, et surtout de bien ménager les arrosages, en ne donnant de l'eau sur les pots que pour empêcher les racines et les bulbes de se dessécher.

On devra rempoter celles des plantes qui en ont besoin et dont on voit les yeux se gonfler. Cependant on ne peut apporter trop d'attention à cette opération, surtout pour celles dont les racines sont adhérentes et qu'il faut éviter de briser. On doit s'approvisionner à l'avance de tout ce qui est nécessaire pour former le compost dans lequel les plantes doivent être placées, savoir : terre de bruyère, tourbeuse et fibreuse, sphageum, charbon de bois et tessons de pots

Plusieurs espèces commencent à pousser vigoureusement; il faudra les arroser plus abondamment.

Il faut avoir soin de mouiller, mais avec modération, les plantes suspendues dans la partie la plus chaude de la serre, visiter celles qui sont sur bois et enlever la mousse vieille et pourrie pour la remplacer par du sphagum.

Les *Dendrobium* qui ont été tenus à l'état de repos et qui

montrent leurs boutons à fleurs doivent être placés dans une partie plus chaude de la serre. On les débarrasse de leurs feuilles mortes, et on commence à les mouiller, mais en humectant les pots seulement.

La température doit être tenue pendant la nuit de 8 et 10 degrés plus basse que celle de la journée, pour ne pas forcer la végétation des plantes. Continuer à faire la guerre aux cloportes et aux loches qu'on prend avec des morceaux de pommes de terre placés sur les pots.

Continuer de remplacer les arbres et les arbustes morts, par d'autres de même sorte; élaguer ceux qui paraissent malades.

FÉVRIER

Travaux genéraux. — Il faut se hâter de terminer les labours qui n'ont pu être faits le mois précédent, autrement le temps manquerait pour les achever, car la température ne peut tarder à s'élever. On termine les transports des fumiers et l'on remanie les terreaux et engrais, dont on ne tardera pas à avoir besoin.

On détruit les couches faites en décembre et on se sert de la partie du fumier la moins consommée pour la mêler à du fumier neuf et faire de nouvelles couches. Profiter du mauvais temps pendant lequel on ne peut s'occuper de jardinage pour réparer les paillassons, en faire de neufs et remettre en bon état tous les outils. Abriter avec soin les plantes qui peuvent être attaquées par les gelées qui, dans ce mois, sont encore à redouter; mais on devra commencer à donner de l'air aux châssis, serres froides et orangeries toutes les fois que la température se maintiendra de 5 à 8 degrés centigrades.

Plantes d'ornement de pleine terre. — La plus grande propreté doit régner dans les massifs, auxquels on pourra donner un léger binage, de manière à ne pas endommager les racines qui courent généralement à la surface du sol. Il ne faut pas oublier, si l'on veut obtenir une belle végétation, de couvrir ensuite les massifs d'un engrais quelconque; à défaut de fumier, on peut y répandre les détritus de jardin qui auront été préparés avec soin à l'avance, feuilles d'arbres, mousses mélangées d'herbes, etc. Se hâter de mettre en terre les plantes vivaces qui n'auraient pas été plantées à l'automne, surtout celles dont la floraison est précoce. Les hâles de mars sont très nuisibles à la plantation de ce genre de plantes. Quant à celles qui fleurissent en automne, on peut attendre le mois suivant pour les planter.

Presque toutes les bordures qui ont besoin d'être dédoublées devront être replantées. Préparer les massifs qui sont destinés à être plantés en terre de bruyère, et où les fosses doivent avoir été creusées avant l'hiver ou dans le courant de cette saison. Avoir soin d'y déposer la terre de bruyère telle qu'elle est sans trop la diviser. Dans le cas où le terrain serait humide, il sera bon de garnir le fond des fosses d'un bon drainage de pierrailles.

Semer en place, en touffes, bordures, etc., les plantes suivantes qui supportent difficilement la transplantation: toutes les variétés de pavots et de coquelicots à fleurs doubles, ainsi que les différentes espèces de pieds-d'alouette annuels, les bluets variés. Semer sur couches sous châssis les *Cobæa*, pervenches de Madagascar, crêtes-de-coq, plusieurs variétés de giroflées quarantaines, les *Lobelia* nains pour faire des bordures. Tous ces semis seront repiqués en potée, ensuite mis par pots, et tenus sur couche et sous châssis jusqu'au beau temps. On sèmera du réséda en potée pour être mis en place par potée entière, ou en trois ou quatre touffes si le plant est serré. On mettra sur couche et sous châssis, pour les rétablir des souffrances de l'hiver, les lantanas, héliotropes, eupatoires, pétunias, verveines et autres plantes qui pourront donner de très bonnes boutures lorsqu'elles auront végété quelque temps à la chaleur. Continuer les plantations de toutes les espèces d'arbres; dégager un peu les plantes garanties par des couvertures, afin de les accoutumer peu à peu au grand air, jusqu'à ce que l'on les découvre entièrement. Lorsque les transports seront terminés, on remettra les allées en état avant de les garnir de sable.

Serres. — Le soleil prenant de la force, on pourra diminuer le feu dans les serres. Les plantes qui commencent à entrer en végétation demandent à être remaniées les unes après les autres. Donner des arrosages à celles qui en auront le plus besoin, et laisser pénétrer plus fréquemment l'air et la lumière. Les nuits continuant à être longues et humides, ce n'est pas encore le moment d'avoir recours au bassinage. Continuer à faire des boutures comme il a été indiqué pour le mois précédent, et retirer celles qui seraient déjà enracinées. Les rempoter dans des vases un peu plus grands, et les tenir quelques jours sous couches, en leur donnant sensiblement de l'air. On les mettra ensuite dans une serre à une température de 8 à 10 degrés, où elles s'acclimateront facilement.

On continuera de chauffer les serres chaudes comme le mois précédent. Rempoter les plantes qui réclameraient un surcroît de nourriture. Arroser plus fréquemment et donner quelques bassinages les jours où le soleil paraîtra. Les plantes à chauffer en vue de les faire fleurir sont les jacinthes, tulipes, crocus, narcisses, et, en arbustes, les *Deutzia gracilis*, lilas, *Spiræa*, rhododendrons de pleine terre, etc.

Dans la seconde quinzaine de février, on peut commencer à donner de l'air, et découvrir de distance en distance les bâches et serres froides qui auraient été couvertes depuis le mois de décembre. Surveiller les serres tempérées pour les arrosages et rempoter celles des plantes qui en auraient besoin. Mêmes soins pour les serres chaudes que dans la première quinzaine.

Les plantes et arbustes que l'on se propose de faire fleurir et qui doivent être dans une terre à part devront recevoir graduellement de l'air. Continuer le bouturage et la multiplication des diverses plantes.

Orchidées. — On peut commencer à augmenter la chaleur de la serre et la tenir de 20 à 22 degrés, surtout pendant le jour.

Les fortes plantes cultivées en paniers suspendus et qui ont été tenues un peu sèchement, telles que les *Gongora*, *Stanhopea*, etc., doivent commencer à végéter. Comme l'intérieur des composts doit être devenu un peu sec, on fera bien de tremper le panier dans de l'eau tiède jusqu'à ce qu'il soit suffisamment imbibé. A partir de ce moment, les plantes devront être régulièrement bassinées. Nous conseillons cette immersion dans l'eau tiède pour que les terres de composts puissent retenir l'eau, qui sans cela passerait au travers sans y laisser l'humidité qui devient utile.

Toutes les orchidées n'ont pas encore besoin d'être mouillées. Cela dépendra du degré de leur végétation aussi bien que du temps et de l'état de l'atmosphère.

Plusieurs espèces de *Dendrobium* doivent commencer à fleurir et être par conséquent mouillées avec soin, en évitant de jeter de l'eau sur les fleurs.

On peut, dès la fin de février, commencer les semis de graines annuelles d'ornement, telles que la julienne de Mahon, le convolvulus tricolore ou belle-de-jour, le pied-d'alouette nain et une foule d'autres ; on peut encore planter, en bordure ou bien en massifs, les pensées semées au mois d'août; enfin, mettre des touffes de giroflée simple partout où quelque vide se présente. Si, dans les massifs ou même dans les bosquets, les arbres à floraison précoce ne sont pas en trop grande quantité, on peut y planter des amandiers ainsi que des pêchers de la Chine à fleurs semi-doubles.

MARS

Travaux généraux. — Lorsque ce mois arrive, les labours doivent être déjà terminés en majeure partie; s'il en reste encore à faire, on doit se hâter de les finir, car le temps est venu de procéder au semis d'un grand nombre de plantes de pleine terre. On doit aussi enterrer le fumier et les engrais de toute nature. Le hâle et les gelées blanches étant fort à redouter pendant ce mois, on garantit les semis et les plantations en les couvrant avec une couche peu épaisse de terreau, ou avec un paillis léger. C'est le moment pour achever de replanter ou remanier les bordures.

Plantes d'ornement de pleine terre. — On continue à entretenir la propreté des jardins, à ratisser et sabler les allées, à débarrasser les gazons des grandes herbes qui leur nuiraient et qui ne tarderaient pas à s'y propager outre mesure ; on termine les labours et on achève la plantation des arbres feuillus, des arbrisseaux et des plantes vivaces de pleine terre; on sème aussi en pleine terre diverses herbes, telles que pied-d'alouette, giroflée de Mahon, pavots et coquelicots, etc., soit en bordures, soit en massifs, ainsi que différentes espèces vivaces et ligneuses; on met enfin en pleine terre les plantes vivaces qui ont été multipliées en automne.

Serres. — Pendant le mois de mars, le régime des serres subit des modifications notables. En effet, les plantes qui avaient été tenues au repos le plus possible entrent maintenant en végétation et on doit commencer à leur donner plus d'eau. On profite aussi de toutes les occasions, déjà assez fréquentes, pour donner de l'air. D'un autre côté, comme le soleil commence à prendre de la force, il faut se tenir en garde dès ce moment contre son action trop vive pendant le milieu de la journée et ombrer légèrement les serres consacrées à la culture des espèces délicates ou qui ont besoin en tout temps d'une lumière tempérée. Une conséquence naturelle de cet accroissement de chaleur solaire, c'est qu'on doit modérer le chauffage artificiel et même ne pas faire de feu pendant le jour lorsque la température est douce. On doit fréquemment visiter les plantes des serres chaudes, des orangeries, des bâches et châssis pour les nettoyer, ces soins de propreté ayant une grande influence sur leur santé. Les seringages prennent de leur côté plus d'importance qu'auparavant; on y joint de temps à autre l'arrosement des sentiers, qui a pour résultat de répandre dans l'air des serres une humidité avantageuse. On commence à s'occuper de la multiplication par boutures sous cloches.

A cette époque, plusieurs bruyères commencent à fleurir et les camélias sont presque tous en fleurs.

Orchidées. — La plupart des espèces de cette famille sont en végétation au mois de mars; aussi faut-il les bassiner légèrement, surtout pendant les belles journées. Seulement, on doit éviter avec soin de laisser de l'eau entre les squames des jeunes pousses, sans quoi elles pourriraient infailliblement. On peut élever la température dans la serre et y maintenir plus d'humidité dans l'air qu'auparavant, surtout quand le temps est clair. On ne doit pas encore laisser arriver jusqu'aux plantes l'air de l'extérieur ; il faut aussi avoir soin de couvrir la serre dans le milieu de la journée depuis 10 heures du matin jusqu'à 3 heures du soir.

Les plantes qu'on aurait négligé de rempoter pendant le mois de février doivent être rempotées pendant le mois de mars, sans plus de retard.

Autant qu'on le peut, on doit faire en sorte que les espèces d'orchidées qui croissent naturellement dans les deux Indes et qu'on se propose d'introduire arrivent de ces contrées pendant les mois de mars et d'avril, car c'est l'époque de l'année où leur reprise a lieu le plus facilement et où leur végétation s'effectue le mieux.

C'est vers le 15 mars que l'on plante le lierre et la vigne vierge le long des murs, et aussi le chèvrefeuille, le jasmin de Virginie et la glycine de la Chine au pied des arbres isolés, ce qui en fait un ornement très agréable à la vue.

ALTERNANCE DES PLANTATIONS ET SEMIS DE FLEURS.

Il n'y a pas d'alternance proprement dite dans la plantation ou le semis des plantes ou graines à fleurs ; cependant, il y a, en cela, deux observations essentielles, lesquelles sont, au fond, deux véritables principes sans cesse observés par les jardiniers qui possèdent la science de leur état ; ces deux principes sont : 1° d'éviter de faire succéder, sans intermittence, deux plantes épuisantes ni même deux plantes non épuisantes de même sorte ; 2° de commencer la saison par la plante non épuisante, l'épuisement de l'autre pouvant se guérir par l'automne et l'hiver. Enfin, si les semis n'ont pas une alternance réglée, ils en ont néanmoins une réelle par leurs époques déterminées.

TROISIÈME PARTIE

CULTURE DES VÉGÉTAUX D'ORNEMENT

CHAPITRE PREMIER

NATURE ET DIRECTION DES PLANTES ANNUELLES, BISANNUELLES, TRISANNUELLES ET VIVACES. — PROCÉDÉS DE CULTURE.

I. — *Plantes annuelles.*

On conçoit que les plantes annuelles, dont la vie se borne à une année, ne peuvent pas être multipliées autrement que par le semis de leurs graines. Nous ferons remarquer qu'il y a plusieurs plantes vivaces que l'on traite comme plantes annuelles et auxquelles ce que nous allons dire convient également.

Semis. — 1. Au mois de mars, dans une planche de jardin, ou à la place spéciale destinée à la plante, et après avoir pris soin d'ameublir le terrain et de l'approprier à l'espèce, on sème les graines à une profondeur plus ou moins grande, selon qu'elles sont plus ou moins fines, c'est-à-dire qu'on ne recouvre qu'à peine celles d'une grande finesse, et davantage celles d'une certaine grosseur.

On sème à la main ou en ligne ; on terreaute plus ou moins légèrement, et on entretient l'humidité, favorable à tous les semis en général, par les bassinages renouvelés plus ou moins fréquemment en raison de la nature du sol et de l'état de la température. Lorsque la température l'exige, on recouvre de cloches les semis qui ont besoin d'être protégés contre un froid trop vif.

2. On sème de même en avril les plantes qu'il serait trop tôt de confier à la terre dans le mois précédent, et on les couvre d'un paillis.

3. On fait la même opération en mai pour celles qui exigent cette époque.

4. Il arrive souvent que pour avoir à garnir des plates-

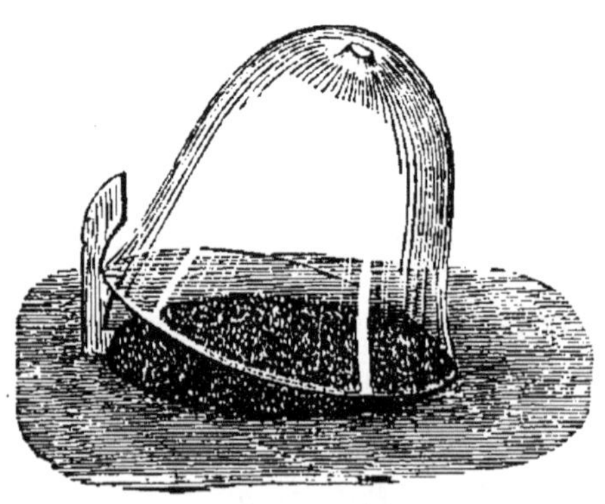

Semis sous cloche.

bandes, massifs, etc., on ait besoin de plantes prêtes à fleurir; c'est pourquoi on sème, en pépinières, pour répondre à cette nécessité. Ce semis se fait aux époques précédentes.

5. On sème sur couche en mars, et plus tard, les plantes annuelles que l'on veut avancer. La couche ne doit pas avoir une chaleur excédant 20 degrés centigrades. Ce semis peut se faire en petits pots, en terrines ou sur la terre même de la couche qu'il faut aussi approprier à la nature des espèces. Du reste, l'opération est semblable à celle n° 1. Il est bien entendu que la couche doit être entourée de coffres et couverte de châssis, que, selon les nécessités de la température, on charge de paillassons pour n'y pas laisser pénétrer la gelée, et qu'on soulève et découvre, aussi souvent qu'on le peut, pour donner de l'air et de la lumière au jeune plant.

6. Le semis 4 peut être fait en septembre, pour les plantes annuelles rustiques, lorsqu'on veut avoir au printemps du jeune plant à mettre en place et capable de fleurir plus

tôt. Il faut alors avoir la précaution de couvrir avec des paillassons pendant les grands froids pour que les élèves ne soient pas victimes.

7. Le semis précédent peut se faire en pots ou en terrines que l'on rentre en orangerie, que l'on place sous châssis froid ou que l'on recouvre de feuilles de verre, pendant l'hiver, pour les plantes qui auraient à en souffrir.

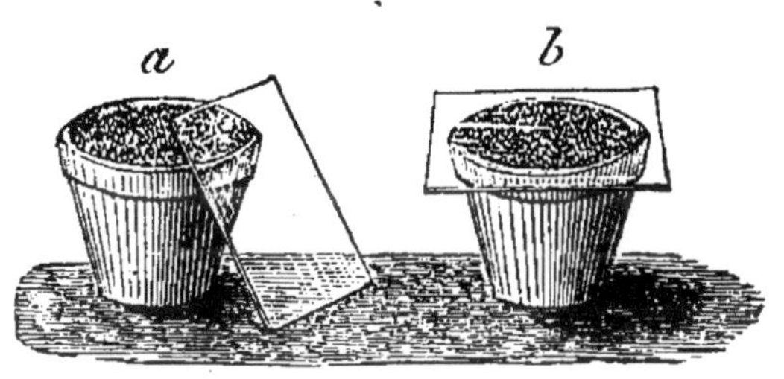

Semis en pots recouverts de feuilles de verre.

Tous les semis doivent être sarclés pour les nettoyer des mauvaises herbes, et éclaircis quand il en est besoin. On peut repiquer les plants éclaircis en le faisant immédiatement; cependant tous ne reprennent pas.

8. **Repiquage.** — Il est important dans les semis trop drus, soit en pépinière, soit sur couche ou en terrines, de ne pas laisser s'étioler les plants. Il faut les repiquer assez jeunes, c'est-à-dire les transporter du lieu où ils ont été semés dans celui où ils doivent rester définitivement.

9. *En pépinière.* Par cette raison, si, lorsque le repiquage est devenu nécessaire, on n'avait pas toujours à sa disposition les places où l'on puisse mettre le plant à demeure, on repique en pépinière, en espaçant en proportion du volume probable que doit prendre l'espèce pour qu'elle puisse y rester jusqu'au moment de son emploi. Le repiquage se fait avantageusement en terre plus substantielle que celle du semis. On repique à nu les plantes peu délicates, mais il vaut toujours mieux lever le plant en motte. Le repiquage de printemps se fait à la main ou au doigt; en toute autre saison; ou, quand la terre n'est pas trop humide, on peut repiquer au plantoir.

10. On peut souvent repiquer en place, surtout pour les semis de printemps.

11. Les plants semés sur couche sont presque toujours repiqués sur une autre couche à nu, en terrines, en pots, sous châssis ou en côtière quand le temps est encore trop rigoureux pour l'espèce.

Repiquage en côtière.

12. Les plants semés d'automne peuvent être repiqués en pleine terre quand ils sont rustiques, sinon en pots, en terrines sous châssis ou en côtière pour être abrités des froids de l'hiver.

Tous les repiquages se font de préférence par un temps doux et couvert. On arrose chaque plant au pied, en y versant de l'eau proportionnellement à sa force, avec un arrosoir à bec.

II. — *Plantes bisannuelles et trisannuelles.*

13. La multiplication et la culture des plantes bisannuelles et trisannuelles sont semblables à celles des plantes qui précèdent . seulement le repiquage est plus important

et la mise en place ne doit avoir lieu qu'à l'automne qui précède l'année de la floraison.

14. Il y a quelques plantes bisannuelles et trisannuelles qu'on a essayé de multiplier par la greffe, et on a réussi dans plusieurs circonstances, la rose trémière en est un

Repiquage sous châssis.

exemple. On greffe en fente, sur le collet des simples, les variétés qui ne se reproduisent pas identiques de semis.

III. — *Plantes vivaces.*

Les plantes vivaces sont de plusieurs sortes : les plantes bulbeuses, les plantes tuberculeuses et les plantes herbacées.

Les plantes bulbeuses sont celles dont les racines sont surmontées d'un bulbe ou oignon, comme les lis, les narcisses, les jacinthes, les tulipes, etc. Les bulbes sont un corps tendre, succulent, et toujours recouvert par des tuniques plus ou moins épaisses ou nombreuses. Ils sont terminés par un bourrelet circulaire d'où partent les racines fibreuses. C'est entre ces tuniques que s'élèvent les feuilles et les hampes florales, et que se forment les caïeux qui reproduisent identiquement l'oignon.

15. Le plus grand nombre des plantes bulbeuses aiment une terre légère, amendée avec du terreau végétal. Le terreau animal ne doit être employé que dans un état de décomposition assez avancé pour qu'il ne soit qu'une sorte d'humus presque pur. L'humidité leur est préjudiciable et les fait pourrir lorsqu'elle est persistante. D'où résulte le soin de planter moins profondément les oignons en terre un peu forte qu'en terre légère. Les arrosements doivent être modérés, à moins que la chaleur ne soit excessive et que les plantes ne jaunissent; mais à l'approche de la floraison, il faut arroser abondamment. On plante les oignons des plantes faites, plus ou moins profondément, selon leur grosseur; il y a moins d'inconvénient en plus qu'en moins, surtout dans les terres légères; ils sont mieux à l'abri de la gelée. Après la floraison, les feuilles et hampes ne tardent pas à se dessécher.

16. Lorsqu'on arrache les oignons, il faut le faire avec la plus grande précaution pour ne pas les blesser. On en sépare les caïeux qui servent à la reproduction, et qu'on plante comme les oignons faits, mais en terre encore plus légère. Ce n'est guère qu'après quatre ans, que, grossis suffisamment, ils donnent leurs fleurs.

17. Il y a des oignons à fleurs qu'il faut arracher après la dessiccation des tiges qui suit la floraison, pour ne les remettre en terre que de la fin d'octobre à la mi-novembre.

18. Il en est d'autres qu'on tient constamment en terre et que l'on ne relève que tous les trois ou quatre ans, pour en détacher les caïeux, renouveler la terre des planches, et jeter les oignons détériorés. Ceux-là doivent être marqués par un piquet ou une étiquette pour reconnaître leur place, qui deviendrait invisible par suite de la destruction des feuilles.

19. Il y a aussi des plantes bulbeuses qui forment aux aisselles de leurs feuilles de petits bulbes que l'on nomme *bulbilles*. Elles peuvent servir à leur multiplication, en les plantant comme les caïeux. Elles se comportent de même.

20. Le semis des plantes à oignons est peu pratiqué ; il est d'ailleurs soumis aux mêmes procédés que ceux indiqués de 1 à 12.

21. Les plantes tubéreuses ou tuberculeuses sont celles dont la racine forme un corps solide, épais, charnu, ordinairement arrondi et garni de petites protubérances d'où partent des racines fibreuses ou filiformes. Elles n'ont point de tuniques. Nous ne rechercherons point, avec les botanistes, si la pomme de terre est une tige souterraine ou un tubercule, nous nous en tenons à la définition que nous venons de donner.

22. En général, les plantes tubéreuses veulent comme les bulbeuses une terre légère très perméable à l'eau dont l'excès leur est nuisible. Elles se multiplient par leurs tubercules dont plusieurs peuvent être divisés, pour la plantation, en autant de portions qu'il y a d'yeux. On les plante dans des trous plus ou moins grands et profonds, selon leur grosseur. Les tubercules mis en terre augmentent de volume et donnent naissance à d'autres tubercules qui servent à la multiplication. Dans quelques espèces, le tubercule mis en terre, après avoir formé de nouveaux tubercules, n'est plus qu'une masse desséchée et sans vie.

23. Parmi les plantes tubéreuses, il en est dont les tubercules peuvent rester plusieurs mois hors de terre, sans perdre leurs facultés germinatives. Il en est aussi qui perdent leurs feuilles après la floraison et qu'il est également bon de marquer pour en connaître la place, lorsqu'on les y laisse.

24. Les plantes vivaces herbacées sont celles qui ont les racines fibreuses, c'est-à-dire composées d'un grand nombre de jets longs, menus, filiformes et souvent ramifiés, partant toutes d'un centre commun qu'on a nommé *collet* et duquel s'élèvent à l'air les tiges ou feuilles.

Parmi les plantes herbacées, les unes perdent leurs tiges, qui repercent, au printemps suivant, du collet des racines. D'autres les conservent, et parmi elles, il en est qui deviennent sous-ligneuses, c'est-à-dire dont quelques parties, surtout les plus inférieures, prennent une consistance presque aussi solide que celle du bois. Beaucoup de plantes vivaces passent l'hiver sans couvertures.

25. Quelques-unes ont indispensablement besoin de ce secours.

26. Les plantes vivaces herbacées se multiplient par la séparation ou l'éclat de leurs racines qui poussent une foule d'yeux ou de turions. Cette opération se fait par déchirements ou par amputation. Il importe que chaque partie destinée à la multiplication conserve au moins un œil. Les époques où l'on agit ainsi sont le printemps et l'automne.

27. Le même procédé est employé pour celles qui conservent leurs tiges ou leurs feuilles, et la séparation des touffes a lieu comme pour les racines.

28. Il y a des plantes produisant des pousses horizontales qui rampent sur terre et s'y attachent de distance en distance par des racines qui sortent de leurs articulations, et que surmontent un ou plusieurs bourgeons. Ceux-ci, séparés et replantés, reproduisent identiquement les tiges; on les nomme *coulants, traces* ou *stolons*.

Marcottage d'œillet.

29. Les plantes vivaces herbacées peuvent se multiplier de *marcottes* (voir n° 49). C'est le meilleur procédé pour la conservation des belles variétés de l'œillet des fleuristes. La marcotte la plus simple se pratique ainsi : on couche en terre à 6 ou 8 centimètres de profondeur une branche prise sur une plante dont on ne la détache pas; on la fixe par un crochet en bois après avoir eu soin d'effeuiller la partie enterrée, et on la couvre de terre. Elle s'enracine au bout d'un certain temps, après quoi on la sèvre, et on la met en place.

30. On active le développement des racines, en serrant,

sur la partie enterrée, l'écorce au-dessous et près d'un œil ou nœud, avec un fil de fer, de lin, ou tout autre. On nomme cette méthode marcotte par *strangulation*.

31. La marcotte par *torsion* se fait en tordant la partie qu'on enterre.

32. Celle par *incision* consiste à fendre la branche dans son milieu au-dessous d'un nœud, et à maintenir la fente entr'ouverte à l'aide d'un corps étranger.

33. Celle par incision avec talon, qui s'applique plus spécialement aux œillets, se fait en coupant transversalement la moitié du diamètre du sujet, puis en retournant la lame de l'instrument, on le fend par son milieu, sur sa longueur, en prolongeant la fente jusque près d'un nœud; la courbure que subit la branche enterrée maintient l'écartement du talon. Le marcottage des précieuses variétés d'œillets se fait dans de petits cornets de plomb très mince dont on entoure la branche incisée, et que l'on maintient suspendu à l'aide d'un camion qui est piqué dans la branche au-dessous de l'incision. On les remplit de terre qu'on a soin de tenir constamment humide. Le marcottage se fait à la fin de juillet après la floraison, et les marcottes sont bonnes à sevrer au 1er octobre.

34. La *bouture* est encore un moyen de multiplication pour quelques plantes vivaces, tubéreuses et herbacées; mais c'est une opération délicate pour quelques-unes, et que font seuls les jardiniers de profession. Voir n° 59.

35. Il en est de même de la *greffe*. La plupart des plantes herbacées se multipliant facilement par l'éclat des racines et des touffes, et les plantes tubéreuses par leurs tubercules, ce sont les moyens que nous conseillons aux amateurs (voir n° 37).

36. Toutes les plantes vivaces peuvent être multipliées par le semis de leurs graines, pour celles au moins qui en donnent sous notre climat. Cette opération se pratique à leur égard par les divers moyens des nos 1 à 12. Il en est de même pour les plantes vivaces herbacées que l'on cultive comme plantes annuelles.

IV. — *Végétaux ligneux.*

37. Les arbres et arbrisseaux d'ornement de pleine terre peuvent être rangés en deux grandes divisions, ceux à feuilles caduques et ceux à feuilles persistantes. Les uns et les autres peuvent être multipliés par le *semis*, mais indépendamment que ce mode a des résultats fort lents, qu'il ne peut d'ailleurs s'appliquer qu'aux espèces qui se reproduisent identiques, ou être employé à la recherche de nouvelles variétés, nous regardons ce travail comme spécialement dans les attributions des pépiniéristes, et nous ne nous trompons pas, en conseillant aux amateurs de jardins d'acheter ces sortes de végétaux tout venus, et à l'âge qui promet des jouissances immédiates. Nous ne nous en occuperons donc pas, non plus que des repiquages et transplantations.

Greffe. — Les végétaux ligneux peuvent être multipliés par la *greffe*.

C'est une opération par laquelle on unit une portion de plante appelée *greffe* avec une autre plante appelée *sujet*, les deux ne devant vivre et ne faire qu'un seul corps. La greffe et le sujet doivent appartenir au même genre et présenter le même mode de végétation.

On ne peut greffer que par une température douce. A quelque époque que l'on opère, il faut que les sujets soient suffisamment en sève pour alimenter les greffes, il est, en outre, nécessaire de supprimer tous les bourgeons au-dessous d'elles, excepté dans la greffe en écusson à œil dormant, pour laquelle cette suppression est subordonnée à l'usage auquel elle est destinée. On doit avoir soin de se précautionner de scions ou de rameaux à greffer pour les opérations du printemps, en janvier et en février, pendant la taille. On les choisit et on les pique en terre par le gros bout, au nord et au pied de l'arbre auquel ils appartiennent, et on les y laisse jusqu'au moment de s'en servir. Pour les opérations de la fin d'été, si on est obligé de cueillir plusieurs greffes à la fois, on les tient dans l'eau et à l'ombre.

Comme il importe de couvrir les coupes ou incisions des

sujets et des greffes avec un engluement qui garantisse de l'eau pluviale et du contact de l'air, voici les compositions les plus employées :

Cire à greffer. — On fait fondre sur un feu doux et on mélange intimement 500 grammes de poix de Bourgogne, 125 grammes de poix noire, 60 grammes de cire jaune, 40 grammes de résine et 45 grammes de suif de mouton. On l'emploie tiède, ce que l'on obtient à l'aide d'un fourneau potatif.

Autre cire à greffer qu'on emploie à froid. — On fait fondre ensemble et on mélange bien 500 grammes de cire jaune, 500 grammes de térébenthine grasse, 250 grammes de poix de Bourgogne, 125 grammes de suif de mouton. Quand le mélange est opéré, on laisse refroidir jusqu'à un certain point, puis, ayant les mains mouillées, on en forme de petites boules ou des bâtons. Pour s'en servir, on la rend suffisamment ductile en la maniant dans les doigts.

Onguent de saint Fiacre. — C'est un mélange par portions égales de terre glaise et de bouse de vache. Il supplée la cire à greffer. Il est très utile pour l'appliquer sur les plaies et déchirures de l'écorce, qu'il garantit du contact de l'air.

Ligatures. — On maintient les greffes au moyen de diverses ligatures, parmi lesquelles nous recommandons particulièrement la laine, grossièrement filée et peu tordue, dite *laine à greffer*. Des bandes de toile goudronnée sont aussi d'un bon usage.

Passons maintenant à la description des greffes les plus usitées dans le jardin d'agrément.

38. **Greffe en écusson.** — On la pratique de mai en juin sous le nom de greffe en *écusson à œil poussant*, parce que, effectivement, l'œil est destiné à pousser immédiatement, ce qu'on facilite par la suppression au-dessus de la greffe de la partie du sujet qui la dépasse, sauf un *œil d'appel* qu'on n'abat qu'après la reprise. De fin juillet à septembre elle s'appelle *greffe en écusson à œil dormant*, parce qu'alors elle se soude seulement pour ne pousser qu'au printemps suivant, époque où l'on supprime la portion du sujet supérieure à la greffe, lorsqu'elle a pour but

de former un prolongement; mais quand on s'en sert pour rapporter un rameau, on ne supprime rien, mais on protège la greffe par les moyens que nous indiquerons pour favoriser le développement des yeux.

Si l'on greffe au printemps, on prend les écussons sur les rameaux choisis à la taille et piqués au pied des arbres; si l'on greffe à l'automne, on coupe sur le sujet un ou plusieurs rameaux dont on fait choix, et sur lesquels se trouvent des yeux bien constitués.

L'écusson, qui doit son nom à la forme d'écu d'armoiries qu'il a empruntée au blason, consiste dans une plaque d'écorce garnie vers son milieu d'un œil bien constitué, accompagné de la portion de pétiole conservée, et à laquelle adhère en dessous une couche très mince d'aubier.

Cette plaque d'écorce s'obtient en faisant sur le rameau greffe une incision au-dessus de l'œil choisi, à l'aide de la lame du greffoir que l'on glisse aussitôt entre l'écorce et l'aubier. Il est essentiel que l'œil de l'écusson ne soit pas vidé dans cette opération, ce que l'on reconnaît à la petite saillie qu'il doit former en dedans. Si à sa place il y avait une cavité, l'écusson serait à rejeter, car on ne grefferait que de l'écorce. On fait en même temps sur l'écorce du sujet une incision horizontale, puis une seconde perpendiculaire à celle-ci, ce qui forme un T. On glisse sous les lèvres de ces incisions la spatule du greffier pour les détacher de l'aubier, puis, tenant l'écusson par la portion conservée du pétiole, on l'introduit sous ces lèvres; on coupe la partie corticale supérieure de l'écusson, juste au niveau de l'incision horizontale du sujet; on rabat sur l'écusson les deux lèvres du dernier, qu'on appuie fortement avec les deux pouces de chaque côté de l'œil, sans y toucher; on ligature en faisant passer les révolutions de la laine dessus et dessous la gemme qui reste libre; enfin, on lute avec la cire à greffer.

La figure ci-contre représente cette greffe. A est l'écusson, avec son œil et sa portion de pétiole, B le sujet avec ses incisions en T. Qu'on greffe au printemps ou à l'automne, l'opération est semblable. On fait quelquefois les incisions du sujet en sens opposé, c'est-à-dire formant un T renversé. Quelques personnes préfèrent cette méthode pour la greffe du printemps, parce qu'elle interdit mieux l'accès de la pluie dans les incisions de l'écorce. — On pose quelquefois des écussons opposés, ce que l'on nomme *greffe à double écusson :* l'opération est la même. — L'*écusson carré* ne diffère des précédents que par sa forme, et les incisions du sujet qui se font

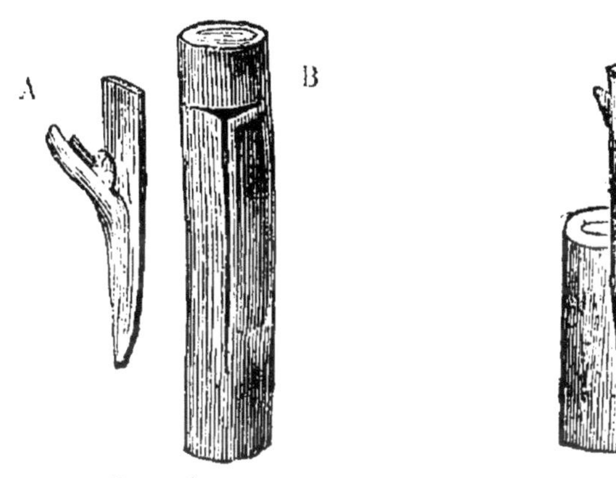

Greffe en écusson.

Greffe en fente.

ainsi. On fait deux coupes horizontales et parallèles, à 2 centimètres de distance l'une de l'autre. On incise perpendiculairement l'écorce entre ces deux coupes et précisément à leur centre, on soulève les deux moitiés qui en résultent et qui s'ouvrent comme deux volets, et on place sur l'aubier, qu'elles laissent à découvert, l'écusson carré muni d'un œil et d'un fragment de pétiole ; on rabat, dessus, les écorces soulevées, légèrement échancrées, pour faire place à l'œil, et on termine comme nous l'avons dit. La chute spontanée du pétiole annonce la reprise de la greffe, dont il est bon de surveiller la ligature pour la desserrer au besoin. On pose quelquefois un écusson à œil dormant pour se procurer un rameau à une place dénudée où il en faudrait un, soit pour la régularité de la tige, soit pour reformer la pointe d'une branche détruite par accident.

39. **Greffe en fente.** — On coupe horizontalement la tige qui doit porter la greffe ; puis, on la fend par le milieu. On choisit pour greffe un brin B, scion ou rameau qui ait de bons yeux ; on en amincit le gros bout en coin, qu'on intro-

duit A aussitôt dans la fente, de manière que l'écorce d'un côté soit exactement en rapport avec l'écorce de la tige.

On ligature le tout, et l'on a soin d'enduire de cire à greffer toute la fente qu'on a faite. Si la tige et le brin sont d'égale grosseur, il y a avantage à faire communiquer les écorces des deux côtés. Puis, si cela est possible, on peut mettre deux scions au lieu d'un, dans les mêmes conditions.

40. **Greffe en couronne.** — Cette manière de greffer s'opère sur un gros sujet que l'on a coupé horizontalement.

Greffe en couronne.

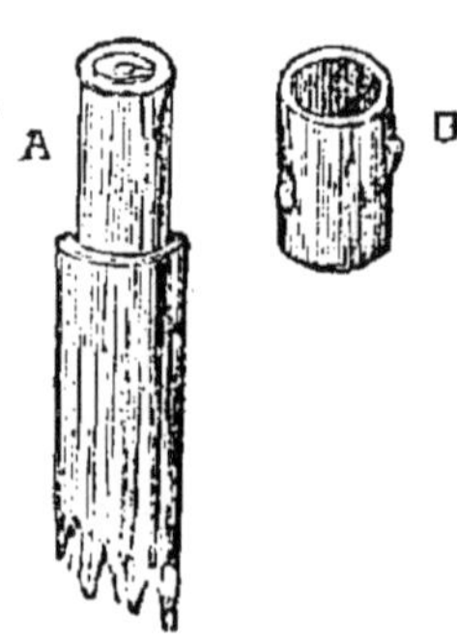

Greffe en flûte.

Sa circonférence recevra 3, 4 et 5 scions. Chacun des scions est coupé en biais et en pointe à son gros bout, avec une encoche par le haut, laquelle encoche est destinée à reposer sur l'aubier de la tige. Alors, avec dextérité et rapidement, on insinue chaque scion ainsi coupé entre l'écorce et l'aubier de la tige, dans une ouverture suffisante que l'on fait au fur et à mesure, ou qu'on vient de faire. Cela fait, on ligature et l'on enduit le tout de terre grasse, mélangée de paille coupée en morceaux, ou de cire à greffer. Souvent on rabat la tête du sujet à quelques yeux ; parfois, on la laisse.

41. **Greffe en flûte.** — Le sujet et la greffe doivent avoir un diamètre égal. On coupe le sommet du sujet ; on enlève au-dessous de cette coupe un cercle d'écorce long de 4 à 6 centimètres. On fait sur le rameau à greffer plusieurs incisions horizontales à des distances moins grandes que la longueur de l'anneau enlevé au sujet; on détache par un mouvement de torsion les divers anneaux ainsi formés, et

qui doivent être garnis de deux yeux, et on en choisit un qui s'ajuste précisément sur le sujet. Lorsqu'il est placé, on réduit en esquilles la partie du bois qui le dépasse, on les appuie sur l'anneau pour le maintenir et l'empêcher de remonter par l'affluence de la sève.

La figure ci-contre représente en A le sujet préparé, en B l'anneau d'écorce qui constitue la greffe et qu'il n'y a plus qu'à ajuster sur le sujet.

Cette greffe se fait au printemps quand la sève est montée partout. On la fait encore en laissant sur le sujet l'anneau d'écorce destiné à être remplacé, mais en le divisant en plusieurs lanières longitudinales que l'on rabat sans les détacher, et que l'on relève ensuite sur l'anneau ajusté, au-dessus duquel on place une ligature. On lute avec la cire à greffer.

42. **Greffe en anneau.** — Celle-ci, que remplace avec avantage la *greffe en écusson à œil dormant*, se fait en août

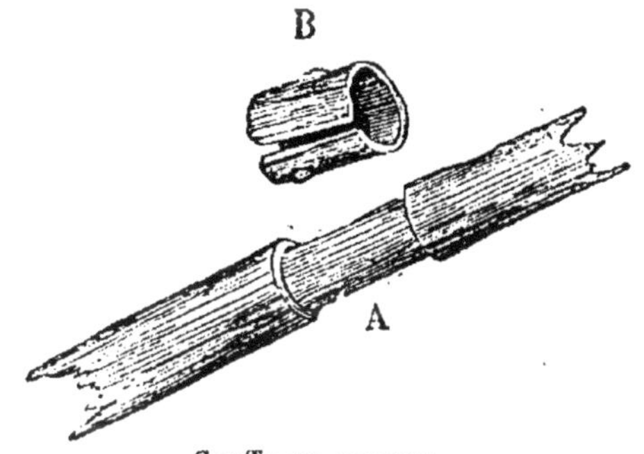

Greffe en anneau.

sans amputation de la tête du sujet, ni du sommet de la greffe.

On fait sur l'un et sur l'autre, de calibre à peu près égal, deux incisions circulaires très parcillement distancées. On fait de l'une à l'autre une incision perpendiculaire, puis on détache les deux anneaux par une légère torsion. On remplace l'anneau du sujet par celui de la greffe, muni de deux bons yeux, en prenant le soin que les parties incisées se touchent exactement en haut et en bas.

Si le diamètre de la greffe est trop large, on le diminue en lui enlevant une bande longitudinale ; s'il est trop petit, on conserve sur le sujet, à une place privée d'œil, une portion d'écorce exactement nécessaire pour combler la différence.

Cette greffe a toutefois un avantage, c'est que, lorsqu'on opère sur des sujets précieux, on peut remplacer, sur celui où l'on a pris la greffe, l'anneau enlevé par celui de l'écorce du sujet, ce qui répare le dommage.

Dans la figure ci-dessus, A est le sujet préparé, et B la greffe.

43. **Greffe en approche.** — C'est la nature qui, la première, a donné l'exemple de celle-ci. On voit, en effet, dans les forêts, des arbres soudés ensemble, par suite d'un frottement qui a usé leur écorce.

Greffe en approche.

Voici comment on la pratique : on fait à chacun des deux sujets choisis pour être unis, une entaille longitudinale d'égale dimension, de façon à enlever un peu d'aubier avec l'écorce ; on joint très exactement les deux entailles l'une sur l'autre, et l'on maintient les deux sujets dans cet état, avec une corde quand ils sont gros, avec de la *laine à greffer*, lorsqu'ils sont faibles ; puis on enduit soigneusement toute la partie opérée avec de la *cire à greffer*. Lorsqu'on s'aperçoit que les tiges sont trop serrées, ce qui se reconnaît à la boursouflure de l'écorce, soit au-dessous de la ligature, soit dans les intervalles du lien, on desserre modérément. Quand la greffe est soudée, on la sèvre, c'est-à-dire qu'on la coupe au-dessous de son attache ; le sujet se coupe au-dessus. Cette suppression du sujet se fait quelques jours après l'opération, ou plus tard, selon les espèces et les saisons.

44. **Greffe en fente sur racine.** — On l'emploie pour les pivoines, clématites, dahlias, roses trémières, etc. Elle se pratique de la façon suivante :

On fend en V la racine sur laquelle on doit greffer, et l'on insère dans la fente un scion dont l'extrémité inférieure a dû être amincie. Avoir soin de forcer un peu pour que le contact soit parfait. Ne ligaturer que si les racines se fendent. Recouvrir les plaies de cire à greffer.

On enterre ces greffes en pleine terre sous cloches ou châssis, en ayant soin de ne laisser hors du sol que trois ou quatre bons yeux.

Pour les pivoines, on se sert de branches et, pour les autres plantes, de rameaux herbacés.

45. **Greffe en approche herbacée.** — Celle-ci a pour objet de souder un rameau sur sa branche, afin de remplir un vide désagréable à l'œil. Elle consiste à pratiquer l'opération sur des bourgeons encore herbacés au lieu de la faire sur des parties ligneuses. Elle est avantageuse pour les espèces à écorce mince dont la coupe présente peu de tissu cellulaire aux points de contact, parce qu'ici toutes les parties qui se joignent étant herbacées, la soudure a lieu sur toute la surface. L'opération est la même qu'au n° 39, sauf qu'il ne faut pas enlever d'aubier à la grosse branche. Les bourgeons doivent être aux deux tiers de leur développement.

46. **Greffe en fente herbacée.** — On opère comme dans la précédente sur des bourgeons parvenus aux deux tiers de leur développement. Quand il s'agit d'arbres résineux, on coupe sur le sujet le bourgeon terminal qu'on veut remplacer à 2 ou 3 centimètres du point où il cesse d'être herbacé pour devenir ligneux, on effeuille sur une longueur d'environ 6 ou 7 centimètres, en laissant toutefois à son sommet, tronqué horizontalement, un petit bouquet de feuilles pour y appeler la sève. On fend alors l'aire de la coupe par son milieu, et on y insère la base taillée en coin du bourgeon-greffe. Celui-ci est effeuillé vers le bas, et doit être d'un diamètre égal, au plus, à celui du sujet, et pénétrer suffisamment dans la fente pour qu'il ne reste en dehors aucune portion privée d'écorce. On ligature de haut en bas avec de la laine, et si l'espèce est délicate, on l'enveloppe de papier. On casse ensuite l'extrémité supérieure de tous les bourgeons qui peuvent avoisiner la flèche qu'on vient de remplacer.

47. Quand il s'agit d'arbres ou d'arbustes non résineux, on

attend le moment du printemps où le bourgeon terminal du sujet qu'on veut greffer est dans un état de végétation convenable; on coupe à 2 centimètres au-dessus d'une feuille le sommet du bourgeon qui la porte et qui est encore herbacé. On fend ce sommet par une section perpendiculaire et égale qui se prolonge à 1 centimètre 1/2 au-dessous de la feuille et on la laisse d'un côté ; on insère l'extrémité inférieure taillée en coin du bourgeon-greffe encore herbacé. Celui-ci est muni d'un œil et de la feuille qui l'accompagne, laquelle, la greffe posée, doit être à la même hauteur que celle du sujet. On ligature de même avec de la laine. Quelques jours après, on supprime le limbe des deux ou trois feuilles du sujet les plus rapprochées de la greffe et au-dessous d'elle. On a soin d'éborgner les yeux qu'elles peuvent avoir à leur base et de surveiller pour qu'il ne s'en développe pas de nouveaux. On éborgne en même temps les yeux qui peuvent exister à la base ou à l'insertion de la feuille d'appel. Enfin, vingt jours après la greffe, on coupe le limbe de cette même feuille dont on ne conserve que le pétiole. Ces diverses suppressions forcent la sève à se porter vers la greffe qui commence à végéter un mois environ après l'opération. On la délie alors, on l'abandonne à elle-même, et quand elle a pris assez de force, on supprime l'onglet.

48. **Greffe en placage.** — Cette greffe convient particulièrement aux *Camélias*, *Azalées*, *Rhododendrons*, etc. Elle se fait ainsi : on choisit un rameau de la dernière pousse que l'on coupe à son gros bout en forme de biseau très allongé. On fait sur la tige à greffer une entaille longitudinale partant de bas en haut, et exactement semblable à celle de la greffe. Puis on applique ces deux entailles l'une sur l'autre; on les ligature et l'on enduit le tout de cire à greffer.

Pour cette greffe, on laisse le sujet à greffer avec sa tête, afin que la sève soit attirée dans la partie greffée, en vertu de son mouvement ascensionnel.

49. **Marcottage.** — Les végétaux ligneux se multiplient encore par *marcottes*.

Le marcottage est une opération par laquelle on fait pousser des racines à une branche, ou une tige à des racines. Ce procédé est fondé sur la connaissance acquise que les branches en général contiennent des rudiments de racines prêts à se développer dans des conditions favorables, et que les racines sont à leur tour pourvues de germes de bourgeons qui se développent sur leurs parties tenues hors de terre. Il importe de choisir, pour marcottes, des pousses d'un an, vives, prises sur des arbres jeunes, sains et vigoureux. On fait cette opération avant l'ascension de la sève. Le simple enterrement d'une branche dont on relève l'extrémité que l'on fixe à un tuteur suffit dans le plus grand nombre des cas; quelquefois d'autres précautions sont nécessaires. Il faut, quand il fait froid ou qu'il règne un vent desséchant après l'opération, couvrir la terre où se trouvent les marcottes avec du fumier, de la paille ou des feuilles, et arroser s'il en est besoin. On ne doit pas non plus se hâter de sevrer les marcottes, afin de ne le faire que lorsqu'elles sont bien enracinées. Il est bon aussi de faire cette opération à deux ou trois reprises, c'est-à-dire qu'on commence à inciser, puis, quelques jours après, l'on augmente l'incision et l'on achève de couper après le même intervalle.

Les principales marcottes employées pour les végétaux ligneux d'ornement sont les suivantes :

50. La marcotte *simple*. (Voir n° 29.)

51. La marcotte *avec strangulation*, n° 30.

52. La marcotte *avec torsion*, n° 31.

53. La marcotte *avec incision*, n° 32.

54. La marcotte *avec incision et talon*, n° 33.

55. Les marcottes *de racines*.

Quelques espèces d'arbres ont les racines longues, traçantes et peu profondes. Elles développent quelquefois des bourgeons, soit qu'elles végètent trop près de la surface du sol, soit que, blessées par les instruments de labour, il se forme quelques plaies d'où il s'en élève. En séparant du pied-mère la portion de racines qui porte ces bourgeons on obtient de nouveaux individus.

56. La marcotte *en cépée*. On rabat au printemps, à quelques centimètres au-dessus du sol, le tronc d'un arbre jeune

encore. Il se développe plusieurs bourgeons adventifs qu'on laisse croître en liberté. Au printemps suivant, on entoure l'arbre rabattu d'une butte de terre conique qui dépasse la coupe de 8 à 10 centimètres. Les rameaux ne tardent pas à s'enraciner et peuvent être sevrés et plantés l'année suivante pour recevoir la greffe.

57. La marcotte *chinoise* consiste à coucher, avant l'ascension de la sève, autour d'un pied-mère, une partie de ses branches, ou toutes même avec leurs rameaux, qu'on assujettit avec des piquets. Pendant la végétation, chacun des boutons se développe en bourgeon dont on entoure la base avec un peu de terre, ce qui, joint aux arrosements nécessaires, excite la formation des racines; et l'on peut ainsi obtenir autant de nouveaux individus qu'il y a de bourgeons enracinés, qu'il suffit de séparer et de replanter.

58. La marcotte *en l'air*. Elle s'emploie pour les arbres ou arbrisseaux dépourvus de branches inférieures qu'on puisse coucher. Il s'agit de faire passer dans un vase approprié et soutenu à la hauteur convenable, par le moyen le plus commode, une des ramifications supérieures qu'il faut toujours inciser dans la partie qui traverse la terre du vase, au-dessous duquel on la coupe après l'enracinement.

59. **Bouture.** — La *bouture* est encore un moyen de multiplication.

On appelle *bouture* une partie vive détachée d'un végétal; on la plante en terre pour reconstituer un individu qui lui soit semblable en tout point. Quand les boutures doivent être greffées, on peut les prendre sur des arbres sauvages; dans le cas contraire, on les choisit sur des francs ou des sujets greffés sur francs, jeunes, sains et vigoureux. On préfère les rameaux d'un an, plus riches en sève et en liber; ceux de deux ans réussissent parfaitement dans les fruitiers à bois mou, la vigne, par exemple. On a l'habitude de laisser aux boutures deux yeux hors de terre, mais à la condition de supprimer le bourgeon le moins fort des deux; pour donner le temps aux racines de se fortifier suffisamment. Quelque longueur qu'aient les boutures, on ne les enterre jamais au-dessous de 25 à 30 centimètres, pour ne pas dépasser la couche végétale pénétrable aux influences atmosphériques. L'époque des boutures est, pour le climat de Paris, mars et avril.

Parmi les boutures, nous citerons :

60. La bouture *à l'air libre*. Il faut choisir une terre, toujours plus légère que celle dans laquelle vit le végétal adulte. Les boutures doivent être abritées et tenues constamment humides; on leur donne, suivant les cas, de 10 à 25 centimètres de longueur. On fait ces boutures avec des rameaux suffisamment aoûtés. Il faut toujours maintenir deux yeux hors de terre. Leur appel est nécessaire pour solliciter de la coupe inférieure l'émission de mamelons d'où se développent les racines. On les plante au plantoir, de février en avril, dans un lieu abrité. On paille après la plantation.

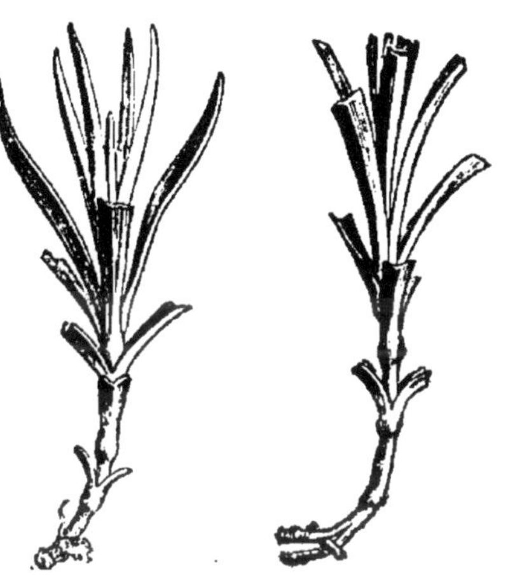

Boutures.

61. On fait des boutures avec des tronçons de racines plantés perpendiculairement le gros bout en haut et à fleur de terre. Les mêmes soins sont nécessaires.

62. Les boutures de rameaux et de racines de plantes plus délicates doivent être faites en terre de bruyère, sous cloche, afin de les étouffer et de rendre plus lente la végétation des bourgeons, pour que les racines aient le temps de se former. Il est beaucoup de végétaux d'orangerie et de serre dont il faut faire les boutures sur couche tiède, sous châssis et sous cloche.

63. Certains arbres et arbrisseaux produisent, à leur pied, des rejetons ou drageons qui peuvent servir à les multiplier en les levant avec une portion de racines.

CHAPITRE II

TAILLE ET PINCEMENT DES PLANTES D'ORNEMENT. EFFETS DE LA LUMIÈRE SUR LES PLANTES ET LES FLEURS.

Taille. — La taille des arbres et arbrisseaux du jardin d'ornement n'a pas la même importance que celle du jardin fruitier; cependant, elle a également son époque et sa méthode.

Et d'abord, c'est la taille des rosiers qui nous sollicite. Elle doit être faite avant le mouvement de la sève. Elle exige une coupe nette et qui ne froisse aucunement les tissus des tiges. On l'opère en taillant en arrière et un peu au-dessus d'un œil bien venant et bien placé.

Quant aux arbustes d'ornement, ce sont d'abord les rameaux qui dépérissent ou qui gênent qu'il faut supprimer; puis, c'est le passé ou l'avenir de la végétation qu'il faut considérer; puis enfin, la forme à donner, laquelle comporte prévision et élégance.

Les orangers et les grenadiers doivent être taillés au moment de les rentrer en serre; les geraniums en août, et les lilas dès qu'ils sont défleuris.

Pincement. — A la taille succède le *pincement*. Les deux opérations ont le même but, activer ou ralentir le mouvement de la sève.

Cette opération se fait essentiellement sur les plantes à l'état herbacé; elle consiste à couper, parfois avec les ongles, les extrémités des branches, afin de forcer la plante à donner des ramifications ou des fleurs, ce qui fait que ce procédé doit avoir lieu le plus de temps possible avant l'automne.

Effets que produit la lumière sur les plantes et sur les fleurs. — La lumière a une telle influence sur les plantes et sur les fleurs, que toutes changent d'aspect, de couleur, dès qu'elles en sont privées; d'où ce précepte de la physique : *C'est la lumière qui fait les couleurs.* En effet, quel que soit, par exemple, le soin qu'on donne aux plantes d'appartement, ont-elles jamais les couleurs vives qu'on leur voit en plein air? En un mot, hors de l'air et de la lumière, toutes les plantes s'étiolent, se dénaturent, dépérissent. En conséquence, à nous d'étudier ces importants effets physiques et d'en tirer, en tout, une pratique raisonnée et certaine.

CHAPITRE III

EMPOTAGE ET REMPOTAGE.

Empotage. — L'empotage consiste à mettre en pot une plante qui jusque-là avait poussé en pleine terre; cette petite opération, si simple qu'elle soit, exige encore certaines précautions. Il faut d'abord choisir un pot de grandeur proportionnée à la vigueur de la plante et de l'accroissement qu'elle est susceptible d'acquérir ; ensuite placer sur le trou qui est au fond du vase un petit caillou destiné à empêcher la terre de passer par cet orifice, puis le remplir presque entièrement avec un mélange à parties égales de bonne terre de jardin et de terreau pur ou tout autre mélange selon la nature de la plante à laquelle il est destiné. Ces préparatifs terminés, on ménage au milieu de la terre une cavité dont le fond doit s'étendre jusqu'à la moitié du vase, ou y place la racine de la plante et l'on remplit le pot jusqu'au bord en ayant soin de l'entasser et de l'arroser légèrement pour aider le végétal à reprendre plus rapidement ses fonctions dans ce nouveau terrain.

Rempotage. — On a recours au rempotage dans plusieurs circonstances : lorsqu'une plante est depuis plusieurs années dans le même vase, et si l'on craint que la terre n'ait perdu en partie les sucs nutritifs dont elle était riche primitivement ou que des racines mortes n'apportent à l'évolution de celles qui restent un obstacle réel ; ou, encore, lorsqu'on a un arbuste dont le développement exige un récipient plus grand et une plus grande quantité de terre.

Le rempotage exige des précautions pour être bien fait ; quand on voit une plante donner des bourgeons peu vigoureux, perdre ses feuilles qui commencent par jaunir, on doit juger utile l'opération que nous allons décrire.

On prend le pot dans la main gauche, de telle sorte que la plante passe entre les doigts et que la main couvre la terre ; on tourne la tige en bas et, de la main droite, après avoir donné quelques petits coups secs sur le pot pour le détacher de la terre qu'il contient, on l'enlève doucement. La motte apparaît alors ; elle est recouverte d'une énorme quantité de racines longues, menues, desséchées pour la plupart, que l'on doit couper avec le sécateur ; on enlève aussi de la terre qui les entoure, sans toutefois en dégarnir les racines principales et l'on trempe ensuite la motte ainsi nettoyée dans un peu d'eau dégourdie. Lorsque l'on a préparé ensuite le pot et la terre pour recevoir la nouvelle plante, suivant les procédés indiqués pour l'empotage, on place la plante de manière qu'elle soit bien droite, on garnit avec de la terre l'espace laissé vide entre la motte et les parois du vase, on la presse légèrement et on l'arrose aussitôt. Il est bon, lorsqu'on a affaire à un arbuste que l'on vient de rempoter, de lui faire subir quelques petites mutilations pour faciliter son accroissement ; ainsi, on le débarrassera des branches gourmandes sur lesquelles la sève semble devoir se porter au détriment des autres parties du végétal ; on supprimera également les branches où les bourgeons sont mal placés, et qui nuisent à la beauté de l'arbuste.

QUATRIÈME PARTIE

CHOIX DE VÉGÉTAUX D'ORNEMENT

CLASSÉS PAR ORDRE ALPHABÉTIQUE DE NOMS FRANÇAIS.

ABRONIE A FLEURS EN OMBELLE, *abronia umbellata*, vivace, traitée comme plante bisannuelle (1 mètre 50). Californie. Fleurs roses, juillet-août, Culture n° 3(1). Terre franche légère.

ACACIA, *acacia*. = **Julibrissin, ou de Constantinople, ou arbre de soie,** *a. Julibrissin*. Belle variété très ornementale, pouvant atteindre 8 à 10 mètres. Orient. Fleurs blanches, août à septembre; feuilles munies de cils soyeux. = **A deux épis,** *a. lophanta*, 3 à 4 mètres. Australie. Très gracieux, fleurs jaunes. Culture nos 5 et 11. Terre franche légère. Ne résiste pas à un froid de — 3°.

Beaucoup de personnes confondent à tort cet arbre avec le *faux acacia* ou *Robinier* (Voir ce dernier mot à son ordre alphabétique).

ACANTHE, *acanthus*, vivace herbacée. = **Du Portugal,** *a. latifolius* ou *lusitanicus*, indigène (65 centimètres à 1 mètre). Feuillage remarquable; fleurs rosées ou lilas, août et septembre. Culture nos 3 et 26. Terre franche ordinaire. — N° 25. = **Branc-Ursine,** *a. mollis*, feuilles et fleurs moins grandes. = **Épineuse,** *a. spinosus*, feuillage moins large, mais plus découpé, fleurs lilas.

ACHILLÉE, *achillea*, vivace, herbacée. = **D'Égypte,** *a.*

(1) Tous les numéros de culture et de multiplication correspondent aux 63 modes différents décrits plus haut, pages 109 à 129.

ægyptiaca (50 à 55 centimètres), fleurs jaunes, juillet et août. = **De Hongrie,** *a. lingulata* (33 centimètres), fleurs blanches, mai et juin. = **Cotonneuse,** *a. tomentosa,* Alpes (50 centimè-

Acanthe du Portugal.

tres), fleurs jaunes, juin-juillet. = **Dorée,** *a. aurea,* Levant (35 à 40 centimètres), fleurs jaunes, juillet et août. = **Filipenduline,** *a. filipendulina,* Levant (1 mètre 50 centimètres), fleurs jaunes, septembre. = **Millefeuille,** *a. millefolium,* pour ses variétés à fleurs pourpres et à fleurs rouges, juillet à septembre. = **Rose**. *a. rosea* (80 centimètres à 1 mètre), fleurs roses, juin à août. = **Sternutatoire**, *a. ptarmica*. Voir plus loin l'article *Bouton d'argent*. = **Visqueuse**, *a. ageratum* (60 à 65 centimètres), fleurs jaunes, juillet et août. Plusieurs autres variétés.

Pour l'*aurea* et l'*ægyptiaca*, culture n° 5. Terre franche

Achillée filipenduline.

légère et n° 25. Pour les autres, culture n° 1. Terre franche ordinaire.

Pour toutes, multiplications nos 26 et 27, tous les deux ou trois ans.

ACONIT, *aconitum*, vivace herbacée. = **A. crochetis**, *a. uncinatum*, Amérique septentrionale (1 mètre), fleurs bleues, septembre et octobre. = **Anthora**, *a. anthora*, fleurs jaunes, août. = **Bicolore**, *a. hebegynum*, fleurs bleues, juillet et août. = **Des Pyrénées**, *a. Pyrenaicum*, fleurs jaunes, août. = **Du Japon**, *a. Japonicum*, fleurs bleues, août à octobre. = **Napel**, *a. napellus*, fleurs bleues, juin et juillet. = **Paniculé**, *a. paniculatum*, fleurs bleues et vertes, août. = **Tue-loup**, *a. lycoctonum*. Alpes, fleurs jaunes, août. = On cultive encore l'**aconit d'automne vrai**, *a. autumnale verum* et celui d'**Engel**, *a. Engelii* à belles grandes fleurs bleues, juillet et août. Cultures n°s 2, 9, 10 et 27. Terre franche légère.

ACORE, *acorus*, vivace herbacée. = **Odorant**, *a. calamus*, indigène et de l'Inde, fleurs jaunes sans effet, cultivé pour ses racines odorantes. = **Graminé**, *a. gramineus*, Chine, variétés à fleurs panachées. Culture n° 27. Terre franche légère humide.

Aconit Napel.

ACTÉE DES ALPES, *actea spicata*, vivace herbacée (50 centimètres), fleurs blanches, avril, auxquelles succèdent des fruits noirs ou rouges. Culture n° 1, aussitôt la maturité des graines, et n° 27 en automne. Terre franche ordinaire.

ADIANTE, *adiantum*, vivace herbacée. = **Pédiaire**, Amérique septentrionale (40 à 60 centimètres), fougère à feuillage élégant. Culture n° 27. Culture de bruyère humide. = **Cheveu de Vénus**, *a. capillus Veneris*, culture n° 77. Terre franche ordinaire humide.

ADONIDE, *adonis*. = **D'été**, *a. æstivalis*, annuelle indigène (35 centimètres), fleurs rouges, juin et juillet; culture n° 2. Terre franche légère. = **De printemps**, *a. vernalis*, vivace herbacée indigène (20 à 30 centimètres), fleurs jaunes, mars et avril; culture n°s 7 et 27. = **D'automne**, *a. autumnalis*; fleurs rouges noirâtres. Terre franche légère; mieux, terre de bruyère, n° 25.

ÆTHIONÈME DU MONT LIBAN, *æthionema covidifolia*, vivace herbacée (16 à 20 centimètres), fleurs rose lilas, avril et mai. Terre franche ordinaire; culture nos 1 et 27.

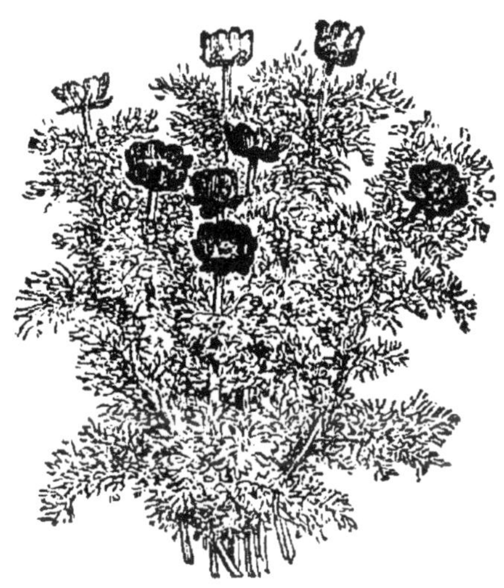

Adonide d'automne.

AGÉRATE, *ageratum*, annuelle. = **Bleue du ciel**, *a. cœlestinum*. = **Du Mexique**, *a. mexicanum*. Tous deux

Agérate du Mexique.

(40 centimètres), fleurs, juin à septembre. Culture n° 5. Terre franche légère.

AGROSTIDE, *agrostis*. Plante herbacée dont on distingue les deux principales sortes : nébuleuse, *nebulosa* et élégante, *pulchella*. — Toutes deux se cultivent en bordure, elles servent à former de très gracieux bouquets champêtres.

Agrostide nébuleuse. Agrostide élégante.

AIL, *allium*, vivace bulbeuse. = **Azuré**, *azureum*. Sibérie, fleurs blanches, mai à août. = **Blanc**, *a. album*, indigène, fleurs blanches, mai. = **A feuilles carénées**, *a. carinatum*, indigène (33 centimètres), fleurs pourpres, mai. = **A odeur de vanille**, *a. fragrans*, Afrique, fleurs roses et bleues, mai et juin. = **Des ours**, *a. ursinum*, indigène, fleurs blanches, mai et juin. = **A tête sphérique**, *a. sphærocephalum* (40 à 50 centimètres), fleurs pourpres, mai et juin. = **Moly**, *a. moly*, indigène, fleurs jaunes, juin, variétés à fleurs bleues. = **Odorante**, *a. odorum*. Europe méridionale, fleurs bleues, mai, juin et juillet. = **Rose**, *a. roseum*, indigène (33 centimètres), fleurs roses et beaucoup d'autres espèces. Culture n°s 15, 16, 17, 19 et 20. Terre franche ordinaire.

AIRELLE, *vaccinium*, arbrisseau. = **Anguleuse**, *v. myr-*

tillus, indigène (65 centimètres), fleurs blanches roses, mai, = **A rameaux allongés**, *v. virgatum*, Amérique septentrionale, fleurs bleues, avril et mai, n° 25. = **Canneberge**, *v. oxicoccus*, fleurs rouges, mai. = **Corymbifère**, *v. amœnum*, Amérique septentrionale (1^{m}, 25 à 1^{m},50), fleurs bleues, mai et juin. = **De Pensylvanie**, *pensylvanicum* (66 centimètres), fleurs blanches, mai et juin. = **Du Caucase**, *v. arctostaphylos*, fleurs blanches roses, juin, n° 25. = **En arbre**, *v. arboreum* (5 à 6 mètres), fleurs blanches, juin. = **Veinée**, *v. uliginolum*, indigène (40 centimètres), fleurs blanches ou roses, mai et juin. Terre de bruyère. — Pour toutes cultures n° 3. Terre franche légère et multiplication à l'automne, n°s 51 et 63.

AJONC A FLEURS DOUBLES, *ulex europæus*, arbrisseau, fleurs jaunes, mai et juin. Multiplication n° 39 sur son type à fleurs simples, dont on fait de bonnes haies par n° 1. Tout terrain.

ALATERNE A LARGES FEUILLES, *rhamnus latifolius*, arbrisseau (5 à 6 mètres, Açores, à feuilles persistantes. Variétés à feuilles panachées, fleurs vertes, juillet. — Multiplication n°s 38, 39, 51 et 60. Terre franche ordinaire ombragée. — On cultive plusieurs autres alaternes dont le feuillage est élégant.

ALCÉE ROSE TRÉMIÈRE, *alcea rosa*, trisannuelle, Syrie (2 à 3 mètres), fleurs de toutes couleurs, bleues, jaunes, rouges et violettes, simples ou doubles, juillet, août et septembre. — Culture n°s 6 et 12. Terre franche légère. On conserve les variétés qui ne se reproduisent pas. = **De la Chine**, *a. r. sinensis*, bisannuelle (1 mètre à 1 m. 25), fleurs panachées de blanc et rose, juillet à octobre. = **A feuilles de figuier**, *a. ficifolia*, Sibérie (2 mètres), fleurs blanches, roses, rouges, simples ou doubles, juillet à septembre. — Même culture.

ALIBOUFIER OFFICINAL, *styrax officinale*, arbrisseau (3 à 4 mètres), fleurs blanches, juillet. — **Glabre** *s. læviga-*

tum, Caroline (2 à 4 mètres), fleurs blanches moins grandes, juillet. Culture nos 7, 11, et multiplication nos 50 et 63. — Terre franche ordinaire ombragée.

ALISIER, *cratægus*, arbre. = **Argenté**, *c. aria* (8 à 10 mètres), fleurs blanches, mai et juin, variété, *alouchier de Bourgogne*, à feuilles plus allongées. = **De Fontainebleau**, *c. latifolia* (8 mètres), fleurs blanches, mai et juin. = **Torminal**, *c. torminalis* (6 à 7 mètres), fleurs blanches, mai et juin. = **Aubépine**, *c. oxyacantha* (4 à 5 mètres), épineux, fleurs blanches ou roses, selon sa variété, mai et juin. Chez tous, des fruits rouges succèdent aux fleurs. — Culture n° 2, graines stratifiées, et n° 4-39, sur aubépine, et n° 63. Terre franche légère aérée. (V. Amélanchier et Néflier.)

Alonzoa à feuilles de myrte.

ALONZOA. Cette fleur, dédiée à l'espagnol Zanoni Alonzo, est une herbe à rameaux triangulaires, à feuilles opposées et à feuilles de myrte, fleurs en grappes. On en distingue surtout la sorte dite *à feuilles de myrte*.

ALSTROEMÈRE, *alstrœmeria*, vivace tuberculeuse. = **Des Incas**, *a. Pelegrina*, Pérou (35 à 50 centimètres), fleurs blanches et roses à macule jaune pointillée, juin, juillet et août. = **A fleurs bicolores**, *a. ligtée*, Pérou (25 à 30 centimètres), fleurs blanches rayées de rose et de rouge, avril. =**Perroquet**, *a. psittacina*, Mexique (50 à 70 centimètres), fleurs rouges tigrées de pourpre, juin à août. = **Du Chili**, *a. pulchella* (70 centimètres à 1 mètre), fleurs à quatre divisions coccinées, rayées de pourpre et de jaune avec le sommet rouge, juin à septembre. = Elle a donné bon nombre de variétés qu'on cultive en collection sous le nom d'Alstrœmère du Chili. Pour cela, on les plante en pleine terre de bruyère; elles passent bien l'hiver sous un châssis froid. Toutes les alstrœmères peuvent être tenues en pots. Terre franche légère, ou mieux terre de bruyère. L'alstrœmère perroquet résiste avec couverture sur le pied. — Culture n° 7 et tous les trois ans, n° 22.

ALYSSE, *alyssum*, vivace herbacée. = **Deltoïde**, *a. deltoïdes* (20 à 25 centimètres), fleurs bleues, avril à juillet. = **Des rochers** ou **Corbeille d'or**, *a. saxatile*, Candie (30 à 35 centimètres), fleurs jaunes, mai, variété à feuilles panachées. — Culture n° 27. Terre franche ordinaire.

AMANDIER, *amygdalus*, arbrisseau. = **Nain**, *a. nana* (1 mètre à 1m,50), Asie, fleurs roses, mai et quelquefois août, variété à fleurs doubles. = **A feuilles satinées**, *a. argentea*, fleurs roses, avril. = **De Georgie**, *a. Georgica*, fleurs roses, avril. — Multiplication n° 38 sur l'amandier commun. L'amandier nain se multiplie de semis, de noyau et par n° 63.

AMARANTHE QUEUE DE RENARD (*Discipline de religieuse*), *Amaranthus caudatus*, Inde (70 centimètres à 1 mètre de haut); annuelle; feuilles oblongues et rougeâtres; fleurs rouges ou jaunes; en grappes; de fin juin à août Culture n° 2. Tout terrain. = **Tricolore**, *a. tricolor* (50 centimètres à 1 mètre), Inde, pour ses feuilles tachées de jaune et de rouge sur fond vert, fleurs vertes, juin à septembre.

Culture nos 5 et 10. Terre franche légère. = **Célosie,** *a. Celosia cristata nana*, Inde (40 à 65 centimètres), fleurs rouges ou jaunes, selon la variété, en forme de crête terminale. Culture nos 5 et 11, mise en place avec la motte. Terre franche légère.

Amaranthe queue de renard.

AMARANTHOIDE GLOBULEUSE, *gomphrena globosa;* annuelle, Inde (40 à 50 centimètres), fleurs violettes, mai à septembre. — Variété à fleurs blanches carnées et panachées. — Culture nos 5, 11, mise en place avec la motte. Terre franche légère.

AMARYLLIDE, *amaryllis*, vivace, bulbeuse. = **Blanche,** *a. candida*, Pérou (12 à 16 centimètres), fleurs blanches et carnées, octobre. = **Jaune,** *a. lutea*, Europe méridionale, fleurs jaune vif, septembre. = **De Virginie,** *a. Atamasco*, Amérique septentrionale (20 à 25), fleurs blanches carnées, juillet. = **Lis Saint-Jacques,** *a. formosissima*, Amérique méridionale (30 à 35 centimètres), fleurs rouge pourpre, juillet et août. = **Belladone,** *a. belladona*, Amérique méridionale (50 à 70 centimètres), fleurs roses odorantes, août à octobre. = **Rayée,** *a. vittata*, Cap (50 à 60 centimètres), fleurs blanches rayées de 3 lignes carmin intérieures. Juin.

= **A longues fleurs,** *a. longiflora*, Cap (50 à 65 centimètres), fleurs blanches, avec raie carmin médiane. Juin et juillet.

En pleine terre, planter les oignons à 15 ou 20 centimètres, couverture de litière, ou châssis froid, l'hiver. Multipli-

Amaryllide Lis Saint-Jacques.

cation, nos 16, 17 et 18. Terre franche légère, ou mieux terre de bruyère. Arrosements nuls pendant l'hiver.

AMÉLANCHIER COMMUN, *aronia communis*, arbrisseau (2 mètres 25 à 30 cent.), fleurs blanches, jaunes, avril. = **Du Canada**, *a. spicata* (2 à 3 mètres), fleurs blanches, mai. = **De Choisy**, *a, racemosa* (3 à 4 mètres), fleurs blanches, avril et mai, et plusieurs autres. Culture des alisiers.

AMÉTHYSTE BLEUE, *amethystea cærulea*, annuel, Sibérie (14 centimètres), fleurs bleues, juin à août. Culture nos 1 et 2, tout terrain.

AMMOBE AILÉ, *ammobium alatum*, Australie, vivace herbacée (60 à 65 centimètres), fleurs jaunes et blanches, août. Culture nos 1, 26 et 59. Terre franche légère, et nos 25.

AMORPHE FRUTESCENTE, *amorpha fruticosa*, arbrisseau,

Caroline (2 mètres à 2 mètres 65). Épi de fleurs bleues violacées, août. Culture nos 4, 9, plus 45, 59 et 63. Terre franche légère.

AMSONIE A LARGES FEUILLES, *amsonia latifolia*, vivace herbacée, Amérique septentrionale (35 à 45 centimètres) en touffe, fleurs bleues, juillet et août. Culture nos 1 et 27. Terre franche légère humide ; mieux, terre de bruyère. = **A feuilles étroites**, *a. angustifolia*, semblable, sauf les feuilles. Même culture.

ANCOLIE, *aquilegia*, vivace herbacée. = **Commune,**

Ancolie de Sibérie.

a. vulgaris, indigène (1 mètre), fleurs blanches, roses, bleues, rouges, violettes, selon la variété, simples, doubles, pendantes, mai et juin. = **De Sibérie**, *a. sibirica* (30 à 35 centimètres), fleurs bleues et blanches, mai et juin. = **Glandu-**

leuse, *a. glandulosa*, Sibérie (30 à 35 centimètres), fleurs bleues et jaunes, mai et juin. Terre franche ordinaire pour ces trois espèces. = **Du Canada**, *a. canadensis* (30 centimètres), fleur rouge safranée, avril et mai. = **De Skinner**, *a. Skinneri*, Guatemala (30 centimètres), fleur rouge safranée, mai et juin. Terre de bruyère pour ces deux dernières. Culture n°s 1, 27, exposition ombragée, et n° 25.

ANDROMÈDE, *andromeda*, arbrisseau. = **Du Maryland**, *a. mariana* (66 centimètres), fleur blanche en grappe, juillet, presque toujours verte. = **Luisante**, *a. lucida*, Floride (1 mètre), fleurs blanches, rouges, août. Toujours verte. = **Cotonneuse**, *a. tomentosa*, Caroline (1 mètre 25), fleurs blanches, mai et juin. = **A feuilles de cassine**, *a. cassinefolia* (75 cent. à 1 mètre), fleurs blanches grandes et pendantes, juillet et août. = **A feuilles de pouillot**, *a. poliifolia*. Touffe de 35 centimètres, fleurs rouges ou blanches, globuleuses, en grappes, mai. = En plate-bande de terre de bruyère renouvelée tous les trois ans. = Culture 5, 27, et 49. = En arbre, *a. arborea*, arbre (15 à 18 mètres), toujours vert, Virginie, fleurs blanches. Terre franche légère. — Multiplication, n°s 49 et 59.

ANDROSÈME OFFICINAL, *androsemum officinale*, indigène, vivace herbacée (66 centimètres à 1 mètre), fleurs jaunes en ombelle, juin, juillet et août. Terre franche légère humide. Culture n°s 1 et 27.

ANÉMIOPSIDE DE LA CALIFORNIE, *anemiopsis californica*, vivace herbacée, fleurs blanches, juillet et août, sur un pédoncule de 12 à 15 centimètres. Tige rouge, stolonifère, comme celle du fraisier. Terre franche ordinaire humide, exposition au midi. — Culture n°s 25 et 27

ANÉMONE, *anemone*, vivace, tuberculeuse. C'est de l'**anémone des fleuristes**, *anemone coronaria*, à fleurs simples ou doubles, qu'on dit être de l'Orient, mais qui est indigène au midi de la France, et de l'**anémone des jardins** ou

étoilée, *a. stellata*, que sont provenues presque toutes les variétés à fleurs doubles qu'on cultive en collection. Les amateurs veulent que le *pampre* ou feuillage soit bien garni et élégamment découpé; que la *fane* ou involucre soit aux deux tiers de la longueur de la hampe et toutes deux d'un beau vert; que la *baguette* ou hampe soit haute, droite et

Anémone des fleuristes (double).

ferme, pour que la fleur ne soit jamais penchée. Celle-ci doit être grande, ronde, double et bombée; le *manteau* ou pétales de la circonférence, épais, arrondi et de deux nuances; l'une, couvrant l'onglet nommée *culotte*, l'autre le limbe; le *cordon* ou rang de pétales immédiatement contigu au *manteau*, court, large et d'une couleur tranchante; les pétales qui viennent ensuite ou *béquillons*, abondants, obtus et s'allongeant graduellement vers le centre, et ceux qui forment ce dernier, sous le nom de *pánne* ou de *pluche*, serrés et successivement plus longs pour que la fleur soit plus parfaitement bombée. — Les couleurs les plus estimées sont le cramoisi et le rouge réunis; ensuite le rouge, le blanc et le pourpre, et le rouge, le rose et le blanc formant des panachures régulières; le bleu, le bleu clair panaché de blanc et le pourpre pur trouvent aussi des amateurs. Enfin le dernier rang des plantes de choix est occupé par les *bizarres* qui sont accueillies selon le goût particulier de chacun. Les anémones sim-

Anémone des fleuristes (simple).

ples, excepté les très belles, ne sont cultivées que comme porte-graines. Terre franche ordinaire, passée à la claie et nivelée; plantation en février des pattes d'anémone à 8 ou 10 centimètres de profondeur et à 16 centimètres entre elles sur 8 lignes longitudinales et parallèles par planche et espacées aussi de 16 centimètres. Paillis ou grande fougère sur la terre pour s'opposer aux gelées tardives. On plante de la même manière en octobre, si le climat est favorable, et si l'on peut s'opposer convenablement aux gelées de l'hiver;

on n'arrose qu'au besoin, et jamais sur les fleurs pendant la floraison. On sarcle et bine. Après la floraison, qui a lieu en mai, les fanes se dessèchent. On arrache les tubercules à la bêche, on les fait sécher et on les garde à l'abri de la gelée

Anémone pulsatille.

jusqu'à la plantation. Dans une collection nombreuse où il y a des doubles, on laisse reposer les pattes un an, ce qui donne une floraison plus belle. — Multiplication n°s 22 et 23. = On sème en terrines, aussitôt maturité, les graines des variétés simples à couleurs éclatantes, on les couvre de 5 millimètres de terre tenue fraîche. On rentre sous châssis et on repique au printemps. En juin suivant, on relève les jeunes tubercules qui portent alors le nom de *pois*. On les replante comme les vieux, ils fleurissent à leur troisième pousse. Dans le commerce on divise les anémones en *ané-*

Anémone éclatante (double).

mones par noms et couleurs, ce sont les plus belles; en *anémones en mélange, beautés supérieures*, et enfin en *anémones en mélange*, 1er, 2e et 3e choix, ce sont les plus ordinaires. = **Des Apennins**, *a. apennina*, d'Italie, fleurs blanches, avril et mai; terre de bruyère humide. = **Pulsatille**, *a. pulsatilla*, indigène, fleurs bleues violettes, avril et mai. = **A œil de paon**, *a. pavonina*, fleurs cramoisies et vertes au centre, avril et mai. = **Éclatante**, *fulgens*, vivace ; fleurs grandes, d'un rouge éclatant, marquées au centre d'une tache ronde d'un jaune magnifique. = **Du Japon**, *a. japonica*, fleurs pourpres grandes et munies au centre de nombreuses étamines à anthères jaune d'or. Terre franche légère ou terre de bruyère. Toutes se cultivent comme l'*a. coronaria*.

APOCYN, *apocynum*, vivace herbacée. = **Gobe-mouche**. *a. androsæmifolium*, Virginie (65 cent.), fleurs roses, juillet, août-septembre. Terre franche légère humide. = **Maritime**, *a. venetum*, îles Ioniennes (1 mètre), fleurs blanches ou rouges, juillet-août. Terre franche légère, n° 25. — Multiplication, n°s 2 ou 26, en octobre et novembre.

ARABETTE, *arabis* ou *turritis*, vivace herbacée. = **Du printemps**, *a. verna*, et **du Caucase**, *a. caucasica*, fleurs blanches, avril et mai. Multiplication, n°s 1 et 29. Terre franche ordinaire sèche. En bordure.

ARALIE, *aralia*, arbrisseau. = **Épineuse**, *spinosa*, Ca-

Aralie à papier.

nada (2 à 3 mètres), panicule de fleurs blanches, odorantes, août et septembre. Terre franche légère humide ombragée. — Culture n°s 5, 11 et 28, plus n° 25. = On cultive de même la **A. de la Chine**, *a. sinensis;* **velue**, *a. hispida*, **à grappes**, *a. racemosa;* **à tige nue**, *a. nudicaulis*. Toutes à fleurs blanches, juin, juillet et août.

Parmi les espèces de serre, nous citerons les deux suivantes :

Aralie à papier, *a. papyrifera*, de Chine. Serre chaude l'hiver; craint l'humidité froide. — Feuillage très large. Se

Aralie de Siébold.

multiplie par tronçons de racines longs de 3 centimètres et enterrés sous cloche, la coupe supérieure restant à découvert. = **De Siebold**, *a. Sieboldii* du Japon. Serre froide. Très belle variété plus rustique, résistant à une assez basse température. On peut la multiplier par des boutures de tiges longues de 20 à 25 centimètres devant fournir de jeunes bourgeons qu'on enlève lorsqu'ils sont assez forts pour les bouturer de nouveau sur couche chaude ou sous cloche.

ARBOUSIER, *arbutus,* arbrisseau. = **Commun,** *a. unedo,* Pyrénées (4 à 5 mètres), toujours vert, fleurs blanches ou rouges, simples ou doubles, septembre à novembre. = **Andrachné,** *a. andrachne.* Levant, fleurs blanches, avril et mai. Terre de bruyère, 25. — Multiplication, nos 5, 11 et 49. Toutes deux à fruits rouges.

ARÉNAIRE, *arenaria,* vivace herbacée. = **De Mahon,** *a. Balearica,* fleurs blanches, mai et juin. = **De montagne,** *a. montana* (12 à 16 centimètres), fleurs blanches grandes, mai et juin. = **A grandes fleurs,** *a. grandiflora,* fleurs blanches grandes, mai et juin. — Multiplication, nos 2 et 25. Terre franche légère sèche, pour bordures et rocailles, forment gazon touffu.

ARGALOU, *rhamnus paliurus,* arbrisseau (2 mètres à 2 mètres 50), très piquant, grappes de fleurs jaunes petites, juin, juillet et août, auxquelles succèdent des fruits en forme de chapeau. Terre franche légère humide. — Multiplication, n° 5 en pots abrités, et n° 63 au printemps.

ARGEMONE A GRANDES FLEURS, *argemone grandiflora,* annuelle, du Mexique (70 centimètres à 1 mètre), fleurs blanches, mai, juin et juillet. — Multiplication, n° 2, mieux, n° 5 en février et n° 10 en mai. = Même culture pour l'argémone **à fleurs jaunes,** *a. ochrolenca,* du Mexique.

ARGOUSIER, *hippophæ rhamnoïdes,* arbrisseau indigène (2 mètres à 2 mètres 60), épineux, fleurs rouges, feuillage argenté et boutons dorés. Bon pour haie au bord des fossés sableux. — Multiplication, nos 2 et 63 en automne.

ARISTOLOCHE SIPHON, *aristolochia sipho,* arbrisseau, Amérique méridionale. Tige volubile de 6 à 7 mètres, fleurs vert brun, mai et juin. = **Pubescente,** *a. pubescens.* Australie. Tige grimpante, moins haute, fleurs jaunes, juin. Terre franche légère. — Multiplication, nos 2 et 53, pour berceaux.

ARMOISE CITRONNELLE, *artemisia abrotanum*, arbrisseau indigène (70 centimètres à 1 mètre), feuilles à odeur de citron, fleurs petites et insignifiantes. Terre franche légère; exposition chaude. — Multiplication, n° 5, aussitôt la maturité des graines, n° 10, et en automne, n° 27.

ARROCHE ROUGE, *atriplex purpurea*, annuelle; de 1 à 2 mètres; feuillage rouge vif; récolter et semer les graines fin mars; terre ordinaire.

ARUM. — Voir *Gouet.*

ASCLÉPIADE, *asclepias*, vivace herbacée. = **A la ouate,** *a. syriaca* (1 mètre 30 à 1 mètre 50), fleurs blanches roses, juillet et août. Odorantes. Tous terrains. Exposition chaude, n°25. Multiplication, n° 2, et en automne, n° 26. = **Incarnate,** *a. incarnata*, Virginie (2 mètres), fleurs rouges odorantes. Terre de bruyère. Même culture. = **Tubéreuse,** *a. tuberosa*, Amérique septentrionale, fleurs coccinées, juillet à septembre. Terre franche légère. Même culture.

ASPÉRULE ODORANTE, *asperula odorata*, indigène, vivace herbacée, en touffes de 20 à 30 centimètres, fleurs blanches odorantes, en corymbe, mai et juin. Tout terrain. — Multiplication, n° 27. Jolie en bordure et en gazon sous les arbres.

ASPHODÈLE, *asphodelus*, vivace. = **Rameux,** *a. ramosus*, indigène (1 mètre), fleurs blanches, mai, en étoile, à divisions marquées de lignes roussâtres. = **Jaune,** *a. luteus* (1 mètre), indigène, fleurs jaunes en épi, mai à juillet; terre franche légère sans engrais. Exposition chaude. — Multiplication, n° 1 au printemps et mieux encore n° 26.

ASSIMILIER DE VIRGINIE, *assimina virginiana*, arbrisseau

(2 à 5 mètres), fleurs marron pourpre, mai et juin. Terre franche légère. Multiplication, n° 55.

ASTER, *aster*, vivace herbacée. D'un grand nombre d'espèces, presque toutes de l'Amérique septentrionale, nous n'en citerons que quelques-unes. = **Des Alpes**, *a. Alpinus* (16 à 20 centimètres), fleurs grandes à rayons violets et disque jaune, juillet, août. Variété à fleurs blanches. = **A trois nervures**, *a. trinervis* (50 centimètres), fleurs grandes lilas, juillet. = **Géant**, *a. elatior* (1 mètre 60 à 2 mètres), fleurs grandes à rayons pourpres, août et septembre. = **Rose**, *roseus* (60 centimètres à 1 mètre), fleurs roses violettes, septembre et octobre. Belle variété à fleurs roses, sous le nom d'*a. Vouldyanus*. = **A feuilles découpées**, *a. incisus* (65 centimètres), fleurs lilas grandes, juillet. = **Ornemental**, *a. decorus* (1 mètre). fleurs pourpres violettes, grandes, septembre. = **Œil de Christ**, *a. amellus* (33 centimètres), fleurs grandes à disque jaune et rayons bleus, août et septembre. = **A grandes fleurs**, *a. grandiflorus* (66 centimètres), fleurs bleues pourpres un peu odorantes, novembre. = **De la Nouvelle-Angleterre**, *a. Novæ Angliæ* (66 centimètres à 1 mètre), fleurs bleues violettes grandes, août à octobre. = **A tige rouge**, *a rubricaulis* (1 mètre à 1 mètre 33), fleurs à disque jaune et rayons bleus, septembre et octobre. = **Magnifique**, *a. formosissimus*, Caroline (1 mètre à 1 mètre 33), fleurs bleues violettes, octobre. Terre franche ordinaire. Replantation tous les 3 ou 4 ans pour les changer de place. On peut retarder la floraison en coupant les tiges en juin. Multiplication, n° 1, et en automne, n° 27. = **Reine-Marguerite**, *a. Callistephus sinensis*, originaire de la Chine et du Japon. Annuelle. Cette espèce est aujourd'hui l'un des plus riches ornements de nos parterres d'automne. Les amateurs ont divisé les innombrables variétés qu'elle fournit en quatre races, d'autres en huit, d'autres seulement en deux. La plus remarquable de ces races est la reine-Marguerite *pyramidale couronnée*. Parmi ses fleurs, les unes sont d'un blanc pur, globuleuses, de 9 centimètres de diamètre et pleines de demi-fleurons longs à la circonférence, plus courts et plus étroits au centre; d'autres sont unicolores, soit carmin vif, rose, bleu de divers tons, violet variant du violet pensée au violet lilas. Quelques-unes ressemblent à des anémones, d'autres à des chrysanthèmes ou des pivoines.

Reine-Marguerite pyramidale couronnée.

Reine-Marguerite à fleur de chrysanthème.

Le plus grand nombre de ces belles plantes sont panachées de toutes les façons imaginables. Mais il est impossible avec des mots de donner une idée exacte des riches panachures, que forment le rouge, le bleu, le blanc et leurs composés, car jusqu'ici le jaune n'y figure point encore. La reine-marguerite pyramidale se reproduit de graines qu'on sème sur couche ou plate-bande terreautée; on repique en pépinière en mai, et ensuite en place avec la motte lorsque les fleurs commencent à se montrer, ce qui permet d'assortir les couleurs.

On doit avoir soin de récolter les graines sur les fleurs tardives qui se montrent au bas des tiges. Il y a de ces plantes naines et plus élevées. La floraison se prolonge du mois de juillet aux gelées. — On peut encore semer en octobre et repiquer en terreau pur sur couche tiède en novembre. Quand le plant est suffisamment fort, on en met deux ou trois pieds dans des pots que l'on place sous châssis froid, et qui fleuriront de mars en mai et plus tôt si on plaçait ces pots sur couche chaude.

ASTRAGALE QUEUE DE RENARD, *astragalus alopecuroïdes* de Sibérie (65 centimètres), fleurs jaunes en épi laineux, juillet. — **Esparcette,** *a. onobrychis*, de l'Autriche (65 centimètres), fleurs pourpres bleues, juin et juillet. = **Varié,** *a. varius*, indigène (65 centimètres), fleurs pourpres violettes et jaunes, juin et juillet. — Multiplication, nᵒˢ 1 ou 27. Terre franche légère. = **Adragant,** *a. tragacantha*, arbrisseau du Midi (35 centimètres), fleurs blanches, juin et juillet. Même terre. — Multiplication, nᵒˢ 1 et 63.

ASTRANCE A LARGES FEUILLES, *astrantia major*, vivace herbacée, indigène (65 centimètres), fleurs blanches rouges, juin, juillet et août. = **Petite,** *a minor* (35 centimètres), fleurs blanches rouges, mai et juin. = **Hétérophylle,** *a. heterophylla* (50 centimètres), fleurs roses, mai à juillet. Terre franche ordinaire. — Multiplication, n° 1 au printemps, et à l'automne, n° 27.

ATHANASIE ANNUELLE, *athanasia annua*, annuelle (35 centimètres), indigène, fleurs jaunes, juillet à septembre. — Multiplication, n° 1.

ATRAGÈNE DES ALPES, *atragene alpina*, arbrisseau indigène, grimpant (1 mètre 60 à 2 mètres), fleurs bleues, juin à juillet. = **De Sibérie,** *a. Sibirica* (1 mètre à 1 mètre 50), fleurs blanches, juin. = **De l'Inde,** *a. Indica* (1 mètre à 1 mètre 50), fleurs d'abord vertes, puis blanches, avril à novembre, n° 27. = **A vrilles,** *a. cirrhosa*, Barbarie (1 mètre 66 à 2 mètres), fleurs blanches vertes, septembre et octobre. Pour tous ces arbustes, terre franche légère. — Multiplication, n° 1 aussitôt la maturité des graines et n° 37 sur clématite, 58 et 68.

ATRAPHACE ÉPINEUX, *atraphoxis spinosa*, Orient, arbrisseau (70 centimètres), fleurs blanches petites.

AUBERGINE BLANCHE, *solanum melongena ovifera*, dite aussi **poule pondeuse et plante aux œufs**, annuelle; fleurs et fruits blancs comme un œuf de poule ; semis de la graine en mars ; repiquage en pots fin juin.

AUNE, *alnus*, arbre. = **Commun** ou **visqueux**, *a. glutinosa*, indigène (20 mètres), fleurs en chatons, juillet. Variété *à feuilles laciniées, à feuilles en cœur argenté.* Tout terrain humide, marécageux et même submergé. — Multiplication, nos 1, 37, 49 et 59.

AZALÉE, *azalea*, arbrisseau. Ce beau genre forme deux groupes très distincts, les azalées du Caucase et de l'Amérique, toutes de pleine terre très légère ou mieux de terre de bruyère, et les azalées de l'Inde, qui ne peuvent se passer de la serre tempérée. Les premières se cultivent en plates-bandes à l'air libre, un peu ombragées ; elles ont pour types les *azalea nudiflora viscosa*, *glauca* et *pontica*, considérées d'abord comme espèces, mais qui se trouvent maintenant confondues par les nombreux semis qu'on en a faits et qui portent à un grand nombre les variétés dont on fait collection, et parmi lesquelles on remarque des fleurs blanches, roses, pourpres et jaunes. Pour toutes multiplications, nos 5, 43, 47. Elles perdent leurs feuilles (*Voyez* **Azalées de l'Inde**, *page* 54).

AZÉDARACH BIPENNÉ, *melia azedarach*, arbrisseau de l'Inde et de la Sicile (3 mètres 30 à 4 mètres), fleurs lilas odorantes en panicules axillaires, juin et juillet. Multiplication, n° 5, de noyaux stratifiés, et n° 7. Terre franche légère, à bonne exposition, n° 25.

BACCHARIDE DE VIRGINIE, *baccharis halimifolia*, arbrisseau (3 mètres à 3 mètres 50), feuilles persistantes, fleurs blanches teintées de soufre, août. = **A feuilles de laurier**

rose, *b. neriifolia*, fleurs bleues, août. — Multiplication, n°s 5, 29 et 39. — Terre franche, légère n° 25.

BAGUENAUDIER, *colutea*, arbrisseau. = **Commun**, *c. arborescens* (3 à 4 mètres), fleurs jaunes en grappes, juin, juillet et août; *frutescens*, floraison se prolongeant longtemps; croît dans tous les sols. = **Du levant**, *c. orientalis* (2 mè-

Balisier. Canne d'Inde.

tres), fleurs rouges pourpres tachetées de jaune, juin et juillet. = **D'Alep**, *c. Alepica* (1 mètre 33 à 1 mètre 66), fleurs jaunes, juin à août. — Pour tous, multiplication, nos 1 et 63. Terre franche légère, exposition ombragée.

BALISIER, *canna*, vivace bulbeuse. = **Canne d'Inde**, *c. indica* (1 mètre 50), fleurs coccinées pourpres en épi droit, août et octobre. = **Gigantesque**, *c. gigantea*, Inde (1 mètre 80), fleurs coccinées, août et septembre. — Culture et multiplication du dahlia.

BALSAMINE DES JARDINS, *impatiens balsamina*, annuelle de l'Inde, double. Depuis une vingtaine d'années on a obtenu de cette espèce des variétés fort remarquables, au nombre de 40 au moins bien distinctes, et qui ont donné lieu à cinq

Balsamine des jardins.

Basilic commun.

groupes : les naines, les ponctuées, les camellias, celles à rameaux, et les panachées. Les couleurs que montrent ces fleurs sont le blanc pur, le violet, le rose, le pourpre, le cocciné feu, le cramoisi; on attend encore le jaune et le bleu. — Multiplication, n° 5 en mars, et successivement en avril, mai et juin, pour avoir une floraison prolongée. Terre fort légère et terreautée, arrosements fréquents. N'employer que des graines de 2 ou 3 ans, récoltées sur des fleurons très doubles, et surtout sur la tige principale. = **Glanduleuse,** *i. glanduligera* annuelle (1 à 2 mètres), fleurs bleues violettes, juillet à octobre. = **A cornes,** *i. tricornis,* annuelle, fleurs jaunes en casque, juin à août. — Même culture et multiplication.

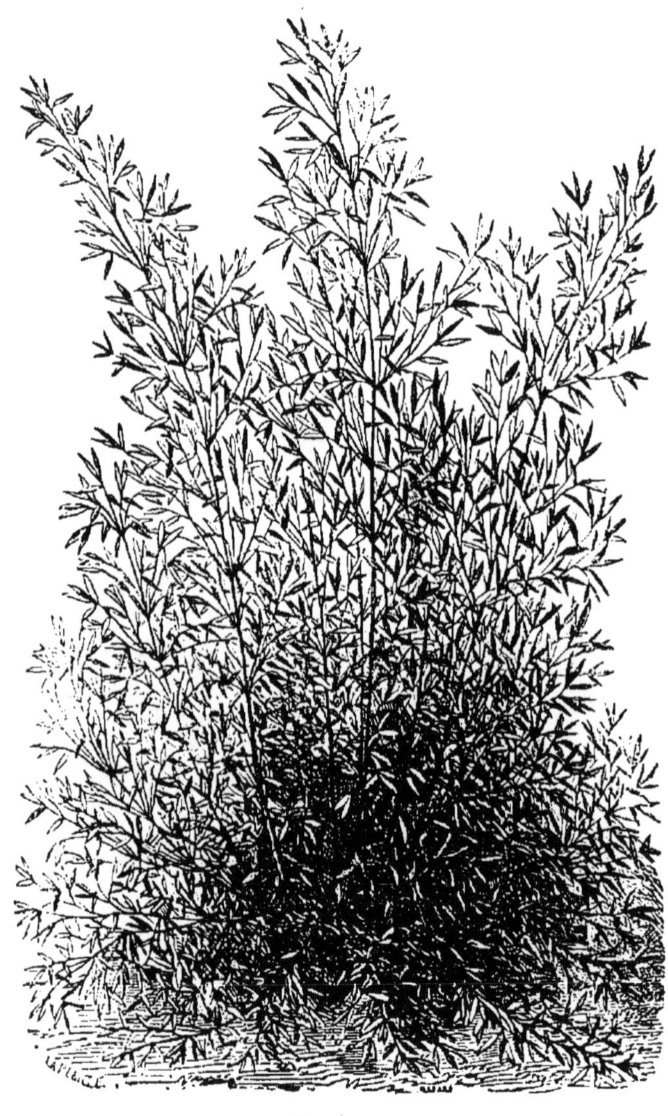

Bambou.

BAMBOU, *Bambusa,* plante à rhizome souterrain; tige ligneuse atteignant de 5 à 10 mètres, et portant aux articulations de petites ramilles allongées et lancéolées. On en place dans les pelouses et au bord des rivières. Terre substantielle meuble, profonde et fraîche. Abriter pendant l'hiver. Multiplication par la séparation des rejets souterrains, en automne.

BAPTISIE DE LA CAROLINE, *baptisia australis*, vivace herbacée (66 centimètres), grappes de fleurs bleues, juin à août. — Multiplication, nos 5 et 27. Terre franche légère, exposition au midi.

BARBARÉE VULGAIRE, *barbarea vulgaris*, vivace herbacée, indigène (65 centimètres), thyrse terminal de fleurs jaunes, mai. Multiplication, n° 59 en été et n° 27 en automne.

BARTONIE DORÉE, *bartonia aurea*, annuelle, fleurs jaunes, grandes, juin à août. — Multiplication, n° 1 en terre franche, légère, sèche. Exposition au midi.

BASILIC COMMUN, *ocimum basilicum*, annuelle, de l'Inde (33 centimètres), fleurs blanches ou pourpres, juillet. — Multiplication, nos 5 et 11 en mars. Plantation en pot ou en place. Terre franche légère, exposition chaude. — Plusieurs variétés.

BÉGONIE, *begonia*, plante portant le nom d'un gouverneur de Saint-Domingue, Michel Bégon. Vient, en été, dans un terrain humide et abrité ; et l'hiver, en serre chaude (voir page 63), tiges flexueuses retombant avec grâce. La multiplication de cette plante se fait par graines, boutures, rameaux et feuilles qu'on incise légèrement sur ses principales nervures.

Parmi les très nombreuses variétés de cette plante, dont les unes sont cultivées pour leurs fleurs, et les autres pour leur feuillage, nous citerons :

Les bégonies d'Ascot (*B. Ascotiensis*), à fleurs de roses

(*B. rosæflora*), hybride dressée superbe (*B. hybrida erecta*

Bégonie hybride dressée superbe.

superba), roi (*B. rex*), à deux couleurs (*B. discolor*), à feuilles de ricin (*B. ricinifolia*), etc., etc.

BELLE DE NUIT, *mirabilis jalappa*, du Pérou, vivace herbacée annuelle (70 centimètres), fleurs rouges, jaunes, blanches ou panachées, juillet, août, septembre. = **A longues feuilles**, *m. longiflora*, Mexique, vivace herbacée annuelle, fleurs blanches à tube très long, juin à août. Odeur d'oranger. Toutes les fleurs ne s'ouvrent qu'après le coucher du soleil. Culture, comme plante annuelle, de l'*aster reine-Marguerite;* comme plante vivace, du dahlia. Racines fusiformes très sensibles au froid, n° 25.

BENOITE *geum*, vivace herbacée. = **Ecarlate**, *g. coccineum*, de l'Orient (50 centimètres), fleurs coccinées, juin à août. = **Du Chili**, *g. Chilense*, variété plus belle que la précédente et à fleurs plus grandes. Terre franche ordinaire. Exposition chaude. — Multiplication, nos 1, et 26 à l'automne.

BERMUDIENNE A PETITES FLEURS, *sisyrinchium Bermudiana*, vivace herbacée de Virginie (16 à 25 centimètres), fleurs bleues, juin et juillet. Terre franche légère humide, n° 25. — Multiplication, nos 1 ou 26.

BÉTOINE DU LEVANT, *betonica orientalis*, vivace herbacée (33 centimètres); fleurs pourpres, juin et juillet. = **A grandes fleurs**, *b. grandiflora*, vivace herbacée, de Sibérie (33 centimètres), fleurs roses, grandes, juin et juillet. — Multiplication, nos 1 ou 26. Terre franche ordinaire.

BIGNONIE, *bignonia*, arbre. = **Catalpa**, *b. catalpa*, Amérique septentrionale (8 à 10 mètres), fleurs blanches mêlées de pourpre, odorantes, août. = **Grimpante** ou **Jasmin de Virginie** (voir *Jasmin*), *b. radicans*. = **A grandes fleurs**, *b. grandiflorà*, de la Chine. Plus grande et grimpante, fleurs safranées, juillet et août. = **A avilles**, *b. capreolata*, Antilles (1 à 2 mètres), fleurs jaune orangé, juin. — Pour toutes, terre franche légère humide. Exposition chaude et abritée. — Multiplication, n° 5 en terre de bruyère; jeune plant garanti du froid jusqu'à trois ans; et par nos 38, 49 et 59.

BLEUET. — Voir *Centaurée*.

BOCONIER A FLEURS EN CŒUR, *bocconia cordata*, vivace herbacée de la Chine (1 mètre 66 à 2 mètres), fleurs blanches en panicule, juillet. — Terre franche légère, n° 25. Multiplication, nos 1 et 27.

BOLTONE A FEUILLES D'ASTER, *boltonia asteroides*, vivace herbacée de la Virginie (70 centimètres à 1 mètre), fleurs à rayons blancs et disque jaune, petites, août à octobre. Terre franche légère humide. — Multiplication, nos 1 ou 27.

BONDUC, *gymnocladus Canadensis*, arbre (10 mètres), grappes de fleurs blanches, juillet. — Multiplication, n° 1, avec garantie du froid; nos 53 et 60. Terre franche légère.

BOULEAU, *betula*, arbre. = **Commun**, *alba*, indigène (13 à 16 mètres), variétés : *b. pleureur*, *b. à feuilles panachées*, *b. à feuilles laciniées*. = **Odorant**, *b. lenta* de Virginie (20 mètres). = **Noir**, *b. nigra*, Amérique septentrionale (30 mètres). = **A canot**, *b. papyracea*, Amérique septentrionale (30 mètres). = **A feuilles de marceau**, *b, pumila*, Amérique septentrionale (8 mètres), port pyramidal. = **Nain**, *b*, *nana*, de Sibérie, petit arbrisseau buissonneux de 65 centimètres, etc. — Multiplication, n° 1 aussitôt la récolte des graines, par n° 37 sur le bouleau commun, nos 49, 59 et 63. Tout terrain et toute exposition.

BOULETTE AZURÉE, *Echinops Ritro*. — Vivace, haute de 50 à 60 centimètres; fleurs bleu d'azur, en boule, en juillet et août; semis des graines fin mai; terrain ordinaire.

BOUTON D'ARGENT, *Achillea ptarmica*, plante vivace; haute de 60 à 75 centimètres; feuilles dentées, longues et étroites; fleurs de fin juin à septembre, en corymbe et blanches. Tout terrain, mais au soleil. Multiplication, n° 26.

On donne également ce nom à la Renoncule à feuilles d'aconit.

BRACHYCOME A FEUILLES D'IBERIS, *brachycoma iberidifolia*, annuelle, Nouvelle-Hollande, fleurs bleues radiées, juillet ou août. Multiplication, n° 2.

BRACHYSÈME A LARGES FEUILLES, *brachysema latifolium*, Nouvelle-Hollande, arbrisseau (1 mètre 33 à 1 mètre 66), fleurs rouges, avril et mai. — Multiplication, nos 5 et 49. Terre de bruyère, n° 25.

BRAGALON DE MONTPELLIER, *aphyllanthes Monspeliensis*, vivace herbacée indigène. Tige tonciforme sans feuilles

(35 centimètres), fleurs bleues en capitules, juin, juillet et août. — Multiplication, n°s 1 et 26. Terre franche légère, exposition chaude, n° 25.

BROUALLE ÉLEVÉE, *browalia elata*, annuelle, Pérou (65 centimètres), fleurs lilas bleues à tube jaune; variété blanche. — Multiplication, n°s 5 et 11 pour obtenir des graines mûres. Terre franche ordinaire. Exposition chaude.

BRIZE A GROS ÉPILLETS, *Briza maxima*, annuelle; toutes hautes de 40 à 50 centimètres; épillets cordiformes d'un beau jaune doré à maturité. Naturelle au midi de la France.

Brize à épillets moyens. Brome à port de brize.

Terre légère et sablonneuse. Semis en juin et août en pots sous châssis et planter à demeure au printemps. — Il existe deux autres variétés : *Briza media*, ou à épillets moyens, et *Briza minor*, à petits épillets.

BROME, *bromus*. Cette plante est une sorte d'avoine annuelle et parfois vivace; feuilles planes; 5 à 10 fleurs sur ses épillets. L'espèce généralement préférée pour les jardins d'agrément est le Brome à port de brize, *b. brizœformis*. Toute terre.

BRUNELLE A GRANDES FLEURS, *brunella grandiflora*, vivace herbacée indigène (20 à 25 centimètres), fleurs pourpres, bleues roses, blanches, selon la variété, en long épi, juillet. — Multiplication, n°s 2 et 27 en automne. Terre franche légère. Exposition aérée, bordure.

BRUNNICHIE A VRILLES, *brunnichia cirrhosa*, Virginie, arbrisseau grimpant, fleurs jaunes, octobre. Propre aux berceaux et tonnelles. Multiplication, n°s 49 et 60. Tout terrain.

BRUYÈRE, *erica*, arbrisseau. Nous ne nous occupons pas ici des bruyères exotiques qui exigent la serre tempérée, mais seulement de celles qui sont indigènes à notre pays, et dont, à notre avis, on peut faire plusieurs emplois aussi utiles qu'agréables, soit pour garnir des localités où rien ne pousse, soit pour orner en tous temps les massifs des jardins d'agrément. = A balais, *e. scoparia*, fleurs petites verdâtres, juin et juillet. Terre aride. = **A quate faces**, *e. tetralix*, fleurs blanches ou roses globuleuses, mai à août. Terrain humide ombragé. = **Cendrée**, *e. cinerea*, fleurs pourpres ou blanches en grelots, juillet et août. Lieux arides. = **Ciliée**, *e. ciliaris*, fleurs pourpres ou blanches, juillet. Lieux humides. = **En ombelle**, *e. umbellata*, fleurs pourpres globuleuses, juin à août. Terrain léger. = **Méditerranéenne**, *e. mediterranea*, fleurs carnées en godet, mai et juin. Terrains sablonneux, secs. L'hiver, sous le climat de Paris, doit être empaillée ou rentrée en orangerie. = **Multiflore**, *e. multiflora*, fleurs roses en cloche, juin et juillet. Terre légère chaude. = **Vagabonde**, *e. vagans*, grappes de fleurs roses campanulées, mai et juin. Terre sablonneuse. = **Commune**, *e. vulgaris*, *calluna vulgaris*, fleurs blanches, roses et doubles selon la variété, mai et juin. Terre sablonneuse. = Pour toutes multiplications, nos 1, 26 et 60.

BUDDLÉE, *buddleia*, arbrisseau. = **Globuleuse,** *b. globosa*, Chili (2 mètres 60 à 3 mètres), fleurs jaunes odorantes, juin. = **De Lindley,** *b. Lindleyana* (2 à 3 mètres), fleurs lilas, juin, juillet. Jolie en palissade. Terre franche légère. Exposition abritée et chaude, n° 62.

BUGLOSSE, *anchusa*, vivace herbacée. = **Toujours verte,** *a. sempervirens* (50 centimètres), fleurs bleues en ombelle, avril à août. Terre franche ordinaire. — Multiplication, nos 26 et 27. = **De Virginie,** *a. Virginica*, fleurs jaunes en épi, juin, juillet et août. Terre de bruyère. Exposition chaude. Même multiplication.

BUGRANE ÉLEVÉE, *ononis altissima*, vivace herbacée, Silésie (1 mètre), fleurs pourpres, juillet. — Multiplication, nos 1 et 27. Terre franche légère. Exposition aérée. = **Queue de Renard,** *o. alopecuroides*, annuelle, Portugal, fleurs pourpres, juillet. — Multiplication, nos 2 et 10. Terre franche légère. Au plein midi. = **A feuilles rondes,** *o. rotundifolia*, vivace herbacée des Alpes (35 centimètres), fleurs roses, juin, juillet et août. — Multiplication, nos 1 et 61. Terre franche légère. Au plein midi. = **Frutescente,** *o. fruticosa*, arbrisseau (1 mètre), fleurs roses, mai et juin. — Multiplication, nos 1 et 61. Terre franche légère. Au plein midi. Variété à fleurs blanches.

BUIS TOUJOURS VERT, *buxus sempervirens*, arbre (7 à 8 mètres), fleurs sans apparence. Variété à feuilles panachées de blanc ou de jaune et à feuilles étroites panachées. Terre franche légère. Multiplication, nos 1 pour l'espèce, 37, 49 et 59 pour les variétés. = **De Mahon,** *b. Balearica*, arbrisseau (5 mètres), fleurs jaunes odorantes, mai. Terre franche légère. Exposition chaude, n° 25. — Multiplication, n° 62. = **Nain,** *b. suffruticosa*, arbrisseau. Variété employée pour bordure. — Multiplication, n° 26. Tous, feuillage persistant.

BUPHTALME A GRANDES FLEURS, *buphtalmum grandi-*

florum, vivace herbacée (50 centimètres), fleurs jaunes, juin, juillet et août. Terre franche légère. Exposition chaude. — Multiplication, n°s 1 et 27. = **A feuilles en cœur**, *b. cordifolium*, vivace herbacée (1 mètre 25), fleurs jaunes, juin, juillet, août et septembre. — Mêmes culture et multiplication.

BUPLÈVRE OREILLE DE LIÈVRE, *bupleurum fruticosum*, arbrisseau (1 mètre 25) indigène, fleurs jaunes en ombelle, feuillage persistant, juin, juillet et août. Terre franche légère humide. — Multiplication, n°s 1, 49 et 59.

BUTOME EN OMBELLE, *butomus umbellatus*, vivace herbacée indigène (1 mètre), fleurs roses grandes, juillet. = Variété à feuilles panachées. Bord des eaux. Terrain humide. — Multiplication, n° 27.

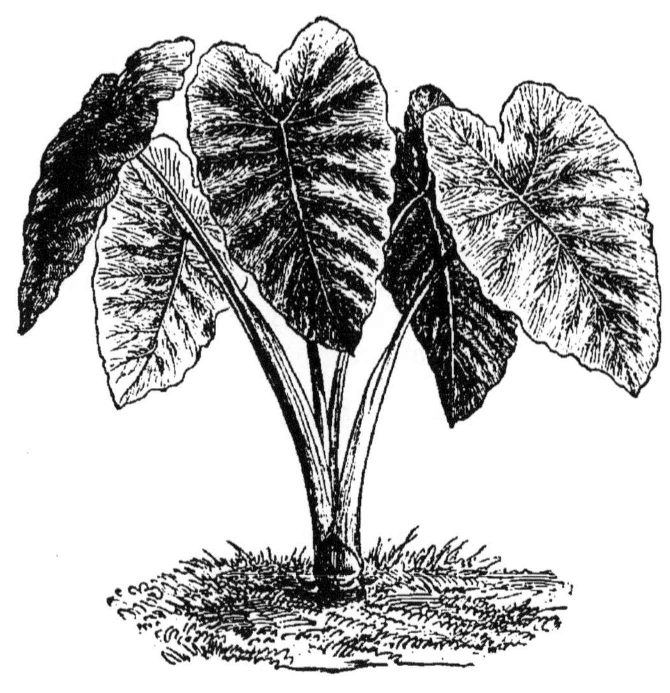

Caladion.

CACALIE A FEUILLES HASTÉES, *cacalia sagittata*, annuelle, Java (40 centimètres), fleurs rouge orange, juillet, août, septembre. — Multiplication, n°s 5 en mars ou 2.

CACTÉES. — La nombreuse famille des **Cactées**, *cactus*, a pour caractères d'être dépourvues de feuilles et d'avoir une tige très épaisse de forme très variable, ronde, plate ou angulaire, armée d'épines en plus ou moins grand nombre. — Pleine terre, en été. Serre chaude en hiver. (Voir page 63.)

CALADION, *Caladium*. — Cette plante est expressément cultivée pour ses feuilles admirablement panachées de rouge vif et de blanc. Pleine terre en été. Serre chaude en hiver. Terre de bruyère et terreau.

CALCÉOLAIRE, *Calceolaria*. — Plante herbacée et sous-arbrisseau; fleurs en corymbe, réunies au sommet, offrant les aspects les plus bizarres. Terre de bruyère et terre

Calcéolaire hybride de Young.

franche, terreau. Multiplication, n°s 7 et 12. Il est préférable d'acheter des plants tout venus. Pleine terre à l'ombre, et fréquents bassinages en été. Serre tempérée en hiver.

Pour les espèces ligneuses, serre froide en hiver et n° 62. Nous citerons particulièrement les espèces suivantes : C. herbacée (*herbacea*); à feuilles de scabieuse (*scabiosæfolia*); hybride de Young (*Youngii hybrida*); à feuilles entières (*integrifolia*).

CALANDRINE EN OMBELLE, *calandrina umbellata*, annuelle (20 à 25 centimètres), fleurs roses, violettes, juin, juillet et août. Terre franche légère. — Multiplication, n° 1.

CALYCANTHE DE LA FLORIDE, *calycanthus floridus*, arbrisseau odoriférant (2 mètres à 2 mètres 50), fleurs pourpre marron, mai et juin. Terre franche légère, ou mieux terre de bruyère. Exposition fraîche. — Multiplication, n° 63 en terre de bruyère ou n° 53 qu'on ne lève qu'à la deuxième année. = **A feuilles lisses**, *c. lævigatus*, variété **Naine**, *c. nanus*. = **Précoce**, *c. præcox*, fleurs jaunes pointillées de rouge avant les feuilles, février et mars. Mêmes culture et multiplication.

CAMÉLÉE A TROIS COQUES, *cneorum tricoccum*, arbrisseau (40 à 70 centimètres), indigène, fleurs jaunes, petites, juin, juillet et août. Terre franche légère. Exposition ombragée, n° 25. — Multiplication, n°s 5, 11 ou 62.

CAMÉLIA. — Voir page 55.

CAMPANULE, *campanula*. = **A feuilles de pêcher**, *persicæfolia*. Indigène (50 centimètres), fleurs grandes, blanches ou bleues, simples ou doubles, juin, juillet, août et septembre. = **Des Carpathes**, *c. carpathica*, indigène (40 centimètres), fleurs bleues grandes, juin, juillet et août. = **A grandes fleurs**, *c. macrantha*, de Russie (1 mètre 25), fleurs blanches, juillet. = **A fleurs en tête**, *c. glomerata* (33 centimètres), fleurs blanches, bleues ou tricolores, juin, juillet et août. Toutes sont vivaces, herbacées. Terre franche légère un peu ombragée. — Multiplication, n° 1, aussitôt la maturité des graines et sans le recouvrir de terre; et n° 27. =

Pyramidale, *c. pyramidalis* (1 mètre 25 à 1 mètre 50), fleurs bleues en longues grappes, juillet, août et septembre. Variétés à fleurs blanches. = **Des jardins** ou **Violette marine**, *c. medium* (65 centimètres), fleurs blanches ou bleues simples ou doubles, juin et juillet. = **Magnifique**, *c. nobilis* (50 à 80 centimètres), fleurs grandes, blanches en dedans,

Campanule des jardins.

marron pourpre en dehors, pendantes, juin, juillet et août. Ces trois campanules sont bisannuelles. Terre franche légère, mi-ombre. — Multiplication, n°s 4 et 10, en août. Arrosements. = **Miroir de Vénus**, *c. speculum*, annuelle (20 à 25 centimètres), fleurs violettes, mai, juin et juillet. Variété à fleurs blanches. — Multiplication, n° 2. Bonne pour bordure. Il y a beaucoup d'autres espèces.

CANNA. — Voir *Balisier*.

CANTUA PIQUETÉ, *ipomopsis elegans*, bisannuelle (1 mètre 50), Caroline, fleurs rouges coccinées, piquetées de pourpre brun à l'intérieur, août et septembre. — Multiplication, n° 1 en juillet; repiquage, n° 10. Plantation en place au printemps suivant. Terre franche légère. Craint l'humidité. Variété à fleurs jaunes, piquetées de pourpre.

CAOUTCHOUC, *Ficus elastica.* — Voyez *Figuier.*

CAPRIER COMMUN, *capparis spinosa*, arbrisseau (de 1 mètre 25 à 1 mètre 50) indigène, fleurs blanches, mai à juillet. — Multiplication, n°s 5, 11 ou 49 sur couche. Terre franche légère. Exposition chaude et n° 25.

CAPUCINE, *tropæolum*, vivace, traitée comme plante annuelle. On connaît la **grande,** *t. majus*, du Pérou, fleurs jaunes coccynées pourpre brun, selon la variété, juin, juillet, août. = La **petite,** *t. minus.* Mêmes fleurs et variétés. = **De Lobb,** *Lobbyanum*. Cette espèce est parfaitement recommandable à cause de sa facile culture en pleine terre pendant tout l'été, et de l'énorme quantité de fleurs qu'elle donne. Tige herbacée et grimpante; feuilles de 10 à 11 centimètres, rouge orange. Serre tempérée. — Multiplication, n° 3. Terre franche ordinaire. Grimpantes. Elles ont, les unes et les autres, des variétés à fleur double. Multiplication, n° 34. Les tenir sous châssis ou en serre pendant l'hiver.

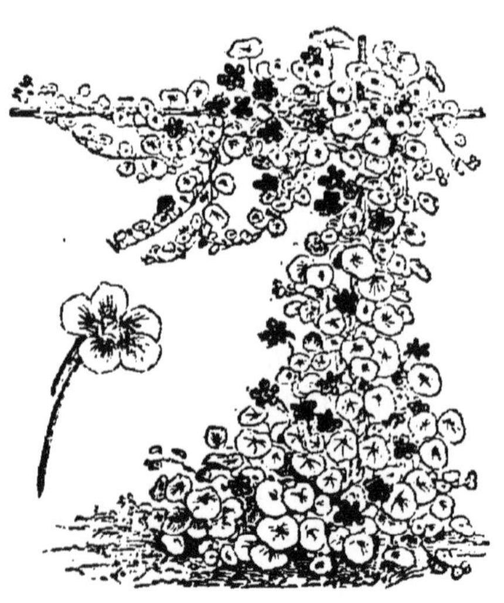

Capucine de Lobb.

CARAGAN, *caragana*, arbrisseau. — **Altagan,** *c. altagana,*

Sibérie (3 à 5 mètres), fleurs jaunes en grappes, mai. = **Frutescent**, *c. frutescens*, Sibérie (2 mètres), fleurs jaunes, mai. = **A grandes fleurs**, *c. grandiflora*. Semblable au précédent, fleurs plus grandes. = **Velu**, *c. jubata*, Sibérie (2 mètres), fleurs jaunes, mai. = **De la Chine**, *c. chamlagu* (1 mètre à 1 mètre 25), fleurs jaunes, grandes, mai. = **Pygmée**, *c. pygmea*, Sibérie (1 mètre), épineux, fleurs jaunes, mai. — Multiplication, n°s 1 et 38 ou 43, sur le *C. altagan*. Terre franche ordinaire. Récolte des graines avant leur maturité, autrement il s'en perd beaucoup.

CARDAMINE DES PRÉS, *cardamine pratensis*, vivace herbacée. Sa variété à fleurs doubles, blanches pourpres, avril et mai. — Multiplication, n°s 26 et 27. Terre franche ordinaire humide.

CARTHAME DES TEINTURIERS, *carthamus tinctorius*, Égypte, annuelle (70 centimètres), fleurs jaunes safranées, juin à août. Terre franche ordinaire. — Multiplication, n° 2.

CARYOPTÈRE DU MONGOL, *caryopteris mongolica*, arbrisseau, Chine septentrionale, fleurs bleu clair, juillet à septembre. — Multiplication, n° 1 en terre de bruyère. Terre franche légère. Exposition chaude et sèche.

CASSE DU MARYLAND, *cassia marylandica* (1 mètre à 1 mètre 25), fleurs jaunes en grappes, août à octobre. Terre franche ordinaire humide. Multiplication, n°s 1 et 27

CATALPA, *catalpa siringæfolia*, Caroline, arbre (10 mètres), fleurs blanches ponctuées de jaune et de pourpre, juillet et août. — Multiplication, n° 2 en terre de bruyère humide, n° 25 pendant les trois premières années, ou n°s 57 et 63. Terre franche légère mi-ombre. Isolé.

CÉANOTHE D'AMÉRIQUE, *ceanothus americanus*, arbrisseau grimpant (1 mètre), fleurs blanches en grappes, juillet à octobre. Terre de bruyère mi-ombre. — Multiplication nos 5 et 25. Variété à fleurs roses. = **A fleurs en thyrse,** *c. thyrsiflorus* (1 mètre à 1 mètre 25), Californie, fleurs bleues, juin à août. Terre de bruyère et n° 25. — Multiplication, n° 49 en terre de bruyère.

CÈDRE DU LIBAN, *cedrus Libani,* arbre très grand, port pyramidal, magnifique isolé, feuillage persistant. — Multiplication, n° 5 en terre de bruyère. L'année suivante, n° 11, en pots pour abriter sous châssis les cinq premières années. Ensuite en place en terre franche légère. Exposition au nord. = **Deodora,** *c. deodora.* Très grand arbre à rameaux plus flexibles et à feuillage persistant plus glauque que dans le précédent. — Mêmes culture et multiplication, et de plus, n° 37 sur le cèdre du Liban.

Centaurée. Bleuet.

CENTAURÉE DES MONTAGNES, *centaurea montana*, vivace herbacée indigène (35 centimètres), fleurs bleues ou blanches, selon la variété. Multiplication, n° 27. Tout terrain. = **Odorante,** *c. amberboa*, du Levant, annuelle comme toutes les suivantes (35 à 50 centimètres), fleurs jaunes odorantes, juillet à octobre. = **Bleuet,** *c. cyanus*, indigène (30 à 40 centimètres), fleurs de toutes couleurs, le jaune excepté (le plus souvent bleues), juillet, août. = **D'Amérique,** *c. americana*, fleurs bleu lilas, août et septembre. = **Musquée,** *c. moschata* (50 centimètres), du Levant, fleurs blanches, violettes ou pourpres, juin à septembre. = **Du Nil,** *c. crocodilium* (50 centimètres), fleurs blanches en dedans, pourpres en dehors, juin, juillet et août. — Multiplication, n°s 1 et 6 avec 25. Terre franche légère et plein soleil pour toutes les annuelles,

CÉPHALANTE BOIS BOUTON, *cephalanthus occidentalis*, Amérique septentrionale, arbrisseau (2 mètres), fleurs blanches en tête, juin, juillet et août. — Multiplication, n°s 1 ou 61. Terre de bruyère. Exposition ombragée.

CÉRASTIE COTONNEUX, *cerastium tomentosum*, Italie, vivace herbacée, feuilles en touffes, blanches, fleurs blanches, mai et juin. — Multiplication, n° 26 en mars. Propre aux bordures. Tout terrain.

CERISIER A FLEURS DOUBLES, *cerasus flore pleno*, arbre. Variété du cerisier commun, fleurs, mars. = **Renonculier**, *c. avium fl. pleno.* arbre, fleurs blanches, mai. =**A feuilles de pêcher**, *c. persicæfolia*, arbre de Pennsylvanie, fleurs blanches, mai. = **A grappes**, *c. pudus*, arbre, fleurs blanches, mai. = **Mahaleb**, *c. mahaleb*, arbre, fleurs blanches odorantes en corymbe, mai et juin. = **Ragouminier**, *c. pumila*, arbrisseau (1 mètre 25 à 1 mètre 50), fleurs blanches, avril et mai. = **Azarero**, *c. lusitanicus*, Portugal, arbrisseau (4 à 5 mètres), feuilles persistantes, fleurs bleues, mai et juin. = **Laurier-cerise**, *c. laurocerasus*, de Trébisonde, arbrisseau (4 à 5 mètres), feuilles persistantes, fleurs blanches, mai. = **Du Mississipi**, *c. caroliniana*, arbre, feuilles persistantes, fleurs blanches, mai, = **De Virginie**, *c. Virginiana*, arbre (25 à 30 mètres), fleurs blanches, mai. — Multiplication par n° 37 du premier sur cerisier commun, du second sur merisier. Tous les autres par n°s 1, 37, 49, 59 et 63. Terre franche légère humide; pour l'azarero et le laurier-cerise, n° 25. Les deux derniers résistent rarement à un hiver un peu rigoureux. Tous très propres à l'ornement des jardins.

CHALEF, *eleagnus*, arbre. = **A feuilles étroites**, *c. angustifolia*, de Bohême (10 à 12 mètres), fleurs jaunes odorantes, juin. = **A fleurs réfléchies**, *s. reflexa*, du Japon (6 à 8 mètres), fleurs jaunes odorantes, novembre et décembre. — Multiplication, n° 59, à froid ou sur couche tiède, n° 25 la première année. Terre franche légère fraîche. Exposition chaude.

CHAMÆROPS. Voyez *Palmier*.

CHARDON MARIE, *carduus marianus*, **bisannuel, intéressant** par son feuillage épineux, vert luisant **marbré de blanc** (1^m,25 à 1^m,50). — Multiplication, n° 1.
Terre franche ordinaire humide.

CHARIÉIDE HÉTÉROPHYLLE, *charieis heterophylla*, annuelle, du Cap (20 centimètres); fleurs bleues d'azur, juin à août. — Multiplication, n° 1.

CHARME COMMUN, *carpinus betulus*, arbre indigène. Très élevé, fleurs en chatons, mars, avril et mai. Bon à former des palissades, dites charmilles soumises à la taille. — On cultive encore les variétés **à feuilles panachées et incisées**. = **A feuilles de chêne**, *c. quercifolia*. = **D'Amérique**, *c. americana*. = **De Virginie**, *c. virginiana*. = **Houblon**, *c. ostrya*. = **D'Orient**, *c. orientalis*. Terre franche ordinaire; tous terrains pour les deux derniers. — Multiplication, n° 1 pour le commun, et n° 37 de tous les autres sur lui-même.

CHÊNE, *quercus*, arbre de premiée grandeur. = CHÊNES D'EUROPE. 1. **Commun**, *q. robur*. Variétés à feuilles panachées, à feuilles découpées. 2. **Pédonculé**, *q. pedunculata*. 3. **Pyramidal**, *q. fastigia*. 4. **Chevelu**, *q. cerris*. 5. **Vert**, *q. ilex*. 6. **Tauzin**, *q. tauza*. = CHÊNES D'AMÉRIQUE. 7. **Blanc**, *q. alba*. 8. **A gros fruits**, *q. macrocarpa*. 9. **Bicolore**, *q. bicolor*. 10. **Rouge**, *q. rubra*. 11. **Des montagnes**, *q. montana*. 12. **Quercitro**, *q. tinctoria*. 13. **A feuilles de saule**, *q. phellos*. 14. **Des marais**, *q. paludosa*. Excepté le n° 6, qui se multiplie par n° 37, et mieux par n° 63, multiplication n° 1 pour tous les autres, en automne dans les terrains secs, en mars dans les terrains humides, n° 25 pour les élèves des chênes d'Amérique. Multiplication, n° 39 sur le n° 1 de tous les chênes étrangers Excepté les nos 6, 7, 11 et 12, qui viennent dans les terrains médiocres et rocailleux, et le n° 14, qui veut un terrain très humide, tous les autres préfèrent une terre franche ordinaire fraîche et assez profonde. Toute exposition.

CHÈVREFEUILLE, *lonicera*, arbrisseau. On distingue les *chèvrefeuilles* proprement dits, tous à tige volubile grimpante et les *chamécerisiers*, qui ne grimpent pas. Tous veulent une terre franche légère humide. — Multiplication, nos 1, 27, 49, 63. On cultive les chèvrefeuilles : **des Jardins**, *l. caprifolium*, à fleurs plus ou moins rouges, mai et juin. = **Toujours fleuri**, *l. etrusca*. Semblable au précédent, toujours vert. — **A fleurs jaunes**, *l. flavia*. = **De Virginie**, *l. sempervirens*, fleurs rouge vif en dehors, jaunes en dedans. = **Velu**, *l. pilosa*, à fleurs jaunes. = **Des bois**, *l. periclimenum*, fleurs blanches ou roses, ensuite jaunes odorantes. = **Du Japon**, *l. japonica*, fleurs blanches, ensuite jaunes. = **De la Chine**, *l. sinensis*, fleurs pourpres en dedans. — On cultive les chamécerisiers suivants : **De Tartarie**, *l. tartarica*, fleurs roses en dehors, blanches en dedans. = **Des Pyrénées**, *l. pyrenaica*, fleurs blanches, roses. = **Xylostéon**, *l. xylosteon*, fleurs blanches, jaunes. = **De Ledebour**, *l. Ledebourii*, fleurs jaunes, rouges. Tout terrain. ou mieux terre franche

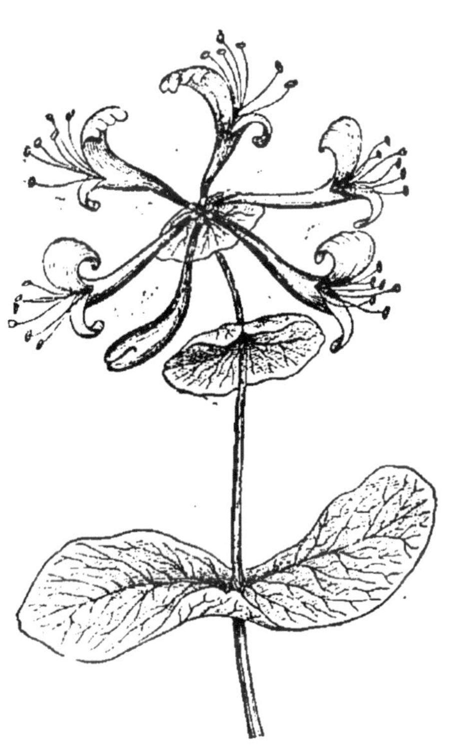

Chèvrefeuille des jardins.

ordinaire mi-ombre. Les chamécerisiers, et notamment le *xylosteon*, peuvent servir à faire des haies.

CHIONANTHE DE VIRGINIE, *chionanthus Virginica*, arbrisseau (2 mètres 50 à 4 mètres), fleurs blanches, juin. — Multiplication n° 5 et par n° 37 sur le frêne. Terre franche ordinaire humide.

CHRYSANTHÈME DES JARDINS, *chrysanthemum coronarium*, annuelle (60 centimètres), fleurs blanches ou jaunes,

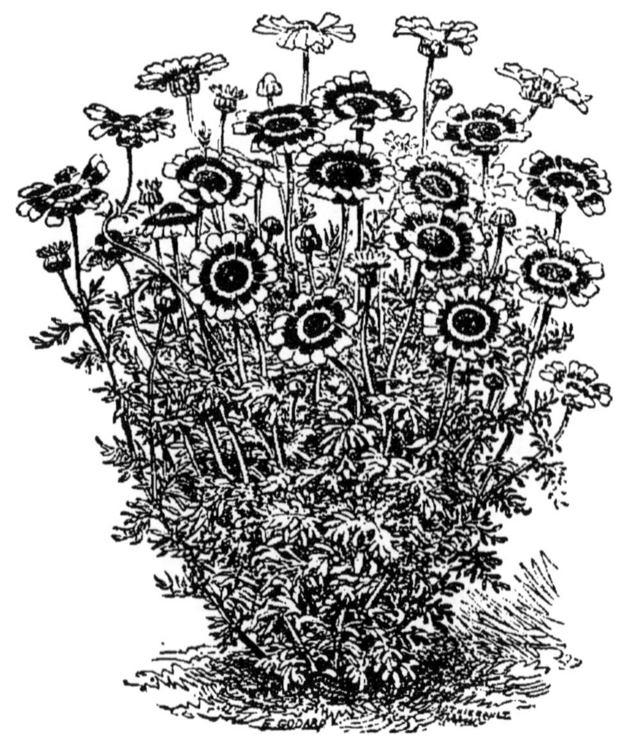

Chrysanthème à carène.

juillet. — Multiplication, n° 1. Tout terrain. = **A carène**, *c. carinatum tricolor*, annuelle (33 centimètres), fleurs à disque brun, à rayons blancs avec onglet jaune, juillet à septembre. — Multiplication, n° 5. = **Des Indes**, *c. indicum*, vivace herbacée, comprenant trois groupes :

1° Les chrysanthèmes *ordinaires*, de 65 cent. à 1 m. 25.

2° Les chrysanthèmes dits *pompons*, à fleurs petites et tige de 30 cent. au plus; tous obtenus de semis et à fleurs pourpres blanches et jaunes de toutes nuances, août à décembre. Cette floraison tardive engage à cultiver les plus belles variétés en pots pour les placer sous châssis froid, ou mieux en serre tempérée, si on peut. — Multiplication, nos 27 et 34; pincement en juin pour faire ramifier les plantes. Terre franche ordinaire humide. Exposition chaude.

3° Les chrysanthèmes *hâtifs remontants*, obtenus de semis, et donnant jusqu'alors des fleurs pourpres et jaunes de juin jusqu'aux gelées.

CHRYSOCOME A FEUILLES DE LIN, *chrysocoma linosyris*, vivace herbacée indigène (60 centimètres), fleurs jaunes, août à octobre. — Multiplication, nos 1 et 27. Terre franche légère mi-ombre.

CINÉRAIRE, *cineraria*, herbacée et rameuse; feuilles entières ou lobées et cordiformes; fleurs de fin janvier à

Cinéraire.

mai, en corymbe. = On en a produit des fleurs pourpres, lilas, roses, blanches ou bleues, parfois unicolores et parfois teintées. — On les cultive en terre de bruyère. — Multiplication par graines en juillet, août. = Maritime, *Cineraria maritima*, vivace, en buisson, haut de 50 à 60 centimètres; fleurs jaunes. — Multiplication par graines en mai et juin, ou par boutures hivernées, sous châssis, = **A feuilles de benoîte**, *Cineraria geoides* (de Lin), feuilles à long pétiole, pubescentes en dessous, les supérieures munies d'oreillettes à leur base, capitules solitaires et accompagnés de bractéoles plus courtes que les fleurs du disque.

CLARKIE A PÉTALES EN CROIX, *clarkia pulchella*, annuelle, Colombie (30 à 50 centimètres), fleurs roses, juillet à septembre. — Multiplication, n° 1 au printemps et à l'automne. = **A pétales entiers**, *c. elegans* (40 à 60 centimètres), Colombie, fleurs lilas, juillet à septembre. = Variété à fleurs roses simples et demi-doubles. — Même multiplication. Terre franche légère humide.

CLAVALIER A FEUILLES DE FRÊNE, *zanthoxylum fraxinifolium*, arbrisseau (3 à 4 mètres), Canada, fleurs insignifiantes. Multiplication n°s 1, 55 et 63. Tout terrain, mi-ombre.

CLÉMATITE BLEUE, *clematis viticellă*, Espagne (3 à 4 mètres), fleurs bleues, juillet à septembre. Variété à fleurs blanches, à fleurs doubles rouges, à fleurs doubles pourpres, etc. = **Viorne**, *c. viorna*, Amérique septentrionale (1 mètre 50), fleurs pourpres, juin à septembre. = **D'Orient**, *c. orientalis* (1 mètre 50 à 2 mètres), fleurs jaunes, juillet à octobre. = **De Virginie**, *c. virginiana* (1 mètre 50 à 2 mètres), fleurs blanches odorantes, juin à août. = **Du Japon**, *c. florida*, sa variété à fleurs doubles blanches, avril à novembre. = **Odorante**, *c. flammula*, France méridionale (1 mètre 50 à 2 mètres), fleurs blanches odorantes, juillet et août. = **Azurée**, *c. azurea*, du Japon, fleurs blanches. = **Bicolore**, *c. bicolor*, du Japon, fleurs blanches et pourpres au centres. = **De montagnes**, *c. montana*, de l'Himalaya, fleurs blanches odorantes, mai. Toutes ces clématites sont arbrisseaux **et grimpantes. — Les** suivantes sont vivaces herbacées et à tiges droites. = **A feuilles étroites**, *c. angustifolia*, fleurs blanches, juillet. = **A fleurs jaunes**, **c.** *ochroleuca*, Amérique septentrionale, fleurs jaunes, juin ou juillet. = **Droite**, *c. erecta* (1 mètre à 1 mètre 25), fleurs blanches, juin à août. = **A feuilles simples**, *c. integrifolia*, fleurs grandes bleues, juin à août. — Multiplication n°s 1, 26, 27 et par 44 des doubles sur les simples. — Terre franche légère. — N° 25 pour les clématites *azurée* et *bicolore*.

CLÉOME PIQUANT, *cleome pungens*, annuelle, du Texas (1 mètre), fleurs violettes. — Multiplication n°s 5 et 11. Terre franche légère.

CLÉTHRA A FEUILLES D'AUNE, *clethera alnifolia*, arbrisseau, Amérique septentrionale (1 mètre 50 à 2 mètres), fleurs blanches, août. = **Cotonneux**, *c. tomentosa*, comme le précédent, mais feuillage cotonneux et blanchâtre. = **Acuminé**, *c. acuminata* (3 mètres), fleurs blanches en épi. — Multiplication n°s 5 et 63. Terre de bruyère ombragée et fraîche.

CLINTONIE ÉLÉGANTE, *clintonia elegans*, et **Gracieuse**, *c. pulchella*, annuelle, de la Colombie (20 centimètres), fleurs bleues, juillet et août. — Multiplication n° 3. Terre franche légère à mi-ombre, mais aérée.

COBOEA GRIMPANT, *cobœa scandens*, arbrisseau cultivé comme plante annuelle, tiges sarmenteuses, grimpantes, fleurs violettes grandes. — Multiplication n° 5. Terre franche légère humide. Exposition chaude.

COGNASSIER DE LA CHINE, *cydonia sinensis*, arbrisseau comme les suivants, fleurs roses, mai. — Multiplication n°s 1 et par 37. — **De Portugal**, *c. lusitanica*, fleurs blanches au printemps et fruits dorés à l'automne. Même multiplication. = **Du Japon**, *c. japonica* (1 mètre à 1 mètre 50), fleurs rouges pourpres, avril et mai. — Multiplication n°s 55 et 61 en terre de bruyère. Sous terre franche légère. Exposition chaude.

Cobœa grimpant.

COLCHIQUE D'AUTOMNE, *colchicum autumnale*, vivace bulbeuse en automne, fleurs rouges pourpres, jaunes ou blanches simples ou doubles, selon la variété. = **Panaché**, *c. variegatum*, fleurs blanches panachées de pourpre et de rose. — Multiplication n° 16.

COLEUS, sous-arbrisseau, originaire de Java, s'élevant de 40 à 60 centimètres; feuilles ovales dentées d'un vert jaunâtre; fleurs blanches ou bleues. — Serre chaude pendant l'hiver; pleine terre pendant l'été.

Deux variétés fort belles, sont le *C. Verschaffelt* et le *C. Buterfty*.

Coleus Buterfty.

COLLINSIA BICOLORE, *collinsia bicolor*, Californie, annuelle (20 à 30 centimètres), fleurs blanches et roses violettes, mai à juillet. — Multiplication n° 2 ou mieux n° 6. Terre franche légère. Jolie en bordure et en massifs.

Collinsia bicolore.

COLLOMIA A GRANDES FLEURS, *collomia grandiflora*, de Colombie, à fleurs jaunes safranées, juin à août.

COLOCASIA, plante de serre tempérée pendant l'hiver; en été, en pleine terre substantielle, meuble et fraîche. Arracher les rhizomes en octobre, après avoir enlevé leurs feuilles et les mettre en pots pour la reproduction, mais cela en serre chaude. Tiges très grosses; feuilles longuement pétiolées et larges.

COCCINÉE, *coccinea*, du Chili, à fleurs rouges coccinées, toutes deux annuelles. — Multiplication n° 2 ou mieux n° 6. Terre franche légère.

COMMÉLINE TUBÉREUSE, *commelina tuberosa*, vivace tuberculeuse (70 centimètres), fleurs bleues, juin à septembre. — Multiplication n° 24. Terre franche légère fraîche. Culture du dahlia.

COMPTONIE A FEUILLES DE CÉTÉRAC, *comptonia asplenii-folia*, arbrisseau. Amérique septentrionale (70 centimètres à 1 mètre), fleurs insignifiantes, mars à mai. Cultivée pour son joli feuillage. — Multiplication n° 63 au printemps. Terre de bruyère humide.

CONSOUDE A FEUILLES RUDES, *symphytum asperrimum*, vivace herbacée du Caucase (1 mètre 25), fleurs bleues azurées, magnifiques, mai et juin. Multiplication n°s 26 et 27. Terre franche ordinaire.

CONVOLVULUS. — Voyez *Liseron*.

CORBEILLE D'OR. — Voyez *Alysse*, page 141.

CORÉOPSIS AURICULÉ, *coreopsis auriculata*, Amérique septentrionale (1 mètre à 1 mètre 25), fleurs jaunes à rayons à cinq dents, août et septembre. = **A trois ailes**, *c. tripteris* (1 mètre 50 à 2 mètres), fleurs jaunes, rayons à deux dents, disque brun, août et septembre. = **Verticillé**, *c. verticillata*, Caroline (50 centimètres), fleurs jaunes, juin à août. **A feuilles de pied d'alouette**, *c. delphinifolia*, Virginie (50 centimètres), fleurs jaunes, disque brun, juillet à octobre. = **A feuilles alternes**, *c. alternifolia*, Amérique septentrionale (3 mètres à 3m,50), fleurs jaunes, octobre et novembre. = **A feuilles épaisses**, *c. crassifolia*, fleurs jaunes, à rayons à quatre dents, août et septembre. = **Elevé**, *c. procera*, Amérique septentrionale, fleurs jaunes, septembre

Coréopsis de Drummond.

et octobre. Tous ces coréopsis sont vivaces herbacés. Multiplication nos 1, 27 et 34 à l'automne et au printemps. = **Des teinturiers**, *c. tinctoria*, annuelle, du Mexique (60 centimètres), fleurs jaunes à disque pourpre ainsi que l'onglet des rayons, nos 6, 7 et 8. Plusieurs variétés entièrement pourpres et lisérées différemment de jaune, dont celle dite *de Drummond*. Terre franche ordinaire. Culture n° 1.

CORNARET ODORANT, *martynia fragrans*, annuelle, du

Mexique, fleurs grandes, pourpres violettes à odeur de vanille, août à octobre. = **Jaune**, *m. lutea*, annuelle, à larges feuilles et fleurs jaunes ponctuées. — Multiplication n° 5 en mars. Terre franche ordinaire. Exposition chaude.

CORONILLE DES JARDINS, *coronilla emerus*, arbrisseau (1 mètre 50), fleurs jaunes tachées de rouge, avril, mai et juin, et si on tond la plante en septembre et octobre. — Multiplication n°s 1, 49, 59 et 63. Terre franche légère. Exposition chaude.

CORTUSA DE MATTHIOLE, *cortusa Matthioli*, vivace herbacée de la Suisse, fleurs blanches ou rouges, mai. — Multiplication n°s 1 et 27 en mars. Terre de bruyère ombragée.

CORYDALE CHARMANTE, *corydalis formosa*, juillet, fleurs roses. — Multiplication n° 26. Terre de bruyère et n° 25.

CORYPHA D'AUSTRALIE, *C. australis*. Cet arbre magnifique, de la famille des palmiers, peut atteindre des proportions gigantesques (12 mètres); aussi ne le cultive-t-on que dans des serres (froides) très élevées. La base de ses larges feuilles en éventail est garnie d'épines extrêmement dures. Les autres variétés de corypha se cultivent en serre chaude ou au moins en serre tempérée. Nous citerons surtout : les *rotundifolia*, *Hoogendorp*, *filifera*, *altissima*.

COQUELOURDE. — Nom donné à l'*Anémone pulsatille*, à la *Lychnide des jardins* et au *Narcisse faux narcisse*.

COSMOS BIPENNÉ, *cosmos bipinnatus*, annuelle, du Mexique (1 mètre à 1 mètre 25), fleurs rouges violettes à disque jaune, octobre et novembre. — Multiplication n° 5 en février et n° 11, puis en place. Terre franche légère. Exposition chaude. Rentrer quelques pots sous châssis pour obtenir des graines.

CRASSULE ÉCARLATE, *Crassula coccinea*, plante grasse à tiges rondes; feuilles oblongues ciliées; fleurs rouges en un faisceau dans le haut, en juillet et août; plante propre pour être mise dans les suspensions. = **Lactée**, *crassula lactea*, haute de 25 centimètres; tiges également cylindri-

Corypha.

ques; feuilles ovales ponctuées et fleurs blanches étoilées. Culture en serre froide et terre de bruyère.

CRÉPIDE BARBUE, *crepis barbata* (30 centimètres), fleurs à rayons blancs ou jaunes, juin à août. = **Rose**, *c. rubra* (16 à 20 centimètres), fleurs grandes, roses, juin à août. Toutes deux annuelles. — Multiplication n° 1. Tout terrain et toute exposition.

CRÊTE DE COQ ou CÉLOSIE, *amarantus celosia cristata*, espèce d'Amarante (Voir ce mot, page 141).

Crête de coq.

CROCUS (voir *Safran*).

CRUCIANELLE A LONG STYLE, *crucianella stylosa*, vivace

Cyclamen d'Alep.

herbacée. Perse, fleur pourpre, juin à août. — Multiplication nos 5 et 27. Terrain sablonneux et rochers.

CUPIDONE BLEUE, *catananche cærulea*, vivace herbacée fleurs bleu de ciel, juillet à octobre. — Multiplication nos 5 et 27. Terre franche légère. Exposition chaude, n° 25. — Variétés à fleurs blanches et doubles.

CYCLAMEN D'EUROPE, *cyclamen europæum*, vivace tuberculeuse indigène, fleurs blanches, roses, pourpres, selon

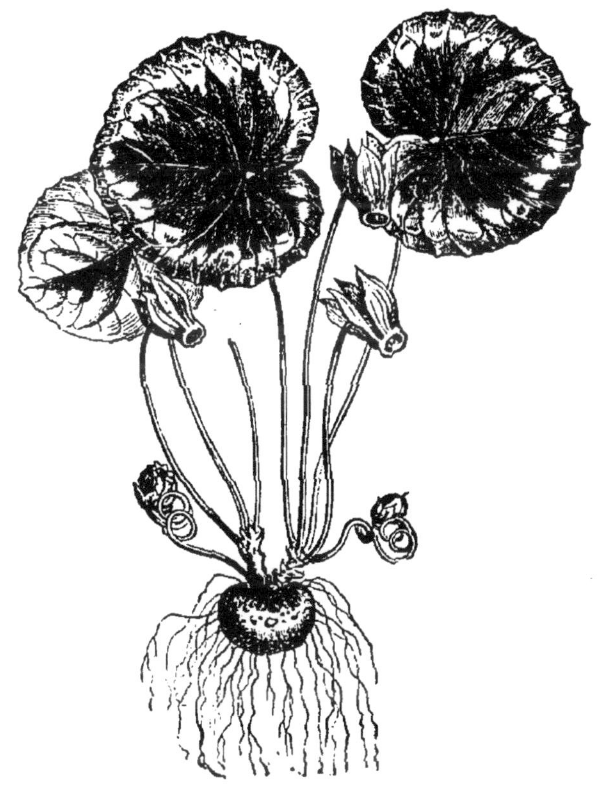

Cyclamen d'Europe.

les variétés qui commencent à devenir nombreuses, juin et juillet. — Multiplication nos 7 et 22. Terre franche légère, ou mieux terre de bruyère humide ombragée, n° 25 ou en pots. = **A feuilles de lierre**, *c. hederæfolium*, Italie; fleurs blanches, roses ou rouges odorantes, avril. = **D'Alep**, *c. persicum*; feuilles à longs pétioles et radicales; fleurs renversées et solitaires; corolles à cinq lobes. Mêmes multiplication et culture. Fleurit mieux sous châssis.

CYNOGLOSSE A FEUILLES DE LIN, *cynoglossum linifolium*, bisannuelle (50 centimètres), fleurs blanches, juin à août. = **Argentée**, *c*, *cheirifolium*, bisannuelle (50 centimètres), fleurs rouges, juin et juillet. — Multiplication n°s 2 et 6. Terre franche et légère. Bonne exposition = **Printanière**, *c. omphalodes*, vivace herbacée (16 à 20 centimètres), fleurs bleu d'azur, mars et avril. — Culture et multiplication des précédentes, plus multiplication n° 26. Exposition chaude et humide.

CYPRÈS, *cupressus*, arbre. = **Pyramidal**, *c. sempervirens* (10 à 12 mètres). Orient. Feuilles persistantes. — Multiplication n° 5 au printemps, en terre de bruyère ; n° 25 pendant les premières années. Plus n° 60. Terre franche légère. Exposition chaude. = **Horizontal**, *c. horizontalis*. Variétés à branches étalées. = **Faux tuya**, *c. thuyoïdes*, du Canada (24 à 25 mètres). — Même multiplication. Terre franche ordinaire humide et marécageuse. = **Chauve**, *c. disticha*, de la Louisiane (35 à 40 mètres). — Mêmes multiplications et cultures. Terrains humides et même submergés.

CYTISE AUBOUR (*Faux ébénier*), *cytisus laburnum*, arbre indigène, fleurs jaunes en grappes pendantes, mai. = **Odorant** ou **des Alpes**, *c. alpinus*, arbre, fleurs jaunes odorantes, juillet. = **D'Adam**, *c. Adami*. Variété du centre des Alpes, à fleurs roses, chamois, se reproduisant de semis, et donnant sur le même pied, outre ses fleurs, celles des *c. laburnum*, *purpureus* et *sessilifolius*. — Multiplication n° 4 au printemps, mise en place l'année suivante. Tous terrains, excepté ceux qui sont crayeux ou humides. — **Des jardins** ou **trifolium**, *c. sessilifolius*, arbrisseau (2 mètres), fleurs jaunes en épis, juillet. = **A épis**, *c. nigricans*, arbrisseau (1 mètre à 1 mètre 50), fleurs en grappes, jaunes, odorantes. = **A fleurs en tête**, *c. capitatus*, arbrisseau, feuilles persistantes, fleurs jaunes, juin et juillet, ou quelquefois septembre et octobre. = **Pourpre**, *c. purpureus*, fleurs rouges, violettes. = **A deux fleurs**, *c. biflorus*, fleurs jaunes, mai et juin. — **Blanc**, *c. albus*, arbrisseau de Portugal (2 mètres 50), fleurs blanches, mai. — Multiplication n° 4, au printemps, n°s 49, 59 et 37, sur le *c. aubour*. Terre franche légère, humide, excepté pour le *c. blanc*, le *c. albus* auquel il faut la terre de bruyère et n° 25.

DACRYDIUM. — Sorte de cyprès de la Nouvelle-Zélande, de 30 à 50 mètres de haut; d'un aspect bizarre. Multiplication par greffes. — Serre tempérée.

DAHLIA, *dahlia*, vivace tuberculeuse, Mexique. Introduite vers 1802 en trois variétés que la botanique a érigées en

Dahlia.

espèces, cette plante, d'une fécondité extraordinaire, a tellement multiplié ses variétés, que leur nombre est infini. Les fleurs qui apparaissent depuis juin jusqu'aux gelées fournissent toutes les nuances du blanc, du rose, du rouge cocciné, pourpre, cramoisi, du marron, du jaune et généralement de toutes les couleurs, excepté le bleu. Les formes de la fleur n'ont pas moins varié que le coloris, et la mode a voltigé de l'une à l'autre sans jamais se fixer. Les semi-doubles ont eu d'abord la palme que les doubles leur ont bientôt enlevée, pour obtenir seuls les honneurs de la culture. Les demi-fleurons, d'abord mal rangés, allongés, constituaient les premières fleurs doubles auxquelles les amateurs accordaient leurs hommages; on croyait être arrivé à l'apogée du beau dans le dahlia, mais on continuait de semer pour varier les couleurs. Dans ces semis, les demi-fleurons se raccourcirent, s'imbriquèrent bientôt plus régulièrement et donnèrent aux fleurs des formes bombées, de plates qu'elles étaient auparavant; puis se repliant sur eux-mêmes, ils formèrent des tuyaux plus ou moins plats, plus ou moins arrondis et méritèrent aux dahlias, ainsi composés, le nom de *perfection;* celui de *globe* fut donné aux fleurs que la convexité de leur calice rendit tout à fait sphériques, et celui de *pointés* à ceux dont le sommet des demi-fleurons reste blanc, quelle que soit la couleur principale.

On voit que peu de plantes sont mieux disposées que le dahlia à satisfaire les divers goûts des amateurs. L'espace ne nous permet pas de donner ici un choix des plus belles variétés qui semblent d'ailleurs, comme leurs devancières, devoir garder peu de temps la prééminence. Il faut recourir aux catalogues des marchands.

Les dahlias livrés à la pleine terre dans les premiers jours de mai sont dans toute leur beauté en octobre, où la moindre gelée vient mettre un terme à leur floraison. Quand ils sont gelés, on relève les touffes de tubercules qu'on fait ressuyer et que l'on conserve parfaitement jusqu'au printemps suivant dans une cave sèche, après les avoir étiquetés avec soin à l'aide de numéros en plomb. On les en tire en mars et on les dépose sous châssis sur une couche tiède qui fait développer les yeux. C'est alors qu'on sépare les tubercules avec la certitude de conserver à chacun des yeux ou de jeunes bourgeons. Si le temps n'est pas arrivé de les planter en place, ce qui n'est prudent qu'après le 1er mai, on peut les empoter et les tenir sous châssis froid, qu'il faut aérer fréquemment jusqu'à cette époque. Alors on les plante perpendiculairement en terre franche légère, mais substantielle. Quand ils ont de 20 à 25 centimètres, on forme un auget autour de chaque pied; on le tapisse de fumier court et on arrose fréquemment pendant l'été. Les dahlias varient en hauteur de 70 centimètres à 2 mètres. On les plante en massifs, en les espaçant convenablement, en plate-bande en les étageant selon leur taille, ou en bordures. On a soin de leur donner des tuteurs de force suffisante à soutenir leurs tiges herbacées et cassantes. On les multiplie encore par n° 26 sur tubercules en mai; par n° 62 en mars et par n° 7 en mars, si l'on veut obtenir de nouvelles variétés.

DALÉE A FLEURS POURPRES, *dalea purpurea*, annuelle, Illinois (50 centimètres), fleurs pourpres, violettes, en épi, juin, juillet, août. — Multiplication n° 5. Terre franche légère. Exposition autre que le nord.

DAPHNÉ, *daphne*, arbrisseau. = **Bois joli**, *d. mezereum* (75 centimètres à 1 mètre), fleurs rose vif, ou blanches, odorantes, décembre à février. Variété à fleurs rouges. = **Des Alpes**, *d. alpina* (60 centimètres), fleurs blanches odorantes, mai et juin. Terre franche légère. Exposition fraîche. — Multiplication n° 5. = **Thymélée des Alpes**, *d. cneorum*. Tige rampante, fleurs rose vif, odorantes, avril et mai. Variétés *à fleurs blanches* et *à feuilles panachées*. = **D'Italie**, *d. collina* (65 centimètres à 1 mètre), fleurs roses en dedans, odorantes, avril à juin. = **A feuilles de citronnier**, *d. pontica* (50 centimètres à 1 mètre), toujours vert, fleurs vertes odorantes, mars, avril et mai, n° 25. = **Dauphin**, *d. delphini*, fleurs rose vif, novembre à avril, n° 25. — Multiplication, n° 37 pour les précédents et n°s 5 et 49. Terre de bruyère. Exposition chaude, quoiqu'à mi-ombre.

DATTIER. Voyez *Phœnix*.

DATURA EN ARBRE, *datura arborea*, Pérou. Arbrisseau pouvant atteindre 2 mètres. Grandes fleurs blanches. Serre tempérée pendant l'hiver. = **Stramoine**, *d. stramonium*, vulgairement *pomme épineuse*, annuelle, fleurs blanches. Poison violent. = **Fastueux**, *d. fastuosa*, d'Égypte (70 centimètres), fleurs blanches, violettes, juillet à septembre. = **Cornu**, *d. ceralaucola*, de Cuba (70 centimètres à 1 mètre), fleurs blanches en dedans, violettes en dehors, juillet à octobre. Odorantes. — Multiplication n° 2. Terre franche légère terreautée, exposition chaude.

DAUPHINELLE. Voyez *Pied d'alouette.*

DÉCUMAIRE SARMENTEUX, *decumaria sarmentosa*, arbrisseau sarmenteux. Amérique, bordure, fleurs blanches odorantes, août et septembre. Tout terrain humide. — Multiplication n° 63.

DEUTZIE, *deutzia*, arbrisseau. = **Crénelée**, *d. crenata*, Japon, semblable à un petit seringa, fleurs blanches en grappes terminales, mai, juin, juillet. = **Blanchâtre**, *d. canescens*, Japon, fleurs blanches. = **Joro**, *d. scabra*, Japon (1 mètre 5 à 20 mètres), fleurs blanches, mai, juin, juillet. = **Grêle**, *d. gracilis* (1 mètre), Japon, fleurs blanches plus petites, avril, mai et juin. — Multiplication n° 50, de bourgeons herbacés, n°s 60 et 27. Terre franche légère. Toute exposition.

DIDISQUE BLEU, *didiscus cœruleus*, annuelle, Nouvelle-Hollande (55 centimètres), fleurs bleues en ombelle, juillet et août. — Multiplication n° 5. Terre franche légère douce et terreautée.

DIERVILLE JAUNE, *diervilla lutea*, arbrisseau, Canada, fleurs jaunes odorantes, juin, juillet, août et septembre. — Multiplication n°s 1, 49 et 59. Terre franche légère humide, mi-ombre.

DIGITALE POURPRÉE, *digitalis purpurea*, indigène, bisannuelle, fleurs pourpres ponctuées de brun en épi pendant, juillet et août. Variété à fleurs plus pâles et à fleurs blanches. — Multiplication n° 1 en juin et n° 12. Terre franche légère. Exposition chaude.

Digitale pourprée.

DIOCLÉE A FEUILLES DE GLYCINE, *dioclea glycinoides* vivace herbacée, volubile, Nouvelle-Espagne (1^m,25 à 1^m,50), fleurs rouge vif en épi. — Multiplication n°s 59 et 63. Terre franche légère. Exposition chaude, n° 25.

DIRCA DES MARAIS, *dirca palustris*, arbrisseau, Canada (1 à 2 mètres), fleurs pendantes en cornet, blanches, jaunes, mars et avril. — Multiplication, n°s 7 et 49. Terre de bruyère tourbeuse et humide. Exposition ombrée.

DODÉCATHÉON DE VIRGINIE, *dodecatheon meadia*, vivace herbacée par la racine; hampe florale de 25 à 35 centimètres, terminée par douze fleurs pendantes, petites, roses, pourpres, mai et juin. Variété à fleurs blanches. — Multiplication n° 1 aussitôt la maturité des graines et n° 26 à l'automne. Terre de bruyère, mi-ombre et n° 25.

DORONIC DU CAUCASE, *doronicum caucasicum*, vivace herbacée (25 centimètres), fleurs jaunes, mars, avril et mai. = **A feuilles en cœur**, *d. pardalanchies*, vivace herbacée indigène, fleurs jaunes, avril, mai et juin. — Multiplication n° 63. Tout terrain et toute exposition.

DRACOENA. — Voyez *Dragonnier*.

DRACOCÉPHALE DE VIRGINIE, *dracocephalum virginia-*

num, vivace herbacée (70 centimètres à 1 mètre), fleurs roses en épi, juillet, août, septembre. — Variété à **grandes fleurs**, *d. grandiflorum*. = **D'Autriche**, *d. Austriacum*, vivace herbacée (20 à 30 centimètres), fleurs bleues violettes en épis, juillet et août. — Pour l'un et l'autre multiplication, nos 1 ou 63. Terre franche légère substantielle. Exposition chaude. = **De Moldavie**, annuelle, *d. Moldavicum* (70 centimètres), fleurs pourpres, juillet. Variété à fleurs blanches. — Multiplication n° 1. Même culture. Jolie en bordure.

DRAGONNIER, *dracœna*. Les Dracœna sont de fort belles plantes d'ornement à tiges élancées, simples et se terminant par un bouquet de feuilles d'un gracieux effet. Sol frais, culture par boutures.

Les *dracœna indivisa* et *rubra* sont les deux plus belles espèces.

Parmi les espèces les plus rustiques, nous citerons le **D. d'Australie**, *d. australis*, et le **D. à feuilles étroites**, *d. angustifolia*, appelé quelquefois *indivisa*, qui sont d'un magnifique effet. Serre tempérée pendant l'hiver; pleine terre pendant l'été.

DRAVE, *draba*, vivace, petites fleurs jaunes, d'avril à juin. Multiplication nos 1 et 27. Vient très bien dans les lieux arides et les rocailles.

DRYADE A HUIT PÉTALES, *dryas octopetala*, vivace herbacée des Alpes (20 à 25 centimètres), jolies fleurs blanches, juin, n° 27. Terre de bruyère humide. Exposition au nord.

ECCRÉMOCARPE SCABRE, *eccremocarpus scabra*, arbrisseau grimpant, Chili, fleurs coccinées tubuleuses en grappes. Terre franche légère. Exposition chaude n° 25. — Multiplication nos 5 et 27.

ÉCHINOPE AZURÉE (*Boulette*), *echinops ritro*, indigène, vivace herbacée (70 centimètres), fleurs bleues en boule, juillet. Variété à fleurs blanches. — Multiplication n° 1. Tout terrain. Exposition du midi. = **Paniculé**, *e. paniculatus*, vivace herbacée (1^m,50 à 2 mètres), fleurs blanches en tête,

Dragonnier d'Australie.

juillet. = **De Russie**, *e. ruthenicus*, vivace herbacée (**1^m,25** à 2 mètres), fleurs bleu d'azur en tête, juillet, août, septembre. — Mêmes culture et multiplication.

EMPETRUM NOIR (*Camarine*), *e. nigrum*, arbrisseau, Europe (30 centimètres), feuillage des bruyères. Terre de bruyère à l'ombre.

ÉPERVIÈRE ORANGÉE, *hieracium aurantiacum*, indigène, vivace herbacée (35 à 50 centimètres), fleur jaune, capucine, juin à septembre. — Multiplication nos 1 et 27. Terre franche légère humide. Exposition aérée.

ÉPHÉMÈRE DE VIRGINIE, *tradescantia Virginica*, vivace herbacée (40 centimètres), fleurs bleues, mai à octobre. Variété à fleurs blanches, à fleurs pourpres et à fleurs doubles. — Multiplication nos 1 et 27 en automne. = **Rose**, *t. rosea*, vivace herbacée, fleurs roses. — Même multiplication. Terre franche légère humide, n° 25 pour la seconde.

ÉPILOBE A ÉPI (*Laurier de Saint-Antoine*), *epilobium spicatum*, vivace herbacée, indigène (1m,25 à 1m,50), fleurs roses, pourpres, juillet, août, septembre. Variété à fleurs blanches. = **A feuilles étroites**, *e. angustifolium*, de la Suisse (35 à 60 centimètres), fleurs pourpres, juillet et août. = **A feuilles de romarin**, *e. rosmarinifolium* (60 centimètres à 1 mètre), fleurs pourpres grandes. Très propre au bord des eaux. — Multiplication nos 1 et 27. Terre franche légère humide

ÉPIMÈDE, *epimedium*, vivace herbacée. = **Des Alpes**, *e. Alpinum* (35 centimètres), fleurs jaunes à calice rouge, avril et mai. = **A grandes fleurs**, *e. macranthum* (35 à 40 centimètres), Japon, fleurs grandes, blanches, avril et mai. = **A fleurs violettes**, *e. violaceum*, fleurs violettes, avril et mai. — Multiplication nos 63 et 27, automne. Terre franche légère. Exposition ombragée.

ÉRABLE, *acer*, arbre. Ce genre renferme des arbres et des arbrisseaux intéressants pour la décoration des jardins. — Multiplication nos 1 et 37, et quelques-uns par n° 59. =

Sycomore, *a. pseudo-platanus*. Grand arbre, fleurs vertes jaunes en grappes pendantes, avril et mai. = **A feuilles de frêne**, *a. negundo*. Amérique septentrionale. Grand arbre, fleurs vertes et pendantes, avril. = **Jaspé**, *a. pensylvanicum*, Amérique septentrionale, de moyenne grandeur, fleurs vertes, mai. = **Rouge**, *a. rubrum*. Grand arbre, fleurs rouges, avril et mai. = **Platane**, *a. platanoides*. Indigène. Moyen arbre, fleurs jaunes, avril. = **De Montpellier**, *a. monspessulanum*. Moyen arbre, fleurs jaunes en corymbe. = **A sucre**, *a. saccharinum*, Amérique septentrionale, fleurs jaunes en corymbe, avril. = **De Naples**, *a. Neapolitanum*. Bel arbre, fleurs grosses, jaunes, avril et mai. Tout terrain pour les espèces d'Europe. Terre franche ordinaire et fraîche pour celles d'Amérique.

ÉRIGÉRON, *erigeron*, vivace herbacée. = **Glabre**, *e. glabellum*, Amérique septentrionale (50 centimètres), fleurs à rayons lilas et disque jaune, juin, juillet et août. = **Gracieux**, *e. speciosum*, Californie (50 centimètres), fleurs lilas à disque jaune, août et septembre. = **Pourpre**, *e. purpureum* (35 centimètres), fleurs pourpres à disque jaune, juin, juillet et août. = **Des Alpes**, *e. Alpinum* (16 à 20 centimètres), fleurs à disque jaune et rayons bleus, juillet. — Multiplication n° 1. Terre franche ordinaire.

ÉRINE DES ALPES, *erinus alpinus*, vivace herbacée (16 à 20 centimètres), fleurs roses en grappes, mars à juin. — Multiplication nos 1 et 26. Terre franche ordinaire. Exposition ombragée.

ÉRODIUM DES ALPES, *erodium alpinum* (35 centimètres), fleur violette veinée de pourpre, juin à août. — Multiplication nos 1 et 27. Terre franche ordinaire.

ÉRYTHRINE, *erythrina*, arbrisseau à racines tuberculeuses. = **Crête de coq**, *e. crista galli*, Amérique méridionale (1 à 2 mètres), fleurs rouges en grappes, juillet et août. — **A fleurs changeantes**, *e. versicolor*. = **A fleurs** de laurier, *e. laurifolia*, Amérique méridionale (1 à 2 mètres), fleurs rouges à ailes plus courtes, août et septembre. — Multiplication n° 62 au printemps. Terre franche légère, plantation en mai, relever les racines tuberculeuses en automne pour passer l'hiver en lieu sec et exempt de la gelée.

ÉRYTHRONE DENT DE CHIEN, *erythronium dens canis*, indigène, vivace bulbeuse (16 à 20 centimètres), fleurs blanches en dedans, rouges en dehors, mars. — Multiplication n° 18. Terre franche légère à mi-ombre.

ESCHSCHOLTZIE DE CALIFORNIE, *eschscholtzia californica*, bisannuelle (35 à 50 centimètres), fleurs jaunes safranées au centre, juin à août. — Variété **à fleurs safranées** et **à fleurs semi-doubles**. — Multiplication n° 1. Terre franche ordinaire.

EUCOMIS, *eucomis*, vivace bulbeuse. = **Couronné**, *e. regia* 30 à 35 centimètre s), fleurs vertes, octobre. En épi. = **Ponctué**, *e. punctata*, fleurs vertes en grappe, avril et mai. — Tous deux du Cap. — Multiplications n°s 1 et 18. Terre franche légère, n° 25.

EUPATOIRE A FLEURS D'AGÉRATE, *eupatorium ageratoides*, Amérique septentrionale, vivace herbacée (65 centimètres), fleurs blanches, septembre. = **A feuilles longues**, *e. altissimum*, vivace herbacée (1m,25 à 1m,50), fleurs blanches, septembre. = **Pourpre**, *e. purpureum*, vivace herbacée, Amérique septentrionale (70 centimètres), fleurs pourpres, septembre et octobre. — Multiplication n° 1 de graines aussitôt récoltées, n° 27. Terre franche ordinaire.

EUTOCA, *eutoca*, annuelle. = **Visqueux**, *e. viscida*, (35 centimètres), fleurs bleues en épi unilatéral courbé. = **Multiflore**, *e. multiflora* (20 à 30 centimètres), fleurs bleues, juin à août. = **De Menzies**, *e. Menziesii* (25 à 30 centimètres), fleurs bleues en panicule, juin et juillet. Tous de la

Californie. — Multiplication n° 1 au printemps. Terre franche ordinaire.

FABAGELLE COMMUNE, *zygophyllum fabago*, vivace herbacée, Syrie (70 centimètres), fleurs rouge orange, blanches à la base, juillet, août et septembre. — Multiplication n°s 1 et 27. Terre franche légère, n° 25.

FÉLICIE GRÊLE, *felicia tenella*, Cap, annuelle, fleurs à rayons bleus à disque jaune. — Multiplication n° 1.

FÈVE A FLEURS POURPRES, *faba purpurea*. — Culture de la fève potagère (1).

FÉVIER D'AMÉRIQUE, *gleditschia triacanthos*, États-Unis, arbre épineux (10 à 12 mètres), fleur blanche, sale, mai et juin. — Variété sans épine, *g. inermis*. = De la Chine, *g. Sinensis*, arbre épineux (10 à 12 mètres), fleurs vertes, juin et juillet. — Variété *sans épines* et *pleureur*. = De la mer Caspienne, *g. caspica*, le plus beau, épineux. — Multiplication n° 2. Exposition chaude. Terre franche légère mi-ombre.

FICAIRE RENONCULE, *ficaria renunculoides*, vivace bulbeuse, indigène (16 centimètres), fleurs jaune d'or, avril et mai. C'est sa variété à fleurs doubles dont on fait de jolies bordures. — Multiplication n°s 26 et 27. Terre franche légère.

FICOIDE TRICOLORE, *mesembryanthemum tricolor*, annuelle, Cap, fleurs à rayons blancs à l'onglet, roses en dessus, juillet à octobre. = Glaciale, *m. cristallinum*, Attique, annuelle (70 centimètres à 1 mètre), fleurs blanches, petites, juillet et août. = D'après-midi, *m. pomeridianum*, annuelle, Cap (16 centimètres), fleurs grandes, jaunes, juillet et août. — Multiplication n° 5. Terre franche légère. Exposition.

(1) Voir le *Jardinier potager*, par V. Fournier (à la même librairie).

chaude. Tenir les plantes sur couche, si on veut obtenir des graines mûres.

FIGUIER, *Ficus*. Ce genre comprend de nombreuses variétés que l'on cultive dans les serres et les appartements

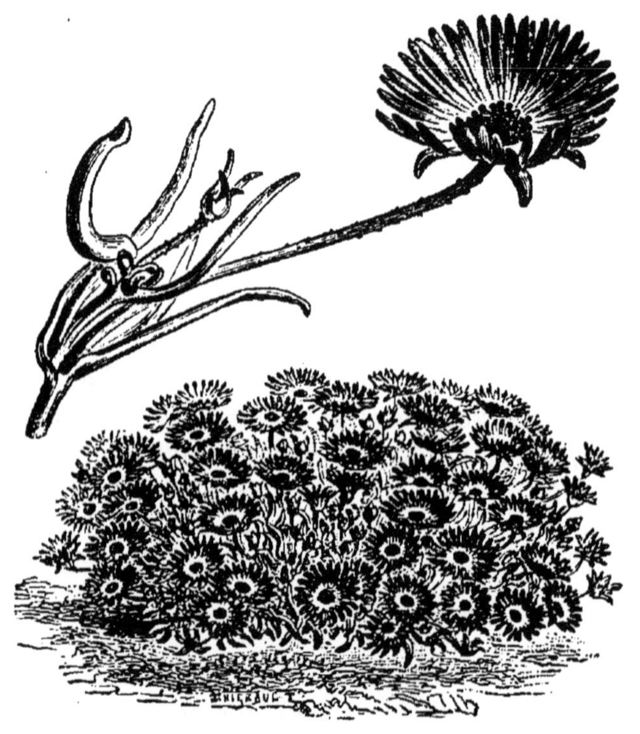

Ficoïde tricolore.

pour leur beau feuillage persistant. Nous citerons : le *F. elastica*, vulgairement désigné sous le nom de *caoutchouc*, le *F. nobilis*, le *F. Grellei* qui se cultivent en serre chaude. Le *F. macrophylla*, à grandes *feuilles*, est plus rustique ; serre froide. — Multiplication de boutures sur couche chaude et sous cloche. Terre mélangée de terreau et humide.

FILARIA A LARGES FEUILLES, *phyllirea latifolia*, indigène, arbrisseau (4 mètres). Toujours vert, fleurs blanches, avril. — Variété *à feuilles étroites*, *angustifolia*. — Multiplication n°s 7 ou 52 et 53, plus n° 25. Toute terre légère, mi-ombre. Bon à faire des palissades. Craint les fortes gelées.

FLÉCHIÈRE AQUATIQUE, *sagittaria sagittifolia*, vivace herbacée (10 à 15 centimètres), feuilles en forme de flèche, fleurs blanches, mai et juin, en épi terminal propre à l'ornement des bassins dans lesquels on jette ses graines, ou

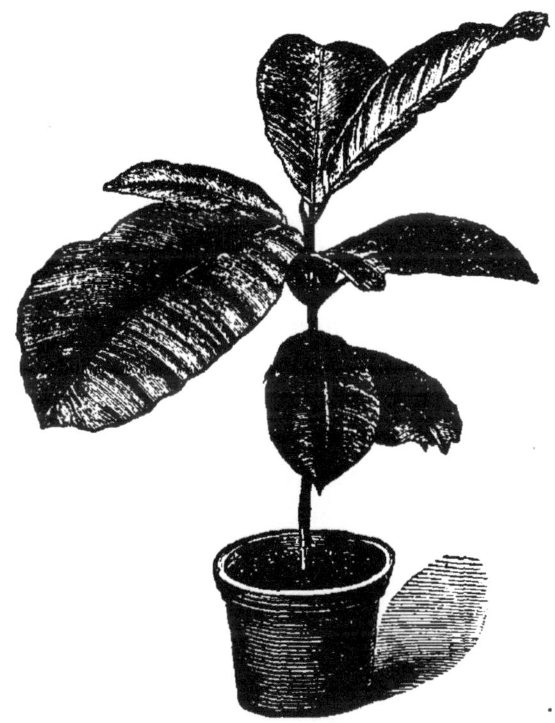

Figuier caoutchouc.

mieux encore en terre marécageuse. = **De Chine**, *s. sinensis*; sensiblement plus grande. Profondément submergée, elle résiste aux fruids du climat de Paris. — Multiplication, par éclats en automne ou au printemps.

FONTANÉSIA A FEUILLES DE FILARIA, *fontanesia phyllivoides*, arbrisseau (2 à 3 mètres), Syrie, fleurs blanches, ensuite rouges, mai. — Multiplication n°s 1, 49, 59, 63.

FOTHERGILLE A FEUILLES D'AUNE, *fothergilla alnifolia*, Caroline, arbrisseau (70 centimètres), fleurs petites, blanches, odorantes, avril. — Multiplication nos 1 et 49. Terre de bruyère humide à l'ombre.

FRAXINELLE INDIGÈNE, *dictamnus albus*, vivace herbacée (70 centimètres à 1 mètre), fleurs grandes, rayées de pourpre sur pourpre en grappes. Variété à fleurs blanches. — Multiplication nos 1 et 27. Terre franche ordinaire. Exposition chaude.

FRÊNE, *fraxinus*, arbre. = **Commun**, *f. excelsior*, indigène (20 à 25 mètres), fleurs jaunes en grappes, avril et mai. — Variétés, *jaspé*, *doré*, *argenté*, *pendant ou pleureur*, *horizontal*, etc. = **Blanc**, *f. alba*, Amérique méridionale (27 mètres), est préférable au *f. commun* pour les jardins. On cultive encore un grand nombre de frênes de l'Amérique et particulièrement du Canada. — Pour tous, multiplication n° 1 de graines aussitôt leur maturité. Également par n° 37 frêne commun qu'il faut planter loin des habitations, à cause de l'odeur désagréable des mouches cantharides, dont il se charge pendant l'été. Terre franche ordinaire humide.

FRITILLAIRE DAMIER, *fritillaria meleagris*, vivace bulbeuse, indigène (20 à 25 centimètres), fleurs pourpres à carreaux de couleurs différentes, pendantes, avril et mai. = **Couronne impériale**, *f. imperialis*, vivace bulbeuse, Thrace (65 centimètres à 1 mètre), bulbe exhalant une odeur cadavéreuse, fleurs simples ou doubles, pendantes, rouge jaune, orange, avril et mai. — Multiplication n° 18, tous les deux ou trois ans. Terre franche légère humide, ou mieux terre de bruyère, n° 25.

FUMETERRE BULBEUSE, *fumaria* ou *corydalis bulbosa*, vivace bulbeuse (16 centimètres), indigène, fleurs en épis, blanches, pourpres, gris de lin, selon la variété, avril. — Multiplication n° 1, et tous les 3 ans, 18. = **Odoarnte**, *f. nobilis*, Sibérie, vivace herbacée (47 à 50 centimètres), fleurs en épi, jaune pâle, avril. — Multiplication n° 61. = **Jaune**, *f. lutea*, vivace herbacée indigène (35 centimètres), fleurs jaune pâle et blanches, avril à novembre. — N° 25. = **Du Canada**, *f. sempervirens*, annuelle (65 centimètres), fleurs pourpres et jaunes, avril à septembre. — Multiplication n° 1. Terre franche légère. Exposition chaude.

FUSAIN, *evonymus*, arbrisseau. = **Commun**, *e. Europæus* (3 à 4 mètres), petites fleurs blanches, mai. — Variété *à feuilles panachées*. = **A larges feuilles**, *e, latifolius* (3 mètres 50 à 4 mètres), fleurs vertes, juin. = **Pourpre noir**, *e. atropurpureus*, Amérique septentrionale (3 à 4 mètres 50), fleurs pourpre obscur, juillet. On en cultive quelques autres trop délicats. — Multiplication n° 1, aussitôt la maturité des graines, et n° 63.

GAILLARDE RUSTIQUE, *gaillardia rustica*, floride, vivace herbacée (35 à 70 centimètres), fleurs à rayons jaunes et onglet pourpre, disque brun, au printemps et à l'automne. = **Aristée**, *g. aristata*, Amérique septentrionale (50 à 60 centimètres), fleurs à rayons jaunes, disque pourpre aux mêmes époques. = **Peinte**, *g. picta*, vivace, à tige frutescente : feuilles lancéolées et grandes, parfois dentées; fleurs rouge cramoisi bordées de jaune. — Pleine terre. Serre tempérée en hiver. — Multiplication n°s 1, 27 et 34. Terre franche légère.

Gaillarde peinte.

GAINIER COMMUN, *cercis siliquastrum*, indigène, arbre, fleurs roses en petits bouquets sur le vieux bois, avant les feuilles, avril et mai. Variété à fleurs blanches. — Multiplication n° 1, en rayons, n° 25, pendant les deux ou trois premières années. Terre franche légère. Exposition chaude.

GALANE, *chelone*, vivace herbacée. = **A épi**, *c. glabra*,

Amérique septentrionale (70 centimètres à 1 mètre), fleurs blanches, septembre et octobre. = **Oblique,** *c. obliqua* (50 à 75 centimètres), fleurs pourpres, septembre et octobre. = **Barbue,** *c. barbata* (65 centimètres), Mexique, fleurs coccinées, juin à octobre. Variété à fleurs blanches. = **A grandes fleurs,** *c. major*, Amérique septentrionale, fleurs roses violettes en épi court. — Multiplication nos 1, 26, 27 et 34. Terre franche ordinaire. Exposition chaude, mi-ombre, n° 25.

GALÉ, *myrica*, arbrisseau. = **Piment royal,** *myrica gale*, indigène (1 mètre), fleurs en chatons, mai. = **De Pensylvanie,** *m. Pensylvanica* (1 mètre 50), fleurs semblables. — Multiplication nos 1, 49 et 63. Terre marécageuse, ou terre de bruyère bourbeuse, au bord des eaux.

GALÉGA OFFICINAL, *galega officinalis*, d'Italie, vivace herbacée (1 mètre à 1 mètre 25), fleurs bleues ou blanches, juillet. = **Oriental,** *g. orientalis*, vivace herbacée (1 mètre à 1 mètre 25), fleurs blanches, juin. — Multiplication n° 1. Terre franche ordinaire humide.

GATTILLIER, *vitex*, arbrisseau. = **Commun,** *v. agnus castus* (3 mètres 60 à 5 mètres 50), indigène, fleurs petites, blanches, violettes ou gris de lin, selon la variété, juin, juillet, août. Autre variété : *hybride*, à fleurs plus grandes et *à feuilles incisées*, à fleurs lilas petites et plus pâles. — Multiplication nos 1, 15 et 49. Terre franche ordinaire humide mi-ombre, n° 25 dans les grands froids.

GAULTHÉRIE, *gaultheria*, arbrisseau. = **Du Canada,** *g. procumbens* (20 à 30 centimètres), feuilles persistantes, fleurs en grelot, pourpres. = **A feuilles en cœur,** *g. cordata*, fleurs blanches. = **De Shallon,** *g. shallon*, fleurs blanches en grelot, août et septembre. — Multiplication n° 63. Terre de bruyère, rentrer l'hiver comme les bruyères.

GENÊT A BALAIS, *genista scoparia*, indigène, arbrisseau

(1 à 3 mètres), fleurs jaunes odorantes en épis, juin, juillet et août. — Multiplication n° 1. Terre franche légère. Toute exposition.

GENÉVRIER DE VIRGINIE, *juniperus Virginiana*, arbre, Amérique septentrionale (15 à 17 mètres), à fleurs odorantes, jaunes, juin, juillet et août. = **Commun**, *j. communis* et mieux sa variété dite de **Suède**, *j. Suecica*, arbrisseau (4 à 5 mètres), à feuilles piquantes, baies sphériques d'un bleu noirâtre avec lesquelles on aromatise l'eau-de-vie, appelée genièvre. — Multiplication n° 1 dès la maturité des graines en terre de bruyère humide au nord. Le plan doit être repiqué en terre pareille et mis en place à 4 ans. Tous les genévriers se multiplient de même, ou de greffe sur celui de Virginie.

GENTIANE, *gentiana*, vivace herbacée. = **Sans tige**, *g. acaulis* indigène, touffes basses, fleurs bleues au printemps ou à l'automne. = **Croisette**, *g. cruciata* (3 à 50 centimètres), fleurs bleues, juin et juillet. = **Pourpre**, *g. purpurea* (65 centimètres), fleurs jaunes ponctuées de pourpre, juillet et août. = **Jaune**, *g. lutea* (1 mètre 25 à 1 mètre 50), fleurs grandes, jaune éclatant, juillet. — Multiplication n° 1 en terre de bruyère à l'ombre, et n° 26. Terre franche légère, ou mieux terre de bruyère.

GÉRANIUM, *geranium*, vivace herbacée. = **Des prés**, *g. pratense*, indigène, fleurs bleues, rouges, mai et juin. Variété à fleurs doubles. = **Sanguin**, *g. sanguineum*, indigène, fleurs grandes pourpres, violettes, juin, juillet et août. = **A grosses racines**, *g. macrorhizum* (50 centimètres), fleurs rouges, mai, juin et juillet. — Multiplication n°s 1 et 27. Tout terrain. Ne pas confondre les geranium avec les *pelargonium* dont nous avons parlé page 57.

GERMANDRÉE D'HIRCANIE, *teucrium hircanicum*, arbrisseau de la Perse (66 centimètres à 1 mètre), fleurs pourpre foncé, août, septembre et octobre, en épis. — Multiplication n°s 1, 59 et 63. Terre franche légère.

GESSE ODORANTE (*Pois de senteur*), *lathyrus odoratus*, annuelle. Sicile, fleurs blanches, roses, violettes, odorantes, juin, juillet et août. = **De Tanger**, *l. Tingitanus*, annuelle, fleurs grandes, rouges, pourpre foncé, juillet, août et septembre. = **D'Abyssinie**, *l. abissinicus*, annuelle, fleurs à

Gesse odorante. Pois de senteur.

étendard bleu, mai et juin. — Pour ces trois espèces, multiplication nos 2 et 6 plus no 25. Terre franche légère. = **A larges feuilles**, *l. latifolius*, indigène (1 mètre 25 à 1 mètre 50), fleurs grandes, pourpres, roses, juillet, août et septembre. — Variété à fleurs blanches. — Multiplication nos 2, 6 et 12. Tout terrain.

GILIE A FLEURS EN TÊTE, *gilia capitata* (50 à 60 centimètres), fleurs bleues, juillet à octobre. Variété à fleurs blanches. = **Tricolore**, *g. tricolor*, fleurs jaunes pourpres et blanches. Variété à fleurs blanches. Pour ces deux plantes annuelles de la Californie, multiplication nos 2 et 6. Terre franche légère.

GINKGO A DEUX LOBES, *ginkgo biloba*, **arbre dioïque**, du Japon, fleurs mâles jaunâtres en chaton; femelles solitaires. Fruits en drupes comme des prunes de Damas; amande comestible, rôtie comme des châtaignes. Arbre élevé, pyramidal, à feuillage ornemental. Multiplication de rejetons, de marcottes ou de boutures, faites au printemps en terre douce, humide et à l'ombre.

GIROFLÉE DES MURAILLES, *cheiranthus cheiri*, indigène, bisannuelle (50 à 60 centimètres), fleurs jaunes odorantes, avril, mai. Variétés : *bâton d'or* à fleurs doubles, jaune éclatant; *ravenelle savoyarde* à fleurs jaunes panachées de ponceau ou de brun, et autres à fleurs pourpres doubles, pourpre violacé, et jaunes semi-doubles. Multiplication n° 5, qui donne plus de fleurs simples que de doubles. Les variétés à fleurs doubles se multiplient par n° 34, en mai, et en terre légère, mêlée de terreau, humide et à l'ombre et par n° 32. Terre franche légère avec moitié de terreau de couche.

= **Des jardins**, *c. incanus*, vivace herbacée, Espagne (66 centimètres à 1 mètre), fleurs odorantes de couleurs variées, mai à octobre. Variétés *Cocardeau* (*fenestralis*), à feuilles lancéolées, à fleurs blanches, roses, carnées, violettes ou panachées. — Multiplication n°s 5 et 10. Empoter en septembre pour abriter pendant l'hiver.

= **Annuelle** ou **Quarantaine**, *annuus*, annuelle (33 à 50 centimètres), fleurs de diverses couleurs en grappes terminales, juin à septembre. Variétés à fleurs blanches, roses, lilas, carnées, rouges, brunes et violettes. — Multiplication n° 5 en mars, en pleine terre en mai et juin, n° 6 plus n° 25. On met en place les doubles, lorsque le plant commence à marquer et qu'on peut les reconnaître, ce qui exige une grande habitude. Les feuilles de la rosette terminale annoncent des fleurs doubles, lorsqu'elles sont trapues et non allongées et étroites, ce qui indique des fleurs simples qu'il convient de ne pas employer. Les boutons gros et ronds sont encore un pronostic assez certain, mais il faut rejeter les boutons allongés et pointus.

= **Grecque**, *c. græcus*, du Levant, annuelle, fleurs à peu près pareilles à celles de la précédente qui a les feuilles blanchâtres, tandis que celle-ci les a vertes. — Mêmes multiplication et culture.

GLAIEUL, *gladiolus*, vivace bulbeuse. On cultive les glaïeuls en terre franche légère, à laquelle on ajoute un tiers de bon terreau de feuilles ou mieux de terre de bruyère. On met les oignons en place en mars et avril. Ils fleurissent de juillet en septembre. On les relève avant les gelées pour les conserver à l'abri. On peut planter en octobre en pots qu'on tient sous châssis pendant l'hiver, et

Giroflée Cocardeau. Glaïeul perroquet.

ils fleurissent dès le mois de mai. — Multiplication n°s 17 et 20 pour obtenir des variétés.

On voit aujourd'hui de belles et nombreuses collections en ce genre. Voici les espèces les plus remarquables :

Commun, *g. communis*, indigène, fleurs roses carnées, blanches ou rouges selon la variété, mai et juin. Bon pour bordure. = **De Constantinople**, *g. Bizantinus*, fleurs plus grandes dans les mêmes couleurs et distiques. Tous les suivants sont du Cap. = **Cardinal**, *g. cardinalis*, fleurs écarlates, grandes, unilatérales, les pétales inférieurs marqués d'une raie oblongue blanche. = **Tricolore**, *g. tricolor*, fleurs dont le tube est d'abord jaune, ensuite pourpre noir, et le limbe rouge écarlate. Il y a plusieurs variétés. = **Élevé**, *g. pulcherrimus*, fleurs distiques, roses, lilas, raie blanche entourée d'azur sur les pétales inférieurs. = **Agréable**, *g. blandus*, fleurs distiques blanches, carnées, raie pourpre sur les pétales inférieurs. Il a plusieurs belles variétés chez lesquelles ces couleurs sont plus ou moins intenses. = **Perroquet**, *g. psittacinus*. Grandes fleurs mordorées, tigrées, très belles. Il a aussi plusieurs variétés parmi lesquelles celle de **Gand**, *g. gandavensis*, dont les fleurs jaunes et écarlates sont magnifiques.

GLOXINIA. Voir aux *Plantes de serre chaude*, page 65.

Gloxinia.

GLYCINE DE LA CHINE, *Glycine Sinensis*, arbrisseau grimpant ; feuilles ailées, composées et à folioles ovales ; fleurs bleu pâle, grandes et en longues grappes pendantes. Admirable plante dont un seul pied peut tapisser un mur dans une étendue de 15 mètres carrés. Multiplication n°s 25 et 34 ; se convient dans le climat de Paris. Tailler long. — Terre franche terreautée.

GORDONIE A FEUILLES GLABRES, *gordonia lasianthus*, arbrisseau, Caroline (4 mètres à 4 mètres 50), feuilles persistantes. Belles fleurs blanches, septembre et octobre. — Multiplication nos 1 et 49. Terre franche légère. Bonne exposition.

GOUET ATTRAPE-MOUCHE, *arum crinitum*, vivace bulbeuse, Minorque (40 à 50 centimètres), fleurs réunies en spadice long de 33 centimètres, mai et avril, soyeuses, retenant les mouches par l'odeur corrompue de chair qu'elles exhalent. = **Serpentaire**, *a. dracunculus*, vivace bulbeuse, indigène (65 centimètres à 1 mètre), spadice violet en dedans, vert en dehors, juin et juillet. = **Maculé**, *a. maculatum*. Feuilles maculées de taches noires. Appelé aussi *Pied de veau* et *chou-poivre*, à cause de la forme de ses feuilles et de sa saveur piquante. — Multiplication nos 1 et 22. Terre franche ordinaire humide à l'ombre. N° 25 pour le premier.

GRENADIER COMMUN, *punica granatum*, arbrisseau de 3 à 5 mètres d'élévation à l'état de nature; se cultive en plein vent ou en espalier dans le midi de la France; feuilles caduques; fleurs d'un rouge écarlate au sommet des rameaux; une variété donne des fleurs blanches. Originaire de Carthage, et venu d'Italie en France. Se multiplie par graines, marcottes ou boutures; nos 1, 29 et 34. — Terre franche légère.

GRENADILLE BLEUE, *passiflora cœrulea*, arbrisseau (3 à 5 mètres), fleurs blanches, bleues et pourpres successives. = **Incarnate**, *p. incarnata*, vivace herbacée (2 à 3 mètres), fleurs blanches, pourpres, violettes et noires. Terre franche légère humide. Exposition chaude le long d'un mur qu'elles ornent de leurs guirlandes, n° 25.

GROSEILLIER, *ribes*, arbrisseau. = **Doré**, *r. aureum*, Californie (1 mètre 28 à 1 mètre 50), fleurs jaunes odorantes avril. = **Palmé**, *r. palmatum* (1 mètre 50 à 2 mètres), fleurs jaunes et pourpres, odeur de girofle, avril et mai. = **Sanguin**, *r. sanguineum*, Colombie (1 mètre 50 à 2 mètres), fleurs rose vif, avril. Variété plus colorée, *r. atrosanguineum*, et variété à fleurs doubles. = **A feuilles de mauve**, *r. malvaceum*, Californie, fleurs roses, mars et avril. = **A fleurs blanches**, *r. albidum*, fleurs blanches à disque rose. = **De Gordon**, *r. gordonianum*. A fleurs rouge foncé, mars et avril. = **Gracieux**, *r. speciosum*, Californie, fleurs rouges, avril et mai. = **Porte-cire**, *r. cerum*, fleurs blanches, roses. — Multiplication n°s 27, 49 et 59. Terre franche ordinaire. N° 25 pour les deux derniers.

GYNÉRIUM ARGENTÉ (*Herbe des Pampas*), *gynerium argenteum*. Belle graminée faisant un fort bel effet sur les pelouses. Vivace, formant de grosses touffes de feuilles dures, rondes et d'un vert glauque, rudes, étroites et longues de plus d'un mètre. Terrain sec et profond. Multiplication par éclats au printemps.

GYPSOPHILE, *gypsophila*. = **Élégante**, *g. elegans*, Caucase (40 centimètres), fleurs blanches petites, élégantes, juin, juillet, août. = **Paniculée**, *g. paniculata*, Sibérie (70 centimètres), fleurs blanches, petites, élégantes, juin, juillet, août. = **Rampante**, *g. repens*, Alpes, fleurs blanches roses, juin, juillet, août. Bonnes pour rocailles et bordures. = **Couchée**, *g. prostrata*, Alpes, fleurs blanches, juin et juillet. Même emploi. = **A feuilles aiguës**, *g. acutifolia*, Sibérie (60 à 70 centimètres), fleurs roses, passant par le blanc au gris violet. = **Élevée**, *g. altissima*, Sibérie, fleurs blanches en panicule, juin, juillet, août. = **Pubescente**, *g. pubescens*, Russie (60 centimètres), fleurs roses, juillet et août. = **De Gmélin**, *g. Gmelini*, Sibérie (1 mètre à 1 mètre 25), fleurs blanches roses, juillet à septembre. = **Perfoliée**, *g. perfoliata*, Espagne (1 mètre à 1 mètre 25), fleurs couleur gris de lin striées violettes, juillet à septembre. = **Fastigiée**, *g. fastigiata*, Alpes (70 centimètres à 1 mètre), fleurs blanches gris de lin, juin et juillet. = **Des sables**, *g. arenaria*, Hongrie (15 à 16 centimètres), fleurs roses, juin, juillet, août, rocaille et bordures. = **Dichotome**, *g. dichotoma*, fleurs grandes, roses, violettes, juillet et août. Toutes sont vivaces herbacées, excepté la première qui est annuelle et

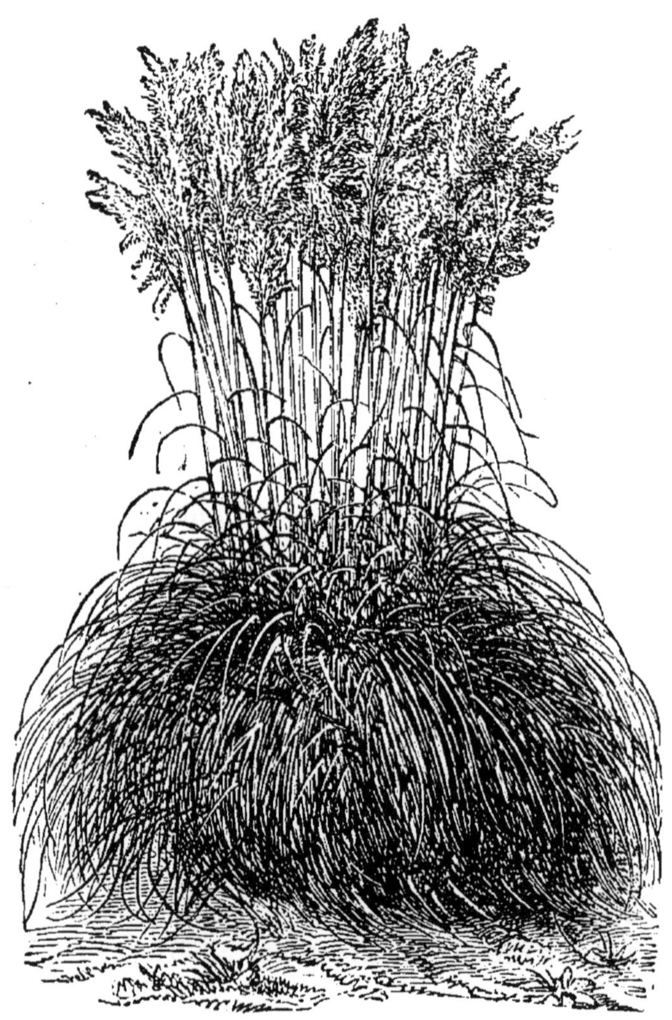

Gynérium argenté.

se multiplie par n° 1, pour les autres multiplications, n°s 1 et 27. — Tout terrain.

HALÉSIE, *halesia*, arbrisseau. = **A quatre ailes**, *h. tetraptera*, Caroline (4 à 5 mètres), fleurs blanches pendantes, mai. Variété à fleurs roses. = **A deux ailes**, *h. diptera*, Pensylvanie, fleurs bleues pendantes, mai et juin. — Multiplication n° 1 en terre de bruyère humide et par n° 49, avec les rameaux d'un an, relevés la 3e année. Terre franche légère ou mieux terre de bruyère. Mi-ombre.

HAMAMÉLIDE DE VIRGINIE, *hamamelis Virginica*, arbrisseau, fleurs jaunes, septembre et octobre. — Multiplication n° 1 en terre de bruyère, n° 53 à l'automne. Terre franche légère humide ombragée.

HARICOT D'ESPAGNE, *phaseolus coccineus*, annuelle (2 à 3 mètres), fleurs rouges, juin, juillet, août. — Variétés à fleurs blanches et à fleurs bicolores. — Multiplication et culture du haricot commun.

HÉBENSTREITIE A FEUILLES MENUES, *hebenstreitia tenuifolia* et **Blanche**, *h. alba*. Annuelle, fleurs blanches, juillet à septembre. — Multiplication n° 1. Terre franche légère. Exposition chaude.

HÉLÉNIE D'AUTOMNE, *helenium autumnale*, vivace herbacée, Amérique septentrionale (1 mètre 60 à 2 mètres), fleurs jaunes, août à octobre. — Multiplication n° 26. Tout terrain. = **A feuilles menues**, *h. tenuifolium*, annuelle, fleurs jaunes, août à octobre. — Multiplication n° 1.

HÉLIANTHE. Voyez *Soleil*.

HÉLIANTHÈME TACHÉ, *helianthemum guttatum*, annuelle (30 centimètres), fleurs jaune foncé, juillet et août. — Multiplication n° 1.

HÉLIOTROPE, *heliotropium*, vivace herbacée annuelle. = **Du Pérou**, *h. Peruvianum* (70 centimètres), fleurs lilas, août et septembre. = **A grandes fleurs**, *h. grandiforum* (70 centimètres), fleurs lilas, août et septembre. = **De Voltaire**, *h. voltereanum* (60 centimètres), fleurs bleu foncé, août et septembre. — Multiplication nos 5 et 11. Terre franche légère humide. Exposition chaude, mi-ombre.

HELLÉBORE NOIR (*Rose de Noël*), *helleborus niger* (20 à 25 centimètres), fleurs blanches roses, décembre, janvier, février. = **D'hiver**, *h. hyemalis* (10 à 15 centimètres), fleurs jaunes. Tous deux indigènes, vivace herbacée. — Multiplication n°s 1 et 27. Terre franche légère. Mi-soleil.

Héliotrope du Pérou.

HÉMÉROCALLE JAUNE, *hemerocallis flava*, Piémont (1 mètre), fleurs jaunes odorantes, juin. Variété à fleurs panachées. = **Graminée**, *h. graminea*, Sibérie, fleurs jaune fauve moins odorantes. = **Fauve**, *h. fulva*, indigène (1 mètre 25), fleurs rouge clair, juillet. = **Du Japon**, *h. Japonica* (30 centimètres), fleurs blanches odorantes en épi, juillet et août. = **Bleue**, *h. cœrulea*, Chine (50 centimètres), fleurs bleues violettes en grappes, juin et juillet. Toutes cinq vivaces herbacées. — Multiplication n° 18. Terre franche légère. Exposition demi-ombragée, chaude pour les deux dernières avec n° 25.

HÉPATIQUE PRINTANIÈRE, *hepatica vernalis*, vivace herbacée imdigène; fleurs blanches, roses, bleues, simples ou doubles, selon la variété. — Multiplication n° 27. Terre franche légère humide, n° 25.

HÉRACLÉE A LARGES FEUILLES, *heracleum amplifolium*, Pyrénées, bisannuelle (2 mètres), fleurs blanches, juillet et août. — Multiplication, n° 1, sitôt la maturité des grains. Terre franche ordinaire.

HÊTRE, *fagus*, arbre = **Commun** (*f. sylvatica*), indigène (30 mètres). Variétés : *Pleureur* (*f. pendula*); *à feuilles* pourpres (*f. purpurea*); *à feuilles cuivrées* (*f. ænea*); *à feuilles en crête* (*f. cristata*); *à feuilles panachées* (*f. variegata*); qui se greffent sur le commun. Tout terrain, mieux terre franche légère profonde. Exposition au midi. Le fruit se nomme *faine*, dont on tire une huile estimée.

HORTENSIA (*Rose du Japon*), *Hortensia japonica* : Arbuste de près d'un mètre d'élévation; tiges rameuses et brunâtres; feuilles assez grandes, ovales, dentées et d'un beau vert des deux côtés; fleurs disposées en larges corymbes, rouges ou roses, et parfois teintées de bleu. — En mêlant de l'oxyde de fer à sa terre, on en obtient des fleurs d'un très vif et très beau bleu violacé. Mettre la plante en terre de bruyère, exposition au nord, et la couvrir en hiver, ou la mettre en serre tempérée.

HOTEIA DU JAPON, *hoteia japonica*, vivace herbacée (50 à 70 centimètres), fleurs blanches en panicule, juin et juillet. Terre franche ordinaire, mi-ombre. — Multiplication n° 27, au printemps.

HOUX, *ilex*, arbre (7 à 8 mètres), indigène. = **Commun**, *i. aquifolium*, fleurs blanches, mai et juin. Feuillage persistant, épineux. Variété à feuilles hérissonnées, à feuilles panachées de blanc, de jaune, de violet ou de rouge, qui se greffent sur lui. = **A larges feuilles**, *i. latifolia*, du Japon. = **De Mahon**, *i. balearica*, feuilles marginées de blanc. = **A feuilles de laurier**, *i. cassine* (5 à 7 mètres). = **A feuilles de troène**, *i. Dahoon*, Amérique septentrionale (1 mètre 50 à 2 mètres). Ces quatre espèces se greffent sur le houx commun. — Multiplication n° 1, aussitôt la maturité des graines. Repiquage, n° 9, au printemps suivant. Bon à greffer à 3 ans. Terre franche légère.

HYDRANGÉE DE VIRGINIE, *hydrangea arborescens* (1 mèt. à 1 mèt. 25), fleurs blanches, juillet. = **A feuilles de chêne**, *h. quercifolia*, Floride (1 mètre 25 à 1 mèt. 50), fleurs blanches, juin, juillet et août. = **Du Japon**, *h. japonica*, fleurs blanches bleues et blanches roses à la circonférence, juillet et août. = **Hortensia,** *h. hortensia* (1 mètre à 1 mètre 25), du Japon, fleurs rose vif, quelquefois blanc sale et bleuâtre, en pots et terre de bruyère pour rentrer sous châssis. Terre franche légère. Exposition du nord-ouest, n° 25. — Multiplication n°s 49, 59, 63, au printemps. Toutes sont des arbrisseaux.

HYSOPE OFFICINALE, *hyssopus officinalis*, vivace herbacée indigène, fleurs variant du bleu au rouge en épi, en bordure. Multiplication n°s 1, 27 et 34. Tout terrain.

IBÉRIS A OMBELLE (*Thlaspi*), *iberis umbellata*, Espagne (33 centimètres), annuel, fleurs blanches ou violettes, juil-

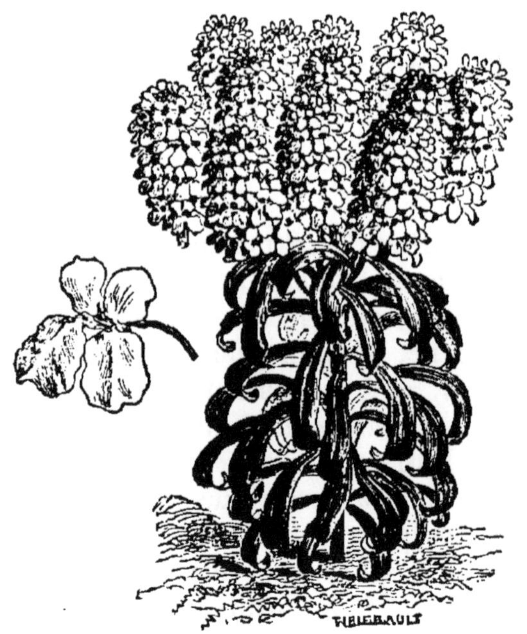

Ibéris julienne.

let. = **Amer,** *i. amara*, annuel, indigène, fleurs blanches, mai et juin. Variété dite **Julienne,** *i. hesperidiflora.* = **Toujours fleuri,** *i. semperflorens*, arbuste vivace toujours vert; touffes rameuses; fleurs blanches en corymbe terminal, d'octobre en mars. = **Toujours vert,** *i, sempervirens*, espèce naine, de 30 centimètres; fleurs blanches en ombelles

Ibéris toujours vert. Immortelle annuelle.

de mars à juin. — Multiplication nos 1 et 6. Terre franche légère à bonne exposition.

IF COMMUN, *taxus baccata*, arbre (10 à 12 mètres), variétés à *feuilles panachées* et *pyramidal*. Prend diverses formes par la tonte. — Multiplication nos 1, 49 et 59. Tous terrains et expositions.

IMMORTELLE ANNUELLE, *xeranthemum annuum*, indigène annuelle (65 centimètres), fleurs pourpres ou bleues, simples ou doubles, juin et juillet, se conservant longtemps en fleurs coupées. — Multiplication n° 4, aussitôt la maturité des graines. — Terre franche légère. Exposition chaude.

IMMORTELLE A BRACTÉES, *helichrysum bracteatum*, annuelle (1 mètre 20), Nouvelle-Hollande, fleurs jaunes, juin à octobre. Variétés à fleurs blanches et à grandes fleurs blanches lavées de rouge. — Multiplication nos 5 et 6, avec n° 35. Terre franche légère. Exposition chaude.

INULE A FEUILLES GLADIÉES, *inula ensifolia*, Autriche, vivace herbacée (50 centimètres), fleurs grandes, jaunes, juin, juillet et août. — Multiplication nos 1 et 27. Terre franche ordinaire. Toute exposition.

IPOMÉE POURPRE (*Volubilis*), *ipomea purpurea*, Amérique méridionale (2 mètres 50), fleurs grandes, pourpres en dedans, blanches violettes en dehors, juin à septembre. Variétés à fleurs blanches, violettes, panachées, etc. = **Nil**, *i. Nil* (3 à 4 mètres), fleurs bleu d'azur, août à septembre, octobre. = **Quamoclit**, *i. coccinea*, Caroline (2 mètres à 2 mètres 50), fleurs coccinées, vif, août, septembre, octobre. Ces trois espèces annuelles sont grimpantes et conviennent parfaitement à l'ornement des tonnelles et berceaux. — Multiplication nos 2 et 3, ou 4 pour avoir des fleurs plus tôt. Terre franche légère fraîche. Exposition au midi.

Iris d'Allemagne.

IRIS, *iris*, vivace herbacée. = **D'Allemagne**, *i. germanica*, plante à rhizomes (60 centimètres), fleurs variées en couleurs, mai et juin, où dominent les nuances du bleu. Elle a donné par les semis un si grand nombre de variétés (au delà de 100), qu'elle est devenue une plante de collection qui compte beaucoup d'amateurs. Elle est tout à fait digne d'être admise dans les jardins, soit en massif où la disposition des couleurs fait un charmant effet, soit en bordure. — Multiplication nos 1 ou 26 à l'automne. Terre franche ordinaire. Toute exposition. = **D'Angleterre**, *i. xiphioides* (40 centimètres), plante bulbeuse qui fleurit en juin. Elle a un grand nombre de belles variétés qui offrent un brillant coup d'œil lors de la floraison, Plantation en automne; relever les bulbes après la dessiccation des fanes. — Multiplication n°s 16 et 17. Terre franche ordinaire. Abriter du soleil pendant la floraison pour la prolonger. = **D'Espagne**, *i. xiphium* (50 centimètres), fleurs variées, juin. — Multiplication et culture de l'iris d'Angleterre. = **Faux acore**, *i. pseudo-acorus* (70 centimètres), fleurs jaunes, juin et juillet. Terre marécageuse ou humide. Très convenable pour la décoration des eaux. = **De Suse**, *i. susiana*, fleurs très grandes, violettes, brun marbré pourpre, mai et juin. Terre franche légère au pied d'un mur, au midi.

ISOTOME AXILLAIRE, *isotoma axillaris*. Nouvelle-Hollande, annuelle (25 centimètres), fleurs lilas, août et septembre. — Multiplication n° 2 et 6, plus 25. Terre franche légère. Exposition chaude.

ITÉE DE VIRGINIE, *itea virginica*, arbrisseau (1 mètre 25), fleurs blanches en grappes, juin. = **De la Caroline**, *i. racemiflora*, arbrisseau (2 à 3 mètres), fleurs blanches, juin. — Multiplication n°s 1, 49 et 63. Terre franche légère humide, et mieux terre de bruyère pour la première. Exposition ombragée.

JACINTHE D'ORIENT, *hyacinthus orientalis*, vivace bulbeuse. Cette espèce, objet d'une culture spéciale en Hollande, surtout aux environs de Harlem, et en Belgique, a fourni une quantité considérable de variétés à fleurs simples et doubles, de coloris divers parmi lesquels le jaune est le plus rare.

Une jacinthe est réputée belle lorsque l'épi est long et serré, lorque les godets ou fleurons sont volumineux, nombreux, souples et d'une couleur pure. Il faut que la tige ait la même hauteur que les feuilles qui doivent s'écarter insensiblement afin de dégager complètement l'épi.

On les multiplie de semis en septembre au moyen desquels on cherche aujourd'hui en France à obtenir de nouvelles variétés et à former des oignons bons à livrer au commerce. Quoi qu'il en soit, on n'est pas encore arrivé chez nous à obtenir des résultats comparables à ceux des hyacinthiculteurs hollandais et belges.

On les multiplie aussi de caïeux qu'on détache des oignons mères qu'on relève de terre après la floraison. On les traite comme les oignons et ils fleurissent après trois ou quatre ans. On plante les oignons fin septembre ou encore aux premiers jours d'octobre en terre très légère, siliceuse, très émiettée et pure et à laquelle ne se trouve mêlé aucun

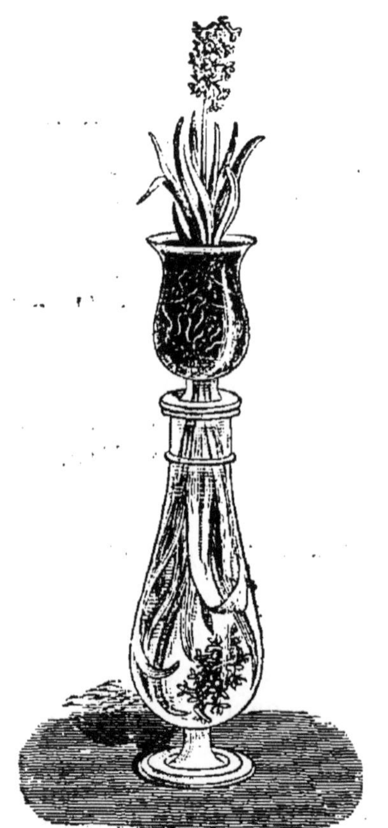

Jacinthe en vase double.

Jacinthe sur carafe.

engrais animal qui les fait dégénérer. On les plante à 16 centimètres de profondeur et à 16 centimètres de distance. S'il survenait des froids, il faudrait couvrir avec des feuilles ou de la paille, mais non de la litière provenant des fumiers. Cette couverture est retirée dès que le temps le permet.

Après la floraison qui a lieu de mars en avril, et lorsque

les feuilles sont devenues jaunes, on les coupe, et vers la fin de juin on lève les oignons par un beau temps. On les dépose dans un lieu sec. Après quelques jours on sépare les caïeux, on supprime les racines, et après les avoir nettoyés de tout ce qui pourrait entretenir l'humidité, on les dépose définitivement sur des tablettes et dans des boîtes où ils restent étiquetés, jusqu'à la plantation.

Les amateurs couvrent leurs jacinthes en fleurs comme nous le dirons pour les tulipes, afin de prolonger la durée de la floraison. On plante en pots des oignons dont on veut

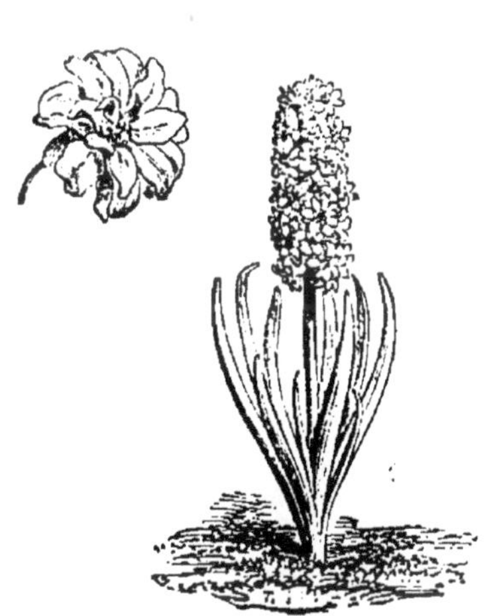

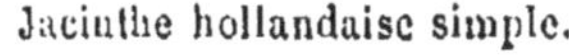

Jacinthe hollandaise simple.

Jacinthe hollandaise double.

avancer la floraison. On enterre d'abord les pots dans une plate-bande au pied d'un mur au midi, et on les couvre de 10 centimètres au moins de terre. On les relève successivement pour les placer sous châssis sur couche et mieux, si on le peut, en serre chauffée ; ils fleuriront un mois après y avoir été déposés le plus près possible du verre.

Quand on tient des jacinthes en pots dans l'appartement, il faut ne les placer à la chaleur que lorsque les feuilles sont sorties de terre. Jusque-là, les pots doivent rester dans une pièce froide. Les oignons qu'on a fait fleurir en pots doivent être remis en pleine terre pour leur faire acquérir leur maturité. Les pots dans lesquels on cultive des jacinthes doivent avoir au moins 12 centimètres de diamètre.

Les jacinthes se cultivent également dans des carafes spéciales remplies d'eau dans laquelle on a l'habitude de mettre un peu de sel ou de charbon pour l'empêcher de se corrompre. L'oignon est placé dans un récipient communiquant avec la carafe où plongent les racines. La partie supérieure de l'oignon, d'où part la tige, ne doit pas bai-

Jacinthe italienne.

Jacinthe romaine.

gner dans l'eau. Il faut avoir soin d'entretenir constamment le liquide au même niveau. On ne doit ménager aux jacinthes ni l'air ni la lumière. On fait des carafes de formes très variées. Il y en a qui sont disposées de façon à permettre de cultiver deux jacinthes en sens inverse : un même récipient renferme les deux oignons, une plante pousse de bas en haut, et l'autre de haut en bas.

Les jacinthes se cultivent aussi dans de la mousse fraîche.

On compte plus de 2000 variétés de jacinthes, parmi lesquelles nous ne citerons que les *hollandaises*, les *parisiennes*, les *italiennes*, les *romaines*, etc...

JASIONE VIVACE, *jasione perennis*, vivace herbacée, plante basse pour bordures, fleurs bleues, juillet, août et septembre. — Multiplication nos 1 et 27.

JASMIN, *jasminum*, arbrisseau. = **Jaune**, *j. radicans*, indigène (1 mètre à 1 mètre 30). Toujours vert, fleurs jaunes, mai à septembre. — **Blanc**, *j. officinale*, tiges sarmenteuses, fleurs blanches, juillet à octobre, odorantes. = **Triomphant**, *j. revolutum* (2 mètres 50 à 3 mètres 50), sarmenteux, fleurs jaunes odorantes. = **De Virginie**, *bignonia radicans*, végétation vigoureuse et grimpante; feuilles ailées, ovales et dentées; fleurs très grandes et d'un beau rouge écarlate. Très remarquable pour tapisser les murailles. — Multiplication nos 49, 63 et 37 sur le jasmin blanc. Terre franche légère. Exposition au midi, 25 pour les deux derniers.

JOUBARBE DES TOITS, *sempervivum tectorum* (33 centi-

Joubarbe arachnoïde. Julienne des jardins.

mètres), indigène, fleurs pourpres, juillet, août et septembre. = **Arachnoïde**, *s. arachnoideum*, Alpes (16 centimètres), fleurs pourpres, juillet et août. = **Globifère**, *s. globiferum*, fleurs jaunes grandes, juillet. — Multiplication d'œilletons et n° 63. Terre légère. Pour rocailles et lieux arides.

JULIENNE DES JARDINS, *hesperis matronalis*, bisannuelle indigène (70 centimètres à 1 mètre), fleurs odorantes, mai, juin et juillet. Variété à fleurs doubles, blanches et violettes. — Multiplication n°s 27 et 59, à l'ombre, de tiges coupées après la floraison. = **De Mahon**, *malcomia maritima*, annuelle (de 30 centimètres) ; en touffes ou en bordures ; fleurs rouges, ou lilas, violettes ou blanches, à très agréable odeur. — Multiplication par graines de mars à août. — Terre franche ordinaire un peu sèche.

KALMIE, *kalmia*, arbrisseau. = **A larges feuilles**, *k. latifolia* (2 mètres à 2 mètres 30), fleurs roses, juin. Variété à fleurs blanches. = **A feuilles étroites**, *k. angustifolia* (1 mètre 30 à 1 mètre 50), fleurs rouges, juin et juillet. = **Glauque**, *k. glauca* (50 centimètres), fleurs roses, mai. — Multiplication n°s 1 et 53. Les plants de semis faits en terre de bruyère doivent être tenus en orangerie l'hiver pendant les 3 premières années. — Terre de bruyère humide. Exposition à mi-soleil. Toutes sont de l'Amérique septentrionale.

KERRIE DU JAPON, *kerria japonica*, arbrisseau (1 mètre 50 à 2 mètres), fleurs jaunes simples et doubles, février à octobre. Terre franche légère. Mieux terre de bruyère humide. Exposition mi-ombre. Fait de jolies tapisseries. — Multiplication n° 59.

KETMIE VÉSICULEUSE, *hibiscus trionum*, annuelle, Italie, fleurs jaunes, avril et mai. = **D'Afrique**, *h. africanus*, fleurs semblables mais plus grandes. — Multiplication n° 1. = **De marais**, *h. palustris*, fleurs roses, septembre. = **Rose**, *h. roseus* (1 mètre à 1 mètre 30), fleurs roses, septembre. =

Militaire, *h. militaris* (1 mètre 30), fleurs roses, septembre. Ces trois ketmies de l'Amérique septentrionale sont vivaces herbacées. — Multiplication n° 5. Terre franche légère. Arrosements en été, nuls en hiver. = **Des jardins**, *h. syriacus*, vivace herbacée du Levant (1 mètre 50 à 2 mètres), fleurs grandes, simples et doubles, rouges, pourpres, violettes, blanches, avec onglet pourpre, août et septembre. Variété à fleurs panachées. = **Rose de Chine**, *hibiscus rosa sinensis*, feuilles ovales, dentées et pointues, d'un très beau vert ; fleurs simples ou doubles, rouges et se produisant tout l'été. — Multiplication n° 5, avec n° 25 pour le plant pendant les deux premières années. Terre franche légère. Exposition chaude.

KITAIBÈLE A FEUILLES DE VIGNE, *kitaibelia vitifolia*, Hongrie, bisannuelle (2 mètres à 2 mètres 50), fleurs grandes blanches terminales, juin à octobre. — Multiplication nos 1 et 63. Très ornementale.

KŒLREUTERIE DE LA CHINE, *kœlreuteria paullinoides*, arbre, fleurs jaunes, juin. — Multiplication nos 1, 49 et 59. Terre franche légère humide.

LAMIER ORVALE, *lamium orvale*, Italie, vivace herbacée (65 centimètres), fleurs blanches tachées de rose, avril à juillet. — Multiplication n° 27. Terre franche légère humide. Mi-ombre.

LAURIER FRANC, *laurus nobilis*, arbre (6 mètres), du Levant, feuilles persistantes, fleurs jaunes, mai. — Multiplication nos 5, 53 et 59. Terre franche légère humide. Exposition abritée et n° 25. Variété à feuilles de saule.

LATANIER, *latania*, arbre de la famille des palmiers. = **De Bourbon**, *Borbonica*, a un tronc droit, à son sommet des feuilles palmées, en éventail et très étalées. = **Rouge**, *rubra*, ne diffère du premier que par ses feuilles qui sont rougeâtres. Serre chaude.

LAURIER cerise. Voyez *Cerisier*.

LAURIER rose, *Nerium oleander*, arbrisseau formant buisson; feuilles d'un vert foncé, lancéolées et pointues à leur extrémité; fleurs simples ou doubles, roses ou blanches; en corymbe terminal. — Terre franche; une bonne cave ou la serre tempérée en hiver et même en été pluvieux pour les sujets à fleurs doubles.

Latanier de Bourbon.

LAVANDE a épis, *lavandula spica*, arbrisseau indigène, fleurs bleues, juin et juillet. — Multiplication nos 1 et 59. Tout terrain. Pour bordures.

LAVATÈRE a grandes fleurs, *lavatera trimestris*, annuelle indigène (1 mètre), fleurs grandes, roses, pourpres ou blanches, juin à août. — Multiplication n° 1. Tout terrain. = **De Thuringe,** *l. thuringiaca*, vivace herbacée, fleurs grandes, roses. Même culture. = **En arbre,** *l. arborea*, vivace herbacée, fleurs grandes violettes, de juin en octobre. — Multiplication nos 1 et 25 pendant 2 ou 3 ans. Terre franche légère.

LEPTOSIPHON a feuilles serrées, *leptosiphon densiflorum*, annuelle (35 centimètres), fleurs roses, ensuite bleues, juin à août. Multiplication n° 1. = **Androsage,** *l. androsaceum*, de la Californie; annuelle, fleurs blanches ou bleues, juin, juillet, août. Même culture que la précédente.

LESSERTIE ANNUELLE, *lessertia annua*, Afrique (25 à 30 centimètres), fleurs roses, juillet. — Multiplication n° 5. Terre franche légère. Exposition chaude.

LEYCESTÉRIE CHARMANTE, *leycesteria formosa*, Népaul, arbrisseau (1 mètre 50 à 2 mètres), fleurs blanches, roses en épi, juin, juillet et août. — Multiplication n°s 1, 49 et 59. Terre franche ordinaire et n° 25.

LIATRIS, *liatris*, vivace bulbeuse. = **Rude**, *l. squarrosa*, Amérique septentrionale (1 mètre), fleurs grandes, pourpres, juillet, août. = **Élégante**, *l. elegans*, Géorgie (70 centimètres), fleurs lilas, septembre, octobre. = **En épis**, *l. spicata*, Caroline (70 centimètres), fleurs pourpre foncé, août et septembre. = **Odorante**, *l. odoratissima*, Amérique septentrionale (1 mètre à 1 mètre 25), fleurs pourpres, août et septembre. — Multiplication n°s 5 ou 18 et 25. Terre franche ordinaire.

LIERRE GRIMPANT, *hedera helix*, arbrisseau grimpant, feuilles persistantes, fleurs petites, vertes, septembre, octobre. Variété à feuilles panachées, blanches et jaunes. On en fait de jolies bordures sous bois, par la tonte. — Multiplication n^os^, 1, 59 et 63. Tous terrains et expositions. On cultive de même le lierre **d'Irlande**, *h. hibernica*, feuilles plus grandes.

LIGULAIRE A GRANDES FEUILLES, *ligularia macrophylla*, Altaï, vivace herbacée (50 à 70 centimètres), fleurs jaunes radiées, juin. — Multiplication n°s 1 et 27. Terre franche légère humide.

LILAS, *syringa*, arbrisseau. = **Commun**, *s. vulgaris* (3 à 5 mètres), fleurs violettes ou blanches, avril et mai. Variétés *à feuilles panachées* blanches et jaunes, et *de Marly*, septembre, plus grandes, plus colorées et plus odorantes. = **De Perse**, *s. Persica*, fleurs plus petites, lilas plus clair. Il a une variété à fleurs blanches très odorante, une autre *à feuilles laciniées* et une troisième *à feuilles de persil.* = **Varin**, *s. rothomagensis*. Plus beau que le précédent. = **Saugé**, *s. saugeiana*, fleurs plus rouges et plus belles. = **Josika**, *s. josikæa*, Transylvanie, feuilles différentes, fleurs violettes pourpres en panicules, plus tardif de 15 à 20 jours. — Multiplication nos 1, 37, 49 et 63. Le varin et le saugé par 37 seulement. Il faut couper toutes les panicules, après la floraison, pour rendre la suivante plus belle.

LIN VIVACE, *linum perenne*, indigène (35 à 50 centimètres), fleurs bleues, juin, juillet, août. = **A grandes fleurs**,

Lin à grandes fleurs.

l. grandiflorum, haut de 40 centimètres; fleurs en panicules, grandes et d'un beau rouge éclatant; fleurit tout l'été. — Multiplication nos 1 et 26. Replanter tous les ans après la floraison. Terre franche légère.

LINAIRE POURPRE, *linaria bipartita*, Maroc, annuelle (40 à 50 centimètres), fleurs bleues violettes, à gorge pourprée,

Linaire pourprée.

juin, juillet et août. = **A trois feuilles**, *l. triphylla*, Sicile, annuelle (70 centimètres), fleurs jaunes et violettes. — Multiplication n° 1. Bonne pour bordures. = **A grosses fleurs**, *l. triornitophora*. Bisannuelle, fleurs grandes, violettes à palais jaune strié. — Multiplication n° 1. Terre franche ordinaire sèche, 25. = **A feuilles de genêt**, *l. genistæfolia*, vivace herbacée (65 centimètres), fleurs jaunes, juillet et août. — Multiplication n°s 1 et 27, plus 25.

LINNÉE BORÉALE, *linnea borealis*, des Alpes (30 centimètres), fleurs en grelots, odorantes, blanches en dehors, roses en dedans, mai. — Multiplication n° 27. Terre de bruyère ombragée n° 25. Forme un joli tapis.

LIQUIDAMBAR D'AMÉRIQUE (*Copalme*), *liquidambar styraciflua*, arbre (10 à 13 mètres), Amérique septentrionale, fleurs en boules vertes, avril et mai. — Multiplication n°s 1, 53, en terre de bruyère à l'automne, et 63. Terre franche légère humide. Exposition chaude. — Même culture pour le **L. du Levant**, *l. imberbe*, plus rustique.

LIS, *lilium*, vivace bulbeuse. = **Orangé**, *l. croceum* (75 cent. à 1 m. 25), Autriche, fleurs rouge safrané tachetées de points noirs, juin. = **Bulbifère**, *l. bulbiferum*, Alpes (66 centimètres à 1 mètre), fleurs rouges ordinaires pointillées de brun, mai. Variété *à feuilles panachées*. = **Du Canada**, *l. Canadense* (1 mètre à 1 mètre 25), fleurs jaunes tachetées de brun, août. = **Blanc**, *l. candidum*, Levant (1 mètre à 1 mètre 25), fleurs grandes blanches, juillet. Variétés *à fleurs pleines*, *à fleurs maculées* (lis ensanglanté), *à feuilles panachées de blanc* et *panachées de jaune*. = **De Chalcédoine**, *l. chalcedonicum* (65 centimètres), fleurs coccinées, juin. = **Concolore**, *l. concolor* (50 à 60 centimètres), fleurs rouges coccinées, juin. = **Élevé**, *l. excelsum*, fleurs jaune isabelle pointillées, juillet. = **Du Japon**, *l. japonicum* (1 mètre), fleurs très grandes, blanches en dedans, pourpres en dehors, juillet. = **A longues fleurs**, *l. longiflorum*, du Japon, fleurs blanc pur, très grandes, juin, juillet. = **Doré**, *l. auratum*, fleurs blanches très grandes, avec une nervure jaune doré d'un magnifique effet ; très rustique. = **Vert**, *l. colchicum :* ce nom lui est donné à cause de la forme et de la couleur de ses feuilles, ressemblant particulièrement à celles du colchique d'Orient. = **Du Kamschatka**, *l. kamschatcense*, fleurs jaune doré, pointillées de pourpre, juillet. = **A feuilles lancéolées**, *l. lancifolium*, Japon (1 mètre), fleurs blanches roulées en arrière, garnies de papilles, juillet. Variétés *à fleurs ponctuées et lavées de rose*, *à fleurs*

Lis blanc.

ponctuées et lavées de pourpre. = **Martagon**, *l. martagon*, des Alpes (65 centimètres à 1 mètre), fleurs rouge safrané, ponctuées de noir, juillet et août. Variétés *à fleurs blanches, à fleurs piquetées de pourpre, à fleurs doubles.* = **De Philadelphie**, *l. Philadelphicum* (65 centimètres), fleurs rouges, vertes et noires à la base. Culture en pots. = **Turban**, *l. pomponium*, Pyrénées, fleurs rouge ponceau, juillet. = **Superbe**, *l. superbum*, Amérique boréale (1 mètre à 1 mètre 25), fleurs nombreuses, rouge ordinaire ponctuées de brun, juin et juillet. = **Magnifique**, *l. speciosum* (75 centimètres à 1 mètre), Japon, fleurs blanches, roses, grosses papilles rouges, juillet. = **Tigré**, *l. tigrinum*, Chine (1 mètre 25 à 1 mètre 60), fleurs rouges ordinaires piquetées de pourpre noir, juillet.

Lis à longues fleurs.

Les lis ont presque tous une odeur suave. Ils redoutent l'humidité; il leur faut une terre franche légère et pour plusieurs la terre de bruyère. On peut les cultiver tous en pots; il leur faut des couvertures pour l'hiver pour la plupart de ceux exotiques et même pour le *martagon*. On les lève tous les deux ou trois ans pour détacher les caïeux par lesquels on les multiplie, et qu'il faut replanter de suite ainsi que l'oignon principal. Les bulbilles que quelques-uns donnent peuvent servir à la multiplication; en les mettant en terre comme les caïeux et les soignant, elles fleurissent en deux ou trois ans.

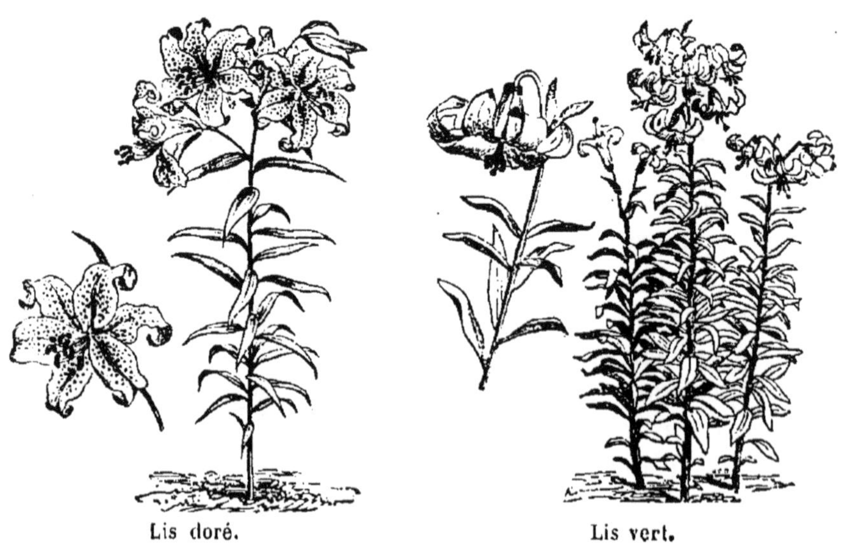

Lis doré. Lis vert.

LISERON TRICOLORE, *convolvulus tricolor*, annuelle, Portugal (33 centimètres), fleurs grandes, bleues au bord, blanches au centre, jaunes à la gorge. Variétés *à fleurs blanches* et *à fleurs panachées*. — Multiplication n° 2.

LOBÉLIA, *lobelia*, vivace herbacée. = **Cardinal**, *l. cardinalis*, Virginie (70 centimètres à 1 mètre), fleurs coccinées rouges, juillet à octobre. = **Écarlate**, *l. kermesina* (65 centimètres), fleurs rouges coccinées, vif, juillet à octobre. = **Ignescent**, *l. ignea*, fleurs rouge feu, août. = **Syphilitique**, *l. syphilitica*, Virginie (50 centimètres), fleurs bleues, août à octobre. = **Érine**, *l. erinus*, tige très rameuse et très touffue de 10 à 15 centimètres ; feuilles dentées obovales ; fleurs bleu clair, blanches et maculées de purpurin à la gorge. — Multiplication n° 5 aussitôt la maturité, n° 27 en automne et n° 59 au printemps. Terre franche légère humide en été, n° 25. On compte plus de 25 espèces et autant de variétés en ce genre.

LOPÉZIE A GRAPPES, *lopezia racemosa*, Mexique, annuelle,

fleurs petites rose rouge, de mai en octobre. — Multiplication n° 5, au printemps. Terre franche légère. Exposition chaude.

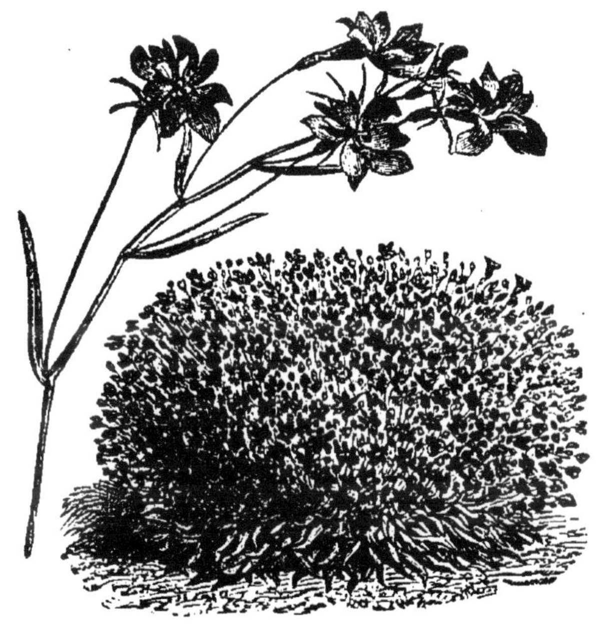

Lobélia érine.

LOTIER CORNICULÉ A FLEURS DOUBLES, *lotus corniculatus fl. duplice*, vivace herbacée. Cette variété à fleurs doubles jaunes est basse et peut former de charmantes tapisseries. Tout terrain. Multiplication n° 27.

LUNAIRE ANNUELLE, *lunaria annua*, Suisse (1 mètre), fleurs en grappes, rouges blanches ou panachées, avril et mai. — Multiplication n°s 1 et 6. Terre franche légère.

LUPIN, *lupinus*. Plante vivace herbacée et annuelle. Toutes les espèces vivaces herbacées se multiplient par n°s 7 et 10. Les annuelles par n° 2. Il faut à toutes une terre franche légère, et mieux la terre de bruyère. On en connaît aujourd'hui plus de 40 espèces, la plupart exotiques et dont quelques-unes parmi les vivaces herbacées réclament un abri pendant l'hiver. Nous nous abstiendrons de les citer, il nous suffira de dire qu'elles fleurissent en grappes de juin en août. Les couleurs sont le bleu, le blanc, le rose, le pourpre, le jaune à des degrés divers d'intensité. Ce sont des plantes très convenables à l'ornement des grands jardins.

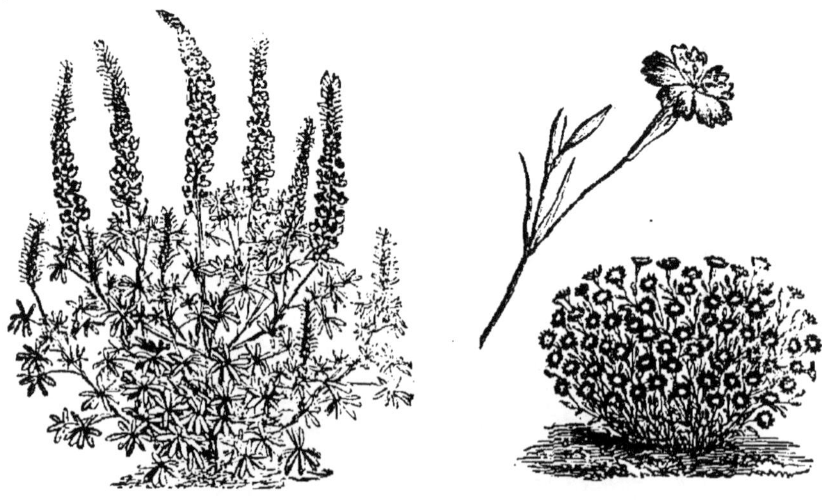

Lupin. Lychnide rose du ciel.

LYCHNIDE, *lychnis*, vivace herbacée. = **Croix de Jérusalem**, *l. chalcedonica*, Levant (65 centimètres), fleurs rouge éclatant, juin et juillet. Variétés *à fleurs roses*, *à fleurs blanches* et *à fleurs doubles coccinées*. = **Visqueuse**, *l. viscaria*, indigène (30 à 35 centimètres), fleurs pourpres, mai et juin. Variétés *à fleurs doubles*. = **Dioïque**, *l. dioica*, fleurs doubles roses ou blanches, mai et juin. = **De Bunge**, *l. bungeana*, Monts Altaï (50 centimètres), fleurs rouge vif, juin à septembre. = **A grandes fleurs**, *l. grandiflora*, Chine (1 mètre), fleurs grandes, rouge minium, juin et juillet. = **Éclatante**, *l. fulgens*, Sibérie (33 centimètres), fleurs rouge éclatant. = **Laciniée**, *l. flos cuculi*, indigène (33 centimètres), fleurs rouges ou blanches, comme de petits œillets, mai à août. = **Fleurs de Jupiter**, *l. flos Jovis*, indigène, fleurs pourpres, juillet à octobre. = **De Haag**, *l. Haageana*, tige de 30 à 40 cent.; feuilles sessiles, ovales et aiguës; fleurs sessiles ou pédonculées, solitaires ou réunies au bout des rameaux, blanches ou rouges. — Multiplication nos 1,

27 et 59, à l'automne et en février. Terre franche légère. Bonne exposition. = **Des Jardins** (*Coquelourde*), *agrostemmia coronaria*, Italie, bisannuelle (50 centimètres), fleurs

Lychnide de Haag.

blanches, écarlates, rouge, pourpre, simples ou doubles, comme de petits œillets. = **Rose du Ciel**, *agrostemma cœli rosa*, annuelle ; fleurs roses ou blanches très nombreuses. — Multiplication n° 1 pour les simples, n° 27 pour les doubles, en automne et replantation immédiate. Terre franche légère. Exposition chaude.

LYCIET, *lycium*. Arbrisseau. = **De la Chine**, *l. chinense* (2 mètres 50 à 3 mètres 50), fleurs violettes striées plus foncées, juillet, août et septembre. — **D'Europe**, *l. europæum*, indigène (2 mètres à 2 mètres 50), fleurs pourpre clair, juillet, août. = **Jasminoïde**, *l. barbarum* (2 mètres

50 à 3 mètres), indigène, fleurs blanches pourpres. Multiplication n°s 1, 59 et 63. Terre franche ordinaire.

Lychnide des jardins.

LYSIMAQUE (*Souci d'eau*), *lysimachia vulgaris*, indigène (66 centimètres à 1 mètre), fleurs jaunes, juin et juillet. = **Thyrsiflore**, *l. thyrsiflora*, indigène (25 à 30 centimètres), fleurs jaunes, juin et juillet. = **Ponctuée**, *l. punctata* (40 à 60 centimètres), fleurs jaunes, juin et juillet. = **A feuilles de saule**, *l. ephemerum*, Espagne (1 mètre), fleurs blanches en épis, juillet à septembre. — Multiplication n°s 1 et 27. Terre franche ordinaire humide. Très propres à orner le bord des eaux. Toutes quatre sont vivaces herbacées.

La lysimaque à feuilles de saule croît naturellement dans les Pyrénées et en Espagne.

MACLURE ÉPINEUX, *maclura aurantiaca*, arbre dioïque, épines très fortes, fleurs, juin et juillet; femelles en chaton globuleux; mâles en chaton spiciforme. Terre. Multiplication nos 49 et 61. Très bon pour clôture.

MADI ÉLÉGANT, *madia elegans*, annuelle, fleurs jaunes, juin à septembre. — Multiplication n° 1, ou mieux nos 6 et 10. Terre franche ordinaire.

MAGNOLIA, *magnolia*, arbre. *A feuilles caduques.* = **Acuminé**, *m. acuminata*, Pensylvanie, fleurs jaunes vertes, mai et juin. = **A feuilles en cœur**, *m. cordata*, ressemble au précédent. = **Auriculé**, *m. auriculata*, Caroline (10 mètres), fleurs blanches odorantes, avril et mai. = **Glauque**, *m. glauca*, Amérique septentrionale, fleurs blanches odorantes, juillet à septembre. = **De Thompson**, *m. thompsoniana*, Amérique septentrionale, fleurs blanches. = **A grandes feuilles**, *m. macrophylla*, Caroline, fleurs blanches. = **Yulan**, *m. yulan*, Chine (10 à 12 mètres), fleurs blanches odorantes, avril les plus précoces. = **Parasol**, *m. umbella*, fleurs blanches, juin. = **De Soulange**, *m. soulangiana*, fleurs odorantes, blanches en dedans, pourpres en dehors, avril. = **Discolore**, *m. discolor*, Japon, arbrisseau (2 à 4 mètres), fleurs blanches en dehors. — Multiplication n° 1 en terre de bruyère à mi-ombre et par nos 37 et 49. Terre franche légère un peu fraîche. — *A feuilles persistantes.* = **A grandes fleurs**, *m. grandiflora*, Caroline (10 mètres), fleurs blanches pures à étamines dorées, juillet à octobre. Terre franche ordinaire profonde, exposition sud-ouest abritée du nord-est. — Multiplication n° 1 en terre de bruyère sitôt la maturité; n° 25, plantation après deux ans. — Variétés plus délicates, multiplication par n° 37, sur le type, ou n° 49 : *Oxoniensis*, *rotundifolia*, *tardiflora*, *longifolia*.

MAHONIE, *mahonia*, arbrisseau. = **A feuilles de houx**, *m. aquifolia* (1 à 2 mètres), fleurs jaunes, avril et mai. On cultive encore les *m. repens*, *fascicularis*, *glumacea*, *trifoliata*, tous à fleurs jaunes et feuillage persistant. — Multiplication n° 1 sitôt la maturité en terre de bruyère ; par n° 37, sur épine-vinette et n° 63. Terre de bruyère pendant la jeunesse. Terre franche légère ensuite. Exposition ombragée.

MARGUERITE. — Voyez *Aster* (*Reine-Marguerite*) et *Pâquerette*.

MARRONNIER, *æsculus*, arbre. = **D'Inde**, *æ. hippocastanum*, Asie (16 à 20 mètres), fleurs grandes en thyrse, blanches panachées de rouge, mai. Variétés *à feuilles panachées*, *à fleurs doubles*. = **Rubicond**, *æ. rubicundus*. Amérique méridionale, plus petit, fleurs d'un beau rouge, fleurit à 3 ou 5 ans. — Multiplication n° 1. Tout terrain, mieux terre franche ordinaire humide.

MALOPE, *malope*, annuelle. = **A trois feuilles**, *m. trifida*, fleurs roses violettes, juillet et août. = **A grandes fleurs**, *m. grandiflora*, fleurs pourpre carminé, juillet et août. Variété à fleurs blanches. — Multiplication n° 1.

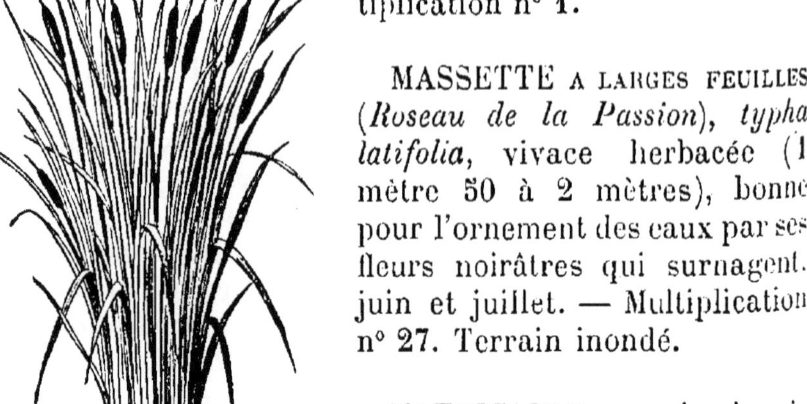

Massette à larges feuilles.

MASSETTE A LARGES FEUILLES (*Roseau de la Passion*), *typha latifolia*, vivace herbacée (1 mètre 50 à 2 mètres), bonne pour l'ornement des eaux par ses fleurs noirâtres qui surnagent, juin et juillet. — Multiplication n° 27. Terrain inondé.

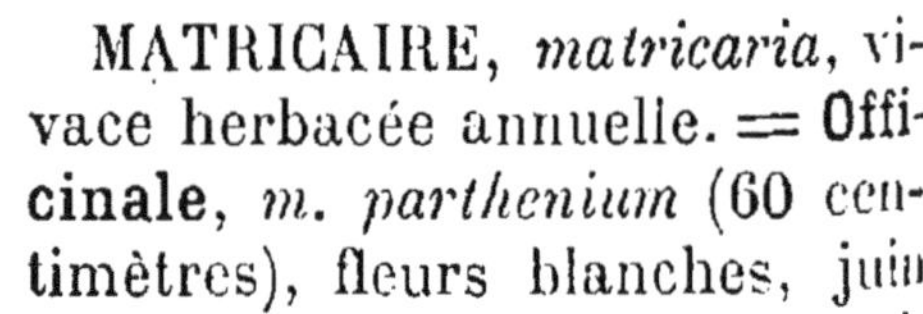

MATRICAIRE, *matricaria*, vivace herbacée annuelle. = **Officinale**, *m. parthenium* (60 centimètres), fleurs blanches, juin à septembre. = **Mandiane**, *m. parthenioides* (60 centimètres), fleurs blanches, juin à septembre. = **Frisée**, *m. crispa*, à feuilles profondément tourmentées. — Multiplication n°s 1 et 6. Terre franche légère.

MAUVE D'ALGER, *malva mauritiana*, vivace herbacée

Matricaire frisée.

annuelle, ainsi que les deux suivantes (1 mètre à 1 mètre 25), fleurs roses striées, juillet à octobre. = **Musquée**, *m. moschata* (60 centimètres), fleurs rouges, juillet et août. = **Rouge**, *m. miniata* (60 centimètres), fleurs coccinées, juillet et août, = **Frisée**, *m. crispa*, annuelle, ainsi que les deux suivantes (1 mètre 30 à 1 mètre 50), cultivée pour ses jolies feuilles. = **De la Chine**, *m. sinensis* (1 mètre 25), fleurs pourpres striées, juillet à octobre. = **De la Chine à fleurs blanches**, *m. s. alba* (1 mètre 25), juillet à octobre. — Multiplication nos 2 et 3.

Mauve musquée.

MÉLÈZE, *larix*, arbre. = **D'Europe**, *l. europæa*, Alpes. Très élevé, feuilles caduques, fleurs femelles, rouge pourpre, avril et mai. Variété : *tortueux* de Sibérie. = **D'Amérique**, *l. americana*, plus petit. — Multiplication n° 1 en février. Terre franche légère au levant. Tout terrain, même le plus médiocre, mais sec ; très utile pour les hautes montagnes.

MÉLIANTHE, *mélianthus*, arbrisseau à feuilles alternes composées ; fleurs en grappes à 4 étamines, dont le calice

Mélianthe. Pimprenelle d'Afrique.

contient un suc doux comme le miel. = **Pimprenelle d'Afrique**, *m. major*, pouvant atteindre 2 mètres de hauteur. Plante très précieuse pour l'ornement. — Terre substantielle humide ; pleine lumière.

MÉLILOT BLEU, *melilotus cærulea*, annuelle, Bohême (40 centimètres), fleurs bleu pâle, juillet et août. — Multiplication nos 2 et 3. Terre franche légère. Exposition chaude.

MÉLISSE A GRANDES FLEURS, *melissa grandiflora*, vivace herbacée, Alpes (66 centimètres), fleurs grandes, rouges, juin à septembre. — Multiplication nos 1 et 27. Terre franche légère. Exposition chaude.

MELLITE DES BOIS, *mellitis melissophyllum*, vivace herbacée, fleurs blanches carnées, avril et juin. — Multiplication nos 1 et 27. Tout terrain ombragé.

MÉNISPERME, *menispermum*, vivace herbacée. = **Du Canada**, *m. canadense*, tige volubile, fleurs petites, vertes, juin et juillet. — Multiplication nos 59 et 63. Terre franche ordinaire. Même culture pour ceux **de la Caroline**, *m. carolinianum*, et **de la Virginie**, *m. virginicum*.

MENTHE POIVRÉE, *mentha piperita*, vivace herbacée (50 centimètres), fleurs rouges, août. — Multiplication n° 27. Cultivée pour ses feuilles.

MÉNYANTHE TRÈFLE D'EAU, *menyanthes trifoliata*, vivace herbacée (30 centimètres), fleurs blanches, mai. — Multiplication n° 7. Terre inondée ou baquet plein d'eau.

MICOCOULIER, *celtis*, arbre. = **De Provence**, *c. australis*, indigène (14 à 15 mètres), fleurs vertes, mai. = **De Tournefort**, *c. Tournefortii* (8 à 10 mètres), du Levant, = **A feuilles en cœur**, *c. cordata*, Amérique septentrionale, fort bel arbre. = **De Virginie**, *c. occidentalis* (15 à 16 mètres), fleurs vertes, avril et mai. = **Du Mississipi**, *c. mississipiensis*, même hauteur. — Multiplication n° 1, aussitôt la maturité des graines, à bonne exposition. Le plant reste en pépinière jusqu'à deux ou trois ans. Terre franche ordinaire profonde. — Multiplication n° 37, des trois derniers sur le premier qui donne des fruits noirs, que l'on mange en Provence.

MILLEPERTUIS, *hypericum*, arbrisseau. On cultive un assez grand nombre de millepertuis dont on connaît plus de 100 espèces. Ceux qu'on cultive tant en plein air qu'en orangerie ou serres le sont pour le port et la fraîcheur de leur feuillage. Tous ont la fleur jaune qui se montre de juin en septembre. Terre franche légère, exposition à mi-ombre. — Multiplication n°s 5, 9, 58 et 63.

MIMOSA BLANCHATRE, *mimosa dealbata*, arbre, Australie. Duvet blanchâtre sur les branches. En hiver et au printemps, petites fleurs jaunes, globuleuses en grappes. Serre tempérée. Pleine terre dans le midi de la France. = **A deux épis**, *m. lophanta* (Voir *Acacia à deux épis*, page 133). = **Pudique**, *m. pudica* (Voir *Sensitive*).

MIMULE, *mimulus*, vivace herbacée. = **De Virginie**, *m. ringens* (40 à 50 centimètres), fleurs bleu pâle, août. = **Ponctué**, *m. guttatus*, Pérou (30 à 35 centimètres), fleurs jaunes ponctuées de rouge, avril et août, n° 25. = **Rose**,

Mimule ponctué. Morelle marginée.

m. roseus (30 à 35 centimètres), fleurs rose vif pointillé de pourpre sur le tube, juin, juillet. = **Musqué**, *m. moschatus* (16 à 20 centimètres), fleurs jaunes, juin et août. Odeur générale de musc. = **De rivage**, *m. rivularis*, Chili, grandes fleurs jaunes maculées d'une large tache de pourpre. = **Cardi-**

nal, *m. cardinalis* (70 centimètres à 1 mètre), fleurs rouge pourpre, juin à septembre. — Multiplication nos 1 et 27. Terre franche légère humide, mieux terre de bruyère. Exposition à mi-soleil.

MOLÈNE PURPURINE, *verbascum phæniceum*, vivace herbacée, Europe méridionale (50 centimètres à 1 mètre), fleurs pourpres en grappes, mai à juillet, Variétés *à fleurs pâles et à fleurs roses*. — Multiplication n° 1, aussitôt la maturité des graines et n° 27. Terre franche légère substantielle.

MONARDE A FLEURS ROUGES, *monarda didyma*, Pensylvanie, vivace herbacée (70 centimètres), fleurs rouge vif, juin à août. — Multiplication n° 27. Terre franche légère.

MORÉE, *moræa*, vivace bulbeuse. = **De la Chine**, *m. sinensis* (50 centimètres), fleurs safranées, tachées de rouge, juin et juillet. = **Frangée**, *m. fimbriata*, fleurs bleu pâle, avril et mai. Multiplication nos 5 et 6, tous les deux ans. Terre franche légère, n° 25.

MORELLE, *solanum*, herbes et sous-arbrisseaux de différentes hauteurs; feuilles pennatifides; fleurs solitaires, réunies en cimes, corolle en roue plissée à 5 ou 10 lobes. = **Marginée**, *s. marginatum*, plante annuelle, vivace et ligneuse, en serre; haute de 1 mètre; feuilles vernissées en dessus et presque cordiformes; fleurs blanches en grappes inclinées; baies jaunâtres à leur

Morelle faux piment.

maturité. = **Faux piment**, *pseudo-capsicum*, cette espèce, dite vulgairement *oranger des savetiers*, est une plante pouvant atteindre 2 mètres; feuilles lancéolées persistantes; fleurs petites et blanches auxquelles succèdent de jolies baies de la couleur des cerises. Il y en a une variété naine. Serre froide. = **Douce amère**, *solanum dulcamara*, arbrisseau indigène, fleurs violettes en grappes latérales, mai à septembre. — Multiplication n°s 1 et 63. Terre franche ordinaire humide. Bonne exposition. Très convenable pour tapisserie de murs, berceaux et tonnelles.

MORINE A LONGUES FEUILLES, *morina longifolia*, vivace herbacée, Népaul (70 centimètres à 1 mètre), épi de fleurs blanches, roses, juin et juillet. — Multiplication n°s 1 et 27. Terre franche ordinaire humide.

Muscari.

MUFLIER DES JARDINS, *antirrhinum majus*, indigène bisannuelle (70 centimètres à 1 mètre), fleurs en épis blanches, jaunes, rouges, bicolores, striées de pourpre, simples et doubles selon la variété. — Multiplication n° 1 par laquelle on obtient de charmantes et nombreuses variétés qu'on multiplie et conserve par n° 34. Terre franche ordinaire.

MUGUET, *convallaria*, vivace bulbeuse. = **De mai**, *c. maialis*, indigène (16 centimètres), épi de fleurs odorantes, blanches en grelot, mai. Variété à fleurs pourpres inodores et à fleurs doubles blanches. = **Du Japon**, *c. japonica*, fleurs blanches, juin. = **Sceau de Salomon**, *c. polygonatum*, fleurs blanches, juin. Variété à fleurs pleines. — Multiplication n° 27. Terre franche légère humide et ombragée.

MUSCARI, *muscari*, vivace bulbeuse. = **Odorant**, *m. moschatum*, épi de fleurs jaune obscur, avril. Bon pour contre-bordure. = **A grappes**, *m. racemosum*, indigène. Grappes de fleurs bleues en grelot, odorantes, avril. = **Chevelu**, *m. comosum*, indigène, fleurs bleues, avril ou mai. = **Monstrueux**, *m. monstruosum*, indigène, fleurs bleues, violettes, juin. — Multiplication n° 18, tous les trois ans et n° 19. Terre franche légère.

Myosotis.

MYOSOTIS, *Myosotis palustris* (*Ne m'oubliez pas. Vergissmeinnicht*). Herbe vivace, indigène parmi l'Europe tempérée; tige presque simple, anguleuse et rampante; feuilles oblongues, un peu velues et lancéolées; fleurs d'un charmant bleu céleste. = **Alpestre,** *Alpestris;* croît sur les montagnes entre les rochers, jusqu'à une altitude de 2.500 mètres; fleurs bleu clair; blanches à la gorge, en grappes d'abord serrées puis lâches. — Multiplication par graines, sous châssis, en avril et juillet, et repiquer en mars en pleine terre et à l'ombre. La reproduction se fait encore très facilement par éclats, en automne ou bien au printemps. — Terre substantielle, meuble et fraîche.

NARCISSE, *narcissus*, vivace bulbeuse. = **Des poètes.** ***n. poeticus,*** indigène, fleurs blanches odorantes, mai. Va-

Narcisse incomparable.

riété *à fleurs doubles blanches* et *à fleurs doubles jaunes*, toutes deux odorantes. = **A deux fleurs**, *n. biflorus*, Angleterre, fleurs jaunes, godet à bords blancs, mai. = **Incomparable,** *n. incomparabilis*, Espagne, fleurs grandes, jaunes, mai. = **Faux narcisse**, *n. pseudo-narcissus*, indigène, fleurs jaunes. Variétés à fleurs doubles et à fleurs dorées. = **Petit,** *n. mi-*

nor, Espagne, fleurs jaunes. = **Bicolore**, *n. bicolor*, des Pyrénées, fleurs blanches à couronne dorée. Variété *à fleurs doubles*. = **Musqué**, *n. moschatus*, Espagne, fleurs jaune soufre. = **Odorant**, *n. odorus*, indigène, fleurs grandes jaunes. = **A bouquet**, *n. tazetta*, indigène, fleurs grandes jaunes odorantes. Variété : *grand-monarque;* fleurs blanches; *grand primo*, fleurs blanches et jaunes; *soleil d'or*, fleurs jaune foncé; *totus albus*, fleurs toutes blanches. C'est dans cette espèce qu'on fait choix des oignons pour fleurir en carafes. = **Jonquille**, *n. jonquilla*, indigène, fleurs jaune foncé, odorantes, avril. — Multiplication n° 17. Terre franche légère, mêlée de terreau consommé de feuilles.

NÉMOPHILE, *nemophila*, annuelle. = **Phacéloïde**, *n. phaceloides*, Amérique septentrionale (30 centimètres), fleurs

Némophile remarquable.

bleu pâle, juin. = **Remarquable**, *n. insignis*, fleurs bleu céleste. = **Ponctué**, *n. atomaria*, Californie, fleurs blanches ponctuées de brun. = **Maculé**, *n. maculata*, fleurs blanches maculées de violet, pourpre violet. — Multiplication n° 6. Tout terrain, floraison, juin, juillet et août.

NÉNUPHAR BLANC, *nymphæa alba*, vivace herbacée indigène, fleurs blanches grandes, juin à août. — Multiplication n° 26, en jetant dans l'eau d'un bassin ou d'un étang des tronçons de rhizomes frais.

NICOTIANA. — Voir *Tabac*.

NIGELLE, *nigella*, annuelle. = **De Damas** (*Cheveux de*

Nigelle d'Espagne. Nopal vulgaire.

Vénus) (50 centimètres), fleurs bleues ou blanches, juin à septembre. = **D'Espagne**, *n. hispanica*, fleurs bleues ou blanches, juin à septembre. Multiplication n° 2. Terre franche légère. Bonne exposition.

NIVÉOLE, *leucoium*, vivace bulbeuse. = **Du printemps**, *l. vernum* (16 centimètres), appelée quelquefois *perce-neige* (voyez ce mot). Indigène, fleurs blanches avec une tache verte au sommet de chaque pétale, mars. = **D'été**, *l. æstivum*, fleurs semblables, mais en bouquet, avril. — Multiplication n° 18, tous les 2 ou 3 ans. Terre franche légère. Toute exposition.

NOLANE A FEUILLES D ARROCHE, *nolana atriplicifolia*, annuelle, fleurs bleues grandes, juin à octobre. — Multiplication n° 5, propre à la décoration des rochers et lieux arides.

NOPAL, *Opuntia*, tige rameuse; rameaux articulés, plats et cylindriques; tube du calice ne dépassant pas l'ovaire; corolle étalée en roue. = **Vulgaire**, *vulgaris*, supporte le climat de Paris; articles divariqués d'un vert très agréable; fleurs d'un clair jaune citron. Terre légère, mais meuble.

NOYER, *juglans*, arbre. = **Pacanier**, *j. olivæformis*, Amérique septentrionale, grand et bel arbre. = **Ikori**, *j. alba*, Virginie, arbre magnifique. = **Noir**, *j. nigra*, Amérique septentrionale, très grand arbre poussant rapidement. = **Cendré**, *j. cinerea*, Louisiane. Moins élevé que le précédent. = Multiplication n° 1, et par n° 37, sur le noyer commun. Terre franche ordinaire fraîche. Exposition très aérée.

ŒILLET DES FLEURISTES, *dianthus caryophyllus*, vivace herbacée, Afrique. Le grand nombre de variétés obtenues de cette belle plante a nécessité un classement qui au reste a été laissé à l'arbitraire de chacun. C'est pourquoi, ne voulant nous occuper ici que des œillets dits de collection, nous les diviserons en deux tribus.

La première comprend les **flamands**, ainsi nommés parce que c'est en Flandre, et notamment à Lille, qu'ils ont été cultivés avec soin et épurés. Ils ont pour caractère un fond blanc pur, rubané de diverses couleurs nettement tracées. Ils sont *bicolores* lorsqu'une seule couleur a tracé sur le blanc; *tricolores*, lorsqu'il y en a deux, et *bizarres*, lorsqu'il y en a davantage. Leurs pétales sont à bords arrondis, un peu élevés en soucoupe, entiers. Ils sont beaux, lorsqu'à ces conditions ils joignent l'avantage d'être pleins et munis d'un *jabot*, nom donné à trois ou quatre pétales plus petits qui marquent le centre de la corolle, à laquelle ils donnent une plus grande épaisseur. Dès que le blanc qui forme le fond obligé des flamands a perdu de sa pureté et prend une nuance vineuse, ce que les jardiniers appellent *boire*, c'est un motif d'exclusion pour l'individu sur lequel le défaut se prononce; il en est de même des œillets qui crèvent et de ceux dont les bords sont dentelés.

La deuxième tribu, sous le nom d'œillets **de fantaisie**, réunit toutes les autres races de choix qui ont été successivement obtenues et jugées dignes d'être cultivées en collection. On la divise en quatre groupes distingués par la couleur du fond : le 1er est à fond blanc, il réunit les bichons et les sablés; le 2e à fond jaune; le 3e à fond chamois; le 4e à fond ardoisé. Les œillets de fantaisie sont dits *liserés* lorsque leurs pétales sont entourés d'une raie à peu près nette d'une couleur tranchée; *bordés*, lorsque cette ligne est festonnée vers leur centre; *lavés*, lorsque le centre du pétale est nuancé d'une couleur qui laisse régner sur son contour une marge pareille au fond; *lignés*, quand le fond est chargé de lignes parallèles et autrement colorées, plus ou moins nombreuses et longues; *pointillés*, quand le fond est plus ou moins granité; *rubanés*, quand les zones des couleurs superposées au fond sont larges et nettes, et enfin *panachés*, lorsqu'une partie du limbe est couverte de couleurs disposées sans ordre.

Multiplication n° 2, en terrines posées sur des tablettes pour éviter les lombrics, en terre substantielle et tamisée. Graines couvertes de 2 à 3 millimètres de terre et par-dessus d'une toile claire qu'on arrose; repiquage fin juin, n° 25. Les plantes de semis, qui donnent 15 à 20 bonnes variétés au plus par 1,000, fleurissent la seconde année. Autre multiplication par marcottage, nos 29 et 33, en pleine terre (voir page 116) ou en godets de plomb pour les œillets tenus en pots de juillet en août; humidité constante jusqu'à la reprise; conservation des marcottes sevrées, sous châssis. Autre multiplication par boutures, d'avril à juillet, en pots ou en pleine terre sous châssis froid. — Culture en pleine terre ou en pots. Terre franche légère fumée un an d'avance avec du fumier de vache.

= **De bois**, *d. lignosus*, Orient (60 centimètres), ressemble au précédent, surtout au flamand, excepté que ses pétales sont dentelés, fleurs panachées de blanc, de rose, de puce et souvent unicolores, presque toute l'année, si on

Œillet mignardise.

le rentre en serre. Mêmes multiplication et culture. — C'est du semis de cette espèce qu'on a déjà obtenu une trentaine

Œillet Flon.

de variétés, dits *œillets remontants*, très estimés à Lyon où on les tient en collection, vivace, herbacée comme les cinq suivants : = **Mignardise**, *d. plumarius* (30 centimètres), fleurs rouges, blanches, roses, simples ou doubles, juin et juillet. — Multiplication nos 2 ou 27 et 32. Bordures. = **Superbe**, *d. superbus* (30 centimètres), fleurs blanches, roses, juin à août. = **Deltoïde**, *d. deltoides* (30 centimètres), fleurs rouges striées blanches, juin à août. = **Des Alpes**, *d. alpestris* (20 centimètres), fleurs rouges, juin et juillet. = **Des collines**, *d. collinus* (20 centimètres), fleurs roses, violettes, juillet à septembre. — Multiplication et culture de l'œillet *mignardise*. = **De Poète**, *d. barbatus*, bisannuelle (40 centimètres), juin et juillet. — Multiplication n° 3, et en juin. Variété à fleurs doubles. = **De la Chine**, *d. sinensis*, annuelle (35 centimètres), fleurs simples, ou doubles très jolies, violettes, rouge pourpre ou panachées, juillet à septembre. Variétés, *toute blanche* et *à feuilles d'œillet de poète*. — Multiplication nos 3 et 10. Terre franche légère. = **Flon**, *d. semperflorens* (30 à 35 centimètres). Plusieurs variétés très belles à fleurs roses, rouges ou blanches striées de rouge. Très rustique. Multiplication par boutures. = **Dentelé**, *d. dentosus*. Grandes fleurs lilas. Variétés à fleurs striées. Semis en pépinière de juillet à août.

Œillet dentelé.

ONAGRE BLANCHE, *œnothera tetraptera*, vivace, bisannuelle (30 à 40 centimètres), fleurs grandes, d'abord blanches puis roses, juillet à septembre. = **A grandes fleurs**, *œ. suaveolens*, Virginie annuelle (1 mètre), fleurs jaunes, grandes, odorantes, juillet à septembre. = **De Sellow**, *œ. Sellowii*, annuelle (75 centimètres), fleurs jaunes, juillet, août. = **A feuilles de pissenlit**, *œ. taraxifolia*, bisannuelle (60 centimètres), fleurs grandes, blanches, roses, juin à août. = **De Drummond**, *œ. Drummundi*, Texas (75 cent. à 1 mètre), vivace, traitée comme plante annuelle, fleurs jaunes, juillet à septembre. = **Rose**, *œ. rosea*, vivace, herbacée du Pérou (30 centimètres), fleurs en épi roses, juin à octobre.

Onagre de Lamarck.

= **Charmante**, *œ. speciosa*, Louisiane (75 à 80 centimètres), grappes de fleurs grandes, blanches, odorantes, juillet à octobre. = **Lamarck**, *œ. Lamarckiana*, très ornementale; plus d'un mètre de hauteur; fleurs jaunes fort belles et très grandes en juin et août. = **De Lindley**, *œ. Lindleyi*, annuelle (35 à 50 centimètres), fleurs blanches, roses, pétales maculés d'une tache pourpre, juillet à octobre. = **Rubiconde**, *œ. rubicunda*, annuelle (30 centimètres), fleurs roses, violettes et jaunes, juin à août. Toutes les annuelles et bisannuelles; multiplication n° 2, en place, et pour les vivaces herbacées, outre le semis, multiplication n° 27. Terre franche ordinaire.

ONOPORDE A FEUILLES D'ACANTHE, *onopordum arabicum*, bisannuelle, d'Arabie (2 mètres à 2 mètres 50), fleurs blanches ou pourpres, juillet, août. — Multiplication nos 2 et 10. A effet dans les grands jardins.

OPUNTIA. — Voir *Nopal*.

ORANGER, *citrus aurantium*. Cet arbre précieux, qui s'impose pour tous les jardins d'ornement, est originaire des Indes et de la Chine.

Partout où l'oranger peut vivre en plein air, il préfère une terre forte, cependant un peu siliceuse. Toutes les expositions aérées lui conviennent, mais dans sa jeunesse il réclame celle du midi. Il lui faut une température moyenne de 12 à 20 degrés centigrades. Il ne réussit guère que sur le littoral de la Méditerranée, et jusqu'à 60 ou 80 kilomètres de la mer. On le multiplie de graines, de boutures et de marcottes, et par la greffe. Les boutures et marcottes ne sont pas employées dans la culture parisienne.

On l'élève à tige et en espalier dans les localités où on le cultive en pleine terre. L'oranger peut être greffé à 15 ou 16 centimètres de terre ou plus haut, comme on le fait pour quelques autres arbrisseaux. Lorsque la greffe a pris l'élévation qu'on désire, on pince son bourgeon de prolongement pour le faire ramifier. On choisit les jeunes pousses les mieux disposées pour lui former une tête, et cette tête doit être plus haute que large. On a soin d'élaguer à propos, dans l'intérieur, pour que l'air y circule aisément. Lorsque la tête est convenablement formée, il n'y a plus qu'à supprimer le bois mort quand cela est nécessaire, et à arrêter par le pincement les branches qui tendraient à s'emporter.

Mais partout où cet arbre a besoin, pour vivre, de l'orangerie pendant l'hiver, sa culture est singulièrement modifiée, et nous allons faire connaître celle des orangistes de Paris, parce qu'elle nous paraît digne de servir d'exemple. (Orangerie, voir page 47).

Semis. — A moins qu'on ne sème pour obtenir de nouvelles variétés, ce sont ordinairement des graines de citronniers qu'on se procure pour faire de jeunes sujets qui poussent promptement. Les graines de bigarades ont d'abord une végétation moins active, mais finissent par faire de plus beaux orangers. L'époque la plus favorable pour semer est le commencement de mars. On sème en caisses qui ont 40 centimètres de longueur, 20 de largeur et 15 de profondeur intérieure.

On garnit leur fond d'un *drainage* composé principalement de plâtras concassés; on le couvre de terre préparée comme nous l'avons dit page 5, et on remplit la caisse jusqu'à 2 centimètres du bord. On foule suffisamment la terre, et on y sème la graine et on achève de remplir avec la même terre. On dépose les caisses sur couche chaude sous châssis; on paille légèrement, et, par-dessus le paillis, on dépose un lit de grand fumier de l'épaisseur de 5 centimètres, qu'on retire aussitôt que les graines commencent à lever. Depuis le semis jusqu'à la mi-août, il faut couvrir toutes les nuits, et le matin, en découvrant, bassiner légèrement pour entretenir la fraîcheur. On ombre avec une toile pendant la présence du soleil, et on donne d'autant plus d'air que la température devient plus élevée. Il faut remanier la couche quand elle se refroidit, en y ajoutant du fumier neuf.

Ces remaniements se font le plus souvent au commencement de mai et de juin, c'est-à-dire deux fois. On dépanneaute dans le courant de juillet, et on ombre seulement quand le soleil est trop ardent. On rentre les caisses en serre tempérée pour passer l'hiver.

Au mois de mars de l'année suivante, on éclaircit les semences, de façon à ce qu'il ne reste que trente ou trente-cinq sujets par caisse. Les plants qu'on arrache sont repiqués dans d'autres caisses ou en pots, et on replace les caisses sur couche chaude sous châssis pour faire faire une pousse aux jeunes élèves avant l'époque de les mettre en plein air, c'est-à-dire au 15 mai. Alors on pose les caisses sur une couche de vieux fumier ou de gadoue, où elles restent jusqu'au moment de greffer. Cette couche est placée sous châssis qu'on enlève à la fin de juin.

Greffe. — On greffe ordinairement en août de la deuxième année, quelquefois de l'année même; mais l'opération est beaucoup plus incertaine. On greffe en fente ou en placage ; mais l'on préfère la première, qui est plus propre et moins difficile. On emploie pour greffer des pousses de l'année bien aoûtées et munies de deux yeux au moins. Pour les faire reprendre, on place les caisses sur une couche faite de moitié fumier neuf et moitié fumier vieux, entourée d'un coffre dont les bords sont moussés, afin que les châssis ferment assez hermétiquement pour ne point permettre le moindre accès à l'air. On couvre le châssis pendant la nuit et quand il fait soleil. On le découvre cependant, le matin et le soir, avant qu'il donne et après.

La reprise a lieu en six semaines; alors on les habitue graduellement à l'air, et après trois mois, on ne les ombre plus, et on leur donne de l'air à volonté, suivant l'état du temps; mais on recouvre toujours la nuit. Le point essentiel est que les greffes soient étouffées et ne voient point le soleil pendant les premières six semaines. Cette couche est remaniée en septembre. On peut, dans les premiers jours d'octobre, enlever les ligatures de laine. On rentre les caisses en serre tempérée.

Séparage. — Au mois d'avril suivant, on empote les sujets greffés un dans chaque pot, large de 12 à 18 centimètres; on secoue les racines avant de les remettre en terre (voyez page 5). On enterre les pots dans la tannée d'une couche, on pose les châssis et on couvre de paillassons pendant trois jours. On les traite à peu près comme les greffes pendant trois mois environ ; ensuite on ne les ombre plus que lorsque le soleil est trop ardent, et on les laisse pousser jusqu'au mois d'octobre, époque où on les rapproche, c'est-à-dire où l'on supprime les pousses trop allongées pour commencer à leur former une tête et les mettre en état de passer l'hiver.

Rencaissage. — La meilleure époque pour le rencaissage est au mois d'avril. On taille la motte dans la proportion de sa grosseur, avec une bêche tranchante, de façon à couper en même temps les racines. On enlève en dessous de la motte le double d'épaisseur que sur les côtés. Si l'on trouve des racines malades ou avariées par une cause quelconque, on les supprime jusqu'au vif. Si la motte était très sèche, on ferait bien de la plonger dans l'eau et de l'y laisser jusqu'à ce qu'il ne s'élève plus de bulles d'air à la surface. Ensuite, on rencaisse en donnant à l'oranger un vase proportionné à son volume, en se rappelant qu'en général il se plaît mieux dans le bois que dans la terre, et qu'il n'a pas besoin d'être très au large. On emploie la dernière composition de terre de la page 5. Les racines ne doivent pas être complètement enterrées. Jusqu'à dix ans, on les rencaisse tous les deux ou trois ans, ensuite tous les cinq ou six ans. Toutefois, il faut consulter l'état de l'arbre. On fait maintenant des caisses rondes dites *bacs coniques*. On a toujours soin de mettre un drainage au fond de la caisse, et de tasser assez fortement la terre dont on le couvre pour qu'elle cède peu sous le poids de l'arbre.

Culture des orangers faits. — On les sort de l'orangerie du 1er au 15 de mai, selon que le temps est plus ou moins favorable, et on les rentre du 1er au 15 octobre sous les mêmes conditions. On les arrose peu pendant les huit ou quinze jours qui suivent la sortie, sans cependant les laisser faner. On peut alors leur donner, avec un arrosoir, du bouillon dont nous avons déjà parlé, afin d'activer la végétation. Ensuite on les entretient à l'eau jusqu'après la floraison. Lorsqu'elle est passée, on peut laisser faner pendant une douzaine de jours ceux qui ont fleuri abondamment, parce que cette fécondité a nui au développement de leurs pousses ; alors on les arrose de nouveau, et l'on continue pour soutenir leurs nouvelles productions qui, sans cela, s'aoûteraient trop tôt et pourraient repercer à l'automne. Ce n'est que dans le mois de septembre qu'on peut suspendre les arrosements, parce qu'il n'y a plus à craindre qu'ils fassent une nouvelle végétation, quand même il surviendrait des pluies au moment de leur rentrée. En hiver, les orangers demandent peu d'eau, surtout ceux qui sont languissants. On les secoue de temps en temps pour les débarrasser des feuilles mortes qui, en pourrissant sur les branches, pourraient les altérer. On a le plus grand soin d'entretenir l'orangerie dans le meilleur état de propreté. Du mois de mars jusqu'à la sortie, il faut les laisser un peu faner pour aoûter leurs pousses, surtout lorsque des pluies d'automne les ont maintenues herbacées, et leur donner le plus d'air possible en ouvrant les fenêtres aussi souvent et longtemps que la température peut le permettre.

. A Paris, les orangers étant cultivés pour la fleur qu'ils produisent sur les rameaux d'un an, et leurs bourgeons, la taille est fort peu de chose ; elle se fait en septembre. On pince aussi, à la sortie, toutes les pousses qu'on veut faire ramifier. On supprime les pousses qui s'élancent trop et celles qui sont faibles, usées, ou qui font confusion. C'est l'époque la plus convenable, parce que les yeux sur lesquels on taille se fortifient par la faible végétation qui a lieu en orangerie et sont plus tôt prêts à se développer à la sortie. On s'efforce de donner à la tête la forme d'un cylindre bombé, ce qu'on obtient en taillant tout autour. Au reste, l'oranger reperce facilement de son vieux bois, ce qui permet de le rapprocher selon le besoin. C'est ce qu'on fait de temps en temps pour le rajeunir ; mais cette opération ne doit avoir lieu que dans l'année qui suit un rencaissement.

Les arrosements jouent un grand rôle dans la conduite et les produits de cet arbre ; c'est par leur privation, et ensuite leur abondance, que les orangistes de la capitale font naître de la fleur pour ainsi dire à volonté et aux époques où la vente est la plus avantageuse. Voici comme ils obtiennent une floraison d'hiver :

Vers le 15 juillet, on choisit un ou plusieurs orangers bien disposés, c'est-à-dire dont les pousses soient belles et presque aoûtées. On les tient enfermés à l'ombre en ne leur donnant que l'eau suffisante pour qu'ils ne se dépouillent pas de leurs feuilles. Ce régime se prolonge jusqu'à la fin de septembre. En octobre, on les place en serre chaude (la végétation étant lente à cette époque) et on les arrose copieusement. Lorsqu'ils sont près de fleurir, on les replace dans une serre froide pour les habituer à une température plus basse afin que leurs boutons ne tombent pas au contact de l'air.

Ce travail, commencé le 15 août, amène des fleurs pour la Saint-Joseph, 19 mars ; le 1er septembre, pour le 1er mai ;

en octobre, pour la Saint-Jean, 25 juin, la Sainte-Marguerite, 20 juillet, et la Sainte-Anne, 28 juillet; en novembre, pour la Sainte-Marie et la Saint-Louis, 15 et 25 août, et en mars, pour les floraisons d'automne. Il s'agit toujours de faire faire une pousse aux orangers, soit en plein air et au soleil, soit en serre chaude ou sous châssis chaud, selon la saison ; de la laisser faner, pour ainsi dire, en arrosant à peine, puis de faire repartir la végétation un mois ou cinq semaines avant l'époque où l'on veut des fleurs, en l'accélérant, s'il est nécessaire, par l'application de la chaleur ; ou la retardant, en mettant les sujets qui vont trop vite au frais et à l'ombre.

Enfin, pour obtenir des fleurs à couper sur de gros orangers, à une autre époque que le mois de juin, où il fleurit naturellement, il faut employer des moyens analogues, et pendant qu'on les empêche de pousser, s'il survient des pluies, on les couvre de façon que l'eau n'atteigne pas les caisses.

OREILLE D'OURS. Voyez *Primevère auricule.*

ORME, *ulmus*, arbre. = **Champêtre**, *u. campestris*, indigène, de première grandeur. Bon pour avenues. Il a plusieurs variétés : *à feuilles étroites* ou *ormille*, bon pour palissades ; *à larges feuilles*, *à feuilles panachées*, *pyramidal*, *d'Oxford*, *pleureur*, etc. — Multiplication n°s 1 et 49, et pour les variétés par n° 37, sur l'*orme commun*. Terre franche, légère, profonde. Toute exposition. = **D'Amérique**, *u. americana*. Plus grand que le précédent, bois moins estimé, feuilles luisantes. = **De la baie d'Hudson**, *u. hudsoniana*, feuilles larges, vert noirâtre. = **De Sibérie**, *u. siberica*, encore rare. Ces trois ormes exotiques se multiplient par n° 37, sur l'*orme commun*.

ORNITHOGALE, *ornithogalum*, vivace bulbeuse. = **Pyramidal** (*Épi de la Vierge*, *Dame de onze heures*), *o. pyramidale*, indigène (50 centimètres), épi de fleurs blanches, juin ou juillet. = **A ombelle**, *o. umbellatum*, indigène (16 à 20 centimètres), fleurs blanches odorantes, en ombelle étoilée. — Multiplication n° 17. Tout terrain.

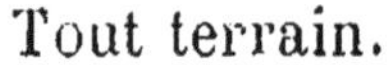

Ornithogale pyramidal.

ORPIN, *sedum telephium*, indigène, vivace herbacée (50 à 60 centimètres), fleurs rouge pourpre, juillet et août. = **A feuilles de peuplier**, *populifolium*, de Sibérie, vivace, herbacée, fleurs roses odorantes, juillet. — Multiplication n° 27. Terre franche légère. Exposition chaude. = **Azuré**, *s. azureum*, annuelle (16 centimètres), fleurs bleu pâle, août, septembre. — Multiplication nos 2 ou 5 et 25. Terre franche légère. Propre aux rocailles et expositions

Orpin délicat. Orobe.

sèches. = **Délicat**, *s. pulchellum*. Vivace. Fleurs rose pourpre, âpre, juin à août. — Multiplication n° 26, en automne et au printemps.

OROBE, *orobus*, vivace herbacée. = **Printanier**, *o. vernus*, indigène (33 centimètres), grappes de fleurs pourpres, avril. Donne une seconde floraison quand on coupe les tiges florales. = **De deux couleurs**, *o. bicolor*, Italie, vivace herbacée, fleurs à ailes et carène jaune, à étendard rose, mai. — Multiplication n° 1, aussitôt la maturité des graines, et n° 11. Terre franche ordinaire.

OSBECKIA ÉTOILÉ, *osbeckia stellata*, sous-arbrisseau, originaire de l'Hindoustan. Feuilles lancéolées, pétioles bordés

Oxalide floribonde.

de pourpre, larges fleurs roses. Serre tempérée. = **Apre**, *o. aspera*, arbrisseau, belles fleurs pourpres. Serre chaude. — Multiplication n° 62. Arrosements fréquents, chaleur douce et humide, beaucoup de lumière, mais pas de soleil. Terre de bruyère.

OXALIDE DE DEPPE, *oxalis Deppei*, vivace tuberculeuse,

du **Brésil**, en touffe, ombelle de fleurs rouges, juin à septembre. — Multiplication n° 22, au printemps. Terre franche légère. = **A fleurs roses**, *o. rosea* (16 centimètres),

Palmier nain.

fleurs roses, mai à juillet. = **Floribonde**, *o. floribunda*, vivace ; feuilles à trois folioles abondantes ; hampes rameuses de 20 à 30 centimètres terminées par beaucoup de fleurs roses et quelquefois blanches. = **Noire**, *o. niger* :

croît dans les bois et fleurit au printemps. — Feuilles de 6 à 12 folioles ; pédoncules multiflores, plus longs que les feuilles. — Multiplication n° 2. Terre franche légère.

OXIURE A FEUILLES DE CHRYSANTHÈME, *oxyura chrysanthemoides*, Californie, annuelle (25 à 40 centimètres), fleurs blanches et disque jaune, mai et juin. — Multiplication n° 6. Terre franche légère.

PACHYSANDRE COUCHÉ, *pachysandra procumbens*, vivace herbacée, Amérique septentrionale (16 centimètres), fleurs rouges odorantes, en épi, mars et avril. — Multiplication n°s 46 et 27. Terre franche légère, mieux terre de bruyère.

PALMIER NAIN, *Chamærops humilis*. — Les belles et larges feuilles en éventail de cet arbuste sont du plus bel effet. — Serre froide en hiver. Arroser de temps en temps. Craint l'humidité atmosphérique.

On cultive de nombreuses sortes de palmiers : les Corypha, les Latania, les Phœnix (Voyez ces mots).

PANCRAIS, *pancratium*, herbe vivace, bulbeuse, à fleurs en ombelles ; périanthe en entonnoir tubuleux ; étamines formant comme une double couronne. = **Maritime**, *p. maritimum*, hampe de 25 à 50 centimètres, portant de 4 à 8 fleurs blanches très odorantes. — Terre légère, sablonneuse, exposition du midi. Les oignons s'arrachent en septembre, pour les replanter de suite ou bien au printemps.

Pancrais maritime.

PANICAUT, *eryngium*, vivace herbacée. = **Améthyste,** *e. amethystinum*, indigène (64 centimètres), fleurs bleues, juillet, août. — **Des Alpes,** *e. alpinum* (65 centimètres), fleurs bleues, juillet, août. — Multiplication n°s 1, 26 et 27. Terre franche légère, exposition chaude.

PAQUERETTE VIVACE (*petite marguerite*), *bellis perennis*, vivace herbacée, indigène, charmante petite plante pour bordures, fleurs blanches, roses, rouges, panachées. — Multiplication n° 27. Terre franche légère.

PARNASSIE DES MARAIS, *parnassia palustris*, vivace herbacée, fleurs blanches tachées de jaune, juillet, août. — Multiplication n° 3. Terre de bruyère, tourbeuse et humide.

PASSIFLORE. — Voyez *Grenadille*.

PAULOWNIE IMPÉRIALE, *paulownia imperialis*, arbre du Japon, fleurs bleues, avril. Les boutons visibles en septembre se conservent très bien pendant tout l'hiver. — Multiplication n° 61, au printemps et à l'automne. Terre franche ordinaire.

PAVIER, *pavia*, arbrisseau. = **Rouge,** *p. rubra*, Caroline (5 à 6 mètres), grappes allongées de fleurs rouges, mai. = **Jaune,** *p. lutea*, Caroline (6 à 8 mètres), grappes de fleurs jaune pâle, mai. — Multiplication n° 6, ou simplement n° 2, par n° 49 et par n° 37, sur le marronnier d'Inde. Terre franche légère, mais fraîche. Exposition au soleil. = **A longs épis,** *p. macrostachia*, Amérique, grappes de fleurs blanches odorantes, juillet, août. Fruits comme des marrons, comestibles. — Multiplication n° 1, aussitôt la maturité des fruits, et n° 63. Terre franche ordinaire humide, à mi-ombre.

PAVOT DE TOURNEFORT, *papaver orientale*, vivace herbacée d'Arménie, fleurs grandes, rouge ordinaire, maculé noir sur l'onglet des pétales, juin. = **A bractée**, *p. bracteatum*, vivace herbacée, fleur semblable à la précédente, d'un rouge plus vif, bractée sous le calice. — Multiplication n° 1, aussitôt la maturité en pots; nos 10 et 27. = **Des jardins**, *p. somniferum*, annuelle, fleurs de toutes cou-

Pavot des jardins.

leurs, excepté le bleu, simples ou doubles selon la variété, mai à juillet. — Multiplication nos 2 et 6. Tout terrain. = **Coquelicot**, *p. rhœas*, indigène, annuelle, fleurs roses coccinées bordées d'une autre couleur, mai à juillet. — Mêmes culture et multiplication.

PENSÉE. — Voyez *Violette*.

PENTAPÈTE POURPRE, *pentapetes purpureá*, Inde, annuelle (70 centimètres à 1 mètre), fleurs solitaires coccinées,

Pavot coquelicot.

août. — Multiplication nos 5 et 11 en pots. Terre franche légère. Exposition chaude.

PENTSTEMON, *pentstemon*, vivace herbacée. = **A feuilles de gentiane**, *p. gentianoides*, Mexique (65 centimètres), fleurs pourpre foncé, juin et juillet. Variétés à fleurs coccinées, à fleurs roses, à fleurs blanches. = **A fleurs de digitale**, *p. digitalis*, de l'Arkansas (65 centimètres), fleurs bleues, juin et juillet. = **De Richardson**, *p. Richardsoni* (1 mètre), fleurs roses, violettes, mai à octobre. = **Pubescent**, *p. pubescens* (76 centimètres), fleurs lilas, mai à octobre. = **Gentil**, *p. pulchellum* (75 centimètres), fleurs variées, pourpre foncé ou pourpre clair, selon la variété, mai à octobre. = **Campanulé**, *p. campanulatum* (50 centimètres), fleurs roses, mai à octobre. = **A feuilles lisses**, *p. lævigatus*, Amérique septentrionale (50 centimètres), fleurs blanches, juillet. — Multiplication n° 1, de mai en

Pentstémon à feuilles de gentiane.

juillet. Repiquage en pépinière ou en pots. Terre franche légère. Mieux terre de bruyère. On peut cultiver en pots pour abriter sous châssis les **P. de Murray**, *p. murrayanum*, à fleurs rouges. = **A feuilles ovales**, *p. ovatum*, à fleur bleues et blanches. = **A grandes fleurs**, *grandiflorus*.

PERCE-NEIGE, *galanthus nivalis*, vivace bulbeuse, indigène (16 centimètres), fleurs blanches avec une macule verte sur les trois divisions internes. Deux variétés à fleurs doubles. — Multiplication n° 17. Terre franche légère humide. Exposition ombragée.

On donne quelquefois le nom de *perce-neige* à la ***Nivéole du printemps*** (Voyez ce mot).

PERILLA, plante herbacée, annuelle; fleurs solitaires à l'aisselle des feuilles supérieures, en grappes; calice bossu

Perilla de Nankin.

à la base, à deux lèvres; corolle à 5 lobes et 4 étamines. = **De Nankin**, *nankinensis*, rameux et pyramidal de 60 à 80 centimètres de haut; feuilles ovales lancéolées et aiguës, d'un rouge très foncé, terne en dessus; fleurs roses de peu d'attrait. — Pleine terre; arroser souvent; semis en mars, pour mettre en place en juin.

PERSICAIRE, *polygonum*, annuelle. = **Du Levant**, *p. orientale* (2 mètres), fleurs rouges, juillet, août. Variété à fleurs blanches. = **Indigo**, *p. tinctorium* (1 mètre), épi de fleurs rouges, août, septembre. — Multiplication n° 1. Terre franche ordinaire humide.

PERVENCHE, *vinca*, vivace, traitée comme plante annuelle. = **De Madagascar**, *v. rosea* (30 centimètres), fleurs roses, juillet à octobre. Variété à fleurs bleues. — Multiplication nos 1 et 63. Tout terrain. Exposition chaude. Rocailles.

PÉTUNIA, *petunia*, vivace, traitée comme plante annuelle. = **Odorante**, *p. nyctaginiflora*, de la Plata (75 centimètres), fleurs blanches, mai à octobre. = **Violette**, *p. phœnicea*,

Pervenche de Madagascar.

fleurs pourpres, mai à octobre. — Ces deux espèces ont fourni et fournissent encore de nombreuses et belles variétés qui sont un ornement charmant pour les jardins et qui forment de fort jolis massifs. Tel est le pétunia *hydride à grandes fleurs*. — Multiplication nos 5 et 10, en avril; et comme plante vivace herbacée, n° 27. Terre franche légère, n° 25, le premier hiver.

PEUPLIER, *populus*, arbre. Tous sont de grands arbres, qui se placent dans les lieux frais et sont très convenables à l'ornementation. Les plus intéressants sont les peupliers : **Suisse**, *p. monilifera* (32 mètres). = **D'Italie**, *p. fastigiata*. = **De l'Ontario**, *p. ontariensis* (10 mètres). = **Ypréau**, *p. alba* (36 mètres). = **Cotonneux**, *p. nivea*. = **De la Caroline**, *p. angulata*. = **Du Canada**, *p. canadensis* (25 mètres). =

Pétunia.

Baumier, *p. balsamifera* (10 mètres). = **A grandes dents**, *p. grandidentata* (15 mètres). = **D'Athènes**, *p. Græca*, etc. — Multiplication n° 60, en plançons plus ou moins longs. On peut les multiplier aussi par n° 38, sur l'ypréau et le peuplier d'Italie.

PHACÉLIE, *phacelia*, annuelle. = **A feuilles de tanaisie**, *p. tanacetifolia*, Californie (50 centimètres), fleurs bleues lilas, juillet à septembre. = **Bipennée**, *p. bipinnatifida* (60 centimètres), fleurs bleues, juillet à septembre. — Multiplication n°s 1 ou 6. Tout terrain.

PHALANGÈRE, *phalangium*, vivace bulbeuse. = **A fleurs de lis**, *p. liliago*, épi de fleurs blanches, juin. = **Rameuse**, *p. ramosum*, épi de fleurs blanches, juin. — Multiplication nos 1 et mieux 26, quand les feuilles sont fanées. Terre

Pétunia hybride à grandes fleurs.

franche légère. = **Lis de Saint-Bruno**, *p. liliastrum*, épi de fleurs bleues, juin. — Multiplication n° 26, en automne. Terre franche légère. Exposition chaude, n° 25.

PHALARIDE ROSEAU, *phalaris arundinacea*, vivace herbacée (1 mètre), panicule spiciforme de fleurs blanches du côté de l'ombre, pourpre du côté du soleil. — Multiplication n° 28. Tout terrain. Rochers et lieux arides.

PHLOMIDE FRUTESCENTE, *phlomis fruticosa*, arbrisseau, du Levant (65 centimètres à 1 mètre), fleurs jaune éclatant, juillet à septembre. = **Tubéreuse**, *p. tuberosa*, vivace tuberculeuse (1 mètre 30 centimètres), fleurs violettes, juillet à septembre. — Multiplication n° 22. = **D'Ibérie**, *p. iberica*, vivace herbacée (1 mètre à 1 mètre 50), fleurs jaune clair, mai et juin. — Multiplication n° 5, en mars et avril. Repiquage n° 10, en juillet. Terre franche légère. Exposition chaude.

PHLOX, *phlox*, vivace herbacée. = **Sétacé,** *p. setacea* (32 centimètres), fleurs grandes, roses, juin et juillet. Variété à fleurs blanches. = **Subulé,** *p. subulata*, fleurs violet noirâtre, avril et mai. = **Printanier,** *p. verna*, fleurs grandes, roses, violettes, mai. = **Divariqué,** *p. divaricata*, grappe de

Phlox de Drummond.

fleurs gris de lin, avril, mai et juin. = **De Drummond,** *p. Drummundii*, fleurs rose pourpre, plus intense autour du tube. Cette plante a un grand nombre de variétés qui se multiplient de boutures en terre de bruyère, mais que l'on ne peut conserver que sous châssis. Pour s'éviter l'embarras de la conservation, on peut les traiter comme plantes annuelles, leur plant fleurit l'année du semis. = **Sous-ligneux,** *p. suffruticosa*, panicule de fleurs rouge vif, juillet. Il a donné aussi beaucoup de variétés que l'on multiplie de boutures. = **Paniculé,** *p. paniculata* (1 mètre 20), panicule de fleurs lilas, août et septembre. = **En croix**, *p. decussata*, fleurs lilas pourpre autour des tubes, septembre et octobre. Il commence aussi à donner de jolies variétés. = **A trois fleurs**, *p. triflora*, fleurs rose pâle, juillet et août. = **Pyramidal**, *p. pyramidalis* (1 mètre 25), fleurs pourpres, juillet

Phlox paniculé.

à septembre. = **Omniflore**, *p. omniflora*, fleurs blanches, juillet et août. = **Blanc**, *p. candida*, fleurs blanches, juillet et août. = Toutes les espèces sont de l'Amérique septentrionale. — Multiplication n° 26, au printemps ; n° 59 en automne, sous châssis, et n° 1, pour obtenir des variétés. Terre franche ordinaire, humide, quelques-uns, n° 25.

PHŒNIX DATTIER. *Phœnix dactylifera*. Les phœnix appartiennent à la famille des palmiers et sont, comme eux, des arbres de serre et d'appartement. Leur culture n'exige pas de grands soins, car ce sont des plantes assez rustiques. On s'attachera surtout à maintenir humide le sol dans lequel ils sont plantés, tout en les laissant dans une atmosphère très sèche. Serre tempérée. — Les autres espèces les plus recherchées pour leur beauté et pour leur rusticité sont le phœnix **des Canaries** (*P. canariensis*), le phœnix **penché** (*P. reclinata*) et le phœnix **sylvestre** (*P. sylvestris*).

PHORMIUM, *phormium*, plante herbacée très ornementale ; racines charnues tubéreuses ; fleurs radicales en larges lanières ; fleurs en panicules rameuses, à 6 divisions inégales,

Phormium

soudées inférieurement. = **Lin de la Nouvelle-Zélande**, *p. tenax*, feuilles longues de 2 mètres ; hampe de 3 à 4 mètres portant une panicule de fleurs jaunes de différentes nuances. — Multiplication par éclats ; terre fraîche légère.

PHOTINIE LUISANTE, *photinia glabra*, arbrisseaux, à

feuillage luisant persistant (2 à 4 mètres), du Japon, fleurs blanches, roses. — Multiplication par n° 37, sur aubépine et cognassier. Terre franche légère, humide.

PICRIDIE D'ALGER, *picridium tingitanum*, vivace, herbacée (70 centimètres), fleurs jaunes, radiées, à disque noir. — Multiplication n° 1. Terre franche légère. Exposition chaude.

PIED D'ALOUETTE A GRANDES FLEURS (*Dauphinelle*), *delphinium grandiflorum*, de Sibérie, fleurs grandes, bleu d'azur,

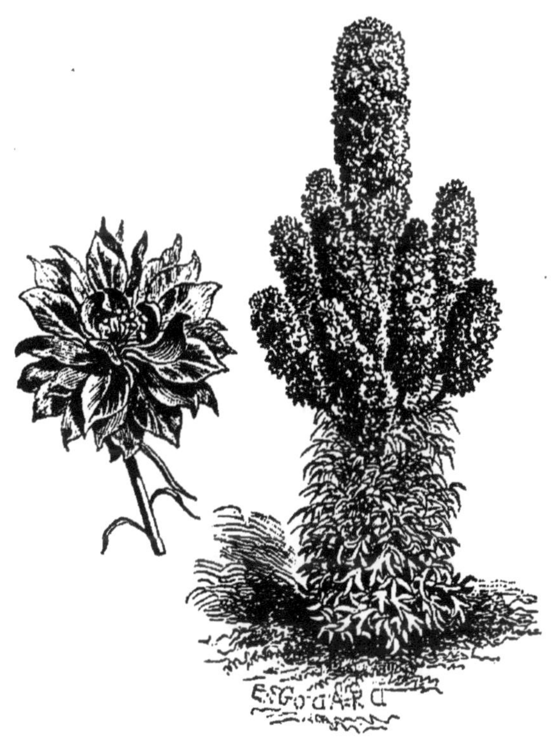

Pied d'alouette des jardins.

juillet et août. = **Élevé**, *d. elatum* (2 mètres), fleurs bleues, juin et juillet. = **Obscur**, *d. triste*, fleurs noirâtres, juin et juillet. = **Azuré**, *d. azureum*, fleurs simples ou doubles d'un beau bleu. = **De Barlow**, *d. Barlowii* (1 mètre 25), fleurs semi-doubles, grandes, bleu d'azur vif à reflets métalliques, juin.

Les cinq précédents sont vivaces, herbacées. — Multiplication nos 1 et 27, à l'automne. Terre franche légère, mi-ombre. = Des champs, *d. consolida*, fleurs simples et doubles de toutes couleurs, excepté le rouge et le jaune, juillet et août. = **Des jardins**, *d. Ajacis*. Cette espèce forme deux races, l'une grande, l'autre naine. Elles ont l'une et l'autre des fleurs simples et doubles, bleues, rouges, et violettes. La naine fait de jolies bordures. Les deux espèces précédentes sont annuelles. La première redoute peu la sécheresse. — Multiplication nos 2, 3 et 6, dont le plant fleurit alors en mai et juin suivants.

PIGAMON A FEUILLES D'ANCOLIE, *thalictrum aquilegifolium*, vivace, herbacée (70 centimètres à 1 mètre), panicules de fleurs à pétales gorge de pigeon caducs, auxquels survit une nombreuse aigrette d'étamines à filets blancs et anthères jaunes, mai et juin. Variétés à panache purpurin. — Multiplication nos 1 et 27. Terre franche légère, mi-ombre.

PIMPRENELLE D'AFRIQUE. — Voyez *Mélianthe*.

PIN, *pinus*, arbre, *Pins à deux feuilles*. = **De Genève**, *p. sylvestris*, grand arbre. Variétés : *de Riga* et *d'Écosse*. = **Saffis**, *p. mugho*. = **De Jérusalem**, *p. alpensis* (10 mètres). = **Laricio**, *p. laricio*, de la Corse. = **De Pallas**, *p. pallasiana*. = **Maritime**, *p. pinaster*. = **Pignon**, *p. pinea*. = **De la Baie d'Hudson**, *p. bancksiana*, du Canada. — *Pins à trois feuilles*. = **A l'encens**, *p. toeda* (25 mètres), de la Virginie. = **De Sabine**, *p. sabiniana*. — *Pins à cinq feuilles*. = **De lord Weymouth**, *p. strobus*, Amérique septentrionale (30 mètres). = **Cembro**, *p. cembro*. Pour tous ceux qui donnent des graines, multiplication n° 1 ; pour les autres par 43 ou mieux 46, sur les pins sylvestre ou laricio. Terre franche, légère, humide. Arbres très pittoresques pour la décoration des grands jardins et parcs, soit isolément, soit en massifs.

PIVOINE, *pæonia*. Le genre forme deux groupes, les arborées et les herbacées.

Les premiers arbrisseaux ont pour type trois variétés introduites de la Chine, et dont les semis persévérants et qui mettent 8 ou 9 ans à fleurir ont créé une quarantaine de variétés fort remarquables. Ces trois anciennes variétés sont :

= **En arbre papavéracée**, *p. arborea papaveracea*, fleurs grandes, simples, blanches, à onglet des pétales richement pourpré. = **En arbre moutan**, *p. arborea moutan*, fleurs grandes doubles ou pleines, rose vif au centre, rose clair à la circonférence. = **En arbre odorante**, *p. arborea rosea*,

Pivoine officinale.

fleurs doubles, grandes roses, très vif et à odeur de rose. — Elles donnent leurs fleurs en avril et mai, ainsi que les variétés qui en proviennent. Terre franche légère, substantielle, mi-ombre. Arrosements fréquents pendant la végétation, abris contre les gelées au printemps. Renouvellement de la terre tous les deux ou trois ans. Multiplication par séparation de leurs racines, par marcottes en terre de bruyère sous châssis, et qu'on sèvre la seconde année quand elles ont des racines charnues, et par la greffe en fente sur tubercules de pivoine herbacée (n° 44).

Le second groupe, pivoines herbacées, vivaces, tuberculeuses, se multiplie par la séparation des racines tuberculeuses. Terre franche ordinaire modérément fumée avec du fumier de vache. Les plus intéressantes de ce groupe sont : = **Officinale**, *p. officinalis*, pour ses belles variétés à fleur double, rose, carnée et pourpre foncé. = **Fimbriée**, *p. fimbriata*, fleurs pourpres à pétales linéaires au centre. = **A petites feuilles**, *p. tenuifolia*, fleurs pourpre simples et doubles selon la variété. Remarquable par son feuillage découpé en lanières linéaires. = **De Sibérie**, *p. albiflora* (65 à 80 centimètres), fleurs d'abord roses, ensuite blanches. = **De la Chine**, *p. sinensis*, fleurs grandes, blanches. = **A odeur de rose**, *p. fragrans*, de la Chine, fleurs rose foncé exhalant le parfum de la rose. Ces trois dernières espèces ont donné par le semis des variétés nombreuses et charmantes qui forment des collections fort intéressantes et fort recherchées. La floraison des pivoines herbacées varie d'avril en juin.

PLANÈRE CRÉNELÉ, *planera crenata*, arbrisseau, Caucase. Ressemblant à l'orme, sur lequel on le greffe pour le multiplier (18 à 20 mètres). Terre franche ordinaire.

PLAQUEMINIER D'ITALIE, *diospyros lotus*, arbre (10 mètres). Terre franche, légère, humide. Bonne exposition. = **De Virginie**, *d. virginiana*, arbre (18 à 20 mètres). Terre franche, légère, humide au nord.

PLATANE D'ORIENT, *platanus orientalis*, arbre (20 mètres), fleurit en mai. Variétés : **A feuille d'érable**, *p. acerifolia*, tous terrains abrités, mieux terre franche légère, profonde. — Multiplication nos 49 et 59. Il est exempt d'insectes.

PODOLÈPE GRÊLE, *podolepis gracilis* (60 centimètres), fleurs radiées, roses ou blanches, juillet, août et septembre. = **Doré**, *p. chrysantha* (30 centimètres), fleurs jaunes, juillet, août et septembre. — Tous deux annuels de la Nouvelle-Hollande. — Multiplication n° 1 en mars, ou n° 2 en avril, ou n° 5 en mars. Terre franche légère.

PODOPHYLLE EN BOUCLIER, *podophylla peltatum*, vivace herbacée, Amérique septentrionale, fleur grande, blanche, mai. — Multiplication nos 1 et 27. Exposition ombragée. Terre franche légère, humide.

POIS DE SENTEUR (voir *Gesse odorante*).

POLÉMOINE BLEU, *polemonium cæruleum*, vivace, herbacée, de la Grèce (65 centimètres), fleurs bleues, juin et juillet. Variété à fleurs blanches. — Multiplication nos 1 et 27. Tout terrain. Exposition aérée.

Polémoine bleu.

POLYGALA A FEUILLES DE BUIS, *polygala chamæbuxus*, indigène, arbrisseau (40 centimètres); fleurs grandes, jaunes, à taches jaunes plus foncées, mai à octobre. — Multiplication nos 1 et 63. Terre de bruyère ombragée.

POMMIER, *malus*, arbrisseau. On cultive pour l'ornement : = **A fleurs pleines**, *m. fl. plena*, fleurs doubles, blanches, roses, mai. = **De la Chine**, *m. spectabilis*, fleurs blanches, lavées de rose, mai, auxquelles succèdent de petits fruits. = **Odorant**, *m. coronaria*, fleurs blanches, odorantes, mai. = **Baccifère**, *m. baccata*, grandes fleurs blanches, roses, avril. Fruits rouges en baie. = **Toujours vert**, *m. sempervirens*, feuilles presque persistantes, fleurs rouges avant l'épanouissement, blanches ensuite, mai. Culture du pommier ordinaire. — Multiplication n° 37.

POPULAGE DES MARAIS, *caltha palustris*, vivace, herbacée (33 centimètres), indigène, fleurs simples ou doubles, jaune brillant, mai. = Multiplication n° 27. Terre franche ordinaire, humide. Convenable pour le bord des eaux.

POTENTILLE DU NÉPAUL, *potentilla nepalenis* (65 centimètres), fleurs rouges, juillet à septembre. = **Noire pourprée,** *p. atrosanguinea* (65 centimètres), fleurs pourpre noir, juin, juillet et août. = **A grandes fleurs,** *p. grandiflora,* fleurs jaunes, juin. = **De Hopwood,** *p. hopwoodiana,* fleurs roses, juin et juillet. Les quatre potentilles précédentes sont vivaces herbacées. — Multiplication n°s 1 et 27. Terre franche ordinaire. = **Frutescente,** *p. fruticosa,* arbrisseau (1 mètre), corymbe de fleurs jaunes, juin, juillet et août. Multiplication n° 63. Terre franche ordinaire, au soleil.

PRENANTHE BLANC, *prenanthes alba,* vivace, herbacée. Amérique septentrionale (1 mètre 25), fleurs blanches, août. Terre franche ordinaire humide. Multiplication n°s 1 et 27.

PRIMEVÈRE, *primula,* vivace, herbacée. = **Commune,** *p. veris,* fleurs jaunes pendantes, ayant une légère odeur. =

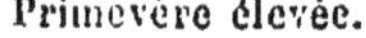

Primevère élevée.

Primevère à grandes fleurs.

Élevée, *p. elatior,* ne différant de la précédente que par la hampe plus élevée. Ces deux espèces indigènes ont fourni par le semis un très grand nombre de variétés que les amateurs cultivent avec soin.

Une primevère, pour être belle, doit avoir la tige forte, la corolle nuancée de trois couleurs tranchées ou de deux au moins. L'orifice du tube, qui porte le non d'*œil*, doit être parfaitement rond, et être afleuré par les cinq étamines qui portent le nom de *paillettes*, et le stigmate du pistil ou du *clou*. Quand il en est autrement, elles reçoivent l'épithète de ***clouées***, qui les voue au rebut. Le brun velouté, le noir, le carmin, le vermillon vif, le jaune, l'orangé, etc., sont les couleurs préférées sur le limbe, qui doit être liséré de blanc, de rose ou de feu. Ces variétés s'obtiennent de semis faits de juin en juillet en pépinière, au levant ou en terrine, et très peu couverts de terre. On repique à la même époque de l'année suivante, en place ou en pots. Les variétés obtenues se conservent par la multiplication, n° 26, à l'automne, ou mieux dès que la floraison qui a lieu en avril et mai est passée. Terre franche légère humide.

= **Auricule** (*Oreille d'ours*), *p. auricula*, des Alpes. Cette espèce a aussi fourni un grand nombre de variétés dont on a fait des collections d'amateurs. Ceux-ci les ont divisés en trois groupes : le premier comprend les *ombrées, flamandes ou liégeoises*. L'œil, dont la forme et l'ornementation des paillettes et du clou sont semblables à celles des primevères, doit être jaune ou blanc ; une couleur vive doit en border le contour et s'étendre, en diminuant d'intensité, jusqu'au bord du limbe. Les couleurs les plus estimées sont le brun foncé, le brun olive et le gros violet. Le deuxième groupe, composé des *poudrées* ou *anglaises*, doit remplir les mêmes conditions de beauté, seulement l'œil doit toujours être blanc ou vert

Primevère de Chine.

olive. Le troisième groupe n'admet que les *doubles* dont les amateurs ne cultivent que la *jaune* et la *mordorée*. Un quatrième groupe admis par quelques-uns sous le nom d'*auricules pures* ne comprend que les unicolores dont l'œil est blanc. — Mêmes culture et multiplication que pour les primevères élevées.

= **Farineuse**, *p. farinosa*, fleurs bleues ou blanches, mai. = **A feuilles de cortuse**, *p. cortusoides*, Sibérie, fleurs pourpres odorantes, mai. = **A grandes fleurs**, *p. grandiflora*, fleurs grandes et jaunes, juin. — Mêmes culture et multiplication. = **De la Chine**, *p. sinensis* (20 à 25 centimètres), fleurs roses, gorge du tube jaune, toute l'année, si l'on tient la plante sous châssis. Variétés : simple blanche ; double rose et double blanche ; à pétales frangés. — Multiplication nos 1 et 27. Terre de bruyère.

Primevère de Chine à pétales frangés.

PRINOS VERTICILLÉ, *prinos verticillatus*, arbrisseau de la Virginie (1 mètre 60 à 2 mètres), fleurs petites, blanches, juillet, remplacées par de petits fruits roses. Multiplication nos 1 et 49. Terre de bruyère ombragée.

PRUNIER, *prunus*, arbrisseau. = **De la Chine**, *p. sinensis* (70 centimètres), fleurs roses, avril et mai. Variété à fleurs doubles. = **Couché**, *p. prostrata* (1 mètre), d'Orient, fleurs roses, avril et mai. = **Épineux**, *p. spinosa*, arbrisseau (3 à 4 mètres), indigène. Variété à fleurs doubles blanches ressemblant à celles du myrte. L'espèce est très bonne à faire des haies. — Multiplication des variétés à fleurs doubles par 37, sur myrobolan. Culture du prunier.

Pyrèthre à fleurs roses.

PTÉLÉE A TROIS FEUILLES, *ptelea trifoliata*, Caroline, arbrisseau, fleurs vertes, juin. — Multiplication **n° 1**, **aussitôt** la maturité des graines, et n° 49. Terre franche légère. Exposition ombragée.

PULMONAIRE, *pulmonaria*, vivace herbacée. = **De Virginie**, *p. virginica*, fleurs en bouquet, bleues, mars, avril et mai. = **De Sibérie**, *p. sibirica*, fleurs bleues en grappes, mai et juin. = **A feuilles molles**, *p. mollis*, indigène, grappes de fleurs roses et bleues. — Multiplication n^os^ **1** et **26. Terre** franche légère. Exposition ombragée pour la première ; les autres ne craignent pas le soleil.

PYRÈTHRE A FLEURS ROSES, *pyrethrum roseum*, vivace herbacée, glabre, originaire du Caucase; feuilles à long pétiole, rondes et à dents, recouvertes de grains résineux; fleurs rouges, roses ou blanches. — Multiplication par éclats après la floraison. — Toute terre.

RAY-GRASS (*Gazon anglais. Ivraie vivace*), *lolium perenne.* (Voir page 37.)

Ray-grass.

REINE DES PRÉS. Voir *Spirée.*

REINE-MARGUERITE. Voir *Aster.*

RENONCULE, *ranunculus*, vivace herbacée. = **Des Jardins**, *r. asiaticus*. Cette espèce a fourni par le semis quatre ou cinq cents variétés de choix qui composent les collections d'amateurs. Les qualités qui font estimer les renoncules sont : un feuillage élégamment découpé, une tige forte et assez haute pour élever la fleur à 15 ou 20 centimètres au-dessus de lui ; une corolle double qui ne laisse apercevoir aucune trace des organes de la fructification, une forme parfaitement ronde et un diamètre de 50 à 55 millimètres. Les couleurs doivent être vives, et s'il n'y en a qu'une, elle doit avoir plusieurs nuances. Fleurs simples, semi-doubles et doubles de presque toutes les couleurs, avril et mai. Terre

Renoncule des jardins.

franche légère, passée à la claie et amendée avec du terreau de couche consommé. Culture des anémones *des fleuristes* et *des jardins*. = **Pivoine**, *r. africanus*. On n'en possède que des variétés à fleurs doubles qui ressemblent à la précédente, se cultivent et se multiplient comme elle. Leurs couleurs sont le rouge, le jonquille, le souci doré et le rouge panaché de jaune. Elles fleurissent à la même époque et se confondent souvent avec les variétés de la *r. des jardins*, quoique plus fortes en tout et à feuillage plus découpé. =

Bouton d'argent, *r. aconitifolius*, indigène (30 centimètres), fleurs blanches doubles comme celle du myrte, mai et juin. = **Bouton d'or,** *r. acris*, indigène, pour sa variété à fleurs doubles, beau jaune, juin. Pour ces deux der-

Renoncule bouton d'argent.

nières espèces, multiplication n° 27, tous les trois ans après la dessiccation des feuilles. Terre franche légère, humide.

RESÉDA ODORANT, *reseda odorata*, d'Alger, plante annuelle. Fleurs vertes très agréablement odorantes, juin à octobre. Multiplication n° 1. Tout terrain. On le fait ramifier en pinçant la tige principale. Au contraire, en supprimant les ramifications inférieures et le rentrant en serre pendant l'hiver, on le rend ligneux. Il fleurit pendant la mauvaise saison et dure plusieurs années.

RHODANTHE DE MANGLES, *rhodanthe Manglesii*, annuelle, d'Australie (70 à 80 centimètres), fleurs rose foncé passant au blanc d'argent, juin, juillet et août. — Multiplication n° 5, en avril, repiquage en pot et plantation en pots plus grands en mai. Terre de bruyère.

RHODODENDRON, *rhododendrum*, arbrisseau. = **D'Amérique,** *r. maximum*, Amérique septentrionale (1 mètre 50 à 2 mètres), corymbe de fleurs rose plus ou moins intense.

Variété à fleurs blanches. = **De Catawbi**, *r. catawbiense*, fleurs rose tendre. = **De Catesby**, *r. catesbœi*, très voisin du précédent. = **Hybride**, *r. altaclerense*, fleur grande, rose foncé. = **Pontique**, *r. ponticum*, du Pont, grandes fleurs pourpres, violettes. Il y a un assez grand nombre de variétés. = **Azaloïde**, *r. azaloides*, fleurs roses et fleurs violettes.

Réséda odorant.

= **Ponctué**, *r. punctatum*, Amérique septentrionale, fleur pâle, rose vif selon la variété. = **Ferrugineux**, *r. ferrugineum*, fleurs petites, rose vif, points jaunes. = **Velu**, *r. hirsutum*, fleurs rouge vif, points dorés. Variété à feuilles bordées de jaune. = **A petites feuilles**, *r. chamæcistus*, d'Autriche, le plus petit de tous, fleurs carnées ponctuées de rouge. = **De la Daourie**, *r. davuricum*, fleurs rouges, violettes. = **A fleurs de Jacinthe**, *r. hyacinthiflorum*, fleurs doubles violettes.

Du croisement des espèces, *pontique*, *de Catawbi* et *en arbre* à fleurs rouges et blanches (serre tempérée), on a obtenu un très grand nombre de variétés, et l'on a remarqué que toutes celles qui ont le dessous des feuilles argenté ou ferrugineux réclament la serre pendant l'hiver, tandis que toutes les autres résistent au plein air.

Excepté les arborés, tous résistent en plein air. Ils fleurissent en mai et juin. Il leur faut la terre de bruyère ou au moins un bon compost où elle entre pour moitié, et l'exposition du nord ou du levant. — Multiplication par la greffe ou de marcottes qui ne s'enracinent que la seconde année.

Rhubarbe officinale.

Ces moyens sont indispensables pour les variétés. On sème en terre de bruyère pure sur couche tiède et sous châssis dès le début du printemps. On recouvre peu la graine et on tient la terre constamment humide, en ombrant le jeune plant, qui redoute le soleil. Il peut être mis en place dès la seconde année en terre de bruyère pure, qui lui est nécessaire pendant sa jeunesse.

RHODORA DU CANADA, *rhodora canadensis*, arbrisseau (80 centimètres à 1 mètre 25), fleurs petites, odorantes, teintées de pourpre, février et mars. Culture des rhododendrons. Terre de bruyère ombragée. Exposition du nord-est.

RHUBARBE OFFICINALE, *rheum officinale*, vivace du Thibet. Cultivée pour son feuillage très ornemental. — Multiplication n° 26 ou n° 1, dès que les graines sont mûres ; ensuite n° 29. Terre ordinaire meuble.

RICIN COMMUN, *ricinus communis*, vivace, traitée comme

Ricin commun.

plante annuelle de l'Inde, fleurs unisexuelles en grappes, les mâles à la base, les femelles au sommet, juillet et août. Feuillage ornemental. — Multiplication n°s 5 et 10 au printemps. Terre franche légère. Exposition chaude.

RINDERE AILÉ, *rindera tetraspis*, vivace, herbacée, de Russie, fleurs jaunes, mai et juin. — Multiplication, nos 1, 26 et 27. Terre franche ordinaire, mi-ombre.

ROBINIER FAUX-ACACIA, *robinia pseudo-acacia*, arbre des États-Unis (18 a 24 mètres), fleurs blanches pendantes, à odeur de fleur d'oranger, mai et juin. = **Visqueux**, *r. viscosa*, fleurs rose pâle, juin et juillet. = **Rose**, *r. hispida*, Caroline (1 mètre 50 à 2 mètres), grappe de fleurs roses, avril, mai, juin et quelquefois août et septembre. Bois très cassant qu'il faut protéger par un tuteur. — Multiplication n° 39 sur le faux-acacia. Celui-ci se multiplie par n° 63 et mieux par n° 1, dans toutes sortes de terres et de préférence en terre franche, légère, humide. Très intéressant dans les jardins pittoresques.

Romarin officinal.

ROMARIN OFFICINAL, *rosmarinus officinalis*, arbrisseau (1 mètre à 1 mètre 50), aromatique, fleur bleu pâle, février à mai. — Multiplication, nos 49, 59 et 63. Terre franche, légère. Exposition chaude. Bon pour bordure en le tondant pour le faire ramifier; le garnir du pied, pour le rendre moins sensible à la gelée.

RONCE COMMUNE, *rubus fructicosus*, arbrisseau. On en cultive quelques variétés dont voici les plus intéressantes : *à fleurs blanches doubles, à fleurs rosacées*, juin à novembre; *à fleurs roses doubles, à fleurs roses très doubles*, juillet à octobre. — Multiplication, n°s 49 et 63. Terre franche ordinaire. Exposition ombragée. On leur donne des tuteurs, ou on les attache au mur. On supprime toutes les branches qui dépérissent.

ROSEAU À QUENOUILLE, *arundo donax* (*canne de Provence*) vivace, herbacée, graminée (3 à 4 mètres), tiges ligneuses,

Rose trémière.

fistuleuses, articulées, fleurs pourpres, élégantes, août. Terre profonde, humide. D'une belle ornementation sur les bords des eaux.

ROSEAU DE LA PASSION. Voyez *Massette*.

ROSE DE CHINE. Voyez *Ketmie*.

ROSE DE NOËL. Voyez *Hellébore noir*.

ROSE DU JAPON. Voyez *Hortensia* et *Camélia*.

ROSE TRÉMIÈRE. Voir *Alcée*.

ROSIER, *rosa*, arbrisseau. Les rosiers sont l'ornement le plus indispensable des jardins; qu'ils soient grands ou petits, leur place y est marquée; un jardin sans roses serait un monde sans femmes. Depuis cinquante ans environ, le nombre des belles variétés s'est tellement accru par suite des innombrables semis qui ont été faits par d'habiles horticulteurs, qu'on aurait pu en porter le catalogue à plus de 2.400 nommées et décrites. On conçoit que dans une si prodigieuse quantité il y ait eu lieu à réforme, c'est heureusement la voie dans laquelle sont entrés les meilleurs cultivateurs. Les bornes de cet ouvrage ne nous permettent pas de faire connaître toutes ces richesses; aussi ne présenterons-nous qu'un choix très abrégé de ce choix déjà si épuré. Nous ne le classerons pas d'une manière savante, soit d'après Lindley, de Pronville, Prevost, etc., mais nous adopterons la nomenclature commerciale, qui est celle au moyen de laquelle les amateurs pouront le mieux s'entendre avec les marchands, et nos citations seront empruntées aux catalogues des horticulteurs qui s'occupent le plus spécialement de ce beau genre. Nous formons deux grandes divisions : la première comprend les rosiers non remontants, la seconde, les rosiers remontants, ou au moins qui fleurissent plus d'une fois dans l'année

Rosiers non remontants.

R. PIMPRENELLE. — *Aurora*, moyenne, pleine, beau rose. — *Harrissonnii*, moyenne semi-double, jaune.

R. CAPUCINE. — *Persian yellow*, double, jaune, capucine.

R. SULFUREUX. — *Ancien jaune*, très pleine.

R. BLANC. — *Madame Audot*, moyenne pleine, rose carné tendre. — *Belle de Ségur*, moyenne, pleine, carnée. — *La Séduisante*, moyenne, pleine, rose tendre. — *Royale*, moyenne, pleine, rose.

R. DE DAMAS. — *Duc de Sussex*, grande, pleine, rose nuancé. — *La ville de Bruxelles*, moyenne, double, rouge clair. — *Madame Hardy*, grande, très pleine, blanche. — *Madame Soetmans*, moyenne, pleine, blanche.

R. CENT-FEUILLES. — *Cristata*, grande, pleine, rose vif. — *De Nancy*, grande, pleine, beau rose. — *Pompon de Bourgogne*, blanche, centre rose, petite. — *La même*, rose. — *Unique panaché*, grande, très pleine, blanche, panaché de rose vif. — Hybrides. — *Comtesse de Ségur*, moyenne, pleine, rose carnée, tendre. —*Madame Henriette*, moyenne, pleine, rose. — *Vilmorin*, moyenne, pleine, carnée. — *A feuille de chou*, grande, pleine, rose. — *Adeline*, moyenne, pleine, rose. — *Duchesse d'Orléans*, grande, double, carnée.

R. CENT-FEUILLES MOUSSEUX. — *Aixa*, moyenne aplatie, rose tendre. — *Blanche*, moyenne, pleine, blanche. — *Catherine de Wurtemberg*, moyenne, pleine, rose. — *Cramoisi foncé*, moyenne, cramoisi, velouté. — *Mademoiselle Alboni*, moyenne, pleine, rose carnée. — *Zoé*, très mousseuse, moyenne, double, rose. — *Bramanthe*, moyenne, double, rouge amarante. — *Emmeline*, moyenne, pleine, blanche. — *Général Clerc*, moyenne, pleine, — rouge pourpre. — *Reine Blanche*, moyenne, pleine, blanc pur. — *Reine des mousseuses*, moyenne, pleine, rose carné.

R. DE PROVINS. — *Belle de Fontenay*, moyenne, pleine, rose marbré blanc. — *Comte Boula de Nanteuil*, grande, très pleine, pourpre violet. — *D'Aguesseau*, grande, pleine, rouge vif. — *Nausicaa*, grande, pleine, bombée, rose clair bordé blanche. — *Ninon de Lenclos*, grande, très pleine, rouge lilas bordé plus clair. — *Œillet flamand*, moyenne, double, panachée de blanc et de rose. — *Perle des panachées*, moyenne, pleine, panachée. — *Rosamonde*, moyenne, pleine, rouge lilas clair. — *Shakespeare*, moyenne, pleine, rouge vif. — *Tricolore de Flandre*, moyenne, pleine, panachée. — *Tour de Malakoff*, grande, pleine, rose carnée. — *Achille de Harlay*, moyenne, pleine, rouge, ponctuée. — *Comte de Murinais*, grande, pleine, ardoisée, marbrée. — *Doña Sol*, moyenne, pleine, rouge pourpre, ponctuée.

R. DE PROVENCE. — *Aurélie Delamarre*, moyenne, pleine, beau rose. — *Clarisse Jolivet*, grande, pleine, blanche. — *Eulalie Lebrun*, moyenne, pleine, panachée, rose et lilas. — *Blanchafleur*, moyenne, pleine, blanche carnée. *Botzaris*, moyenne, pleine, blanche, jaunâtre. — *Gracilis*, moyenne, pleine, blanche, centre carné. — *Marie-Thérèse*, moyenne, pleine, blanc carné.

R. DE BENGALE. (hybrides) — *Élisa Renou*, moyenne, pleine, blanche carnée. — *Général Changarnier*, grande, pleine, rouge giroflée. — *Junon*, grande, pleine, rose pâle.

Rosier.

— *Las Cases*, moyenne, pleine, rose clair. — *Marie de Champlouis*, grande, pleine, rose clair. — *Nathalie Daniel*, moyenne, pleine, rose tendre.

R. TOUJOURS VERT. — *Doña Maria*, moyenne, pleine, blanche. — *Princesse Marie*, moyenne, pleine, rose clair.

R. DE BANKS. — *A fleurs blanches*, petite, pleine, odorante. — *Jaune*, grande et pleine, sans odeur. — Nouvelle variété de la Chine.

R. MUSCATE. — *Double ancienne*, moyenne, blanche, multiflore.

R. MULTIFLORE. — *Graulhié*, moyenne, pleine, blanche. — *Laure Davoust*, petite, très pleine, carné vif.

R. A FEUILLES DE RONCE. — *Belle de Baltimore*, moyenne, pleine, blanche carnée.

R. AYRSCHYRE. — *A fleurs pleines*, moyenne, double, carnée, odeur de thé.

N. B. Les rosiers *toujours vert*, *de Banks*, *muscate*, *multiflore*, *à feuilles de ronce* et *Ayrschyre*, ont les rameaux sarmenteux, et sont propres à couvrir des murs, des berceaux et des treillages.

R. A FLEURS D'ANÉMONE. — Rose de la Chine, petite, pleine, pétales blancs en lanière, inerme.

Rosiers remontants.

R. A PETITES FEUILLES. — *Pourpre ancien*, grande, très pleine, striée au centre (hybride). — *Hardii*, moyenne, simple, jaune à onglet pourpre.

R. THÉ. — *Adam*, très grande, pleine, rose clair — *Arance de Navaro*, moyenne, pleine, bombée, rouge clair, odorante. — *Bougère*, très grande, rose hortensia. — *Comte de Paris*, très grande, pleine, rose clair. — *Devoniensis*, grande, pleine, blanche, jaune, odorante. — *Duc d'Orléans*, moyenne, très pleine, bombée, rouge nuancé. — *Duchesse d'Orléans*, moyenne, pleine, blanche, carnée. — *Élisa Sauvage*, moyenne, pleine, jaunâtre. — *Eugénie Desgaches*, grande, pleine, bombée, rose, frais. — *Goubault*, grande, semi-double rose clair, centre aurore, odorante. *Hamon*, grande, presque pleine, rose pourpre, centre aurore, très odorante. — *Leweon-Gower*, très grande, pleine, rose. — *Maréchal Bugeaud*, pleine, grande, rose nuancé. — *Moiré*, grande, pleine, carnée, jaune. — *Nisida*, moyenne, pleine, aurore à bords roses, odorante. — *Pauline Plantier*, moyenne, globuleuse, blanche, légèrement jaune. — *Princesse Adélaïde*, grande, pleine, jaune soufre. — *Princesse de Joinville*, moyenne, double, rouge clair. — *Princesse Hélène*, grande, pleine, blanche, fond jaunâtre. — *Princesse Marie*, grande, très pleine, carnée rose, fond jaune. — *Silène*, grande, pleine, rose passant au rouge vif, odorante. — *Triomphe du Luxembourg*, très grande, pleine, rouge à fond aurore. — *Vicomtesse Decazes*, moyenne, pleine, jaune cuivré passant au jaune pâle.

R. DE BENGALE. — *A trois couleurs*, moyenne, pleine, blanc jaune, linée de rose vif. — *Abbé Miolland*, moyenne, pleine, pourpre rayée de blanc. — *Amiral Duperré*, moyenne, pleine, cramoisi vif. — *Beau carmin du Luxembourg*, moyenne, pleine, pourpre foncé velouté. — *Cramoisi supérieur*, moyenne, pleine, cramoisi vif. — *Fabvier*, *Scipion*, moyenne, presque pleine, rouge éblouissant. — *Souchet*, grande, pleine, rouge carmin. — *Souvenir de Dumont d'Urville*, moyenne, pleine, cerise vif. — *Vicomte Fritz de Cussy*, moyenne, pleine, cerise vif.

R. HYBRIDES (se rapportant aux *Iles Bourbon*). — *Comte Bobrinsky*, moyenne, très pleine, carmin vif. — *Ernestine de Baranthe*, petite, pleine, rose vif. — *Etendard de Marengo*, moyenne, double, rouge éblouissant. — *Gloire des rosomanes*, grande, demi-double, rouge vif. — *Princesse de Joinville*, moyenne, pleine, rose vif. — *Soleil d'Austerlitz*, très grande, pleine, rouge éclatant. — *Vicomtesse de Belleval*, moyenne, pleine, globuleuse, rose tendre.

R. HYBRIDES (se rapportant aux *Bengale* et aux *Portland* plus ou moins altérés). — *Amanda Patenotte*, moyenne, pleine, bombée, rose foncé. — *Aubernon*, grande, pleine, rose vif. — *Augustine Mouchelet*, moyenne, très pleine, rose violet. — *Baronne Prévost*, grande, pleine, rose. — *Blanche Vibert*, moyenne, pleine, blanc mat, jaune en ouvrant. — *Caroline de Sansal*, grande, très pleine, carné clair, centre plus foncé. *Comte d'Egmont*, grande, double, violet bordé plus clair. — *Comte de Montalivet*, très grande, double, globuleuse, rouge violet frais. — *Comte de Paris*, très grande, pleine, rouge violet, souvent strié. — *Comtesse de Rambuteau*, grande, pleine, rose tendre. — *Duchesse de Galliera*, moyenne, pleine, rose frais nuancé. — *Duchesse de Montpensier*, grande, pleine, rose tendre à bords plus clairs. — *Duchesse de Sutherland*, moyenne, double, carnée. — *Géant des batailles*, moyenne, pleine, rouge éclatant. — *Général Cavaignac*, grande, pleine, belle, forme, rose foncé vif. — *Lady Alice Peel*, moyenne, pleine, rose carminé. — *La renoncule*, petite, pleine, rouge, moyenne, presque double, rouge vif éblouissant. — *Général Lawestine*, moyenne, pleine, rouge foncé vif. — *Joséphine Malton*, moyenne, pleine, blanche jaune. — *Madame Desprez*, grande, pleine, blanche odorante. — *Marjolin*, grande, très pleine, rouge foncé vif. — *Reine Blanche*, grande, presque double, blanc pur. — *Unique*, moyenne, pleine, blanche à bords rouges. — *Virginie Lebon*, grande, double, blanc pur. — *Admiration*, grande, pleine, groseille, marbrée. — *Adolphe Bossange*, grande, pleine, rose vif. — *Boccace*, grande, pleine, rouge cramoisi. — *Comte de Beaufort*, moyenne, pleine, rouge pourpre. — *Comtesse Vaillant*, moyenne, pleine, violet clair. — *Garibaldi*, grande, pleine, rose lilacé. — *François Arago*, moyenne, pleine, rouge cramoisi. — *Désirée Giraud*, grande, pleine, rose panaché. — *Pie IX*, moyenne, pleine, incarnat.

R. MISS LAWRENCE OU POMPON. — *La Désirée*, très petite, pleine, rose. — *Gloire de Lawrenceana*, très petite, pleine, cramoisie.

R. NOISETTE. — *Caroline Marniesse*, moyenne, pleine, bombée, blanche carnée. — *Chromatella*, grande, pleine, jaune soufre. — *Desprez*, grande, pleine, rose et jaune. — *Solfatare*, grande, pleine, jaune soufre vif. — *Triomphe de la Duchère*, moyenne, pleine, rose tendre. — *Vicomtesse d'Avesne*, moyenne, pleine, bien faite, rose. — *Mistriss Sidon*, moyenne ou grande, pleine, jaune. — *Aimée Vibert*, petite, pleine, blanche. — *Bougainville*, moyenne, pleine, rose foncé. — *Lamarque*, grande, double, blanc jaunâtre. — *Ophirie*, moyenne, pleine, chamois foncé.

R. DE L'ILE BOURBON. — *Aurore du guide*, moyenne, pleine, rouge passant au violet. — *Comice de Seine-et-Marne*, moyenne, pleine, rouge violet. — *Émile Courtier*, moyenne, pleine, rouge, clair nuancé. — *Général Oudinot*, moyenne. pleine, cramoisie, pourpre foncé. — *Georges Cuvier*, moyenne, pleine, cerise nuancé de rose clair. — *Hermosa*, moyenne, pleine, rose tendre. — *Julie de Fontenelle*, moyenne, pleine, rouge violet, odeur faible de violette. — *Lady Stanley*, moyenne, pleine, rose nuancé. — *La reine de l'île Bourbon*, moyenne, pleine, carné frais. — *Le camée*, grande, pleine, carnée à centre rose. — *Madame Angélina*, moyenne, double, blanc jaune passant au carné clair. — *Mistriss Bosanquet*, moyenne, presque pleine, carné tendre. — *Prémice des Charpennes*, moyenne, pleine, rose tendre. — *Princesse Clémentine*, moyenne, pleine, violette. — *Proserpine*, moyenne, très pleine, cramoisi vif. — *Madame Emma Dampière*, moyenne, pleine, rose vif. — *Madame Verlier*, moyenne, pleine, cupuliforme, carnée. — *Marquise Boccella*, moyenne, pleine, carnée à centre plus vif. — *Souvenir de la Malmaison*, grande, pleine, carnée. — *Acidalie*, moyenne, pleine, carnée. — *Bosanquet*, moyenne, double, rouge. — *Colbert*, moyenne, pleine, pourpre velouté. — *Aline Pierron*, moyenne, pleine, blanc jaunâtre. — *Caroline Riquet*, moyenne, pleine, blanc pur. — *Molière*, moyenne, pleine rose vif.

R. DES QUATRE SAISONS et PORTLAND, dits PERPÉTUELS. — *Julie de Krudner*, moyenne, pleine, carné, clair. — *Laurence de Montmorency*, grande, pleine, rose lilas. — *Rose du roi*, moyenne, pleine, rouge vif. — *Rose du roi, pourpre* ou *Mogador*, moyenne, pleine, rouge pourpre, — *Sélima Dubos*, moyenne, peine, blanche. — *Anne de Bretagne*, moyenne, pleine, rose. — *Duchesse de Rohan*, moyenne, pleine, rose lilas. — *Élisa Mercœur*, grande, pleine, rose tendre. — *Palmire*, moyenne, pleine, rose. — *Robert*, moyenne, pleine, rose marbré.

R. REMONTANTS MOUSSEUX. — *Hermann Kegel*, moyenne, pleine, cramoisi violet, légèrement strié de blanc. — *Mauget*, moyenne, pleine, globuleuse, beau rose. — *Eugène de Savoie*, grande, pleine, rouge vif. — *Genéral Drouot*, moyenne, double, pourpre. — *Didon*, moyenne, pleine, blanc carné. — *Madame de Staël*, moyenne, pleine, rose tendre. — *Salet*, moyenne, pleine, rose foncé.

Culture du rosier. — Les rosiers réussissent bien dans toutes les terres propres aux céréales ou aux potagers; hors les espèces ou variétés délicates pour le centre ou le nord de la France, leur culture ne réclame d'autres soins que ceux que l'on donne aux autres arbustes d'agrément. Pour les rosiers cultivés franc de pied, il est utile, à la taille, de supprimer les branches épuisées, elles se reconnaissent facilement à leur aspect maladif et à la couleur jaunâtre de leur écorce; dans le cours de leur végétation, il faudra arrêter en les pinçant ou même en les supprimant, les rameaux trop vigoureux, afin de maintenir l'égalité de la végétation; quand on n'a pas l'intention de semer leur graine, il est inutile de les conserver, ne serait-ce que comme mesure de propreté.

Dans les terres fortes ou humides où les rosiers francs de pied sont sujets à jaunir, il sera plus avantageux de ne les cultiver que greffés sur églantiers, arbustes beaucoup plus robustes. Toutefois, en raison de sa grande vigueur, on ne devrait lui confier que les greffes des espèces ou variétés très vigoureuses. Mais dans la culture il n'en est pas ainsi, les horticulteurs, obligés de se conformer aux goûts du public, greffent à peu près indistinctement presque toutes les roses sur l'églantier; néanmoins ce grave inconvénient peut être atténué en greffant les variétés les plus délicates sur des sujets bas. En couchant ces sujets ou en enterrant ces greffes, on peut en deux ou trois ans les rendre francs de pied. Comme sujet propre à recevoir la greffe du rosier, il y aurait beaucoup à dire sur l'églantier; élevé à haute tige pour obéir à l'usage, il ne convient réellement qu'aux rosiers qui, dépensant beaucoup de sève, ont plus d'analogie avec lui; toutefois, pour la grande culture rien ne saurait le remplacer. C'est à ce défaut d'analogie et à la nature traçante de ses racines qu'il faut attribuer le peu de durée des rosiers greffés à haute tige. On doit supprimer avec soin, en les coupant près de la racine, toutes les traces qui sortent du pied, et maintenir par la taille et l'ébourgeonnement la tête du rosier dans une forme agréable.

Les variétés de roses délicates qu'il sera toujours prudent de cultiver franc de pied, ou greffées bas, peuvent être préservées du froid en buttant, à l'approche des fortes gelées, leurs pieds avec de la terre ou du sable fin. La partie enterrée échappe aux rigueurs de l'hiver, les rameaux seuls périssent.

Les rosiers se propagent par semis, marcottes ou couchage, par boutures et par la greffe, leurs traces ou leurs racines.

Semis. — On ne sème la graine des rosiers que pour en obtenir de nouvelles variétés, c'est à ces semis successifs commencés, il y a soixante-dix ans, et continués avec persévérance par nos habiles horticulteurs, que nous devons cette grande quantité de variétés de roses dont la floraison successive fait pendant toute la belle saison l'ornement de nos jardins. La graine des rosiers doit être semée à l'automne en terre légère et substantielle; on peut encore mettre la graine à stratifier dans du sable fin par lits alternatifs entretenus un peu humides pour ne les semer qu'en mars.

Les vases qui contiennent les graines mises en stratification doivent être déposés dans un lieu à l'abri de la gelée, mais non chauffé. En raison de la quantité de graines conservées, on sème en terrines ou en pleine terre, en les espaçant, autant que possible, de 2 à 3 centimètres; l'année suivante, en avril, on peut les planter à demeure de 8 à 10 centimètres, où ils peuvent rester jusqu'à leur floraison, qui a généralement lieu, de quatre à cinq ans. Tenir les jeunes plants en bon état de culture et de propreté, supprimer les branches qui s'épuisent, les tailler court pendant les trois ou quatre premières années : ce sont, jusqu'à leur floraison, les seuls soins qu'ils exigent. Le choix des graines à semer a quelque importance, puisqu'on ne sème qu'en vue de se procurer de nouvelles variétés. On doit choisir les graines des fleurs qui se rapprochent le plus de la perfection, par leur forme, le nombre, la grandeur et la couleur de leurs pétales, ou celles dont on présumait d'obtenir quelques couleurs ou nuances à découvrir encore.

Couchages ou marcottes. — Tous les rosiers peuvent être

multipliés francs de pied par ce procédé, de juillet en septembre, les jeunes rameaux de l'année ayant atteint environ les deux tiers de leur longueur naturelle, sont incisés à moitié bois au-dessous d'un œil, on les abaisse à 2 ou 3 centimètres de profondeur dans une petite fosse; c'est le même moyen que l'on pratique pour le marcottage des œillets. On obtient le même résultat par la torsion des rameaux, mais dans l'un et l'autre cas, il est indispensable de donner à chaque rameau un léger tuteur, afin de le maintenir constamment dans une position verticale. Moins il y a de terre sur l'incison ou la torsion, plus le développement des racines est prompt; mais dans ce cas surtout, il est nécessaire que la terre soit maintenue dans une humidité modérée. Après dix-huit mois, à l'automne de l'année suivante, s'ils ont été convenablement soignés, ces jeunes plants peuvent être serrés et mis en place.

Boutures. — Les variétés de roses appartenant aux îles de Bourbon, noisettes, Bengales et thés, reprennent généralement mieux que les autres; mais comme elles ne sauraient passer l'hiver dehors, il est prudent de ne les faire qu'en vases ou dans des panneaux. Une partie des roses dites remontantes, hybrides ou perpétuelles, peuvent être multipliées par boutures faites en septembre, dans un lieu abrité du grand soleil, en terre meuble et amendée par quelques engrais consommés. Aujourd'hui, grâce au chauffage des serres par les thermosiphons, nos habiles praticiens obtiennent un résultat plus sûr et plus prompt, quoique en sujets d'abord plus faibles.

L'églantier reprend facilement de boutures, plantées en octobre en plein air, dans une terre un peu forte maintenue humide, surtout pendant les chaleurs; il végète assez bien pour qu'une partie des plants puissent, dans l'été suivant, être greffés en œil dormant.

Greffes. — A défaut de sujets non traçants et plus convenables, particulièrement pour les hautes tiges, c'est sur l'églantier, *Rosa canina*, que presque toutes les variétés de roses sont greffées. Cette variété d'églantier, la plus commune en France, est préférée avec raison, la greffe y réussissant plus volontiers que sur les autres. Nous ne nous arrêterons pas à décrire l'opération manuelle de la greffe, qui est connue de tout le monde. Il est toujours avantageux de planter les églantiers le plus tôt possible; ils ne sont pas difficiles sur le choix de la terre, pourvu que sa consistance leur permette de retenir l'humidité. Autant que possible il faut choisir pour hautes tiges des sujets de deux à trois ans; pour les moyennes et basses tiges, on peut admettre ceux de un à deux; malheureusement tous les églantiers vendus sur les marchés ou ailleurs sont mal levés, et il y en a toujours une partie à supprimer. On donnera la préférence aux mieux enracinés, sans défaut, coude ou grosse coupe sur la tige; on rebutera surtout ceux dont l'écorce est d'un jaune pâle ou verdâtre.

La greffe en écusson dormant, la plus usitée, est celle qui convient le mieux à l'églantier; elle peut se pratiquer de juillet au 15 septembre, suivant les sols ou la maturité des rameaux à employer, afin de maintenir la sève à la naissance des rameaux qui doivent recevoir les greffes, lorsque les jeunes pousses des églantiers ont atteint 25 à 30 centimètres de longueur, elles doivent être pincées, et cette opération doit se répéter plusieurs fois suivant la vigueur des sujets. Au printemps, les églantiers développent presque tous les yeux de la partie supérieure de leurs tiges, la suppression de ces jeunes rameaux ne doit se faire que successivement, de manière à ne conserver que les plus forts et les mieux placés, qui devront être greffés; le nombre de ces rameaux se détermine par la vigueur des sujets et varie de deux à quatre au plus. Quelque temps après la reprise des greffes, il est utile de desserrer ou supprimer leur ligature, et souvent même de protéger contre les vents et les grandes pluies ces rameaux affaiblis par l'incision de l'écorce. L'année suivante, au printemps, les rameaux greffés doivent être taillés à un œil au-dessus des greffes, et les plaies fermées avec la composition à greffer. Cet œil doit être entretenu dans un état de végétation modérée, et ne doit être supprimé que l'année d'après. Il est indispensable de fixer à chaque sujet greffé une baguette pour attacher les jeunes greffes, qui doivent être pincées à la quatrième ou cinquième feuille, afin de procurer le développement des branches latérales qui doivent former la tête.

La greffe en œil poussant a pour but d'obtenir des fleurs sur des sujets plantés à l'automne ou pendant l'hiver. Cette greffe dont on a trop abusé depuis longtemps déjà, ne devrait être employée que dans quelques cas particuliers, et non pour des plants destinés la vente. La suppression forcée des branches greffées entraîne nécessairement la destruction des nouvelles racines chevelues, ainsi qu'il est facile de s'en convaincre en déplantant ces sujets avec soin.

Pour les jeunes greffes forcées du printemps sur sujets élevés en pots et qui ont lieu à l'aide d'une chaleur factice, il ne faut en attendre qu'une durée très bornée et une faible végétation. Le seul avantage qu'elle présente, c'est de procurer de bonne heure, pour greffer les roses nouvelles, quelques rameaux pour servir à la greffe en écusson dormant, et c'est aujourd'hui à peu près le seul but que se proposent les horticulteurs qui l'emploient. Quant à la greffe en fente sur sujets anciennement plantés, hors quelques cas particuliers où elle peut être avantageuse, leur reprise très incertaine et le peu d'adhérence des greffes avec le sujet en restreindront toujours l'emploi.

Racines et traces. — Beaucoup de rosiers peuvent être propagés par la division de leurs racines à l'automne de préférence; cette opération peut se pratiquer avec succès sur des vieux pieds dont la terre est épuisée. On pourrait encore couper ces pieds à quelques centimètres au-dessous du sol et relever l'année suivante les jeunes plants qui en proviendraient. Les traces que quelques espèces ou variétés émettent de leurs pieds offrent encore un moyen de multiplication facile. Les Provins surtout, les Provence et la plupart des roses autrefois cultivées sont dans dans ce cas. Quelques variétés de perpétuelles et d'hybrides, sans doute moins altérées, tracent également. Ce moyen si simple et si facile de propagation ne devra jamais être négligé, car, sous bien des rapports, la culture des rosiers francs de pied sera toujours préférable aux sujets greffés.

RUDBECKIA POURPRE, *rudbeckia purpurea*, Virginie, fleurs radiées à rayons pourpre foncé et disque pourpre brun; juin, juillet, et août. = **Bicolore**, *r. bicolor*, fleurs à rayons jaunes avec une grande macule marron et disque brun, juin, juillet et août. Tous deux vivaces, herbacés. — Multiplication, n°s 1 et 27. Terre franche légère, humide. Exposition aérée.

SAFRAN, *crocus*, vivace bulbeuse. = **Oriental** ou **cultivé**, *c. sativus*. Italie. Fleurs en octobre, en même temps que les feuilles, d'un violet satiné, à stigmate orangé. Terre franche, légère, substantielle. = **Printanier**, *c. vernus*, fleurs jaunes, blanches, bleues, violettes, etc., selon les variétés, février et mars. — Multiplication, 18 tous les trois ou quatre ans. Culture en pots enterrés en pleine terre dans les plates-bandes ou corbeilles, pour les relever après la floraison. — Un excellent procédé est de les planter dans de la mousse fraîche. C'est le pollen des fleurs des safrans qui donne la belle couleur jaune dont on se sert pour la coloration des pâtes d'Italie et de certains mets.

SAFRAN BATARD. Voir *Carthame des teinturiers*.

SAFRAN DES PRÉS. Voir *Colchique d'automne*.

SAGITTAIRE, voyez *Fléchière*.

SAINFOIN D'ESPAGNE, *hedysarum coronarium* (1 mètre à 1 mètre 25), fleurs odorantes, rouge foncé, étentard strié de blanc, juillet. Variété *à fleurs blanches*. = **Du Canada**, *h. canadense* (1 mètre), fleurs pourpres violettes, juin, juillet et août. = **Du Caucase**, *h. caucasicum* (50 centimètres), fleurs pourpres violettes, mai, juin et juillet. Tous trois vivaces, herbacés. — Multiplication, n°s 1 et 26. Terre franche légère. — **Capité**, *h. capitatum*, de Barbarie, annuelle (65, centimètres), fleurs roses, juillet à octobre. — Multiplication, n° 5 au printemps. Terre franche ordinaire.

SALICAIRE OFFICINALE, *lythrum salicaria*, indigène, épi

de fleurs pourpres, juillet et août. = **Effilée**, *l. virgatum*, d'Autriche (1 m. à 1 m. 50), épi de fleurs roses pourpres, juillet. Toutes deux vivaces, herbacées. — Multiplication, n°s 1 et 26. Terre franche légère, humide, au bord des ruisseaux et fossés.

SALPIGLOSSE POURPRE, *salpiglossis atropurpurea*, Chili, vivace, traitée comme plante annuelle (50 cent.), fleurs pourpre noir, juillet et août. — Multiplication, n° 2. Terre franche légère. Exposition chaude.

SANTOLINE COMMUNE, *santolina chamæcyparissus*, arbrisseau, indigène (50 centimètres), fleurs jaunes à odeur forte; juillet et août. — Multiplication, n°s 49 et 59. Terre franche légère. Exposition chaude, n° 25.

Safran oriental.

Saponaire officinale.

SAPIN, *abies*, arbre. = **Baumier**, *a. balsamea*, Virginie (16 à 18 mètres). = **A feuilles d'if**, *a. picea*, de première grandeur, indigène. = **De Fraser**, *a. Fraseri*, Pensylvanie (15 à 16 mètres). = **De Sibérie**, *a. pichta* (15 à 18 mètres). — **Du Canada**, *a. canadensis* (12 à 13 mètres). = **Sapinette blanche**, *a. alba*, grand, Amérique septentrionale. = **Sapinette rouge**, *a. rubra* (13 à 15 mètres), du Canada. =

Noir, *a. nigra* (13 à 16 mètres), Amérique septentrionale. Tous rustiques. Terre franche ordinaire fraîche. — Multiplication, n° 59 au printemps en place et n°s 43 et 46 sur le picea. Ils sont propres à l'ornement des parcs et jardins paysagers.

SAPONAIRE OFFICINALE, *saponaria officinalis*, indigène, vivace, herbacée (70 centimètres), fleurs odorantes, roses violettes, juillet. Variétés *à fleurs doubles* et *à fleurs doubles pourpres*. — Multiplication, n° 27. Tout terrain et exposition.

SARRETTE PINNATIFIDE, *serratula pinnatifida*, vivace, herbacée (60 centimètres), fleurs roses violettes, juillet. — Multiplication, n° 28. Terre franche ordinaire.

SARIETTE DES JARDINS, *satureia hortensis*, indigène, vivace herbacée, fleurs purpurines. — Multiplication, n°s 1 et 27. Bonne en bordures.

SAUGE HORMIN, *salvia horminum*, annuelle d'Espagne (70 centimètres), épi de fleurs à bractées rose tendre, juillet. — Variété à bractées roses; autre à bractées violettes. — Multiplication n° 1. Terre franche légère, exposition chaude. = **Bicolore**, *s. bicolor*, vivace, herbacée de Barbarie; fleurs bleues avec une tache bleue à la lèvre inférieure, juin. — Même culture, n° 25. = **Officinale**, *s. officinalis*, indigène (50 centimètres); très aromatique et propre aux bordures; fleurs bleues ou blanches, en juin et juillet. Terre franche légère. Exposition chaude. — Multiplication, n° 1 et mieux par n° 59. = **Orvale** (*Toute bonne*), *s. sclarea*, indigène, bisannuelle (plus de 1 mètre). Très aromatique; fleurs violacées, juillet à août. Terre sèche. — Multiplication, n° 6; puis n° 13 au printemps. = **Écarlate**, *s. coccinea*, Floride (1 mètre 50), fleurs coccinées très vif, juin et juillet. = **Éclatante**, *s. splendens*, Brésil (70 centimètres à 1 mètre 30), fleurs à bractées rouge éclatant, août, octobre, = **Étalées**, *s. patens* (1 mètre à 1 mètre 25), épi de fleurs bleu d'azur, lèvre inférieure très large, juillet et août.

Les trois dernières sauges sont vivaces, herbacées et appartiennent à la serre tempérée. On peut les cultiver comme annuelles. Voici la culture qui est nécessaire pour la s. *éclatante :* semer du 15 au 20 février dans un mélange par tiers de terre franche, de terre de bruyère et de terreau, en terrine enterrée sur une couche à melon sous châssis, lorsque sa chaleur est à 28 ou 30 degrés centigrades; on recouvre de 15 millimètres de terre. Repiquer, vers le 15 mars, en godets remplis de la même terre et tenus à la même température, et une seconde fois dans des pots à basilic, placés sous châssis; pincer les plantes à trois ou quatre feuilles pour les faire ramifier; les livrer enfin à la pleine terre vers le 20 mai. Elles commencent à fleurir dans la deuxième quinzaine d'août, et dès ce moment elles doivent être tenues à l'eau; la floraison continue jusqu'aux gelées.

SAULE, *salix.* = **Commun** ou **Blanc**, *s. alba*, arbre, indigène (15 à 16 mètres). = **Pourpre**, *s. purpurea* indigène, arbrisseau, bon pour osier. = **Violet**, *s. acutifolia.* = **Jaune**, *s. vitellina*, tous deux arbrisseaux, même usage. = **Viminal**, *s. viminalis*, arbre, variété à *écorce noire* et à *écorce blanche*, terrain très humide. = **Odorant**, *s. pentendra*, arbre. = **Marceau**, *s. caprea*, arbre indigène, réussit dans les terres crayeuses. = **Pleureur**, *s. pendula*, d'Orient (10 à 15 mètres), très ornemental par ses rameaux longuement pendants. = **A anneaux**, *s. annularis*, singulier par ses rameaux pendants à feuilles contournées. — Multiplication, **n°s 49, 59 et 37.** Tout terrain humide.

SAXIFRAGE, *saxifraga*, vivace, herbacée. = **Ombreuse**, *s. umbrosa*, des Alpes (25 à 30 centimètres), fleurs blanches pointillées de rouge, mai et juin. = **Mousseuse**, *s, hypnoides* (16 centimètres), fleurs blanches, mai; toutes deux font de jolies bordures. = **De Sibérie**, *s. crassifolia* (33 centimètres), fleurs roses, avril et mai. = **Ligulée**, *s. ligulata*, du Népaul, fleurs blanches carnées, avril et mai. — Variété à fleurs roses. = **Pyramidale**, *s. cotyledon* des Alpes (50 à 60 centimètres), fleurs blanches, mai et juin. = **Ciliée**, *s. ciliata :*

Espèce de l'Inde ; feuilles couvertes de poils sur les nervures de la face inférieure ; fleurs blanches. — Multiplication, nos 1, 26 et 27. Tout terrain et exposition. Serre froide.

Saxifrage ciliée

Scabieuse des jardins.

SCABIEUSE DES JARDINS, *scabiosa atropurpurea* (Inde), annuelle. Capitules solitaires de fleurs pourpres plus ou moins foncées, roses, etc., à odeur musquée, juillet à octobre. = **Étoilée,** s. *stellata*, annuelle, indigène, fleurs blanches, juillet et août. — Multiplication, nos 1, ou 5 et 25. Terre franche ordinaire. Exposition chaude. = **Du Caucase,** s. *caucasica* (1 mètre), vivace, herbacée, fleurs larges et bleu tendre, juin à octobre. Multiplication, nos 1 et 27, même terre.

SCHIZANTHE A FEUILLES DÉCOUPÉES, *schizanthus pinnatus*, du Chili, annuelle (50 à 60 centimètres), fleurs lilas clair à palais jaune tigré, juin à août. = **Émoussé,** s. *retusus*, bisannuelle, fleurs roses et jaunes, réticulé de pourpre, juillet et août. — Multiplication, nos 5 et 25. Repiquer en motte, et planter en avril suivant. Terre franche ordinaire, meuble. Exposition chaude.

SCHORTIE DE CALIFORNIE, *schortia californica*, an-

Schizanthe à feuilles découpées.

nuelle (15 centimètres), fleurs juin et juillet. — Multiplication, n° 2.

SCILLE, *scilla*, vivace, bulbeuse = **Agréable** (*Jacinthe de mai*), *s. amœna*, de la Roumanie (25 centimètres), fleurs en étoile, bleu très frais, avril. = **D'Italie**, *s. italica* (61 centimètres), fleurs odorantes, bleues, avril et mai. = **Campanulée**, *s. campanulata*, d'Espagne (35 centimètres), fleurs bleues violettes, juin, variété blanche. = **Du Pérou** (*Jacinthe du Pérou*), *s. peruviana* (35 centimètres). fleurs bleues, mai. — **Variété blanche.**

Scille agréable.

Multiplication, n° 18. Terre franche légère, exposition chaude.

SCUTELLAIRE A GRANDES FLEURS, *scutellaria macrantha*, Sibérie, vivace, herbacée (25 centimètres), épi de fleurs bleues, juin à octobre. — Multiplication, n°s 1 et 27. Terre franche ordinaire.

SÉDUM, voir *Orpin*.

SÈNEÇON, *senecio*, vivace traitée comme plante annuelle. = **Des Indes**, *s. elegans*, du Cap, fleurs radiées, à

Sèneçon des Indes (à fleurs doubles).

rayons pourpres et disque jaune, juin à août. = Variétés : *à fleurs doubles, à fleurs blanches roses simples, id. doubles, à fleurs violettes simples, id. doubles.* — Multiplication, n°s 2, ou 5, et 25 même pour les variétés. Terre franche légère. Exposition chaude. = **A feuilles d'adonide**, *s. adonidifolius*, indigène, fleurs jaunes, juillet et août. — Multiplication, n°s 1 et 27. Plusieurs autres espèces à fleurs jaunes se cultivent de même.

SERINGA DES JARDINS, *philadelphus coronarius*, arbrisseau ainsi que les suivants. Indigène (2 m. 50 à 3 mètres), fleurs blanches fortement odorantes, juin. Variété à feuilles panachées. = **Inodore**, *p. inodorus*, Caroline, semblable, mais fleurs plus grandes et sans odeur. — Multiplication, nos 49, 50 et 63. Tous terrains et expositions.

SENSITIVE, *mimosa pudica* : Amérique centrale. Arbuste vivace. Serre chaude. Tige aiguillonnée (70 centimètres à 1 mètre); très petites fleurs violacées en grappes. Les feuilles sont douées d'une extrême sensibilité au moindre choc, ou lorsque la nuit approche, les folioles de celles-ci se referment et les pétioles s'abaissent, comme si la plante était flétrie. Terre de bruyère mélangée d'un quart de terre franche. — Multiplication, n° 5; puis n° 11, généralement en pots.

SILÈNE A FLEURS PENDANTES, *silene pendula* : Petite plante annuelle haute de 25 centimètres environ; fleurs rouges, roses ou blanches pendant tout l'été, selon la variété. = **A fleurs roses**, *silene bipartita*, de Barbarie (20 à 25 centimètres), fleurs rose foncé, juin et juillet. = **A bouquets**, *s. compacta*, Caucase, fleurs roses, juin à août. = **A cinq taches**, *s. quinquevulnera*, indigène, fleurs blanches, maculé de pourpre noirâtre, juin à août. = **Attrape-mouche**, *s. muscipula*, Espagne, fleurs blanches à pétales bifides, juin à août. = **Fasciculé**, *s. armeria*, indigène (50 centimètres), fleurs rouges ou blanches, juin à août. = Les cinq précédents sont annuels. — Multiplication, n° 2. Terre franche légère. Exposition chaude. = **De Virginie**, *s. virginica* (20 à 25 centimètres), fleurs roses, juin à octobre. = **De montagne**, *s. alpestris*, Autriche, fleurs blanches, mai à juillet. = **Sans tige**, *s. acaulis*, indigène (4 centimètres), fleurs rouges, juin, fait un joli gazon. Ces trois derniers sont vivaces, herbacés. = Multiplication, nos 2, 5 et 25, pour le s. de Virginie; même terrain.

SILPHION, *sylphium* vivace herbacée. = **A feuilles laci-**

niées, *s. laciniatum* (4 à 5 mètres), fleurs jaunes, juillet à septembre. = **Perfoliée**, *s. perfoliatum* (2 à 3 mètres), fleurs jaunes, juillet à septembre. = **A feuilles réunies**, *s. connatum*, fleurs jaunes, juillet à octobre. Toutes ces radiées et plusieurs autres qui se cultivent de même, font fort bien dans les grands jardins. — Multiplication, n° 2, au levant; n° 10, en automne, ou n° 27. Terre franche ordinaire profonde.

Silène à fleurs pendantes.

SOLDANELLE DES ALPES, *soldanella alpina*, vivace, herbacée, annuelle (15 à 16 centimètres), fleurs violettes ou blanches, avril et mai. — Multiplication, n° 2. Terre franche légère avec moitié terre de bruyère.

SOLEIL A GRANDES FLEURS, *helianthus annuus*, annuelle Pérou (2 à 3 mètres), fleurs radiées jaunes, juillet et août. Variété **de Californie**, plus petite. = **Nain**, *h. indicus*,

Égypte, annuelle, fleurs jaunes, juillet et août. — Multiplication, n° 1. Terre franche ordinaire. = **Multiflore**, *h. multiflorus*, Virginie, vivace herbacée (1 mètre à 1 mètre 50), fleurs jaunes août. — Pour cette espèce et plusieurs autres vivaces herbacées, toutes à fleurs jaunes. — Multiplication, n°s 1 et 27, en automne. Terre franche ordinaire.

Soleil de Californie.

SOPHORE DU JAPON, *sophora japonica*, arbre (20 mètres), fleurs blanches, juin. Variété : *s. pleureur*, *s. pendula*, très ornemental. — Multiplication, n°s 1, 61 et 63. La variété se greffe sur son type. Terre franche ordinaire. Bonne exposition.

SORBIER, *sorbus*, arbre. = **Des oiseaux**, *s. aucuparia*, indigène (8 mètres), corymbe de fleurs blanches, mai et juin, auxquelles succèdent des fruits rouge corail. = **Domestique**, *s. domestica*, indigène (12 à 15 mètres), fruits pyriformes, jaunes verts, rougissant au soleil, connus sous le nom de *cormes;* propre aux grands jardins paysagers ; bois excellent. — Multiplication, n° 1 ; et par 37, sur néflier et aubépine. Terre franche ordinaire, fraîche.

SOUCI, *calendula*, annuelle. = **Des jardins**, *c. officinalis*, fleurs radiées, jaunes, juillet à septembre. Variétés *à bouquet*, fleurs réunies par 15 ou 20. *A la reine* ou *de Trianon*, fleurs plus doubles et plus pâles que dans l'espèce. = **Pluvial**, *c. pluvialis*. = **Du Cap**, fleurs violettes en dehors, blanches en dedans, juin à août. Elles se ferment si le temps menace pluie. = **Hybride**, *c. hybride* (30 centimètres), fleurs blanches, juillet et août. — Multiplication, n° 1. Terre franche légère.

SPARTIER D'ESPAGNE (*Jonc d'Espagne*), *spartium jun-*

ceum, arbrisseau (2 à 3 mètres), fleurs jaunes en grappe, juillet et août, odorantes. Variété *à fleurs doubles* inodores, qui se greffe sur son type. — Multiplication, nos 1 et 25 pour la première année. Terre franche légère et sèche.

SPHÉNOGYNE ÉCLATANTE, *sphenogyne speciosa*, annuelle du Cap (50 à 60 centimètres), fleurs radiées, rayons jaune orangé, à onglet brun et disque rouge. — Multiplication, n° 5 en mars, et n° 10 en mai. Terre franche légère mêlée de terreau.

SPIGÉLIE DU MARYLAND, *spigelia marylandica*, vivace, herbacée (30 centimètres), épi de fleurs tubuleuses d'un beau rouge en dehors, jaune en dedans. — Multiplication, nos 1, 27 et 59. Terre de bruyère humide. Exposition mi-ombrée.

SPIRÉE, *spiræa*. Les spirées sont en grand nombre employées à l'ornement des jardins. Les unes sont arbrisseaux, les autres sont vivaces herbacées.

Les premières se multiplient par nos 1, 49 et 63. Terre franche ordinaire humide. = **Lisse**, *s. lævigata*, Sibérie (1 mètre), grappes de petites fleurs blanches, avril à juin. = **A feuilles de saule**, *s. salicifolia*, Sibérie (1 mètre), fleurs rouges, juin et juillet. = **Cotonneuse**, *s. tomentosa*, Amérique septentrionale (66 centimètres à 1 mètre), fleurs roses, août et septembre. = **A feuilles de millepertuis**, *s. hypericifolia*, Canada (1 mètre à 1 mètre 25), petites fleurs blanches, avril et mai. = **A feuilles d'orme**, *s. ulmifolia*, Sibérie (1 mètre à 1 mètre 50), fleurs blanches, mai. = **A feuilles d'obier**, *s. opulifolia*, Canada (2 mètres), fleurs blanches, mai et juin. = **A feuilles de sorbier**, *s. sorbifolia* (1 mètre), fleurs blanches, août. = **A feuilles de prunier**, *s. prunifolia*, Chine (1 mètre à 2 mètres), fleurs doubles blanches en petits pompons, mai, juin, juillet, etc.

Les spirées herbacées sont : = **Barbe de bouc**, *s. aruncus*, Autriche (1 mètre à 1 mètre 50), fleurs blanches, juin et juillet. = **Filipendule**, *s. filipendula*, indigène (50 centimètres), fleurs blanches, juin et juillet. = **Reine des prés,** *s. ulmaria*, indigène (1 mètre à 1 mètre 50), fleurs blan-

Statice blanchâtre.

ches, juin et juillet. Plusieurs variétés. = **Lobée,** *s. lobata*,

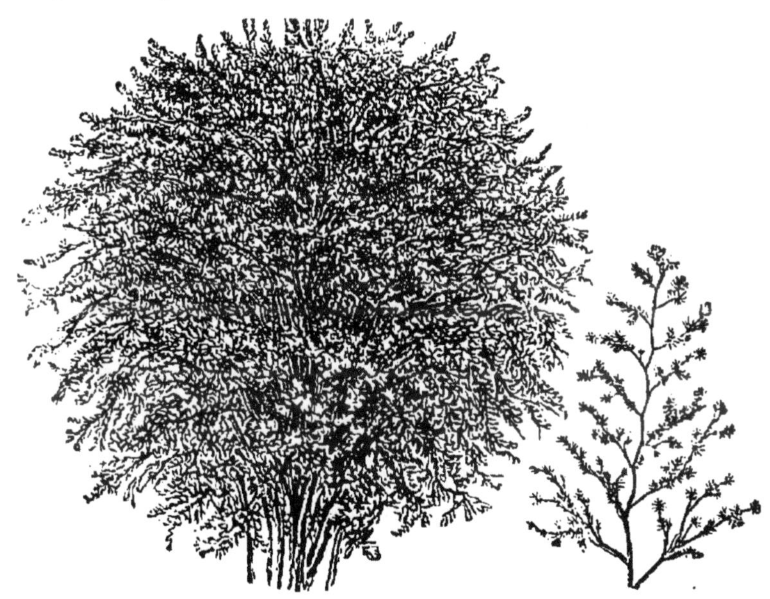

Statice élevé.

Amérique septentrionale (1 mètre), fleurs roses odorantes, juillet. = **Trifoliée,** *s. trifoliata*, Canada (1 mètre à 1 mètre 25), fleurs grandes, blanches, juin et juillet. Convient pour le bord des eaux. — Mêmes culture et multiplication.

STAPHILIER A FEUILLES AILÉES, *staphylea pinnata*, indigène, arbrisseau (4 à 5 mètres), grappes pendantes de fleurs blanches, avril à juin. = **A feuilles ternées,** *trifoliata*, Virginie, arbrisseau, fleurs semblables mais plus grandes. — Multiplication, n°s 1 et 63. On fait des chapelets avec les graines. Tout terrain et exposition.

STATICE, *statice :* Herbes et sous arbrisseaux à feuilles radicales. = **Gazon d'Olympe,** *s. maritime* indigène, fleurs rouges lilas ou blanches, mai à août. = **Limonium,** *s. limonium*, indigène, fleurs bleues violettes, juin et juillet. = **Blanchâtre,** *s. incana*, indigène, fleurs blanches. = **A balais,** *s. scoparia*, Sibérie (66 centimètres), fleurs bleu pâle, août et septembre. = **De Tartarie,** *s. tatarica*, fleurs blanches ou rouge vif selon la variété, juin. Terre franche légère. = **Élevé,** *s. elata*, Russie, très nombreuses petites fleurs bleues. = Multiplication, n°s 1 et 27.

STÉNACTE A GRANDES FLEURS, *stenactis speciosa*, vivace, herbacée, fleurs lilas, juin à août. — Multiplication, n°s 1 et 27. Terre franche ordinaire.

STÉVIE, *stevia*, vivace traitée comme plante annuelle. = **Pourpre,** *purpurea*, Mexique, fleurs radiées roses, juillet et août. = **A feuilles de saule,** *s. salicifolia*, fleurs blanches, juillet à octobre. = **A feuilles en scie,** *s. serrata*, fleurs blanches, juillet à octobre. — Multiplication, n°s 6, dès mars, et 10. Terre franche ordinaire.

STIPE PLUMEUSE, *stipa pennata*, indigène, vivace herbacée (50 centimètres), épi plumeux et flottant, juin. Fait de jolies bordures. — Multiplication n°s 1 et 27. Tout terrain, ne craint pas la sécheresse.

STRAMOINE, voir *Datura*.

SUMAC, *rhus*, arbrisseau. = **A feuilles d'orme,** *r. coriari* indigène (2 mètres 50 à 3 mètres), panicule de fleurs verdâtres. = **De Virginie**, *r. typhinum* (4 à 5 mètres), panicule de fleurs rouges. = **Glabre**, *r. glabrum*, Caroline (4 à 5 mètres), panicule de fleurs jaunes. = **Vernis**, *r. vernix*

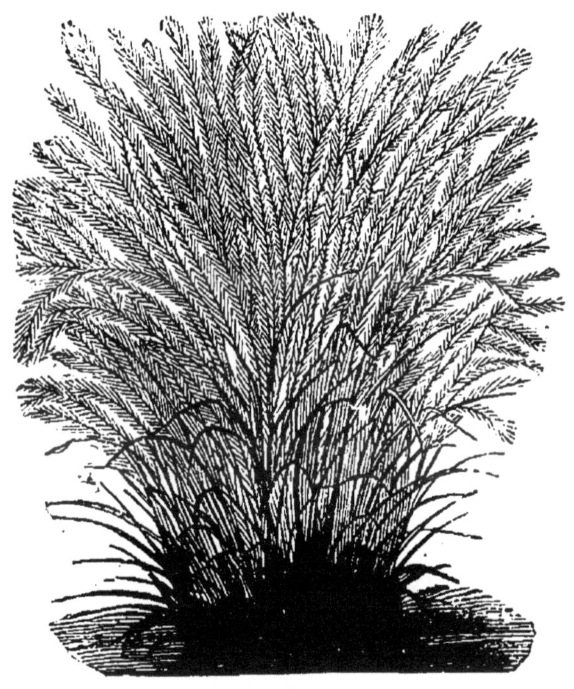

Stipe plumeuse.

Amérique septentrionale (1 mètre 50 à 2 mètres), fleurs blanches vertes. = **Fustet**, *r. cotinus*, indigène (1 mètre 50 à 2 mètres), panicule de fleurs blanches à longs pédoncules filiformes. Tous fleurissent en juillet. — Multiplication, nos 1, assez difficile, et 63. Terre franche ordinaire, sèche.

SUREAU, *sambucus*, arbrisseau. = **Commun**, *s. nigra* (4 à 5 mètres), cimes ombelliformes de fleurs blanches, juin. Variétés : **A fruits verts**, *s. viridis*; **à feuilles panachées de blanc**, *s. foliis argenteis variegatis*; **à feuilles panachées de jaune**, *s. foliis aureis variegatis*; **monstrueuse**, *s. monstruosa*; **à fruits blancs** , *s. fructu albo*; **à feuilles pulvérulentes**, *s. foliis pulverulentis*; **à feuilles** laciniées, *s. laci-*

niata. = **Du Canada,** *s. canadensis,* Amérique septentrionale (2 à 3 mètres), fleurs blanches, juillet. = **Pubescent,** *s. pubescens,* Amérique septentrionale (1 à 2 mètres), fleurs blanches, juin et juillet. = **A grappes,** *s. racemosa* indigène (2 mètres à 2 mètres 50), fleurs blanches, avril et mai. — Multiplication n°s 59 et 63. Terre franche ordinaire, fraîche, Exposition ombragée.

SWERTIE VIVACE, *swertia perennis,* vivace, herbacée (30 à 35 centimètres), fleurs blanches, juin et juillet. — Multiplication n° 1, aussitôt maturité, ou n° 27. Terre tourbeuse, humide.

SYMPHORINE, *symphoricarpos,* arbrisseau. = **A petites fleurs,** *s. parviflora,* Caroline, fleurs blanches, août. Fruit rose, septembre et octobre. = **A grappes,** *s. racemosa,* fruits blancs jusqu'à l'hiver. = **Du Mexique,** *s. mexicana,* grappe de fleurs roses, fruit blanc piqueté de violet. — Multiplication n°s 1, 49 et 63. Terre franche ordinaire.

TABAC, *nicotiana,* herbe le plus souvent visqueuse; fleurs disposées en grappes paniculées; calice tubuleux à 5 dents, corolle renflée au sommet; tige de (1 mètre 50 à 2 mètres); feuilles larges. Sol substantiel très meuble, frais et humeux. Semis par graines en mars ou avril, sur couche ou à bonne exposition. Ne pas recouvrir les graines, qui sont très petites.

TAGÈTE ÉLEVÉE. (*Rose d'Inde*), *tagetes erecta,* annuelle, Mexique, fleurs radiées, juillet à octobre. Variétés à fleurs doubles jaunes et à fleurs doubles jaunes souci. = **Étalée,** *t. patula,* fleurs jaunes orange, juillet à octobre. Diverses variétés doubles ou à fleurs diversement nuancées; une fort remarquable, la tagète *rubanée,* dont les rayons ont le centre jaune et les bords pourpres. = **Tachetée,** *t. signata,* fleurs petites nombreuses marquées de taches rondes purpurines durant jusqu'aux gelées. Ces deux dernières sont annuelles comme la première. — Multiplication n°s 2 et 10. Terre franche légère. Exposition chaude, arrosements frequents. = **Brillante,** *t. lucida*, vivace, annuelle, Chili, fleurs petites, odorantes, jaunes, août. — Même culture.

TAMARIS, *tamarix*, arbrisseau. = **De Narbonne,** *t. gallica* (3 à 4 mètres); si l'on ne taille pas, il fleurit au printemps; si on taille, à l'automne. Feuilles persistantes, épi de fleurs blanches pourpres. = **D'Allemagne,** *t. germanica* (2 mètres à 2 mètres 50), fleurs violacées poupres. — Multiplication nos 49 et 59. Terre franche ordinaire humide.

Tagète étalée.

TANAISIE BAUME, *tanacetum balsamita* (66 centimètres à 1 mètre), aromatique, petites fleurs jaunes en bouquet, août. — **Commune,** *t. vulgare* (1 mètre à 1 mètre 25), aromatique, corymbe, fleurs jaunes août. — **Du nord,** *t. boreale*, Sibérie, fleurs jaunes grandes, août. Toutes trois vivaces, herbacées. — Multiplication nos 1 et 28. Terre franche ordinaire. Toute exposition.

THLASPI, voir *Ibéris*.

THUNBERGIE AILÉE, *thunbergia alata*, vivace, traitée comme plante annuelle du Bengale (1 mètre 25), fleur jaune pâle, juin à septembre. Variétés **à fleurs blanches**, *t. a. alba*; **à fleurs, orangées**, *t. a. aurantiaca*. — Multiplication nos 5 en mars, et 10. Terre franche légère. Exposition chaude. Plantes grimpantes, jolies.

THUYA, *thuya*, arbre. = **D'occident**, *t. occideutalis* (10 à 12 mètres), feuillage toujours vert. = **De la Chine**, *t. orientalis* (8 à 9 mètres), toujours vert. Terre franche légère, substantielle. — Multiplication nos 1, 49 et 59. Excellents pour abris et palissades.

THYM COMMUN, *thymus vulgaris*, arbrisseau d'Espagne. Toujours vert, odorant. Variétés *à feuilles étroites, à feuilles larges, panachée, à odeur de citron*. Très convenable en bordure. — Multiplication n° 63 au printemps. Terre franche légère. Exposition chaude.

TIGRIDIE A GRANDES FLEURS, *tigridia pavonia*, vivace, bulbeuse, Mexique (60 à 70 centimètres), fleurs durant 6 à 8 heures, jaunes et pourpres ponctuées de poupre plus foncé. — Multiplication, nos, 5 et 18. Terre franche légère ou mêlée de terre de bruyère.

TILLEUL, *tilia*, arbre. = **D'Europe**, *platyphyllos*. C'est le plus commun et celui qui convient le mieux pour les allées régulières qu'on soumet à la tonte. = **Des bois**, *t. sylvestris*. = **De Hollande**, *t. corallina*, à rameaux rouges. — **D'Amérique**. *t. americana*. — **Argenté**, *t*, *argentea*, fleurit plus tard et ses feuilles tombent moins vite. Très jolis isolés, très propres à la décoration des jardins, et répandant une agréable odeur par leurs petites fleurs jaunes.

TOURNEFORTIE FAUX-HÉLIOTROPE, *tournefortia heliotropoides*, vivace, traitée comme plante annuelle (50 cent.), fleurs bleues terminales. — Multiplication, n° 5 en mars, ou en septembre avec n° 25. Terre franche ordinaire.

TRACHÈLE BLEUE, *trachelium cæruleum.* vivace bisannuelle, d'Alger (50 centimètres), corymbe de fleurs bleues, violettes, juillet et août. — Multiplication, n° 1, sitôt la maturité des graines ou n° 62, au printemps, sous n° 25, ou mieux châssis froid l'hiver.

TRÈFLE INCARNAT, *trifolium incarnatum,* annuelle. Très propre à l'ornement par ses épis rouges, qui se succèdent longtemps si on prend la peine de les supprimer dès qu'ils se flétrissent. — Multiplication, n°s 2 ou 6. Terre franche ordinaire.

TRILLION SESSILE, *trillium sessile,* Caroline, vivace, herbacée, fleurs brun rougeâtre, à trois pétales spatulés, avril. — Multiplication, n° 1, sitôt la maturité des graines, ou n° 26, après que les feuilles sont sèches. Terre de bruyère ombragée. On cultive de même le **T. à grandes fleurs,** *t. grandiflorum,* à fleurs blanches.

TROÈNE COMMUN, *ligustrum vulgare,* arbrisseau (2 mètres 50 à 3 mètres), fleurs petites blanches, avril à juin. — **au Japon,** *l. japonicum* (3 à 4 mètres), fleurs plus grandes, blanches, juin à août. — Multiplication, n°s 1, 49, 59, 63. Terre franche légère. Exposition chaude.

TROLLE, *trollius,* vivace, herbacée. = **D'Europe,** *t. Europæus* (50 à 70 centimètres), fleurs grandes, jaunes, avril et mai. = **D'Asie,** *t. asiaticus* (70 centimètres à 1 mètre), fleurs jaune orangé, avril et mai. — Multiplication n°s 1 et 27. Terre franche, légère, humide. Exposition chaude.

TUBÉREUSE DES JARDINS, *polyanthes tuberosa,* vivace, bulbeuse, fleurs grandes blanches très odorantes, août et septembre. = **Bleue,** *Agapanthus umbellatus :* plante bulbeuse à longues feuilles linéaires et fleurs terminales en ombelle, bleues ou blanches, en août; tige de 65 centimètres. — Terre franche substantielle et légère. — Terre tempérée. Plantation de l'oignon en mars, en terre franche, substantielle, un peu légère, en pot qu'on enfonce dans une couche tiède sous châssis ou cloche, qu'on garantit soigneusement du froid. Aérer le plus possible et arroser dès que la végétation commence. Enlever les châssis ou cloches dès que la saison est assurée. Laisser les pots sur couche jusqu'à ce que les plantes marquent fleurs. Les retirer et les tenir à mi-soleil. — Multiplication, n° 17. Les caïeux mettent trois ou quatre ans à fleurir, ce qui engage les amateurs à renouveler tous les ans leurs oignons que le commerce fait venir de l'Italie.

TULIPE, *tulipa*, vivace, bulbeuse. = **Duc de Thol,** *t. suaveolens*, fleurs jaunes, simples ou doubles, panachées de rouge, mars. Elles sont odorantes. Varétés : **Rose,** fleurs à fond blanc, sommet des divisions roses, onglet des divisions jaune en dedans. = Blanche, divisions d'un blanc pur, mais onglet jaune. = **Écarlate,** fleurs rouges écarlate, divisions à onglet jaune en dedans et à sommet noir en dehors. = **De Cels,** *t. celsiana*, indigène, fleurs petites, droites, jaunes, mars et avril. — **De l'Écluse,** *t. clusiana*, Perse, fleurs petites à trois divisions extérieures, roses et blanches, à trois divisions intérieures blanches, toutes pourpres violettes sur l'onglet, avril. = **Œil du soleil,** *t. oculus solis*, fleurs rouges pourpres avec une macule pourpre foncée et veloutée, entourée d'un cercle jaune sur l'onglet de chaque division. = **Dragonne,** *t. stenopetala*, Trace, fleurs grandes plus ou moins échancrées, laciniées, étalées, blanches, rouges, jaunes, selon la variété et tracées sur les divisions, de rouge ou de vert. = **Bossuelle,** *t. campsopetala*, fleur globuleuse, jaune doré ou blanc, tracée au centre des divisions de lignes rouges qui s'épanouissent très finement vers les bords. = **De Gesner,** ou **des fleuristes,** *t. gesneriana*, du Levant. C'est l'espèce la plus répandue. Nous donnons ci-dessous la façon de la culture qui peut convenir également aux autres espèces.

Quiconque a vu une collection choisie d'amateur éprouve nécessairement pour cette belle plante, qui a fourni de si belles et si nombreuses variétés, un sentiment d'admiration bien légitimement motivé. Lorsqu'on a sous les yeux un parc d'élite où plus de 500 variétés ont trouvé place, on se croit transporté dans ces jardins que la féerie ornait par ses enchantements magiques. L'œil séduit se promène de l'une à l'autre, incertain de celle qui doit le fixer, et l'esprit, ravi de cette prodigieuse fécondité de la nature pour la composition et la disposition de couleurs si riches,

Tulipe de Gesner.

Tubéreuse des jardins.

si pures et diaprées avec tant de netteté, est embarrassé de choisir et ne peut qu'admirer.

Les tulipes se multiplient de semis et de caïeux.

Le semis procure de nouvelles variétés. Il faut recueillir les graines sur les tulipes de premier ordre ; on les cueille au moment où la capsule commence à s'ouvrir par son sommet et on lui laisse 5 ou 6 centimètres de tige. La maturité se complète par l'exposition à l'air libre dans un lieu abrité. Lorsqu'elle est parfaite, on conserve la graine dans un cornet de papier étiqueté et dans un tiroir.

On sème en octobre sur un terrain préparé d'avance et passé à la claie. On couvre de 10 à 12 millimètres de terre douce, fine et légère. On garantit du froid par des feuilles sèches recouvertes de paillassons selon le besoin. Le plant qui lève vers la fin de février doit être sarclé et arrosé s'il y a lieu.

L'oignon n'acquiert, la première année, que la grosseur d'un pois. On ne le lève de terre, pour la première, qu'à la fin du troisième printemps; mais après la végétation des deux premières années on recouvre la planche de 5 centimètres de terre pareille à celle du semis mêlée par moitié à du terreau de feuilles consommé. On déplante l'oignon après le troisième et le quatrième printemps et on le replante immédiatement dans une nouvelle planche de terre bien préparée. On le traite ensuite comme plante faite. C'est au cinquième printemps que la première floraison a lieu, mais ce n'est qu'aux floraisons suivantes que les plantes acquièrent leur mérite. On supprime de suite celles à corolles mal faites, à pétales minces et annonçant du jaune, ou à hampe faible ou torse.

Tant que les couleurs sont indécises, on appelle la tulipe *baguette* ou *couleur;* lorsqu'elle est nettoyée, on lui donne le nom de *conquête*, qu'on remplace par celui qui lui reste définitivement. Jusque-là on coupe chaque année la capsule et on supprime les caïeux.

Les caïeux d'une plante faite reproduisent toujours une tulipe semblable. On les plante en septembre dans une terre franche légère amendée avec du terreau de feuilles bien consommé. La planche est préparée un mois d'avance. L'époque de leur mise à fleurs varie d'un à quatre ans. On les espace de 5 à 10 centimètres selon leur grosseur. Il faut mettre dans leur plantation et leur levée le même ordre que dans celle des plantes faites.

On appelle *parc* les planches de parade où sont plantées les tulipes de choix. On dispose sur cinq rangs espacés de 16 centimètres les tulipes qu'on distance pareillement dans chaque ligne. Les plus basses de hampe forment le premier rang, c'est-à-dire celui qui borde le sentier que doivent parcourir les amateurs pour les visiter, et les plus hautes sur l'autre bord en graduant les rangs intermédiaires selon la hauteur relative des plantes. Le sol du parc doit être incliné vers le sentier des promeneurs, ce qui permet l'écoulement des eaux pluviales et donne aux visiteurs le moyen d'embrasser l'ensemble d'un coup d'œil et d'examiner particulièrement chaque plante.

On plante en novembre à 4 centimètres de profondeur, et après la plantation on charge la planche de 10 centimètres de la terre pareille à celle qui la compose; pour cela, on entoure le parc de planches larges de 16 centimètres du côté du sentier et de 26 du côté opposé; on tasse bien la terre sur les bords, et, après avoir ôté les planches, on applique contre le talus un mortier composé de terre mouillée à laquelle on a mêlé de la graine de gazon fin qui en poussant forme un joli encadrement.

De la mi-février à la mi-avril, il faut veiller à garantir les tulipes des intempéries, et les amateurs disposent à cet effet une tente plus ou moins élégante. Elle est aussi, pendant la floraison qui a lieu dans les premiers jours de mai, un abri tutélaire contre les pluies ou les rayons du soleil.

On laisse les oignons en terre jusqu'à leur maturité qui a lieu fin de juin. On les arrache avec précaution par un beau temps. On détache à mesure les caïeux et les vieilles racines, puis en les frottant avec le pouce on en fait tomber les vieilles écorces; mais il faut prendre garde de blesser les oignons et ne pas les laisser exposés aux rayons du soleil. Lorsqu'ils sont suffisamment secs, on les met dans des boîtes ayant 50 compartiments, 10 sur la longueur et 5 sur la largeur, avec chacun un numéro. On a autant de boîtes que l'exige le nombre des tulipes. Leur ordre est distingué par des lettres alphabétiques et le tout est rangé de façon qu'en mettant ces boîtes au bout les unes des autres selon l'ordre de l'alphabet, les oignons se trouvent placés absolument de la même manière qu'ils l'étaient dans le parc et qu'ils le seront à la prochaine plantation.

La beauté d'une tulipe de premier ordre consiste dans une corolle de la forme orbiculaire d'un vase élégant formé par des pétales égaux et à sommet arrondi ; le blanc pur de porcelaine est le fond obligé ; il doit être transparent, et c'est sur lui que se dessinent en contours gracieux les traces pures et nettes des couleurs rouges, roses, violettes qui y sont diversement disposées. La fleur doit être soutenue avec fermeté par la baguette dont les proportions doivent être en rapport avec son volume.

TULIPIER DE VIRGINIE, *liriodendron tulipifera*, vivace herbacée (25 à 30 centimètres), fleurs grandes, forme d'une tulipe, jaune-vert avec une tache rouge. — Multiplication n° 1 en terre de bruyère avec n° 25, pendant les premières années ; ensuite en place. Terre franche légère. Exposition du nord.

TUPÉLO VELU, *nyssa villosa*, arbre (3 à 4 mètres) (15 à 18 mètres en Virginie), fleurs mâles vertes, juin, fruit bleu pisiforme. Multiplication comme le tulipier, mise en place après 3 ou 4 ans en terre marécageuse ou constamment humide.

TYPHA. Voyez *Massette*.

VALÉRIANE, *valeriana*, vivace herbacée. = **Des jardins**, *v. phu*, d'Allemagne (1 mètre à 1 mètre 25), fleurs blanches, mai à juillet. = **Rouge**, *v. rubra* (65 centimètres), fleurs rouges, blanche, pourpre, lilas, juin à septembre. = **Des Pyrénées**, *v. pyrenaica* (1 mètre à 1 mètre 50), fleurs roses, juin et juillet = **Grecque**, *polemonium cœruleum*. Plante vivace de 30 à 35 centimètres, fleurs nombreuses de juin à août, blanches ou bleues. — Multiplication n°s 1 et 27. Terre franche légère humide. Exposition ombragée. Terre franche ordinaire sèche pour la valériane *rouge*.

Valériane rouge.

VALISNÉRIE, *valisneria*. Cette plante, que l'on trouve particulièrement au fond des eaux douces dans le Midi, est hybride; ses fleurs mâles, très petites, terminent une hampe très courte; les femelles, beaucoup plus grosses, sont solitaires. La **valisnérie spirale** est fort curieuse à observer dans le moment de la fécondation.

VÉRATRE, *veratrum*, vivace bulbeuse. = **Blanc**, *v. album* indigène, fleurs blanches, juin. = **Noir**, *v. nigrum*, indigène, fleurs brunes, juin à août. — Multiplication n° 18. Terre franche légère humide.

VERGE D'OR, *solidago*, vivace herbacée. On en connaît beaucoup d'espèces dont la hauteur varie de 1 mètre à 1 mètre 50. Toutes ont les fleurs jaunes en épis, juillet à septembre. — Multiplication n° 1, sitôt la maturité des graines, et par n° 27, tous les trois ans; très ornementales dans les grands parterres.

VERNIS DU JAPON, *ailanthus glandulosus*, arbre (18 à 20 mètres), fleurs vertes, août. — Multiplication rapide n° 16; il croît promptement et forme un joli parasol, si l'on supprime les branches de sa base à mesure qu'il s'élève. Tout terrain, mais mieux terre franche légère humide

VERNONIE, *vernonia*, vivace herbacée. = **De New-York**, *v. novæboracensis*. Amérique septentrionale (1 mètre à 1 mètre 50), fleurs pourpres, août et septembre. = **Élevée**, *v. præalta* (2 mètres à 2 mètres 50), fleurs pourpres violettes, octobre et novembre. — Multiplication n° 27. Terre franche ordinaire.

VÉRONIQUE, *veronica*, vivace herbacée. On cultive un assez grand nombre de ces plantes. — Pour toutes, multiplication 1 et 10 à l'automne, et 27. Terre franche légère et fraîche. Les plus remarquables espèces sont : = **de Sibérie**, *v. sibirica* (1 mètre 25 à 1 mètre 50), fleurs blanches, en épis comme toutes les autres, juin et juillet = **De Virginie**, *v. vir-*

ginica (1 mètre à 1 mètre 25), fleurs blanches, août à octobre. = **Maritime**, *v. maritima*, Europe (70 centimètres), fleurs bleues, blanches et roses, selon la variété. = **A épis**, *v. spicata*, indigène (50 centimètres), fleurs bleues, juin à août. = **A feuilles de gentiane**, *v. gentianoides*, d'Arménie

Véronique à épis.

(70 centimètres), fleurs bleues, juin. = **Élégante**, *v. elegans* (50 à 70 centimètres), fleurs roses, juin. Terre de bruyère. = **Germandrée**, *v. teucrium* (30 centimètres), fleurs bleues veinées de rouge, juin. = **Chamædrys**, *v. chamædrys* (20 à 25 centimètres), fleurs bleu-pourpre, juin. Ces deux dernières font bien en bordure.

VERVEINE, *verbena*, plante hybride et vivace, traitée comme plante annuelle. = **A feuilles de chamædrys**, *v. melindres*, Paraguay, fleurs d'un rouge vif, juin à octobre. — **Gentille**, *v. pulchella*, Buenos-Ayres, fleurs bleu clair, juin à octobre, = **Veinée**, *v. venosa*, Chili, fleurs pourpres violettes, juin à août. = **Fausse germandrée**, *teucrioides*, grandes fleurs blanches roses, juin à août.

Cette dernière croisée avec d'autres a donné de nombreuses variétés fort intéressantes et dont on fait collection. On peut les cultiver toutes au printemps comme des plantes an-

Verveine gentille.

nuelles. Quant aux variétés que l'on voudrait conerver, il faut en tenir quelques pieds en pot pour rentrer l'hiver sous châssis, et au printemps on les multiplie facilement de boutures. Terre franche légère terreautée, bonne exposition. Plantes d'un charmant effet et parmi lesquelles quelques-unes ont une odeur fort agréable.

VIGNE VIERGE, *ampelopsis quinquefolia*, arbrisseau, Amérique septentrionale, sarmenteux, garnie de vrilles, propre à tapisser les arbres, les murs, les rochers. — Multiplication, n°s 1, 49 et 59. Tout terrain et exposition ; mieux terre franche légère humide et mi-soleil.

VIOLETTE ODORANTE, *viola odoratâ*, vivace herbacée indigène, fleurs odorantes, violettes, mars et avril. Variétés *à fleurs doubles ; à fleurs doubles roses*. = **De Bruneau**, fleurs violettes et panachées. = **De Parme**, à fleurs doubles, d'un bleu très pâle, très facile à forcer sous châssis, où elle fleurit dès octobre. = Multiplication n° 27, terre douce, demi-ombre, bonnes pour bordure. = **Tricolore** ou **Pensée à grandes fleurs**, *v. tricolor hortensis*. Les semis de cette plante indigène ont fourni et fournissent continuellement un grand nombre de belles variétés qu'on conserve, en

Violette tricolore (pensée).

les multipliant d'éclats et de boutures, et dont on forme des collections admirables. Pour que ces fleurs soient estimées, elles doivent être grandes, arrondies, à couleurs vives et tranchantes et à masque bien dessiné ; fleurs très

Violette odorante.

variées, avril à septembre, mais toujours plus belles d'avril à juin. — Multiplication n° **1**, en août, repiquage en automne, et mise en place au premier printemps, et n^{os} **27** et **29**. Terre franche légère fraîche.

VIORNE LAURIER-TIN, *viburnum tinus*, arbrisseau toujours vert, Espagne (2 mètres 25 à 2 mètres 50), fleurs rouges au dehors, bleues en dedans, mars et avril. = **Obier**, *v. opulus*, arbrisseau, fleurs blanches un peu odorantes, mai. Variétés nombreuses parmi lesquelles nous citerons : la

Wigandia à grandes feuilles.

boule de neige, à fleurs disposées en globe. = **Commune**, *v. lantana*, indigène (2 mètres 50 à 3 mètres), fleurs blanches, juin. — Multiplication n°s 1, 49, 37, sur la *v. commune*, et n° 63. Terre franche légère fraîche, exposition au soleil; 25 pour le laurier-tin.

VIRGILIER A BOIS JAUNE, *virgilia lutea*, Amérique septentrionale, arbre (10 à 12 mètres). Longues grappes de fleurs blanches pendantes, juin. — Multiplication nos 1 et 49. Terre franche ordinaire.

VISCARIE ROSE DU CIEL, *viscaria cœlirosa*, annuelle, fleurs roses, juillet. — Multiplication n° 2.

VOLUBILIS. Voyez *Ipomée*.

WIGANDIA, sous-arbrisseau à superbe feuillage ornemental; fleurs grandes; corolle en entonnoir. **A grandes**

Yucca filamenteux.

feuilles, *w. macrophylla* (3 mètres), feuilles très amples de 1 mètre de long sur 50 centimètres de large, vert foncé; fleurs en grappes et d'un très beau bleu pâle. — Multiplication par boutures de racine, que l'on fait développer en serre chaude.

XIMÉNÉSIE A FEUILLES D'ENCÉLIE, *ximenesia encelioides*, annuelle, du Mexique (1 mètre), fleurs radiées, jaunes, juin et octobre. — Multiplication n° 2. — Terre franche légère. — Exposition chaude.

YUCCA SUPERBE, *yucca gloriosa*, Amérique septentrionale, vivace bulbeuse (70 centimètres à 1 mètre), de 150 à 200 fleurs blanches pendantes, comme une petite tulipe renversée, juillet à septembre. = **Filamenteux**, *y. filamentosa*, de Virginie; grandes fleurs blanc verdâtre, août et septembre. = **Jaunâtre**, *y. glaucescens*, nombreuses fleurs blanc jaunâtre, septembre et octobre. — Multiplication nº 1 par œilleton et nº 59, en terre légère et sur couche. Terre franche ordinaire non fumée.

ANTHORRIZE A FEUILLES DE PERSIL, *zanthorriza apiifolia*, Caroline, arbrisseau (1 mètre), grappes de fleurs étoilées, pendantes, petites, pourpre-brun, mai. — Multiplication nº 63. Terre franche légère, mieux terre de bruyère fraîche, mi-ombre.

ZINNIE, *zinnia*, annuelle. = **Rouge**, *z. multiflora*, Louisiane (50 centimètres), fleurs radiées, à rayons, rouge vif,

Zinnie élégante.

disque jaune, juillet à octobre. = **Élégante**, *z. élégans*, Mexique (70 centimètres), fleurs à rayons roses violets, disque pourpre, juillet à octobre. — Elle a plusieurs variétés à fleurs blanches, jaune-chamois, violet, et une fort remarquable à fleurs écarlates. Les semis feront bientôt de cette plante une plante de collection. — Multiplication n° 1. Terre franche ordinaire.

ZŒGÉE D'ORIENT, *zoegea leptaurea*, annuelle (70 centimètres), fleurs terminales jaunes fort élégantes, juillet. — Multiplication n° 5 au printemps, et n° 10. Terre franche ordinaire.

Volubilis.

CINQUIÈME PARTIE

MALADIES. — ANIMAUX NUISIBLES.

CHAPITRE Ier

MALADIES DES PLANTES D'ORNEMENT.

I. *Maladies produites par les plantes parasites.*

Mousse. — Tout le monde a vu des arbres dont l'écorce est couverte de cette végétation qui les affaiblit et finirait par les asphyxier en fermant tous les pores de l'écorce, si l'on n'y portait remède. Le meilleur et le plus simple moyen, pour cela, est de couvrir d'un lait de chaux toute l'écorce immédiatement après le nettoiement et la taille.

Gui. — Sa graine, apportée sur les peupliers, les frênes, les saules, les pins et d'autres arbres, par les grives et les merles, se développe sur l'écorce de ces arbres et épuise leur sève. Il faut couper le gui avec sa racine, qui pénètre dans l'écorce, et recouvrir, avec de la cire à greffer, la plaie que cette opération occasionne.

Cuscute. — Cette convolvulacée fort envahissante se montre dans les prairies et les pelouses où elle vit aux dépens des plantes sur lesquelles elle s'établit par de petits surçoirs et les fait dessécher. On la détruit en fauchant ras de terre, avant qu'elle ait répandu ses graines, les places où elle s'est montrée.

Champignons. — C'est l'un des fléaux les plus funestes à l'horticulture, et qui semble menacer de tout envahir. Il y en a un nombre immense dont l'étude ne peut être de notre ressort.

Quelquefois un arbre languit sans cause apparente; si l'on visite ses racines, on y trouve une substance blanche, pulvérulente, qui n'est autre qu'un champignon. Il faut alors le déplanter, nettoyer parfaitement les racines avec une brosse et de l'eau, supprimer celles qui sont trop malades, et le replanter dans une autre place dont le terrain soit sain, et en y mêlant 500 grammes de fleur de soufre. Ce même champignon se montre sur quelques oignons, et notamment ceux de *crocus* qu'il faut avoir soin de détruire, et ne pas planter ceux qui ont échappé dans le terrain où la maladie s'est montrée.

Nous signalons surtout ces deux champignons parasites le *blanc* ou *meunier* et la *fumagine.*

1° *Blanc* ou *meunier.* — Ce champignon est connu des jardiniers sous le nom d'*érysipe.* Dans un parterre, ce sont particulièrement les pensées semées au printemps qui en sont attaquées, et aussi quelques autres plantes herbacées. Ce parasite est un véritable fléau. Le remède est encore, hélas! inconnu.

2° *Fumagine.* — Cette maladie provient d'un champignon microscopique qui se produit sur les feuilles qu'ont habitées les pucerons. Détruire les pucerons, c'est éviter la *fumagine.*

II. *Maladies organiques.*

Ulcères. — Les ulcères des arbres proviennent principalement de contusions et de déchirures. Il y a des ulcères de racines comme de tiges et de branches. Il faut les panser apres nettoiement, avec de la cire à greffer, ou retrancher le membre attaqué.

Loupes. — Les loupes, si disgracieuses à voir surtout aux arbres des jardins paysagers, doivent être supprimées en hiver. On les scie, on pare la plaie et l'on recouvre l'opération de cire à greffer.

Nécrose. — La nécrose vient après une blessure ayant fait mourir une partie d'écorce et même de bois. Il faut couper toute la partie morte et recouvrir de cire à greffer.

Étiolement. — Cette maladie grave a surtout trois principales causes : la privation d'air, celle de lumière et l'excès d'humidité. On y peut obvier par de la prévoyance et des soins.

Ictère, jaunisse ou **chlorose.** — Ces trois maladies, qui n'en font qu'une, se traitent par un arrosement modéré avec une petite quantité de sulfate de fer ou vitriol vert du commerce ; trop de sulfate nuirait à la plante.

Langueur et chute des feuilles. — Cette maladie, qui a pour cause la mauvaise qualité du terrain, s'annonce par un alanguissement de la végétation, par la teinte jaune des feuilles et leur chute. Quelquefois cette maladie est occasionnée par une affection des racines. En tout cas, il faut toujours les visiter pour retrancher celles qui auraient de la pourriture ou des lésions, et améliorer ou changer la terre dans laquelle on replante. Cet état maladif peut encore provenir de l'excès ou du défaut d'arrosement, et il faut se rendre compte de ses effets.

Brûlure ou **coups de soleil.** — Des plantes délicates, tenues longtemps à l'ombre ou en serre, et exposées subitement au soleil, peuvent être tuées en peu d'heures, ou du moins perdre une ou plusieurs branches. Le seul moyen d'éviter cet accident, qu'on ne guérit point, est d'ombrer les plantes auxquelles le soleil serait nuisible.

Gelée. — C'est un effet analogue par une cause opposée. Lorsqu'une plante est entièrement gelée, il n'y a qu'à l'arracher, mais lorsque des branches ou rameaux seulement en sont atteints, on parvient le plus souvent à les sauver, si on peut les faire dégeler hors de la présence du soleil, qui achèverait de les désorganiser. Il faut donc, quand on s'en aperçoit, les abriter immédiatement par des toiles ou des paillassons et les laisser dégeler lentement.

CHAPITRE II

ANIMAUX NUISANT AUX PLANTES D'ORNEMENT.

Animaux rongeurs. — Les rats, les souris, les loirs et les lérots font d'assez grands dégâts dans les jardins et notamment parmi les plantes des plates-bandes. On en détruit beaucoup avec des pièges, et en suspendant çà et là, aux murs, assez haut pour que les animaux domestiques ne puissent y atteindre, des appâts auxquels on a mêlé de la noix vomique. Les mulots ne sont pas de moindres destructeurs, surtout des semences; on en détruit beaucoup en enterrant à fleur du sol, le long des murs d'espalier, des pots, dits à mulot, et qui, vernissés en dedans, et à demi pleins d'eau, sont le tombeau de ces petits rongeurs, qui n'en peuvent sortir et s'y noient.

Taupes. — En creusant leurs galeries souterraines, les taupes font périr beaucoup de plantes.

Voici le procédé le plus simple pour les détruire. Lorsque l'on voit remuer la terre d'une taupinière, donner un bon coup de bêche pour faire sauter la taupe hors de son trou. Il est alors facile de la tuer.

Courtilière ou **taupe-grillon.** — Cet insecte fait de grands ravages dans les plates-bandes et surtout dans les couches où il est attiré par la chaleur et par les vers, les larves et petits insectes dont il se nourrit. Il faut verser, dans leur trou, de l'eau à laquelle on a ajouté une petite quantité d'huile, ou de l'essence de goudron de houille, également émulsionnée et dissoute dans cent fois son volume d'eau, ou de l'eau provenant de l'épuration des huiles.

On détruit sûrement les courtilières, leurs petits et leurs œufs dans une couche que l'on monte, en l'imbibant d'urine de vache, sinon de cheval et qu'au préalable on a fait bouillir, mais avant de la garnir de terreau.

Limaces et **limaçons** ou **escargots.** — Le moyen le plus certain de les détruire est de leur faire la chasse le matin et le soir, et surtout après la pluie.

Ver blanc, man, ou turc (larve du hanneton). — Cette larve, qui habite dans la terre et s'y nourrit de racines, cause de grands dégâts. On n'est malheureusement averti de sa présence que lorsque le mal est consommé, c'est-à-dire lorsque la plante se flétrit et meurt sans cause apparente. Parmi les moyens proposés pour leur destruction, le meilleur serait de faire la chasse aux hannetons, ce que l'autorité devrait exiger sur tous les points à la fois. Mais à défaut de ce moyen, il faut détruire les larves toutes les fois qu'on laboure. On peut planter aussi non loin des végétaux qu'on veut préserver de leurs ravages quelques fraisiers ou des laitues qu'on sacrifie pour cet objet, et qu'on arrache dès qu'on voit leur feuillage se faner; on trouve ordinairement un ou plusieurs vers blancs auprès des racines de ces plantes dont ils sont très friands. La destruction générale des hannetons est la manière la plus certaine de remédier à ce fléau.

Chenilles. — Elles sont tellement nuisibles aux plantes et aux arbres, qu'on ne saurait employer trop de soins et de vigilance pour en empêcher la propagation. Le meilleur moyen de parvenir à ce but est d'écheniller avec soin les arbres et arbustes, c'est-à-dire de couper tous les bouts de branches où se trouvent les nids et de les brûler. Il faut aussi détruire les anneaux d'œufs déposés sur les branches, soit en coupant celles-ci, soit en écrasant et râclant les œufs avec la serpette. Il est également utile de faire la chasse aux chenilles isolées et de détruire les papillons. Bien que l'échenillage soit l'objet d'ordonnances positives, il n'est pas fait avec assez de rigueur.

Lombrics ou **vers de terre**. — Ils sont principalement nuisibles dans les jeunes semis dont ils empêchent la levée ou dont ils détruisent le plant en creusant leurs galeries. On les fait sortir en battant la terre ou en la piétinant, ou encore en arrosant le sol avec de l'eau dans laquelle on fait infuser du brou de noix. Ces vers peuvent être recueillis et donnés aux volailles.

Perce-oreilles ou **forficules**. — Ces insectes sont fort désagréables pour les fruits et les fleurs, notamment celles de dahlia qu'ils déchiquètent. Ils attaquent aussi les feuilles qu'ils découpent comme de la dentelle. C'est la nuit qu'ils commettent leurs dégâts. Durant le jour ils recherchent l'obscurité, et s'abritent partout où ils la trouvent. C'est pourquoi on place auprès des plantes qu'on veut préserver des feuilles de choux, des pots à fleurs à demi remplis de feuilles, des bottillons d'herbages, etc., et de temps en temps, le matin, on passe avec un chaudron dans le fond duquel on a mis de l'huile, ou une émulsion de savon noir dans de l'eau, et on secoue dedans tous les pièges qu'on a préparés et qui laissent échapper les perce-oreilles.

Pucerons. — Ce sont de très petits insectes qui vivent en société nombreuse sur la plupart des végétaux dont chacun en a au moins une espèce, s'il n'en a plusieurs. Ils piquent toutes les parties vertes et notamment les feuilles auxquelles ils font prendre diverses formes contournées. Les exsudations de sève qu'ils occasionnent, et la substance mielleuse de leurs excréments y attirent les fourmis en masse. Les fumigations de tabac brûlé et les aspersions d'une infusion froide de tabac sont le meilleur moyen à employer contre cette espèce d'ennemis.

Fourmis. — On les détruit sur les arbrisseaux en attachant aux branches des fioles d'eau miellée. On détruit une fourmilière, à moins que celle-ci ne soit au pied d'un jeune arbre, en l'arrosant avec quelques litres d'eau bouillante mélangée à trois ou quatre cuillerées d'huile à brûler.

Psylles. — Les psylles, appelés aussi *faux pucerons* et *pucerons sauteurs*, sont beaucoup moins nuisibles que les autres. Quelques espèces, en piquant les végétaux, produisent des excroissances comme des *galles*.

Croïcères. — Les larves de ces insectes attaquent surtout le lis blanc; en outre, ils le salissent d'une manière fort repoussante par leurs déjections.

Scolytes. — Ces insectes, du genre hanneton, sont très nuisibles pour les ormes. Il est indispensable de couper l'écorce et la portion du bois qu'ils ont fait mourir.

Cantharides. — Les cantharides s'attachent surtout aux troënes et aux frênes. Elles sont fort désagréables, parce qu'en tombant sur la peau, elles y produisent une ampoule. On les chasse en secouant plusieurs fois par jour les arbres qui en sont infestés.

LIVRE DEUXIÈME

LE JARDIN POTAGER

PREMIÈRE PARTIE

NOTIONS PRÉLIMINAIRES

CHAPITRE PREMIER

DE LA NATURE ET DE LA COMPOSITION DU SOL AU POINT DE VUE DE LA CULTURE POTAGÈRE

Le sol joue en agriculture un rôle des plus importants. C'est lui, en effet, qui fournit aux végétaux cultivés le support où ils sont fixés et le milieu dans lequel ils puisent, au moyen de leurs racines, sinon la totalité, du moins la majeure partie des substances nécessaires à leur développement.

La composition du sol est très complexe et très variable. Les éléments qui le composent proviennent des débris des roches qui constituent l'écorce terrestre, des détritus résultant de la destruction des êtres organisés et enfin des matières diverses fournies par les eaux ou par l'atmosphère. Cette écorce, d'une nuance un peu plus foncée que les couches inférieures, se nomme la couche arable ou labourable.

Au point de vue de l'agriculture, les principes fixes essentiels des sols cultivables sont : le sable, l'argile, la chaux et l'humus. Ces quatre éléments entrent dans la composition du sol, en proportions très variées. Ces proportions, en donnant aux sols des aptitudes et des propriétés différentes, permettent ainsi d'en distinguer les principales sortes.

Terre franche. — La terre franche ou normale est la plus fertile variété des sols argilo-sableux. Sa couleur est jaune pâle, et, quand elle est ressuyée, elle est douce au toucher comme de la farine. C'est la terre par excellence, n'ayant guère besoin d'amendements et se prêtant bien à toutes les cultures. S'il est rare de trouver un terrain de cette nature, il faut tâcher du moins de s'en rapprocher autant que possible.

Voici les proportions de cette terre que recherchent particulièrement les maraîchers parce qu'elle est le type de la plus grande fertilité : argile 40 pour cent ; sable siliceux, 35 pour cent; calcaire, 25 pour cent.

Terre noire. — La terre est noire, lorsqu'elle a déjà été cultivée en jardin pendant un certain temps et qu'elle a été fortement engraissée par des fumiers et du terreau.

Elle est ordinairement légère et convient à la culture d'un très grand nombre de plantes. Seulement, sa fertilité doit être entretenue par l'addition fréquente de terreau et de fumier.

Terre forte. — La terre forte est une variété des sols argilo-sableux où l'argile et le sable sont en proportions plus grandes que le calcaire.

Elle est communément de couleur grisâtre; elle est froide, tenace, d'un travail difficile et d'une fertilité médiocre. Les plantes y languissent si l'on n'a soin de l'améliorer en y mêlant des plâtras et en la couvrant chaque année de 4 centimètres de terreau de tan qu'on y mélange par le labour. On y ajoute aussi du terreau de couches et on peut alors y cultiver tout ce qu'on veut.

Terre légère. — La terre légère est essentiellement sablonneuse, chaude, et retient peu les eaux d'arrosements. Elle est rude au toucher, se dessèche promptement au soleil et, comme elle est sans consistance, se désagrège et s'émiette facilement.

Cette variété de sol se cultive facilement et à peu de

frais, mais son grand défaut est de se desséćher rapidement.

On l'améliore par l'addition d'une couche d'argile, de terreau, de fumier de vache, ou en y incorporant, par un défoncement énergique ou des labours, des plaques de gazon levées sur la terre franche.

Convenablement amendée, la terre légère est excellente pour la culture des pommes de terre.

Terre blanche ou crayeuse. — Dans cette sorte de terre, le principe calcaire domine; c'est la moins fertile de toutes. Sa consistance est friable; l'eau la délaye facilement et forme avec elle une pâte facile à désagréger.

On améliore toutefois la terre blanche par l'addition raisonnée de sable, d'argile, de terreau de tan, de feuilles d'arbres et de fumier pailleux.

Il existe bien d'autres variétés de terres qu'il est inutile de décrire ici, parce qu'elles ne conviennent pas à la culture des plantes potagères, la seule dont nous ayons à nous occuper dans ce livre. Nous parlerons un peu plus loin de l'humus à l'article *terreau.*

CHAPITRE II

DES AMENDEMENTS ET DES ENGRAIS EMPLOYÉS EN CULTURE POTAGÈRE

Amender le sol, c'est en modifier la composition actuelle de manière à le rendre propre à abriter, à soutenir les racines des végétaux et à leur fournir l'humidité convenable.

Les engrais diffèrent des amendements parce qu'ils introduisent dans la terre des matériaux dont les plantes peuvent s'assimiler les éléments qui y portent l'excitation et la vie.

Nous allons passer rapidement en revue les principaux amendements employés dans le jardinage.

Terres rapportées. — Lorsqu'un sol est mauvais, on peut l'améliorer en le mélangeant avec une terre de bonne qualité, ou renfermant en excès le principe qui manque au sol que l'on veut amender.

Une terre est-elle forte, compacte, humide, ce qu'elle doit à la surabondance de l'argile; l'addition d'un sable grossier, siliceux, y portera une division favorable qui la rendra perméable à l'humidité et à l'influence de la température.

Est-elle au contraire sablonneuse à l'excès et par conséquent sèche et brûlante; l'argile viendra lui donner la cohésion qui lui manque.

Enfin si l'élément crayeux y est prédominant au point de la rendre peu fertile, on atténuera cet inconvénient en y mêlant de l'argile et du sable.

L'intelligence du cultivateur doit le guider dans les proportions à employer, car elles sont subordonnées aux éléments composant le sol sur lequel il agit.

Chaux. — Lorsqu'une terre est trop argileuse, on pourra la corriger par l'addition raisonnée d'une certaine quantité de chaux.

Voici comment on prépare la chaux : on entasse de la terre ou de la boue des chemins en forme de tertre sur une hauteur de 60 à 70 centimètres, et sur une longueur indéterminée. On laisse reposer cette masse pendant quelque temps; on ouvre ensuite une tranchée dans laquelle on met de la chaux. Il ne faut pas qu'elle excède en quantité le tiers du volume total. On referme ensuite la tranchée avec soin.

La chaux, mise ainsi en contact avec la terre, se dissout peu à peu et tombe en poussière. On retourne le tout afin de mélanger les deux substances. Cette opération se répète deux ou trois fois, puis on laisse reposer la masse pendant quelques semaines avant de l'employer.

La chaux mélangée dans une certaine proportion avec la terre argileuse, l'échauffe, la rend plus perméable et l'empêche de se durcir et de se crevasser sous l'action des rayons solaires.

La chaux a en outre l'avantage d'éloigner ou de détruire les insectes qui pourraient nuire à la germination ou au développement des plantes.

Depuis un demi-siècle, la chaux joue un grand rôle dans l'agriculture à l'ouest de la France.

Plâtras et décombres. — Cet amendement est employé par un grand nombre d'horticulteurs pour favoriser le développement des choux, des épinards, de l'oseille, etc.

Suie. — La suie s'emploie à faible dose, soit délayée dans de l'eau, soit mélangée avec de la terre ou du fumier.

Outre ses propriétés fertilisantes, la suie est encore utile à un autre point de vue. Étendue d'eau, elle détruit les pucerons et autres insectes nuisibles.

Toutefois, on doit l'employer avec prudence, car l'acide pyroligneux qu'elle renferme brûle les plantes.

Cendres. — Les cendres constituent un excellent amendement et contribuent de la façon la plus efficace à activer la végétation.

Elles doivent ces propriétés fertilisantes à la grande quantité de potasse et de phosphate qu'elles contiennent.

Ainsi que nous l'avons dit plus haut, les engrais fournissent à la terre des matériaux dont les plantes peuvent s'assimiler les éléments. Ils la rendent capable de nourrir les végétaux en remplaçant les matières alimentaires qu'elle a consommées en portant les récoltes précédentes.

Les engrais sont la chose la plus importante dans la culture horticole; on peut même dire qu'il n'y en a jamais assez dans le jardin potager. C'est à eux et à l'eau que les maraîchers des environs de Paris doivent l'étonnante fécondité du sol qu'ils exploitent.

Il existe une grande variété d'engrais; nous allons examiner successivement ceux qui sont le plus généralement employés en horticulture.

Fumiers. — On désigne ainsi les pailles ou autres substances végétales qui, après avoir servi de litière aux animaux domestiques, ont été naturellement imprégnées de leurs excréments et de leurs urines, et sont ensuite arrivées à un certain degré de décomposition.

Dès la plus haute antiquité, les agriculteurs ont connu les propriétés fertilisantes des fumiers, et de nos jours encore, les plus célèbres agronomes les considèrent comme le meilleur des engrais.

Ils réunissent en effet le carbone, l'azote, l'hydrogène, l'oxygène, les phosphates, sulfates et autres principes qui entrent dans l'organisation des plantes.

Faciles à se procurer, ils sont universellement employés.

Tous les fumiers n'ont pas les mêmes propriétés; elles varient suivant la nature d'alimentation des animaux dont ils proviennent, et les matières végétales dont se composaient les litières de ces animaux. On doit aussi considérer la manière dont les fumiers sont aménagés soit dans les étables, soit dans les cours des fermes.

Le *fumier d'écurie* provient du cheval, de l'âne et du mulet, c'est le plus chaud et le plus énergique. Aussi devra-t-on plus spécialement l'employer sur les terres froides ou argileuses. Il est le seul qui convienne à la construction des meules à champignons. Il s'échauffe et fermente rapidement lorsqu'il est mis en tas et mouillé. Si l'on veut retarder sa fermentation, il suffit de l'étaler à l'air et de le maintenir sec.

Ce fumier doit être enlevé tous les jours des écuries.

Le *fumier de bergerie* est celui qui provient des moutons ou des chèvres. Il est regardé comme presque aussi énergique et aussi fécondant que celui d'écurie.

Il est sec, peu fermentescible et très riche en excréments, parce qu'il peut être laissé plus longtemps sous les bestiaux sans leur être nuisible. Se décomposant lentement, il n'est pas inutile de l'arroser pour activer la fermentation avant de l'employer.

Il convient parfaitement aux terres froides et maigres. On peut le mélanger avec le fumier d'étable.

Le *fumier d'étable* provient des bêtes à cornes. Moins actif que les deux sortes de fumiers dont nous venons de parler, parce qu'il se décompose lentement, il est plus propre à l'agriculture ; cependant, il peut être employé avantageusement pour les légumes communs ; il convient surtout aux terres calcaires et sablonneuses, car c'est le plus riche en humidité.

Le *fumier de porcs* est inférieur aux autres. Toutefois, il n'est pas à dédaigner et on peut l'employer dans les terres calcaires, sablonneuses et pour la culture des pommes de terre.

Étant très aqueux, il peut être mélangé au fumier d'écurie dont il modère l'échauffement.

Le *fumier de lapins* a la même énergie et les mêmes propriétés fécondantes que le fumier de bergerie. On le recommande pour les terres argileuses

Les fumiers peuvent être employés soit au sortir de l'étable et avant leur fermentation, soit après un séjour prolongé dans les fosses où ils sont déposés.

Dans le premier cas, ils prennent le nom de fumiers *frais*, *pailleux* ou *longs* ; leur action est plus longue et plus durable, et convient aux sols argileux et forts.

Dans le second cas, ils sont appelés fumiers *courts*, *gras*, *beurre noir* ; leur action est énergique, rapide, mais dure peu ; ces fumiers conviennent aux terres légères.

Issues des villes. — On désigne sous ce nom, les boues et immondices que l'on recueille dans les rues des villes. Ces balayures sont appelées *gadoue* par les maraîchers des environs de Paris.

Cet engrais est très riche et très recherché, mais son odeur est désagréable. C'est pourquoi les jardiniers amateurs l'emploient rarement.

Terreau ou humus. — C'est le résultat de la décomposition des matières végétales et animales, telles que les feuilles des arbres, les herbes, les petites branches.

Le terreau est noir, onctueux au toucher, léger, élastique, avide d'eau à cause de sa porosité ; il contient une assez forte quantité d'acide carbonique et d'azote. Il est très propre à la nutrition des plantes par les nombreux éléments d'assimilation qu'il leur présente, mais son effet est de courte durée.

Le terreau étant un mélange de matières organiques en voie de décomposition, il résulte de l'immense variété de matériaux qui le composent, qu'il est rarement doué de propriétés constantes. Il provient de la démolition des couches et se conserve en tas. On l'obtient en enlevant toute l'épaisseur de la terre qui recouvrait les couches et sous lesquelles il se trouvait dans un état de décomposition plus ou moins avancé. Tout fumier mis en tas, finit par se décomposer complètement et par se convertir en terreau.

Il est très employé pour protéger les semis des plantes potagères ; dans ce cas, il doit être criblé pour atteindre l'état de ténuité convenable et être mélangé en proportions diverses à de la terre franche. Quand on l'emploie à terreauter les planches emblavées, on lui conserve tous les débris pailleux auxquels il est mêlé. Le terreau est surtout utile dans un jardin potager pour la culture des melons. Cet engrais a l'avantage de pouvoir se conserver indéfiniment.

Guano. — Le guano est un engrais azoté des plus actifs. Il provient des excréments d'oiseaux palmipèdes dont il existe des dépôts considérables dans certaines îles de l'Océan Pacifique.

Ces excréments forment à la surface du sol une croûte qui atteint parfois une épaisseur de plusieurs mètres. On trouve, mêlés au guano, des squelettes, des œufs et des débris de poissons.

Le meilleur guano est celui du Pérou, exploité principalement aux îles Chinchas. C'est le plus riche de tous, mais le plus cher. Il contient une grande quantité de phosphate de chaux, d'azote et de potasse. L'azote s'y trouve, soit combiné à une matière organique quelconque, soit à l'état de sel ammoniacal.

Le guano se présente sous la forme d'une poudre sèche,

jaune pâle, répandant une odeur forte et ammoniacale, d'un goût piquant et salé.

Cet engrais extrêmement fertilisant est souvent falsifié dans le commerce. Aussi ne saurions-nous mettre assez nos lecteurs en garde contre la fraude. On vend souvent sous le nom trompeur de *Guano du Pérou*, un mélange de terre et de fiente d'oiseaux qui est loin d'avoir les propriétés fécondantes du véritable guano.

Le prix élevé de cet engrais fait qu'il est peu usité en France ; il est surtout employé en Angleterre, aux États-Unis, en Belgique. Ce dernier pays en consomme, à lui seul, six fois autant que la France.

Poudrette. — On donne ce nom aux matières fécales humaines desséchées et réduites en poudre. Cet engrais fabriqué en grandes quantités dans les environs de Paris et des grandes villes, est très énergique, mais beaucoup moins actif cependant que les excréments humains non desséchés.

Du reste, ces sortes d'engrais sont fort peu employées dans la culture potagère; elles sont plus particulièrement destinées aux grandes exploitations agricoles.

Composts. — Les composts sont des engrais composés de matières animales ou végétales quelles qu'elles soient, mélangées avec de la terre.

Les composts permettent de tirer parti de tous les résidus d'une exploitation, tels que plâtras, vases, balayures, tourteaux de graines, de marc de raisins, de pommes, de poires, pailles, fougères, joncs, plantes aquatiques, tourbes, mousses, feuilles tombées des arbres, écorces, tan, sciure de bois, foins, gazons pourris, matières fécales, etc.

Pour faire un compost, il suffit de mettre en tas toutes ces matières diverses et de les laisser se décomposer par la fermentation.

L'engrais ainsi obtenu peut être avantageusement employé pour couvrir les semis; il active la végétation et favorise la levée des graines.

Purin. — Tout le monde connaît ce liquide noirâtre

et puant qui s'écoule des tas de fumier, entraînant avec lui tous les principes solides qui s'y trouvent.

Le purin est sans contredit la partie la plus active du fumier ; il possède les plus grandes qualités fertilisantes. Dans un jardin potager, on ne saurait négliger une ressource aussi précieuse.

Employé seul, le purin active vigoureusement la décomposition des matières végétales que l'on veut convertir en terreau. Délayé dans de l'eau, et administré sous forme d'arrosements, il constitue un engrais des plus actifs.

Engrais chimiques. — Les engrais chimiques sont exclusivement composés de substances inorganiques, telles que l'azotate de potasse, le phosphate de chaux, l'azotate et le biphosphate d'ammoniaque, le phosphate de magnésie, le sulfate de chaux, le chlorure de sodium, l'hydrate de fer, le silicate de potasse.

Il existe une grande variété d'engrais chimiques qu'il serait trop long d'énumérer ici.

Nous nous bornerons à citer quelques-uns de ceux que recommande M. Georges Ville pour certaines cultures potagères. Les quantités indiquées sont celles qui conviennent à la fertilisation d'un are de terrain.

Pommes de terre.

Phosphate de chaux..............	4 kil.	Quantité totale 10 kil.
Azotate de potasse..............	3	
Sulfate de chaux..............	3	

Navets, topinambours, maïs.

Phosphate de chaux..............	6 kil.	Quantité totale 12 kil.
Azotate de potasse..............	2	
Sulfate de chaux..............	4	

Fèves, haricots, pois.

Phosphate de chaux..............	4 kil.	Quantité totale 10 kil.
Azotate de potasse..............	2	
Sulfate de chaux..............	4	

Betteraves, carottes, choux et presque toutes les plantes potagères.

Phosphate de chaux..............	4 kil.	
Azotate de potasse................	2	Quantité totale
Azotate de soude.................	3	12 kil.
Sulfate de chaux..................	3	

Avant d'employer les engrais chimiques, il convient de labourer profondément la terre. On répand ensuite à la main l'engrais mélangé avec une fois son volume de terre fine et sèche; puis on passe le râteau pour bien l'incorporer à la couche superficielle du sol.

N. B. — La question de l'*eau* et des *arrosements* a été traitée page 9.

CHAPITRE III

ÉTABLISSEMENT ET DISTRIBUTION D'UN JARDIN POTAGER

Nous allons exposer les principales conditions qui président à l'établissement d'un jardin potager, et les diverses circonstances qui peuvent influer sur sa prospérité.

Emplacement. — L'emplacement d'un potager demande un sérieux examen.

Le meilleur serait celui qui, bien abrité et bien exposé, se trouverait situé au pied d'un coteau ou dans une plaine.

Le sol devra y être léger; ni trop sec, ni trop humide.

Un jardin potager doit, autant que possible, être établi au bord ou dans le voisinage d'un cours d'eau; dans un lieu ni trop élevé, ni trop bas. Les lieux élevés sont exposés au froid, et les changements de température s'y font trop brusquement sentir. Dans les lieux bas, au contraire, l'air ne se renouvelle pas facilement, la chaleur est trop forte. Il faut donc choisir un juste milieu, un endroit ni trop élevé, ni trop bas.

A défaut de cours d'eau à proximité, un potager doit posséder un puits ne tarissant pas en été.

Sous-sol. — Il ne suffit pas d'examiner le sol d'un potager, il faut encore considérer la nature du sous-sol sur lequel il repose et qui en modifie singulièrement les qualités.

Ainsi, les terres fortes sont plus avantageusement situées lorsqu'elles gisent sur une couche sablonneuse ou perméable, que si cette couche inférieure est elle-même compacte et refusant l'infiltration des eaux.

C'est tout le contraire, à l'égard des sols calcaires ou siliceux, chez lesquels l'imbibition de l'eau est rapide. Ils sont plus heureusement disposés lorsque, possédant une certaine profondeur, ils gisent sur des couches imperméables qui leur conservent une humidité favorable. S'il en est autrement, ils sont dësséchés et brûlants.

Il importe donc de connaître le sous-sol sur lequel gît un jardin, et on y parvient au moyen de tranchées suffisamment profondes, ou à l'aide d'une sonde qu'on enfonce à plusieurs endroits.

Exposition. — Le choix d'une bonne exposition est de la plus haute importance pour l'établissement d'un jardin potager. A cet égard, nous ne saurions donner des principes absolus, car l'exposition doit varier suivant les lieux, les climats et les influences météorologiques propres à chaque localité.

Il ne faut pas oublier, du reste, que certaines plantes préfèrent une exposition qui serait nuisible à d'autres végétaux.

Dans les pays froids, l'exposition du midi est préférable, tandis que, dans les pays chauds, il vaut mieux qu'un jardin soit exposé au soleil levant ou au couchant. Sous un climat modéré, l'exposition au sud-est est celle que l'on regarde comme la plus avantageuse.

Étendue. — L'étendue d'un jardin potager doit être en rapport avec les besoins de la consommation. Il nous est donc impossible de fixer ici des limites précises.

Un jardin potager de 15 ares pourra, selon nous, produire en chaque saison la quantité suffisante de légumes pour une famille composée de six personnes.

La **distribution** d'un potager dépend de son exposition, de son étendue, de son emplacement, de l'éloignement ou de la proximité de l'eau, etc. Aussi est-il impossible de donner des indications pouvant convenir à tous les jardins potagers.

Les prescriptions qui vont suivre n'ont donc rien de général; elles sont subordonnées à toutes les considérations exposées ci-dessus. Chacun peut les modifier selon les besoins et les exigences de la localité.

Carrés. — Autant que possible, on devra donner au potager la forme d'un quadrilatère divisé en quatre parties égales par deux allées se coupant à angle droit et entouré d'une autre allée dite allée de ceinture.

Plates-bandes. — Chacune des quatre parties principales du jardin devra en outre être partagée en plates-bandes au moyen d'allées plus petites auxquelles on donne le nom de sentiers.

Ces dispositions ont une grande importance car il est absolument nécessaire que l'on puisse circuler entre les diverses cultures sans être forcé de marcher sur les plates-bandes.

Allées. — Les allées devront avoir une largeur suffisante pour permettre au jardinier d'y marcher avec des arrosoirs, brouettes et autres ustensiles employés en horticulture.

Dans tout jardin potager, on tracera une allée principale, correspondant à la porte d'entrée et à laquelle on donnera une largeur de 2 mètres environ. Les autres allées n'auront que $1^{m},50$ de largeur.

Sentiers. — Quant aux sentiers, leur largeur sera beaucoup moindre, car il n'est pas nécessaire d'y passer avec une brouette. Généralement on ne leur donne que 0m,35.

Afin de tracer régulièrement les allées et les sentiers, on se servira du cordeau ; c'est le moyen le plus simple et le plus sûr d'avoir des allées bien droites.

Si le jardin est clos d'une haie, l'allée de ceinture devra se trouver contre elle, afin d'éloigner du potager les insectes qui se trouvent d'ordinaire dans les haies.

Si la clôture est un mur, l'allée de ceinture pourra être éloignée de 1m,50 et dans cet espace, on pourra cultiver des primeurs et des arbres fruitiers en espalier.

Autant que possible, on évitera de mélanger plusieurs cultures dans la même plate-bande. Il est bien préférable que chaque culture soit isolée ; cette disposition rend du reste plus commode l'entretien du jardin.

Quant aux légumes dont on ne veut cultiver qu'une petite quantité, on peut les mettre dans les plates-bandes qui longent les allées principales ; de cette façon, on se dispense d'une multitude de petits compartiments qui, sans cela, eussent été nécessaires pour contenir séparément tous ces légumes.

N. B. — Les différents *outils* et *ustensiles* employés en horticulture ont été décrits p. 14 et suiv.

Pour le *travail de la terre*, se reporter p. 21 ; pour les *clôtures* et *abris*, p. 26.

Pour les moyens d'activer la végétation par la chaleur, *côtières*, *ados*, *couches*, voir p. 66.

DEUXIÈME PARTIE

DES PLANTES POTAGÈRES

CHAPITRE PREMIER

PLANTES SE MULTIPLIANT ANNUELLEMENT PAR LEURS GRAINES

Production des graines. — Pour obtenir des graines, il est absolument nécessaire que l'on choisisse comme porte-graines les sujets les plus beaux, les plus vigoureux et les plus francs que l'on possède.

On les laissera monter en graines et on les entourera de tous les soins particuliers qu'ils exigent. Autant que possible, on isolera les porte-graines d'autres individus appartenant à des espèces analogues, car ce voisinage peut leur être préjudiciable. En effet, il arrive souvent que les poussières fécondantes emportées par le vent se mêlent, et qu'il résulte de ces croisements une dégénérescence des espèces.

Récolte des graines. — On choisira, pour récolter les graines, un temps sec et on procédera de la manière suivante : on coupera les tiges au ras du sol en prenant es plus grandes précautions pour que les graines ne tombent pas à terre. Il faut conserver le plus longtemps possible la graine dans les capsules, gousses ou enveloppes qui les renferment. On les placera ensuite dans un lieu bien sec et bien aéré, ou on les exposera au soleil pour les dessécher.

Conservation des graines. — Lorsque les graines seront récoltées, on devra les préserver de l'humidité qui les moisit, de la trop grande chaleur qui les dessèche et des insectes, rats et souris qui les mangent. Pour cela on enfermera chaque espèce séparément dans un petit sac de toile ou de papier étiqueté ou dans un bocal de verre. Ainsi renfermées, les graines seront placées dans un endroit plutôt froid que chaud, plutôt sombre que trop éclairé.

Certaines graines devront, pour se conserver, être *stratifiées*, c'est-à-dire mélangées avec de la terre légère et sèche ou du terreau, puis recouvertes de sable ou enterrées, après avoir été placées dans un pot.

Quels que soient du reste les soins que l'on prodigue aux graines, il ne faut pas s'étonner si au bout de quelques années, elles perdent leurs propriétés germinatives; quoi qu'on fasse, elles ne peuvent se conserver longtemps.

C'est pourquoi nous pouvons affirmer qu'il est de l'intérêt positif du jardinier potager, amateur ou non, d'acheter ses graines chez un marchand digne de confiance; il les aura plus franches et mieux étiquetées que celles qu'il pourrait recueillir à force de peines et de soins.

SEMIS EN PLEINE TERRE.

Les semis en pleine terre se font de plusieurs manières : à la volée, en rayons et en pochets.

On ne peut employer au hasard l'une ou l'autre de ces manières; en effet, elles ne conviennent pas toutes également aux diverses espèces de graines. Quel que soit le mode qu'on pratique, il faut préalablement que la terre ait été préparée soigneusement par un ou deux labours à la bêche, et fumée selon le besoin des plantes. Avant le semis, il est bon de donner un coup de fourche à la planche pour en émietter la terre et en niveler la surface qui doit l'être d'autant mieux qu'elle est plus légère et poreuse.

Semis à la volée. — C'est le plus simple de tous. Il consiste à projeter la graine à la main en la laissant passer entre les doigts. Cette opération exige une certaine habileté pour bien répartir la graine d'une façon égale. On sème plus ou moins dru, selon que le semis doit être épais ou clair. Comme il est très difficile de ne pas semer trop épais, on a recours, pour éviter ce défaut, à un moyen aussi simple qu'ingénieux : il suffit de mêler à la graine, du sable ou de la terre dans une certaine proportion avant de semer.

Sémis en rayons. — Pour semer en rayons, on commence par tracer parallèlement le nombre de sillons nécessaires, au moyen de la serfouette, ou simplement d'une baguette, en ayant soin de les espacer en proportion du développement des plantes. On dispose ensuite les graines dans ces sillons en les distançant également. Ces rayons doivent avoir une profondeur variant de 3 à 5 centimètres, suivant la nature des plantes.

Le semis achevé, on doit recouvrir les graines avec la terre rejetée des sillons ou avec du terreau.

Sémis en pochets ou en touffes. — Il faut creuser à la houe des trous suffisamment distancés pour que les plantes ne soient pas trop serrées, et à des intervalles égaux.

Dans ces trous ou pochets dont la profondeur varie de 6 à 8 centimètres suivant la nature des plantes, on jette de trois à cinq graines. On les recouvre ensuite soit de la terre retirée des trous, soit d'une autre terre rapportée. On enterre assez souvent un peu d'engrais avec les graines. Plus tard, on pourra relever la terre autour des tiges pour chausser la plante.

Plus les semences sont fines, moins elles doivent être couvertes ; trop enterrées, elles lèvent lentement ou pas du tout.

Voici un aperçu approximatif de la profondeur à laquelle il conviendra de les placer. Toutes les semences fines comme celles de raiponce et de céleri sont suffisamment enterrées par le jet sur la terre ; celles qui sont grosses comme les graines de laitues et de chicorées, doivent être couvertes d'un centimètre ; comme celles des navets, un peu plus ; comme les choux, les radis, environ de deux centimètres ; comme les haricots, les pois, les betteraves, le maïs, de trois ou quatre centimètres, comme les fèves, de sept à huit centimètres.

Au printemps et en été, il faut semer à l'ombre toutes les plantes de la famille des crucifères, telles que, choux, raves, radis, navets, cressons, etc. ; les épinards sont dans le même cas. Les semis d'été doivent être paillés.

Les semis à la volée ont presque toujours besoin d'être éclaircis. Cette opération est surtout nécessaire pour les plantes à racines, comme les carottes, les panais, etc.

Malgré le terreautage et le paillage, il faut sarcler et arroser au besoin. Les binages sont aussi fort utiles.

Il y a des plantes qui ont besoin d'être *buttées;* les unes, pour que leurs produits soient abrités, comme la pomme de terre, par exemple; les autres pour faire blanchir leur côtes, comme le céleri et les cardes.

On met aussi *en jauge* les céleris et les cardons. Pour cela, on ouvre une tranchée assez profonde pour les y recevoir presque entièrement debout, on les y place les uns à côté des autres contre un lit de paille appliqué sur la paroi de tranchée, et on répand de la terre alentour, ce qui les fait blanchir et les garantit du froid.

On *lie* aussi quelques légumes pour les faire blanchir, tels que les céleris, les cardons, les romaines et les scaroles.

On *rame* les haricots, les pois, les capucines. Cette opération consiste à ficher en terre à leur portée des espèces de tuteurs pour soutenir leurs tiges flexibles. Les légumes qui ont besoin de rames présentent une économie d'échalas lorsqu'ils sont semés en touffes.

On *pince* les pois, les haricots, les fèves, c'est-à-dire qu'on supprime la sommité des tiges pour forcer la sève à se porter sur les fruits.

On appelle semer *sur côtières*, semer dans des plates-bandes disposées au pied d'un mur, le plus souvent et le mieux à l'exposition du midi, et un peu inclinées. C'est là que, dès le mois de février, on sème les plantes qui ne résisteraient pas en plein carré, et qu'on peut d'ailleurs abriter à peu de frais.

Nota. — Toutes les plantes qui suivent et qui ne portent aucune indication de durée sont annuelles.

ARROCHE DES JARDINS (*Atriplex hortensis*).

L'arroche des jardins est originaire de la Tartarie. On l'appelle vulgairement : bonne-dame, follette.

On distingue deux variétés d'arroche : la blonde et la rouge. Cette plante a beaucoup d'analogie avec l'épinard. Ses feuilles se mangent pourtant rarement seules à cause de leur goût fade; on s'en sert surtout pour adoucir l'acidité de l'oseille.

L'arroche ne demande pas de soins particuliers de culture. Elle se sème à la volée en mars. Toute espèce de terrain lui convient, mais cependant un sol gras est préférable. Il est inutile de sarcler; on aura soin seulement d'éclaircir le plant de temps en temps, afin de ne pas lui permettre de pousser trop dru.

Lorsque l'arroche sera arrivée à une hauteur de 30 centimètres environ, on pourra commencer la cueillette des feuilles qui seront rapidement remplacées par les nouvelles. Les graines de l'arroche ne conservent pas leurs propriétés germinatives au delà d'une année.

BETTE-A-CARDES (*Beta vulgaris*).

Cette plante, originaire du midi de l'Europe, porte plusieurs noms vulgaires : poirée blonde, poirée à cardes.

Semis successifs en rayons, de mars en août, pour que les feuilles soient tendres. On les coupe souvent et on arrose au besoin.

Cette plante est une variété de la betterave; ses feuilles se mangent, mélangées avec l'oseille, afin d'en corriger l'acidité, comme celles de l'arroche. La variété dite poirée à cardes fournit des côtes larges et épaisses, excellentes à consommer comme les asperges et comme les cardons.

On la sème clair et on éclaircit afin que les pieds soient

espacés de $0^m,40$. On sème en mars pour cueillir en hiver, et en août pour le printemps suivant.

BETTERAVE (*Beta rapa*).

La betterave, originaire du midi de l'Europe, est bisannuelle.

Dans les potagers, on cultive la betterave pour sa racine charnue et sucrée que l'on mange en salade.

Cette plante demande un terrain léger, profond, bien fumé et bien défoncé. Elle se sème soit à la volée soit en rayons, de mars en mai, selon la température du climat. Si l'on veut hâter sa végétation, on peut la semer sur couche et la repiquer en avril.

Dès que le plant est bien levé, c'est-à-dire dès qu'il a cinq ou six feuilles, il faut l'éclaircir de manière à ce que les betteraves soient à $0^m,35$ les unes des autres.

On sarcle, on bine, jusqu'à ce que les feuilles couvrent le sol. Arroser suivant les besoins.

La récolte se fait habituellement dans le courant du mois d'octobre. On se sert de la fourche ou de la bêche pour arracher les racines. Les betteraves auxquelles on aura eu soin d'arracher les feuilles se conservent fraîches dans une cave sans humidité jusqu'au mois d'avril de l'année suivante. Lorqu'on veut conserver des betteraves comme porte-graines, on choisit les plus belles et on a soin de ne pas leur couper le collet; on les place ensuite dans du sable et on les plante au printemps.

Les graines de la betterave se conservent pendant trois ou quatre ans.

Les principales espèces de betteraves potagères sont les suivantes: la betterave rouge de Besançon, la rouge de Whyte, la crapaudine, la turneps rouge hâtive, la petite rouge, la jaune de Castelnaudary et la rouge naine.

Il existe bien d'autres variétés de betteraves, mais nous n'en parlons pas, parce qu'elles sont plus particulièrement cultivées pour la nourriture des bestiaux ou pour la fabrication du sucre.

CAPUCINE (*Tropæolum*)

La capucine est originaire du Pérou. On cultive dans les jardins potagers la grande et la petite.

Tout le monde connaît l'éclat et la saveur aromatique des fleurs de la capucine, que l'on emploie comme ornement de salade. Ses fruits cueillis avant leur complète maturité et confits dans du vinaigre servent à remplacer les câpres.

La capucine demande une bonne terre et une exposition chaude. On la sème en avril. On rame la grande qui atteint la hauteur de 4 à 5 mètres. Arrosements fréquents. On cultive encore une variété à fleurs d'un rouge pourpre, dite d'Alger.

CARDON (*Cynara carduncului*).

Le cardon, nommé aussi carde, cardonnette, chardonnerette, artichaut sylvestre, est originaire de Barbarie.

Cette plante bisannuelle demande une terre profonde et meuble. Elle peut atteindre une hauteur de $2^{m},50$; ses feuilles sont fort longues et dépassent généralement un mètre. Les côtes de ces feuilles sont larges et charnues; elles constituent, lorsqu'elles sont devenues parfaitement blanches, un mets agréable et sain, rappelant le goût des artichauts.

Les semis se font, soit sur couche en avril, soit en pleine terre en mai. On emploie la méthode du semis en pochets. On fera des trous espacés de 1 mètre, on les garnira de terreau et on y sèmera deux ou trois graines.

Lorsque les plants seront levés, on ne conservera que les plus vigoureux. Les cardons demandent des arrosements et des binages fréquents tant que leurs côtes ou cardes ne sont pas parfaitement formées.

De septembre en octobre on les empaille pour les faire blanchir, ce qui demande environ trois semaines. On peut alors les consommer immédiatement. Nous recommandons de n'empailler les cardons qu'au fur et à mesure des besoins, car si on les laissait plus longtemps en cet état, ils pourriraient certainement.

Avant les gelées, on arrache les cardons en mottes, et on aura soin de faire cette opération par un temps sec. On replantera ensuite dans la cave à légumes les pieds

Cardon de Tours.

que l'on veut conserver. Ils blanchissent lentement et peuvent se conserver tout l'hiver.

Il existe de nombreuses variétés de cardons. Nous allons donner quelques indications sur celles que l'on cultive le plus fréquemment,

Cardon plein inerme. — Sans épines, côtes très épaisses et assez délicates.

Cardon d'Espagne. — Variété de très grande taille. Atteint quelquefois 4 mètres de hauteur, cardes épaisses, charnues, mais filandreuses et peu délicates.

Cardon de Tours, épineux. — A été longtemps regardé comme la meilleure variété. Côtes pleines, rougeâtres, tendres et d'une saveur délicate.

Cardon Puvis, demi-plein, sans épines. — La meilleure variété. — Côtes larges et d'une grande délicatesse.

Les graines du cardon sont bonnes trois ans.

CAROTTE (*Daucus carota*).

La carotte, appelée aussi racine rouge, racine jaune, girouille, pastonade, est originaire du midi de l'Europe.

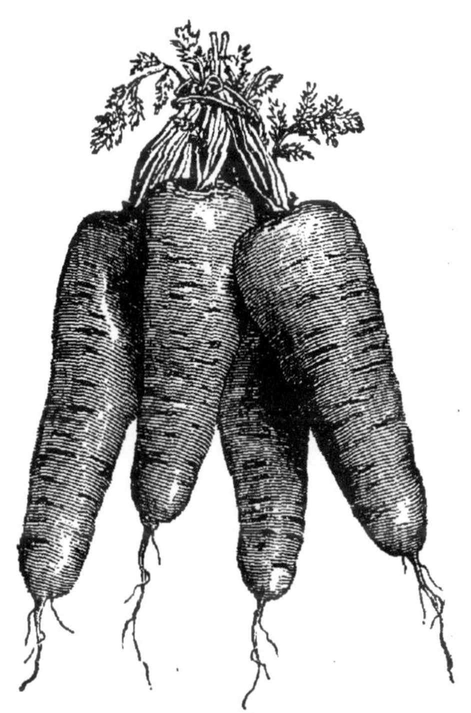

Carotte rouge demi-longue de Luc.

La carotte demande une terre franche et profonde, bien ameublie et convenablement fumée. (Les engrais trop récents font fourcher ses racines.) On la sème à la volée, du 1er mars au 1er juillet, en semis successifs. Le dernier fournit les carottes d'hiver. Il faut terreauter ou pailler le semis suivant les saisons.

La carotte met trente jours et plus à sortir de terre; lorsqu'elle a paru, il faut sarcler de temps en temps et éclaircir lorsque le besoin s'en fait sentir. Arrosements modérés.

Dès qu'on commence à récolter pour la consommation, il faut le faire aux places le plus garnies pour espacer davantage les plants qui restent.

On arrache les carottes à la fourche, en octobre, puis après avoir coupé les feuilles, on les range dans une cave

Carotte courte de Hollande.

exempte d'humidité où elles se conservent pendant l'hiver, comme les betteraves.

On cultive de nombreuses variétés de carottes dont voici les principales :

Carotte blanche à collet vert. — Très productive, saveur rappelant celle du panais.

Carotte blanche des Vosges. — A quelque analogie avec la précédente, mais est moins productive.

Carotte jaune d'Achicourt. — Longue et grosse, sort très peu hors de terre.

Carotte jaune à collet vert. — Cette variété est aussi

longue que la carotte jaune d'Achicourt mais moins grosse; elle sort davantage hors de terre.

Carotte rouge demi-longue de Luc. — Très bonne qualité.

Grosse carotte rouge à collet vert des Flandres. — Plus grosse que la précédente, sort très peu de terre; cette variété est très productive et de bonne qualité.

Carotte courte de Hollande. — Cette variété est de bonne qualité mais peu productive.

Carotte de Croissy ou de Crécy. — Egalement bonne mais produit peu.

Les graines de carottes se conservent pendant trois ans.

CERFEUIL (*Scandix cerefolium*).

Cette plante annuelle, originaire du midi de l'Europe,

Cerfeuil frisé.

est cultivée dans tous les jardins potagers. Elle constitue un condiment très employé en cuisine.

Le cerfeuil vient à merveille dans un sol gras. On le sème de quinzaine en quinzaine pendant presque toute l'année (excepté en hiver). Au printemps et à l'automne, on choisira pour le cultiver le pied d'un mur exposé au soleil. En été, au contraire, il faudra de préférence le semer dans un endroit ombragé. La graine de cerfeuil étant un peu lente à lever, nous conseillons de la faire tremper dans l'eau, deux ou trois jours avant de semer.

On sème soit en lignes, soit à la volée. Le semis de fin d'août ne monte qu'au printemps.

On cultive dans les potagers le cerfeuil frisé et le cerfeuil musqué. — Ce dernier a une saveur plus forte et plus aromatique que le cerfeuil ordinaire.

La graine de cerfeuil se conserve pendant trois ans.

CERFEUIL BULBEUX (*Chærophyllum bulbosum*).

Cette plante bisannuelle ressemble au cerfeuil ordinaire, mais on ne la cultive que pour sa racine dont la saveur rappelle celle de la pomme de terre et celle de la châtaigne. Elle nous vient du midi de l'Europe.

On sème le cerfeuil bulbeux en août, septembre et octobre ; jamais plus tôt ni plus tard, autrement il ne germerait pas. Les semis d'octobre ne montent qu'au printemps suivant.

Cependant, en faisant stratifier la graine, on peut semer dès le mois de mars.

La graine de cerfeuil bulbeux ne se conserve pas plus de deux ans.

CHICORÉE SAUVAGE ET BARBE DE CAPUCIN (*Cichorium intybus*).

La chicorée sauvage est peu difficile sur la nature du sol; mais elle préfère cependant une terre légère, fraîche et ombragée. On la sème à partir de fin avril, de quinze jours en quinze jours. Semis en planches ou le plus souvent en bordures. Sa culture est des plus simples : elle consiste à arroser fréquemment, à sarcler et à biner.

La chicorée sauvage donne par des semis successifs

sur couches, de février en mars, la salade connue sous le nom de petite chicorée sauvage.

Elle fournit aussi la salade dite barbe de capucin. Les plants destinés à cet usage sont semés très dru, d'avril en mai. On prépare dans une cave une couche de terre très sablonneuse mêlée de terreau consommé, et on place à plat sur cette couche un lit de racines de ces

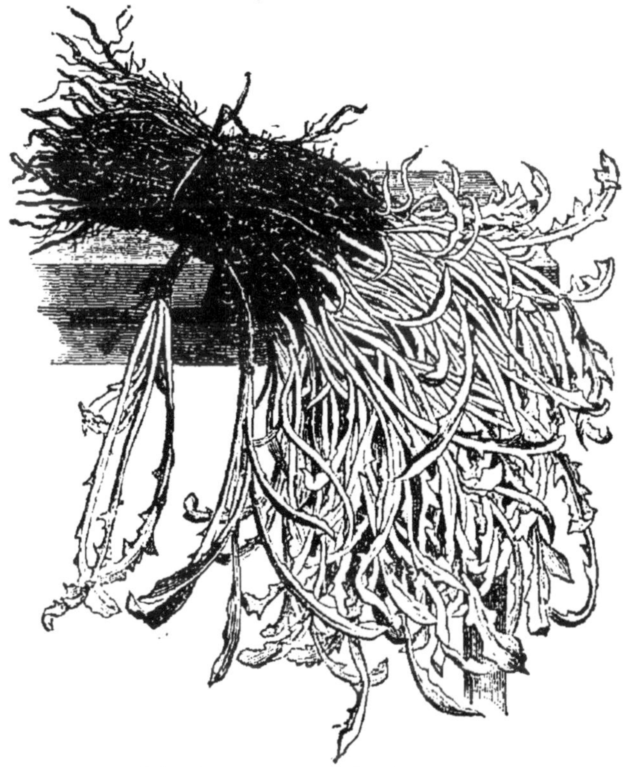

Chicorée sauvage, barbe de capucin.

plants coupés à leur collet qui reste en dehors. On charge de terre, puis d'un second rang de racines, et ainsi de suite, et on mouille, s'il en est besoin. Il pousse bientôt de tous ces collets des feuilles longues, étroites et blanches à cause de l'obscurité et que l'on coupe pour la consommation.

Les maraîchers emploient, pour obtenir le même résultat, un procédé plus expéditif, car il donne ses produits en 15 ou 18 jours. Ils font une couche chaude de bon fumier, sur laquelle ils posent debout et à nu les racines de chicorée sauvage liées par paquets, et ils arrosent au besoin.

On cultive la chicorée sauvage ordinaire, la chicorée à larges feuilles pourpres, la chicorée panachée et la chicorée améliorée.

La graine se conserve cinq ou six ans.

CLAYTONIE PERFOLIÉE (*Claytonia perfoliata*).

La claytonie ou claytonie de Cuba, originaire de ce pays, est une plante herbacée et annuelle, cultivée dans les jardins potagers pour être employée aux mêmes usages que l'épinard, l'oseille et le pourpier ; on la mange aussi en salade comme la chicorée et la laitue.

On la sème clair au printemps, à bonne exposition, en terre douce et terreautée, à la volée ou en rayons. Il faut la couper plusieurs fois pendant l'été.

La graine peut se conserver trois ans.

CRESSON ALÉNOIS (*Lepidium sativum*).

Cette plante annuelle appartient à la famille des crucifères ; originaire de la Perse, elle porte aussi les noms de nasitor, lépidier cultivé, cresson à la noix, de roche des jardins, doré, passerage cultivé.

Les jeunes pousses sont employées comme assaisonnement dans la salade; elles ont des propriétés antiscorbutiques et dépuratives.

On peut semer le cresson alénois tous les mois, à la volée ou en rayons, en terre douce et substantielle, à l'exception des fortes chaleurs de l'été. Il germe et lève très rapidement. Il faut l'arroser fréquemment pendant les chaleurs et le couper lorsqu'il est assez développé, c'est-à-dire lorsqu'il a atteint environ 10 centimètres de hauteur.

Sa graine se conserve cinq ans.

CRESSON DE TERRE (*Erysimum præcox*).

Le cresson de terre est une plante vivace qui se nomme encore : cresson des vignes, des jardins, précoce, vivace. Sa saveur rappelle celle du cresson de fontaine. Il demande une terre franche, légère, humide.

On le sème clair, au printemps, en rayons ou à la volée, et il n'exige aucun soin de culture.

EPINARD (*Spinacia oleracea*).

L'épinard, originaire de l'Asie septentrionale, est désigné également sous le nom d'espinoche.

Épinard d'Angleterre.

Cette plante demande une terre meuble, fumée, humide. On peut la semer à la volée ou en rayons dès le mois de février jusqu'en octobre; les chaleurs lui étant nuisibles, il vaut mieux s'abstenir de faire le semis pendant les chauds mois de l'été. Ceux du printemps sont les plus avantageux.

L'épinard, pour produire de belles feuilles, doit toujours être semé clair; une couche de terreau peut tenir lieu de paillis. Aussitôt après avoir semé, on devra arroser pour faciliter la germination.

L'épinard demande des arrosements copieux.

On peut récolter des feuilles jusqu'à ce que les tiges commencent à monter.

Les différentes variétés cultivées dans le potager sont : l'épinard à feuilles de laitue, l'épinard Gaudry, le rond de Hollande, l'épinard des Flandres, d'Angleterre.

La graine d'épinard se conserve trois ans.

FÈVE (*Vicia faba*).

La fève, originaire de la Perse, porte aussi les noms de : fève de marais, favelote, féverole, gourgane. — La culture de la fève demande une terre substantielle, fraîche, abritée du trop grand soleil et bien fumée.

Cependant, les semis d'automne devront être faits dans une terre douce, légère et exposée au midi ; ceux d'été réussissent bien lorsque la saison est pluvieuse. En été, les jeunes pousses de fèves sont souvent attaquées par des pucerons qui se multiplient si rapidement qu'il est souvent bien difficile de les détruire.

Les semis se font soit en rayons, soit en touffes. Les pochets devront être peu couverts.

Quel que soit le mode adopté, on aura soin d'espacer d'environ $0^{m},30$. Les intervalles pourront être utilisés en plantant des pois ou des pommes de terre. On les fait aussi soit en bordure, soit en planches à la volée.

Dès que les fèves ont 5 ou 6 centimètres de hauteur, on rapproche la terre des tiges, puis on les bine une première fois. — Une quinzaine de jours après, on fait un nouveau buttage et on bine une seconde fois. Si les pluies sont rares, on arrose de temps en temps. Ensuite il faudra *pincer* toutes les sommités, opération qui a pour but d'augmenter le volume des fèves.

Si on mange les fèves en vert, c'est-à-dire au quart de leur grosseur, il faut couper les tiges sur leur collet, qui fournira souvent de nouvelles pousses et une seconde récolte. Si on veut les récolter parfaitement mûres, il ne faut les arracher que lorsque les gousses sont noires.

Les variétés que l'on cultive ordinairement dans les jardins potagers sont : la fève ordinaire, de Windsor, julienne, naine hâtive, toujours verte, violette.

Les graines laissées dans leurs cosses conservent leurs propriétés germinatives pendant cinq ou six ans.

HARICOT COMMUN (*Phaseolus vulgaris*).

Venu des Indes Orientales et de l'Amérique centrale, le haricot est un légume désigné aussi sous les noms de : faviolle, fayau, fayon, fève de mer, petite fève, pois d'Angleterre, pois de mer, pois long, pois de mai.

Étant originaire des pays chauds, le haricot ne peut supporter la gelée. Pour qu'il donne une récolte abondante, il lui faut une terre légère, meuble, bien fumée avec des engrais consommés.

On le sème à la fin de mars, dans le midi de la France, du 1er au 15 mai dans le centre et du 15 au 20 mai dans le nord.

Les semis se font en touffes dans les terrains légers et secs et en rayons dans les terres froides et humides. Les touffes doivent être espacées de 0m,60 les unes des autres ; les rayons doivent être peu profonds et espacés de 30 à 40 centimètres. On recouvre les grains de 3 centimètres de terre environ.

Lorsqu'elles sont levées, ce qui arrive 15 jours environ après le semis, on bine et on butte un peu. Un mois environ après, on donne un nouveau binage et un nouveau buttage.

Pendant la sécheresse, il peut arriver que les fleurs du haricot coulent ; on prévient cet accident en rafraîchissant les plantes par un arrosage superficiel.

Si l'on veut récolter les haricots secs pour les consommer en hiver, on arrachera en octobre les pieds que l'on réunira en bottes. Il faut de préférence conserver pour cet usage les haricots semés en mai.

Les haricots que l'on veut manger en vert sont récoltés à mesure que les gousses atteignent un développement suffisant.

Les différentes variétés de haricots que l'on cultive dans les jardins potagers peuvent se diviser en deux groupes :

1° Les haricots à rames qui ont besoin d'être soutenus par des tuteurs de 2 mètres à 2^m,50 de hauteur;

2° Les haricots nains à tiges non grimpantes.

Haricots à rames avec parchemin.

Haricot de Soissons. — Variété très répandue; se cultive pour être mangé sec pendant l'hiver. Ses graines sont grosses, larges, plates et blanches.

Haricot sabre. — A graines blanches et longues. Ce haricot est très vivace et convient surtout aux terres fortes. C'est peut-être la meilleure des variétés. Se mange en vert et sec.

Haricot riz. — Très succulent. Se mange sec de préférence. Très vivace.

Haricot Saint-Seurin. — Très productif et bon surtout à être mangé vert et à mi-grains.

Haricot rouge d'Espagne. — Très bon à manger sec.

Haricot asperge. — Craint le froid et l'humidité. Bon à manger frais. Devient très haut; gousses longues et rondes.

Haricots à rames sans parchemin (ou mange-tout).

Haricot de Prague, à graines rondes d'un rouge violet. Très farineux. Il existe une variété à grains marbrés.

Haricot prédome, à graines ovales, gris.

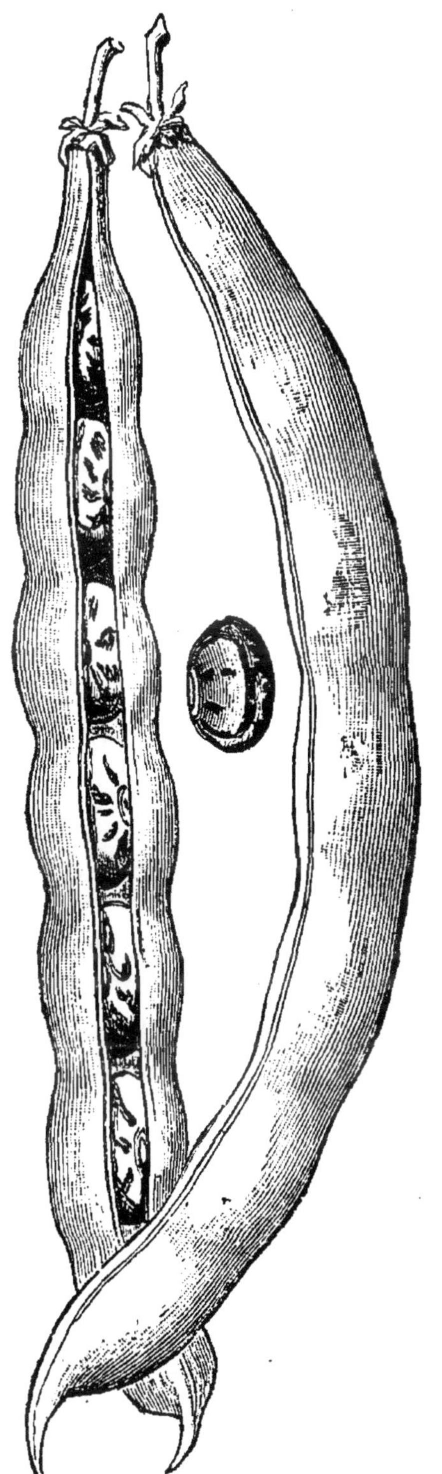

Haricot de Prague marbré.

Haricot d'Alger ou beurre noir. — Variété excellente jaune et tendre.

Haricot beurre Saint-Joseph. — Grain moyen et rond, cosse jaune marbrée de noir.

Haricots nains à parchemin.

Haricot flageolet ou nain hâtif de Laon. — C'est la variété que l'on cultive le plus sous le climat de Paris ; elle

Haricot flageolet.

est de bonne qualité, ses grains sont blancs, allongés et étroits. Cultivée sous châssis, elle donne les haricots verts de primeur.

Haricot nain hâtif de Hollande. — Très bon pour la culture forcée.

Haricot Bagnolet. — Variété très productive et de bonne qualité.

Haricot noir de Belgique. — C'est la variété qui donne les meilleurs haricots verts ; très hâtive, très productive ; elle ne craint pas les arrosages fréquents.

Haricot de Soissons nain ou gros pied. — Hâtif. Ses

grains et ses cosses sont analogues à ceux du haricot de Soissons à rames.

Haricots nains sans parchemin (ou mange-tout).

Haricot nain hâtif d'Alger. — Très bon à manger en vert; craint peu le froid et l'humidité.

Haricot prédome nain. — Excellent mange-tout.

Haricot beurre blanc nain. — Très farineux.

Les graines de haricots conservent leurs propriétés germinatives pendant quatre ans, si on les conserve dans leurs cosses; sinon, pendant deux ans seulement.

LENTILLE (*Ervum lens*).

La lentille, également connue sous les noms d'arousse et d'aroufle, est originaire de l'Europe centrale; c'est une plante annuelle, à laquelle il faut surtout une terre légère; cultivée en terre forte, elle ne produit pas de graines.

On la sème en rayons espacés de 35 centimètres à peu près, à la fin du mois de mars ou aux premiers jours d'avril. Dans le midi de la France, on peut faire les semis en automne.

La lentille demande peu de soins ; on devra seulement lui donner un binage avant la formation des tiges. On récolte lorsque les tiges sont à moitié desséchées.

On cultive une variété appelée lentille à la reine ou lentille rouge (*ervum lens minor*), à graine plus petite et qui est plus estimée.

Les graines de lentille se conservent deux ans.

MACHE (*Valerianella locusta*).

La mâche, originaire d'Europe, porte aussi les noms

de : boursette, doucette, blanchette, clairette, blanquette, salade de chanoine, salade verte, salade de blé, salade royale, herbe royale, herbe d'agneau, orillette, laitue de brebis.

La mâche est une plante annuelle, haute de 20 centimètres environ, qui demande une terre douce, meuble et bien amendée. On la cultive pour ses feuilles que l'on mange en salade pendant l'hiver.

On sème la mâche à la volée, du 15 août à la fin d'octobre, tous les dix jours. On peut, soit lui consacrer un carré spécial, soit la semer entre les choux-fleurs, les oignons, la chicorée. On aura soin de recouvrir les graines légèrement au moyen du râteau. Il faut arroser de temps en temps si le temps est trop sec.

La mâche monte vite. Celle que l'on sème en septembre peut être récoltée à la fin de l'automne ; semée en octobre, elle résiste bien au froid et fournit d'excellente salade pendant l'hiver.

On en cultive plusieurs variétés qui sont : la mâche ronde maraîchère, la mâche à grosses graines, la mâche d'Italie ou régence.

La graine de mâche se conserve au moins six ans.

MAIS (*Zea mays*).

Le maïs, originaire d'Egypte et du Mexique, aussi appelé blé de Turquie, blé d'Espagne, demande une terre de consistance moyenne, meuble et bien fumée.

On le sème, du 15 avril au 15 mai, en rayons espacés de 25 à 50 centimètres. Si l'on veut récolter les grains mûrs, les rayons devront être beaucoup plus espacés.

On peut cultiver, entre les pieds de maïs, des haricots, des navets, des choux, des laitues.

Lorsque le maïs a atteint 5 ou 6 centimètres de hauteur, il faut lui donner un léger binage, et l'éclaircir. Lorsqu'il a 35 centimètres environ, on le butte.

Les principales variétés de maïs sont : le maïs jaune à

poulet ou maïs nain; le maïs quarantain; le maïs gro

Maïs.

jaune; le maïs perlé; le maïs géant de Pensylvanie; le maïs blanc des Landes.

NAVET (*Brassica napus*).

Le navet, du genre chou, est cultivé pour sa racine qui constitue un excellent légume.

Les terres sablonneuses sont celles qui lui conviennent le mieux; il réussit très bien dans les terrains légers et dans les terres franches et meubles.

On sème le navet à la volée, du 15 juin à fin août; il faut avoir soin de recouvrir légèrement la graine au moyen du râteau. Les semis d'été devront être faits soit dans un emplacement ombragé, soit entre des pieds de haricots. Il ne faut semer que de la graine de deux ans au moins, autrement on aurait des navets qui monteraient avant d'avoir formé leurs racines. Pour les espèces hâtives, on peut retarder les semis jusqu'au 15 septembre; pour les autres espèces, on pourra, si l'année est pluvieuse, avancer jusqu'au 15 mai.

La culture du navet demande peu de soin; la graine lève rapidement et il faut arroser très souvent les jeunes plants. Ces arrosages fréquents ont pour but de les pré-

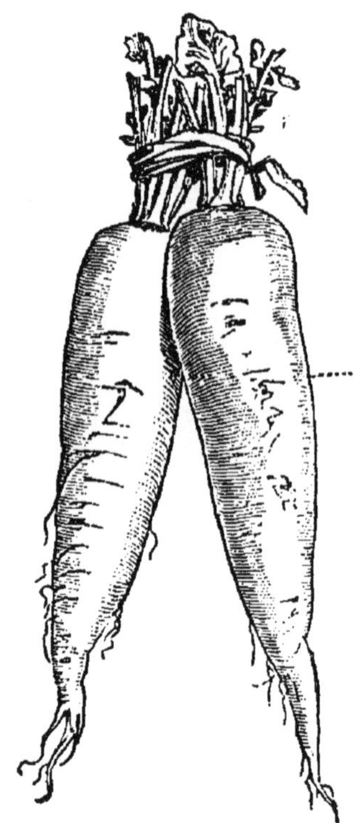

Navet de Clairfontaine.

server d'un puceron nommé tiquet ou altise, qui s'attaque aux navets pendant la première période de leur croissance.

On éclaircit et on sarcle si cela est nécessaire.

On les arrache avant les gelées et on les conserve comme les betteraves, dans une cave exempte d'humidité ou dans tout autre endroit sec; on peut alors les consommer pendant l'hiver.

Les principales variétés sont les suivantes:

Navet de Freneuse. — Très bonne qualité; on l'emploie de préférence pour les ragoûts.

Navet jaune long. — Originaire des États-Unis; de très bonne qualité.

Navet de Meaux. — Racine de forme allongée.

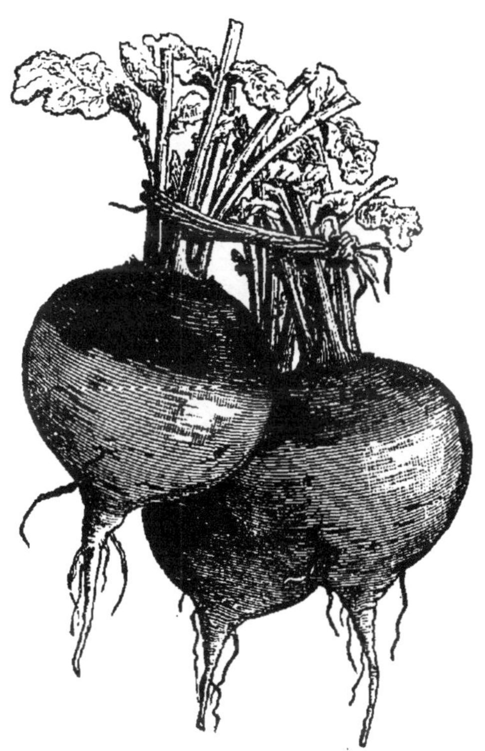

Navets des Sablons.

Petit navet de Berlin ou Telteau. — La plus petite de toutes les variétés.

Navet de Clairfontaine. — Racines très longues.

Navet gros long d'Alsace. — Racines peu délicates.

Navet plat hâtif, navet rouge plat, navet blanc, navet rouge, tous quatre très précoces.

Navet des Vertus. — Bonne qualité; très blanc.

Navet des Sablons. — Bonne qualité; racine presque ronde.

Navet long noir d'Alsace. — Supporte très bien les gelées; saveur très douce.

Navet jaune à collet rouge de Montmagny.

Navet jaune à collet rouge de Montmagny. — A racine ronde.

Navet boule d'or. — A racine ronde et jaune.

Les graines se conservent pendant cinq ou six ans.

OIGNON (*Allium cepa*).

On le croit originaire d'Afrique.

L'oignon demande une terre substantielle plutôt forte que légère, fumée d'avance et bien préparée par deux labours.

On sème à la volée en février en terre légère; en mars, en terre forte. On herse à la fourche, on passe le râteau et on couvre de 3 centimètres de terreau.

On éclaircit après la levée en repiquant sur les places vides ; on bine et arrose au besoin, puis on supprime

Oignon rouge foncé violet.

l'eau dès que les oignons commencent à tourner. Lorsqu'ils sont mûrs, on les arrache, et après les avoir lais-

Oignon blanc rond dur de Hollande.

sés quelques jours sur la terre, on les rentre en lieu sec.

On distingue plusieurs variétés d'oignons :

L'oignon jaune paille ou des Vertus; jaune soufre d'Espagne; rouge foncé violet; rouge pâle ordinaire;

Oignon rouge pâle ordinaire.

rouge pâle de Niort; blanc gros plat d'Italie; blanc tardif gros; blanc rond dur de Hollande.

Oignon blanc gros plat d'Italie.

Ces variétés se cultivent toutes comme nous venons de l'indiquer ci-dessus.

L'oignon blanc hâtif se sème en août et septembre pour se récolter en mai et juin suivants.

La graine d'oignon conservée dans ses capsules garde ses propriétés germinatives pendant trois ans.

PANAIS (*Pastinaca sativa*).

Les panais veulent un terrain profond, gras et frais ; ils réussissent d'autant mieux que le sol a été bien défoncé.

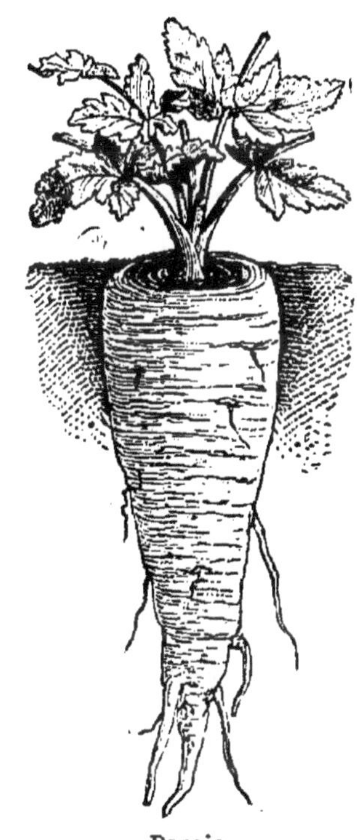

Panais.

Ils ne craignent pas les gelées, aussi peut-on les laisser en terre pendant l'hiver.

On sème à la volée, ou mieux en lignes et toujour un peu dru, sauf à éclaircir ensuite pour mettre le plant à bonne distance, c'est-à-dire à 12 ou 15 centimètres. Le panais se cultive comme la carotte.

Pendant la végétation, le panais réclame quelques sarclages et binages ; il faut arroser modérément.

La graine ne se conserve que pendant un an.

PERSIL (*Apium petroselinum*).

Le persil est bisannuel; on le sème à la volée ou en bordure, depuis mars jusqu'en août.

On distingue trois variétés de persil : le persil ordinaire, le persil frisé et le persil céleri.

Terres plutôt légères que fortes; le persil vient aussi dans les terres franches lorsqu'elles ont été bien ameublies, et qu'elles sont en bon état de fertilité.

La graine se recouvre légèrement, et dès qu'elle a été mise en terre, on l'arrose fréquemment pour en hâter la germination qui est toujours fort lente.

Les premiers comme les derniers semis doivent se faire au pied d'un mur et dans une exposition favorable.

Le persil frisé demande à être moins serré que le persil ordinaire. On laisse en général un écartement de 20 à 25 centimètres. Il demande à être sarclé soigneusement, pour qu'en le cueillant on ne soit pas exposé à y mêler de mauvaises herbes.

A l'approche de l'hiver, on couvre le persil d'une couche de feuilles pour le préserver de la gelée. On peut encore, si on craint que ce moyen ne suffise pas, l'abriter sous un châssis.

La graine se détache avec une grande facilité, c'est pourquoi on coupe les tiges quand la moitié de leurs graines sont mûres.

La graine de persil se conserve deux ans.

POIS (*Pisum sativum*).

Le pois est une plante herbacée, annuelle, de la famille des Papilionacées, à tiges le plus souvent grimpantes. Le pois cultivé paraît originaire de l'Europe méridionale.

Les pois se sèment dans une terre franche fumée antérieurement, afin d'avoir plus de fruits que de feuilles.

Un terrain calcaire rend les pois plus savoureux et plus propres à la cuisson. Il faut éviter de semer les pois deux années de suite dans le même terrain. Ainsi que les haricots, les pois se sèment en lignes ou par touffes.

L'exposition méridionale doit être préférée pour déposer la semence. On emploie ordinairement 2 litres de semence par are. On sème selon les variétés depuis novembre de mois en mois, jusqu'à la fin de juillet.

On distingue deux sections principales de pois cultivés.

Pois nain hâtif.

1° Les pois *à parchemin*, à écosser ; 2° les pois *sans parchemin* ou mange-tout.

Dans les premiers, les principales variétés naines sont : le nain hâtif, le nain de Hollande, le gros nain sucré et le nain vert de Prusse. Les variétés à rames sont : le Michaux de Hollande, le Michaux à œil noir, le petit de Paris, le Clamart, le ridé et le gros vert de Normandie.

Dans les seconds, nous recommandons spécialement : le pois sans parchemin nain hâtif, le blanc à grandes cosses, le mange-tout à cosse blanche et à cosse jaune.

Lorsqu'on récolte les pois à demi-maturité, ils doi-

Pois sans parchemin nain hâtif.

vent être consommés de suite ou mis en conserve. Ceux que l'on cueille après maturité complète devront être séchés.

Conservés dans leurs cosses, les pois conservent pendant cinq ans leurs propriétés germinatives.

POURPIER (*Portulaca oleracea*).

Le pourpier, ou porcelaine, pourcelane, est une plante charnue. D'un goût fade, le pourpier se mange également cuit, accommodé comme les épinards, ou le plus souvent cru, en salade.

Il en existe deux variétés : le vert et le doré.

Le pourpier se sème clair en avril ou mai dans une terre légère, bien ameublie, sur engrais ancien et à la volée. On recouvre la semence d'une mince couche de terreau. Le pourpier craint la gelée.

Quelques binages suffisent à cette plante, mais il lui faut des arrosages très fréquents.

La graine se conserve cinq ans environ.

RADIS, RAVE (*Raphanus sativus*).

Le radis, appelé aussi ravonnet, ravenelle, raifort cultivé, est originaire de la Chine.

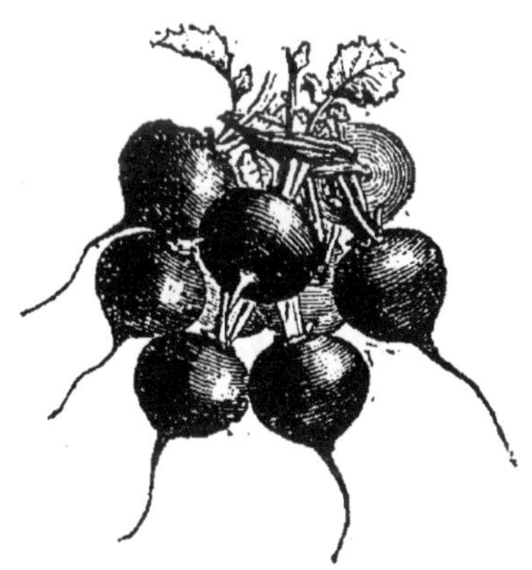

Radis rond.

Il y a de nombreuses variétés de radis, mais elles peuvent se partager en trois divisions principales :

1° Les radis à racines rondes; 2° à racines demi-longues; 3° à racines allongées.

Aux deux premières divisions appartiennent les radis roses, blancs, gris et jaunes.

La troisième division contient les raves blanches, violettes et saumonées. Ces trois variétés sont excellentes.

Il faut aussi remarquer: la rouge longue et la petite

rave hâtive. Toutes deux sont servies comme primeurs.

Les radis et les raves se cultivent de la même manière. Il faut à ces plantes une terre légère et d'une grande fraîcheur.

Pour que les radis soient tendres il faut que la terre où on les sème soit bien fumée et que les engrais employés soient décomposés et réduits à l'état de terreau. Arroser fréquemment.

Les radis croissent rapidement; on peut les récolter

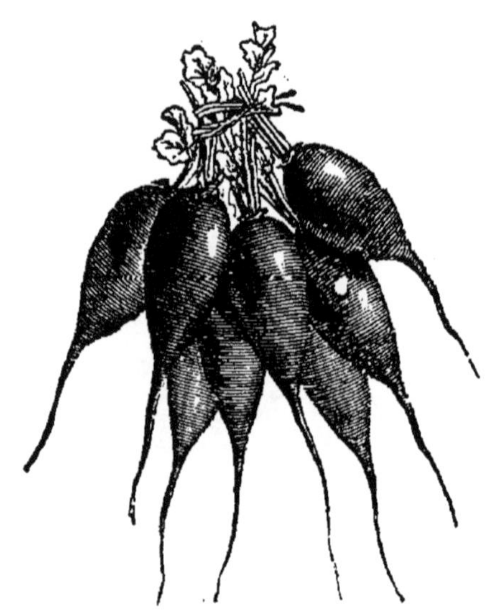

Radis demi-long.

environ trois semaines après le semis. Si l'on manque de terrain, les radis s'accommodent assez bien d'être semés parmi les oignons, les carottes, les laitues.

Le radis noir est semé au mois de juin, il se récolte en automne; ses racines se conservent tout l'hiver comme celles des autres plantes potagères.

Il est bon de semer les radis souvent et en petite quantité afin de les avoir toujours tendres.

Les radis porte-graines sont conservés pendant l'hiver dans du sable un peu frais, afin de les mettre en place au printemps, assez loin des variétés auxquelles ils pourraient mêler leur poussière germinale. On récolte les

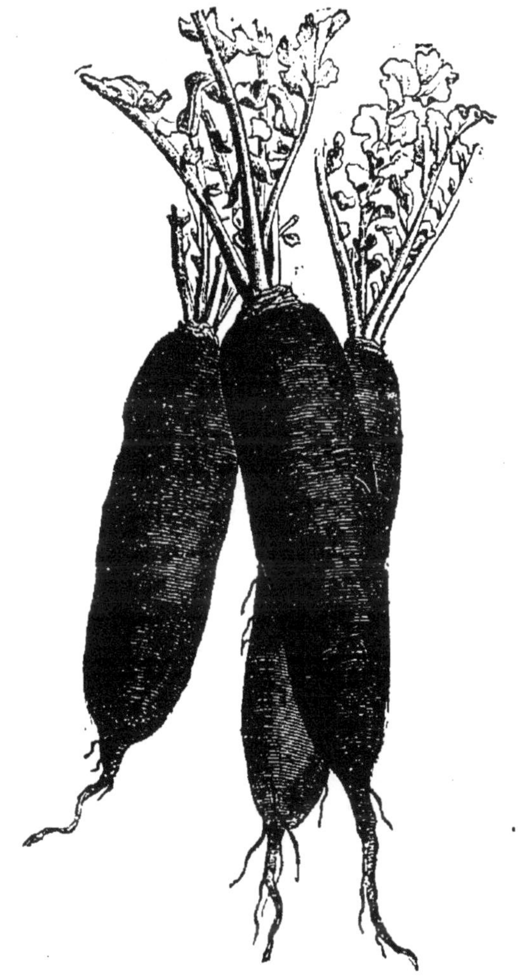

Radis noir.

graines au mois d'août ; elles se conservent quatre ans.

RAIFORT SAUVAGE (*Cochlearia armoracia*).

Le raifort sauvage, appelé aussi moutarde des Allemands, moutarde des capucins, radis de cheval, est une plante dont la culture n'offre aucune difficulté, elle vient dans toute espèce de sol et à toutes les expositions.

Il suffit de la débarrasser des mauvaises herbes qui l'avoisinent et de l'arroser de temps en temps. Elle se développe beaucoup mieux, si on a soin de pratiquer quelques binages.

La racine de raifort se consomme râpée; mêlée au sel et au vinaigre, elle aiguise l'appétit.

Le raifort sauvage se multiplie de graines ou par éclats. Il faut que la terre soit bien labourée et bien fumée.

Les graines peuvent se conserver deux ans.

RAIPONCE (*Campanula rapunculus*).

La raiponce, ou bâton de Jacob, pied de sauterelle, cheveux d'évêque, se sème à la volée; sa graine est si fine, qu'au moment du semis, on la mêle à du sable ou à de la terre sèche pulvérisée.

Il faut une terre légère et fraîche, bien ameublie. Le semis doit être recouvert d'une couche de terreau fin, et être arrosé souvent, jusqu'à la levée des plants et pendant les sécheresses.

En même temps que la raiponce, on peut semer des radis ou des épinards qui laissent le terrain libre assez tôt pour ne pas nuire aux raiponces.

Elle passe l'hiver sans soins et fournit ses feuilles et ses racines pour salade, de février en mai.

La graine se conserve pendant trois années.

SALSIFIS (*Tragopogon porrifolium*).

Le salsifis, appelé aussi cercifix, bouc-barbe, est une plante bisannuelle.

Le salsifis se sème assez clair, de mars en juin, en lignes ou à la volée, dans un sol profond, bien ameubli et fumé depuis longtemps.

S'il fait trop sec, on arrose les semis; dans tous les cas, il faut sarcler et biner.

On arrache les salsifis en automne ou dès les premiers

froids. Ils sont réservés pour l'hiver et même pour le printemps. On les met en jauge, on les recouvre pendant les grands froids avec de la litière; ou bien on les rentre dans une cave bien sèche.

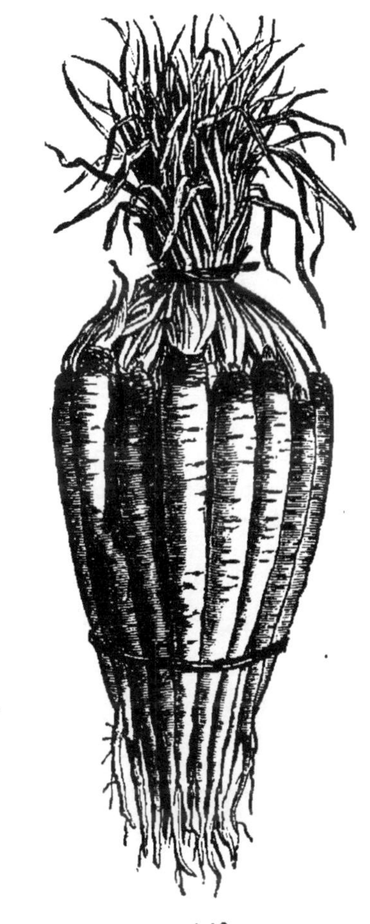

Salsifis.

Les feuilles de salsifis peuvent se manger en salade, ainsi que la barbe de capucin. On les fait blanchir par le même procédé.

La graine ne se conserve que pendant un an.

SCORSONÈRE OU SALSIFIS D'ESPAGNE
(*Scorzonera hispanica*).

La scorsonère ou scorzonère d'Espagne, appelée vulgairement salsifis noir, corsionnaire, écorce noire, est

Scorsonère.

une plante bisannuelle, originaire de l'Espagne; elle a une tige rameuse, des feuilles ondulées, un peu dentelées ou entières, garnies de quelques poils.

La racine en est épaisse et longue; elle devient charnue par la culture; sa chair est blanche, mais son enveloppe extérieure est noirâtre.

La scorsonère se sème en février, mars, avril, et de juillet en août, dans un sol doux, profond, bien fumé antérieurement. On sème abondamment parce que beaucoup de graines manquent de fertilité et que les oiseaux en détruisent un grand nombre à la levée. On éclaircit le plant s'il y a lieu, puis on sarcle et on bine; on arrose soir et matin si le besoin s'en fait sentir.

Dans les terres très favorables, on peut récolter en novembre dès la première année.

La graine se conserve deux ans.

TÉTRAGONE ÉTALÉE (*Tetragonia expansa*).

La tétragone peut remplacer l'épinard dans nos jardins avec avantage. Elle produit d'autant plus que la saison est plus chaude et plus sèche; alors ses jeunes pousses se renouvellent sans cesse.

Cette plante est rampante et s'étale en nombreuses branches qui se chargent de feuilles, de sorte qu'il suffit d'un petit nombre de pieds pour couvrir un grand espace et avoir toujours de nouvelles feuilles à récolter.

Le semis de la tétragone se fait à la fin d'avril, sur couches ou en petits pots après avoir fait tremper les graines. On peut aussi semer en touffes espacées de 50 à 60 centimètres, ou repiquer à même distance quand on ne craint plus les gelées.

Les semis sur place au printemps lèvent souvent mal; c'est probablement ce qui a dérouté les jardiniers et empêché le développement de cette culture qu'il serait bon d'encourager.

En septembre et octobre, les graines sont mûres, elles se conservent deux ans.

SEMIS EN PÉPINIÈRE.

Plants repiqués ou au moins plantés.

Les plantes qui suivent n'ont pas non plus d'autres moyens de multiplication que le semis de leurs graines.

soit qu'il se fasse en pleine terre, soit que pour l'avancer il ait lieu sur couche.

Mais le plant a besoin, selon les circonstances, d'être repiqué une ou même deux fois avant la mise en place, ou au moins d'être planté dans un autre endroit que celui où il a été semé.

CELERI (*Apium graveolens*).

Le céleri, ache des marais, ache douce, bonne herbe, est une plante bisannuelle qui a les feuilles dressées et fermes; d'origine marécageuse, elle est très avide d'eau et fort

Céleri plein blanc.

répandue dans la France septentrionale et en Allemagne.

On sème le céleri sur couche, sous châssis ou sous cloches, de janvier en mars. En pleine terre sur terreau, d'avril en juin pour être mis en place sans repiquage.

On repique le plant lorsqu'il a trois feuilles sur une nouvelle couche à 5 ou 6 centimètres l'un de l'autre. Lorsqu'il est assez fort, on le plante en pleine terre fraîche, en rayons espacés de 30 à 35 centimètres ou à 20 ou 25 centimètres sur la ligne.

Quand le plant a pris assez de développement pour être blanchi, on attache les feuilles autour de la plante avec deux ou trois liens de paille.

Dans cet état, on le butte en répandant de la terre autour des plants de façon qu'ils soient enterrés, excepté le sommet des feuilles, ou on l'empaille complètement à la façon des cardons.

On peut encore le relever en motte après l'avoir lié, et le mettre dans une jauge assez profonde pour qu'il soit enterré presque entièrement.

Quoi qu'il en soit, il ne faut faire blanchir le céleri que successivement et en proportion du besoin, car il ne se conserve pas longtemps dans cet état. Si les froids surviennent pendant cette opération, il faut couvrir de grande litière les pieds empaillés, buttés ou en jauge.

On cultive : le céleri à couper à côtes creuses ; le céleri frisé nain rose ; le céleri frisé nain blanc ; le céleri plein blanc ; le céleri turc ou de Prusse ; le céleri court hâtif blanchissant seul, très estimé chez les maraîchers, et enfin le céleri plein violet de Tours.

CÉLERI-RAVE OU CÉLERI-NAVET (*Apium rapaceum*).

Le céleri-rave a la racine arrondie et charnue, qui se mange cuite ou crue et coupée en rond dans la salade. Il n'a besoin ni d'être lié ni d'être butté.

On le sème sur couche ou en pleine terre profonde et humide, à 50 centimètres en tous sens. Il lui faut de copieux arrosements.

On arrache le céleri-rave comme les navets, et après avoir coupé les feuilles à 5 ou 6 centimètres du collet, on l'enterre dans le sable de la serre aux légumes, où il se conserve très bien durant l'hiver.

On butte fortement les pieds de céleri qu'on réserve

pour leur graine et on les laisse sur place. C'est en sep-

Céleri-rave.

tembre que les graines sont mûres. Elles conservent leurs propriétés pendant trois ans et quelquefois plus.

CHICORÉE ENDIVE ET CHICORÉE FRISÉE (*Cichorium endivia*).

Par ses variétés, la chicorée endive est devenue dans

Chicorée scarole ronde.

la culture une plante alimentaire très importante. Elle nous vient des Indes Orientales.

La scarole ou petite laitue, la scarole de Hollande, la ronde et la blonde en sont les principales variétés.

La chicorée frisée est une espèce à feuilles frisées et étroites ; elle fournit de très bonne salade, et se fait cuire également.

On cultive la chicorée frisée corne de cerf; la chicorée mousse frisée très fine; — la chicorée de printemps très fine pour châssis ; — la chicorée frisée de Picpus; la chi-

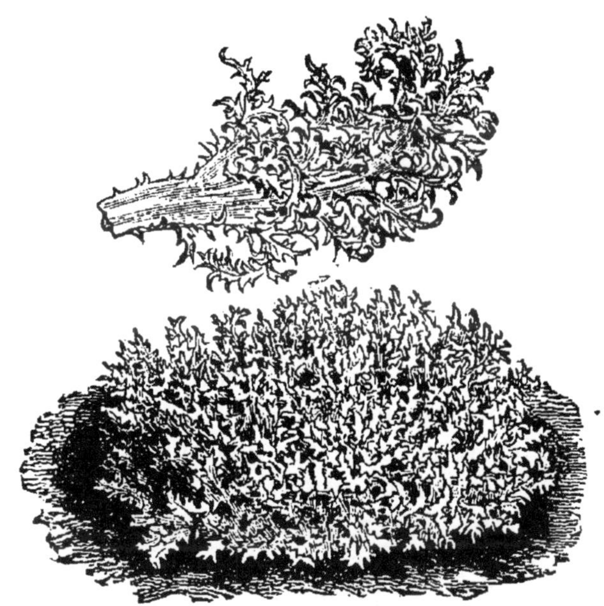

Chicorée frisée.

corée d'Italie, très fine, très hâtive ; la chicorée d'Italie demi-fine d'été ; — la chicorée de Meaux pour l'automne.

On sème les chicorées de janvier en mars sur couche chaude et sous châssis; et depuis avril, en pleine terre douce et légère. La chicorée d'été se sème en avril et la chicorée de Meaux en juin. Quand le plant est assez fort, on le plante en place, en quinconce, à 33 centimètres de distance en tous sens. On paille et on arrose.

Lorsque les chicorées ont pris assez de développement pour être blanchies, on profite d'un beau temps pour les lier; ce qu'on fait en deux fois; et quinze jours environ après, elles sont bonnes pour la consommation. Dès que les chicorées sont liées, on n'arrose qu'avec le goulot pour ne pas mouiller le cœur.

La graine se conserve pendant cinq ou six ans.

CHOU (*Brassica oleracea*).

Le chou potager est une espèce importante de la famille des crucifères; elle a donné un grand nombre de variétés qui ont été classées en cinq races :

1re Race. — Choux cabus, ou blancs, ou pommés.
2e Race. — Choux pommés frisés ou choux de Milan.
3e Race. — Choux ne pommant pas ou choux verts.
4e Race. — Choux-raves et choux-navets.
5e Race. — Choux-fleurs et brocolis.

Il faut à toutes ces races une terre meuble plutôt forte que légère, profonde et fraîche, et qui ne saurait être trop fumée.

Certains choux atteignent un grand développement, et pour cette raison fatiguent la terre.

On coupe les têtes pour les besoins d'alimentation et on soigne les trognons que l'on met en jauge en les couvrant pendant l'hiver, excepté ceux qui n'ont rien à craindre du froid. On les replante au printemps en les isolant des variétés différentes.

La graine de choux, en général, se conserve cinq ans.

1re Race. — *Choux cabus, ou blancs, ou pommés.*

Cette première race comprend les choux : d'York nain hâtif et gros hâtif; pain de sucre hâtif; cœur de bœuf gros et petit ; de Bonneuil pommé blanc ; de Saint-Denis gros pommé ; pommé d'Alsace ; conique de Poméranie ; quintal ; de Hollande à pied court ; de Bacalan ; de Vaugirard ; d'hiver de Schweinfurt ; gros rouge pommé; petit rouge pommé et d'autres superbes espèces anglaises de récente introduction.

Les choux d'York et les autres variétés hâtives se

sèment du 15 août au 8 septembre. On plante leurs plants à la fin d'octobre. Dans les terrains forts et humides, on ne les met en place qu'en février et mars;

Chou rouge gros.

mais dans ce cas il faut les repiquer en pépinière pour leur faire passer l'hiver.

Chou de Schweinfurt.

On sème le gros cabus dans la seconde quinzaine d'août, c'est la plus forte saison. On sème aussi en mars en recouvrant le semis de terreau.

Le chou conique de Poméranie se sème de mars en mai, et celui de Vaugirard en juin.

Les plants d'août sont mis en place dans la seconde quinzaine de novembre, si le terrain est sec et sain; si au contraire il est froid et humide, on repique en pépinière dans la seconde quinzaine d'octobre, pour ne planter qu'en février et mars.

Les plants de printemps sont plantés quand ils sont suffisamment forts et sans repiquage préalable, ordinairement six semaines après le semis; le chou de Vaugirard est mis en place vers le 15 août.

Tous les semis ont besoin d'arrosements et d'être terreautés, ce qui les défend contre le tiquet ou altise, insecte fort dangereux qu'on combat encore en semant sur le jeune plant, couvert de rosée, de la cendre fine.

2° Race. — *Choux pommés frisés ou choux de Milan.*

Le chou de Milan, ou pommé frisé, pomme comme le

Chou de Milan.

cabus, mais moins serré. Il n'a pas le goût musqué de ce dernier.

Tous les milans se sèment du 1er mars au 15 mai. On les plante six semaines après le semis en espaçant comme on doit le faire pour les cabus; l'intervalle à laisser entre les plants est proportionné au développement de chaque variété.

Les principales variétés de cette race sont : le milan d'Ulm très hatif ; le petit milan frisé très hâtif ; le frisé à pied court ; le pancalier de Tours ; le milan doré ; le

Chou de Bruxelles.

milan frisé des Vertus gros tardif ; le milan Cap très frisé et le chou de Bruxelles.

Le chou de Bruxelles, chou à jets ou chou rossette, est une variété de chou de Milan qui se cultive exactement de la même manière. Ce chou est haut de tige et produit à l'aisselle de ses feuilles de petites pommes frisées et tendres, que l'on cueille à mesure qu'elles viennent.

3e Race. — *Choux verts ou ne pommant pas.*

Cette race comprend diverses variétés dont la plupart sont précieuses pour la nourriture des bestiaux. Nous citerons les suivantes, d'un usage plus général pour la nourriture de l'homme : les choux fraise de veau ; frisé de Russie ; palmier ; panaché ; pourpre ; prolifère ; nain ; cavalier et le grand chou à vache. — Ce dernier s'élève jusqu'à deux mètres. Ses feuilles grandes et minces sont bonnes à manger. Elles sont aussi employées pour la nourriture des bestiaux.

Tous ces choux se sèment de mars en mai, pour être mis en place six semaines après. Ils sont très rustiques et résistent mieux que tous les autres au froid de l'hiver, qui les attendrit et leur donne une meilleure qualité.

Toutes les fois qu'on replante les choux, il est bon de visiter le collet ; si l'on y remarque une espèce de protubérance ou tumeur, on en coupe la moitié pour détruire un ver qu'elle renferme et qui empêcherait leur développement. Arroser chaque plant, dès sa mise en terre.

Si les choux non pommés n'ont rien à craindre de l'hiver qui ajoute au contraire à leurs qualités, il n'en est pas de même des choux pommés cabus et milans, quoique ces derniers soient aussi moins sensibles à la gelée que les cabus.

Voici les moyens de conservation les plus usités : 1° On arrache les choux pommés et on les replante près à près, dans du sable, dans une serre à légumes, un cellier ou tout autre endroit sec.

2° On fait aussi dans le jardin une fosse profonde de 0m,70 sur 1m,30 de largeur et d'une longueur proportionnée au besoin, au fond de laquelle on plante les uns contre les autres les choux qu'on arrache, et on les couvre, au moment des gelées, avec des paillassons et de la litière soutenus par des gaules placées en travers.

3° On ouvre une jauge dans laquelle on place les choux la tête en bas et la racine en l'air ; on recouvre de terre, et, dans les gelées, on jette de la litière par-dessus.

4° Enfin, dans quelques localités, on couche les choux

pommés, soit cabus, soit milans, sans les arracher. Pour cela, on ouvre au nord une petite tranchée au pied de chacun, on l'incline de ce côté et on dépose la terre sur le côté opposé.

4e Race. — *Choux-raves et Choux-navets.*

Cette race comprend les choux à racine ou à tige charnue, se formant en terre ou en dehors de terre.

Le chou-rave ou col-rave forme sa racine charnue en dehors de terre; cette racine, que l'on mange avant qu'elle ait acquis son entier développement, a une saveur participant de celles du chou et du navet.

Les principales variétés de choux-raves sont : le chou-rave hâtif d'Angleterre ; le blanc, très hâtif, de Vienne; le violet et le violet très hâtif de Vienne.

Le chou-navet forme sa racine charnue en terre et ressemble à un gros navet. C'est un excellent légume dont la saveur rappelle, comme le chou-rave, celles du chou et du navet.

Deux espèces sont cultivées : l'une est blanche à l'intérieur de sa racine et porte les noms de chou-navet blanc, chou turneps ou chou de Laponie ; l'autre espèce est nommée rutabaga; elle se cultive en grand pour la nourriture des bestiaux. Elle est très bonne aussi pour l'homme. La chair de ses racines, qui acquièrent presque toujours un grand développement, est jaune nankin à l'intérieur.

On sème les choux-raves et les choux-navets de mai en juin, et les plus hâtifs jusqu'en juillet.

On plante cinq ou six semaines après le semis. On peut semer en place, mais alors il faut le faire clair, et éclaircir ensuite au besoin.

Il faut des arrosements copieux.

La récolte des choux-raves se fait à moitié grosseur, si on veut qu'ils soient très tendres.

Les variétés de cette race sont très rustiques, surtout les choux-navets.

Quand on craint le froid rigoureux pour les choux-raves, on les effeuille, on les arrache et on les conserve comme toutes les racines.

5e Race. — *Choux-fleurs et Brocolis.*

(*Brassica botrytis*, *Brassica botrytis cymosa.*)

Les choux-fleurs semblent venir des choux verts.

Dans cette race de choux, la surabondance de nourri-

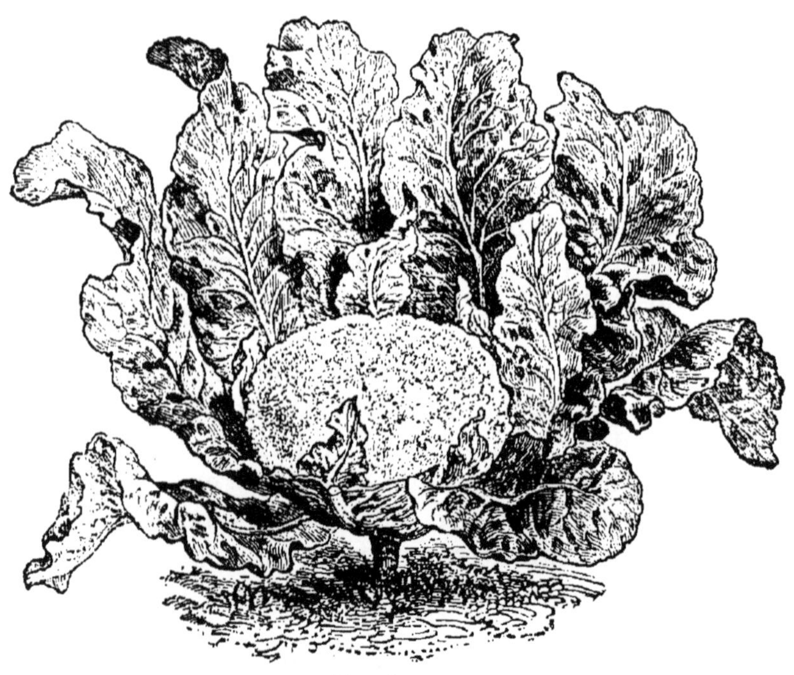

Chou-fleur.

ture se porte sur les jeunes rameaux pour les transformer en un renflement qui produit une masse charnue disposée en tête mamelonnée, granulée, blanche et fort bonne à manger.

On connaît trois variétés de choux-fleurs :

1° Le tendre ou hâtif; 2° le dur et 3° le demi-dur.

Parmi ces variétés, les choux-fleurs les plus renommés sont ceux :

1° De Malte ; 2° de Chypre ; 3° le petit Salomon ; 4° le gros Salomon.

Ce sont les plus précoces.

5° Le demi-dur de Paris ; 6° le demi-dur de Hollande ; 7° le dur d'Angleterre ; 8° le dur de Hollande ; 9° le Lenormand ; 10° le Lemaître (ces deux espèces sont remarquables) ; 11° le noir de Sicile.

Les choux-fleurs sont cultivés très en grand en Bretagne.

Le chou-brocoli est une variété de chou-fleur, origi-

Chou-brocoli.

naire d'Italie (*broccolo*), qui s'en distingue par ses feuilles plus ondulées, par ses dimensions plus grandes et ses couleurs.

Cette variété comprend le brocoli blanc qui donne des pommes comme le chou-fleur, mais d'une meilleure qualité ; en Angleterre, on cite le blanc nain mammouth, d'un volume plus considérable que les plus grands choux-fleurs et qui paraît complètement rustique.

Le brocoli violet nain.

Il y a aussi les brocolis rouges, verts, jaunâtres ; mais les meilleurs sont le blanc et le violet.

Tous les choux-fleurs et les brocolis veulent une terre douce et bien fumée et des arrosements copieux.

On sème le dur et le demi-dur dans la première quinzaine de septembre, sur une planche terreautée ou sur le terreau d'une vieille couche.

Quinze ou vingt jours après la levée, on repique le plant sur ados, chargé de 10 centimètres de terreau, au pied d'un mur, à bonne exposition; et le froid survenant, on pose les cloches dessus, à raison d'environ vingt plants par cloche.

Si l'on a des châssis, ils sont préférables, parce qu'ils permettent de donner de l'air plus facilement. Si le froid devient intense, il faut couvrir de paillassons et entourer de réchauds, en profitant de tous les moments de temps doux pour renouveler l'air.

Si le plant fortifiait trop, il faudrait l'arracher, labourer légèrement l'ados et repiquer à la même place.

Le but qu'on se propose est de conduire les plants sans gelée et sans étiolement jusqu'en mars, où on les met en place à 65 centimètres de distance l'un de l'autre.

Il produira dès le mois de juin; si on veut avoir des choux dès le mois d'avril, on en repique une portion sur couche tiède, à l'air libre.

Pendant la première quinzaine de février, on sème clair le chou-fleur demi-dur sur couche chaude, sous châssis ou sous cloche.

Quinze ou vingt jours après, on repique sur une autre couche, sous cloche ou châssis. Dans la première quinzaine d'avril, on met en place pour récolter de juin à juillet.

Pareil semis peut être fait dans la première quinzaine de mars, pour être replanté sans repiquage en avril, et produire en juillet.

Du 5 avril au 15 mai on sème en plein air du chou-fleur tendre que l'on replante sans repiquage un mois après le semis, et qui produit de juillet en septembre.

Il faut des arrosements abondants pour faire réussir ces plantations, qui doivent être peu considérables, le chou-fleur tendre tenant mal la pomme, ce qui fait que beaucoup de jardiniers lui préfèrent le demi-dur.

Pendant la première quinzaine de juin, on sème sur planche terreautée, et à l'ombre, du chou-fleur dur, et mieux encore du demi-dur, qu'on plante un mois après, et qu'il faut pousser à l'eau, surtout le dur, si on veut obtenir de bons produits, qu'il donne de septembre en novembre. C'est parmi les choux-fleurs de ce dernier semis que l'on conserve en terre, ou suspendus, ceux destinés à la consommation de l'hiver.

Si, au moment des gelées, on a des choux-fleurs qui n'aient pas encore pommé, on les arrache et on les plante dans une fosse, près les uns des autres, afin de pouvoir les couvrir au besoin de paillassons. Ils forment successivement leurs pommes, qui, quoique petites, ne sont pas moins bonnes, et dont la récolte se prolonge quelquefois jusqu'en mars.

Les brocolis se sèment de mai en juin comme nous l'avons dit pour le chou-fleur à cette époque ; seulement il faut, en les plantant, les espacer davantage excepté le nain.

Ces brocolis sont défendus contre le froid de l'hiver par le moyen indiqué pour les choux pommés, et qui consiste à couvrir leurs tiges inclinées avec la terre prise dans une tranchée faite au nord à leur pied.

Ainsi traités, ils sont bons à la fin de l'hiver.

On peut aussi les semer sur couche dans la première quinzaine de février ; ils pomment alors dans le milieu de l'été.

On choisit les plus belles pommes de choux-fleurs et de brocolis pour les planter comme porte-graines au printemps.

On doit arroser largement et régulièrement jusqu'à ce que la graine mûrisse, ce qui arrive au mois d'août.

Comme celle de tous les choux, cette graine conserve ses propriétés germinatives de quatre à six ans.

CIBOULE (*Allium fistulosum*).

La ciboule (ail fistuleux) est originaire de la Sibérie. Cette plante est vivace; mais dans les potagers, elle est traitée comme plante bisannuelle.

Ses variétés sont :

1° La ciboule hâtive; 2° la ciboule commune; 3° la ciboule vivace appelée vulgairement ciboule de Saint-Jacques, qui réussit très bien en bordures et qui se propage par éclats de ses touffes au printemps et en automne parce qu'elle ne produit presque jamais de graine.

Il faut à la ciboule une terre légère, substantielle et terreautée.

Elle se sème à la volée, de février à mars, pour repiquer en avril et mai.

Le repiquage se fait par deux ou trois ensemble, en bordures et en rayons, à 16 centimètres de distance et à 9 ou 10 de profondeur.

Cette plante, soit avant, soit après le repiquage, ne demande que des sarclages et des mouillures au besoin. On la sème encore en juillet pour repiquer en septembre.

Si on veut avoir de la ciboule en hiver, il faut, avant les gelées, la repiquer près à près en tranchée, et couvrir avec de la litière pendant les froids.

La graine de ciboule se récolte sur les pieds de deux ans, lorsqu'elle est bien mûre. On coupe les ombelles dont on forme de petites bottes qu'on laisse sécher au soleil pour les suspendre ensuite dans un endroit sec.

La graine conservée dans sa capsule garde ses propriétés germinatives pendant trois ans.

COURGES (*Cucurbita*).

Les courges, appelées vulgairement citrouilles, sont

originaires de l'Inde et de l'Afrique. Elles aiment la chaleur et l'humidité.

La courge est une plante annuelle dans nos climats, de la famille des cucurbitacées; elle est rampante, son fruit succulent et charnu est précieux pour l'alimentation.

Il y a un grand nombre de variétés de ce genre. Nous citerons :

La courge à la moelle; la coucourzelle ou d'Italie;

Courge blanche non coureuse.

la courge blanche non coureuse; les courges de Barbarie, de Yokohama, de l'Ohio, musquée, de Marseille, très estimée dans le Midi, mais qui mûrit difficilement à Paris, à feuilles maculées; chair ferme, sucrée, à odeur de violette; noire des Patagons, une des meilleures variétés, fruit très allongé, d'une teinte vert noir, cannelures régulières et profondes sur toute sa longueur;

chair peu épaisse, jaune; pleine de Naples où porte-manteau, fruit long, gros, cylindrique, chair très rouge, intérieur presque plein ; sucrière du Brésil, variété de choix, qui date seulement de 1839; fruit assez gros,

Courge de Yokohama.

d'une teinte rousse, chair jaune, très sucrée; elle se rapproche par ses qualités d'une autre variété, la courge de Valparaiso, jaune nankin, chair rougeâtre, très sucrée.

Les potirons à longues tiges rampantes, feuilles larges sans taches, fruits parvenant souvent au poids de 100 kilogrammes ; écorce ordinairement unie, quelquefois verruqueuse. Parmi les potirons, on remarque ceux de Corfou, jaune, gros d'Italie ; mala mocco de Naples ; gros vert d'Espagne.

Les giraumonts : bonnet de Turc ou turban, à feuilles plus découpées, maculées, fleurs à odeur d'amande, fruit plus petit, jaune ou verdâtre, à couronne vert foncé, chair ferme, plus sucrée. Ce type réunit un grand nombre de sous-variétés parmi lesquelles :

Le vert d'Espagne; noix coco; artichauts d'Espagne,

jaune et panaché, vert ou artichaut de Jérusalem, etc.

Potiron.

Il faut à toutes ces variétés de courges un sol sain, bien amendé.

On sème sur couche et sous cloches, en mars, dans de petits pots remplis de terreau.

On les dépote pendant la première quinzaine de mai,

Giraumont turban.

pour les mettre en place en pleine terre, si le terrain est propice et à bonne exposition, ou dans de petites fosses profondes de 33 centimètres et remplies d'une couche de fumier chargée de quelques centimètres de terreau. Ces fosses ont 50 centimètres carrés.

On sème encore sur place pendant la première quinzaine de mai, sur des fosses pareilles, deux ou trois graines, pour ne laisser après la levée que le pied le mieux venant.

Le plus souvent, on abandonne les courges à la nature, sauf les arrosements qui doivent être copieux. Cependant, quelques jardiniers coupent la première tige des

Artichaut de Jérusalem.

potirons au-dessus de la troisième feuille pour obtenir autant de bras. Ils laissent deux fruits sur un même pied, excepté quand ils veulent les obtenir très gros : alors un seul est maintenu.

Lorsque le fruit est noué, on arrête la branche qui le porte, en supprimant son sommet à deux feuilles en dessus.

On laisse plus de fruits sur les petites variétés, telles que les artichauts de Jérusalem.

On réserve la graine des fruits les plus francs d'espèce. Ces graines conservent leurs propriétés pendant quatre ou cinq ans.

LAITUE POMMÉE (*Lactuca capitata*).

La laitue pommée comprend plusieurs variétés qu'on a classées en laitues de printemps, d'été et d'hiver.

Parmi les laitues de printemps, on distingue : la dauphine, la gotte, la lente à monter, la petite noire, et le cordon rouge. Les principales variétés des laitues d'été sont : la blonde de Berlin, la grosse rouge, la grosse brune paresseuse, la turque, la Batavia, la blonde de Versailles et la sanguine flagellée. Les meilleures laitues d'hiver sont : la petite crêpe, la coquille, la passion et la sanguine à graines blanches.

Laitue Batavia.

Les laitues de printemps doivent être semées en mars sur couche tiède et sous châssis ; on les plante en avril.

Celles d'été se sèment de la même manière que celles de printemps pour leur succéder, mais les semis se prolongent jusqu'à juillet, de quinzaine en quinzaine.

Laitue sanguine.

Après mars, on sème en pleine terre. La plantation n'exige pas d'autre soin que de ne pas tasser trop fortement la terre autour des racines. La laitue a besoin d'une terre franche, légère et substantielle ; toutes les planches doivent être paillées avant la plantation, et l'eau doit être distribuée souvent et abondamment.

On sème les laitues d'hiver de la mi-août à la mi-septembre. On plante au pied d'un mur, à bonne exposition, et on les préserve des neiges et du froid par des couvertures appropriées que l'on enlève à volonté.

LAITUE ROMAINE (*Lactuca sativa*).

Les romaines ou chicons ont les feuilles allongées et serrées fortement au sommet; elles ne s'étalent jamais sur le sol.

La laitue romaine comprend les variétés suivantes: blonde de Brunoy, brune paresseuse, verte et rouge

Laitue romaine.

d'hiver, verte et blonde maraîchère, panachée, grise d'été, rouge dorée.

Les romaines se cultivent absolument comme les laitues, excepté qu'il est utile de les lier pour qu'elles se coiffent mieux et que leur tête soit plus pleine.

La graine se conserve trois ans.

PIMENT (*Capsicum annuum*).

Cette plante, originaire des Indes orientales, contient ses graines dans une sorte d'étui ou de boîte. On la nomme aussi poivre long, poivre de Guinée, de Portugal, du Brésil, poivron.

On sème le piment sur couche en février ou mars, ou sur plate-bande terreautée en avril, on le plante en mai, à bonne exposition.

Ses fruits, que l'on confit dans le vinaigre, mûrissent dans l'année.

On cultive les variétés suivantes : piment ordinaire, piment rond, gros doux d'Espagne, tomate à fruit jaune et violet.

PISSENLIT (*Taraxacum leontodon*).

Le pissenlit, ou dent de lion, habite les régions tempérées de notre hémisphère. On le trouve mêlé à l'herbe des prés dans les endroits herbeux et frais. Il se mange en salade, et, lorsqu'il est cultivé avec soin, il peut très bien remplacer la chicorée sauvage. Sa racine s'emploie parfois dans la composition des sirops dépuratifs.

Tous les terrains conviennent au pissenlit pourvu qu'ils soient frais et gras. On le sème à la volée ; il faut ensuite le repiquer en lignes et très épais sur des planches étroites séparées par des sentiers.

En automne, on recouvre le plant avec du terreau ou du sable ; cette couche doit avoir de 12 à 20 centimètres d'épaisseur. Si la température est douce, le pissenlit se montre bientôt, il est alors suffisamment blanc et on peut le couper au collet.

La graine peut se conserver deux ans.

POIREAU (*Allium porum*).

Le poireau, porreau ou poirée, dans sa partie blanche, est affecté à la composition des potages et de plusieurs mets ; crû, il est employé en médecine.

Le poireau demande une terre légère, substantielle, bien ameublie, et qui n'ait point reçu de fumure récente.

On sème dru à la volée, en mars, on passe le râteau et on terreaute.

Vers la fin d'avril, on repique avec précaution en quinconce, en espaçant les plantes de 10 centimètres en tous sens, et les enfonçant d'autant. On coupe le sommet des feuilles. On choisit un temps pluvieux ou, à défaut, on donne une forte mouillure à la terre avant le repiquage.

On peut, pendant l'hiver, laisser en terre le poireau court, mais les autres doivent être enjaugés dans la serre à légumes ou dehors, sous une couverture de litière.

On cite comme variétés de poireaux : le poireau long, le très gros de Rouen, le très gros de Brabant.

On garde comme porte-graines les plus beaux poireaux;

Poireau très gros de Rouen.

ils montent au printemps suivant. On cueille les ombelles au mois de septembre; on les lie en bottes que l'on suspend dans un endroit sec. On étend au-dessous de ces bottes du papier ou de l'étoffe afin de recevoir les graines qui pourraient s'en détacher.

Conservées dans leurs capsules, les graines gardent pendant trois ans leurs propriétés germinatives.

TOMATE (*Lycopersicum esculentum*).

La tomate, pomme d'amour, pomme d'or, pomme du Pérou, est originaire de l'Amérique tropicale.

Les tomates réussissent parfaitement dans le midi de la France où elles peuvent être semées en pleine terre.

En greffant la tomate sur la pomme de terre, on a une plante qui donne à la fois des fruits et des tubercules.

On connaît plusieurs variétés de tomates : la grosse rouge, la rouge hâtive, la grosse jaune, la petite jaune, la tomate poire, la tomate cerise.

Tomate rouge hâtive.

On sème en mars, sur couche tiède, sous châssis ; quand le plant a 5 ou 6 centimètres, on le repique sur une autre couche tiède également sous châssis et sous cloches. On donne les soins nécessaires. Vers le 15 mai, en transporte dans une terre légère bien ameublie et à exposition chaude et aérée. On plante les pieds à 66 centimètres les uns des autres. Le plant est levé en motte, et arrosé aussitôt qu'il est mis en place.

Quand le plant a environ 40 centimètres d'élévation, on ne lui laisse que deux ou trois tiges que l'on fixe sur un treillage, ou simplement sur un tuteur pour chaque touffe; l'un et l'autre sont hauts d'un mètre. On bine, on butte et on arrose fortement pendant la floraison.

Si les fleurs ne se couronnent pas d'elles-mêmes, c'est-à-dire si leur grappe est disposée à prendre un trop grand développement, il faut en pincer le sommet pour assurer les fruits; on effeuille pour découvrir les fruits arrivés à moitié de leur grosseur.

Sa maturité étant successive, la récolte commence en juillet et se prolongue jusqu'aux gelées. Si alors il restait encore des fruits imparfaitement mûrs sur les pieds, on pourrait lever ceux-ci en motte, et les rentrer dans une pièce à l'abri du froid, où les fruits les plus avancés achèveraient de mûrir.

La graine de tomates s'obtient en laissant pourrir le fruit qu'on réserve pour cet usage; on en lave les graines puis on les laisse sècher à l'ombre. Leurs propriétés se conservent au moins trois ans.

SEMIS SUR COUCHES.

Les couches sont des lits de fumier préparés pour faciliter la germination des graines, et hâter la végétation de certaines plantes.

Les plantes dont nous allons parler ne germeraient que fort difficilement, et quelques-unes pas du tout, si on traitait leurs graines à froid. Il faut donc les semer sur couches chaudes où la plupart doivent être repiquées, et sur lesquelles même quelques-unes accomplissent toutes les phases de leur végétation.

AUBERGINE (*Solanum melongena*).

Cette plante est aussi connue sous les noms de : aubergine, melongène, morelle, véringeane.

L'aubergine est originaire de l'Amérique méridionale. Dans le midi de la France, elle est cultivée en pleine terre à l'air libre; dans les départements du centre, elle ne peut l'être que sur couche. On cultive surtout les aubergines violettes, la longue et la ronde.

Dès les premiers jours de mars, on sème l'aubergine sur couche chaude, chargée de 10 centimètres de terreau sous châssis. On le couvre immédiatement de paillassons pour favoriser la germination, qui s'opère en quatre

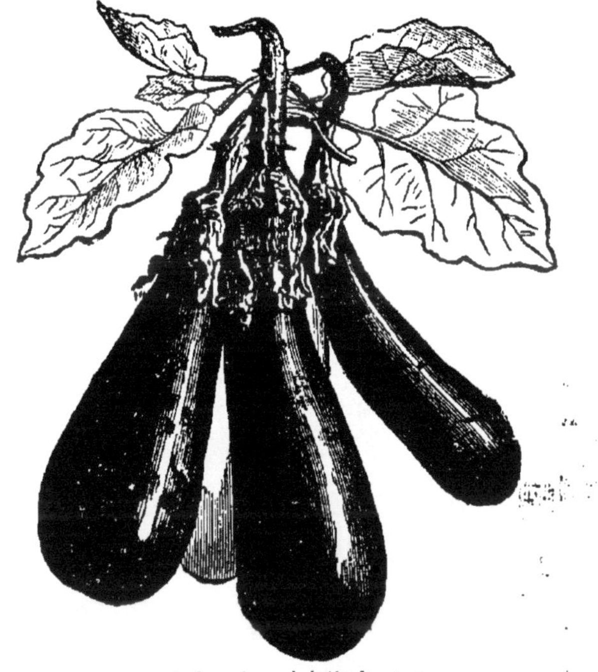

Aubergine violette longue.

jours. On rend alors la lumière pendant la journée. Huit ou dix jours après, on fait un premier repiquage sur nouvelles couches chaudes.

En avril, on plante les aubergines sur couche sous châssis ou sous cloches, de manière à ce que dans l'un ou l'autre cas, chaque pied soit à 66 centim. de ses voisins.

Il faut maintenir la chaleur par des ados, des réchauds et des paillassons, soit pour la couche-mère, soit pour celles où on repique en pépinière comme pour celles sur lesquelles on met le plant en place. Il faut ombrer les plants repiqués et plantés jusqu'à la reprise, et avoir soin d'arroser immédiatement la plantation. On continue soigneusement de donner de l'eau journellement. Après le 15 mai, on peut découvrir les plantes en enlevant le châssis ou les cloches.

On peut cependant, si on veut, mettre le plant en pleine terre sur côtière à bonne exposition et abritée, en posant sur chaque pied une cloche qu'on ôte à la fin de mai ; on fait alors un auget autour des plantes, on y dépose du paillis et on a soin d'arroser.

Les graines se conservent deux ans.

CHAMPIGNON COMESTIBLE (*Agaricus edulis*).

Il existe plusieurs variétés de champignons comestibles,

Champignons comestibles.

entre autres l'oronge, la chanterelle comestible, les morilles, les mousserons, les ceps, etc.; mais comme il est difficile de les distinguer des espèces vénéneuses, on devra être très prudent lorsqu'on en récoltera dans les bois, et s'en tenir à celles dont on est parfaitement sûr.

Ces cryptogames se reproduisent au moyen de *blanc de champignon*, sorte de moisissure qui vient spontanément dans le vieux fumier. Il est plus simple d'en acheter que de chercher à en recueillir soi-même.

Pour faire des couches à champignons, on prend du

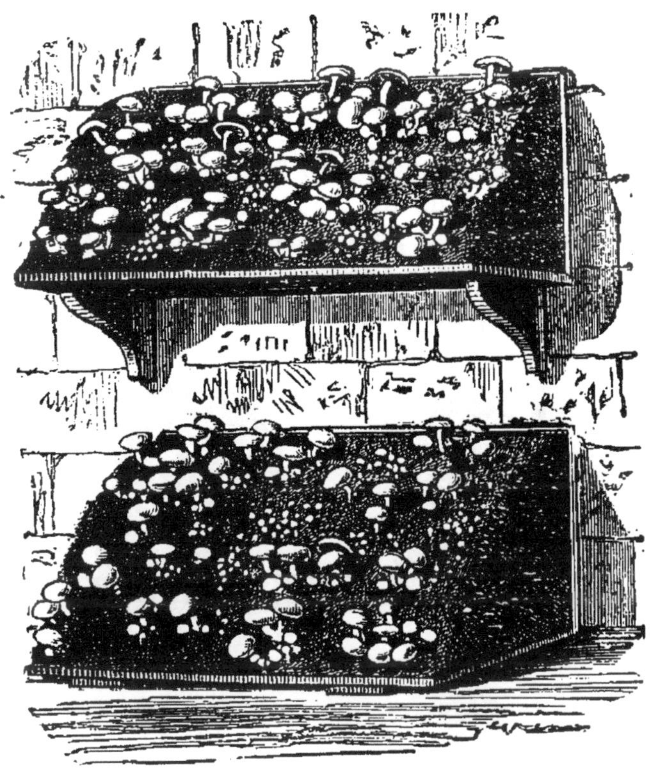

Meules à champignons.

fumier de cheval bien imprégné d'urine ; on le met en tas, on le retourne deux fois à huit jours d'intervalle, on l'arrose s'il est trop sec et, lorsqu'il est devenu brunâtre et gras, on le dispose en *meules* à dos d'âne ou en pente. On peut établir les meules à l'air libre, mais on les place de préférence dans une cave, dans un cellier ou dans tout autre endroit abrité, sombre et de température égale.

Mousserons.

Lorsque la meule a acquis 15 à 18 degrés, on peut y introduire le blanc dans des trous disposés en rangées. Dans chaque trou on place, à une profondeur de 4 centimètres environ, un morceau de blanc que l'on recouvre de fumier. Lorsque, au bout de 8 ou 10 jours, le blanc a

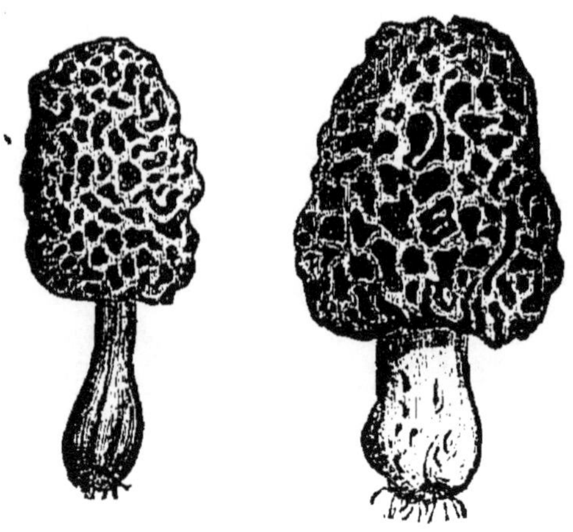

Morilles.

gagné toute l'étendue de la couche, on recouvre la meule sur une épaisseur de 3 centimètres d'un mélange de terre meuble et de terreau consommé que l'on arrose légèrement.

La production commence au bout de six semaines et peut durer quatre ou cinq mois en récoltant tous les deux jours. Il est nécessaire d'arroser un peu de temps en temps pour entretenir l'humidité nécessaire.

Chanterelle comestible.

Le blanc de champignon se conserve deux ans dans un endroit sec.

CONCOMBRE (*Cucumis sativus*).

Le concombre se cultive comme le melon, mais on n'étête qu'après la plantation à demeure, et l'on ne cesse pas de tailler.

On cueille avant maturité, 25 jours après que les fruits sont noués.

La graine se conserve plus de six ans.

CORNICHON

Le cornichon est une variété du concombre, connue sous le nom de vert-petit.

On sème en avril et en mai sur une couche ou sur

place. Après avoir repiqué le plant sur une couche ou sous châssis, on le relève en motte au commencement de juin pour le mettre en pleine terre. On récolte les cornichons

Cornichons.

en août et en septembre, dès qu'ils sont noués. On laisse à cet effet les branches de la plante s'allonger librement, afin qu'elles portent un plus grand nombre de fruits. On choisit alors les mieux faits pour les confire. On récolte tous les jours, en ayant soin de ne pas attendre qu'ils soient devenus trop gros.

GOMBO (*Hibiscus esculentus*).

Le gombo ou ketmie est une plante originaire de l'Amérique méridionale, que l'on cultive aux Antilles, en Algérie et dans le midi de la France, pour le mucilage comestible que renferment ses fruits et ses pousses jeunes et tendres que l'on mange en ragoût. C'est un aliment sain et léger fort estimé des personnes qui ont voyagé aux colonies.

On la sème sur couche chaude en février, on la repique sur couche pépinière où elle reste jusqu'en mai, époque où on la plante à demeure sur une couche neuve, dont le châssis est très élevé, cette plante prenant une hauteur d'environ un mètre. On peut, si on l'aime mieux, la

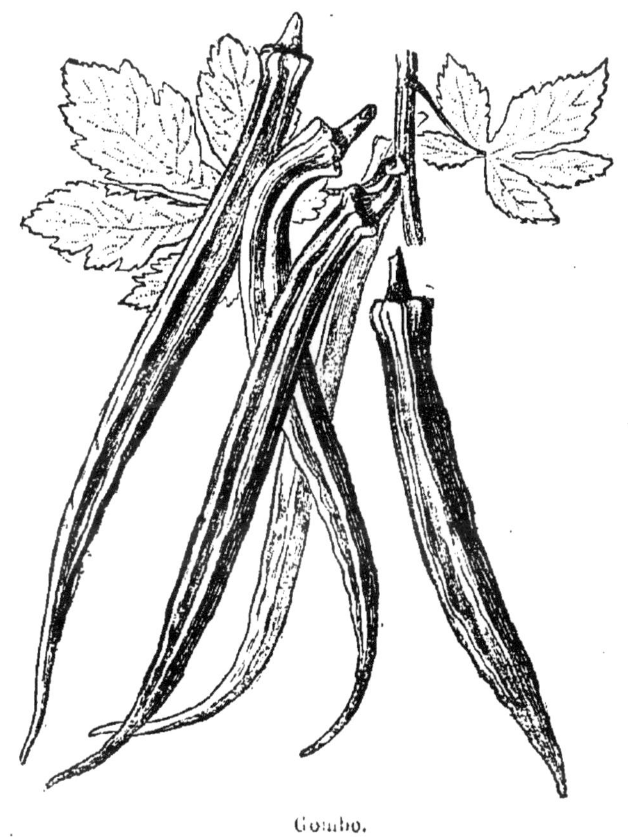

Gombo.

planter sur une côtière de terre légère fumée et terreautée à une exposition très chaude. Il lui faut de copieux arrosements pendant les chaleurs.

MELON (*Cucumis melo*).

Le melon appartient à la famille des cucurbitacées. On divise les nombreuses variétés de cette plante en trois classes, savoir : 1° les melons maraîchers ou brodés ; 2° les melons cantaloups et 3° les melons à écorce unie ou d'Orient. Nous indiquons dans chaque classe les variétés les plus estimées.

Melons maraîchers ou brodés. — Le melon des Carmes;

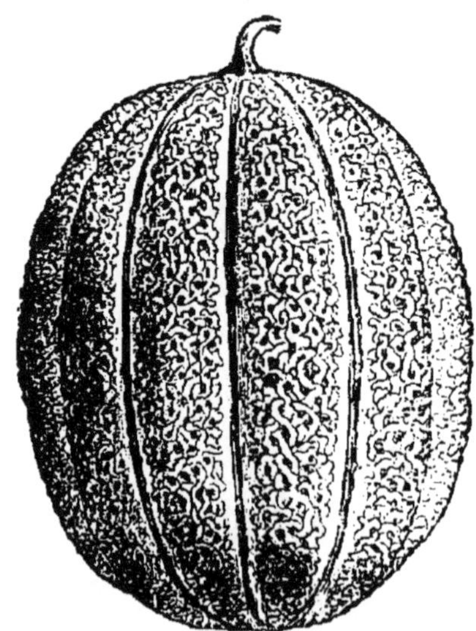

Melon maraîcher des Carmes.

le sucrin de Tours; le sucrin à chair verte et le melon de Honfleur.

Melons cantaloups. — Le prescott à fond blanc, le gros

Melon cantaloup prescott fond blanc.

de Hollande, le cantaloup argenté et le cantaloup d'Alger.

Melons à écorce unie ou d'Orient. — Le melon de Malte, le melon d'Ispahan et la muscade des Etats-Unis.

La culture de primeur commence, pour le melon de la

fin de novembre au 1er mars, selon qu'on veut avoir des fruits plus tôt. Toutefois, pour les semis de la fin de

Melon cantaloup argenté.

décembre à janvier, le succès n'est bien assuré qu'en se servant du thermosiphon pour produire la chaleur artificielle dont on a besoin. A force de soins et d'attentions,

Melon maraîcher sucrin de Tours.

on peut cependant réussir sur couche chaude comme on le fait à partir du 1er février, et la conduite du melon étant la même, nous allons indiquer le procédé à suivre. Sur une couche mère garnie de coffres et de panneaux et chargée de 20 centimètres de terreau, on sème dès les premiers jours de février, et lorsque la température du terreau n'est qu'à 30 degrés centigrades, de la graine de melon soit en rayons, soit à la volée, et on répand sur elle un centimètre et demi de terreau ayant la même température. On couvre le châssis de paillassons pour produire l'obscurité jusqu'à la levée de la graine, qui s'opère du quatrième au cinquième jour. On a soin aussitôt de rendre au plant la lumière pendant toute la journée, on couvre la nuit, et on maintient la chaleur de la couche comme nous l'avons déjà dit. Dès que le plant montre ses cotylédons, on donne de l'air le plus possible pour l'empêcher de s'étioler; il faut aussi disposer les couches pépinières de la même manière que les couches de semis, pour opérer le repiquage et dans les proportions convenables.

Ces couches exigeant une huitaine de jours pour que leur température tombe au degré nécessaire, qui est toujours entre 25 et 30 degrés C., le plant alors a la force convenable au repiquage, ce qui est indiqué par le développement des deux premières feuilles au-dessus des cotylédons. Arrivé à ce point, on passe la main sous chaque plant de melon qu'on enlève avec un peu de terreau; on secoue celui-ci et on repique le plant à nu, avec le doigt, sur le terreau des nouvelles couches, à 12 cent. en tous sens, et en l'enfonçant jusqu'aux cotylédons. On peut repiquer aussi en pots de 12 cent. On couvre de paillassons pour produire l'obscurité, ce qui est de règle générale pour tous les semis sur couche jusqu'à la levée, et pour tous les repiquages le jour de l'opération.

Enfin il s'agit de planter les melons, ce qui se fait sur couches préparées à temps, chargées de 25 centimètres de bonne terre meuble et bien émiettée, sur lesquelles sont placés les panneaux aussitôt leur confection. Quatre ou cinq jours avant la plantation, on étête les plants, c'est-à-dire qu'on supprime leur sommet au-dessus des deux premières feuilles. On plante au milieu de la couche et à raison de deux pieds par panneau. On prépare d'abord les trous, puis on passe les deux mains sous chaque plant qu'on enlève avec le terreau qu'elles peuvent contenir, et on dépose le tout dans les trous préparés. Les cotylédons doivent se dessécher et tomber spontanément; si en déplantant on en remarquait qui fussent pourris, il faudrait rejeter le plant qui les porte, ou si la nécessité forçait à l'employer, ce ne devrait être qu'après avoir coupé rez la tige, et saupoudré la plaie avec de la cendre ou un peu de chaux. On conçoit que, dans toutes ces opérations, il faut entretenir la chaleur des couches par les couvertures, les acots, les réchauds, bassiner légèrement les repiquages et la plantation, s'il n'y a pas assez d'humidité, et donner de l'air le plus possible après la reprise, ne fût-ce qu'en soulevant et en refermant de suite le châssis.

Si l'on ne faisait qu'un seul semis, on n'aurait qu'une seule saison de melons. Il faut donc en faire plusieurs successifs, dont voici approximativement les dates. Le premier dans les 10 premiers jours de janvier, production du 1er au 10 mai ; le deuxième vers le 15 février, production du 15 au 20 juin ; le troisième vers le 15 mars, production à la fin de juillet ; le quatrième de fin mars au 1er mai, dont les produits arrivent de la fin d'août au 15 septembre. Les melons des deux premiers semis sont conduits sous châssis, les deux derniers peuvent être plantés sur couche sourde et sous cloches. Au 15 juin on peut ôter les panneaux et les cloches, la température atmosphérique étant assurée.

L'étêtement dont nous avons parlé avant la plantation constitue la première taille. Elle fait développer deux branches qu'on taille sur la quatrième feuille quand elles ont environ 33 centimètres. On étale alors sous ces branches un paillis épais qui tapisse l'intérieur des châssis. Après cette taille il faut pailler également les melons sous cloches qu'on soulève sur des crémaillères pour laisser passage à ces deux premiers bras. Ils forment chacun trois ou quatre ramifications dont la suppression au-dessus de la troisième feuille constitue la troisième taille. C'est ordinairement alors que les mailles se forment, et lorsqu'on a fait choix de celles à conserver, on assure le fruit, en taillant la branche qui le porte à une feuille au-dessus de lui. Tel est l'objet de la quatrième taille. La cinquième et dernière consiste à pincer au-dessus de leur première feuille toutes les nouvelles branches qui tendraient à dépasser la largeur des coffres, ou de la couche dans la culture sous cloches. Toutes ces tailles se succèdent de 10 à 15 jours, selon l'état de la végétation et celui de la température. On laisse deux fruits aux melons de primeur, et trois ou quatre aux melons de saison et d'arrière-saison. On cesse de tailler quand les fruits sont aux deux tiers de leur grosseur, autrement les fruits ne grossiraient plus.

En résumé les melons exigent une température élevée mais égale, beaucoup d'air et des arrosements raisonnés. Ils craignent le froid et les coups de soleil, on les laisse mûrir sur couche.

La graine de melon se conserve douze ans et plus.

PASTÈQUE (*Cucurbita Citrullus*).

Les pastèques, appelées aussi melons d'eau en Provence, ne viennent bien que dans les pays chauds. Sous

Pastèque.

nos climats, leur culture est la même que celle des melons sous châssis, et il arrive qu'elles ne mûrissent pas toujours parfaitement.

On estime surtout la pastèque d'Andalousie et celle de Portugal.

SEMIS DANS L'EAU.

CRESSON DE FONTAINE (*Sisymbrium nasturtium*).

Connu également sous les noms de cailli et de santé du corps, le cresson de fontaine vient naturellement au bord des ruisseaux.

Pour l'obtenir par la culture, on le sème sur un terrain

Cresson de fontaine.

découvert sur lequel on ne fait arriver l'eau que lorsque les pieds de cresson ont déjà une certaine force. Le procédé du repiquage est plus employé que celui du semis; on le pratique soit dans des baquets à demi remplis de terre et que l'on recouvre d'eau, soit dans des fosses disposées de façon à être submergées à volonté. Dans tous les cas, il est indispensable d'avoir une eau courante, ou de la renouveler fréquemment. On doit avoir soin de débarrasser les cressonnières des mauvaises herbes qui les envahissent souvent.

Le cresson se mange en salade ou cuit; il possède des propriétés antiscorbutiques.

MACRE FLOTTANTE (*Trapa natans*).

La macre, appelée aussi cornue ou châtaigne d'eau, se cultive pour ses fruits que l'on mange crus ou cuits comme les châtaignes. Cette plante s'obtient en jetant les fruits mûrs dans une pièce d'eau à peu près stagnante. On récolte en septembre, ce qu'il faut faire à propos, car les fruits se détacheraient d'eux-mêmes et iraient au fond de l'eau où ils germeraient au printemps.

CHAPITRE II

PLANTES SE MULTIPLIANT AU MOYEN D'OIGNONS, DE TUBERCULES OU DE REJETONS.

AIL (*Allium sativum*).

L'ail demande une terre forte, bien fumée et bien labourée; il redoute l'excès d'humidité. On met en terre les gousses en novembre et en mars et l'on récolte en mai le plant d'automne et en juin celui du printemps.

On doit avoir soin de sarcler et de biner de temps en temps. Il faut nouer les tiges ou fanes pour hâter la maturité, et lorsqu'elles sont desséchées, on peut récolter en arrachant les bulbes qu'on laisse quelque temps exposés à l'air. On met ensuite l'ail en bottes et on le conserve dans un lieu sec.

On cultive l'ail rose et l'ail d'Orient.

ÉCHALOTE (*Allium ascalonicum*).

Les caïeux de l'échalote sont très nombreux. On devra choisir les plus petits et les planter en février ou en mars. La culture de l'échalote est analogue à celle de l'ail. La variété la plus estimée est celle dite de Jersey.

IGNAME DE LA CHINE (*Dioscorea batatas*).

L'igname peut rendre dans l'alimentation les mêmes services que la pomme de terre, il lui faut un sol profond et bien ameubli: on plante en mars des morceaux et de préférence le collet de ses tubercules. La culture n'exige pour ainsi dire pas de soins. On arrache les racines en automne, en prenant des précautions pour ne pas les briser, car elles sont très cassantes et s'enfoncent fort avant dans le sol.

OIGNON D'ÉGYPTE ET OIGNON PATATE.

Ces deux espèces d'oignons se multiplient par la plantation de leurs caïeux qui doit se faire au printemps. Ces oignons sont remarquables par leur précocité et leur fécondité. Ils demandent quelques buttages et l'on récolte lorsque les feuilles commencent à jaunir.

PATATE DOUCE (*Convolvulus batatas*).

La patate douce, dans le Midi de la France, remplace la pomme de terre; originaire des pays chauds, elle supporte les plus fortes chaleurs et la sécheresse.

On commence par planter sur couches en mars les tubercules que l'on destine à la reproduction, et lorsqu'ils ont germé, on les plante en pleine terre. On a soin de garnir les trous de branches d'arbres; si l'on néglige de prendre cette précaution, les patates étendent au loin

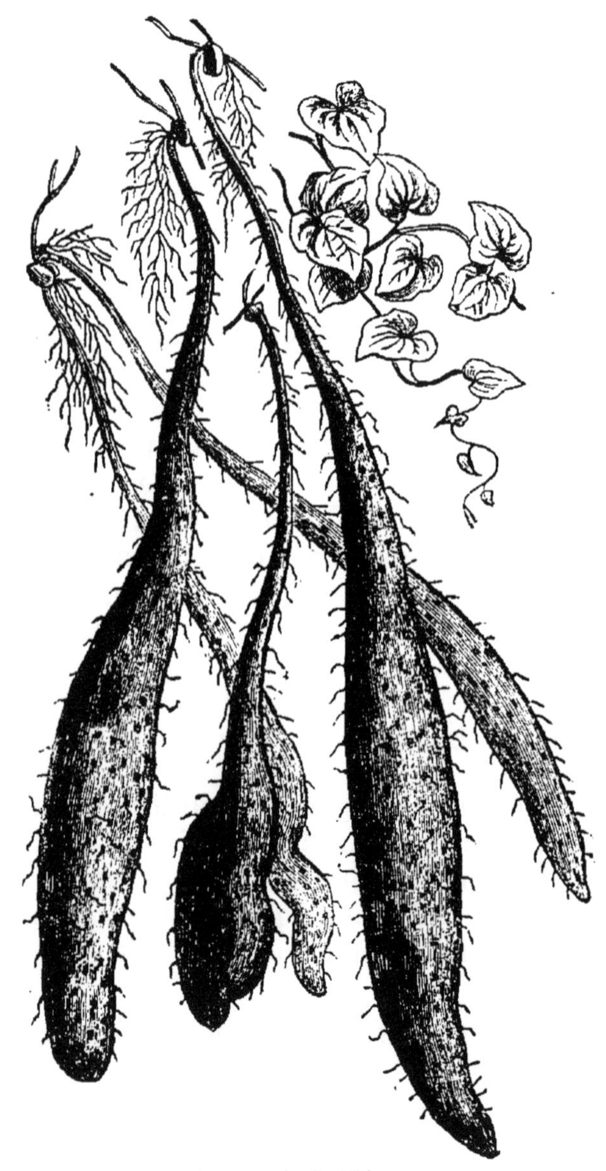

Igname de la Chine.

leurs racines, mais sans former de tubercules. Après la plantation, on arrose légèrement et on recouvre d'un peu de paille; on bine quelquefois et l'on butte ensuite.

On récolte en octobre, en arrachant avec précaution, car les tubercules blessés ne se conservent pas. On les dépose dans un endroit sec.

Sous le climat de Paris, la patate ne peut être cultivée que sur couches.

Les variétés les plus estimées sont la rouge longue, la jaune longue et la violette.

POMME DE TERRE (*Solanum tuberosum*).

La pomme de terre vient dans tous les terrains, mais ses produits sont meilleurs dans un sol sablonneux. Lorsque la terre aura été bien labourée et convenablement

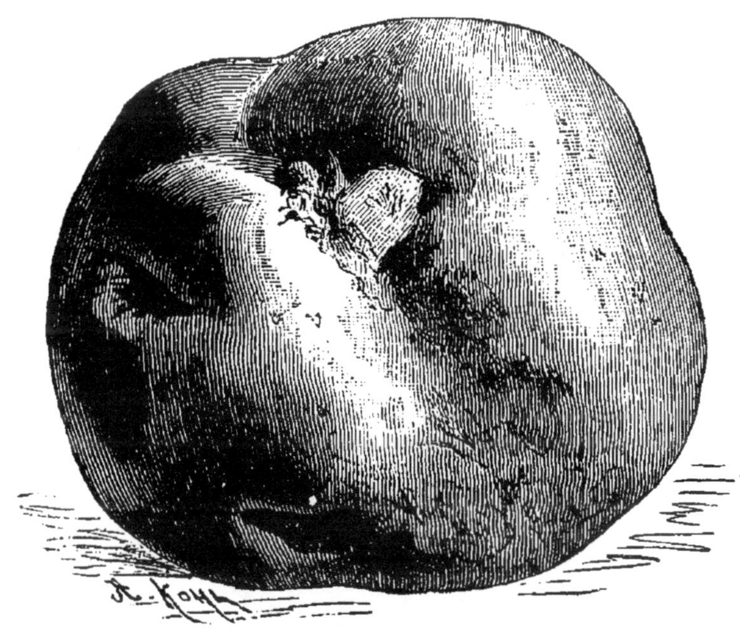

Pomme de terre Champion.

fumée, on pourra commencer à planter en février, dans le Midi de la France; en mars, dans le centre; et en avril seulement, dans le Nord.

Non seulement la pomme de terre demande un sol convenablement fumé, mais il est préférable de la planter dans un terrain fumé de l'année précédente. On a constaté en effet que l'on obtient de cette façon, sinon une

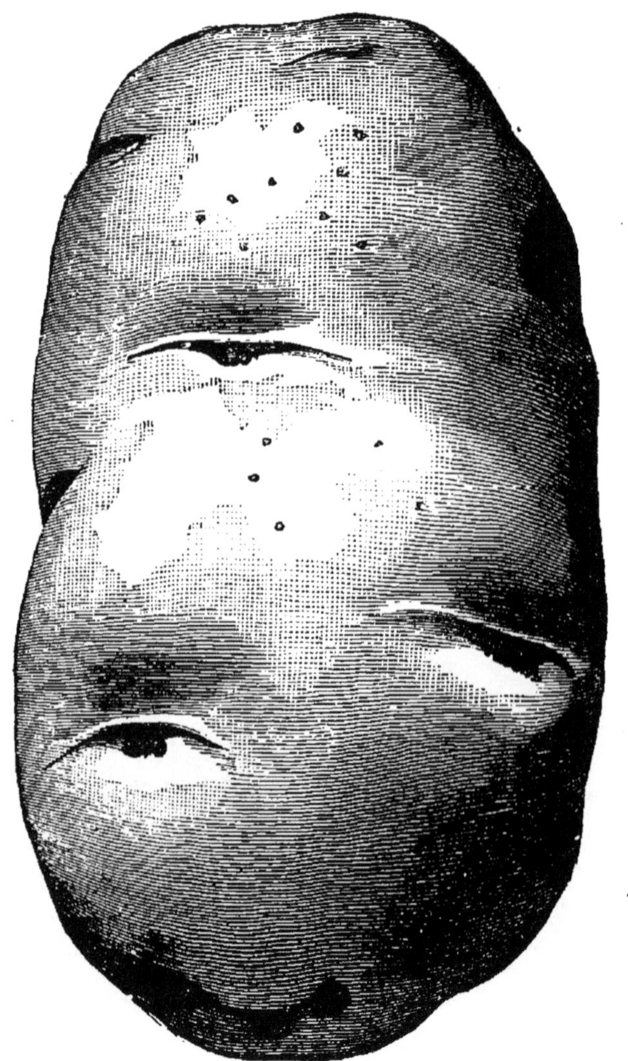

Pomme de terre Van der Veer.

plus grande quantité, du moins une qualité supérieure de tubercules.

Pour planter les pommes de terre, on pratique à la houe des trous profonds de 20 centimètres, disposés en quinconce et espacés de 50 centimètres. Dans chaque trou on place une pomme de terre munie de germes que l'on recouvre de 10 centimètres de terre. S'il survenait une gelée, il faudrait recouvrir de litière ou de fumier.

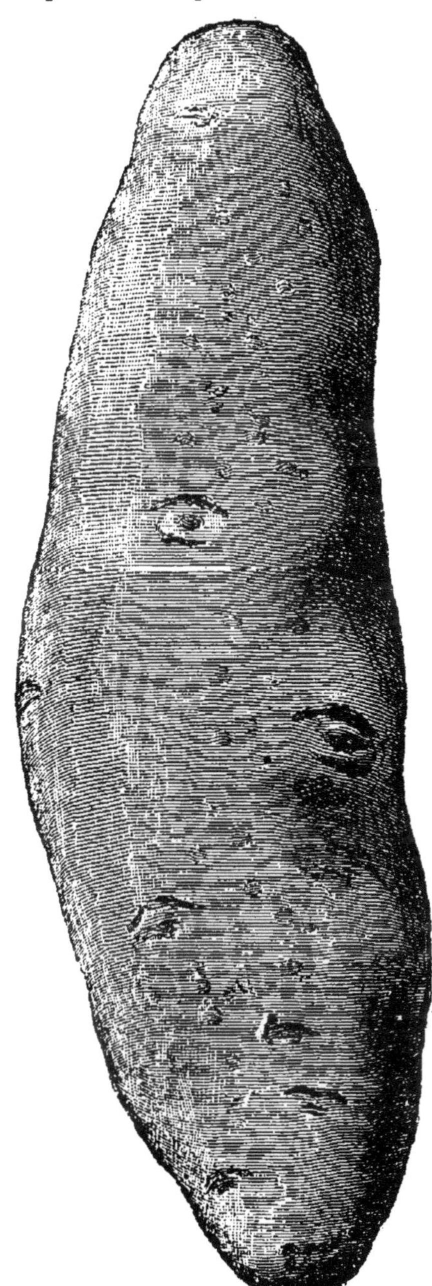

Pomme de terre Princesse.

Nous venons de dire que, dans chaque trou, on place une pomme de terre ; il faut de plus qu'elle soit entière. En ne plantant que des morceaux de pommes de terre, comme font certaines personnes, on obtient une récolte beaucoup moins abondante. Les meilleurs tubercules pour la reproduction sont les plus petits.

La culture de la pomme de terre exige peu de soins. Lorsque les tiges commencent à se montrer, on bine à la serfouette et on achève de combler les trous. Quelques jardiniers buttent les pieds de pommes de terre, c'est une mauvaise habitude qui retarde la maturité. La pomme de terre craint l'excès d'humidité. Généralement il est inutile d'arroser, la pluie suffit.

On arrache dès la fin d'avril les tubercules qui sont arrivés à une grosseur suffisante et en juillet la récolte devra être terminée. On devra attendre la maturité complète pour les pommes de terre que l'on destine à la reproduction.

Il existe de très nombreuses variétés de pommes de terre. On a l'habitude de les classer, suivant leur forme, en patraques, parmentières et vitelottes. Les principales variétés de chaque groupe sont les suivantes :

1° Patraques (à tubercules sphériques) : la Fernande, la Schaw, la Champion, la grosse jaune, la merveille d'Amérique ;

2° Parmentières (à tubercules ovoïdes): la Van der Veer, la Godefroy de Bouillon, la Kidney ou Marjolin ;

3° Vitelottes (à tubercules allongés et cylindriques) : la rouge longue de Hollande, la Princesse, la Perfection.

Les pommes de terre se conservent en tas dans une cave ou dans un cellier. Si la maladie les attaque, on recommande de brûler du soufre ; cette fumigation arrête les progrès de la maladie, mais détruit le germe des tubercules réservés pour la reproduction.

SOUCHET COMESTIBLE (*Cyperus esculentus*).

Le souchet ou amande de terre demande une terre légère, humide et bien meuble. On plante en mars, en pochets de 16 centimètres de profondeur les tubercules que l'on a fait préalablement tremper pendant 24 heures dans l'eau. On recouvre de terre, on sarcle et en octobre et novembre on arrache comme les pommes de terre, et on conserve de même.

TOPINAMBOUR (*Helianthus tuberosus*)

Tout terrain convient au topinambour, mais il préfère surtout un sol substantiel. On plante en mars les tubercules ; la culture n'exige pas plus de soins que celle de la pomme de terre ; il craint comme elle l'excès d'humidité.

Comme il est difficile de débarrasser de cette plante le terrain où il y en a eu une fois, on lui consacre pour plusieurs années un endroit spécial dans le potager.

CHAPITRE III

PLANTES POTAGÈRES VIVACES OCCUPANT LE TERRAIN DEUX OU PLUSIEURS ANNÉES

En pleine terre.

ARTICHAUT COMMUN (*Cynara scolymus*).

Il faut à l'artichaut une terre franche, douce et profonde, qui a dû être abondamment fumée et défoncée à 40 centimètres de profondeur dès l'automne, et ameublie au printemps par un nouveau labour.

Cette plante peut se multiplier en semant ses graines sur couche et sous châssis, en février ou en mars, et repiquant en mai ou en juin en pleine terre. Au commencement de mai, on peut semer en pleine terre.

L'inconvénient des semis de l'artichaut étant de ne pas reproduire la variété, on préfère multiplier l'artichaut par ses œilletons.

Au mois d'avril, on déchausse un peu les pieds-mères, on met ainsi les œilletons à nu; ceux-ci sont ordinairement au nombre de six à huit à chaque pied. Les deux ou trois plus beaux œilletons sont réservés pour les conserver sur la souche. On éclate les autres en passant avec précaution la main entre la souche et les œilletons, le plus près possible de la racine, afin de les détacher avec leur talon ou une portion du collet.

Les œilletons munis de leur talon et ayant déjà quelques racines sont les meilleurs. Après les avoir nettoyés, on rafraîchit l'extrémité des feuilles et on procède à leur mise en place.

La plantation s'effectue au plantoir. A l'aide du cordeau, on dispose les œilletons en échiquier à une distance de 75 centim. à un mètre les uns des autres selon que le terrain fait espérer une végétation plus ou moins vigoureuse.

Ils ne demandent pas d'autres soins que d'être ombrés d'abord et garantis du froid, s'il en survenait, par une grande litière. On les bine et on arrose au besoin, et ils donnent quelques fruits à l'automne, et une fructification abondante au printemps suivant.

On a soin à l'automne de rabattre tous les montants qui ont fructifié, et le sommet des plus grandes feuilles, et on butte chaque pied en relevant la terre à l'entour.

A l'approche des froids, on couvre le carré de litière ou de feuilles sèches en profitant de tous les instants propices pour découvrir et donner de l'air afin d'empêcher la pourriture et l'étiolement. On abat les buttes et on laboure en mars pour œilletonner de nouveau en avril. Si le temps était au froid, il serait bon de jeter sur eux quelques poignées de litière, ce qu'il serait encore prudent de faire pour les garantir d'un soleil trop vif qui surviendrait au moment où on les découvre.

On peut, en plantant plus serré une planche, obtenir des artichauts en les chauffant, comme nous le dirons plus loin en parlant des asperges.

Une plantation d'artichauts n'est d'un bon rapport que pendant quatre ans. Il faut donc la renouveler tous les trois ans pour n'éprouver aucune interruption. Lorsqu'on détruit une planche d'artichauts on peut en faire blanchir les feuilles dont les côtes sont aussi bonnes que celles du cardon, et qu'il faut alors traiter de la même manière.

Les principales variétés de l'artichaut sont :

Le gros vert de Laon, cultivé aux environs de Paris; le gros camus de Bretagne, plus aplati et d'un vert moins foncé; le violet de Provence ou hâtif, de moyenne grosseur, de forme allongée, à écailles vertes teintées de violet et armées d'une épine à leur extrémité. Cette variété, plus tendre que les précédentes, se mange crue, à la poivrade.

Certaines variétés d'artichauts, dit M. V. Rendu, celles de Laon et de Niort par exemple, arrivent naturellement à un volume remarquable toutes les fois qu'elles se trou-

Artichaut gros vert de Laon.

vent dans un sol richement fumé et qu'on ne leur épargne ni la binette ni l'arrosoir, mais il est facile, par un procédé des plus simples, de faire prendre aux têtes une grosseur exceptionnelle; voici comment on obtient ce développement monstrueux.

Aussitôt que l'artichaut montre son fruit, pratiquez, à 5 ou 6 centimètres au-dessous de chaque tête, une fente en croix sur la tige qui porte le fruit. Cela fait, vous introduisez dans la plaie deux brindilles que vous disposerez également en croix. La sève se portera en excès sur ce point, et développera à outrance la tête de l'artichaut, sans que le pied de la plante en souffre.

Pour faire blanchir les bractées désignées communément sous le nom de feuilles d'artichaut, il s'agit de couvrir de très bonne heure la tête de l'artichaut d'un morceau de drap ou d'une étoffe d'une couleur foncée; ce capuchon, en privant la tête d'air et de lumière dès la formation du fruit, fait blanchir les feuilles à peu près comme celles d'une salade qu'on a liée, et les rend aussi plus tendres que celles venues à l'air libre.

ASPERGE (*Asparagus officinalis*).

L'Asperge est une de nos meilleures plantes potagères, sa culture est répandue presque dans toute la France.

L'espèce type offre deux variétés principales : la grosse asperge violette, et l'asperge verte ou commune.

La première variété porte aussi les noms d'asperge de

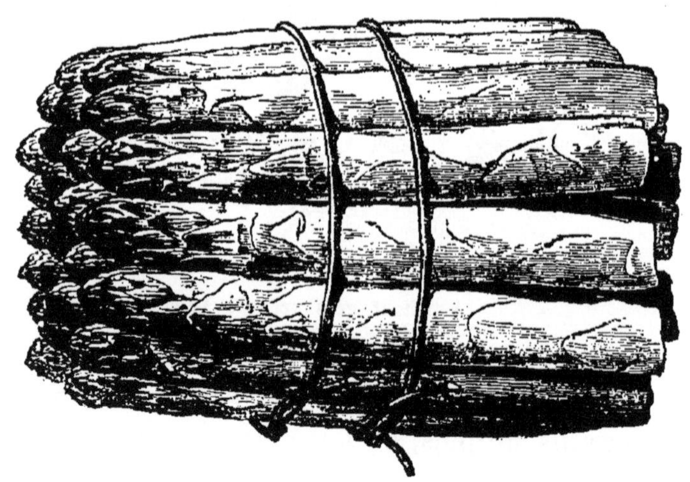

Asperge violette.

Besançon, Darmstadt, Gand, Gravelines, Hollande, Marchiennes, Mons, Pologne, Sarrelouis, Strasbourg, Ulm, Vendôme, etc. ; ces noms n'indiquent que les localités où les produits ont eu et ont encore de la réputation.

L'asperge verte commune porte aussi le nom d'Aubervillers, où elle est très cultivée. Elle est moins estimée que la première espèce.

Il faut à l'asperge un sol léger, très perméable, riche en humus végétal et en engrais animaux; il a besoin d'être profond. On multiplie l'asperge au moyen de semis ou par la plantation des griffes.

On sème en pépinière ou en place, en octobre, ou du 15 février à la fin de mars à la volée, ou mieux en rayons espacés de 25 centimètres, dans un terrain profondément labouré et richement fumé. On enterre la graine au râteau et on terreaute le semis. Si l'on sème en place, la graine doit être déposée à la distance où l'on placerait les griffes. La préparation du terrain est alors employée pour la plantation.

Plantation en fosses. — On divise en planches de 1m,33 centimèt. de largeur l'emplacement à consacrer à l'aspergerie. On creuse à 40 ou 50 centimètres de profondeur la première planche, dont la terre est répartie sur la seconde, on en fait autant à la troisième, et ainsi de suite, de façon qu'il y ait une fosse et un dos. On garnit le fond de 33 centimètres de fumier de vache qu'on tasse pour réduire cette épaisseur à moitié environ. On le couvre de 15 centimètres de terre prise sur l'ados, terre qu'on a soin d'ameublir complètement. On nivelle le tout au râteau.

Plantation en carrés ou à plat. — On prépare le terrain par un labour profond qui enterre une forte fumure, et on le divise en planches de 1m,33 centimètres.

Plantation en dos d'âne. — Dans un terrain humide on dispose en ados les planches qui doivent recevoir la plantation, en rapportant la bonne terre bien fumée sur ces planches qui ont aussi une largeur de 1m,33 centimètres, et sont séparées par des sentiers creux de 66 centimètres de large.

Le terrain étant ainsi préparé, on trace au cordeau quatre lignes sur chaque planche, les deux des côtés à 16 centimètres des bords, et les autres également espacées. On sème ou on plante en quinconce à 30 centimètres d'intervalle sur chaque ligne. Cette disposition est la meilleure lorsqu'on a l'intention de forcer sur place. Si on a semé, on arrose au besoin ou on sarcle et l'on bine.

Vers le mois de novembre on coupe rez de terre les tiges desséchées.

Il est plus expéditif de planter que de semer, et la grosse asperge violette n'étant pas plus coûteuse à cultiver, l'on se procure pour cet objet de ses griffes d'un à deux ans.

On reconnaît ce plant à ses racines longues, égales, déliées, molles, chevelues et présentant des yeux arrondis et fort prononcés. On plante de la manière indiquée pour le semis du 1er mars au 1er avril.

Les soins annuels sont les sarclages, binages, et après la coupe des vieilles tiges, en novembre, le terreautage et le chargement si le terrain est sec. Dans le cas contraire, il ne faut charger qu'au printemps.

Si on charge beaucoup (15 ou 20 centimètres), pour obtenir des asperges plus longues et plus blanches, il faut, après la récolte, ou au moins avant l'hiver, ôter une partie de cette terre qu'on rejette sur les sentiers. On fume tous les trois ans.

Les asperges plantées, surtout avec des griffes de deux ans, rapportent dès la seconde année de la plantation. La récolte commence en avril et se succède jusqu'en juin.

Sous notre climat variable, il est prudent, quand de jeunes turions se montrent de bonne heure, de jeter dessus une légère couverture de grande litière pour les préserver de tout accident.

On cueille avec un outil nommé *couteau à asperges*, dont la lame courbée est incisée de dents disposées pour couper le turion en ramenant l'outil à soi. On a imaginé un autre couteau dont la dentelure est opposée et dont on se sert en poussant de haut en bas, et en s'arrêtant dès que l'asperge vient, et qu'il importe d'obtenir la plus longue possible. Les cultivateurs qui ont l'habitude de cette culture cueillent l'asperge à la main. Pour cela, lorsqu'elle a environ 6 à 8 centimètres hors du sol, on glisse la main le long du turion en la faisant pénétrer en terre, et on le saisit aussi bas que possible; alors, on le tire en le tordant, et il se détache de la griffe, de façon à être long de 20 à 25 centimètres. Cette méthode est préférable, parce qu'elle évite de blesser avec le couteau les jeunes asperges poussant à l'entour.

Culture forcée de l'asperge blanche. — On peut commencer à forcer dès le mois d'octobre. Pour cela on creuse à 66 centimètres de profondeur les deux sentiers qui se trouvent sur les flancs et aux extrémités de la planche. On charge celle-ci de la terre de la fouille sur une épaisseur de 15 à 20 centimètres, et on nivelle au râteau. On couvre la planche de coffres inclinés au midi, et on élève les réchauds jusqu'à leur niveau. On pose sur la terre un paillis épais, et par-dessus les châssis, sur lesquels on dépose les paillassons pour concentrer la chaleur.

Les premières asperges sont bonnes alors à cueillir environ vingt-cinq jours après, et cela tous les deux jours pendant deux mois; mais à la condition de remanier les réchauds au besoin, en y mêlant du fumier neuf. Après la récolte, on ôte les coffres et châssis, on retire le fumier des sentiers que l'on remplit avec une partie de la terre que l'on retire de dessus la planche.

En calculant, sur la consommation, le nombre de planches à chauffer, et en en chauffant plusieurs à des intervalles successifs, on jouit des asperges depuis novembre jusqu'à l'époque de la production naturelle.

En chauffant les planches une année sur deux, l'aspergerie peut durer une douzaine d'années.

Manière de forcer l'asperge verte. — On peut forcer successivement l'asperge verte, qu'on nomme encore asperge aux petits pois, pour en jouir depuis le mois d'octobre jusqu'au moment de la récolte naturelle.

On achète pour cela du plant de cinq à six ans de plantation, et même plus vieux pourvu qu'il soit encore en rapport, parce que les griffes ainsi chauffées ne sont plus bonnes qu'à faire du terreau.

Lorsque le coup de feu de la couche chaude disposée pour cette culture est passé, on range ces griffes debout sur leurs racines en les serrant les unes contre les autres, en commençant par le haut du coffre et finissant lorsqu'il est plein. Les uns les posent à nu sur le fumier, d'autres couvrent celui-ci d'un peu de terreau, et lorsque les griffes sont rangées, en répandent encore sur elles pour remplir leurs intervalles. On couvre de châssis, de paillassons, de grande litière, et on établit des réchauds comme nous venons de le dire.

Quinze jours après, les asperges commencent à donner des turions longs, verts et minces, dont on continue la cueillette jusqu'à épuisement complet. La récolte successive d'un panneau de châssis est de 4 à 500 asperges vertes.

Les racines d'asperges de l'année précédente, plantées au mois de mars, donnent des plantes dont la graine mûrit au mois de septembre ; elle conserve ses propriétés germinatives pendant cinq ans et plus.

CIVETTE ou CIBOULETTE (*Allium schænoprasum*).

La civette appelée aussi civet, ciboulette, appétit, fausse échalotte, est une plante potagère vivace, à fleurs purpurines dont la racine est composée de petits bulbes comme l'échalote ; elle semble originaire de la Sibérie, elle est répandue dans toute l'Europe.

On divise les touffes de la civette aux mois de février ou de mars dans une bonne terre légère et substantielle, on les met en place dans une situation ombragée : après cette opération, la plante ne demande aucun soin de culture, sinon l'arrosage durant les chaleurs.

Vers la fin d'octobre, la plante doit être coupée au ras du sol, puis rechargée d'un peu de terreau.

La civette est employée comme fourniture dans les salades.

CHOU MARIN OU CRAMBÉ MARITIME (*Crambe maritima*).

Les jeunes pousses du crambé maritime blanchies par des procédés de culture se mangent bouillies et assaisonnées comme les choux-fleurs et les asperges.

On sème en février sur couche tiède, sous châssis ou sous cloches, en petits pots ou à nu dans le terreau de la couche, ou de mars en mai en pleine terre, soit en pépinière, soit en place.

A l'approche des gelées, on dépouille le plant de ses feuilles, alors mortes ou mourantes, et l'on charge les rayons de cinq centimètres de terreau. Si les gelées devenaient intenses, on ferait bien de jeter sur les planches une couverture de grande litière ou de feuilles sèches.

Au printemps suivant, on découvre et on relève le plant pour le mettre en place sur des planches profondément labourées, et suffisamment amendées pour que le terrain soit léger. On plante les choux marins à 50 centimètres l'un de l'autre sur des rangs espacés de 66 centimètres. On terreaute la plantation à laquelle il ne faut plus, jusqu'à l'automne, que quelques binages et arrosements.

A cette époque, on épluche de nouveau les plants, et on charge d'environ 10 centimètres de terreau. On couvre pendant l'hiver, comme nous l'avons déjà dit.

Au printemps suivant, on peut faire blanchir les pieds de crambé. Cette opération consiste à priver le plant de lumière et d'air par un moyen approprié.

Les uns buttent les pieds avec la terre même de la planche, du terreau ou du sable de rivière dont ils forment une butte qui dépasse le plant d'environ 5 centimètres, les autres posent sur chacun un pot renversé dont le bord pénètre dans la terre, et dont le trou supérieur est bouché; enfin, selon l'usage anglais, on emploie des boîtes en bois blanc, de forme pyramidale, d'un diamètre de 40 centimètres à la base, et de 20 au sommet. Elles sont hautes de 30 centimètres et pourvues d'un couvercle mobile qui permet de voir commodément l'état des choux.

Dès la mi-février, on enlève la couverture d'hiver, ensuite l'on butte ou couvre comme nous l'avons dit; on répand sur le tout une couche épaisse de litière ou de feuilles qui dépasse le buttage de 20 centimètres au moins, après avoir planté auprès de chaque crambé un piquet qui le dépasse et indique la place qu'il occupe.

Le semis en place se fait en déposant cinq ou six graines dans de petits augets distancés comme les plants transplantés, et lorsque les graines sont levées, on ne laisse dans l'auget que le plant le plus vigoureux que, sauf le repiquage, on traite ainsi qu'il vient d'être dit : ce semis se fait du 15 avril au 15 mai.

On peut encore multiplier le chou marin par boutures de racines que l'on coupe par tronçons de 8 à 10 centimètres, et qu'on plante debout en petit pot plein de terreau et déposé sur couche tiède si l'opération a lieu en février, et en pleine terre en place, si on opère en avril. Dans le premier cas, il faut repiquer.

On peut obtenir des crambés dès le mois de janvier en couvrant en décembre de fumier long ces plantes déjà buttées ou abritées sous des pots en boîtes. On entoure la planche de réchauds de fumier neuf, puis, à l'aide d'une forte gaule soutenue au milieu de sa longueur par plusieurs piquets à fourches, on étend des paillassons qui concentrent la chaleur et empêchent la neige d'atteindre le fumier, et trois ou quatre semaines après, on a des pousses bonnes à cueillir. Enfin on peut chauffer les choux marins sur place, en les traitant comme les asperges, et même dans cette circonstance, remplacer les châssis des coffres par des planches bien jointes qui interceptent mieux la lumière, et maintiennent parfaitement la chaleur.

ESTRAGON (*Artemisia dracunculus*).

L'estragon ou armoise, dragon, est une plante herbacée, vivace, originaire de la Sibérie.

Cette plante se cultive dans l'Europe méridionale et orientale. Toutes ses parties ont une odeur agréable, une saveur aromatique et piquante. Elle a des propriétés stomachiques et antiscorbutiques.

Les feuilles sont utilisées comme fourniture de salade

ou dans les condiments qu'on laisse plus ou moins de temps à confire dans le vinaigre.

L'estragon se multiplie par éclats des pieds en avril et mai, replantés à 30 ou 40 centimètres l'un de l'autre, à bonne exposition, en terre bien labourée plutôt légère que forte, en bordure ou au bas d'un mur.

On peut aussi propager de graines.

On sème en mars, et la récolte se fait en juin.

Les pousses peuvent être cueillies tous les quinze jours quand la plante est dans des conditions favorables. Si après chaque coupe on arrose le plant, il repousse bientôt avec force.

A l'approche des gelées, on coupe les tiges rez de terre et l'on couvre les racines de terreau et de litière.

FRAISIER (*Fragaria*).

Les fraisiers appartiennent à la famille des rosacées; ils se divisent en six groupes ; les trois premiers sont

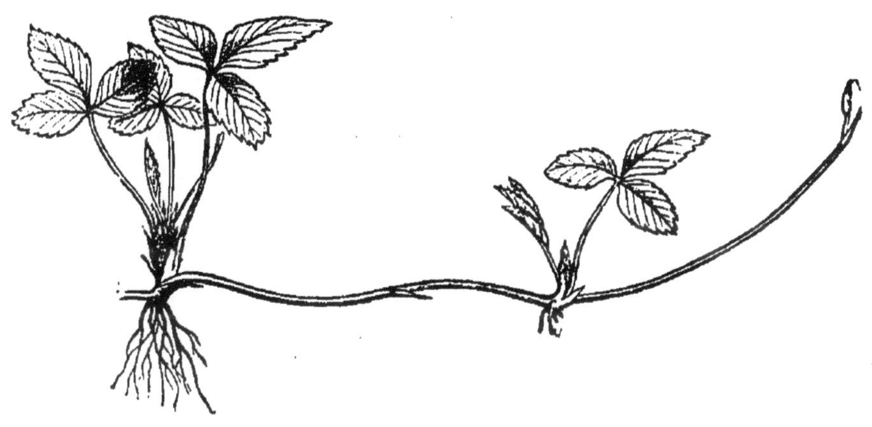

Fraisier.

d'origine européenne; les trois autres d'origine américaine.

Premier groupe. — Fraisiers communs. — Ces fraisiers ont le feuillage petit ou moyen, vert tendre ; fleurs petites, fruits ronds ou oblongs, parfumés.

On compte dans ce groupe :

Le fraisier des bois. Fruits petits, la plus parfumée de toutes les variétés ;

Le fraisier des Alpes ou quatre saisons, produisant tous les mois ;

Le fraisier de Montreuil, fruit allongé, très parfumé et dont la saveur rappelle la fraise des bois ;

Le fraisier de Gaillon, sans coulants, et sa variété blanche ;

Le fraisier buisson, estimé pour bordure, mais qu'on remplace avantageusement par les gaillons sans filets comme lui.

Deuxième groupe. — Fraisiers étoilés. — Ainsi nommés

Fraise des quatre saisons ou des Alpes.

à cause de l'étoile que le calice forme en se rabattant sur le fruit. Feuillage petit, vert sombre ou glauque ; fruit petit, rond.

Nous citerons :

Le fraisier de Bargemont ; le fraisier de Champagne ou vineuse de Champagne, et le fraisier à petites feuilles.

Troisième groupe. — Fraisiers capronniers. — Feuillage grand, vert clair, velu, fleurs moyennes, fruit gros, arrondi, d'un beau rouge. Nous ne recommanderons que le Capron royal.

Quatrième groupe. — **Fraisiers écarlates.** — Feuillage

grand, vert glauque, fleurs petites et moyennes, fruit petit, moyen, écarlate, plus hâtif que dans les fraisiers des autres groupes.

Les meilleurs sont : le fraisier de Virginie, le Roseberry, le duc de Kent, le Grimstone, l'écarlate américain et le prince du Cuthil, la plus hâtive des variétés connues.

Cinquième groupe. — Fraisiers ananas. — Feuillage très grand et folioles plus larges que dans le précédent ;

Fraise docteur Morère.

fleurs grandes, fruit gros, rond ou oblong, d'un rouge variable et blanc. Les plus recommandables parmi eux sont :

Le fraisier Ananas proprement dit ; fruit gros.
— Bath ; fruit gros, peu parfumé.
— Barner ; fruit très gros et parfumé.
— Keen's Seedling ; l'une des meilleures variétés.
— Myatt ; fruit parfumé mais peu productif.
— Docteur Morère. C'est la variété produisant les plus grosses fraises connues.

Le fraisier Princesse royale ; précoce, fruits gros.
— Swainstone's Seedling ; fruit très sucré.
— British Queen ; fruit très gros et parfumé.
— Mac-Mahon ; fruit gros, recommandable.

Sixième groupe. — Fraisiers du Chili. — Feuillage soyeux, moins élevé; fleurs très grandes, fruits se redressant pour mûrir.

Nous n'avons à citer dans ce groupe que le fraisier Superbe de Wilmott, remarquable par la beauté et le volume de ses fruits.

Tous les fraisiers aiment une terre un peu légère, douce, substantielle et chaude, bien ameublie par un

Fraise Swainstone's Seedling.

bon labour et amendée avec du terreau de fumier consommé, et les arrosements plutôt que l'eau des pluies ou l'humidité du sol.

On les multiplie de semis pour obtenir de nouvelles variétés, et par leurs filets ou coulants. Ceux qui en sont dépourvus se multiplient par leurs œilletons ou éclats enracinés.

On sème sur couche ou en pleine terre, au printemps ou en juin, aussitôt la maturité des graines. Le semis à l'air libre se fait à la volée sur une terre douce, bien préparée, nivelée et préalablement bassinée. On mêle la graine avec un peu de terreau fin ou de terre de bruyère. On la recouvre ensuite d'une très mince couche de terreau ou de terre de bruyère tamisée. On abrite du soleil ou du vent par des paillassons, et on tient la surface du sol humide jusqu'à la levée qui s'opère en quinze jours environ : ce plant doit être repiqué en pépinière vers le mois d'août en espaçant les pieds de 15 centimètres.

On plante en octobre les pieds que produisent les filets ou coulants qui s'allongent sur la terre et émettent des racines aux nœuds qui se forment de distance en distance ; ces filets doivent de préférence être pris sur le plant d'un an. On supprime tous ces coulants qui appauvrissent le pied lorsqu'on n'a pas besoin de jeunes plants.

On éclate les gros pieds des fraisiers Gaillon et Buisson, qui ne produisent point des filets. Ces éclats reprennent facilement quand ils conservent quelques racines.

On met en place les fraisiers, de septembre en octobre et de mars en avril. Le terrain sur lequel se fait la plantation a été préparé et fumé comme nous l'avons dit, et doit préalablement recevoir un paillis qui entretient la fraîcheur et favorise la propreté des fruits.

L'exposition au midi est la meilleure. La plantation se fait en bordure à 30 ou 40 centimètres de distance, selon la force du plant, et en planche en quinconce sur quatre lignes de 40 à 50 centimètres suivant la même raison. On donne une forte mouillure immédiatement après la plantation. Les sarclages, les binages et les arrosements donnés à propos constituent tous les soins à prendre.

On supprime tous les coulants jusqu'en juillet au moins ; car ce n'est qu'à partir de cette époque qu'on les laissera se former si on a besoin de plants pour octobre.

On a l'attention de remettre du paillis toutes les fois que cela est nécessaire.

Il est avantageux de renouveler le plant tous les trois ans, si l'on veut jouir sans cesse d'une récolte abondante. Dans le cas où on ne le ferait pas, on peut entretenir jusqu'à un certain point la fertilité quelques années de plus, en rapportant, chaque printemps, deux ou trois centimètres de bonne terre sur la planche pour rechausser les pieds.

On chauffe les fraisiers sur place par les moyens indiqués pour l'asperge. On peut en forcer en pots. Pour cela, on les lève en septembre et octobre, on les empote, on réunit les pots sous un coffre couvert de châssis, et on mouille pour assurer la reprise. On donne ensuite de l'air, au besoin, et on supprime tous les filets naissants. En janvier et février, on distribue tous ces pots, préalablement binés et épluchés, sur toutes les tablettes et à toutes les places vides des serres ou bâches à ananas, et partout enfin où ils peuvent trouver une température convenable et être placés très près des vitraux, condition indispensable pour une abondante fructification. Arrosés au besoin, et presque chaque jour depuis la floraison, ils fructifieront d'avril en mai.

Si on ne peut loger les pots de cette manière, on peut les avancer encore en entourant de bons réchauds remaniés ou renouvelés au besoin le coffre qui les contient, et couvrant les châssis de paillassons et de litière pour y concentrer la chaleur.

Après la fructification, on peut dépoter les pieds chauffés, couper leurs feuilles, et les replanter en pleine terre où ils se rétabliront et donneront une nouvelle récolte à l'automne.

Les fraisiers chauffés en place sous châssis seront, après la récolte, abandonnés à eux-mêmes pendant quelque temps, ensuite dépanneautés, épluchés, binés et arrosés, et fourniront ordinairement une seconde récolte en août ou septembre.

Les variétés qui conviennent le mieux pour être chauffées sont :

Le fraisier des Alples, le Keen's seedling, la Princesse royale, et le Swainstone's Seedling.

La grande saison des fraises est en juin, mais la *quatre-saisons* donne en pleine terre depuis avril jusqu'aux gelées, moyennant de fréquents arrosements.

Quand les fraises ont atteint leur maturité parfaite, on choisit les plus belles de chaque espèce, on les écrase et leurs semences se trouvent séparées en les lavant.

C'est au mois d'octobre qu'on récolte préférablement la graine du fraisier des quatre-saisons. Comme il est le seul qui donne des fruits à cette époque, on est certain que sa graine est pure de tout mélange.

Lorsque la graine du fraisier a été séchée après lavage, elle ne conserve qu'un an ses propriétés germinatives.

OSEILLE (*Rumex acetosa*).

L'oseille appelée aussi surelle, surette, aigrette, vinette, est une plante vivace, à saveur acide, qui a été adoucie par la culture.

Les feuilles de l'oseille des jardins ont des propriétés antiscorbutiques; on les a administrées en infusion contre les fièvres bilieuses ou intermittentes.

Le docteur Hœfer conseille comme le meilleur procédé de conservation de l'oseille pendant l'hiver, « de la mettre dans des bouteilles à larges goulots, et après les avoir bouchées, de les soumettre pendant un quart d'heure à l'eau bouillante. »

Il faut pour la culture de l'oseille un sol léger et profond, ni sec, ni humide.

On la multiplie par éclats des racines, ou par ses graines qu'on peut semer de mars en juillet.

On sème, on plante en bordure ou en planches; arrosement au besoin.

A l'approche des gelées, on relève des touffes que l'on met en jauge pour la consommation, et dès novembre, on peut en planter sur couche pour en jouir tout l'hiver.

On cultive : l'oseille commune, l'oseille large de Belleville, l'oseille large de Frévent, l'oseille vierge, l'oseille à feuilles cloquées et l'oseille épinard.

La graine d'oseille se récolte en juillet et conserve ses propriétés pendant trois ans.

PIMPRENELLE (*Poterium sanguisorba*).

La pimprenelle ou bipinelle, thé de Sibérie, est une plante vivace, habitant principalement notre hémisphère boréal. La pimprenelle commune se trouve dans les lieux incultes de la France. On la cultive dans les jardins potagers à cause de ses feuilles aromatiques qu'on utilise comme fourniture de salade.

La pimprenelle fournit aussi un excellent fourrage.

On la multiplie de semis au printemps ou à l'automne; ou aux mêmes époques par éclats de ses pieds.

La graine de pimprenelle se récolte sur les plantes semées en automne. La durée germinative est de trois ans.

Sur couches.

ANANAS (*Bomelia ananas*).

C'est par la couronne dont les fruits sont surmontés et par les œilletons qui se développent dans l'aisselle de leurs feuilles, que les ananas se multiplient. Plus les couronnes ou œilletons ont de volume, plus la croissance de la plante est rapide.

La terre de bruyère pure, aussi substantielle que possible, est celle qu'il faut préférer tant pour la culture en pot qu'en pleine terre.

C'est dans la première quinzaine d'octobre qu'on sépare les œilletons de leur mère. Jusque-là, si, par suite de la consommation, on a depuis juillet recueilli quelques couronnes ou œilletons, on les a placés en pleine terre sous châssis, pour les conserver.

On débute par une sorte d'habillage de ces productions qui consiste à dépouiller leur base de quelques petites feuilles les plus extérieures qui sont toujours plus endurcies que celles qu'elles recouvrent, et à rafraîchir par une section très nette la plaie qui résulte de la séparation de l'œilleton. On plante immédiatement en pots de 12 centimètres remplis de terre de bruyère.

On a eu soin de préparer en temps convenable, sous châssis, une couche épaisse formée par moitié de fumier et de feuilles, et recouverte environ de 20 à 25 centimètres de *tan*. C'est dans ce tan que sont enterrés les pots à ananas, et c'est sous ce conservatoire que ces plantes doivent passer l'hiver. La température de la couche doit être maintenue entre 30 et 35 degrés centigrades, et celle

Ananas.

de l'atmosphère sous châssis entre 10 et 15. On entretient cette chaleur par des réchauds de fumier, remaniés plus ou moins souvent selon le besoin; par des paillassons, des couvertures de feuilles, etc. On ne donne de l'air qu'après la reprise et seulement pendant quelques instants, quand le temps le permet.

Les ananas peuvent impunément rester pendant cinq ou six jours sans air et sans lumière. Si quelques plantes demandent de l'eau, on leur en donne au pied, mais avec la plus grande modération, car l'humidité, en hiver, est ce qu'elles redoutent le plus, et la chaleur en est le meilleur préservatif.

Dans tous les cas, il faut découvrir les châssis lorsque le soleil se montre, quelque froid qu'il fasse, et lorsqu'il ne brille pas, quand la température extérieure n'est pas au-dessous de — 4°.

Dans la belle saison, on n'ombre pas, afin de laisser jouir les plantes de toute l'insolation.

Dès le mois d'avril suivant, on fait une nonvelle couche, également composée de fumier et de feuilles, dans un coffre dont les planches ont par derrière une hauteur de 85 centimètres, et par-devant de 66 centimètres seulement. Cette couche plus longue que la première est, au lieu de tan, chargée de 20 à 25 centimètres de terre de bruyère. Par une belle journée, on retire les ananas de la tannée, on les dépote et on les replante immédiate ment dans la pleine terre de bruyère, en échiquier, à raison de 15 pieds par panneau de 1^{m},33 centimètres de large, sur 1^{m},65 de long, ou de 12 pieds seulement, si la dimension du panneau n'est que de 1^{m},33 en tous sens.

On ventile d'autant plus souvent que le soleil, en s'élevant davantage, échauffe l'atmosphère à un plus haut degré, et on arrose selon l'état des plantes et de la température, tant au pied que sur la plante entière, avec un arrosoir à pomme.

Les ananas restent en cet état jusqu'à la fin d'octobre.

Alors on les relève et on les replante dans la pleine terre de bruyère épaisse de 25 centimètres et déposée dans une serre, sur un plancher sous lequel passent les tuyaux d'un thermosiphon circulant dans la capacité même de la serre, de telle façon que son atmosphère ait une température de 18 à 25 degrés et la couche de terre de bruyère celle de 30 à 35 degrés également centigrades. Une chaleur plus considérable que 35 degrés nuirait aux racines qu'elle ferait rougir, et les plantes périraient si elle s'élevait à 50.

Par cette culture, la fructification varie du vingtième mois au vingt-huitième. Plantés à la fin d'octobre, les ananas commencent à donner fruit en juillet de la deuxième année, et la fructification des plantes de cette série se termine en février qui suit, selon la précocité des espèces.

Lorsque l'on ne dispose pas d'une serre avec un thermosiphon, on empote les ananas au lieu de les planter dans la pleine terre de bruyère, en octobre, un an après la plantation des œilletons. Jusque-là, on leur donne la culture indiquée. Cet empotage se fait à cul nu de la manière suivante : après avoir levé les ananas de la pleine terre, on supprime les œilletons et quelques feuilles de la base, et enfin les racines ou une partie seulement rez la plante dont on rassemble les feuilles, qu'on maintient avec un lien de paille pour faciliter l'empotement. Il a lieu dans des pots de 24 centimètres, qu'on place sur une couche disposée comme celle dont nous avons parlé pour les œilletons ; puis, lorsqu'ils sont bien enracinés, on enterre les pots dans la tannée d'une nouvelle couche, sous châssis ou sous bâche, sur laquelle ils devront fructifier.

On comprend qu'il faut entretenir, par tous les moyens dont on dispose, la chaleur nécessaire sans laquelle on n'obtient que des fruits médiocres.

Parmi les nombreuses espèces ou variétés d'ananas, nous conseillons principalement la culture des suivantes : ananas épineux et sans épines, ananas de la Providence, ananas Comte de Paris, ananas du Monserrat, ananas Enville, ananas violet de la Jamaïque, ananas de Cayenne.

CHAPITRE IV

PLANTES AROMATIQUES OU D'ASSAISONNEMENT CULTIVÉES QUELQUEFOIS DANS LES JARDINS POTAGERS.

Nous croyons utile de dire quelques mots de certaines plantes aromatiques et d'assaisonnement que l'on cultive quelquefois dans les jardins potagers. Nous n'entrerons dans aucun détail ; nous nous bornerons à indiquer très succinctement, d'après Rousselon (1), le genre de terrain et le mode de culture convenant à chacune d'elles.

ABSINTHE (*Artemisia absinthium*).

Vivace. Tout terrain, exposition chaude. Multiplication de graines au printemps, et mieux d'éclats ou de rejetons enracinés qu'on peut planter au printemps comme à l'automne. S'emploie en infusion théiforme et pour faire des liqueurs.

AMBROISIE (*Chenopodium ambrosoïdes*).

Tout terrain, exposition chaude ; semis au printemps. S'emploie en infusion théiforme.

ANGÉLIQUE (*Angelica archangelica*).

Bisannuelle. Terre franche, substantielle, humide. Semis en place, en mars ou en septembre. Elle est employée par les confiseurs.

ANIS (*Pimpinella anisum*).

Bisannuelle. Terre légère, chaude, bien ameublie. Se-

(1) Le *Jardinier pratique*, par Rousselon. Un fort volume illustré, cartonné. Prix : 3 fr. 50. A la même librairie.

mis en place, en planches ou en bordure. Récolte en août des graines, dont l'emploi principal est fait par les confiseurs. La plante pousse de nouveau au printemps suivant et donne une seconde récolte.

BASILIC COMMUN (*Ocimum basilicum*).

Semis sur couche en mars, et mise en place en mai à exposition chaude.

BOURRACHE (*Borrago officinalis*)

On emploie ses fleurs bleues pour orner la salade. Semis clair au printemps et à l'automne. Se ressème d'elle-même.

CORIANDRE (*Coriandrum sativum*).

Tout terrain, mieux terre légère et chaude. Semis en mars ; récolte en août de ses graines, qui s'emploient comme épices, et dans les ratafias et dragées.

FENOUIL (*Anethum fœniculum*).

Terre légère, semis en mars. Se ressème de lui-même. Les graines sont employées par les liquoristes.

HYSOPE OFFICINALE (*Hyssopus officinalis*).

Vivace. Terre franche, légère, substantielle, exposition chaude. Semis de graines en mars, et multiplication de boutures en été, mieux d'éclats des pieds en automne.

LAVANDE (*Lavandula spica*).

Vivace. Terre légère, exposition chaude. Multiplication d'éclats des pieds au printemps et en septembre, couverture pendant les gelées.

MÉLISSE (*Melissa officinalis*).

Vivace. Terre légère et chaude, multiplication de graines au printemps ou d'éclats des pieds à l'automne.

MENTHE CULTIVÉE (*Mentha sativa*) et MENTHE POIVRÉE (*Mentha piperita*).

Toutes deux sont vivaces. Tout terrain. Multiplication de drageons au printemps ou d'éclats en automne. Les jeunes tiges de la première s'emploient en fourniture de salade. La seconde fournit aux confiseurs un aromate pour les liqueurs et les pastilles

MOUTARDE (*Sinapis*).

Semis en mars, très clair, à la volée, en terre sablonneuse ameublie par deux labours. Arrachage successif des pieds à mesure qu'ils mûrissent, en septembre. Les jeunes pousses se mangent en salade, et la graine réduite en farine sert à faire la moutarde. Deux variétés : la blanche et la noire.

ORIGAN MARJOLAINE (*Origanum majoranoïdes*).

Vivace. Tout terrain. Multiplication de graines semées au printemps, de boutures faites à l'ombre en été et d'éclats de pieds en automne.

PERCE-PIERRE (*Erithmum maritimum*).

Vivace. Terre légère, humide, semis en mars. Levée difficile. Couverture de paille l'hiver.

ROMARIN OFFICINAL (*Rosmarinus officinalis*)

Arbrisseau à odeur aromatique agréable, qui s'emploie dans la confection de l'eau de la reine de Hongrie

Terre légère, exposition chaude et abritée. Multiplication de marcottes, boutures et éclats de pieds.

RHUBARBE (*Rheum*).

On la cultive pour les pétioles et côtes de ses feuilles dont on fait des confitures, et qui peuvent remplacer les fruits dans la pâtisserie. Semis de graines aussitôt maturité, ou en mars en terrine ou sur côtière de terre légère. Mise en place un an après, en espaçant les pieds de 1 mètre au moins. On la multiplie aussi par la séparation des touffes au printemps. On cultive la *rhubarbe ondulée*, la *rhubarbe groseille*, et la *rhubarbe du Népaul*.

SARRIETTE (*Satuteia*).

Tout terrain. Multiplication de graines au printemps. N'exige aucun soin. Sert d'assaisonnement pour les fèves de marais, les pois, la choucroûte, etc.

SAUGE OFFICINALE (*Salvia officinalis*).

Vivace. Terre légère, chaude et sèche. Multiplication facile d'éclats, au printemps et à l'automne, et préférable au semis et aux boutures qu'il faudrait faire sur couches au printemps. Elle s'emploie principalement pour parfumer la charcuterie.

TANAISIE (*Tanacetum*).

Vivace. Terre franche, exposition chaude. Multiplication de graines au printemps, ou mieux de ses drageons.

THYM (*Thymus vulgaris*).

Vivace. Terre légère, exposition chaude, multiplication par éclats des pieds au printemps. On en cultive plusieurs variétés, comme le thym serpolet dont on a fait une espèce,et les thyms à feuilles étroites,à feuilles larges et panachées. Toutes se comportent de même et servent d'assaisonnement en cuisine. En bordure.

TOUTE-ÉPICE (*Nigella sativa*)

Terre légère, exposition chaude. Semis en place au mois d'avril. On éclaircit le plant pour distancer les pieds de 20 centimètres. Arrosements fréquents jusqu'après la floraison. Ses graines aromatiques servent d'épices en cuisine.

TROISIÈME PARTIE

ASSOLEMENT ET TRAVAUX MENSUELS

CHAPITRE PREMIER

DE L'ALTERNANCE DES CULTURES ET DE L'ASSOLEMENT

Plusieurs récoltes successives, surtout des récoltes de même espèce, affaiblissent le sol en le privant des éléments qui le rendaient fertile. Bien que les engrais suppléent à cet appauvrissement, il est bon cependant d'avoir recours à l'alternance des cultures.

L'alternance des cultures consiste à faire produire à un sol fatigué des espèces demandant moins à la terre que celles de la récolte précédente. Cette alternance est généralement triennale et, après la troisième année, on recommence par les cultures de la première.

Nous en donnons ci-dessous un exemple :

1re *année*. Après un défoncement profond et une fumure très abondante : artichauts, choux, poireaux, céleri.

2e *année*. Sans fumure, mais sur terreautage : betteraves, carottes, navets, salsifis, pommes de terre.

3e *année*. Sans fumure : haricots, pois, fèves, lentilles, oignons.

Bien des personnes se trouvent fort embarrassées, lorsqu'il s'agit de distribuer les plantations dans un jardin potager. Comme elles ignorent la place qu'il faut assigner à chaque culture, il leur arrive fréquemment de réserver trop de terrain pour certains légumes, tandis que d'autres n'en auront pas assez.

Nous croyons utile d'indiquer ici un modèle d'assolement pour un jardin de 15 ares. Un potager de cette étendue peut, comme nous l'avons dit au commencement de cet ouvrage, produire les légumes nécessaires à une famille de six personnes.

Haricots à rames, à manger secs en hiver...	200 mèt. carr.
Pommes de terre, pour l'hiver...............	200 — —
Choux et épinards, puis céleri...............	175 — —
Pois à rames, à manger secs en hiver.......	125 — —
Choux-fleurs, laitues et romaines...........	100 — —
Asperges et betteraves........................	100 — —
Fèves et navets..................................	100 — —
Oignons et poireaux, puis chicorée de Meaux.	85 — —
Pommes de terre hâtives, puis choux de Milan.	75 — —
Artichauts et courges........................	75 — —
Carottes et panais............................	75 — —
Pois nains, puis mâche........................	50 — —
Haricots nains, puis choux-raves............	50 — —
Fraises..	50 — —
Salsifis et scorsonères........................	40 — —
Oseille, persil, cerfeuil, etc., pouvant être cultivés en bordure, pour mémoire. TOTAL :	1500 mètres carrés ou 15 ares.

CHAPITRE II

TRAVAUX MENSUELS SPÉCIAUX AU JARDIN POTAGER.

Nous empruntons les conseils qui vont suivre au journal de la Société centrale d'horticulture.

AOÛT

C'est par ce mois que l'auteur d'un excellent ouvrage sur la culture maraîchère fait commencer l'année horticole. C'est, en effet, au mois d'août que se préparent les premiers travaux d'automne, dont ceux d'hiver ne sont que la conséquence. On fait en ce mois les premiers semis, et, à partir de ce moment, on continue successivement pour ne terminer qu'en juillet.

On commence également la plantation des végétaux destinés à passer l'hiver, et qui doivent donner leurs produits l'année suivante.

Quoique les chaleurs soient souvent plus fortes qu'en juillet, l'atmosphère est moins desséchante, et les nuits, plus longues, sont plus fraîches. Ces circonstances ne doivent cependant pas diminuer l'activité dans les bassinages et les arrosages.

On fait la dernière taille aux melons, tomates, aubergines, etc. Semer, après le 15, les épinards d'hiver, les mâches, et, du 20 au 30, les oignons blancs, pour les repiquer à l'automne, ainsi que les choux d'hiver et cœur-de-bœuf. Semer aussi sous cloche des laitues crêpes et des chicorées frisées pour le printemps. Semer aussi radis et cerfeuil. On plante en août toutes sortes de salades, les choux-fleurs, choux de Vaugirard, choux verts et de Milan, brocolis. Ces travaux ne doivent faire oublier ni les arrosages, ni les binages, et l'on doit y apporter le même soin que le mois précédent.

SEPTEMBRE

A cette époque une température modérée vient remplacer les chaleurs caniculaires qui avaient presque suspendu la circulation de la sève; celle-ci reprend son mouvement ascensionnel pour le conserver jusque vers la fin d'octobre : c'est le moment de renouveler les produits des jardins pour l'automne et le printemps prochains.

Les nuits devenant fraîches, il ne faut donner les arrosages que le matin, et supprimer ceux du soir. On doit récolter les graines soigneusement et assurer leur conservation en les mettant à l'abri de l'humidité.

Il faut réparer les coffres et faire peindre les serres et les châssis.

Continuer à donner de copieux arrosages aux fortes plantes lorsqu'il fait chaud; bassiner tous les jours, le soir et le matin, les jeunes semences, afin de faciliter leur développement et d'empêcher que les insectes ne les dévorent, ce qui est fort à craindre à cette époque de l'année.

On continuera de semer épinards, mâches et cerfeuils.

Dès le commencement du mois, on peut semer des laitues-crêpes et des chicorées frisées, sous cloche, ainsi que des choux-fleurs pour le printemps. Vers la fin du mois, il est encore temps de semer des poireaux et des oignons dans les terres légères. On plante en motte les scaroles, chicorées et céleris que l'on avait repiqués en pépinière. On regarnit ainsi les terrains devenus libres dans le courant du mois.

OCTOBRE

On commence les labours d'hiver, principalement dans les terres fortes. C'est aussi le moment d'effectuer les changements projetés pour les jardins; on replante les bordures, on tond les haies. Il faut couvrir les plantes qui craignent les premiers froids.

Les soirées devenant longues, on les occupe à réparer les paillassons et à en faire de nouveaux pour ne pas en manquer lorsque les froids en exigeront l'emploi.

C'est en octobre qu'il est le plus opportun de semer, en vue du printemps, les plants de salades, soit pour couches, soit pour plein air. On peut s'y prendre depuis le commencement de ce mois jusqu'au 20. Les romaines et laitues devront être semées à cinq jours d'intervalle, afin de laisser au jardinier le temps nécessaire pour le repiquage, qui doit avoir lieu quinze jours environ après que la semence a été mise en terre. On commence à semer, vers le 4, des laitues-crêpes et de la romaine verte hâtive pour les premières couches, sur un terrain bien préparé en ados, terreauté avec du terreau provenant de fumier de cheval et l'on met les cloches par-dessus. Vers le 9 ou le 10, on recommence l'opération pour la seconde saison de couches et les abris de pleine terre avec des graines de même sorte; pour l'air libre, d'ailleurs, les romaines seules conviennent. Du 12 au 20, on sème à côté : romaine verte, laitue gotte, rousse et grise, pour mettre en pleine terre au printemps.

Quinze jours après chaque opération, on prépare des ados pour recevoir trois rangs de cloches placées en quinconces.

Les cloches sont préférables aux châssis dans cette circonstance, parce qu'il est essentiel que le plant ne reçoive aucun air jusqu'à ce qu'il ait acquis un certain développement; autrement, il serait exposé aux atteintes du meunier ou blanc, de la rouille et des pucerons,

Lorsque les plants ont leurs cotylédons bien développés, on arrache les plants avec précaution, et l'on repique en se servant de l'index en guise de plantoir.

On enfonce le petit plan jusqu'au collet, sans trop presser la terre. Pour ce qui est du nombre de plants à mettre sous chaque cloche, les jardiniers de Paris ont l'habitude de ne pas dépasser le chiffre de 14 pour le premier repiquage. Mais lorsqu'on veut avoir de forts plants, on peut repiquer à 10, et même à 7. Le deuxième repiquage se fait généralement à 24, et le troisième à 30. En suivant ces nombres, on arrive toujours à former un échiquier très égal.

On sème, dans ce mois, les dernières mâches, ainsi que le cerfeuil, les poireaux de pleine terre, les carottes, les derniers radis, mais jusqu'au 15 seulement. On repique les choux d'York en pépinière, à 15 centimètres de distance. On repique aussi les choux-fleurs, à 10 centimètres, soit sur ados, soit dans des coffres à châssis, si le temps n'était pas favorable. On achève les plantations des salades en motte qui ont été repiquées en pépinière pour garnir les terres vides à cette époque.

Tous les terrains semés doivent être garnis de terreau, car le fumier engendre trop de vers de terre qui sont très nuisibles. Les arrosages doivent être modérés, excepté pour les choux-fleurs en pomme, les céleris et les autres gros légumes.

NOVEMBRE

Dès le commencement du mois, on doit faire des provisions de grands fumiers et de feuilles pour former des abris contre les froids. On les fait porter aux endroits où ils seront nécessaires, afin d'éviter les retards et de pouvoir les utiliser dès que le froid commence.

Il est bon de donner un labour à toutes les plantes dégarnies, surtout dans les terres sèches, tant pour les rendre pénétrables aux eaux de pluies et de neige que pour détruire les mauvaises herbes.

C'est, comme le mois précédent, le moment de s'occuper des dispositions nouvelles et des changements à faire dans les jardins.

On continue de faire des paillassons pour couvrir les châssis, les cloches et les serres.

On cesse les arrosages en ce mois, ainsi que les semis en pleine terre. On peut cependant semer les mâches d'Italie et quelque peu de mâches communes et de cerfeuil. Les principales occupations consistent à repiquer sous cloche et de la manière que nous avons indiquée, tous les plants de salades qui ont été semés le mois précédent. On plante aussi les laitues de passion, qui ont été semées dans les premiers jours de novembre. Cette variété résiste très bien l'hiver, à l'air libre, si l'on a soin de l'abriter le long d'un mur.

On plante encore des laitues-crêpes, mais sous cloche, en les plaçant sur ados, c'est-à-dire sur un plan incliné au soleil ; l'on en met quatre sous chaque cloche. Elles seront bonnes à couper en décembre et en janvier. Planter les oignons blancs hâtifs, à 10 centimètres de distance. Enterrer les céleris pour les faire blanchir. On arrache aussi les céleris-raves que l'on met en jauge pour les garantir des gelées. On enlève les cardons et on les entoure de paille pour les faire blanchir. On lie aussi avec de la paille les dernières chicorées et scaroles, dans la crainte qu'elles ne souffrent des gelées blanches. On commence à forcer des asperges blanches et vertes. On peut arracher les carottes et autres racines pour l'hiver. Avoir soin de laver les cloches quinze jours après qu'elles sont placées sur les ados : on évite ainsi des maladies que la malpropreté pourrait communiquer aux plants de salades, et l'on obtient plus de jour pour ceux-ci.

DÉCEMBRE

Il est très important de finir les travaux qu'on n'a pu terminer dans le mois précédent; les froids ne tarderont pas à se faire sentir et il n'y a plus de temps à perdre pour se mettre en garde contre les rigueurs de la saison. Il faut donc couvrir tout ce qui n'a pu être garanti en novembre.

On peut porter les fumiers aux endroits qu'on veut fumer, et on les répand afin que les eaux de pluie et de neige en entraînent les sels à la superficie de la terre où les semis doivent être faits.

Lorsque les gelées sont à craindre, il faut couvrir avec soin de paillassons, dès le coucher du soleil, tout ce qui est sous verre, et enlever ces couvertures le matin, à moins de froids excessifs.

Dans la première quinzaine de décembre, on rechange, c'est-à-dire on arrache les premiers plants de romaines qui ont été repiqués en octobre et dans la première quinzaine de novembre, pour les repiquer sur de nouveaux ados. On a soin d'en mettre un quart de moins sous chaque cloche; ils prendront ainsi plus de force et résisteront mieux aux rigueurs de l'hiver. Faire de même pour les choux-fleurs et même pour les choux-pommes que l'on ne peut planter en ce mois. On ne commence à planter à cette époque que les choux-pommes hâtifs, qu'on place dans des rayons creusés au sabot le plus possible. Les choux-pommes de cette variété doivent être plantés à 25 centimètres pour être replantés à 35 centimètres sur chaque rond. Si l'hiver n'est pas rigoureux, il n'est pas nécessaire de les couvrir de litière.

Lorsque le temps n'est ni trop froid ni trop brumeux, on donne de l'air aux cloches qui sont garnies de romaines. On se sert pour cela d'une crémaillère, et on les relève de 4 centimètres environ. On continue aussi pendant tout le mois à forcer des asperges blanches et vertes, afin d'en avoir dans la seconde quinzaine de janvier. On fait des couches composées de fumier frais et de fumier vieux en égale quantité, et on les recouvre d'une couche de 15 centimètres de terreau de fumier provenant des anciennes couches. On foule bien ce terreau et l'on y sème de la graine de carotte hâtive qu'on recouvre de 2 centimètres du même terreau. Sous chaque panneau des couches qui doivent recevoir des châssis, on plante 36 laitues-crêpes qui seront bonnes à couper en février. Sous chaque cloche destinée à être mise sur couches, on plante quatre de ces mêmes laitues et une romaine au milieu. Il faut avoir soin de couvrir ces couches avec des paillassons lorsqu'il gèle la nuit, et d'augmenter la couverture suivant l'intensité du froid. Autant que possible, il est bon de ne pas laisser le givre s'attacher au verre qui couvre les plantes, et de donner de l'air à celles-ci, si le temps le permet.

En décembre, on plante des romaines sous châssis en pleine terre. On en met vingt-cinq avec trois ou quatre choux-fleurs sous chaque panneau. Cela s'appelle planter à froid. On peut planter aussi de cette manière des laitues-gottes et rousses et semer parmi elles des carottes hâtives.

Ne pas négliger, lorsque les fortes gelées se font sentir, d'entourer à mi-hauteur les cloches garnies de plantes avec de menu paillis bien sec. Pour la nuit, on ajoute des paillassons. Il est nécessaire aussi de couvrir de litière les épinards, mâches, cerfeuils, persils, et autres plantes sensibles.

JANVIER

Ce mois étant ordinairement le plus froid de l'année, on pourra reconnaître l'utilité des précautions que nous avons recommandées dans les mois précédents pour se mettre à l'abri des rigueurs de sa saison. On profitera des gelées et des temps secs pour continuer les provisions de toutes les espèces de terres et d'engrais qui peuvent être nécessaires dans le courant de l'année pour former les composts. Nous supposons qu'on a fait toutes les provisions de feuilles, fumier sec et paillassons dont le besoin se fait alors rigoureusement sentir.

On peut, quand le temps le permet, continuer les labours et défoncements qui n'ont pu être faits le mois précédent. On répare les treillages et on en fait de neufs. On détruit les anciennes couches et on porte les fumiers consommés aux endroits qui ont besoin d'être amendés. On met les terreaux à part.

Il faut avoir grand soin de préserver de la gelée, en les couvrant de paillassons, les coffres et tout ce qui pourrait être attaqué par le froid.

Il y a beaucoup à faire en ce mois pour les couches. Continuer à semer des carottes dans les couches à cloches et dans celles à châssis, et planter des laitues sous châssis ainsi que nous l'avons indiqué pour le mois précédent. Entre les cloches qui se trouvent à l'air, on peut replanter des romaines lorsque la première plantation est arrachée, et successivement jusqu'à trois fois en changeant les cloches de place. Planter aussi des choux-fleurs Salomon et pied-court sur couches. On y met vingt-quatre laitues crêpe et gotte et six choux-fleurs par châssis, sur deux rangs. Il est bon de semer sur couches des poireaux en pépinière pour repiquer en pleine terre au mois d'avril. On continuera à chauffer des asperges blanches et vertes.

Vers le 20 du mois, on peut semer les premiers melons, ainsi que les concombres blancs et verts, les aubergines et les tomates. Il est essentiel que les couches destinées à recevoir ces graines soient composées de moitié fumier vieux et moitié fumier frais, et qu'elles soient assez fortes pour donner une chaleur de 30 à 35 degrés centigrades. Ajoutons que les couches doivent être bien mouillées et foulées, sans quoi tout brûlerait et se refroidirait de suite. On peut semer sur ces mêmes couches de la chicorée frisée de printemps qu'on aura eu soin de faire germer en moins de trente-six heures pour qu'elle ne monte pas. On la repiquera quinze jours plus tard, sur des couches faites de la même façon, mais qui ne dépasseront pas 20 degrés centigrades. Faire de même pour les melons, concombres, aubergines et tomates. Certains jardiniers repiquent les melons à 60 ou 70 par châssis, à même la terre ; la terre est ici préférable au terreau, parce qu'elle maintient le plant suffisamment nourri. D'autres les mettent dans des pots à fleurs ; la méthode la plus générale consiste à employer de petits ronds de paille que l'on emplit de terre et que l'on place dans la couche pour recevoir le jeune plant. Pour la première fois, on repique à 300 par châssis ; quinze jours plus tard, à 200, et à 100 la troisième fois, après le même laps de temps.

Vers la fin du mois, on peut, si le temps le permet, labourer les abris pour planter des choux pommés, des romaines et laitues, ainsi que pour semer des carottes et autres légumes. C'est aussi le moment de semer des raves et des radis sur couches et sous châssis, des pommes de terre marjolin qu'on peut aussi mettre en pleine terre ou à froid. Ne pas oublier de couvrir pendant la nuit, plus ou moins, suivant la température, toutes les plantes dont il vient d'être question.

FÉVRIER

Il faut se hâter de terminer les labours qui n'ont pu être faits le mois précédent, autrement le temps manquerait pour les achever, car la température ne peut tarder à s'élever. On termine les transports des fumiers et l'on remanie les terreaux et engrais, dont on ne tardera pas à avoir besoin.

On détruit les couches faites en décembre et on se sert de la partie du fumier la moins consommée pour la mêler à du fumier neuf et faire de nouvelles couches. Profiter du mauvais temps pendant lequel on ne peut s'occuper de jardinage pour réparer les paillassons, en faire de neufs et remettre en bon état tous les outils. Abriter avec soin les plantes pouvant être attaquées par les gelées, qui, dans ce mois, sont encore à redouter; mais on devra commencer à donner de l'air aux châssis toutes les fois que la température se maintiendra de 5 à 8 degrés centigrades.

Mêmes travaux que le mois précédent pour les couches que l'on garnit de châssis ou de cloches. On continue à forcer des asperges, seulement on fait les réchauds moins forts. On peut semer sur couches et à l'air de petits radis que l'on aura soin de couvrir la nuit ou lorsqu'il tombe des giboulées. Lorsque le temps est beau, on doit visiter toutes les couches de laitues pour enlever les mauvaises feuilles qui pourraient occasionner toutes sortes de maladies. Ne donner de l'air aux couches qui sont garnies de radis, raves, choux-fleurs, romaines, placées sous châssis, que lorsque les gelées ne sont plus à craindre; faire de même pour les romaines et laitues destinées à être mises en pleine terre. On peut semer la seconde saison de melons, concombres, aubergines, tomates et chicorées fines, avec les précautions indiquées pour le mois précédent.

Les melons et concombres se repiquent à 60 ou 70 par châssis; les tomates et aubergines se repiquent pour la première fois à 300 par châssis.

Vers la fin du mois, on peut semer sur couches chaudes des haricots flageolets hâtifs, pour repiquer deux par deux sur d'autres couches un peu moins chaudes, avant de les mettre définitivement en place. On sème en pleine terre carottes, panais, poireaux, oignons rouges, petits céleris, persil, cerfeuil, radis et autres graines. On plante romaines et laitues et les derniers choux pommés. Si le temps n'est pas trop à la gelée, on peut déchausser les pieds d'artichauts. C'est le moment de commencer à planter des asperges, soit pour forcer, soit pour la pleine terre, ainsi que les œilletons d'artichauts.

Lorsque les plants de melons auront poussé leur troisième feuille, il faudra la supprimer et n'en laisser que deux, de manière que les œils ou bourgeons qui se trouvent dans les aisselles de ces feuilles se développent avec plus de vigueur. Après la cinquième feuille on devra pincer l'extrémité de ces bourgeons pour faire refouler la sève dans les branches à fruits. Mêmes observations pour les concombres. Suivre exactement, pour le repiquage des tomates et aubergines, les indications données dans le mois précédent.

MARS

Lorsque ce mois arrive, les labours doivent être déjà terminés en majeure partie; s'il en reste encore à faire, on doit se hâter de les faire, car le temps est venu de procéder au semis d'un grand nombre de plantes de pleine terre. On doit aussi enterrer le fumier et les engrais de toute nature. Le hâle et les gelées blanches étant fort à redouter pendant ce mois, on garantit les semis et les plantations en les couvrant avec une couche peu épaisse de terreau ou avec un paillis léger. C'est le moment pour achever de replanter et remanier les bordures.

On sème en pleine terre toutes les plantes potagères rustiques, telles que les oignons, carottes, poireaux, radis, fèves de marais, pois, etc. On repique des laitues, des romaines, des choux d'Yorck en côtière au midi. Au besoin on les couvre de paillassons. On plante les pommes de terre hâtives, notamment la marjolin.

On continue à élever une grande quantité de couches pour y planter à demeure et sous châssis les melons, concombres et autres plantes qu'on a semées pendant le mois de février, ou pour y semer encore les mêmes espèces dans le courant du mois de mars. Les plantes semées en février devant fournir la seconde saison, celles qu'on sème seulement au mois de mars fourniront la troisième. On plante également sur couche des asperges et on en force en pleine terre pour en obtenir les produits avant l'époque à laquelle arrive la récolte entière de cette plante. Quant à celles de pleine terre qu'on ne veut pas forcer, on les laboure et on les fume.

Les artichauts, dont on n'avait encore débutté qu'une faible portion, sont maintenant découverts ; on leur donne ensuite un labour ; ces opérations se font surtout pendant la dernière quinzaine du mois. On s'occupe de la multiplication des patates.

AVRIL

Il faut se hâter de mettre la dernière main aux travaux qui n'ont pas été terminés dans le mois de mars, tels que les labours, l'enfouissement des engrais. Les allées doivent être nettoyées et sablées. La température devenue plus douce permet de finir toutes sortes de semis ; on éclaircira ceux qui ont été faits en mars

Il faut mettre du paillis sur les plantations, afin de les préserver du hâle. Les nuits étant encore froides, les arrosements doivent être faits le matin et pendant la première partie de la journée seulement. Détruire, autant que possible, les insectes et terminer l'échenillage.

On enlèvera tous les abris, tels que paillassons, litières, qui ont servi à protéger les végétaux délicats.

Au commencement du mois, les plants de choux, choux-fleurs, etc., doivent être relevés pour être repiqués définitivement. Il ne faut pas oublier qu'aucun plant de cette nature ne doit être arraché trop jeune, car sa végétation en souffrirait, tels soins qu'on pût lui donner par la suite.

On fait encore des planches d'œilletons d'artichauts.

Les jeunes plants doivent être placés en quinconces et en lignes à deux pieds les uns des autres. Dans la première quinzaine d'avril, on plante encore sous châssis ou sous cloche les aubergines semées en février et en mars. On sème de la chicorée demi-fine sur couches chaudes, mais à l'air libre. Le plant est bon à repiquer vingt-cinq jours après le semis. On sème des melons pour en cultiver sous cloches, ainsi que des concombres et potirons ; huit jours après, on repique le plant en pépinière, mais toujours sur couches. Semer de même les cornichons et piments. On repique les choux-Milan et autres de deuxième saison.

Dans la seconde quinzaine d'avril, on continue à faire par quinzaine des semis périodiques d'épinards, de pois et navets toutes les trois semaines. Il faut aussi semer successivement les salades, en protégeant les semis contre les oiseaux et les insectes. Si l'on n'a pas encore semé les oignons, poireaux, betteraves, salsifis, scorsonères et panais, il est grand temps de s'y prendre, de même que pour la dernière saison des carottes.

On peut commencer à semer des haricots dans les terrains bien exposés, et qui ont peu à craindre du froid qui les détruit souvent. On les couvre d'une mince couche de terre. On sème des haricots flageolets et grimpants sous châssis pour repiquer en pleine terre sous cloches ou sous châssis aussitôt qu'ils sortent de terre. Le plus tôt qu'on rame les pois après le semis est le mieux; on procure ainsi un abri léger, très utile aux plantes qui commencent à pousser.

Ce qui reste de semis d'automne des choux et choux-fleurs doit être transplanté dès qu'il est possible. Vers la fin du mois, on plante les patates sur couche sourde, et pour l'été des choux-fleurs demi-durs à l'air libre.

On plante des fraisiers, des ciboules, oseille, rocamboles et toutes les plantes potagères vivaces, ainsi que la chicorée demi-fine, et des pommes de terre, des fèves et des pois pour récolter en vert.

On continue de semer des radis, des choux de Milan, des laitues grises, des romaines blondes ou grises, du cerfeuil, du persil pour l'hiver, de la pimprenelle, etc., etc.

Avoir soin d'arroser en plantant, et de mettre du paillis avant de planter. Continuer les sarclages et binages, et en cas de sécheresse, couvrir de paillis les plantes qui pourraient en souffrir. Avoir soin également de bien arroser le plant avant de l'arracher, et de le tremper avant de le repiquer, s'il est un peu hâlé.

MAI

Les soins recommandés pour le mois précédent doivent être continués dans le mois de mai ; c'est l'époque de l'année où la végétation a le plus de vigueur, et qui commande toute l'activité et la vigilance des jardiniers. Il faut encore ne donner les arrosages que le matin, les nuits trop fraîches pourraient rendre ceux du soir nuisibles.

On se hâtera de semer les derniers melons, concombres, cornichons, ainsi que toutes les cucurbitacées. Faire de même sur couche chaude, pour les chicorées et scaroles, pour les radis, les romaines et laitues d'été. La romaine blonde et la laitue grise sont les variétés à choisir de préférence. On peut aussi semer des poireaux, carottes, des céleris pour l'hiver, et vers le 15 mai, des choux-fleurs, le demi-dur principalement. La variété dite *Lenormand* peut donner en septembre et octobre. C'est encore le moment de semer des pois, haricots, navets, oseilles, poirées blondes et à cardes, cerfeuil, persil, ciboule, épinard. Planter les dernières pommes de terre.

Les arrosages sont très nécessaires dans le courant de ce mois lorsque la sécheresse se fait sentir. Ne pas négliger la taille des melons, des concombres et des tomates.

Pour les melons, ne laisser autant que possible, sur chaque pied, qu'un seul fruit, si l'on tient à en avoir de beaux. Il est très essentiel de tremper dans l'eau fraîche tous les plants que l'on veut repiquer, et de les arroser abondamment dès qu'ils sont mis en place, afin de favoriser leur reprise. Pour les salades et autres légumes tendres, il est préférable de ne les repiquer que le soir, après le coucher du soleil, car la nuit raffermit beaucoup les plantes, surtout pendant les chaleurs. Avoir toujours soin de couvrir de paillis les planches, aussitôt qu'elles sont plantées.

JUIN

La végétation étant en pleine activité, les jardiniers ne sauraient apporter trop de zèle ni de soins dans leurs travaux. On ne peut assez leur recommander de bien sarcler et arroser tout ce qui en a besoin.

Au commencement du mois, si le temps est un peu frais, les arrosages se donneront encore le matin; mais aussitôt que les journées deviennent chaudes, les mouillages se feront plus avantageusement le soir. Il faut détruire soigneusement les mauvaises herbes qui se propageraient si on les laissait porter graine.

Labourer souvent les terres fortes, afin de ne pas leur donner le temps de se durcir et de se fendre; le meilleur moment pour labourer les terres légères est pendant la pluie ou immédiatement après. On doit au contraire choisir pour remuer les terres fortes un temps sec et chaud. — Faire la guerre aux vers blancs.

On veille à maintenir l'équilibre de tous les végétaux qui couvrent le sol, et *on les récolte à point.*

On peut encore semer tous les légumes du mois précédent, et les choux-fleurs jusqu'au 15. Les chicorées et scaroles doivent être semées sur couches chaudes jusqu'au 20 juin, pour qu'elles ne soient pas sujettes à monter. *Du 20 au 30, semer les choux pommés* de Vaugirard pour l'hiver, planter les derniers melons, concombres, potirons et toutes les cucurbitacées. Continuer à ne pas négliger la taille des melons, concombres, aubergines, tomates, etc. Le mois de juin est celui où les arrosages sont le plus nécessaires lorsque la chaleur se fait sentir. Avoir la précaution de planter le soir, afin que la fraîcheur de la nuit raffermisse les plantes qu'il serait bon de garantir de l'ardeur du soleil, si la chaleur était forte. Tous les terrains plantés et ensemencés doivent être tapissés, c'est-à-dire paillés avec soin de court fumier, ce qui conserve la fraîcheur des racines.

JUILLET

On continue les travaux du mois précédent. Les chaleurs devenant plus fortes, il faut redoubler d'activité pour défendre les plantes contre la sécheresse, en leur donnant de nombreux et copieux arrosages. On commence à récolter des graines.

Semer, jusqu'au 20, les brocolis, chicorées de Meaux, scaroles vertes, épinards, radis, cerfeuils, les carottes destinées à faire de la graine, ainsi que les derniers choux de Milan ou frisés, et les raiponces pour l'hiver. On commence à semer les derniers navets; on met en place, vers la fin du mois, les derniers choux-fleurs, les romaines, les laitues, et les poireaux pour l'hiver.

Ne pas négliger la taille des melons, concombres, tomates, aubergines; supprimer avec soin tous les bourgeons inutiles. Veiller constamment aux arrosages, comme pendant le mois précédent. Ne pas oublier non plus de garnir les terrains de bon paillis. Mettre à l'abri les coffres, les panneaux et les cloches devenus inutiles.

QUATRIÈME PARTIE

MALADIES ET ANIMAUX QUI ATTAQUENT LES PLANTES POTAGÈRES

Lesplantes potagères sont sujettes à différentes maladies qui viennent entraver leur développement et qui parfois même amènent leur mort.

Un grand nombre d'animaux sont également une cause sérieuse de destruction pour ces plantes, lorsqu'on ne s'aperçoit pas assez vite de leur présence ou qu'on n'emploie pas les moyens dont on peut disposer pour en débarrasser les sujets attaqués.

A part les épidémies, on peut dire qu'à de rares exceptions près, les maladies et les insectes nuisibles ne s'attaquent qu'aux plantes chétives, manquant de la nourriture nécessaire ou cultivées dans de mauvaises conditions. La première précaution à prendre pour mettre les plantes potagères à l'abri de ces fléaux destructeurs est donc de ne négliger en rien les soins qu'elles réclament.

CHAPITRE PREMIER

MALADIES

Etiolement, Chlorose. — Ces maladies s'annoncent par le manque de couleur verte, l'allongement, la faiblesse des bourgeons et rameaux.

Souvent l'étiolement provient de la privation d'air et de lumière; il ne s'agit alors que de lui rendre l'un et l'autre avec précaution, à cause de la tendreté des parties étiolées.

Mais lorsqu'il y a chlorose ou absence de chlorophylle, matière verte qui colore les feuilles, cela dépend généralement de la mauvaise qualité du terrain, et alors c'est à l'améliorer ou à le changer qu'il faut porter ses soins. Le sulfate de fer à 8 grammes par arrosoir pour arrosement au pied, et à 2 grammes seulement pour bassiner les feuilles, a été conseillé et donne de bons résultats dans beaucoup de cas. Employer pour cela de l'eau de pluie et non de puits. Dès que la dissolution prend une teinte jaunâtre, il ne faut plus s'en servir, elle nuirait aux plantes.

Pourriture. — On reconnaît cette maladie aux taches brunes qui couvrent les plantes. Elle peut être occasionnée par le manque d'air et de lumière ou par l'excès d'humidité du sol. Dans le premier cas, il faut dégager les plantes, et, dans le second, recourir au drainage.

Chancres. — Lorsque des melons ont été mal taillés ou inondés par des pluies trop abondantes, leurs tiges sont souvent atteintes par des chancres. Il faut alors enlever la partie malade et cautériser ensuite avec des cendres ou du plâtre en poudre.

Lèpre. — La lèpre atteint les melons, courges, haricots, etc., lorsque ces plantes manquent de lumière ou lorsqu'il y a excès d'humidité. On traite cette maladie comme la pourriture, dont nous avons parlé plus haut.

Brûlure ou **coup de soleil.** — **Gelée.** — Voir p. 339.

CHAPITRE II

ANIMAUX NUISIBLES.

Tiquet ou **altise bleue.** — Cet insecte, qui détruit les semis de choux, radis et autres crucifères, doit être activement poursuivi par les bassinages à l'eau fétide de Tatin dont voici la recette : savon noir, 1k,500 ; fleur de soufre, 1k,500 ; champignons de bois, 1 kil. ; eau 56 litres. On délaie le savon dans la moitié de l'eau, on y mêle les champignons grossièrement écrasés; on fait bouillir 20 minutes la fleur de soufre dans le reste de l'eau et l'on mélange le tout.

Lisette. — La lisette est un insecte ailé, très petit et par conséquent fort difficile à atteindre.

On n'a contre lui qu'un moyen impuissant et qui consiste à l'écraser toutes les fois qu'on peut le faire.

Araignée à melons. — Cette araignée est presque imperceptible; on reconnaît sa présence lorsque l'on voit les feuilles jaunir. On la détruit par des fumigations de tabac.

Oiseaux. — Tous les oiseaux ne méritent pas d'être chassés des jardins; ceux qui ne vivent que d'insectes sont au contraire dignes de la protection des horticulteurs pour les services qu'ils leur rendent. Mais il en est dont la voracité est un titre de proscription absolue.

Voici un épouvantail fort simple et à la portée de tout le monde, qui réussit assez bien lorsqu'il est convenablement suspendu.

On pique, dans une grosse pomme de terre, deux plumes de dindon d'un côté et trois ou quatre de l'autre pour figurer une tête et une queue, et quelques plumes plus petites sur les flancs, de façon à imiter grossièrement un faucon ou émouchet semblant planer dans l'air pour s'élancer sur sa proie.

N. B. — Pour les *rats*, *souris*, *mulots*, *loirs*, *taupes*, *courtilières*, *escargots*, *limaces*, *vers blancs*, *chenilles*, *vers de terre*, *perce-oreilles*, *pucerons*, *fourmis*, voir pages 339 et suivantes.

LIVRE TROISIÈME

LE JARDIN FRUITIER

CHAPITRE PREMIER

ANATOMIE VÉGÉTALE.

Les arbres sont des êtres vivants, organisés : il est donc essentiel que ceux qui s'occupent d'arboriculture sachent comment ces arbres croissent, comment ils se nourrissent et fructifient; sans ces connaissances, il serait difficile de faire de bonnes plantations, et, surtout, de comprendre les opérations si importantes de la taille.

Deux sortes d'organes constituent les arbres : les organes *élémentaires*, et les organes que nous appellerons *conservateurs*.

Les organes élémentaires sont le tissu *cellulaire* et le tissu *vasculaire*.

Le tissu cellulaire est composé, comme l'indique le mot *cellulaire*, d'une multitude de cellules ou vésicules, à parois tantôt arrondies et unies entre elles, tantôt pressées les unes contre les autres. Ces cellules sont pourvues d'ouvertures qui communiquent entre elles.

Ces vésicules, qui sont d'abord ovales, ne tardent pas à prendre une forme hexagonale; leurs parois s'épaississent par l'introduction de matières minérales, et, avec le temps, elles acquièrent la dureté du bois.

Le *tissu vasculaire* est formé par la réunion de vaisseaux ou de cellules dont les parois sont perforées. De distance en distance, les vaisseaux se joignent et présentent l'aspect d'un filet à mailles *allongées*. Le tissu cellulaire, qui apparaît le premier, forme la moelle, les parties molles des feuilles, la pulpe des fruits, l'extrémité des racines. Le tissu vasculaire, qui vient envelopper le tissu cellulaire et qui se solidifie en épaississant progressivement les parois des cellules, forme les parties solides.

Les organes conservateurs sont les *racines*, la *tige*, les *feuilles*.

La *racine* est cette partie de l'arbre qui, partant du collet, se cache dans la terre en se développant dans un sens opposé à la tige. La partie principale qui s'enfonce verticalement a pris le nom de *pivot*, et les radicelles ou ramifications qui partent du pivot se nomment *chevelu*. Ces ramifications se terminent par de petits renflements désignés sous le nom de *spongioles*.

Ce sont ces spongioles qui possèdent, seules, la faculté d'absorber les substances nutritives que contient le sol.

Nous ferons cette remarque que les arbres fruitiers provenant de semis ont seuls un pivot ; les autres, provenant de marcottes, présentent, au contraire, un talon.

La *tige* est composée d'*organes extérieurs* et d'*organes intérieurs*.

Les *organes extérieurs* sont les *boutons*, les *bourgeons*, les *rameaux*, les *branches* et le *tronc*.

Le *bouton* est le germe des ramifications de l'arbre. Il prend naissance à l'aisselle des feuilles et à l'extrémité des rameaux. On donne le nom d'*œil* au bouton naissant, et c'est seulement à l'automne qu'il devient bouton. L'espace compris entre deux boutons se nomme *mérithalle*.

Bourgeon. — Au printemps, le bouton se développe, et c'est ce premier développement des ramifications de l'arbre qui forme le bourgeon.

Rameau. — A l'automne, alors que le bourgeon a acquis de la consistance ligneuse, il devient rameau.

Branche. — Enfin, lorsque le rameau porte à son tour des ramifications, il devient branche.

Tronc. — Le tronc est la partie de l'arbre qui va du collet aux ramifications.

Les organes intérieurs sont : la *moelle*, le corps *ligneux* et l'*écorce*.

La *moelle*. — Si on coupe transversalement le tronc d'un arbre, on y trouve un corps composé de tissu cellulaire enveloppé d'une couche de tissu vasculaire, auquel on a donné le nom de *canal médullaire*. Ce canal, formé de vaisseaux médullaires, va du pivot de la racine jusqu'au sommet de l'arbre, subissant une sorte d'étranglement au point de formation des bourgeons successifs. Quant aux boutons non terminaux, c'est-à-dire les boutons qui naissent à l'aisselle des feuilles, ils sont formés par la déviation naturelle des vaisseaux du canal médullaire.

Le *corps ligneux* est cette partie de l'arbre qui s'étend entre la moelle et l'écorce. Elle est formée de couches concentriques dont chacune est le produit de la végétation durant une année. Si, au lieu d'une coupe transversale, on opère, sur le tronc d'un arbre, une coupe verticale, on remarquera que les filets ligneux formant ces couches sont le résultat d'une réunion de vaisseaux prenant naissance à la base d'une feuille et allant jusqu'à l'extrémité des racines. On remarquera encore que les vaisseaux partant d'une feuille supérieure recouvrent les vaisseaux qui ont pris naissance à la base de la feuille inférieure, de telle sorte que es couches ligneuses les plus récentes sont aussi les plus extérieures.

Le corps ligneux comprend deux parties : le *bois parfait* et l'*aubier*.

Le *bois parfait*, plus dur, plus serré que l'aubier, est formé des couches ligneuses les plus anciennes; sa fonction est de servir de support à l'arbre.

L'*aubier*, d'un tissu plus mou, moins serré, est composé des couches ligneuses les plus externes. Les vaisseaux de l'aubier conduisent la sève des racines aux branches et ils fonctionnent avec d'autant plus d'énergie que les couches sont plus récentes.

L'*écorce* est la partie de l'arbre qui couvre le corps ligneux. Elle comprend le *liber* et les *couches corticales*.

Le *liber* est la partie la plus intérieure de l'écorce; il est composé de vaisseaux qui, comme ceux du corps ligneux, prennent naissance à la base des feuilles et descendent jusqu'à l'extrémité des racines. Mais, contrairement à ce qui a lieu pour le corps ligneux, les vaisseaux prenant naissance à la base des feuilles supérieures, c'est-à-dire les plus récentes, forment les couches les plus intérieures.

Les *couches corticales* sont composées des plus anciennes couches du liber, que le temps a desséchées. Les jeunes arbres n'ont pas de ces couches corticales. Au-dessus du liber, on trouvera une couche de tissu cellulaire, le tissu sous-épidermoïde, de couleur verte, qui est l'épiderme

Les *feuilles* sont formées par des déviations du canal médullaire. Elles se composent de deux parties : le *pétiole* et le *disque.*

Le *pétiole* est la queue de la feuille. Les vaisseaux dont elle est formée composent, en se prolongeant et se ramifiant, les nervures de la feuille.

Le *disque* est la partie large et amincie de la feuille. La face du disque, et particulièrement la partie inférieure, est percée de petites ouvertures qu'on désigne sous le nom de *stomates.*

Les *organes reproducteurs* sont les *fleurs* et les *fruits.*

Les *fleurs* se composent du *calice*, de la *corolle*, des *étamines*, du *pistil*, et de l'*ovaire.*

Le *calice* est l'enveloppe la plus externe des fleurs; ses divisions portent le nom de *folioles calicinales.*

La *corolle* est la partie de la fleur qui est immédiatement après le calice et enveloppe les étamines et le pistil. C'est sa couleur qui détermine la couleur de la fleur.

Les *étamines* sont les organes mâles des plantes; elles comprennent le *filet*, l'*anthère* et le *pollen.*

Le *filet* porte à son sommet l'*anthère*, sorte de petite bourse qui renferme la poussière fécondante qu'on appelle *pollen.*

Le *pistil* est l'organe femelle; il comprend aussi trois parties : l'*ovaire* où est contenu le rudiment des plantes à féconder; le *style*, portant le *stigmate*, corps glanduleux, ayant à sa surface l'ouverture des vaisseaux par lesquels pénétrera jusqu'à l'ovaire la poussière fécondante du pollen.

Il arrive souvent que les étamines et le pistil se trouvent réunis sur la même fleur. Ces fleurs, alors, sont hermaphrodites. D'autres fois, la même fleur ne porte qu'un seul organe, soit mâle, soit femelle. Si les fleurs mâles et les fleurs femelles se trouvent réunies sur un même sujet, l'arbre est dit *monoïque;* dans le cas contraire, il est *dioïque.*

Fruits. — Le fruit est le résultat du développement de l'ovaire qui, après la fécondation, continue à croître, tandis que les autres parties de la fleur se flétrissent et tombent.

Le fruit se compose de deux parties : le *péricarpe* et les *semences.*

Le *péricarpe,* tendre, succulent dans la poire, sec et ligneux dans la noix, est la partie charnue du fruit, la partie la plus externe.

La *tunique* est l'enveloppe du fruit.

La *semence,* qui contient les rudiments d'une plante semblable à celle qui lui a donné naissance, est reliée au péricarpe par les vaisseaux qui ont servi à sa fécondation et qui continuent à lui apporter des substances propres à sa nutrition.

Dans la semence se trouve l'embryon, qui contient déjà la *radicule,* rudiment de la racine de la future plante nouvelle; la *plumule,* rudiment de la tige, et les *cotylédons,* partie charnue de la graine, qui serviront de premier aliment à la jeune plante.

CHAPITRE II

PHYSIOLOGIE VÉGÉTALE.

Nous venons de voir quels sont les organes dont sont constitués les arbres : examinons, à présent, quelles fonctions remplissent ces organes, en étudiant les phénomènes *de la germination, de la nutrition, de l'accroissement, de la reproduction et de la mort.*

La *Germination* est le développement de l'embryon que contient une graine. Il est donc nécessaire, pour qu'une plante puisse germer, qu'elle contienne un embryon, et, en outre, qu'elle ne soit pas trop vieille; car les graines perdent dans un temps plus ou moins long leur vertu germinative.

Il faut, de plus, pour que la germination se produise, le concours de certains agents dont les principaux sont l'eau, l'air et la chaleur.

L'eau agit en pénétrant la graine, en la gonflant, en faisant déchirer son enveloppe.

L'air est indispensable à la végétation; il agit par l'oxygène qu'il contient sur les cotylédons, et les rend propres à nourrir la jeune plante.

La chaleur n'est pas moins nécessaire. Sans chaleur, la graine demeurerait inactive. Toutefois, trop de chaleur nuirait à la végétation; elle ne doit pas être de plus de 45 à 50 degrés.

Ainsi, voici ce qui a lieu, lorsqu'on dépose une graine dans la terre : cette graine absorbe une certaine quantité d'eau qui l'amollit; la radicule s'enfonce dans le sol, tandis que la plumule se redresse et se dirige en haut, vers la lumière, portant à sa base les cotylédons dont la substance se liquéfie et qui seront la nourriture première de la jeune plante.

Quant à la profondeur à laquelle devront être enfouies les graines, elle varie selon la grosseur des espèces, et selon que le sol est léger ou compact. On comprend, d'après le rôle de l'eau dans la germination, qu'il est important d'entretenir l'humidité par des arrosements, afin d'empêcher la dessiccation.

La *Nutrition* est l'acte par lequel des organes puisent dans le sol ou dans l'air certaines substances qui, introduites dans les végétaux, se modifient de façon à les rendre propres à la nourriture et à l'accroissement du végétal.

Ces organes sont les *racines* et les *feuilles*.

Les substances qui sont introduites par les racines sont l'acide carbonique, l'ammoniaque, l'acide azotique, le soufre.

Les feuilles puisent dans l'air du gaz acide carbonique, de l'ammoniaque et de l'hydrogène sulfurés.

Si les végétaux ne trouvent pas ces substances en suffisante quantité, ils dépériront et mourront. Les engrais qu'on emploie ont pour but de les leur procurer, en suppléant à la pauvreté ou à l'épuisement du sol.

Mais ce n'est qu'à la condition que l'eau leur servira de véhicule que ces substances s'introduiront dans le végétal; et les spongioles étant les seuls organes absorbants des racines, il est manifeste qu'elles ne pourront absorber les substances nutritives qu'après qu'elles auront été dissoutes par l'eau.

Importante dans l'acte de la germination, l'eau ne l'est pas moins dans l'acte de la nutrition.

Quand, chargée de matières nutritives, l'eau a pénétré par les spongioles dans les racines, elle prend le nom de sève.

Des racines, la sève s'élève par les vaisseaux de l'aubier jusque dans les cellules des feuilles où s'opèrent diverses modifications de la plus haute importance.

Lorsque, sous l'influence de la lumière et des rayons solaires, la sève est montée jusqu'au pétiole de la feuille et qu'elle s'est logée dans les cellules du disque, elle perd par l'évaporation ce qu'elle contenait d'eau en excès, et il ne reste que les matières nutritives.

A cette première modification vient s'en joindre une autre.

L'oxygène de l'air absorbé par les feuilles se combine avec les matières carbonées fournies par le sol et les engrais pour former l'acide carbonique; puis ce gaz est lui-même décomposé : le carbone se fixe dans le végétal, et l'oxygène est reversé dans l'air. Le gaz acide carbonique absorbé par les feuilles subit la même transformation.

On a donné le nom de *cambium* à la sève ainsi transformée.

C'est surtout pendant le jour que les racines remplissent leurs fonctions, et pendant la nuit que les feuilles exercent l'absorption.

Accroissement. — La transformation de la sève en cambium

ne peut s'opérer que sous l'action des rayons solaires. Au printemps, la sève montant des racines au sommet de l'arbre agit sur les vaisseaux qui aboutissent à la base des boutons qui, par suite, se développent en bourgeons. Ces bourgeons trouvent, pour former leurs premiers tissus, une certaine quantité de cambium resté inactif depuis l'automne précédent.

C'est le commencement de l'accroissement en longueur.

Les seules parties de l'arbre dues à l'accroissement en longueur, c'est-à-dire auxquelles la sève ascendante donne ainsi naissance, sont les vaisseaux du canal médullaire, la moelle, une couche très mince de liber, le tissu sous-épidermoïde et l'épiderme.

Quant à l'accroissement en diamètre, il ne peut s'opérer sans le concours des feuilles.

Dès que les premières feuilles ont commencé à se déployer, la sève qui a monté des racines se transforme en cambium; et ce cambium dans son mouvement de descente vient enrayer l'allongement produit par la sève ascendante, en solidifiant les parties qu'elle traverse, à l'aide de filets ligneux et corticaux.

Cette action de la sève et du cambium explique pourquoi les bourgeons d'un arbre privé de lumière ou se trouvant dans un lieu humide acquièrent une si grande longueur. Les feuilles de ces bourgeons, ne subissant pas l'influence des rayons solaires, ont peu ou point élaboré de cambium, d'où il en est résulté que l''élongation a été continuelle et l'accroissement en diamètre à peu près nul.

L'accroissement en longueur du bourgeon se fait pendant l'espace d'une année. L'année suivante, un nouveau bourgeon se développe et continuera l'allongement de l'arbre. L'accroissement en diamètre a lieu pendant toute l'existence du bourgeon.

Dès que les premières feuilles se déploient, elles transforment, ainsi que nous avons dit, la sève en cambium, et ce cambium, passant des cellules dans les nervures, des nervures dans le pétiole, descend, en donnant naissance à un certain nombre de vaisseaux ligneux, jusqu'à l'extrémité des racines.

A mesure que des feuilles se développent en haut du

bourgeon, leurs filets ligneux viennent recouvrir ceux qu'avaient produits les feuilles inférieures.

A la fin de l'automne les feuilles disparaissent et tout accroissement cesse pour recommencer au printemps suivant. Ainsi, chaque année, une nouvelle couche de filets ligneux ou d'aubier s'ajoute à la précédente. Au bout d'un temps, lorsque les matières nutritives ont achevé de solidifier les vaisseaux, l'aubier se transforme en bois dur, nommé bois parfait.

Néanmoins, on peut encore, d'après les couches ligneuses de chaque année, se rendre compte approximativement de l'âge d'un arbre.

La sève descendante produit encore, outre les corps ligneux, le liber, dont les vaisseaux partant de la base des feuilles s'étendent, comme les vaisseaux de l'aubier, jusqu'à l'extrémité des racines. Mais, contrairement à ce qui a lieu pour les vaisseaux de l'aubier dont les plus récents sont toujours les plus externes, les vaisseaux les plus récents du liber forment la couche la plus intérieure.

L'accroissement de l'aubier s'opère du centre à la circonférence ; l'accroissement du liber se forme de la circonférence au centre.

L'accroissement des racines est produit par le même cambium ou sève descendante qui donne naissance au liber et à l'aubier.

Les spongioles sont renouvelées chaque année.

Reproduction. — Les fleurs sont le premier acte de la reproduction. Il est à remarquer que la floraison n'a lieu, sur les arbres non soumis à la taille, que lorsqu'ils ont atteint un certain développement, lorsque la sève circule assez lentement pour qu'elle puisse subir cette préparation qui donne naissance aux organes reproducteurs.

C'est pour cela qu'on a cherché dans la taille le moyen d'obtenir des fleurs plus tôt, et autant que possible sur la branche mère ou sur un onglet très court, afin qu'ils acquièrent un plus gros volume. La beauté d'un fruit est, en effet, subordonnée à la quantité de sève qu'il reçoit.

Lorsque les fleurs sont épanouies, il s'opère un acte important : la *fécondation*. Les anthères s'entr'ouvrent et laissent échapper le pollen qui tombe sur le stigmate et pénètre jusqu'aux loges de l'ovaire.

La fécondation achevée, la fleur se fane, les organes de la fécondation se flétrissent, tombent, et il ne reste que l'ovaire qui grossit et se développe en fruit.

Mais pour que ce phénomène s'accomplisse parfaitement, certaines conditions atmosphériques sont essentielles. La gelée déchire les organes ; le froid, la pluie, les brouillards prolongés peuvent délayer le pollen avant qu'il ait pénétré dans les vaisseaux du stigmate. Et alors, comme on dit, les fleurs ont coulé.

Le fruit, dès qu'il est noué, se nourrit de la sève ascendante, qu'il attire à lui des racines, et qui est transformée en cambium. La surabondance d'eau s'évapore par les stomates.

La quantité de sève absorbée par les fruits est telle que si un arbre en est trop chargé, il pourra s'épuiser. Par suite, le cambium élaboré par les fruits ne servant qu'à leur propre accroissement, le développement de l'arbre se trouve suspendu, et la fructification se prépare mal pour l'année suivante.

De là la nécessité de ne laisser aux arbres qu'une quantité de fruits proportionnée à leur vigueur.

Nous avons dit que, pendant le temps de leur développement, les fruits, comme les feuilles, attirent à eux la sève et la transforment en cambium, absorbant l'acide carbonique et exhalant l'oxygène. Lorsque la maturité s'opère, c'est le contraire qui a lieu : ils absorbent l'oxygène et exhalent l'acide carbonique. C'est alors que, sous l'influence de la lumière et de la chaleur, ils prennent les teintes variées qui leur sont propres.

On voit pourquoi les fruits verts sont dangereux pour la santé, et pourquoi il est bon de ne manger les fruits que quelques jours après qu'ils ont été cueillis. Ne recevant plus de sève, ils élaborent complètement celle qu'ils ont reçue et acquièrent une saveur plus douce et plus sucrée.

Les fruits doivent être cueillis lorsque la peau devient transparente. Cueillis trop tôt, ils se rident et ne mûrissent pas.

Mort des arbres. — En dehors d'accidents, les arbres vivent très longtemps. Les nouvelles racines qu'ils émettent, les nouveaux bourgeons qui se succèdent, retardent le moment où ils cèdent, enfin, à l'action destructive du temps. Mais, trop souvent, les arbres sont victimes des amputations qu'on leur fait subir, en vue de les mettre à fruits, et qui ont pour conséquence les chancres, les caries et autres maladies.

CHAPITRE III

AGENTS DE LA VÉGÉTATION.

Il ne suffirait pas de tailler les arbres, de leur donner, même, une taille raisonnée, pour assurer et accélérer leur fructification ; ces soins seraient à peu près inutiles si leur nutrition ne s'opérait pas dans des conditions favorables, ou au moins convenables.

Les agents principaux de la végétation sont le *sol*, l'*eau*, l'*air* la *lumière* et la *chaleur*.

Les phénomènes de la végétation s'accompliront d'autant mieux que ces divers éléments se rencontreront dans de meilleures proportions.

Le *sol* porte les plantes et c'est en lui que par leurs racines elles puisent la plupart des éléments qui servent à leur accroissement. De sa nature dépend, en grande partie, le résultat de la végétation. Dans un bon sol, tout pousse et vient facilement, comparativement sans travail et sans peine. Si le sol laisse à désirer, tous les efforts devront donc tendre à l'améliorer, à l'aide d'amendements, d'engrais et d'une culture raisonnée.

Les sols peuvent être ou argileux, ou siliceux, ou calcaires.

L'*argile* est compacte, dificile à diviser ; elle retient l'humidité et est peu perméable ; mouillée, elle forme une pâte molle, collante ; sèche, elle se fend et devient très dure. Dans l'un et l'autre cas, elle est impénétrable à l'air. Le froid, l'humidité et la chaleur sont également préjudiciables aux arbres plantés dans un sol de cette nature. Après avoir commencé par produire des bourgeons vigoureux, ils ne tardent pas à devenir languissants.

Mais ces sols, intelligemment amendés, deviennent d'une fertilité remarquable. A cet effet, on les divise en y mélangeant du sable, de la marne, des décombres, des ordures des chemins; et, si le sol est absolument sans valeur, on a recours à des brulis de bois, d'épines, de ronces, de genêts, d'ajoncs, de débris de toutes sortes.

La *silice* est, au contraire de l'argile, très friable, facile à diviser, très perméable à l'eau et à l'air, et conséquemment, les sols siliceux sont toujours exposés à la sécheresse. Les arbres poussent peu dans ces terres. Ils fleurissent, mais les fruits sont petits. Toutefois, ils sont savoureux.

Il est rare que la silice ou sable ne se rencontre pas plus ou moins abondamment dans tous les sols, sous forme tantôt de cristal de roche, insoluble dans l'eau, tantôt de poudre blanche très fine, tantôt encore en combinaison avec d'autres substances.

Les meilleurs amendements sont l'argile, la chaux, la marne, et, si l'on peut s'en procurer, des décombres qu'on pulvérisera afin de les répandre également sur le sol, et qu'on aura soin d'enfouir par un temps sec.

Les *sols calcaires* s'échauffent difficilement, leur couleur blanche repoussant les rayons du soleil. Ils absorbent beaucoup d'humidité, mais, aussi, la perdent aisément; on comprend donc pourquoi ces sols sont peu favorables à la culture des espèces à pepins et aussi des espèces à noyaux. Mais, si la matière calcaire est à elle seule presque infertile, il est indispensable qu'elle se trouve en certaine quantité. Les fruits à noyaux, par exemple, en ont un besoin absolu. Les noyaux sont formés, en partie, de carbonate de chaux : si cet élément leur fait défaut, les fruits tomberont ou auront un goût amer.

Les sols calcaires s'amendent au moyen d'argile, de sable et d'engrais fortement colorés.

Il est rare qu'un sol soit uniquement argileux, ou siliceux ou calcaire. Ordinairement, ces éléments se trouvent mêlés en plus ou moins grande quantité. Le sol parfait serait celui qui les contiendrait dans une égale mesure, soit 33 p. 100 d'argile, — 33 p. 100 de silice, — 33 p. 100 de calcaire. C'est de ce but qu'il faut chercher à se rapprocher par des amendements bien compris.

On ne perdra pas de vue, dans tous les cas, que la cause première de la fertilité est l'*humus*, matière produite par la décomposition des végétaux et des animaux. L'humus fournit aux plantes l'azote et le gaz acide carbonique qui imprègne l'eau du sol, et est un réservoir de substances naturelles placé au pied de l'arbre.

On trouvera quelquefois sur place l'amendement nécessaire. En examinant la nature du sous-sol, il pourra se faire qu'on rencontre une couche compacte sous une couche de calcaire, et une couche de sable à une certaine profondeur. Un sous-sol compact sera très utile dans un terrain siliceux en conservant l'humidité que celui-ci laisse échapper, tandis qu'un sous-sol siliceux n'eût fait qu'augmenter la sécheresse de la couche arable.

La nature du sol devra servir de guide pour le choix des arbres que l'on voudra planter. Ainsi, pour le poirier, on le greffe sur cognassier, sur poirier franc, sur cormier et sur épine blanche : si la terre est substantielle, on prendra sur cognassier; pour un sol plus léger, on choisira le poirier sur franc, et pour les sols siliceux, le cormier. Pour les sols complètement calcaires, on aura recours à l'épine blanche. Ce sera plus long, sans doute, mais on ne s'exposera pas à un échec et on récoltera de bons fruits.

L'*eau.* — Nous avons vu le rôle que remplit l'eau dans la germination des graines : dans la végétation, ce rôle n'est pas moins important. Dans le sol, elle dissout les matières propres à la nutrition des plantes, les absorbe et, sous le nom de sève, les porte jusque dans les cellules des feuilles. Dans l'atmosphère, sous forme de rosée, elle procure aux feuilles l'humidité qui remédie à la sécheresse du sol.

Mais, si indispensable que soit l'eau à la végétation, cet

élément ne doit se trouver que dans une quantité déterminée. Sans eau, pas de végétation; trop de sécheresse, les feuilles se fanent, tombent, et l'arbre languit. Si, au contraire, l'humidité est surabondante, le bois sera mal constitué, et il en résultera peu de fleurs, l'année suivante. Si l'eau séjourne près des racines, elles pourriront et l'arbre sera exposé à mourir.

L'humidité peut être combattue, lorsqu'elle est excessive, par les amendements et le drainage. Pour la sécheresse, on a les paillis et les arrosages.

Si la sécheresse n'est que passagère, la végétation sera seulement moins active et la prochaine floraison sera plus abondante.

L'*air* est indispensable à la vie des plantes. La germination ne peut s'accomplir sans le secours de l'air, et c'est dans l'air que les plantes puisent l'oxygène qui se combinera avec les matières carboniques contenues dans la sève pour former le cambium. Sans air, les racines ne pourraient remplir leurs fonctions qui consistent à absorber les principes fertilisants du sol. C'est pour cela que, plus un sol est compact, plus il doit être rendu perméable par des binages réitérés.

L'air est tellement nécessaire que les arbres enfermés entre des murailles trop rapprochées, même ceux qui demandent le plus de chaleur, languissent et meurent

La *lumière* participe à tous les actes de la végétation; elle les détermine et les accélère. Elle produit l'évaporation de la surabondance d'eau, elle provoque et active l'absorption par les racines. En outre, c'est sous son influence que s'opère la décomposition de l'acide carbonique, décomposition qui permet au carbone de concourir à l'accroissement de l'arbre et des fruits.

C'est encore à l'action de la lumière que les fruits doivent leur saveur, les feuilles leur coloration. Il est donc utile de ne pas laisser les fruits dans l'obscurité, et de les exposer à l'influence des rayons solaires.

La *chaleur* est encore un des agents les plus actifs de la végétation. Point de chaleur, point de végétation. Elle est nécessaire pour la germination, la floraison, la fécondation et la maturation des fruits. Elle stimule l'énergie vitale des plantes et augmente l'évaporation.

Mais pour que la chaleur produise ses effets bienfaisants, il faut qu'elle existe dans de certaines limites, et qu'elle soit combinée avec une humidité suffisante.

Trop de chaleur, avec sécheresse, arrête la végétation; et si la sécheresse continuait, les fruits, comme nous l'avons dit, tomberaient et l'arbre languirait.

Nous avons indiqué comme remède contre la sécheresse les arrosages, les paillis. Nous ajouterons les couvertures de fumier ou de composts, qui auront pour objet de soustraire le sol à l'évaporation, — des aspersions sur les feuilles, mais le soir, après le coucher du soleil; et, enfin, des arrosements à l'engrais liquide.

Un ou deux arrosements à l'engrais liquide ont quelquefois suffi pour sauver toute une récolte de fruits.

Si à une chaleur très élevée se joint trop d'humidité, les arbres produiront des feuilles et des bourgeons, mais ni fleurs ni fruits.

Un arbre supportera parfaitement de fortes gelées, mais ce sera à la condition que ses racines plongeront dans un terrain sec. Il sera donc prudent, pour assurer ce résultat, lorsqu'on aura à craindre de grands froids, de couvrir le pied des arbres de feuilles ou de paille.

CHAPITRE IV

DES GREFFES.

On peut multiplier les arbres fruitiers par le semis de leurs graines, par les marcottes, les boutures et la greffe.

La *greffe* offre de grands avantages : elle permet de multiplier promptement les espèces, et en nombre aussi considérable qu'on le désire ; — elle reproduit exactement l'espèce greffée ; elle a une influence remarquable sur le volume et la qualité du fruit. Par la greffe, enfin, on peut placer sur un arbre vigoureux les boutons à fruits d'un arbre faible, et, ainsi, hâter la fructification.

On donne le nom de sujet à l'arbre que l'on opère, et celui de greffon à la portion de rameau que l'on implante dans le sujet.

On choisira, de préférence, pour greffer, une température douce. Pour que l'opération réussisse, il est nécessaire que les vaisseaux séveux qui portent la sève des racines aux feuilles soient bien en contact avec les vaisseaux séveux de la greffe. Le contact étant parfait, la sève des vaisseaux partant de la racine et aboutissant aux feuilles fait pression sur l'axe des yeux de ces feuilles qui convertissent la sève en cambium. Dans son mouvement de descente, le cambium recouvre les plaies de la greffe, et celle-ci, soudée au sujet, finit par faire complètement partie de l'arbre.

Les instruments pour greffer sont :

Le *greffoir*,

Une *scie à main*, ou *égohine*, qui sert à couper les tiges ou des branches trop grosses pour être tranchées avec la serpette.

Une *serpette*, pour couper ou fendre les tiges ou les branches peu volumineuses qui doivent recevoir le greffon.

Un petit *coin* en bois dur ou en ivoire, destiné à maintenir entr'ouverte la fente faite avec la serpette ;

Enfin, pour tenir la greffe en place et la soustraire au contact de l'air et de la pluie, on se sert d'une *ligature* de laine ou de coton, plutôt que de chanvre, qui a l'inconvénient de se rétrécir à l'humidité ou encore d'écorces de saule assouplies par un court séjour dans l'eau. On recouvre, en outre, le tout d'un mastic, afin d'empêcher toute action de l'air.

Il y a des mastics de diverses sortes.

L'*onguent de Saint-Fiacre*, qui est un composé d'argile et de fiente de vache, résiste peu à l'action du soleil et de la pluie. On ne saurait guère l'employer que pour les pommiers à haute tige, dont les greffes reprennent très facilement. Cet onguent, en effet, a l'inconvénient de se fendiller en séchant, et les plaies ne sont plus alors qu'imparfaitement abritées.

Le mastic *l'homme fort* a un avantage, celui de s'employer à froid et d'être d'un prix peu élevé ; son usage est excellent, quoique son adhérence ne soit pas toujours d'une longue durée. Cependant, ce mastic acquiert une dureté extraordinaire dans l'espace de quelques jours ; il ne se ramollit pas au soleil et ne se fendille pas sous l'influence des gelées.

Un mastic, qu'on emploie à froid, et qu'on peut composer soi-même, et dont nous avons constaté les excellents effets, s'obtient en opérant ainsi : on fait fondre ensemble, en mélangeant, 500 grammes de cire jaune, 500 grammes de térébenthine, — 250 grammes de poix de Bourgogne, — 125 grammes de suif de mouton.

Quand le mélange est opéré, on laisse refroidir jusqu'à un certain point; puis, ayant les mains mouillées, on en forme de petites boules ou des bâtons. Au moment de s'en servir, on le rend suffisamment ductile en le maniant entre les doigts qu'on aura soin de mouiller afin d'empêcher l'adhérence.

Nous diviserons les greffes en trois catégories : les greffes par *approche*, par *rameaux* et par *gemme*, *œil ou bouton.*

GREFFES PAR APPROCHE.

Greffe Agricola. — Cette greffe est utile pour regarnir un vide, pour remplacer une branche absente, lorsque, à cause de la dureté de l'écorce, l'insertion d'un rameau présenterait de la difficulté. On commence par chercher dans le voisinage du vide un rameau qui puisse s'y adapter. Lorsqu'on a choisi ce rameau, on pratique sur le sujet une entaille de 4 à 5 centimètres de long, d'une largeur et d'une profondeur égales au diamètre du rameau que l'on veut y insérer. On incise également le rameau, et on applique bien l'entaille de la greffe sur l'entaille du sujet, de façon que les couches du liber coïncident sur le plus de points possible. On couvre de mastic et on ligature.

L'année suivante, au moment de la taille d'hiver, le rameau greffé sera soudé au corps de l'arbre. Alors, on coupe la greffe au-dessous du point de soudure, et on rendra sa position première à la branche qui l'a fournie et qui servira, de nouveau, comme branche latérale.

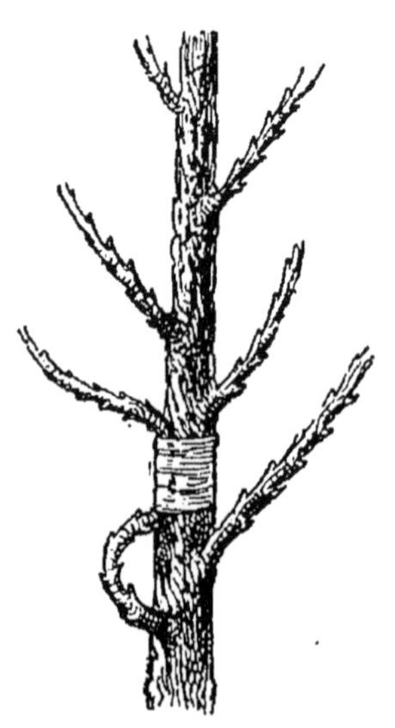
Greffe Agricola.

Comme toutes les greffes par approche, cette greffe se pratique en toutes saisons, mais mieux au printemps et à l'automne.

Greffe herbacée Jard. — Cette greffe a beaucoup de rapports avec la précédente. Toutefois, au lieu d'un rameau, on se sert d'un bourgeon herbacé. Il faut donc pratiquer cette opération depuis le milieu de juin jusqu'au commencement d'août.

Cette sorte de greffe s'emploie avec avantage pour remplir des vides parmi les rameaux à fruits qui garnissent les branches mères du pêcher et des autres arbres à noyau, mais il est nécessaire qu'on opère sur des branches bien saines. Sur la vigne, les résultats ne sont pas aussi satisfaisants.

On pratique sur la partie dénudée une incision longue de 3 à 4 centimètres ; à chaque extrémité de cette incision, on en fait une autre transversale et on soulève, de chaque côté, l'écorce avec la spatule du greffoir (A).

On fait, ensuite, sur le bourgeon à greffer une entaille pénétrant jusqu'à l'aubier, vers le tiers de son épaisseur, en ayant soin qu'il y ait une feuille au-dessus, au milieu de la partie entaillée (B). On insère le bourgeon sur l'aubier de la branche, on lie avec du coton et on recouvre de mastic.

Pendant la végétation, l'œil placé au milieu se soudera à la branche et se développera comme s'il était né sur cette branche. Le sevrage peut se faire au printemps suivant.

Le même bourgeon, à la condition d'être vigoureux, pourra servir à remplir, ainsi, plusieurs vides continus; on n'aura qu'à pratiquer les incisions de distance en distance, et, l'année suivante, à couper le bourgeon à chaque extrémité de chacune des incisions (C).

Greffe Leberryais. — La greffe herbacée s'emploie encore pour augmenter le volume des fruits; mais elle demande

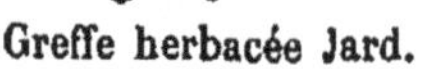
Greffe herbacée Jard.

toujours beaucoup de soins, de temps et d'adresse.

Voici comment on opère : on choisit dans le voisinage d'un beau fruit un bourgeon vigoureux. On pratique sur le pédoncule ou près du pédoncule et sur le bourgeon deux entailles correspondantes qu'on applique l'une sur l'autre. On lie avec du coton. La reprise étant faite, on pince l'ex-

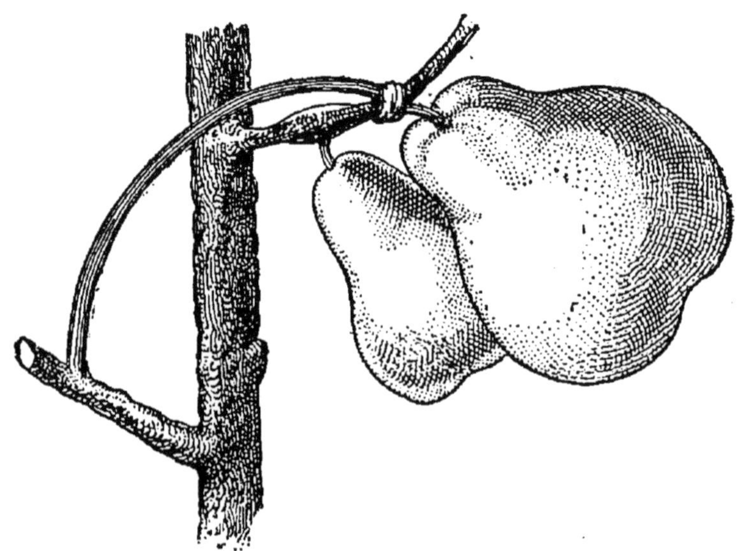

Greffe Leberryais.

trémité du bourgeon, dont la sève va nourrir le fruit. L'abondance de sève est alors telle que ce fruit acquiert une grosseur énorme.

Greffe anglaise. — Cette greffe est employée pour souder ensemble les arbres en cordons, en palmettes alternes, et les branches des arbres soumis à certaines formes.

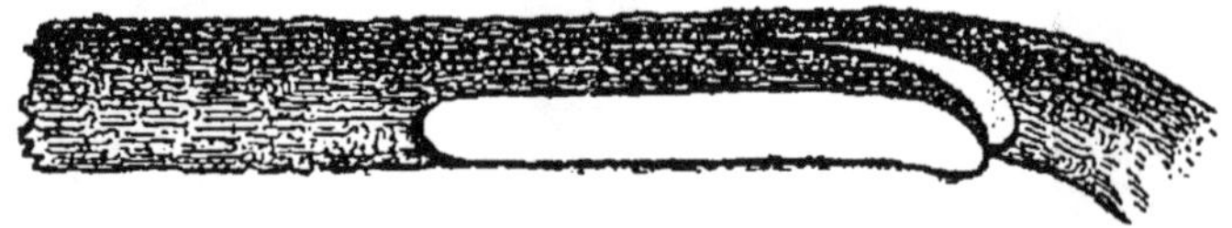

Greffe anglaise (A).

On pratique sur le coude de l'arbre et sur la branche qu'on veut y greffer une entaille correspondante, pénétrant jusqu'au tiers environ de l'épaisseur du bois (A). On fait une esquille en sens inverse sur le sujet et sur la greffe, vers le tiers de l'incision (B). On fait pénétrer ces esquilles l'une dans

Greffe anglaise (B).

l'autre; on lie et on couvre de mastic (C). Au bout d'un an, les rameaux sont soudés, et il n'y a qu'à enlever la ligature. On coupe les rameaux au delà du point de soudure.

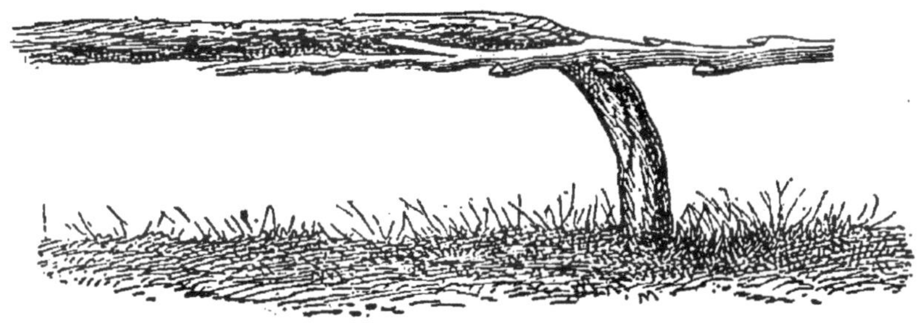

Greffe anglaise (C).

Cette greffe peut être faite en toute saison, même pendant la végétation. Mais elle devra toujours être pratiquée sur le côté, si l'on veut éviter la production des gourmands.

GREFFES PAR RAMEAUX.

Pour que les greffes par rameaux puissent reprendre il est nécessaire que le sujet soit en sève et la greffe à l'état absolu de repos. Il importe donc que les greffes soient détachées du pied-mère pendant le sommeil de la végétation, et pas plus tard que le mois de janvier. On choisira pour greffons des rameaux de l'année précédente, les plus vigoureux et ceux dont le bois aura eu le temps de se constituer complètement avant les premiers froids ; on devra, en outre, prendre ces rameaux sur des arbres bien sains. Lorsqu'on a fait choix des greffes, on les enterre horizontalement, à 30 centimètres environ de profondeur, au nord, à l'endroit le plus froid du jardin, et elles restent là jusqu'à ce que soit venu le moment de les employer.

On pratiquera les amputations bien nettes, pour que les écorces ne soient pas déchirées sur leurs bords.

On placera le greffon sur le sujet de façon que la partie inférieure de l'écorce du sujet soit en contact immédiat avec l'écorce intérieure du greffon.

On abritera les greffons, pendant les premiers jours qui suivront l'opération, contre l'air et les ardeurs du soleil.

Enfin, on veillera à ce que les greffons ne soient pas ébranlés, et, ensuite, à ce que les bourgeons qui naissent toujours sur la tige des sujets étêtés ne détruisent pas la greffe en absorbant toute la sève des racines.

Greffe en fente ou Atticus. — C'est, peut-être, la plus ancienne, et celle, aussi, qui présente le plus de danger pour la santé des arbres. Elle se pratique au printemps sur les arbres à fruits à pépins ; à la même époque, ou mieux à l'automne, sur les arbres à fruits à noyau. Elle est usitée principalement pour les arbres à haute tige.

Voici comment on opère : on coupe le sujet horizontalement, à hauteur convenable, avec la serpette ou la scie ; dans ce dernier cas, on a soin de rafraîchir la coupe avec la serpette (A). On pratique au milieu une fente verticale, d'environ six centimètres de profondeur, qu'on maintient ouverte à l'aide d'un coin, si cela est nécessaire.

On taille le rameau en biseau, à sa partie inférieure, sur une longueur de 2 à 3 centimètres, en ayant soin qu'il ait un œil à la partie supérieure du biseau (B).

Le rameau étant ainsi préparé, on le place dans la fente du sujet, de façon que le liber du sujet et celui de la greffe soient bien en contact (C). L'écorce de la greffe étant plus mince que celle du sujet, il sera utile de la rentrer un peu ; si la pression ne suffit pas pour maintenir la greffe qui ne doit jamais être ébranlée, on ligature et on recouvre de mastic.

Cette greffe reprend généralement ; mais il arrive que la fente est longtemps à se reboucher, que l'eau et l'air y pénétrent et déterminent des maladies telles que nécroses, chancres ou caries. Chez le pêcher, elle a fréquemment pour conséquence la gomme.

Quelquefois, on place deux greffes en face l'une de l'autre. On préfère cette manière d'opérer lorsque la grosseur du

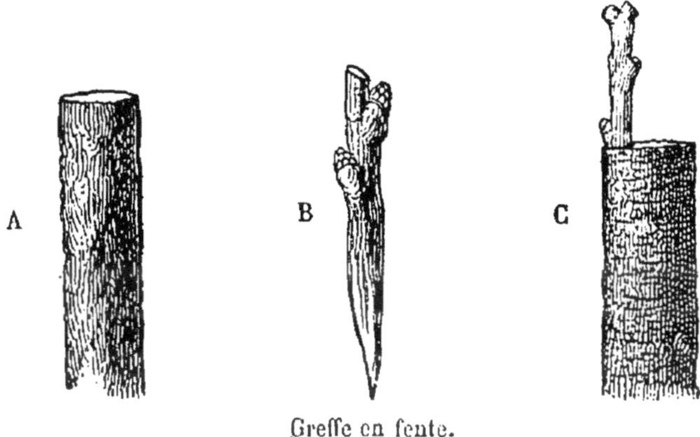

Greffe en fente.

sujet permet de l'employer. La plaie se cicatrise plus promptement et l'on a plus de chance de réussir qu'avec un seul greffon.

Si les deux greffons viennent, on pincera le plus faible et on le supprimera au bout de la deuxième année.

Greffe Bertemboise. — Elle est de beaucoup préférable à la greffe Atticus, dont elle diffère sur un point important : au lieu de couper l'arbre horizontalement, on le taille en biseau, en laissant une petite plate-forme au sommet du biseau. On fend, ensuite, la partie la plus élevée du biseau avec la serpette, après avoir eu soin de couper l'écorce pour éviter de la fendre.

Cette taille en biseau offre divers avantages : d'abord, elle a pour effet de concentrer l'action de la sève sur le point où sera posée la greffe, et, ensuite, la plaie se recouvrira plus aisément.

On taille la greffe également en biseau, en commençant les entailles de chaque côté d'un œil, et en ne laissant jamais plus de trois yeux. On ajuste la greffe dans l'ouverture, maintenue, s'il le faut, au moyen d'un coin, et de façon que les vaisseaux séveux du sujet et ceux de la greffe soient bien en contact. On pourra, afin d'être sûr que ce contact soit bien établi, après avoir ajusté la greffe par le haut, la faire ressortir d'un millimètre environ par le bas.

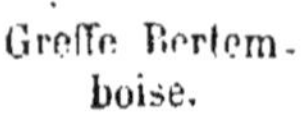
Greffe Bertemboise.

On lie fortement le haut de l'arbre et on couvre de mastic.

La greffe Bertemboise se pratique du mois de février au 15 mars.

Greffe en fente anglaise. — Cette greffe est très solide, énergique et facile à exécuter. Elle rend de réels services dans les pépinières, lorsque les écussons n'ont pas réussi, et dans les jardins, pour greffer les prolongements et raccommoder des branches cassées. Mais elle ne peut se pratiquer que sur de petits arbres, et encore à la condition que le sujet et la greffe seront à peu près de même grosseur.

On taille le sujet en biseau très allongé; puis, vers le tiers

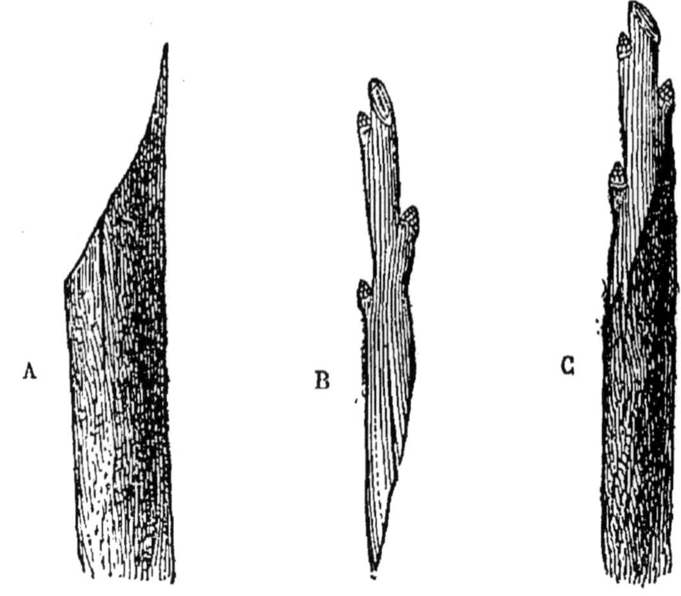

Greffe en fente anglaise.

supérieur de ce biseau, on pratique une fente verticale (A). On coupe aussi la base du greffon en biseau allongé et on pratique également une fente verticale vers le tiers inférieur de la longueur de ce biseau (B). On introduit les esquilles l'une dans l'autre, en faisant bien coïncider les écorces (C). On lie et on couvre de mastic.

Cette greffe se pratique du 15 février au 15 mars ; lorsqu'il s'agit de raccommoder des branches cassées, on peut opérer en toute saison, même pendant la végétation.

Greffe en couronne. — C'est en avril, alors que la sève est déjà assez abondante pour permettre de soulever les écorces, que se pratique cette greffe. Elle offre plusieurs avantages sérieux : elle ne désorganise pas l'arbre, puisqu'on n'a pas de fente à opérer, et elle est d'une reprise facile. On l'emploie pour les fortes branches.

Voici comment on procède :

On coupe horizontalement la tige ou la branche, on fend l'écorce verticalement jusqu'au bois, sur une longueur

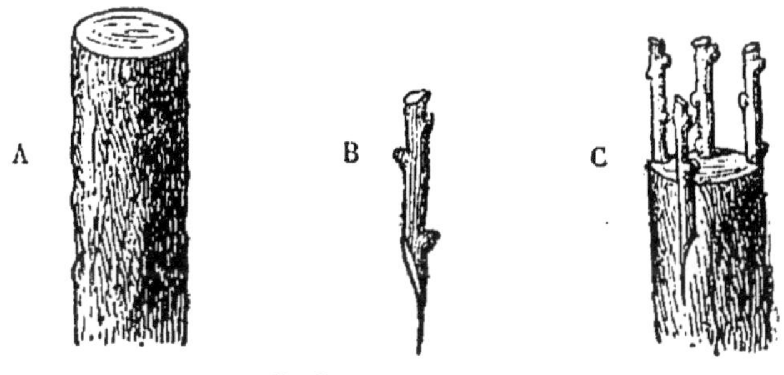

Greffe en couronne.

de $0^m,08$ environ (A). On taille la base du greffon en bec de flûte, avec un cran à la partie supérieure de l'entaille (B). On soulève l'écorce au sommet de l'incision faite au sujet, puis on introduit la languette du greffon entre cette écorce et le bois. On lie et on mastique.

On peut placer sur le même sujet autant de greffes que l'on veut en ayant soin de les espacer de cinq centimètres entre elles (C).

Greffe en couronne perfectionnée. — La greffe en couronne est très employée pour les arbres déjà âgés, dont on veut changer la nature des fruits. Mais il existe une autre manière de procéder, qui est beaucoup plus sûre et à laquelle on a donné le nom de greffe en couronne perfectionnée.

On coupe le sujet en biseau, comme pour la greffe en fente Bertemboise, on fend l'écorce verticalement à partir du sommet du biseau, et on la soulève d'un côté seulement, du côté le plus large (A).

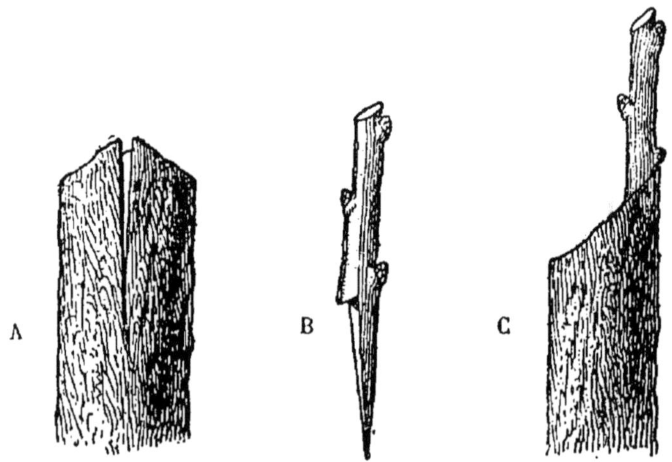

Greffe en couronne perfectionnée.

La greffe, taillée en bec de flûte, doit avoir un petit crochet à la naissance du bec de flûte, et ce crochet devra être adapté sur l'extrémité du biseau (B). On incise l'écorce de la greffe du côté qui s'adaptera sur l'écorce non soulevée; puis on insère la greffe sous la partie qu'on a soulevée avec la spatule du greffoir entre l'écorce et le bois (C). On lie et on mastique.

Greffe par rameaux de côté. — Cette greffe se pratique sur le côté de la tige ou des branches, et par conséquent ne nécessite pas d'amputations. Elle se pratique à la même époque que la greffe en couronne.

Greffe de côté Richard. — Cette greffe est très employée pour remplacer, sur les arbres soumis à des formes régulières, les branches qui viennent à faire défaut, et où l'on n'a pu en former au moyen de la greffe par approche.

On commence par faire sur le sujet une incision (A) en forme de T.

On choisit pour greffe un rameau un peu cintré; on le taille en bec de flûte (B), et on l'insère sous l'écorce du sujet qu'on soulève avec la spatule du greffoir (C). Ensuite on lie et on couvre de mastic.

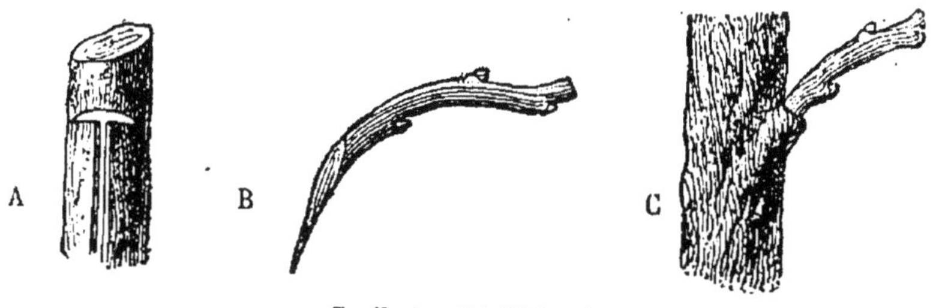

Greffe de côté Richard.

Greffe Girardin.—Cette greffe est spécialement employée pour placer sur des arbres vigoureux les fruits des arbres faibles, et aussi pour mettre à fruits des arbres rebelles. On ne peut l'employer que pour le poirier et le pommier. C'est un moyen d'éviter des mutilations toujours dangereuses.

La greffe Girardin se pratique au mois d'avril et même tant qu'il y a sur l'arbre des feuilles très vertes.

On enlève sur de jeunes arbres qui devront être rabattus au printemps suivant, ou sur des arbres faibles ayant trop de boutons, de petits rameaux portant un bouton à fleur. On enlève les feuilles, mais en ayant soin de laisser attachée à la greffe une partie du pétiole.

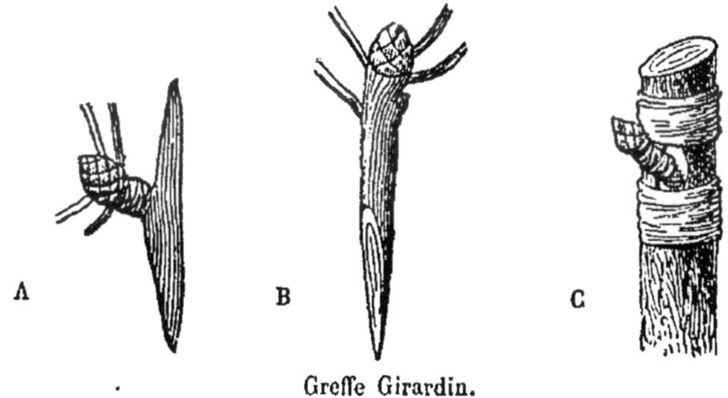

Greffe Girardin.

Si le bouton est latéral (A), on procède comme pour un

écusson, mais en laissant plus de bois au centre, afin de ne pas s'exposer à blesser le bouton à fruit; si le bouton est terminal (B), on coupe le rameau à une longueur de quatre à cinq centimètres, et on le taille en biseau allongé.

Dans l'un et l'autre cas, on fait sur le sujet une incision en forme de T, aux points où l'on veut faire se développer une branche à fruits, on soulève l'écorce et l'on insère la greffe (C). On ligature et on mastique.

C'est généralement ainsi qu'on cultive les variétés de poiriers faibles. On a, par exemple, un poirier de Beurré d'Amanlis pour les variétés de saison ; un poirier de Curé ou de Catillac pour les variétés d'hiver, et dès que les branches sont suffisamment fortes on les couvre de boutons de variétés faibles. Ces boutons fleurissent au printemps suivant, et encore pendant toute l'existence de l'arbre.

D'autres arbres qui poussent vigoureusement, comme les crassanes, les bons chrétiens d'hiver, font attendre longtemps leurs fruits. On hâte leur fructification en greffant sur leurs branches des boutons d'autres variétés. C'est un moyen sûr d'empêcher qu'ils s'emportent.

GREFFES PAR GEMMES

Le caractère de ces greffes consiste simplement à enlever un ou deux yeux sur un morceau d'écorce pour le placer sur un sujet. Elles sont particulièrement employées pour de jeunes sujets ou de jeunes branches, présentant une écorce mince, lisse et tendre.

La greffe en écusson est très employée dans les pépinières pour les petits arbres ; on en fait encore usage pour placer des lambourdes sur les arbres peu fertiles ou donnant des fruits de qualité médiocre.

Cette greffe se pratique au printemps, à *œil poussant*, ou à la fin de l'été, à *œil dormant*. Ce dernier mode est préférable, la reprise étant plus assurée.

On devra avoir soin de choisir pour écusson un œil bien formé; ceux du milieu de la branche sont les meilleurs.

On coupe les feuilles et on laisse une partie de la queue (A).

L'écusson enlevé, et préparé comme nous venons de dire, on fait sur le sujet (B), à l'endroit où on veut le poser, une incision transversale en forme de T ; on soulève les écorces du sujet avec la lame du greffoir et on fait glisser l'écusson dessous, en le tenant par le pétiole de la feuille. On ligature, en ne laissant aucun vide entre la tige et l'écusson.

Quelques semaines plus tard on s'assurera s'il n'y a pas lieu de desserrer la ligature, afin d'éviter l'étranglement du bourgeon.

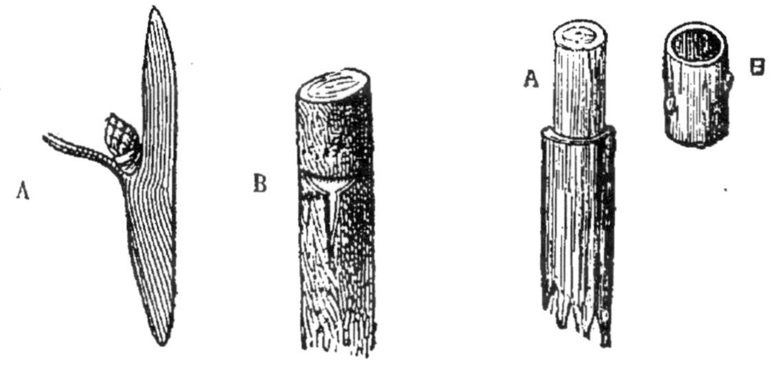

Greffe en écusson. Greffe en flûte.

Quelques-uns veulent qu'on détache de l'écusson la mince partie d'aubier qu'on a enlevée en même temps que l'écorce. La reprise ne se fera pas moins bien, l'écusson s'adaptera même mieux.

Avec l'opération à œil poussant, on coupera la tête du sujet à dix centimètres de la greffe, et on laissera pousser quelques petits bourgeons pour appeler la sève.

Si les écussons ne devaient pas être utilisés immédiatement, on les placerait dans de la mousse humide ou dans un linge mouillé.

La greffe *en lambourde* se pratique de la même manière.

Les greffes par gemme *en flûte, en flûte Jefferson, en flûte sifflet*, sont peu employées. Elles consistent à prendre sur un bourgeon ou sur une branche un ou plusieurs anneaux d'écorce (B) munis d'yeux et à les mettre à la place d'une même étendue d'écorce qu'on a enlevée sur le sujet (A).

Cette greffe ne peut se pratiquer que pendant la sève. Faite en mai, elle est à œil poussant; faite au commencement d'août, elle est à œil dormant. Il est évident, en outre, que le sujet et la greffe doivent être visiblement de même grosseur.

MARCOTTAGE.

Le *marcottage* est un moyen de multiplication qui convient spécialement à certains arbres. Il consiste à faire développer des racines à une tige qu'on veut séparer du pied-mère. Ce procédé est fondé sur la connaissance acquise que les branches en général contiennent des rudiments de racine prêts à se développer dans des conditions favorables, et que les racines sont pourvues de germes de bourgeons qui se produisent dans leurs parties tenues hors de terre.

Le *marcottage simple* peut se faire en toute saison, mieux au printemps. On choisit des rameaux d'un an, deux ans au plus, pris sur des arbres jeunes, vigoureux; on les cache, sans les séparer du pied-mère, dans une petite fosse de $0^{m},15$ de profondeur; on remplit de terreau, et l'on relève l'extrémité des rameaux que l'on fixe à un tuteur. Au besoin, on retiendrait la marcotte dans le sol au moyen d'un crochet. On suprime les yeux qui, sur la marcotte, se trouvent entre le pied et le point où elle entre en terre. Le sol sera tenu humide.

On pourra sevrer à l'automne suivant.

Marcottage en cepée. — Il suffit de couper la tige de l'arbrisseau à 20 centimètres environ de hauteur. Au printemps, cette tige se couvre de bourgeons qu'on butte avec de bonne terre, et des racines ne tardent pas à se développer.

On pourra, dès l'automne, séparer du pied-mère.

BOUTURES.

On sépare du pied-mère un rameau ou une partie de rameau qu'on met en terre; et cela suffit pour que ce rameau ou cette partie de rameau prennent racine et constituent un nouvel individu. Quelquefois, aussi, on sépare une portion de racine pour lui faire produire une tige. C'est un moyen très élémentaire de multiplication; mais il ne convient pas à toutes les espèces d'arbustes. On en use avec succès pour la vigne, le prunier, le cognassier, le groseillier. Un rameau avec son talon, c'est-à-dire coupé près du point où il s'unit à la branche, est d'une reprise assurée.

On bouture en janvier et février, en terre fraîche.

CHAPITRE V

CHOIX DES ARBRES ET PLANTATION.

Du choix des arbres dépendront les résultats que l'on obtiendra. On ne saurait donc, sous ce rapport, se montrer trop soigneux. On tiendra compte des observations que nous avons faites touchant la nature du sol, du climat et, aussi, de l'exposition. S'il est des variétés qui viennent à toutes les expositions, il en est d'autres qui réclament absolument le midi.

En général, on ne plantera que des arbres d'un an, ou de deux ans de greffe : des greffes d'un an pour les cordons unilatéraux, de deux ans pour les grandes formes. Planter des arbres plus gros, dans l'espoir d'avoir plus tôt des fruits, est une erreur : ces arbres sont généralement pourvus de racines volumineuses; on en brise une partie par la déplantation, et l'arbre reste souffrant pendant des années, si même il ne finit pas par languir et mourir.

Les meilleurs sujets sont ceux dont l'écorce est vive, lisse, bien nourrie et dont les yeux sont bien constitués. Les racines devront être en bon état; s'il en manque un tiers, c'est trop.

Moins les racines seront exposées à l'air, plus la reprise sera prompte et assurée : on comprend dès lors combien il importe que les arbres expédiés par les pépiniéristes soient emballés avec soin.

Aussitôt que les arbres seront arrivés, si le temps est favorable, on les déballera, et, si l'on ne peut les planter immédiatement, on les mettra en jauge. On prendra garde, dans tous les cas, de les laisser exposés au soleil, qui ferait rider les écorces, ni à la pluie qui ferait noircir et pourrir les racines.

Nous avons entendu conseiller, lorsque les arbres arrivent fatigués, et ridés, de les faire baigner entièrement dans l'eau, pendant une heure ou deux : nous craignons que cette façon de procéder ne soit dangereuse; ce qu'il y a de certain, c'est que la reprise d'arbres en cet état est bien aventurée.

Pour mettre les arbres en jauge, on ouvre une tranchée d'environ quarante centimètres de largeur sur autant de profondeur, et l'on y place les arbres un à un, près les uns des autres, en ayant soin que la terre adhère aux racines; et, lorsqu'on a tout recouvert, on foule avec le pied et l'on rechausse. Les arbres doivent être enterrés droits.

Lorsque les arbres auront été pris en route par la gelée, et qu'il y aura apparence que le froid se prolonge, on les mettra tout emballés dans une cave, par exemple, où ils puissent dégeler doucement. Au bout de quelques jours, on pourra les déballer et les enterrer un à un dans du sable, qu'on aura soin de ne pas mouiller.

Nous avons dit que les arbres les plus forts et les mieux développés sont les meilleurs. Nous ferons une exception pour le pêcher; on choisira, de préférence, ceux de force moyenne, à cause de la gomme à la première taille.

Plantation. — En général, la meilleure époque pour planter est de la fin d'octobre jusqu'au 15 décembre. Lorsqu'il n'y a pas de gelée, on peut planter jusqu'à la fin de janvier, mais il est préférable de ne pas attendre jusqu'à ce moment. Voici pourquoi : lorsqu'on plante aussitôt après la chute des feuilles, les racines profitent des pluies et des neiges d'hiver; elles sont affermies et prêtes à pousser vigoureusement au retour de la végétation. Dans ces conditions, l'arbre, s'il a été planté avec toutes ses racines, n'a presque pas souffert, et l'on aura gagné une année.

Voici comment on opère : Pour les plantations rapprochées, telles que cordons verticaux, cordons obliques, on creuse une tranchée de la largeur et de la profondeur de quarante centimètres environ. On dépose tout près les engrais qui devront être composés de déchet, de terreau, et jamais d'engrais en fermentation.

On procède ensuite à *l'habillage;* avec une serpette bien tranchante, on coupe l'extrémité des racines qui ont été brisées ou même seulement endommagées à l'arrachage; la section sera faite de façon à ce que la coupe pose à plat sur le sol, afin que le cambium puisse plus facilement former un bourrelet où les racines prendront naissance.

Si les racines sont intactes, on les laissera telles, afin de conserver les spongiales; car, qu'on ne l'oublie pas, la reprise d'un arbre est proportionnée au bon état de ses racines.

Pour les arbres isolés, on procède comme pour les arbres en espalier. Les trous devront avoir au moins cinquante centimètres de côté et quarante centimètres de profondeur.

On placera les greffes en avant. Chaque arbre sera posé à l'endroit qu'on aura déterminé d'avance; et, lorsqu'il s'agira d'espaliers, on laissera une distance de 15 à 20 cent. entre l'arbre et le mur.

Un homme tient l'arbre, les racines bien appuyées sur la terre du fond et à la hauteur voulue, tandis qu'un autre recouvre avec la main les racines qui sont superposées étage par étage. Jamais il ne faut jeter brusquement la terre, qui devra, d'ailleurs, être pulvérisée, afin qu'elle pénètre bien dans les interstices.

Quand le premier étage est recouvert, on procède de même pour l'autre, et ainsi de suite, de façon à ce que les spongioles et les racines ne soient pas agglomérées sur un seul point, et qu'elles ne soient pas privées de l'air qui leur est nécessaire.

Nous savons que ce sont les spongioles qui puisent les

substances qui concourent à la nutrition des arbres : c'est donc l'extrémité et le dessus des racines qu'il importe d'entourer et de couvrir d'engrais. Celui qu'on mettrait près du tronc ne serait d'aucune utilité. Par-dessus l'engrais, on met une couche de terre.

Quant à la profondeur à laquelle devront être enterrées les racines, elle variera selon que les sols seront argileux ou siliceux. L'important est qu'elles demeurent soumises à l'influence de l'air, sans le concours duquel elles ne sauraient vivre. Donc, dans les sols argileux, quatre à cinq centimètres seront suffisants, tandis que dans les sols très exposés à la sécheresse, dix ou douze centimètres seront souvent nécessaires.

En général, on laissera l'écusson à l'air, sans quoi la greffe s'affranchirait; mais seulement au niveau du sol. Afin d'éviter cet affranchissement de la greffe, il sera bon, après chaque labour, d'écarter les terres jusqu'au niveau de l'écusson.

On se gardera de piétiner la terre; il suffira d'appuyer dessus légèrement.

Taille de plantation. Les uns, après la plantation, ne taillent pas du tout les arbres; d'autres, au contraire, leur enlèvent une grande partie de leurs branches. Si on taille trop, on prive l'arbre du cambium qu'il tient en réserve; si l'on ne taille point du tout, les racines, en supposant même qu'elles aient peu souffert, auront de la difficulté à fournir assez de sève pour déterminer la formation de bourgeons.

Nous pensons qu'il convient d'opérer sur la tige sinon une taille, au moins quelques suppressions, et que ces suppressions devront être subordonnées à l'état des racines de l'arbre et à la forme à laquelle on le destine.

CHAPITRE VI

FORMES A DONNER AUX ARBRES.

Les formes à donner aux arbres ne doivent pas dépendre du caprice, de la fantaisie ; elles doivent être choisies d'après les espèces et la vigueur de chacune d'elles. Ainsi, on réservera pour les grandes formes les arbres vigoureux ; pour les formes moyennes, les espèces d'une certaine force, et on donnera les petites formes aux espèces faibles.

Ne pas tenir compte de ces observations serait s'exposer à des échecs à peu près certains. Ainsi, par exemple, donnez au *Doyenné d'hiver* ou à la *Duchesse* une forme telle que la palmette à branches croisées ; l'arbre cessera bientôt de pousser, il se couvrira de fruits, et sera ruiné en quelques années. Si, encore, on met en palmette à branches courbées un arbre vigoureux, il aura une végétation luxuriante, qu'il sera difficile de maîtriser, et on obtiendra rarement des fruits. Donnons, au contraire, à l'arbre vigoureux la forme de la palmette à branches croisées, qui lui imprimera un état de gêne constant, et à l'arbre faible ou de vigueur moyenne la forme à palmette simplement courbée ou telle autre des petites formes, comme celle du candélabre, l'un et l'autre végéteront de la façon la plus satisfaisante et se mettront promptement à fruits.

On évitera donc les formes qui rendent difficile l'équilibre de l'arbre, particulièrement les troncs verticaux par lesquels la sève fait irruption, abandonnant les branches du bas pour se porter aux extrémités supérieures.

Mieux vaudrait ne pas donner du tout de formes aux arbres que de les assujettir à une forme qui ne serait pas en rapport avec leur mode de végétation. Prenons par exemple le pêcher et l'abricotier : avec une ligne verticale, le pêcher s'emportera et ne donnera pas de fruits ; l'abricotier, au contraire, palissé verticalement, fleurira et fructifiera abondamment. Donnons au pêcher des ligues horizontales, sa fertilité sera remarquable; imposons ces mêmes lignes à l'abricotier, nous n'aurons que des gourmands à la base, et le sommet s'éteindra rapidement.

Nous indiquerons dans un chapitre ultérieur les variétés de poiriers qui sont cultivés avec le plus de succès, leur vigueur et conséquemment la forme qui convient à chaque espèce.

Mais, lorsqu'on aura à déterminer la forme à donner à un arbre, n'oublions pas qu'aux variétés de vigueur moyenne doivent être réservées les petites formes, telles que *candélabres à quatre branches, obliques, palmettes alternes*, etc.; et aux variétés vigoureuses les grandes formes d'espalier et de plein vent, telles que *palmettes à branches courbées, palmettes Verrier, vases, pyramides*, etc.

Pyramide. — C'est peut-être la forme la plus ancienne, et on la voit encore dans beaucoup de jardins. Longtemps en faveur, elle est aujourd'hui dépréciée et l'on tend à la faire disparaître.

Il est certain que l'équilibre en est difficile à établir; les uns donnent trop de développement à la tige et pas assez aux branches charpentières; la sève, qui tend toujours à monter, abandonne la base, qui s'appauvrit et dépérit. D'autres, par un excès contraire, laissent trop de longueur et d'écartement aux branches de la charpente.

Cette forme présente d'autres inconvénients que M. le professeur Dubreuil a ainsi résumés :

1° La charpente de ces arbres ne peut être complètement formée, c'est-à-dire avoir deux mètres de diamètre à la base et six mètres de hauteur que vers la douzième année, et le produit maximum ne peut être atteint que vers la quinzième année après la plantation.

2° Ces arbres exigent beaucoup d'espace et conviennent peu aux petits jardins. On ne peut alors placer qu'un petit nombre de variétés, et n'avoir ainsi qu'une série d'époques de maturité très restreinte.

3° La formation de la charpente, l'une des plus difficiles à exécuter, exige beaucoup de soins et des connaissances assez précises.

4° Il est presque impossible de soustraire ces arbres à l'influence des intempéries du printemps et des vents violents.

5° Il n'y a pas proportion suffisante entre le produit de ces arbres et l'étendue du terrain qu'ils occupent.

6° La hauteur qu'on est obligé de laisser acquérir à ces arbres rend les opérations de la taille longues, difficiles et fatigantes, par suite de la nécessité où l'on est de manœuvrer autour de ces arbres une échelle double de six mètres d'élévation. Leur ombrage porte au loin, nuit aux récoltes voisines, et les fruits placés vers le sommet sont souvent détachés par la violence des vents avant leur entier développement.

7° Enfin, les fruits placés trop loin du canal de la sève sont moins beaux, et les rameaux à fruits situés dans l'intérieur du cône, ne recevant pas une action suffisante de la lumière, sont peu nombreux.

Nous ne sommes pas partisan de cette forme, dont les inconvénients, comme on voit, sont réels ; cependant, le nombre de ceux qui la conservent dans les jardins étant assez grand, nous dirons comment procéder pour obtenir de bons résultats.

Nous parlons, bien entendu, de la vraie pyramide, de celle qui doit avoir deux mètres de diamètre à sa base et six mètres de hauteur, et non de ces arbres qui poussent au hasard, sans forme régulière.

On choisira, pour la plantation, des greffes de deux ans, des sujets forts et vigoureux.

A la première taille, c'est-à-dire au printemps qui suivra l'année de la plantation, on coupera la tige à cinquante centimètres au-dessus du sol ; toutes les branches seront rabattues sur leur empatement, de sorte qu'il ne restera plus qu'un tronc dépourvu de branches.

Lorsque les bourgeons auront atteint une longueur de cinq à six centimètres, on placera verticalement, le long de la tige, une baguette bien droite que l'on enfoncera en terre, et qui servira de tuteur à la tige. On prendra pour servir de flèche le bourgeon le plus élevé et le mieux disposé à prendre la verticale. Ce sera le plus souvent le bourgeon de côté, opposé à celui où la greffe a été placée.

On cherchera ensuite les cinq bourgeons les mieux placés pour former la première série de branches latérales ; les bourgeons superflus seront supprimés.

Pendant toute la durée de la sève, on prendra soin d'attacher la flèche au tuteur, à mesure qu'elle se développera. On donnera, au moyen d'arcs-boutants, une bonne direction aux branches latérales, en leur faisant former un angle de 48 degrés avec l'horizon.

Un moyen mécanique de s'assurer si une branche forme à peu près un angle de 48 degrés, c'est de mesurer cette branche et de lui donner pour écartement les deux tiers de sa longueur. On l'éloigne ou on la rapproche selon qu'elle a ou qu'elle n'a pas cette longueur.

Lorsque les branches latérales ont atteint un développement de $0^m,40$, on pratique sur elles une taille en vert, à $0^m,10$ de leur extrémité. Ces branches gardent donc une longueur de $0^m,30$, afin d'obtenir une flèche de la moitié ou des deux tiers plus longue que les branches latérales, et quatre ou cinq fois plus grosse.

On ne pratiquera jamais de taille en vert sur la flèche, à moins qn'on ne soit certain d'obtenir une seconde série de branches à $0^m,30$ ou $0^m,40$ durant la sève. Dans ce cas, on pourrait gagner une année.

Quant à la longueur à donner à la flèche, on se guidera d'après la vigueur. Une flèche faible, d'environ $0^m,25$, ne devra pas être taillée. On lui conservera l'œil terminal conique. Si elle est de vigueur moyenne, on taille à $0^m,25$. Si elle est vigoureuse, on taille d'après le nombre de séries pouvant donner des bourgeons.

Établissement des séries. — On mesure $0^m,25$ sur la tige, à partir du point où la flèche prend naissance ; à cette hauteur, ou un peu au-dessus, on prend le bouton qui, par sa position, convient le mieux pour continuer la flèche. Puis, au-dessous, on compte quatre boutons bien constitués pour composer la série des branches latérales, et l'on supprime tous les autres. On choisit quatre boutons, car on ne doit pas oublier que, seule, la première série comprend cinq branches.

Si l'on établissait deux séries, il faudrait, à partir du point où la flèche prend naissance, mesurer $0^m,50$ sur la tige. Là, on prendrait le bouton destiné à continuer la flèche: puis, au-dessous, on choisirait quatre autres boutons pour former la première série de branches latérales, et l'on supprimerait les autres jusqu'à $0^m,25$. A partir de ce point, on choisirait encore quatre autres boutons pour composer la deuxième série, et l'on supprimerait tous ceux placés au-dessus.

Si l'on voulait établir trois ou quatre séries, on mesurerait $0^m,75$ ou un mètre sur la tige et l'on procéderait comme on vient de dire.

On n'oubliera pas, cependant, que les séries doivent être plus ou moins espacées, selon qu'elles se trouvent dans la partie supérieure, moyenne ou inférieure de l'arbre.

Taille des branches latérales. — Chaque branche latérale doit avoir en longueur le tiers de la hauteur de la tige mesurée à partir du point où elle prend naissance sur cette même tige. Conséquemment, la branche latérale ne devra allonger, chaque année, que du tiers de la flèche taillée.

On taille ordinairement sur un œil en dehors; en dedans, si la branche s'écartait trop de la tige; si elle inclinait trop à droite ou à gauche, sur un œil de côté.

Lorsque le rameau qui doit continuer la branche charretière se termine par un bouton à fleurs, il n'y a rien à faire au moment de la taille. Plus tard, lorsque les fleurs sont épanouies, on supprime ces fleurs, en ayant soin de conserver les feuilles qui se trouvent à l'empatement. C'est du milieu de ces feuilles que sortira le bourgeon destiné à continuer le prolongement.

Pendant la sève. — Lorsque les bourgeons ont atteint $0^m,30$ on les rabat à $0^m,20$ pour qu'ils ne nuisent pas au développement de la flèche.

On fait la même taille sur les branches latérales de la série inférieure, dans le but d'équilibrer la sève, si ces branches ne sont pas de force égale.

Il y aura à répéter tous les ans les mêmes opérations.

On voit qu'on a raison de dire que la formation des pyramides demande des soins et des difficultés. Mais, si on tient à cette forme d'arbres, on ne pourrait mieux réussir qu'en suivant les conseils que nous venons de donner et qui sont ceux du Frère Henri, qui s'est occupé, à Rennes, avec un succès particulier, de la culture des arbres en forme de pyramides.

Pyramide ou cône à ailes. — Les pyramides à ailes ont également l'inconvénient d'occuper trop de place, et, pour la moindre opération, elles nécessitent le transport d'une échelle de six mètres.

Toutefois, cette forme offre moins de difficultés que la pyramide et elle a l'avantage d'être d'une grande fertilité. Les branches étant bien espacées, elles reçoivent l'action de la lumière, et les fruits mûrissent parfaitement.

De plus, les branches étant greffées les unes aux autres par approche, elles forment un ensemble solide et ne se choquent pas les unes contre les autres.

Voici comment on procède :

On commence par former la charpente, qui se compose d'une tige en fer fixée au pied de l'arbre, et de fils en fer, quatre ou cinq, suivant le nombre des ailes.

Les fils de fer, séparés les uns des autres par un intervalle égal, sont fixés en terre à un mètre de la tige, et leur extrémité va rejoindre le sommet de cette même tige.

Les branches latérales sont prises par séries, comme sur la pyramide ordinaire, et en observant les mêmes distances pour chaque série.

A mesure qu'une branche latérale apparaîtra, on lui donnera un tuteur qui sera fixé, d'une part à la tige de l'arbre, et, de l'autre, au fil de fer correspondant. On lui conservera, ainsi, une position symétrique.

A mesure que les branches d'un étage seront sufisamment longues, on les greffera par approche sur celles correspondantes de l'étage supérieur.

Palmette simple horizontale. — Cette forme se compose d'une tige verticale et de branches qui, à des distances

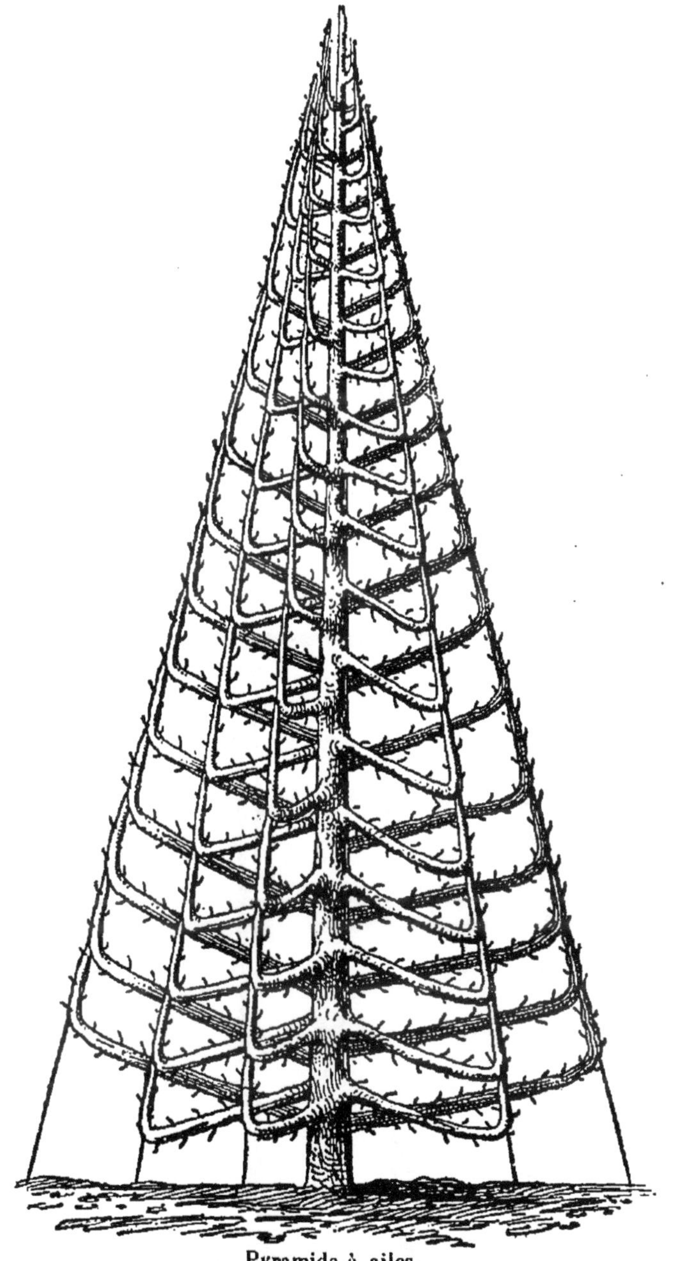

Pyramide à ailes.

de 30 centimètres, se détachent à droite et à gauche de cette même tige, et sont palissées horizontalement.

Sur la tige, rabattue à 0m,30 ou 0m,40, on choisit trois

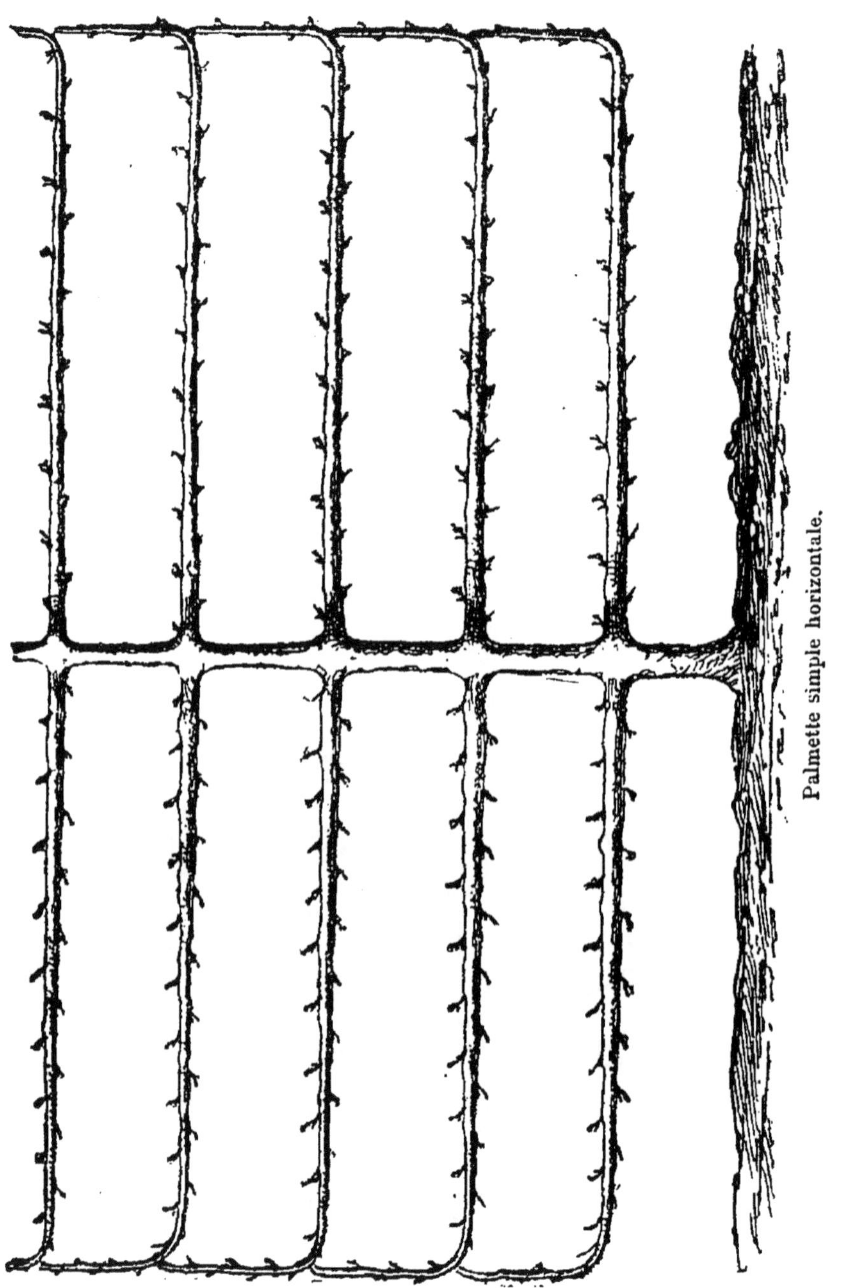

Palmette simple horizontale.

bourgeons, dont l'un, le mieux placé à cet effet, continuera la tige; on le palissera verticalement, afin de favoriser son développement. Les deux autres seront dirigés plus horizontalement, mais maintenus assez droits pour que la sève ne rencontre pas d'obstacle à son ascension; si cela est nécessaire, on équilibrera la sève, entre eux, au moyen des inclinaisons.

Lorsque les deux bourgeons de côté auront atteint une longueur de 0^m,30, on rabattra par une taille en vert le bourgeon vertical destiné à former la tige, à 0^m,30. Parmi les bourgeons qui se développent au sommet, on en prendra un qui continuera la tige, et les deux autres seront conduits de façon à former le premier étage.

Lorsque viendra le moment de la taille en sec, on prendra un nouvel étage, si les branches du second ont atteint une longueur de 0^m,30.

Il est important, en effet, que les branches de chaque étage n'aient que 0^m,30 d'avance sur les branches de l'étage immédiatement supérieur; et cela, afin que l'équilibre soit maintenu. Dans la palmette Verrier, à cause du long développement des branches inférieures, l'avance pourra être de 0^m,60.

Il sera facile, en général, d'obtenir deux étages par an; cette forme qui convient aux arbres vigoureux a ordinairement une étendue de cinq à six mètres; on en voit même de 15 mètres dans d'excellents terrains.

Palmette Verrier. — Pour cette forme, comme pour toutes les autres, il sera utile de construire avant tout la charpente.

La palmette Verrier est des plus gracieuses; elle convient, surtout pour couvrir des murs d'une grande étendue; dans un jardin ordinaire, elle occuperait trop d'espace, et la place resterait vide trop longtemps.

Comme la palmette simple horizontale, elle se compose d'une tige centrale et de branches horizontales qui toutes reprennent la position verticale, et atteignent la même hauteur, sur le mur, en gardant partout entre elles une distance de 0^m,30.

Lorsque l'arbre est bien enraciné, au printemps de la seconde année, on le recèpe, et on choisit trois bourgeons, dont l'un est destiné à former le tronc, et les deux autres,

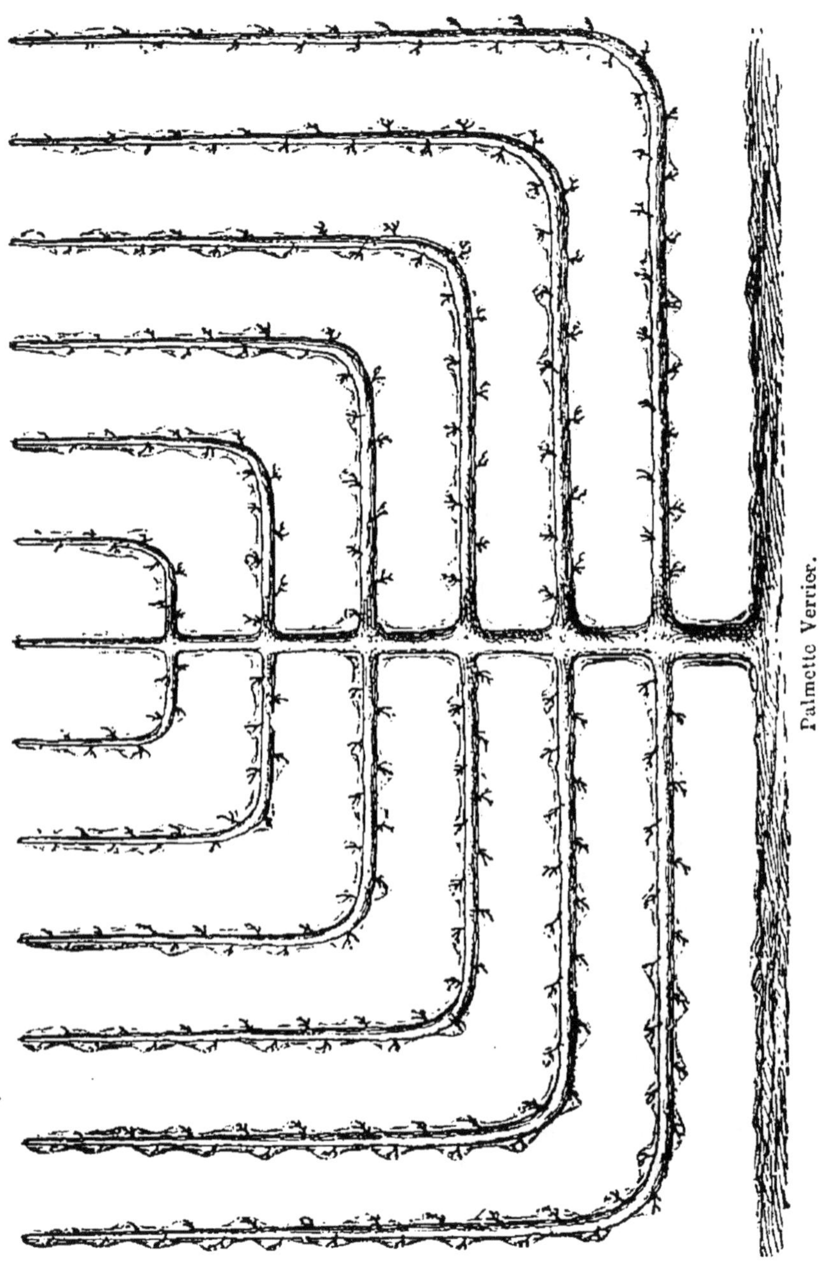

de chaque côté, le premier étage. Ces deux derniers bourgeons sont palissés presque verticalement afin de faciliter leur développement; et on maintient entre eux l'équilibre au moyen des inclinaisons. Si le bourgeon vertical s'emportait, on le maintiendrait par des pincements successifs.

Si, vers le milieu de l'été, les bourgeons destinés à former les branches latérales ont atteint $0^m,60$, on les palissera horizontalement, de chaque côté, et on verra à obtenir le second étage. Pour cela, on rabattra le bourgeon vertical à $0^m,30$, par une taille en vert; on laissera ensuite pousser trois bourgeons, un pour continuer la tige, et deux autres qu'on dirigera comme on a dirigé ceux de l'étage précédent, en vue de former le deuxième étage.

Mais si les branches du premier étage n'avaient pas 60 cent., on se contenterait de pincer le bourgeon vertical, afin de refouler la sève dans les branches horizontales. On remettrait au printemps suivant la formation du second étage.

Les deux premiers étages obtenus, on continue les suivants, en procédant de la même manière. Mais, dans tous les cas, il est indispensable, afin de maintenir l'équilibre, de ne commencer un nouvel étage que lorsque celui qui le précède a atteint une longueur d'au moins soixante centimètres.

Vase. — C'est une forme jolie, très fertile, qui convient aux arbres à fruits à pépins, et parfaitement aux espèces à noyaux. Mais, une des conditions nécessaires pour que le vase donne des fruits et de très beaux fruits, c'est qu'il ait un diamètre égal à la hauteur, afin que la lumière puisse pénétrer jusqu'à la base à l'intérieur, et que le diamètre de la base soit égal à celui du sommet.

Une charpente est nécessaire. Elle se compose de deux ou trois cercles et de montants destinés à assurer aux branches une direction uniforme.

Là, comme dans les autres formes en général, il devra y avoir entre les branches un écartement de 30 à 35 centimètres.

Il y a des vases à cinq branches, à douze branches, à vingt branches. La largeur devant être égale à la hauteur, afin que tout l'intérieur puisse recevoir la lumière et le soleil, nous préférons les vases à douze et même à vingt branches.

Vase à cinq branches. — Le vase à cinq branches

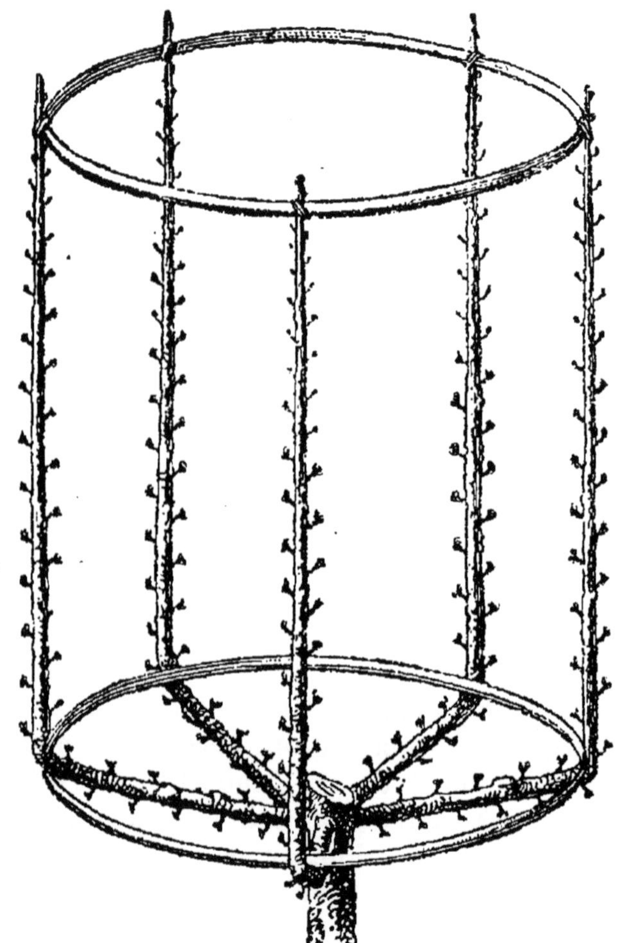

Vase à cinq branches.

ne convient que pour les plates-bandes de cinquante centimètres de largeur.

On plante une greffe d'un an, qu'on rabat à la moitié ou aux deux tiers de sa longueur, suivant la vigueur. On recépe l'année suivante, à quarante centimètres. Lorsque les bourgeons se sont bien développés, après le recépage, on choisira cinq bourgeons sur la tige, à une hauteur de 0^m,30 au-dessus du sol. On les laissera pousser, en les attachant à des tuteurs, pour faciliter leur développement, et, vers le mois de juin, alors qu'ils sont encore tendres, on les abaissera et on les palissera sur des baguettes fixées par une de leurs extrémités sur la tige de l'arbre, et par l'autre sur le cercle le plus bas. Pour les vases de 0^m,50 dont nous nous occupons en ce moment, il suffira que les bourgeons aient une longueur de 0^m,25 pour qu'ils atteignent le cercle. Alors, on les palissera et on leur fera prendre la position verticale. Les montants du cercle, s'ils sont au nombre de cinq, serviront de tuteurs aux branches : s'il n'y avait que trois montants, on attacherait aux cercles deux lattes.

Il sera nécessaire de veiller à ce que les branches se développent simultanément; si l'une était plus faible que l'autre, on rétablirait l'équilibre.

A la taille, on rabattra les branches à 0^m,50, c'est-à-dire à 0^m,15 au-dessus du cercle inférieur. Les années suivantes, on pourra allonger également de 0^m,50 si l'on a soin d'opérer, vers le mois de juin, une taille en vert, afin de faire gonfler les yeux inférieurs et de les transformer en boutons à fruits.

Lorsque les branches du vase dépassent de 0^m,50 le cercle supérieur, on les arrête définitivement.

Un vase dans ces conditions peut donner des fruits dès la troisième année de taille. Après la quatrième année, il a acquis son développement, et deux ans plus tard, son maximum de fertilité.

Vase à douze branches. — C'est la forme la plus commune. On forme la charpente au moyen de cercles de 1^m,20 de diamètre, et supportés par des montants. Après le recépage, on choisit trois bourgeons destinés à former les branches charpentières ; ces trois bourgeons sont dirigés horizontalement au moyen de baguettes fixées, comme nous avons dit précédemment, d'une part sur la tige, de l'autre sur le cercle inférieur.

Au printemps suivant, on taille à 0^m 20 pour obtenir une

bifurcation à chaque branche. On choisit les deux bourgeons les plus vigoureux à l'extrémité de chaque branche et on supprime tous les autres.

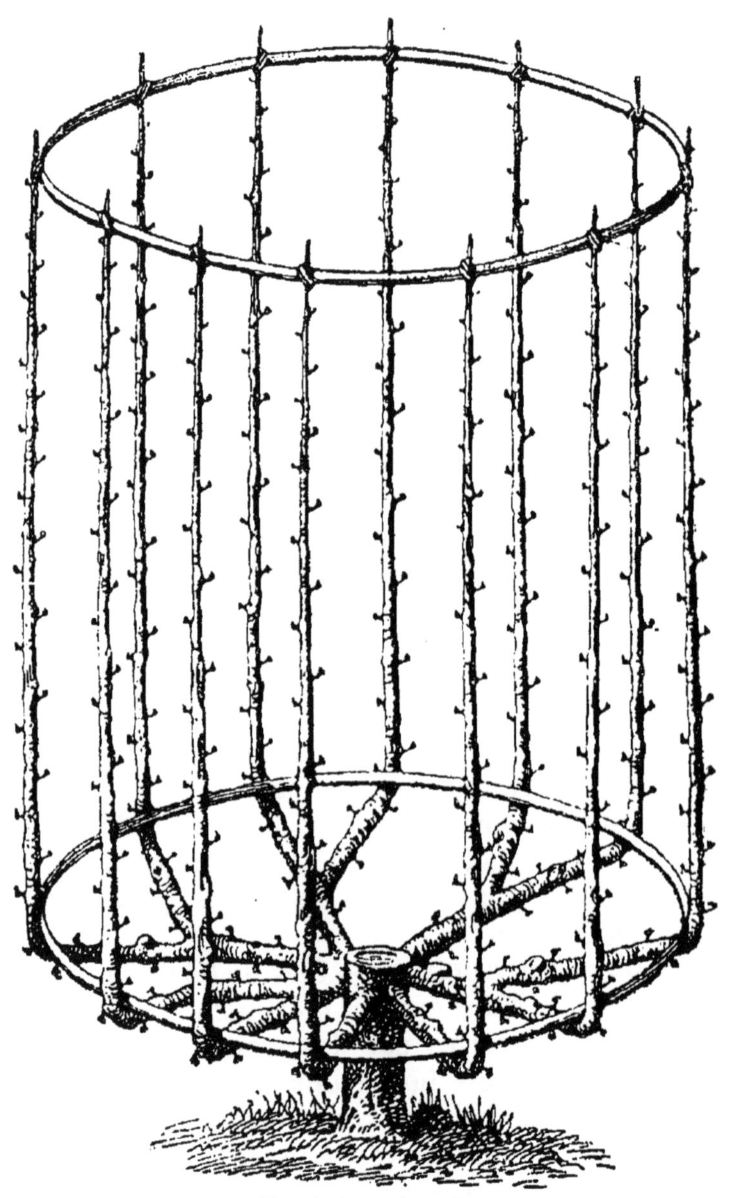

Vase à douze branches.

On a ainsi six bourgeons. On attache deux lattes à

chacune des trois premières branches et aboutissant au premier cercle de la charpente. Au fur et à mesure que les bourgeons s'allongent, on les palisse avec du jonc.

A la troisième année, on pratique une nouvelle taille, sur le bord du vase, et cette nouvelle bifurcation donne les douze branches que l'on conduit au moyen de lattes, d'un cercle à l'autre, en les palissant, au fur et à mesure de leur élongation.

Vase à vingt branches. — La hauteur sera de deux mètres, et le diamètre sera également de deux mètres, à la base comme au sommet.

Après le recépage, on choisira cinq bourgeons, de vigueur égale, et placés, autant que possible, à une égale distance sur le périmètre de l'arbre. On attache cinq lattes, d'une part à la tige de l'arbre, de l'autre sur le cercle inférieur, et on palisse dessus les bourgeons, au fur et à mesure de leur élongation, mais en laissant toujours libre leur extrémité, afin de favoriser leur développement

Au printemps suivant, on taille à 40 centimètres environ du tronc, afin d'obtenir la bifurcation. On choisit les deux bourgeons les plus vigoureux à l'extrémité de chacune des branches, et on supprime les autres. On attache deux lattes à chacune des cinq premières branches, à partir de la bifurcation, et aboutissant au premier cercle de la charpente. On palisse avec du jonc les nouveaux bourgeons sur ces lattes, au fur et à mesure de leur élongation. Nous avons, dès à présent, dix branches.

A la troisième année, on taille à une longueur de 20 centimètres, pour obtenir une nouvelle bifurcation, qui donnera les vingt branches nécessaires pour garnir le vase. On posera deux autres lattes pour conduire les nouveaux bourgeons; et, lorsque ces bourgeons dépasseront le premier cercle, on les relèvera et on palissera sur les vingt lattes qu'on aura espacées à la distance de cinquante centimètres tout autour du vase.

Le point important dans la formation des vases est de bien établir le dessous. On ne manquera pas de détruire, à mesure qu'ils se produiront, les bourgeons qui naîtront sur le dessus des branches du fond, et qui absorberaient la sève destinée à la branche. Les branches du dessous ne doivent porter que la bifurcation; ce n'est qu'à partir du cercle qu'on conservera les rameaux à fruits.

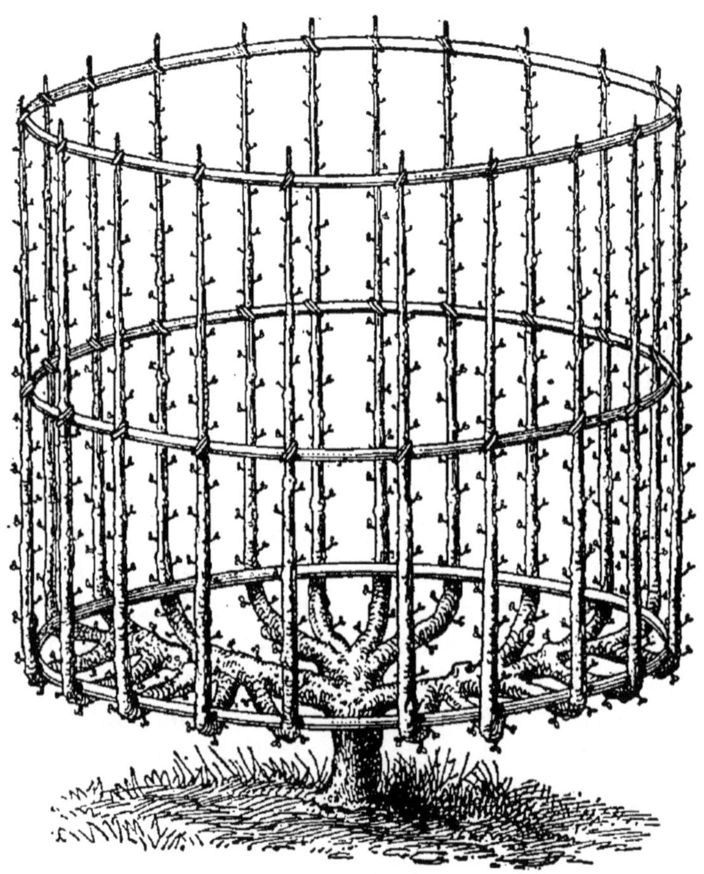

Vase à vingt branches.

Lorsque les arbres sont vigoureux, surtout quand on fait des vases avec des arbres à fruits à noyaux, il est souvent possible d'opérer une taille en vert, comme nous avons dit en parlant de la formation des vases à cinq branches : alors, on gagne une année.

Vase sur trois branches. — Cette forme, qui exige des arbres vigoureux, est facile à établir et elle est assez fertile.

L'année après la plantation, on recèpe, et on couche les trois bourgeons conservés horizontalement sur le premier cercle, à 40 centimètres du sol. On laisse pousser ces branches ou leurs prolongements jusqu'à ce qu'elles se rejoignent, et alors on les greffe par approche. On laisse pousser sur ces branches des bourgeons de cinquante centimètres

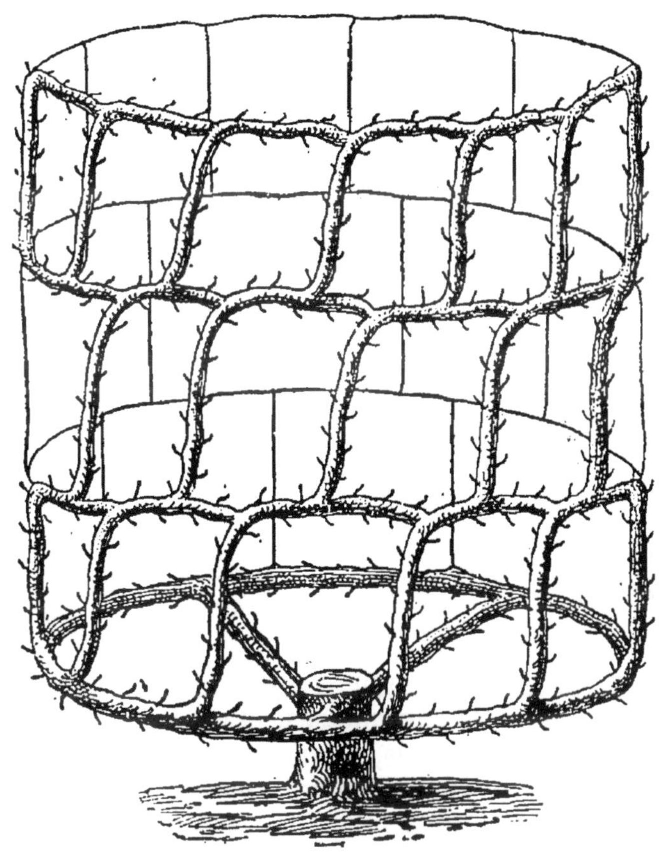

Vase sur trois branches.

en cinquante centimètres. Lorsque ces bourgeons ont acquis une certaine longueur, on les couche à une hauteur de cinquante centimètres de leur base, horizontalement, de façon à former un second étage de cercle, et on les greffe, comme on a fait pour le premier cercle, par approche. On continue ainsi jusqu'à ce qu'on ait atteint quatre ou cinq étages.

Plantations rapprochées. — L'auteur de ces plantations est le savant professeur d'arboriculture M. du Breuil. Elles ont un grand avantage, celui de donner des fruits dès la seconde année de la plantation, et de couvrir très vite un mur. Mais on conçoit que des variétés très vigoureuses ne puissent vivre sous une forme aussi restreinte; aussi devra-t-on choisir de préférence, pour ces sortes de plantations, des variétés faibles ou de vigueur moyenne. Et encore, il est rare que, même dans ces conditions, il ne se produise pas des vides au bout d'un certain nombre d'années. Mais, nous le répétons, les cordons obliques et verticaux fructifient très vite et donnent de très beaux fruits.

Lorsque les arbres languissent et commencent à dépérir, on a une ressource : c'est de les recéper à 39 centimètres du sol et de former des candélabres. Mais pour cela, on est obligé de ne conserver qu'un arbre sur trois, c'est-à-dire, de faire disparaître ceux qui se trouvent immédiatement à droite et à gauche de celui que l'on conserve. Ce sera une perte des deux tiers des arbres de la plantation.

Cordons obliques. — Les arbres soumis à cette forme devront pouvoir atteindre de 2m,50 à 3 mètres d'élévation. On plante à 45 centimètres de distance; les arbres seront plantés inclinés, jamais droits. L'inclinaison sera de 60 degrés environ, dès la plantation, et elle restera telle.

Il arrive souvent qu'on plante les cordons obliques à une distance de 30 ou 35 centimètres, et qu'on les incline sur un angle de 45 degrés; mais, à notre avis, cette façon de procéder présente de sérieux inconvénients. D'abord, les racines, trop rapprochées, s'enchevêtrent; celles des arbres forts prennent la place de celles des arbres faibles ou de vigueur moyenne. Même en plantant à 45 centimètres, on n'échappera pas à ce danger; seulement, il sera moindre.

Ensuite, si l'on donne aux arbres une inclinaison de 45 degrés, le dessus est infailliblement envahi par des gourmands qu'on a beaucoup de peine à maîtriser, et qui sont un obstacle à la fructification.

Quelquefois, encore, on incline, à la plantation, les

obliques à 60 degrés, pour, à la troisième année, les abais-

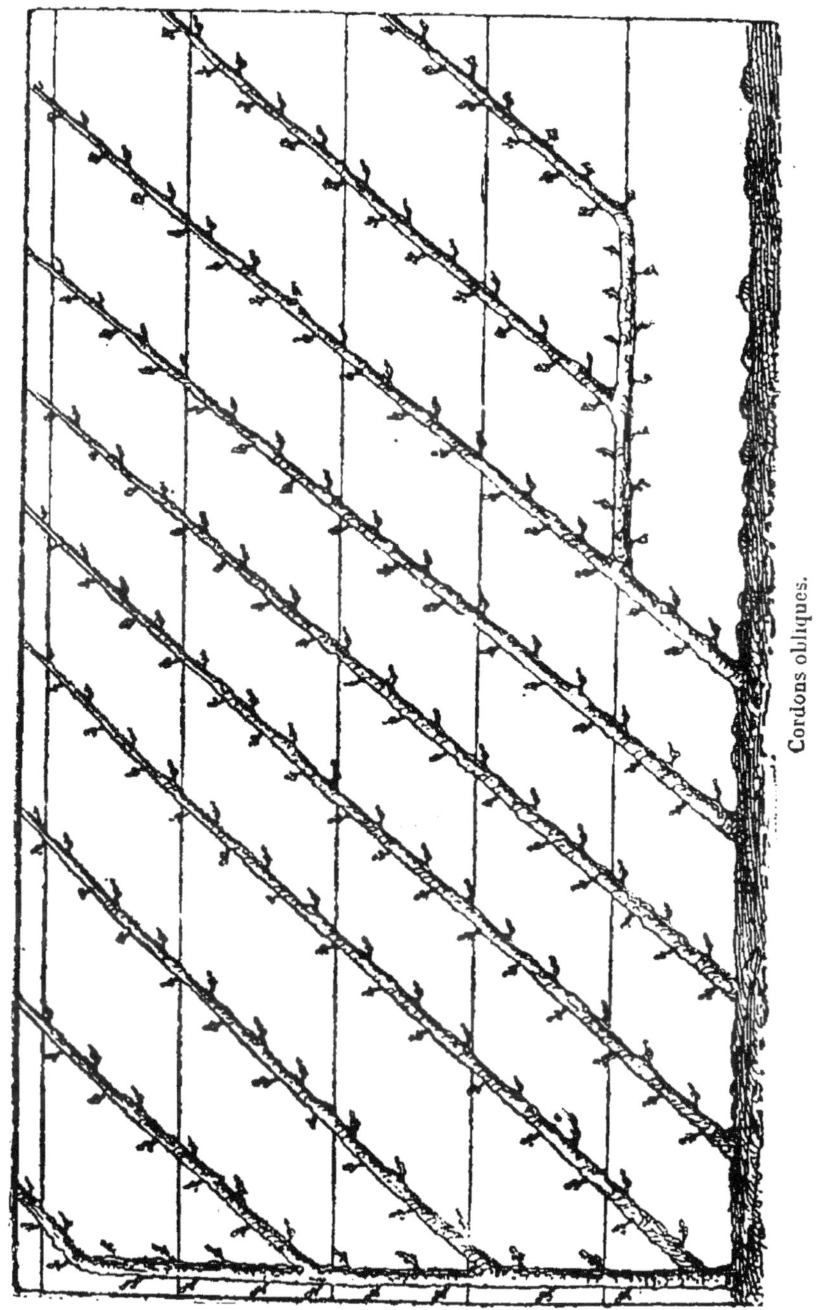

Cordons obliques.

ser à 45. C'est la méthode conseillée par M. Dubreuil ; mais il peut arriver que l'arbre, après cette courbure tardive, émette encore de nombreux gourmands.

Si, au contraire, comme l'indique l'habile professeur M. Gressent, on plante sur l'angle de 60 degrés, et qu'on laisse l'arbre dans cette position, les rameaux du dessus et du dessous seront également éclairés; l'arbre sera fertile et la production abondante.

Cette forme, avons-nous dit, convient aux espèces de vigueur moyenne. Les espèces faibles périssent, et les vigoureuses, trop restreintes, ne se mettent pas à fruits. Dans ces conditions, le poirier réussit en cordons obliques ; mais l'abricotier, le prunier et le cerisier, qui poussent vigoureusement, sont très difficiles à maintenir. Les amputations qu'on est obligé de leur faire subir occasionnent des maladies qui ne tardent pas à les faire périr.

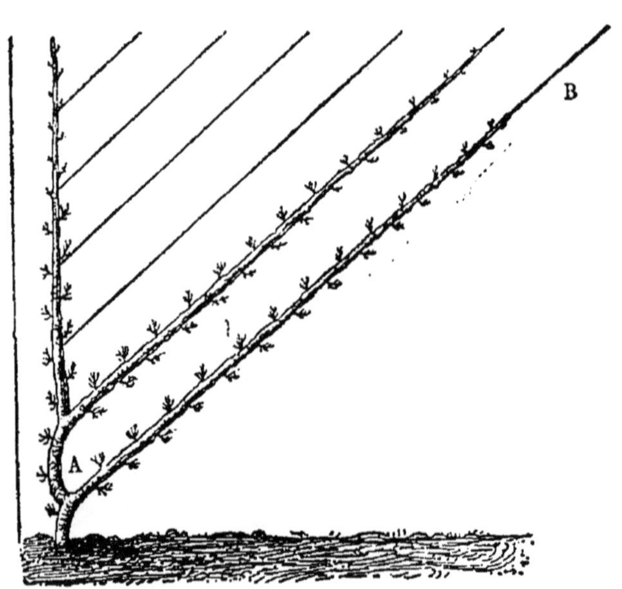

Commencement du cordon oblique.

Nous en dirons autant du pêcher, quoique nous ayons vu des pêches superbes sur des cordons obliques; mais les arbres, mutilés, couverts de gomme, n'avaient qu'une courte existence.

Afin d'éviter les lacunes, le premier et le dernier

arbre d'un cordon oblique auront une forme particulière.

Ainsi, pour l'arbre qui commence la plantation, on opérera ainsi : lorsque, la seconde année, cet arbre a fourni un bon prolongement, on laissera pousser à 30 centimètres du sol un bourgeon. On laisse pousser ce bourgeon, et, lorsqu'il a acquis une longueur de 30 à 40 centimètres, on le courbe et on le palisse sur la ligne *AB*. Par le fait de la courbure, il se développera un ou plusieurs bourgeons sur le coude *A*. On choisira un de ces bourgeons, qu'on conduira comme le précédent, et on supprimera tous les autres. On continuera ainsi jusqu'à la complète formation de l'arbre.

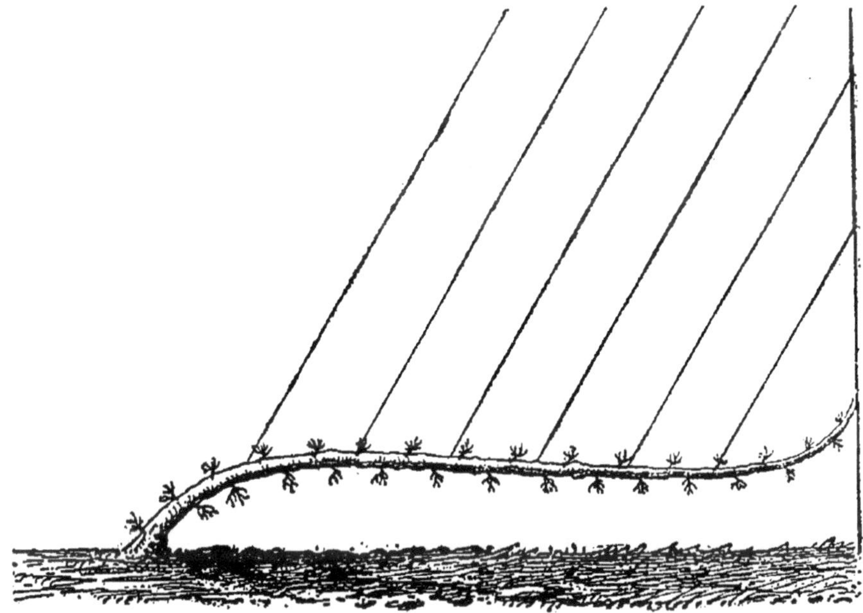

Fin du cordon oblique.

Pour la terminaison des obliques, on procédera autrement. L'année qui suivra la plantation, le dernier arbre sera couché, à une hauteur de 40 centimètres du sol, comme pour les cordons. De distance en distance on fixera des lattes partant de cet arbre, et allant aboutir sur une autre latte s'élevant perpendiculairement du pied de l'arbre. Pendant l'été on laissera pousser sur le dessus de l'arbre autant de bourgeons qu'il y aura de lattes à couvrir. On palissera ces bourgeons au fur et à mesure de leur élongation, mais en laissant toujours libre une longueur de 15 à 20 centimètres à l'extrémité, en vue de favoriser leur développement. (Voir les *Observations* ci-dessous.)

Cordons verticaux. — Le plus simple des espaliers. Cette forme convient particulièrement pour un mur, un pignon, offrant un grand espace à couvrir. On plante à 40 centimètres, afin que les rameaux aient un espace suffisant et soient bien éclairés. Au fur et à mesure de leur élongation, les bourgeons seront palissés sur les lattes, afin qu'ils soient maintenus bien droits, mais toujours en laissant libre, à l'extrémité, une longueur de 15 à 20 centimètres afin de favoriser leur accroissement. La tige pourra être allongée de 50 centimètres par an, suivant sa vigueur. On pratique pendant l'été une taille en vert, destinée à faire gonfler les yeux inférieurs. On attend, pour cela, que le bourgeon ait atteint un développement de 35 centimètres et on le rabat à 25. On peut planter en cordons verticaux des poiriers et des cerisiers de variétés vigoureuses, à raison de la hauteur considérable qu'il leur sera donné d'atteindre.

Observations. — Avant de procéder à la plantation des cordons, soit obliques, soit verticaux, on classera les variétés par ordre de vigueur, afin que les fortes n'absorbent pas les faibles. Pour les cordons obliques, on placera les variétés les plus vigoureuses à chaque extrémité, et, ensuite, progressivement, les moins vigoureuses, de façon que les plus faibles se trouvent au centre.

Pour les cordons verticaux, on suivra un ordre inverse. Les cordons les plus élevés se trouvant au centre, on réservera cette place pour les variétés les plus vigoureuses, et on mettra par gradation de vigueur les autres variétés, en allant du centre aux extrémités.

Lorsque les cordons soit obliques, soit verticaux, ont atteint la hauteur qui leur est assignée, on les arrête. On taille le prolongement, de façon à ménager un nouveau prolongement, nécessaire à la circulation de la sève.

Pendant le cours de l'été, on pince ce prolongement autant de fois qu'il est nécessaire; puis, chaque année, on taille, tantôt à 10 tantôt à 15, à 20 centimètres, de façon à toujours entretenir ce prolongement.

Si l'on plante en cordons obliques ou verticaux des va-

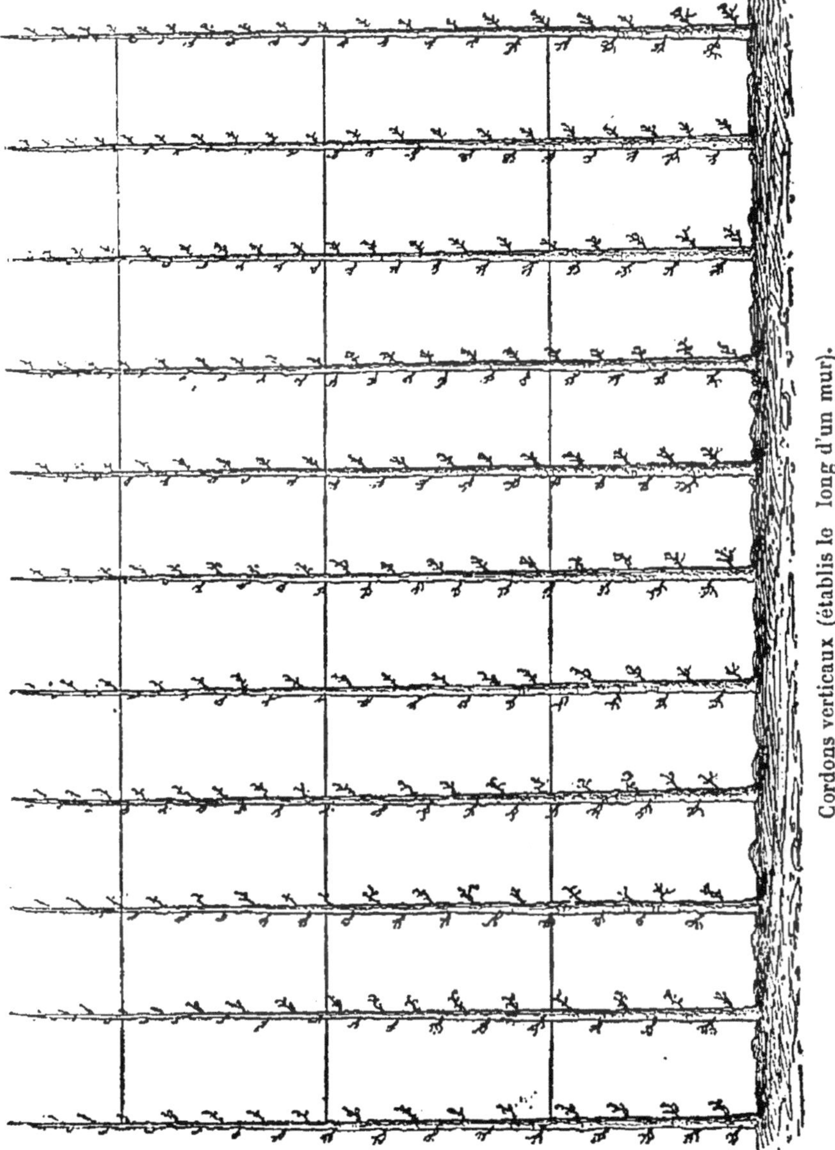

Cordons verticaux (établis le long d'un mur).

riétés pourvues de rameaux à la base, comme cela a lieu avec les Joséphine de Malines, Beurré d'Arenberg, Bergamotte Esperen, on opère sur ces rameaux un cassement, dans les conditions que nous déterminerons en nous occupant de la taille, afin de mettre ces rameaux à fruits.

Il y a toujours trop de boutons à fruits sur les arbres nouvellement plantés. Si l'on veut ne pas arrêter l'arbre dans son développement, on supprimera ces fruits, aussitôt

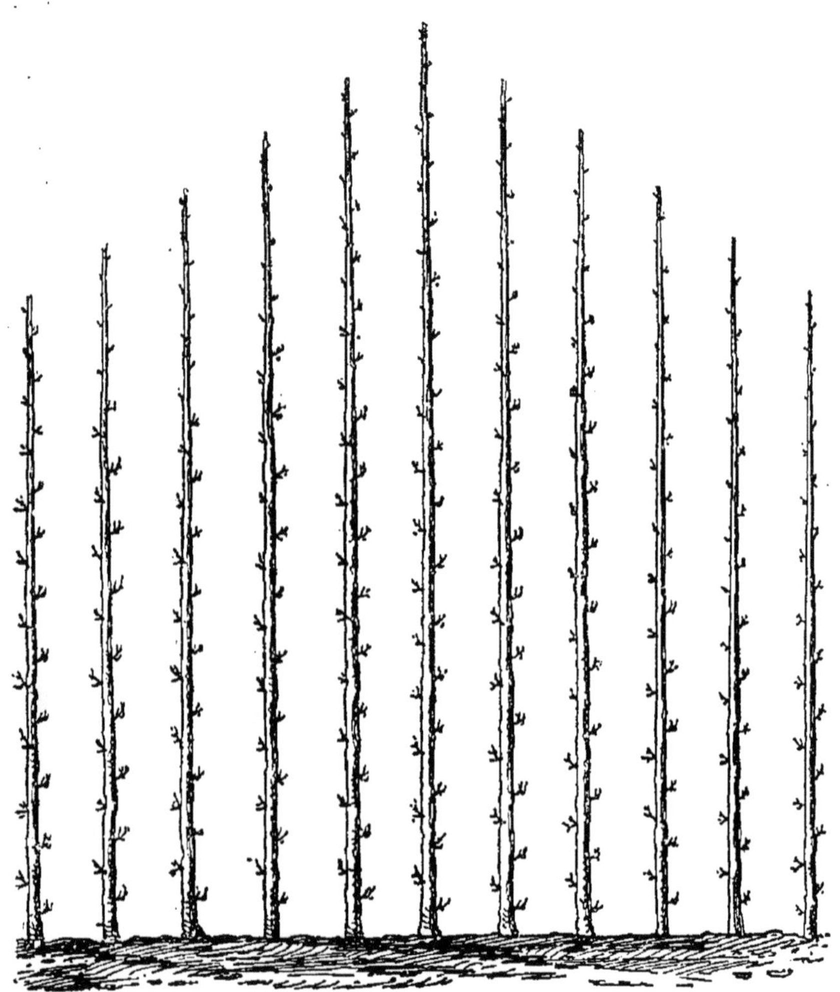

Cordons verticaux (établis contre le pignon d'une maison).

qu'ils seront formés. En laisser deux ou trois, la seconde année après la plantation, c'est assez.

Palmette en U. — Cette forme est très facile à conduire. On plante à 60 centimètres et on rabat, la seconde année de la plantation, à 40 centimètres au dessus du sol, à la hauteur de 30 centimètres ; on choisit deux bourgeons opposés que l'on conduit de façon à leur faire prendre la forme de l'U. Il n'y aura aucune difficulté, si l'on a soin de dessiner d'avance la charpente. L'écartement entre les deux branches sera de 30 centimètres.

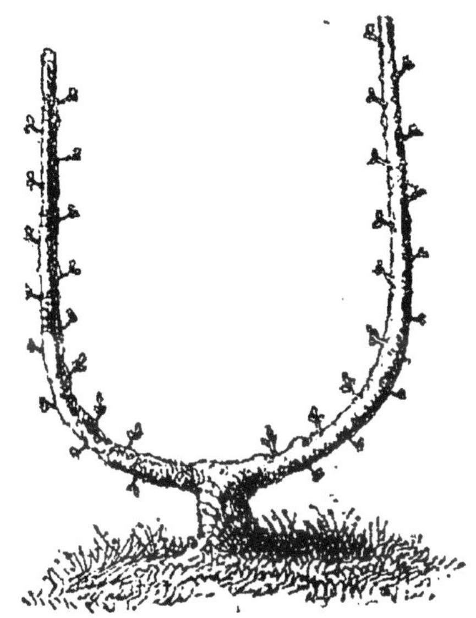
Palmette en U.

La disposition même des deux tiges facilitera entre elles l'équilibre ; s'il en était besoin, d'ailleurs, on aurait recours aux inclinaisons, et autres moyens que nous avons précédemment indiqués.

L'allongement de ces tiges pourra être, par an, d'environ 50 centimètres, suivant leur vigueur; mais ce sera à la condition qu'on n'oubliera pas d'opérer une taille en vert, a 25 centimètres lorsqu'elles auront une longueur au moins de 35 centimètres.

Cette forme convient aux variétés de vigueur moyenne, avec une hauteur de 2^{m},50 à 3 mètres.

Candélabre à quatre branches. — Cette forme gracieuse, d'aspect agréable, est certainement préférable aux cordons obliques et verticaux. Très vite faite, facile à exécuter, elle convient à toutes les variétés de poiriers, à l'abricotier, au cerisier, et est d'une grande fertilité.

Elle offre encore cet avantage qu'il ne faut qu'un arbre là où les cordons obliques ou verticaux en exigent quatre : c'est donc une économie d'un tiers.

On recèpe l'année qui suit celle de la plantation, à 40 centimètres du sol. On prend sur la tige deux bourgeons que l'on conduit l'un à droite, l'autre à gauche. A la taille en sec, on coupe ces branches un peu court, afin d'obtenir des prolongements vigoureux, et, vers le mois de juin, on met en place les nouveaux bourgeons, en les palissant bien verticalement (A).

L'important est d'assurer la végétation des deux branches extérieures ; à cet effet, on ne laisse pousser les deux branches intérieures que lorsque les autres ont atteint un certain développement.

Lorsque la variété est vigoureuse et même de vigueur moyenne, on peut gagner une année. Il arrive, en effet, dans ce cas, que, l'année même de la plantation, il pousse sur la tige deux bourgeons qu'on peut utiliser. On favorise le développement de ces deux bourgeons, en pinçant tous les autres, et on les dirige, ensuite, horizontalement. A la taille suivante, on recèpe la tige audessus de ces deux bourgeons, et l'on procède comme nous avons dit plus haut.

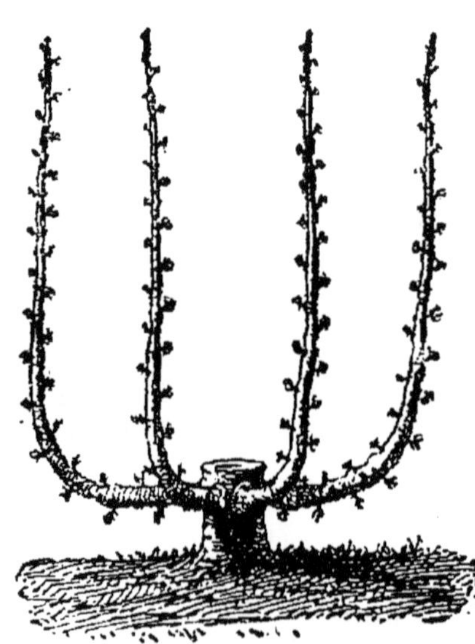

Candélabre à quatre branches (A).

La difficulté dans la formation du candélabre telle que nous venons de l'exposer se trouve dans les deux branches intérieures, qui prennent une position verticale, tandis que les branches extérieures suivent, à leur naissance, une ligne horizontale ; d'où il résulte que la sève, chez ces dernières, ayant un chemin plus long à parcourir, elles sont moins favorisées dans leur développement.

Pour éviter cet inconvénient, et obtenir un arbre mieux équilibré, on procède ainsi : on recèpe, la seconde année de la plantation, et on laisse développer deux bourgeons. On abaisse ces deux bourgeons, l'un à droite, l'autre à gauche, sur une ligne à peu près horizontale. Lorsqu'ils ont atteint une longueur de 30 centimètres, on relève leur extrémité pour leur faire prendre la position verticale. Puis, dès que, dans cette position, ils ont acquis une certaine longueur, on les palisse sur la latte intermédiaire de la charpente. On veillera à ce que, au point de l'arcure, il se trouve un œil en dessus, destiné à fournir une branche de l'U, et un autre en dessous pour l'autre branche (B).

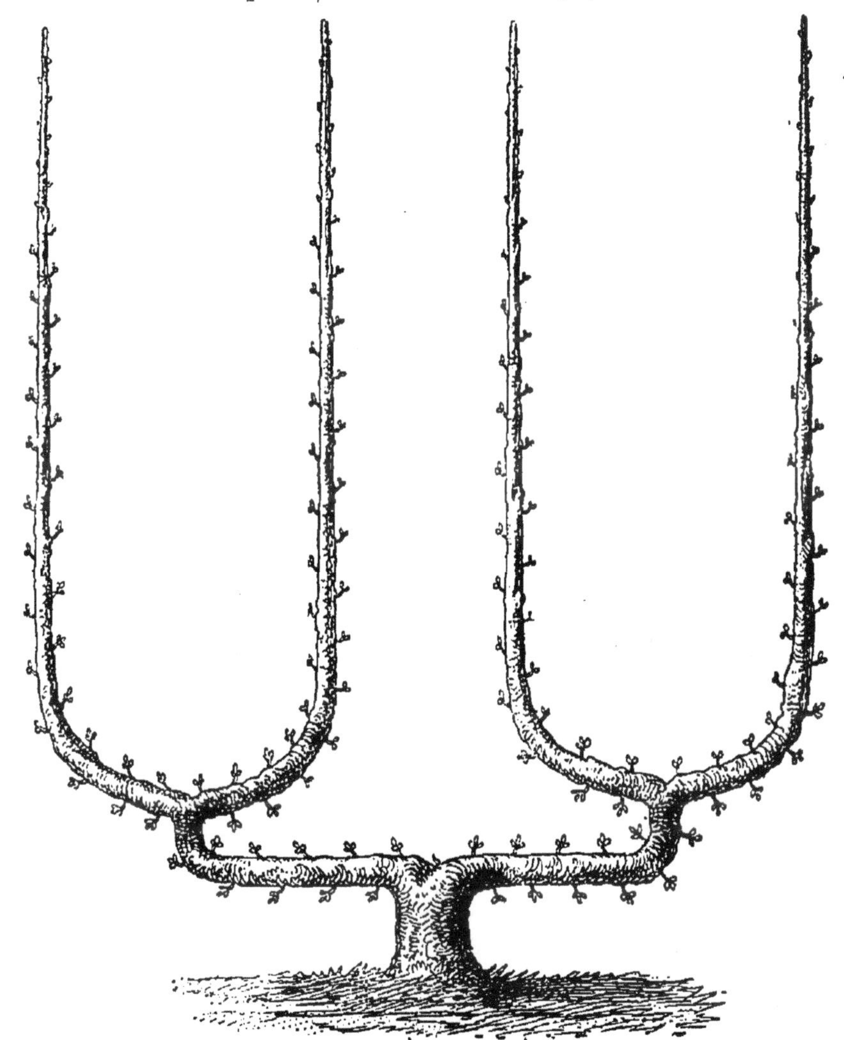

Candélabre à quatre branches (B).

Le bourgeon sera taillé à deux centimètres au-dessus; si le sujet est vigoureux, on aura, à la taille en sec, quatre branches qu'on pourra tailler à 25 ou 30 centimètres au-dessus de la naissance de l'U.

On pourrait encore, au lieu de relever l'extrémité des bourgeons à la longueur de 30 centimètres, comme nous avons dit, les couper à cette distance au printemps suivant, c'est-à-dire à la taille en sec. On laisserait se développer à l'extré-

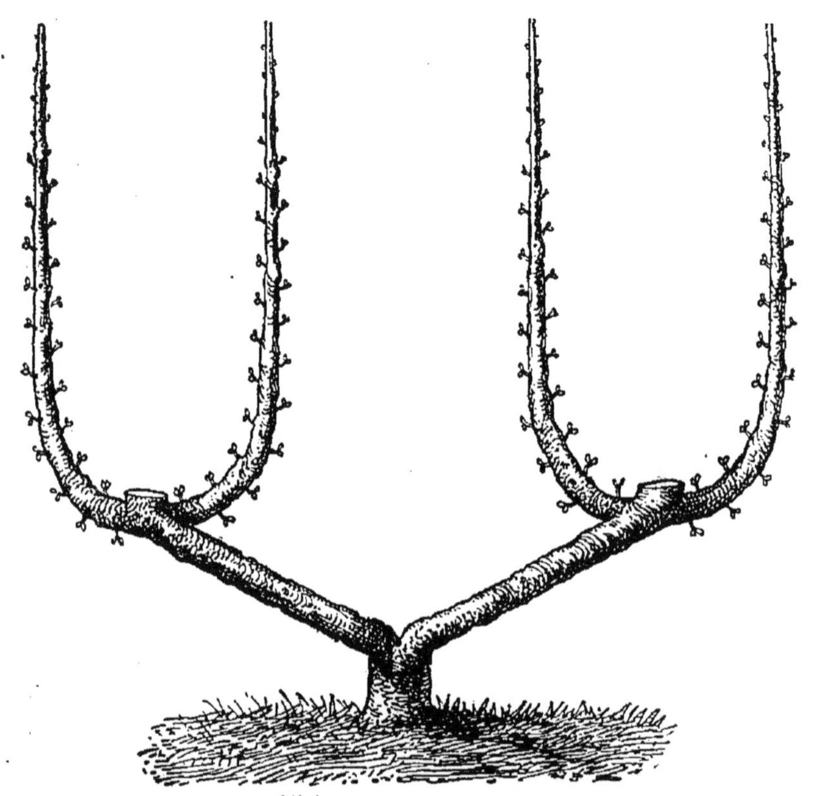

Candélabre à quatre branches (C).

mité de la partie taillée deux bourgeons, d'égale vigueur, et l'on formerait d'un seul coup les quatre branches (C).

Palmette à branches courbées. — Cette forme convient aux arbres fertiles; elle a l'avantage de ne demander presque pas d'amputations, d'être facile à conduire et de donner des fruits dès la troisième année.

On plante à la distance de cinq à six mètres, selon la hauteur des murs; cinq mètres pour les murs de deux à trois mètres, et six mètres pour les murs ayant moins de deux mètres.

Le plus souvent, on plantera des arbres d'un an de greffe; on supprimera, à la plantation, la moitié ou les deux tiers de la tige, suivant l'état des racines, et on recépera, l'année suivante, à 30 centimètres de hauteur du sol. En même temps qu'on pratiquera le recépage, il sera nécessaire de dessiner sur le mur, avec des lattes, la forme de l'arbre.

On laissera pousser sur la tige deux bourgeons que l'on choisira de chaque côté, d'une vigueur égale, et on supprimera tous les autres. On palissera ces bourgeons sur une ligne presque verticale, afin de favoriser leur développement; puis, vers la fin de l'été, pendant qu'ils sont encore tendres, on les abaissera et on les couchera sur les lattes formant le premier étage. Cette ligne ne sera pas absolument horizontale; on lui donnera une inclinaison de cinq degrés environ, afin de favoriser l'ascension de la sève.

Par suite de cette position horizontale de la branche, les yeux se développeront sur toute son étendue, de sorte qu'à la taille on pourrait n'en rien retrancher. Cependant, on coupera, à la taille en sec, sur un œil bien formé, à un ou deux centimètres de l'extrémité; ce sera le moyen d'obtenir un prolongement vigoureux.

Au printemps suivant, il se produira sur les branches que nous venons de former plusieurs bourgeons : on en choisira un de chaque côté, sur les courbures, et on favorisera leur développement, comme on a fait pour ceux des deux premières branches; puis, vers la fin de l'été, on les abaissera sur la ligne formant le second étage.

On procédera de même l'année suivante. Lorsqu'on aura ainsi obtenu trois étages, l'arbre, qui n'aura subi, pour ainsi dire, aucune amputation, sera vigoureux, et les deux premières branches seront à fruits. Il sera alors possible de former, en une année, deux et quelquefois trois étages. Voici comment : le bourgeon qui se développe sur la courbure du troisième étage pousse avec vigueur; vers le mois de juin, on l'abaisse, sans le coucher complètement, sur la ligne qu'il doit occuper; et cette simple opération suffit pour faire naître à l'endroit de la courbe un autre bourgeon qu'on traite comme le précédent.

On devra avoir soin toujours, en palissant les bourgeons, de laisser libre leur extrémité ; et l'on maintiendra entre eux

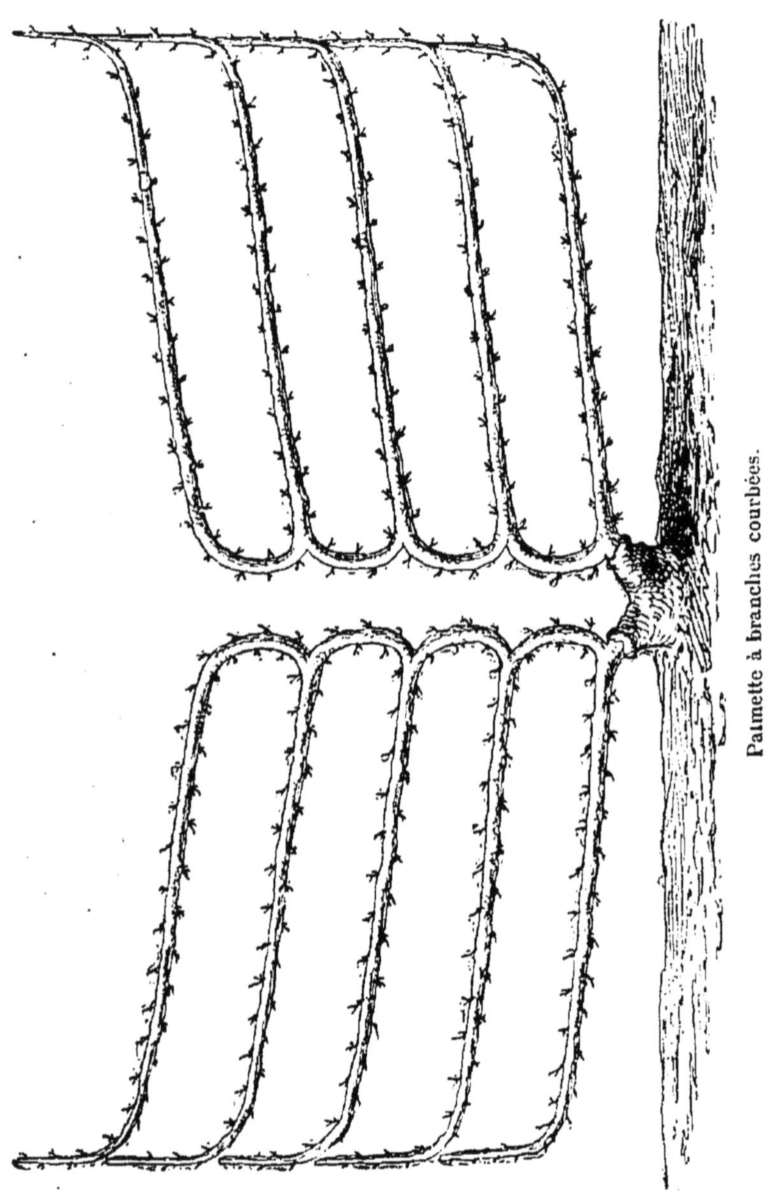

Palmette à branches courbées.

l'équilibre, si cela est nécessaire, au moyen des inclinaisons.

Au fur et à mesure que les branches d'un étage rejoignent celles de l'étage supérieur, on les greffe par approche, et on ne laisse en haut, et de chaque côté, qu'un tire-sève qui maintient l'ascension de la sève dans tout le corps de l'arbre.

On a ainsi, en quelques années, obtenu un arbre qui végète avec une régularité telle qu'un pincement, un seul cassement suffisent souvent, pendant le cours de la saison, pour assurer sa fructification. On a de plus la certitude qu'un tel arbre, qui n'a point été fatigué par des rognages et des amputations, donnera d'excellentes et abondantes productions, la sève circulant également dans toutes les parties.

Palmette à branches croisées. — Pour les variétés très vigoureuses, pour les poiriers peu fertiles, surtout pour les poiriers greffés sur franc, pour certaines variétés de cerisiers, et aussi de pruniers, on choisira, de préférence, la palmette à branches croisées. L'entre-croisement qu'on donne aux branches gêne l'ascension de la sève et cela suffit pour favoriser la fructification.

On procède absolument comme pour la palmette à branches courbées. La seule différence est qu'on couchera à gauche la branche née à droite, et à droite la branche née à gauche ; et toujours ainsi pour les différents étages.

Palmette Gressent. — M. le professeur Gressent a donné son nom à cette forme qui, bonne pour le pêcher et le cerisier, convient également aux poiriers vigoureux. Elle est, surtout, utile pour les murs peu élevés, lorsqu'on peut lui donner environ six mètres de développement.

Pour cette forme comme pour les autres, on commencera par dessiner l'arbre, sur le mur, avec des baguettes ou des lattes de sciage.

Comme pour les formes précédentes, on recèpe la seconde année de la plantation. On choisit deux bourgeons dont on favorise le développement et qu'ensuite on abaisse sur la ligne formant le premier étage. Au printemps suivant, on favorise le développement de deux bourgeons aux points de courbure et on les abaisse, vers la fin de l'été, l'un à droite, l'autre à gauche, et on continue de procéder ainsi, en relevant toujours l'extrémité des prolongements, et en les greffant par approche. Lorsqu'on a formé les quatre premiers étages extérieurs, on taille sur un œil à bois les rameaux intérieurs correspondants à chacun des étages,

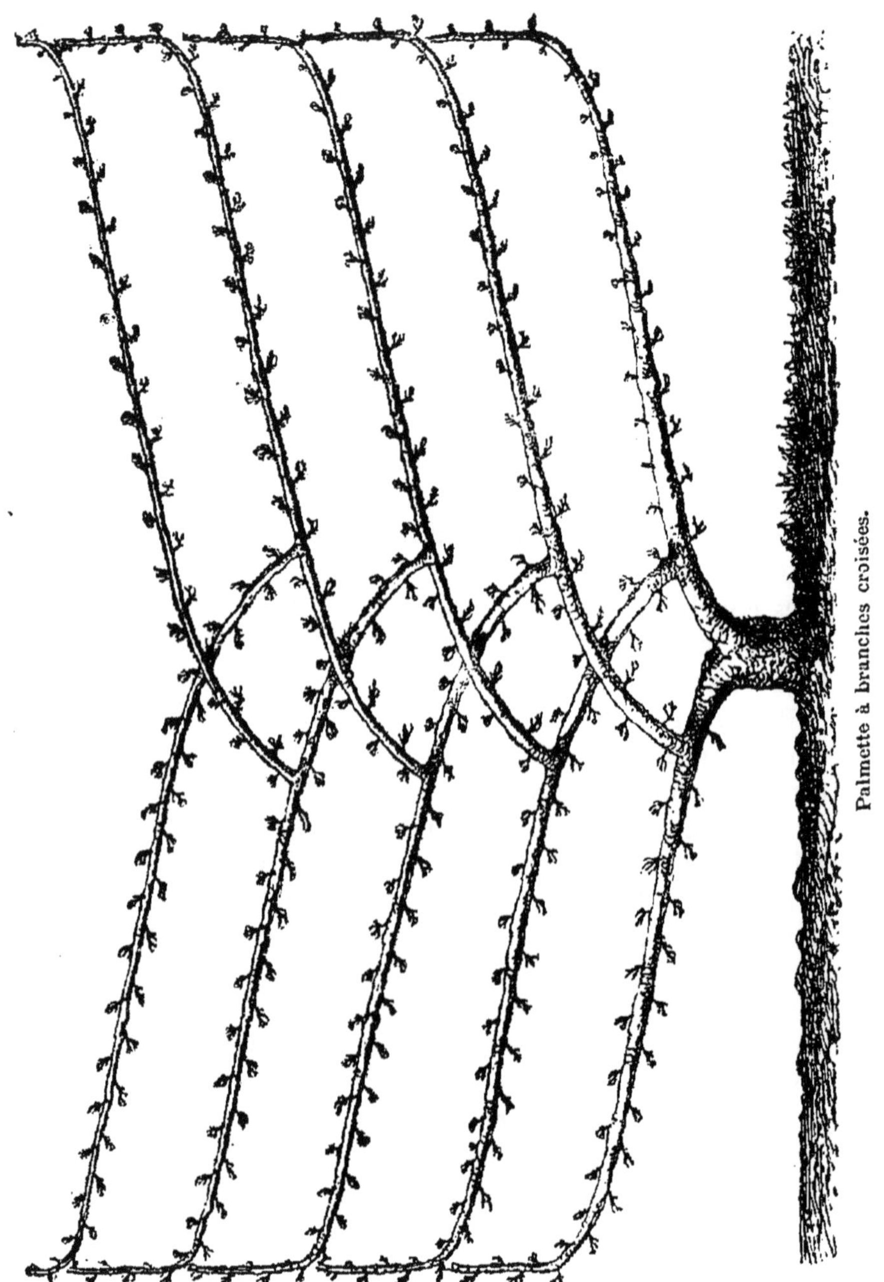

Palmette à branches croisées.

et l'on obtient ainsi quatre branches intérieures. L'année suivante, on forme les derniers étages.

Pour le pêcher, nous adopterons, outre la palmette à

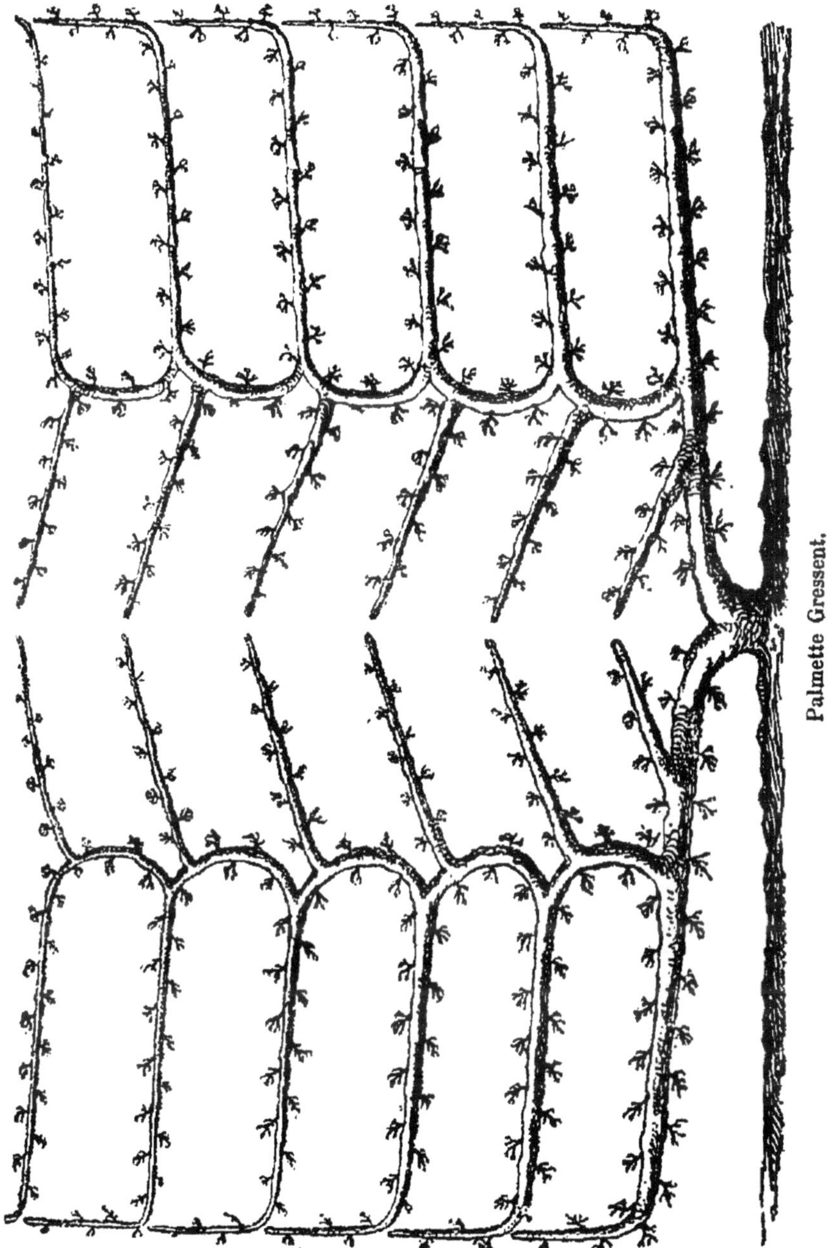

Palmette Gressent.

branches horizontales, l'*éventail modifié*, c'est-à-dire l'éventail de Montreuil, moins ses branches verticales, et le *candé-*

labre à branches obliques. Nous examinerons ces formes dans le chapitre traitant spécialement du pêcher.

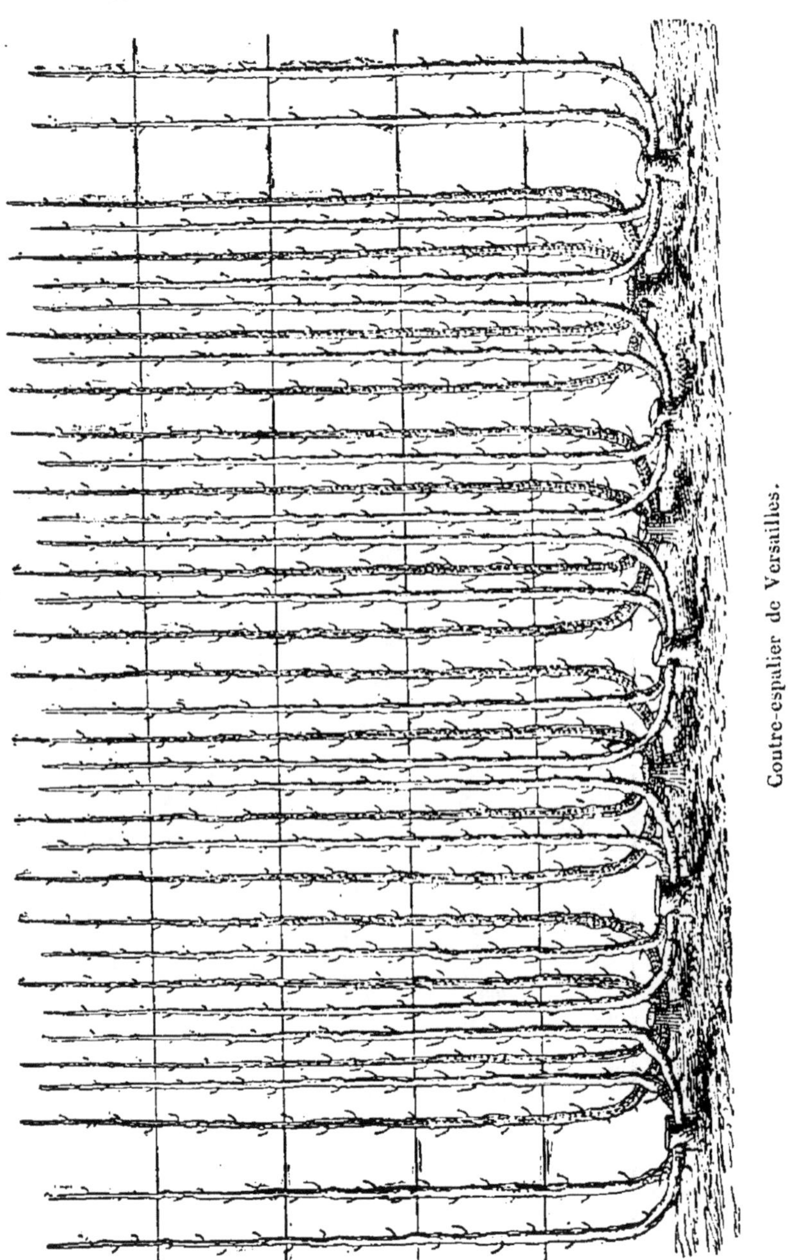

Contre-espalier de Versailles. — On plante à $1^{m},40$

de distance sur les lignes, et on laisse un écartement de 35 centimètres entre les branches. L'élévation des arbres est de 3 mètres, et les deux lignes, parallèles l'une à l'autre, sont séparées par un intervalle de soixante centimètres.

On peut planter pour former les contre-espaliers de Versailles soit des candélabres à quatre branches, soit des U doubles. Nous avons vu, toutefois, que les U doubles sont plus faciles à équilibrer, et pourquoi dans les candélabres à quatre branches, celles de l'intérieur ont souvent tendance à devenir plus fortes que celles de l'extérieur. Ces motifs rendent peut-être préférables les U doubles aux candélabres.

Le classement des arbres par ordre de vigueur pour les espaliers de Versailles n'est pas nécessaire comme pour les espaliers ou les cordons verticaux. Nous croyons donc que l'espalier de Versailles a condamné à disparaître l'espalier vertical, auquel il est préférable sous tous les rapports : il vit plus longtemps, produit davantage et est plus économique, puisqu'un candélabre ou un U double tiennent la place de quatre cordons verticaux.

Cordons unilatéraux. — Cette forme, qui produit dès la seconde année de la plantation, donne des fruits magnifiques ; si les arbres sont bien conduits, ils atteindront dès la quatrième année leur maximum de production. Elle convient particulièrement pour les pommiers et aussi pour les poiriers faibles et de vigueur moyenne.

Avant de procéder à la plantation, on dressera les variétés par ordre de vigueur, de manière à avoir toujours un arbre faible après un fort. Ces arbres, en effet, sont destinés le plus souvent à être greffés par approche, lorsqu'ils se rejoindront. Alors, l'arbre fort, greffé sur le suivant, plus faible, lui repassera sa surabondance de sève, et il en sera ainsi jusqu'à l'extrémité du cordon. Si l'on négligeait ce classement, on serait obligé de renoncer à greffer par approche ; et il arriverait encore que les arbres faibles s'épuiseraient par une production trop abondante, tandis que les forts, poussant avec vigueur, se mettraient difficilement à fruits.

Après avoir opéré le classement, on procède à la plantation.

Pour les cordons à un rang, on plantera à deux mètres de distance, si le terrain est de bonne qualité ; à un mètre cinquante, si le sol est médiocre.

Afin d'obtenir des rameaux à fruits le plus vite possible, on taillera la tige, en retranchant seulement, suivant l'état des racines, le quart ou même le cinquième de sa longueur totale. L'important, c'est que les yeux se développent à partir d'une hauteur de 36 à 40 centimètres du sol. C'est, en effet, à cette hauteur qu'on aura à courber l'arbre, lorsque le moment sera venu.

Si l'arbre est pourvu de ramifications, on les soumettra au pincement, au cassement. On peut le faire sans inconvénient, si l'on songe que l'arbre aura à fournir une tige de deux mètres seulement.

Ensuite, on pourra chauler l'arbre ; ce sera une excellente précaution, mais on se gardera bien de le coucher immédiatement. On l'attachera droit au fil de fer, et on le maintiendra ainsi pendant l'année suivante, jusqu'au mois d'octobre, ou jusqu'au mois d'avril de la seconde année. Toutes les parties de l'arbre seront ainsi exposées à la lumière, et tous ses yeux se développeront, tandis que si on l'avait couché aussitôt après la plantation, les yeux du dessous se seraient éteints, et ceux du dessus auraient produit des gourmands.

Or, si l'on veut que les arbres en cordons donnent des fruits, il est indispensable de supprimer les bourgeons qui naîtront sur le dessus et qui absorberaient la sève aux dépens des autres parties de l'arbre.

Il est entendu, d'ailleurs, que nous opérons sur des arbres d'un an de greffe.

Au mois d'octobre, alors qu'il reste assez de sève, ou au mois d'avril de la seconde année, alors que la sève est déjà montée, on couche les arbres, et l'opération n'offre aucune difficulté. On prend l'arbre par le bout, on lui fait décrire un cercle, et on l'attache sur le fil de fer avec un ou deux liens, suivant sa longueur. Toujours, on laissera libre l'extrémité, afin de favoriser le développement du prolongement.

La hauteur à laquelle devront être couchés les arbres est de 40 centimètres; ce n'est pas trop, et cette hauteur même facilitera l'opération.

Ne cherchons jamais à courber un arbre d'équerre, en mettant un lien à l'endroit de la courbure; ce serait s'exposer à le casser. Tout arbre ainsi cassé restera à peu près improductif. Le mieux, en pareil cas, sera de le recéper et de recommencer en laissant pousser un bourgeon.

Il faut se garder, en outre, pour éviter de casser les arbres, d'arracher à moitié les racines. Le mal ne serait guère moindre que dans le cas précédent.

A la condition de procéder comme nous avons dit, on obtiendra des résultats certains.

Si l'on avait à ployer des arbres d'une certaine grosseur, on pourrait les entortiller avec de la filasse mouillée, sur toute la longueur de la courbure : en employant ce moyen, il y aura chance qu'ils ne cassent pas, pourvu qu'on les prenne par l'extrémité, en leur faisant décrire un cercle.

Cordon unilatéral.

Cordons unilatéraux à deux rangs. — Avec cette forme, on peut avoir indifféremment deux lignes de poiriers, ou une ligne de poiriers et une ligne de pommiers. C'est même cette dernière disposition que nous préférons; elle permet d'avoir en première ligne certaines variétés de pommiers qui aiment à trouver avec beaucoup de chaleur un peu d'ombrage et d'humidité.

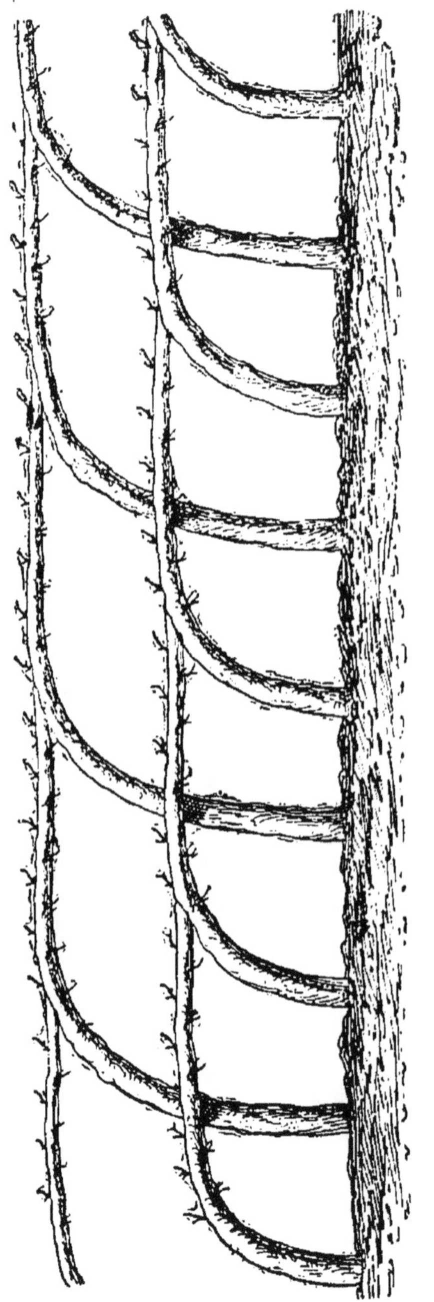

Cordon unilatéral à deux rangs.

Les arbres sont plantés à un mètre de distance. Le premier arbre planté est couché sur le premier fil de fer, le second sur le second fil de fer, le troisième sur le premier fil de fer, le quatrième sur le second fil de fer; et ainsi de suite. Lorsque les arbres se rejoignent, on les greffe par approche.

En procédant de cette manière, si l'on plante d'abord un pommier, puis un poirier, un pommier, puis encore un poirier, et en couchant ces arbres dans l'ordre que nous venons d'indiquer, on aura deux lignes distinctes, la première de pommiers, la seconde de poiriers.

Sur le premier des arbres, qui devra être toujours vigoureux, on laissera croître, à l'endroit de la courbure, un bourgeon que l'on conduira jusqu'à l'étage supérieur et que, après l'avoir couché sur le fil de fer, on greffera sur le second arbre.

Cordons à trois rangs. — On plante à 70 centimètres de

distance. Le premier arbre est couché sur le premier fil de

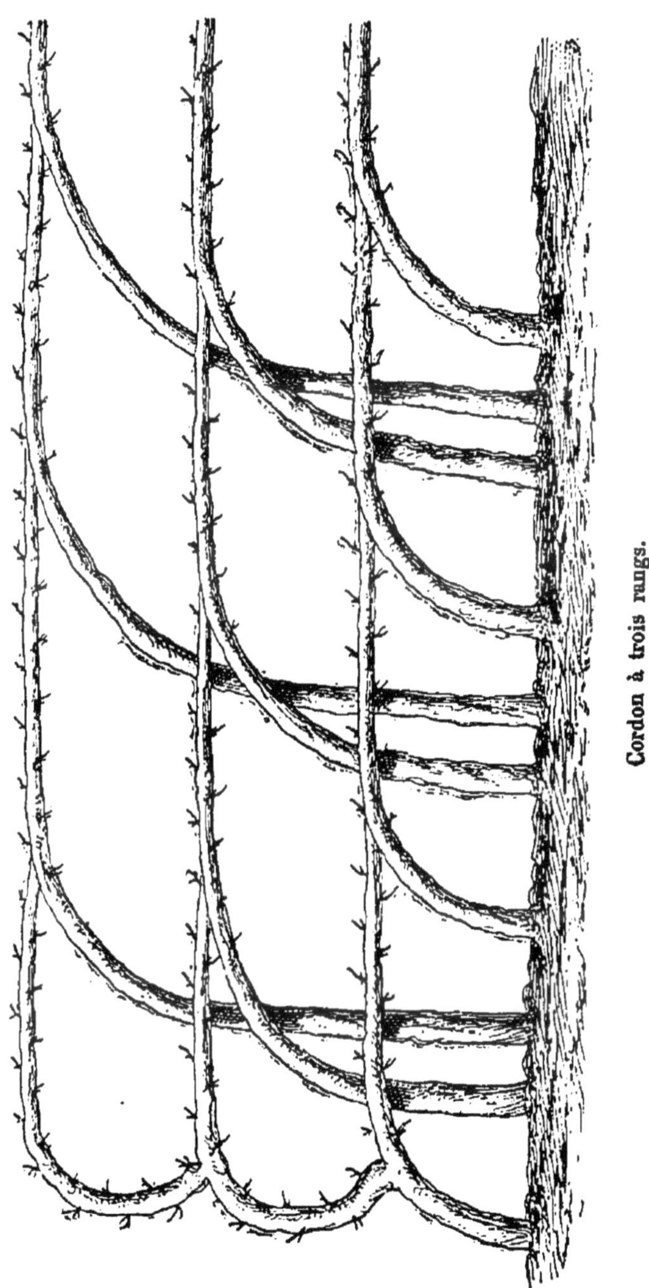

Cordon à trois rangs.

fer, le second sur le second fil de fer, le troisième sur le troisième fil de fer, le quatrième sur le premier fil de fer, et ainsi de suite jusqu'au bout du cordon.

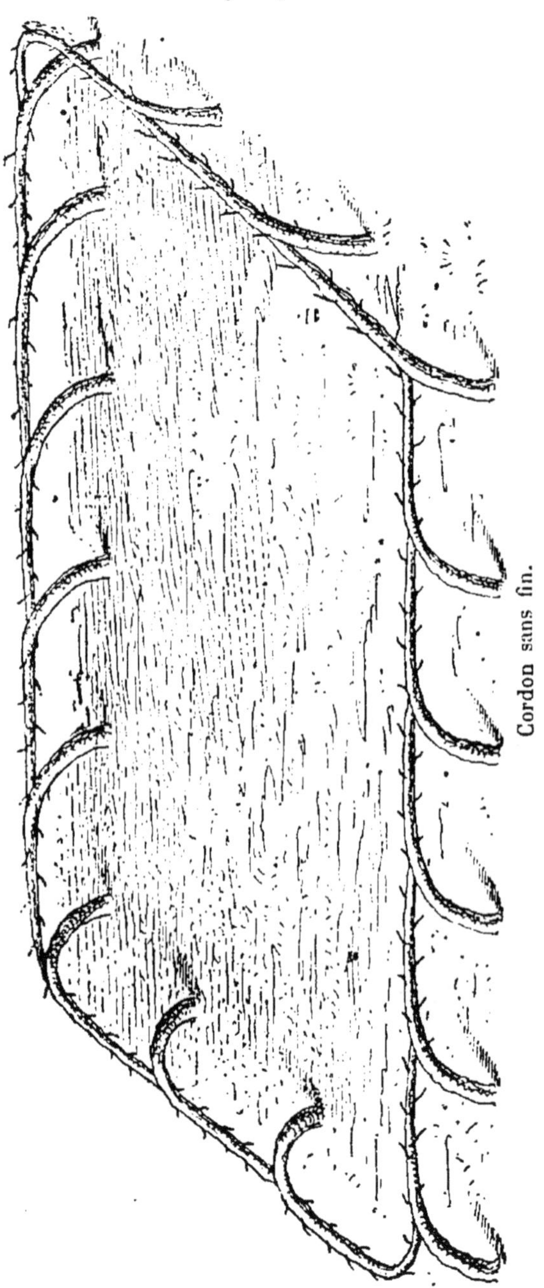
Cordon sans fin.

Comme pour les cordons à deux rangs, on plantera au commencement de la ligne un arbre vigoureux, on laissera pousser un bourgeon sur la courbure de cet arbre et on le couchera sur le fil de fer du second étage, pour être greffé avec le second arbre ; puis, sur la courbure de cette branche, on prendra un second bourgeon qu'on couchera de même sur le fil de fer du troisième étage et qu'on greffera sur le troisième arbre.

Cordons sans fin. — Tous les arbres sont couchés les uns à la suite des autres greffés par approche, le dernier sur le premier.

Répétons-le, en terminant la série des cordons unilatéraux, les arbres soumis à cette forme ne fructifieront bien que si on ne laisse se produire sur le dessus ou à la base de l'arbre aucun bourgeon vigoureux; s'il se développait dans ces conditions un rameau qui menaçât de devenir un gourmand, il faudrait le supprimer.

Colonnes et fuseaux. — Outre les formes à donner aux arbres fruitiers, que nous avons indiquées, il en est beaucoup d'autres parmi lesquelles nous signalerons les colonnes et les fuseaux.

On a vu quels inconvénients offrent les pyramides, surtout si on leur donne la hauteur qu'elles doivent atteindre pour que leur forme soit absolument régulière. Dans les petits jardins, elles occupent trop de place et obligent ainsi à ne cultiver qu'un petit nombre de variétés. C'est sans doute en vue d'obvier à cet inconvénient qu'on imagina la forme en colonne.

Cette forme, qui date déjà de loin, se rencontre dans diverses contrées, et M. Lhomme, directeur du jardin fruitier de l'École de médecine de Paris, en a fait différentes applications.

Ces arbres, composés d'une tige verticale, s'élevant parfois à plus de sept ou huit mètres, sont garnis de rameaux à fruits de la base au sommet. On voit que de difficultés présentent ces arbres qu'on ne peut tailler sans une échelle. Et encore, ne peut-on soumettre à cette forme que des arbres peu vigoureux ou seulement de vigueur moyenne. Des arbres vigoureux ne pourraient être mis à fruit qu'à la condition de donner à leur tige une hauteur énorme. La sève, resserrée dans des limites trop étroites, ne manquerait pas, autrement, de déterminer des gourmands qui empêcheraient la fructification.

Nous avons vu de ces colonnes qui atteignaient seize mètres de hauteur. Le plus souvent, par suite de la tendance de la sève à se porter vers les extrémités, la base et même le milieu de ces arbres se dégarnissent rapidement. Cette forme est donc peu agréable et, ainsi que nous l'avons dit, les seuls avantages qu'elle offre sont d'occuper moins de place, de moins ombrager le sol, et de permettre de réunir sur le même espace un plus grand nombre de variétés.

Pour former ces colonnes, on plante les arbres à 1 mètre

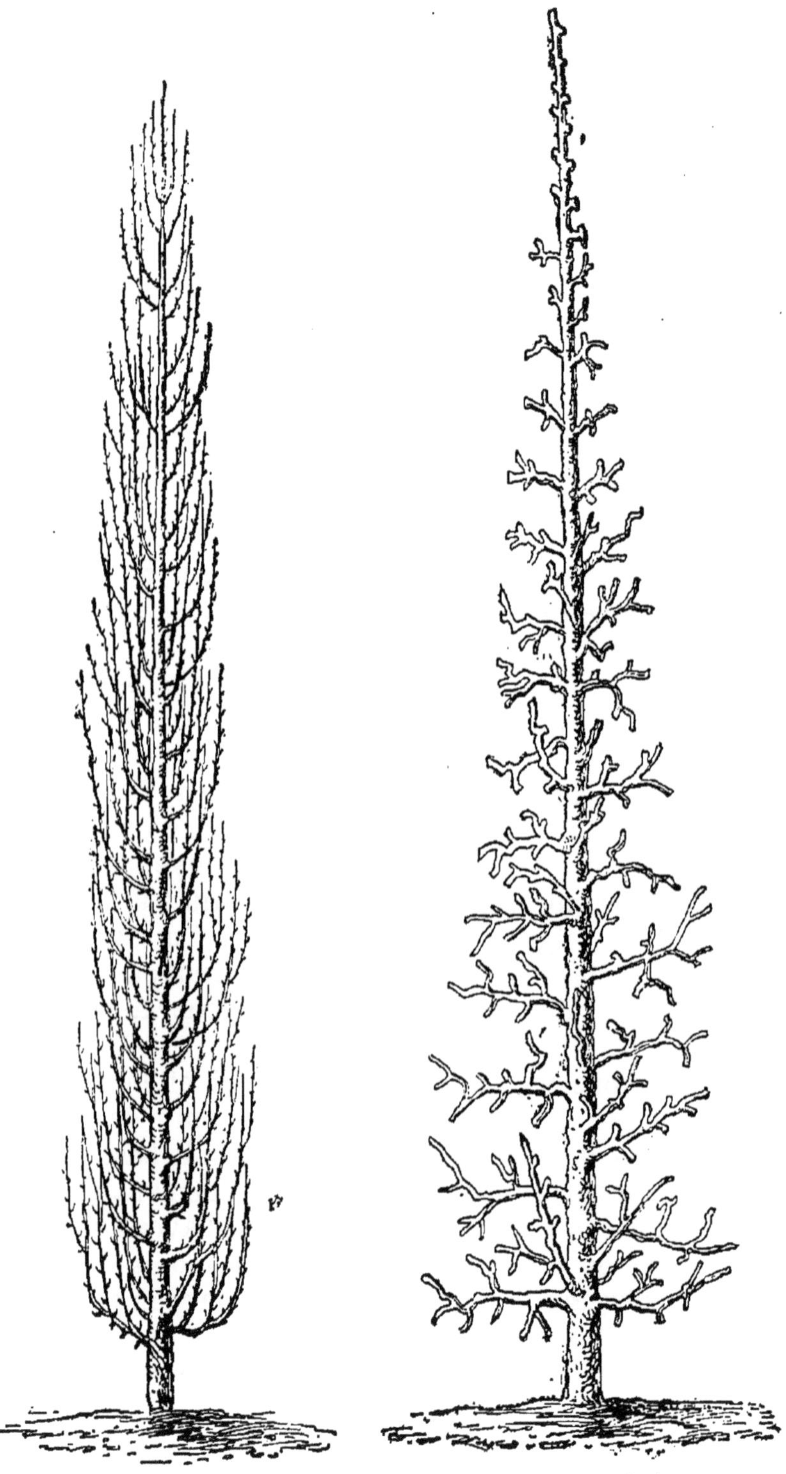

Forme en colonne.

Poirier en forme de fuseau.

ou même 80 centimètres d'intervalle, puis on retranche chaque année la moitié de la longueur des prolongements successifs de la tige. A cette forme en colonne, dont la tige verticale est garnie de la base au sommet de branches à fruits aussi longues dans la partie supérieure que dans la partie inférieure, nous préférons le fuseau tel qu'il est cultivé à Rennes par le Frère Henri.

Les arbres sont plantés à 1 mètre d'intervalle; l'année qui suit celle de la plantation, on rabat à 50 centimètres.

Afin de faire prendre à la flèche une direction bien verticale, on l'attachera à un tuteur parfaitement droit. Suivant sa vigueur, la tige pourra être allongée, chaque année, de 25 à 50 centimètres, et même davantage.

Les rameaux à fruit diminueront de longueur à mesure qu'ils seront plus élevés. A la base, ces rameaux ne dépasseront pas 30 ou 35 centimètres; au sommet on n'aura guère plus que des dards et des lambourdes. Ainsi, à la base, le diamètre sera d'environ 90 centimètres et au sommet de 10 centimètres.

Afin d'obtenir ce résultat, on taillera les branches latérales en raison de l'allongement de la flèche, de manière à ne jamais dépasser le cinquième de sa hauteur. Les plus longues de ces branches, c'est-à-dire celles de la base, ne devant jamais avoir une longueur de plus de 45 à 50 centimètres, on devra, pendant la saison, pincer leur prolongement lorsqu'elles auront atteint cette longueur.

Quant au nombre des branches latérales, elles devront être réglées d'après les règles indiquées pour la formation des pyramides.

Lorsque le fuseau aura atteint trois mètres d'élévation, les soins se borneront aux pincements pendant la sève. Si l'arbre s'épuise, par suite d'une production trop abondante, on laissera se développer quelques branches latérales; à la taille en sac, on rabattra ces prolongements sur leur empatement. Cette forme qui atteint tout son développement en quatre à cinq ans, donne promptement ses premières productions.

CHAPITRE VII

DE LA TAILLE EN GÉNÉRAL.

La taille, si elle est convenablement appliquée aux arbres fruitiers, produit divers résultats que M. du Breuil a ainsi résumés :

Elle permet de donner aux arbres des formes régulières et en rapport avec la place qu'on veut leur faire occuper. Ainsi, pour les arbres en espalier, elle fournit les moyens de leur faire développer une charpente symétrique qui les oblige à occuper utilement toute la surface d'un mur; aux arbres en plein vent, c'est-à-dire non palissés contre un mur, on peut donner la forme pyramidale, en vase ou autre.

Par la taille, chacune des branches principales de l'arbre se trouve garnie de rameaux à fruits dans toute son étendue. Ce résultat est surtout remarquable dans les arbres à fruits à noyaux et notamment dans le pêcher, dont les branches, si elles n'étaient pas taillées, se dégarniraient rapidement de rameaux pour n'en conserver qu'au sommet.

La taille rend la fructification plus égale, car en supprimant, chaque année, des rameaux surabondants, on consacre à la formation de nouveaux boutons à fleurs pour l'année suivante la sève qu'auraient absorbée les parties que l'on retranche.

La taille, enfin, détermine la production de fruits plus volumineux et de meilleure qualité. En effet, une partie des fluides nourriciers qui auraient alimenté les parties supprimées tournent au profit des fruits que l'on a conservés.

Les instruments dont on se sert pour la taille des arbres sont :

1° La *serpette*, l'instrument le plus ancien et le meilleur, celui qui donne la coupe la plus nette et la plus facile à cicatriser.

La serpette est l'instrument des habiles; il faut une certaine expérience pour la manier vite et adroitement. La serpette, est, d'ailleurs, indispensable pour les arbres à noyaux, si sujets à la gomme.

2° Le *sécateur*, qui a le désavantage de déchirer le tissu des rameaux et opère une pression qui oblige à laisser un onglet d'un centimètre au moins, au-dessus de l'œil.

3° L'*égohine* ou scie à main, pour les grosses branches. Quand on a enlevé une branche avec l'égohine, il faut avoir soin d'unir la plaie avec la serpette, afin de faciliter la cicatrisation.

Coupe du bois. — Un rameau peut être taillé de trois manières : en coupant le plus près possible d'un œil, sans, toutefois, l'endommager; en coupant de façon à éventer l'œil, lorsqu'on veut l'affaiblir; et enfin, en coupant à un ou deux centimètres au-dessous de cet œil, lorsqu'il s'agit de favoriser son développement. Dans ce dernier cas, l'onglet devra être enlevé à la taille suivante.

Mais ces onglets, comme ceux qui existent toujours lorsqu'on se sert du sécateur, présentent de graves inconvénients : ils font dévier le bourgeon de la ligne droite, et conséquemment donnent lieu à des branches tordues; ils occasionnent la naissance de gourmands qui empêchent l'équilibre dans les diverses parties de l'arbre, et, par suite, retardent sa mise à fruits. D'autres dangers sont encore à craindre : ils peuvent occasionner le carie de la branche, et obliger plus tard à en opérer l'amputation,

Ces motifs rendent donc préférable l'usage de la serpette qui permet, avec un peu d'habitude, de faire facilement une bonne section, un peu en biseau et rez de l'œil, toujours sans onglet. Souvent on préfère le sécateur, dans la crainte de se blesser; mais on évitera tout danger si, en opérant, on a soin de prendre le rameau entre le pouce et l'index de la main gauche, au-dessous de l'endroit où on veut le couper, en plaçant la lame à hauteur de l'œil et en donnant un coup vers soi. La lame de la serpette doit toujours agir au-dessus des doigts de la main gauche et jamais au-dessous.

Équilibre de la sève. — On ne pourra obtenir de beaux fruits que sur un arbre vigoureux; et, d'un autre côté, les fleurs n'apparaissent que sur les rameaux faibles : voilà les deux principes que la taille doit concilier. Si la sève dans un arbre n'est pas équilibrée, lorsqu'une partie est forte et l'autre faible, la partie forte restera infertile, tandis que la partie faible se couvrira de fruits qui achèveront de l'épuiser.

On a conseillé, pour obtenir cet équilibre, et comme grand moyen, de tailler peu ou point la partie faible, puis de raccourcír tous les rameaux de la partie forte et de les ramener à la longueur de la partie faible.

Outre que cette manière de procéder est dangereuse pour la santé de l'arbre, elle amène le plus souvent des déceptions. Évitons ces rognages annuels que l'on fait subir aux arbres, en vue de les équilibrer ou de les mettre à fruits : n'est-ce pas une chose déplorable que de se condamner, pour équilibrer un arbre, à enlever la presque totalité de sa végétation pendant une année? Et d'ailleurs, chaque bourgeon qui se développe donne, comme on sait, naissance à une racine dont la vigueur est égale à celle du bourgeon qui l'a produite : si l'on coupe la branche, on ne détruit pas cette racine qui continuera à envoyer une sève abondante; et, à la place d'une branche trop forte, on aura des gourmands qui accélèreront le dépérissement de la partie faible.

L'équilibre pourra être obtenu facilement et plus sûrement par les moyens suivants :

1° Les *inclinaisons*. — La sève a tendance à toujours

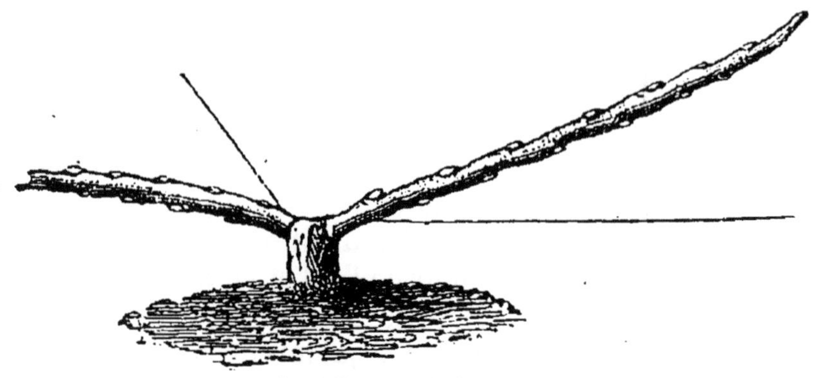

Equilibre par inclinaison.

se porter vers les parties verticales d'un arbre : si donc on incline la branche forte et qu'on redresse la branche faible, en l'exposant bien à la lumière, celle-ci ne tardera pas à acquérir une vigueur égale à celle de l'autre.

Le degré d'inclinaison à imposer à une branche dépendra de la disproportion qui existera.

2° *Palisser sévèrement.* — C'est un moyen énergique; si on charge la branche forte de plusieurs liens en la serrant contre le mur, de façon à la priver d'une certaine quantité de lumière, la sève circulera avec moins de facilité, et il se produira un ralentissement dans l'accroissement.

Si la disproportion entre les deux branches était trop considérable, on enfoncerait un échalas en avant de l'arbre et l'on palisserait dessus le plus verticalement possible la branche faible; recevant la lumière de toutes parts, elle croîtra avec une grande vigueur.

3° *Les pincements.* — Pincer de très bonne heure tous les bourgeons de la branche forte, aux longueurs déterminées aux cultures spéciales, et même l'extrémité des bourgeons de prolongement, et laisser instacts ceux de la branche faible. L'une s'arrêtera; l'autre, au contraire, pourvue d'une quantité considérable de feuilles, croîtra avec une rapidité d'autant plus grande que les bourgeons laissés intacts donneront naissance à de nouvelles racines.

4° *Supprimer simplement* un certain nombre de feuilles sur la partie forte, sans, toutefois, arracher le pétiole. Le côté fort se trouve ainsi privé d'un certain nombre d'appareils à cambium, et l'accroissement est, par suite, ralenti. Mais cette suppression des feuilles, si elle était considérable, pourrait par trop affaiblir l'arbre, de même que des pincements trop courts et trop réitérés auraient le même inconvénient. On n'aura donc recours à ce moyen qu'avec prudence.

Priver de lumière le côté fort, au moyen de toiles, pendant quelques jours, et laisser le côté faible exposé à la lumière la plus vive. Ce moyen est des plus énergiques, puisqu'il a pour effet de suspendre complètement l'accroissement d'une partie de l'arbre. Aussi, ne doit-il être employé que sur des arbres vigoureux, et par ceux-là seuls qui ont une grande expérience de la végétation.

C'est particulièrement dans la restauration des vieux arbres mal équilibrés qu'on use de ce procédé. Dans ce cas, outre les moyens déjà indiqués, il en est d'autres encore d'une grande efficacité.

Ainsi, après avoir palissé fortement le côté fort et relevé le côté faible, on aspergera les feuilles du côté faible avec du sulfate de fer, dissous dans de l'eau (2 gr. par litre), le soir, après le coucher du soleil, et l'eau étant à la température de l'atmosphère. On n'aspergera pas la partie forte.

Engrais liquide. — Nous avons vu que l'engrais liquide est assimilable à l'instant même par les racines. On arrosera avec cet engrais le côté faible de l'arbre, et on paillera, afin d'entretenir la fraîcheur.

Les entailles faites avec la scie à main sur les arbres à fruits à pépins, avec la serpette sur les arbres à fruits à noyaux sont des moyens énergiques pour équilibrer les branches.

Nous citerons encore, comme moyens d'équilibrer la sève.

5° *La suppression* des fruits sur la partie faible de l'arbre. Les fruits absorbent une grande quantité de sève; si on les supprime, la sève profitera à l'accroissement des bourgeons, et, par suite, à la production des racines.

6° Enfin, on pourra greffer des boutons à fruits sur la partie forte de l'arbre; ce moyen très énergique, arrêtera la croissance des gourmands. On choisit de très grosses variétés, telles que la Belle Angevine, la Duchesse, le Triomphe de Jodoigne, Beurré Clairjeau, pour les poiriers; Royale d'Angleterre, Belle Dubois, Empereur Alexandre, Reine de Bretagne, pour les pommiers, et l'on greffe en quantité proportionnelle à la vigueur de la branche. On laisse intacte la branche faible. L'une s'arrête, l'autre reprend avec vigueur et l'équilibre se rétablit sans que l'arbre ait eu à souffrir d'aucune mutilation. On aura de plus l'avantage de récolter des fruits énormes. Nous devons dire, toutefois, que cette opération ne réussit pas toujours aussi bien sur le pommier que sur le poirier.

L'équilibre est la loi de la végétation et aussi de la fructification. Les rameaux destinés à porter des fruits devront donc être équilibrés, comme les branches de la charpente. A cet effet, on aura à supprimer presque toujours les rameaux du dessus de la branche qui auront une tendance à s'emporter. A la place du gourmand, sur l'empâtement naîtront des dards qui se mettront facilement à fruits; s'il ne poussait rien, on grefferait un bouton à fruit sur le devant de la branche.

Mise à fruits. — Un arbre ne fructifiera qu'à la condition que la sève, circulant avec lenteur, laissera aux feuilles le temps d'élaborer le cambium et de lui faire subir une préparation complète; sans cela, il ne produira que des boutons à bois.

Cette observation nous explique pourquoi les arbres jeunes et vigoureux donnent rarement des fruits.

La conséquence naturelle du principe que nous venons de poser, c'est qu'il faut tailler longs les prolongements, aussi longs qu'il sera possible, mais de façon que tous les yeux se développent. Plus la sève aura un long parcours, plus sa circulation sera lente; moins il y aura de bourgeons, et plus il y aura de boutons à fleurs.

Ainsi la circulation lente de la sève est la clef de la mise à fruits des arbres.

On ne fera exception à cette règle que dans deux cas : lorsque la charpente d'un arbre aura acquis tout son développement et que les branches sont couvertes de fruits, et lorsqu'un arbre est fatigué, soit par une production trop abondante, soit par les tailles qu'il a subies.

Dans l'un et l'autre de ces cas, la production des bourgeons ayant été nulle, l'arbre n'a pas acquis de nouvelles racines. Si l'on taille court, la sève, se trouvant circonscrite, agira avec force dans toutes les parties de l'arbre; Des bourgeons se dévolopperont et l'arbre reprendra toute sa vigueur.

Comme moyens de diminuer l'intensité de l'action de la sève et de hâter la fructification, nous indiquerons encore les suivants :

Pincer les bourgeons latéraux dès que ces bourgeons auront atteint la longueur que nous déterminerons pour chaque espèce. Ce pincement aura pour effet de maintenir le bourgeon dans un état de faiblesse qui favorisera sa mise à fruit.

Casser les rameaux, au lieu de les couper. Par le cassement, on occasionne au rameau une plaie qui ne se cicatrise pas comme ferait une coupure, et par laquelle s'échappe la surabondance de sève. Le cassement fait généralement naître des boutons à fruits à la base.

Les cassements ne se pratiquent que sur les arbres à fruits à pépins ; sur les arbres à fruits à noyaux, ils feraient naître la gomme.

Greffer des boutons à fruits. Nous avons déjà indiqué ce moyen comme un de ceux qu'on emploie pour équilibrer les branches d'un arbre ; il n'est pas moins efficace pour déterminer la mise à fruit. Les lambourdes que l'on greffe ainsi donnent du fruit dès l'année suivante ; elles vivent aussi longtemps que l'arbre lui-même.

Cette opération se fait dans la première quinzaine d'août. On prend la greffe ou sur des sujets plantés l'hiver précédent et n'ayant pas encore subi de taille, ou sur un arbre d'où ces boutons devraient disparaître à la taille. Les meilleures lambourdes sont celles qui poussent sur le bois d'un an. On opère comme pour l'écusson.

Arquer les branches. — On attache les branches de façon à leur faire décrire une courbe. Mais il ne faut pas que cette courbe soit trop prononcée, sans quoi on occasionnerait la naissance de gourmands. Ce qu'on cherche, en arquant ainsi les branches, c'est que la sève circule plus lentement.

Tailler tard, lorsque l'arbre est en pleine sève et que les bourgeons ont déjà une longueur de 2 à 3 centimètres, cette opération fatigue l'arbre et conséquemment favorise la fructification ; mais on comprend qu'elle ne doit être appliquée qu'à des arbres vigoureux.

Enfin on conseille encore, pour modérer la vigueur d'un arbre et le porter à se mettre à fruit, de pratiquer, en février, au bas de la tige, une incision annulaire d'environ 5 millimètres de profondeur. Après avoir dégarni de terre le pied de l'arbre, on l'incise avec la scie à main, puis on a soin de remettre la terre en place. Cette opération, en gênant l'ascension de la sève, modère son activité; mais, si elle peut être quelquefois appliquée aux arbres à pépins autres que ceux à haute tige, elle ne doit jamais l'être aux arbres à fruits à noyaux, chez lesquels elle occasionnerait la gomme.

Arbres ne donnant que des fruits. — S'il y a des arbres qui ne produisent que du bois, il en est d'autres qui se couvrent de fruits au point que la croissance des prolongements est arrêtée. En pareil cas, il faudra, pendant une année ou deux, sacrifier tous les fruits. A l'époque de la floraison, lorsque les fleurs sont épanouies, on supprimera ces fleurs, en conservant intacte la rosette de feuilles qui les environne. A l'empâtement des fleurs supprimées se trouvent des yeux qui ne tarderont pas à se développer; s'il part deux bourgeons, on en supprimera un.

Volume des fruits. — La grosseur des fruits est en rapport avec la quantité de sève qu'ils absorbent. Il est donc important de favoriser cette absorption de la sève, et on y arrivera par les moyens suivants :

1° A la taille d'hiver, supprimer tout le bois qui ne sera pas nécessaire à la formation de la charpente. Les sucs que ces rameaux inutiles auraient absorbés profiteront à ceux qui auront été conservés, ainsi qu'aux fruits.

2° Maintenir les rameaux à fruits le plus courts possible, toujours près de la branche mère, afin qu'ils reçoivent une plus grande abondance de sève.

3° Rapprocher les lambourdes. Les boutons qui naîtront à la base de ces lambourdes donneront de beaux fruits, tandis que, si on les laissait s'allonger, elles finiraient par atteindre une longueur telle que les fruits trop nombreux ne trouveraient plus une nourriture suffisante; ils resteraient comparativement petits si même ils ne tombaient avant d'arriver à maturité.

4° Pincer les bourgeons, à l'exception des prolongements de la charpente. Les pincements préparent la fructification pour l'année suivante, et, en même temps favorisent le développement des fruits qui profitent de la sève que ces bourgeons auraient absorbée.

5° Ne pas laisser trop de fruits aux arbres. C'est le meilleur moyen d'obtenir de beaux et bons fruits. La proportion serait d'un fruit par quatre rameaux pour les espèces à pépins, et d'un fruit par 10 centimètres sur les espèces à noyaux. Sur un bouquet de fruits, on supprimera, huit ou dix jours après leur formation, ceux qui sont au centre, et on ne laissera que les plus éloignés, de manière qu'ils ne puissent se toucher et que les vers n'aillent pas se loger entre eux, pour les piquer successivement.

La taille des arbres comprend diverses opérations qui comportent les unes la taille d'hiver, les autres la taille d'été.

La taille d'hiver, qui se pratique pendant le repos de la végétation, comprend la coupe des rameaux, le rapprochement, le ravalement, les entailles, les cassements, les incisions, l'éborgnage, le récépage, etc.

On profitera pour tailler, d'un temps doux, du mois de novembre au mois de mars, suivant la vigueur des arbres et l'état de la végétation.

On taillera par ordre de précocité, c'est-à-dire, en commençant par les espèces qui végètent les premières. Ainsi viendront successivement les abricotiers les pêchers, les cerisiers, les pruniers, puis, en dernier lieu, les poiriers et les pommiers.

Il est contraire au bon sens de tailler, comme cela arrive, les abricotiers et les pêchers quand ils sont en fleurs. C'est occasionner à ces arbres, déjà fatigués par la floraison, une fatigue très préjudiciable.

Les arbres faibles ou fatigués par une abondante production seront taillés aussitôt après la chute des feuilles.

Il sera utile, souvent, d'avancer la taille après un été sec, et de la retarder après une saison pluvieuse. La végétation accomplie par un été sec produit du bois bien constitué, et il est bon de concentrer l'énergie vitale sur les boutons qui seront conservés.

On se gardera de tailler quand il gèle ou quand la gelée paraît imminente.

Si l'on opère la taille avant les fortes gelées, les rameaux exposés aux influences de l'air, de l'humidité et des gelées, n'auront pas le temps de se cicatriser et il en résultera que le bouton terminal réservé au sommet de ces rameaux sera souvent détruit.

Les mêmes accidents seront à craindre si l'on pratique la taille pendant la gelée. Les instruments coupent difficilement le bois gelé, et conséquemment, les plaies qui seront déchirées ne se cicatriseront pas ; la mortalité descendra au-dessous du bouton qui avoisine la coupe, et ce bouton sera anéanti.

On se gardera également d'attendre pour tailler que le bourgeonnement commence à se manifester. La sève des racines qui s'est déjà répandue dans toutes les parties de l'arbre serait perdue ; et cette sève, refoulée du sommet vers la base, peut s'extravaser et produire des chancres ou de la gomme.

On ne pourra faire exception que pour les arbres vigoureux difficiles à mettre à fruits. Pour ceux-là, on pourra tailler tard, lorsque les bourgeons apparaissent.

Les opérations de la taille d'été sont l'ébourgeonnement, les pincements, les cassements en vert, la suppression des fruits trop nombreux, le rapprochement et l'effeuillement.

CHAPITRE VIII

POIRIER

Taille des prolongements — Taille des rameaux à fruits.

Le poirier préfère un sol substantiel et profond.

Les terres franches, les terres argilo-siliceuses, les sables gras, ferrugineux, les terrains légers un peu frais, quand l'humus domine le calcaire, conviennent au poirier, à la condition que la couche arable soit suffisamment épaisse et que le sous-sol soit perméable.

Les amendements pour le poirier sont les bonnes terres végétales, les boues des rues, les curages de rivière, les platras, les chiffons de laine, les débris d'animaux et de végétaux, selon la nature du sous-sol.

On greffe le poirier sur sauvageon, dit poirier franc, ou sur cognassier, ce qui permet de le planter dans des terrains de nature différente. On greffe encore sur aubépine pour certaines variétés dans les endroits secs où le franc et le cognassier ne réussiraient pas.

Le poirier greffé sur franc demande une couche de terre profonde où puissent s'enfoncer ses racines pivotantes. La sécheresse lui est moins nuisible qu'une humidité stagnante.

Le poirier sur franc est plus lent à produire, mais il constitue des arbres plus vigoureux et d'une plus longue durée.

Le poirier greffé sur cognassier préfère les endroits frais, les schistes, les terres grasses, légèrement humides, sans être trop compactes.

Le poirier sur cognassier produit plus vite, donne de beaux et bons fruits, mais dure moins longtemps.

Le poirier vit difficilement sous une latitude plus chaude que celle du midi de la France. Vers le nord de l'Europe, les brouillards froids et persistants contrarient son existence en plein vent.

Lorsque les poiriers ont été plantés et qu'on a déterminé quelle forme on leur donnera, il y aura à se préoccuper, ainsi que nous l'avons dit dans le précédent chapitre, de la formation de la charpente, et ensuite de la taille des prolongements. De la taille de ces prolongements dépendra en grande partie la mise à fruits.

En parlant de la formation des formes en U et des candélabres à quatre branches, nous avons dit que l'allongement des tiges, lorsqu'elles sont palissées verticalement, peut être d'environ 50 centimètres par année, mais à une condition, c'est qu'on n'oubliera pas, lorsque le bourgeon aura atteint une longueur de 35 centimètres, d'opérer une taille en vert à 25 centimètres, afin de faire gonfler les yeux de la base.

La taille des prolongements, en effet, doit être calculée

de façon à ce que tous les yeux se développent de la base au sommet. Il est constaté qu'une branche couchée horizontalement développe tous ses yeux. On pourrait donc ne pas opérer de taille sur une branche se trouvant dans ces conditions; mais, ainsi que nous l'avons précédemment expliqué, on retranchera un ou deux centimètres de l'extrémité de cette branche, en coupant sur un œil bien constitué, afin d'obtenir un nouveau prolongement bien vigoureux.

En partant de ce principe qu'une branche placée horizontalement développe tous ses yeux, tandis qu'une branche palissée verticalement ne développe ses yeux de la base que si on supprime les deux tiers de sa longueur, on comprendra que les branches entre ces points extrêmes devront être taillées plus ou moins longues, suivant leur degré d'inclinaison.

Cette règle est applicable aux prolongements de toutes les formes. On voit donc quels avantages il y a à choisir les formes à lignes horizontales, surtout celles où la sève se divise à la base. Ces formes ne nécessitent pour ainsi dire pas d'amputations, et la sève circulant lentement dans toutes les parties de l'arbre, l'équilibre s'établit aisément et, par suite, la mise à fruits est très prompte.

A mesure que se formeront les blanches de la charpente, on se préoccupera de les couvrir de rameaux à fruits. La formation de ces rameaux à fruits est la même sur les branches charpentières de tous les arbres, quelle que soit la direction, verticale ou horizontale, qu'on leur ait imprimée; ces rameaux, comme ceux de presque toutes les espèces de fruits à pépins, demandent trois années pour se constituer. Il ne fleurissent qu'au troisième printemps; mais, une fois formés, ils produisent des fruits, s'ils sont bien soignés, pendant toute la durée de l'arbre.

Taille d'hiver, première année. — L'arbre planté, puis récépé, comme nous avons dit, a produit, pendant le cours de la végétation, les bourgeons, qu'on a mis en place et qui sont devenus rameaux. Ce sont ces rameaux qui formeront les premières branches charpentières, et qu'on taillera, de la fin de janvier à la fin de février, de façon à faire développer tous les yeux et à obtenir, en même temps, un bon prolongement.

Si les branches sont placées horizontalement, on taillera sur un œil de côté et en avant. En taillant sur un œil en dessous, on aurait un prolongement faible et tortu; en dessus, le prolongement serait fort, mais plus tortu encore. Il y aura lieu, parfois, de procéder à l'éborgnage des yeux voisins de l'œil de taille, en vue de favoriser le développement du nouveau prolongement.

Opérations d'été. — Si la taille de notre prolongement a été bien calculée, nous verrons naître sur ce prolongement d'abord des bouquets de feuilles, puis des dards, et enfin, vers le sommet, des bourgeons.

Les rosettes des feuilles et des dards produiront des fruits si la sève est bien équilibrée; mais les bourgeons devront être soumis à un traitement particulier : ils devront être pincés.

Le pincement, a-t-on dit avec raison, est la clef de la fructification. Partout on a admis le pincement, mais où l'on diffère, c'est sur la méthode à employer.

Les uns disent : pincez court, pincez sur deux ou trois feuilles ayant des yeux à l'aisselle ; s'il est besoin d'un second, d'un troisième pincement, vous le pratiquerez sur une feuille au-dessus du précédent. Quant aux bourgeons qui naîtront sur un bourgeon ayant déjà subi un seul pincement et qu'on nomme faux bourgeon, pincez-le sur une feuille au-dessus de son empâtement. S'il naît plusieurs faux bourgeons, traitez le plus élevé comme on vient de dire et supprimez tous ceux qui se trouvent au-dessous, en conservant seulement la feuille à l'aisselle de laquelle ils ont pris naissance.

Cette méthode a certainement l'avantage d'être simple, d'une application facile; elle permet à la lumière de se répandre sur tous les rameaux; or, comme dit le proverbe, point de lumière point de fruits. Si les arbres sont faibles, on obtient des fruits dès la première ou la seconde année.

Mais on répond à cela que si l'on pince sur deux ou trois feuilles seulement, et que l'arbre soit vigoureux, la sève, circonscrite dans un espace trop restreint, fera pression sur les yeux qui resteront et les fera développer en bourgeons vigoureux. Au printemps suivant, le rameau étant d'une vigueur excessive, on sera obligé de le couper sur son empâtement, et, alors, de deux choses l'une, ou l'empâtement périra, et il y aura un vide sur la branche, ou, la variété étant pourvue d'yeux à la base, il naîtra une quantité de bourgeons qui, malgré des pincements réitérés, formeront une tête de saule.

Les partisans du pincement court reconnaissent que l'arbre se nourrit en partie par ses feuilles : il y a donc intérêt à ne pas priver les rameaux de cet appareil indispensable. La méthode de M. le professeur Gressent, que nous avons appliquée, nous a toujours donné de bons résultats, et il nous a paru qu'elle est fondée sur une connaissance exacte des lois de la végétation. C'est celle que nous avons adoptée.

Les feuilles sont le laboratoire où se forme le cambium, nécessaire à la préparation des boutons à fruits : huit feuilles sur un rameau, quelle que soit la variété de l'arbre, sont jugées nécessaires pour cette élaboration : « Donc, nous dit le savant professeur, quand un bourgeon du poirier aura développé de dix à quinze feuilles, quelle que soit la longueur du bourgeon, on le pincera sur huit feuilles, c'est-à-dire qu'on rompra avec les doigts le bourgeon, de façon à produire une plaie déchirée qui se cicatrise lentement. »

En même temps que le pincement, on pratiquera l'ébourgeonnement, afin d'obtenir un équilibre parfait. S'il était né des bourgeons accompagnant celui de prolongement, on les supprimerait avant qu'ils aient atteint 1 centimètre.

On supprimera également les bourgeons du dessus des branches qui, dès leur naissance, prendraient les proportions d'un gourmand, et aussi ceux produits par un œil double. Par suite de cet ébourgeonnement, il naîtra un bourgeon faible qui se mettra aisément à fruits. S'il se produisait deux ou plusieurs bourgeons, on supprimerait les plus forts à la base, et on laisserait le plus faible.

Si les yeux de la base du bourgeon qu'on a pincé à huit

feuilles ne paraissaient pas devoir se développer, on cassera en vert deux yeux au-dessous du pincement, afin que ces yeux ne restent pas endormis.

Ce cassement en vert qui se pratique pendant le cours de la végétation, et qui est bien différent du pincement, produit une véritable déchirure par où s'échappe la surabondance de la sève. Le cassement en vert s'opère avec la lame

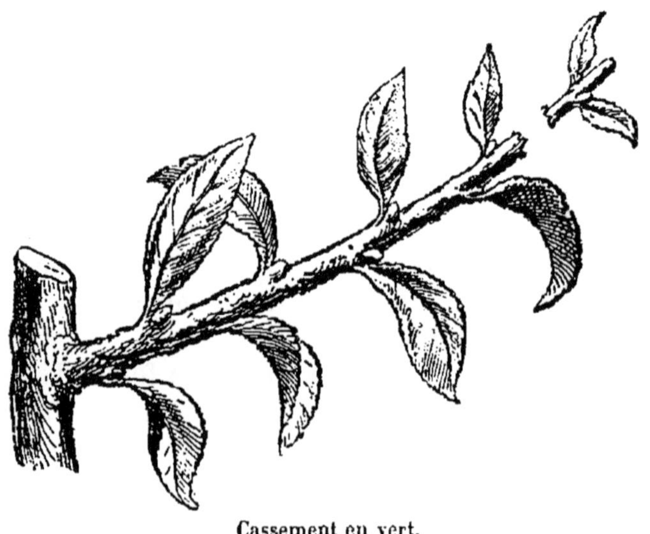

Cassement en vert.

de la serpette, et on enlève complètement le bout du bourgeon.

Le plus souvent il naîtra un autre bourgeon à l'extrémité du bourgeon pincé. Ce nouveau bourgeon, ou ces nouveaux bourgeons, s'il y en a plusieurs, seront soumis à un pincement sur six feuilles.

Lorsque la variété est vigoureuse, le ou les pincements ne suffiraient pas pour arrêter le développement des bourgeons. On pincera deux fois, comme nous venons de dire; puis, lorsqu'il aura poussé un troisième bourgeon, on opérera un cassement en vert, au-dessous du premier pincement, et on pincera sur six ou sept feuilles le bourgeon conservé.

Il est important de ne point laisser de bifurcations qui jetteraient de l'ombre dans l'arbre.

Lorsqu'on a oublié ou négligé d'opérer le pincement, on peut encore y remédier jusqu'au mois de juin et même au mois de juillet. On casse en vert tous les bourgeons latéraux sur huit feuilles. Si quelques-uns de ces bourgeons étaient faibles, on les pincerait, au lieu de les casser, mais toujours en laissant huit feuilles.

Second cassement.

Ainsi, pendant le cours de la végétation, nous avons pratiqué, sur le prolongement, les pincements, les ébourgeonnements et les cassements en vert.

Taille d'hiver, seconde année. — Au printemps de la seconde année, c'est-à-dire de la fin de janvier au 15 mars, on pratiquera les opérations suivantes : on cassera sur cinq yeux les rameaux faibles, sur six yeux les rameaux de vigueur moyenne. Les rameaux vigoureux seront cassés deux fois, d'abord complètement sur le sixième œil, et ensuite à moitié, un peu au-dessous du premier cassement. Le bout du rameau ainsi recassé ne sera pas enlevé.

Ces cassements en sec ne doivent pas être confondus avec

les cassements en vert que l'on a pratiqués pendant le cours de la végétation. Ils se font en appliquant la lame de la serpette à l'endroit du rameau où on veut le casser, et en donnant un coup sec. Pour le cassement partiel, afin d'éviter de détacher le bout du rameau, on coupe seulement l'écorce.

Par suite de ces cassements, le rameau se trouve dans un état assez continu de souffrance. Il produira peut-être, néanmoins, des bourgeons; mais, presque toujours, il naîtra à sa base des boutons à fruits.

Après la taille, ou plutôt après le cassement des rameaux latéraux, on taillera le prolongement.

Pendant l'été suivant, on ébourgeonnera, comme on a fait l'année précédente; on pincera les bourgeons qui naîtront sur les rameaux qu'on a cassés à la taille d'hiver, et qui se développeront sur le nouveau prolongement.

A la chute des feuilles, la première partie de la branche que nous traitons depuis deux ans aura les yeux de sa base convertis en boutons à fruits; les dards du second tiers porteront également des boutons à fruits; enfin, les rameaux qui ont été pincés, puis cassés en vert la première année — cassés en sec la seconde — montreront un ou plusieurs boutons à fruits.

Taille d'hiver, troisième année. — On taillera les rameaux à fruits sur le bouton le plus rapproché de la base, de manière à n'en conserver qu'un seul.

Cette opération paraîtra peut-être rigoureuse; mais elle est indispensable si l'on tient à ce que l'arbre ne s'épuise pas par une floraison trop abondante. Il restera d'ailleurs bien assez de fruits, et ils viendront d'autant mieux qu'ils profiteront de la sève que les autres auraient absorbée si on ne les avait pas supprimés.

Cette suppression de boutons à fruits ne suffira même pas toujours, et souvent on sera obligé, après la floraison, de faire disparaître une partie des fruits, afin d'assurer la récolte des autres.

Il arrive, pour certaines variétés, telle que Beurré d'Arenberg, Bergamote Esperen, Joséphine-de-Malines, que les bourgeons sont quelquefois ramifiés : dans ce cas, on cessera les rameaux latéraux sur dix yeux. Ceux de ces rameaux qui seraient trop vigoureux seront supprimés.

En outre, lorsque les ramifications seront trop rapprochées, on en supprimera quelques-unes. Sur une longueur de 10 à 15 centimètres, on ne devrait laisser au plus que trois rameaux à fruits.

On laisse quelquefois, comme tire-sève, un bourgeon au-dessus des boutons à fruits : c'est un procédé que nous ne

Lambourde.

conseillerons pas. Les fruits attirent à eux et absorbent trop de sève pour qu'il soit besoin de recourir à ce moyen.

Lorsque le bouton à fruits est constitué, on lui donne le nom de *lambourde*. Lorsqu'elle a fleuri et fructifié, la lambourde porte à son extrémité un renflement spongieux qu'on appelle *bourse*. Si l'on examine une de ces bourses, on verra qu'elle porte à sa base des yeux, dont la plupart produisent, l'année suivante, des boutons à fruits.

Lorsqu'il naît un bourgeon sur ces bourses, on le soumet au pincement et au cassement, s'il y a lieu ; puis, dès qu'un nouveau bouton à fruit s'est formé, on taille de façon à rapprocher le plus possible.

Les lambourdes sont supportées par un pédoncule, et dans les rides de ce pédoncule est contenu le rudiment de nombreux boutons à fruits. Si l'on a soin de rapprocher sans cesse la lambourde, de ne pas la laisser allonger par

Suppression des bifurcations.

la production de bourgeons et de brindilles, ce pédoncule sera une source inépuisable de boutons à fruits.

Lorsqu'il se développera un bourgeon au centre d'un bouquet de fleurs, on le pincera sur quatre feuilles, pour empêcher que les rudiments contenus dans le pédoncule ne s'éteignent.

CHAPITRE IX

VARIÉTÉS DE POIRIERS.

Les variétés que nous allons signaler sont les meilleures, celles qui donnent d'excellents fruits. Il en existe sans doute beaucoup d'autres; mais l'essentiel dans un jardin est d'avoir des arbres qui assurent une provision de poires pour dix mois au moins de l'année. En même temps que l'époque de maturité, nous indiquerons la qualité particulière des fruits, la vigueur des arbres, l'exposition qui leur convient, et la forme ou les formes auxquelles il est préférable de les soumettre.

Variétés mûrissant en juillet:

Madeleine. — Arbre de vigueur moyenne, très fertile; réussit en plein vent. Peut être placé en espalier, en candélabres à quatre branches et en cordons unilatéraux. Les fruits se conservent peu.

Beurré Giffard. — Assez vigoureux, très fertile, les formes moyennes d'espalier et de plein vent lui conviennent parfaitement, et il s'arrange de toutes les expositions à l'exception de celle du nord. Le Beurré Giffard, qui mûrit après la Madeleine, est la meilleure de nos poires d'été.

En août :

Épargne. — Très fertile; très vigoureux s'il est greffé sur franc; s'il est greffé sur cognassier, le soumettre aux formes moyennes. La poire ne se conserve pas.

En septembre :

Beurré d'Amanlis. — Très vigoureux et très fertile; convient pour les plus grandes formes de plein vent; arbre précieux pour la greffe des variétés faibles.

William. — Arbre très fertile; faible s'il est greffé sur cognassier; pour les formes moyennes, il est nécessaire qu'il soit greffé sur franc ou qu'on l'affranchisse. Le fruit, qui est excellent, ne se conserve pas longtemps.

Beurré superfin. — L'arbre est très faible; donne de très beaux fruits en cordons unilatéraux. Le plus souvent, est cultivé par greffe de boutons à fruits; poire de qualité hors ligne.

Bonne-d'Ézé. — De vigueur moyenne, très fertile; convient pour les petites formes d'espalier et de plein vent. En cordons unilatéraux, produit des fruits énormes. Poire de bonne qualité.

En octobre :

Doyenné Boussock. — Assez vigoureux et fertile. Pour les formes moyennes d'espalier et de plein vent; exposition à l'est et à l'ouest; poire d'excellente qualité, qui devient très grosse, en cordons unilatéraux.

Beurré gris. — Très fertile, mais peu vigoureux; ne peut être soumis aux grandes formes qu'à la condition d'être greffé sur franc; espalier au sud et au sud-ouest, et cordons unilatéraux. Fruit excellent se conserve peu.

Beurré Hardy. — Arbre vigoureux; convient pour toutes les grandes formes, demande l'est et l'ouest.

Louise-Bonne d'Avranches. — Assez vigoureux, très fertile; convient pour toutes les formes et se trouve bien à toutes les expositions. Fruits excellents et énormes en cordons unilatéraux; en Normandie, cet arbre tend à s'affaiblir.

Général-Tottleben. — Fruit de bonne qualité, très beau; arbre vigoureux; exposition est et ouest; convient aux grandes formes d'espalier et de plein vent.

En novembre :

Doyenné Gris. — Arbre faible, très fertile ; vient à toutes les expositions en espalier; poire excellente, petite forme ; réussit en cordons unilatéraux.

Duchesse d'Angoulême. — Vigoureux et très fertile; convient à toutes les formes et à toutes les expositions en plein vent; en cordons unilatéraux on obtient des fruits énormes. Poire de bonne qualité qui mûrit d'octobre à janvier.

Doyenné du Comice. — Arbre vigoureux, très fertile; convient aux grandes formes d'espalier et de plein vent, et aussi pour les formes moyennes. Fruit superbe et de qualité hors ligne.

Beurré-Aurore. — Arbre très fertile, de vigueur moyenne; vient à toutes les expositions; convient pour les formes petites et moyennes.

Duc-de-Bordeaux. — De vigueur moyenne, très fertile, pour les formes moyennes; fruit de bonne qualité.

Soldat-laboureur. — Vigoureux et fertile; fruit énorme qui se conserve très bien. Convient pour les grandes formes d'espalier et de plein vent. Poire d'assez bonne qualité.

Nouveau Poiteau. — Arbre très vigoureux, propre aux plus grandes formes d'espalier et de plein vent. Poire superbe, a l'inconvénient de blettir.

Beurré Picquery. — Très vigoureux et fertile; pour les grandes formes d'espalier et de plein vent. Beau et bon fruit. Exposition à l'est et à l'ouest.

Maréchal de la Cour. — Arbre vigoureux et fertile, venant à toutes les expositions; convient pour les grandes formes d'espalier et de plein vent. Fruit de première qualité et se conservant longtemps.

Beurré d'Anjou. — Vigoureux et fertile; propre aux grandes formes d'espalier et de plein vent, s'il est greffé sur franc. Greffé sur cognassier, doit être réservé pour les formes moyennes. Assez bonne poire.

En décembre :

Beurré Clairgeau. — Arbre très faible; donne des fruits de bonne qualité et d'une grosseur énorme, les plus beaux que l'on ait après la Belle-Angevine. Nous conseillerons de greffer les boutons à fruits sur des arbres vigoureux, le Beurré-Diel, Crassane etc.

Beurré Diel. — Vigoureux et fertile, propre à toutes les grandes formes, et venant à toutes les expositions. Beau fruit et d'excellente qualité.

Crassane. — Très vigoureux, mais difficile à mettre à fruits. Exposition au sud et au sud est. Dure peu, greffé sur congassier; il y aurait avantage à l'affranchir.

Figue d'Alençon. — Arbre vigoureux et fertile, propre à toutes les grandes formes d'espalier et de plein vent; fruit d'assez bonne qualité

Triomphe de Jodoigne. — Arbre fertile; devient vigoureux, au bout de quelques années, et donne de beaux et excellents fruits. Vient à toutes les expositions et est propre aux grandes formes.

Passe-Crassane. — Vigoureux et fertile, propre à toutes les formes; fruit de qualité hors ligne et se gardant longtemps. Variété dont on ne saurait avoir en trop grande quantité.

En décembre, janvier, février.

Doyenné d'Alençon. — Arbre vigoureux et fertile; convient ax grandes formes d'espalier et aux formes moyennes pour le plein vent. Fruit excellent, assez gros, qui se garde jusqu'en avril.

Doyenné d'Arenberg. — Vigoureux et fertile; convient pour toutes les formes d'espalier, surtout à l'ouest. En plein vent, il serait nécessaire d'attacher les branches, pour qu'elles ne soient pas ballottées par les vents.

Passe-Colmar. — Arbre faible, très fertile; propre aux petites formes d'espalier et de plein vent; fructifie à toutes les expositions. Fruits de qualité hors ligne, se gardent longtemps. Plus gros en cordons unilatéraux.

Kessoy. — Très fertile et de vigueur moyenne; propre aux formes moyennes d'espalier et de plein vent. Fruit pas très gros, excellent.

Joséphine de Malines. — Arbre de vigueur moyenne, fertile, convient pour les formes moyennes; donne de beaux fruits en cordons unilatéraux. La poire est petite, mais excellente, et elle se garde longtemps.

De janvier à mai et juin.

Doyenné d'hiver. — Arbre de vigueur moyenne, très fertile; propre aux petites formes d'espalier et de plein vent; fructifie à toutes les expositions, sous un climat chaud. Autant que possible on donnera à cette variété une place abritée dans les régions un peu froides. Fruit superbe et excellent.

Bergamote Esperen. — Arbre vigoureux, fertile, propre aux grandes formes d'espalier et de plein vent. Fruit pas très gros, mais délicieux, que l'on conserve jusqu'au mois de mai et même au mois de juin.

Comme fruits à cuire, nous indiquerons les variétés ;

Catillac. — Arbre vigoureux et fertile, qui vient à toutes les expositions de plein vent. Le Catillac est particulièrement destiné à recevoir des greffes de boutons à fruits d'arbres faibles.

Bon-Chrétien d'hiver. — Arbre vigoureux et fertile. La meilleure des poires pour compotes.

En outre du Bon-Chrétien, nous signalerons comme poires à cuire, ou propres aux compotes, au séchage, à la confiserie, et à diverses préparations économiques :

Blanquet. — Petites poires à demi croquantes, parfois juteuses, toujours sucrées, parfumées. Agréables à manger crues. Mûrissent de juin en août.

Rousselet de Reims. — Bonne petite poire de table, utilisée dans le séchage, la poire tapée, le fruit à l'eau-de-vie, le fruit cuit au four, le fruit entier confit au sucre. Mûrit en septembre.

Beurré d'Angleterre. — Fruit excellent en confitures, en poires tapées, en compote de fruits entiers.

Beurré Capiaumont. — Arbre tres productif, au jardin ou au verger, fruit moyen d'octobre ; se prête au séchage, à la cuisson à l'eau acidulée, conserve à l'eau-de-vie.

Curé. — Arbre vigoureux. Dans les situations froides, ce fruit, qui mûrit d'octobre à décembre, manque de saveur ; c'est le cas de l'utiliser au four.

Messire Jean. — Arbre vigoureux. Maturité novembre et décembre. C'est la poire par excellence cuite au four.

Martin sec. — Variété recherchée pour la poire tapée, la poire sèche, la compote de fruits entiers.

Ces arbres, généralement destinés à la grande production, ont plutôt leur place au verger de plein vent qu'au jardin.

Parmi les poires d'apparat nous citerons les variétés suivantes :

Belle Angevine. — Arbre vigoureux, assez fertile, fruit très gros, parfois énorme, beau de forme et de coloris. Le mérite de cette poire réside seulement dans sa beauté, car sa chair est sans saveur. Maturité en février et mars.

Van Marum. — Arbre d'une vigueur modérée, fruit très

gros; chair assez fine, fondante, quelquefois pâteuse. Maturité en octobre.

RÉCOLTE DES POIRES.

On choisira, pour procéder à la récolte des fruits, un temps sec et beau. Le fruit cueilli à point, ni trop vert ni trop mûr, et par une température convenable, se conserve mieux et sa qualité est meilleure.

L'expérience apprend à discerner le moment où il sera temps de procéder à la récolte. En général, ce moment est venu lorsque le fruit se détache de la branche sans un effort sensible.

On pourra, dans le jardin fruitier, quelque temps avant la récolte, retrancher graduellement un certain nombre de feuilles autour des fruits les plus beaux, afin de les exposer plus complètement à l'action de l'air et du soleil; ils acquerront anisi un coloris plus vif.

La poire d'été sera cueillie dès qu'elle commencera à jaunir, et afin qu'elle achève sa maturité, on la mettra dans un endroit sec et couvert, à l'ombre, sans être froid. La phase extrême de la maturation s'annonce par un changement de coloris et par un dégagement de parfum.

La poire d'été blettira d'autant moins vite qu'elle aura été cueillie avant sa complète maturité; cette époque est indiquée par le détachement des premiers fruits mûrs.

La poire d'automne devra, avant d'être cueillie, avoir atteint tout son volume, si l'on veut qu'elle ne se flétrisse pas et qu'elle ait tout son parfum. Lorsque ce moment approchera, on verra s'accentuer la ligne de démarcation entre le pédoncule et la branche; il semblerait que le fruit a hâte de quitter l'arbre.

L'épiderme du fruit prend, à ce moment, un ton plus clair et plus coloré, plus luisant.

Si les fruits à cueillir sont nombreux, on pourra opérer en plusieurs fois. On commencera par les arbres les moins vigoureux, les plus âgés, ou plus particulièrement exposés au soleil.

Certaines variétés, si elles sont cueillies prématurément, mais en temps opportun, cependant, seront moins grosses et prolongeront leur maturité ; telles sont les duchesses ; d'autres, comme les *Soldat laboureur* et *Beurré Diel*, quoique cueillies vertes, deviennent jaunes et mûrissent.

Les poires d'hiver cueillies trop tôt se rident avant l'élaboration des sucs intérieurs, la chair devient sans saveur ; cueillies trop tard, elles se gardent moins longtemps, la chair est farineuse et manque de goût. Ainsi que le fait remarquer M. Baltet, à qui nous empruntons ces observations, l'expérience apprendra à discerner le moment où la végétation ayant cessé, le fruit se dispose à quitter la branche.

Les poires, surtout les poires d'hiver, devront être maintenues intactes de toute blessure. Plus longtemps elles se conserveront, plus elles auront de valeur.

Nous indiquerons ultérieurement comment les fruits peuvent être conservés dans le fruitier.

CHAPITRE X

MALADIES DU POIRIER

Le poirier, comme tous les corps organisés, est sujet à des maladies, dont les unes sont imputables a l'homme lui-même, les autres aux insectes et à diverses causes qu'il n'est pas toujours facile de déterminer.

La nécrose est très fréquente sur les poiriers ; elle commence presque toujours par un onglet dont le bois a été pressé, dont l'écorce a été déchirée par le sécateur. Peu à peu la nécrose descend, envahit la branche, qui ne tarderait pas à se décomposer et à périr, si l'on n'avait soin d'arrêter le mal dans ses progrès. Il faut sacrifier le rameau, sans hésitation, afin de n'avoir pas, plus tard, à sacrifier la branche elle-même.

Les ulceres se produisent quelquefois sur les arbres à pépins, mais c'est surtout sur les arbres à fruits à noyaux, le pêcher et l'abricotier, qu'on les rencontre. Ils ont pour cause ordinaire une coupe mal faite opérée avec un instrument qui a meurtri, déchiré le corps ligneux. La plaie, qui va s'accroissant, laisse couler un liquide noir et âcre.

Lorsque l'ulcère n'est encore que superficiel, il est possible de le guérir : on avive avec une serpette bien tranchante toute la partie malade; on frotte cette partie dans toute son étendue avec de l'oseille, et, au bout de quelques jours, si l'écoulement n'a pas reparu, on recouvre avec du mastic à greffer. Dans le cas où l'écoulement ne cesserait pas, on recommencerait à aviver la plaie et à cautériser.

Lorsque l'ulcère atteint les couches profondes, la cautérisation devient très difficile.

Il arrive encore qu'on voit sur un arbre une branche dont les feuilles pâles attestent un état de souffrance.

Le mal, en ce cas, provient neuf fois sur dix d'une blessure qui a été infligée d'un coup de bêche à la racine correspondant à cette branche. Le remède consiste à tâcher de découvrir cette racine, à la couper au-dessus de l'ulcère, de façon que le talon porte bien sur la terre, afin qu'il se forme promptement un nouveau bourrelet.

Les chancres viennent ordinairement à la suite de coups, de meurtrissures, quelquefois aussi à la suite de grêle, d'un brusque changement de température. Cette maladie se manifeste par une désorganisation de l'écorce, qui d'abord se boursoufle, puis se déchire et se décompose en poussière. Le corps ligneux ne tarde pas à être lui-même attaqué, et enfin la plaie gagnant tout le contour de la branche ou de la tige, celle-ci se dessèche et meurt.

On traite le chancre comme l'ulcère. Nettoyer bien la plaie, gratter l'écorce et le bois jusqu'au vif, frotter avec de l'oseille, et recouvrir de mastic.

Si la branche attaquée était peu considérable, nous conseillerions de la supprimer au-dessous du point malade. D'ailleurs, si un arbre s'annonce avec de nombreux chancres, le mieux serait de la remplacer.

La chlorose, qu'on appelle aussi *la jaunisse*, a pour cause l'état maladif des racines qui sont ou attaquées par les vers blancs, ou dans un sol de mauvaise qualité. Lorsqu'un arbre est atteint de cette affection, ses feuilles jaunissent, ses bourgeons s'étiolent et cessent de croître.

Lorsque la maladie est déterminée par l'état du sol, le remède est facile : on arrose les feuilles deux ou trois fois, à quelques jours d'intervalle, avec de l'eau mélangée de 2 ou 3 grammes de sulfate de fer; 2 ou 3 grammes par litre d'eau. On fumera abondamment, et quelques arrosements à l'engrais liquide achèveront la guérison.

Mais si le mal tient à la mauvaise qualité du sous-sol et que les racines ne puissent y trouver leur nourriture, il n'y aura d'autre remède que d'enlever la terre jusqu'à un mètre au moins de profondeur, et de la remplacer par une autre meilleure. Cette opération, qui ne peut être faite que pendant le repos de la végétation, demande de grands soins et beaucoup de précautions.

La brûlure est fréquemment la conséquence de la chlorose; elle se manifeste alors par la dessiccation des bourgeons de prolongement. Un arbre dans cet état est certainement bien malade, et l'on n'a guère de chances de le sauver. Les remèdes seraient ceux que nous avons indiqués pour la chlorose.

Mais il arrive quelquefois que la dessiccation des bourgeons, durant les chaleurs, n'est qu'accidentelle, sans qu'on puisse bien en préciser la cause. Dès qu'on s'aperçoit de cette dessiccation, on pratiquera une taille en vert, en se rapprochant de l'œil le plus élevé qui ne paraît pas malade. Cet œil se développera en faux bourgeon, et il servira pour continuer la charpente.

La sabine est un petit arbuste du genre du grenadier, et dont le voisinage occasionne aux poiriers une affection particulière. Les feuilles se couvrent de petits points noirs, tandis qu'en dessus il se forme des boursouflures dans lesquelles, avec le temps, on reconnaît de véritables champignons.

Animaux nuisibles. — *Les rats, les mulots* peuvent être détruits au moyen de petits pots dans lesquels on a mélangé de la noix vomique, ou du tord-boyaux, ou de la pâte phosphorée, et qu'on place contre les murs.

Lorsque les jardins ne sont pas entourés de murs, il est difficile d'en éloigner les lièvres et les lapins, surtout en temps de neige. Mais les arbres échapperont à leurs atteintes si, chaque année, vers le mois de novembre, on a la précaution de chauler la tige et les rameaux jusqu'à une certaine hauteur.

Si des loirs s'introduisent dans un jardin, on bouchera tous les trous, on visitera les vieux bâtiments où ils pourraient se retirer, et on tendra, pendant l'hiver, des ratières amorcées avec du lard grillé.

La brûlure des feuilles est causée par de petits insectes qui pénètrent dans les tissus de la feuille, qu'ils rongent. Les feuilles ainsi attaquées dépérissent et tombent.

On fait dissoudre 30 à 40 grammes de savon noir par litre d'eau, et on en asperge les feuilles, ou mieux on trempe le bourgeon dans la dissolution.

La rouille des feuilles est produite par la piqure d'un insecte qui génètre dans le parenchyme de la feuille et la fait périr.

Tremper les feuilles dans une dissolution de savon noir.

On détruira de la même manière les pucerons verts et noirs qui s'attaquent aux jeunes feuilles, et dont les piqures ont pour effet de contourner les feuilles, de les déformer et d'arrêter leur croissance.

Le tigre est une sorte de petite punaise grise ou noire qui ronge la face inférieure des feuilles et occasionne leur dépérissement.

On détruit le tigre en aspergeant fortement les feuilles avec une solution de savon noir, pendant l'été, et, après la chute des feuilles, en chaulant l'arbre avec de la chaux éteinte délayée dans de l'eau, et à laquelle on aura ajouté 2 ou 3 grammes de sulfhydrate de soude par litre.

Les charançons coupent les jeunes bourgeons ; on trouve leurs œufs dans la partie coupée du bourgeon.

On ne connaît d'autre remède que de leur donner la

chasse, et de rafraîchir avec la serpette, afin que la reprise soit plus prompte, la plaie faite par l'insecte.

Les chenilles dévorent les feuilles. On les détruit en grandes quantités en leur faisant la chasse et au moyen du savon noir.

Les fourmis arrivent toujours à la suite des pucerons. On les détruira, en même temps que les pucerons, avec une dissolution de savon noir. On en prendra encore en grand nombre en suspendant aux branches des arbres de petites fioles contenant de l'eau sucrée ou miellée, où elles viendront se noyer.

Les kermès, petits insectes qui forment comme une croûte sur la tige et les branches des arbres, sont très nuisibles. Ils s'attachent par véritables couches, vivant aux dépens de la sève. Si on n'y prenait pas garde, les arbres s'épuiseraient et périraient.

Le remède consiste à frotter la tige et les branches avec une brosse dure, afin d'en détacher le plus possible; puis on applique un chaulage avec cinq grammes de sulfhydrate de soude par litre d'eau.

Les hannetons mangent les feuilles; mais ce qui est plus redoutable que les hannetons, ce sont leurs larves, ou vers blancs qui dévorent les racines des plantes herbacées, et même celles des arbres.

C'est à peu près tous les trois ans que les hannetons s'abattent par nuées sur les arbres et en dissèquent les feuilles. L'insecte s'enfonce, ensuite, dans le sol, la femelle fait sa ponte avant de mourir; sa larve reste trois ans en terre et ronge les racines végétales, en attendant le moment de se transformer en insecte parfait.

Planter des laitues ou des fraisiers à proximité des arbres. Tant qu'ils auront des racines de fraisiers à manger, les vers blancs ne s'attaqueront point à celles des arbres. Quand la feuille de la plante se fane, on l'arrache et on trouve le ver aux racines.

Les frelons et les guêpes ne laissent pas que de faire du tort aux fruits. La vie de famille de ces hyménoptères permet de les combattre avec succès.

On anéantira le guêpier souterrain au moyen de l'introduction, le soir, de quelques gouttes de sulfure de carbone étendu d'eau. L'eau bouillante versée dans le nid des guêpes est un moyen usité, mais qui nécessite certaines précautions. Quant aux guêpes isolées, on les attire avec des fioles contenant de l'eau miellée que l'on accroche aux branches de l'arbre ; les guêpes viendront s'y noyer.

CHAPITRE XI

POMMIER.

Variétés de pommiers.

Le pommier aime un terrain frais, même un peu humide. Les terres meubles et douces, ou composées d'éléments différents, lui conviennent également. Aussi la plupart des variétés peuvent-elles être placées aux expositions du nord, nord-est et nord-ouest, ce qui permet de réserver pour les poiriers les expositions les plus favorables. Nous excepterons, toutefois, les Calville, les Canada et les Apis, qui demandent des expositions à la fois chaudes et ombragées.

Le pommier est greffé sur *pommier franc*, venu par semis de pépins, sur *pommier doucin*, et sur *pommier paradis*, multipliés par le marcottage.

Le plus vigoureux est le pommier franc, destiné aux formes en haute tige. Le pommier sur doucin, moins vigoureux, et le pommier sur paradis plus faible encore, sont réservés pour les formes en basse tige. Pour les arbres en cône, en espalier, on choisira le pommier sur doucin, et le pommier sur paradis pour les arbres nains, les petits vases et les cordons horizontaux. Les arbres greffés sur paradis donnent de beaux et bons fruits dès la troisième année; mais la durée de ces arbres est beaucoup moindre que celle des arbres greffés sur franc ou sur doucin.

Les prolongements de la charpente du pommier et les rameaux à fruits se traitent comme ceux du poirier. Cependant, les yeux de la base des prolongements du pommier ayant, plus que chez le poirier, tendance à s'éteindre, on taillera ces prolongements plus courts. Si les arbres sont à formes horizontales, on supprimera le tiers environ des prolongements, et moitié si la direction est verticale. De même pour les rameaux à fruits, on pourra tailler plus court, sans qu'on ait à craindre que l'arbre en souffre. En général, on pourra pincer sur trois feuilles et faire des cassements sur quatre feuilles

Le pommier peut être soumis aux diverses formes que nous avons indiquées pour le poirier; mais les formes horizontales sont celles qui lui conviennent le mieux, à cause de la tendance qu'auraient les prolongements à se dénuder par la base. Nous avons particulièrement indiqué les cordons unilatéraux comme favorisant son développement et sa protection.

La forme en cône peut être, comme les autres grandes formes, appliquée au pommier, mais il se prête moins bien que le poirier à ces dispositions. Quand on voudra donner à la charpente des pommiers une certaine étendue, il sera préférable de les greffer sur doucin et de les soumettre à la forme en vase ou gobelet, à branches croisées.

Lorsqu'on établira des cordons horizontaux sur un terrain en pente, on aura soin de diriger la tige vers le sommet de cette pente, afin de ne pas empêcher l'allongement de ces tiges.

Au nombre des espèces à cultiver, nous signalerons, mûrissant :

En septembre et octobre,

La Belle Dubois. — Arbre de vigueur moyenne; fruit énorme, la plus grosse des pommes, comme la belle Angevine est la plus grosse des poires.

En novembre,

Empereur Alexandre. — Arbre vigoureux, fruit magnifique et de bonne qualité.

Belle fille de Boutervilliers. — Arbre vigoureux, fertile, qui produit des fruits énormes, d'un goût un peu acide.

Calville Saint-Sauveur. — Arbre vigoureux et fertile; fruit très gros.

Belle-Joséphine. — Arbre très vigoureux et très fertile; fruit un peu acide, d'un volume superbe.

Reinette d'Angleterre. — Très bon fruit, se conservant jusqu'en mars; arbre vigoureux et fertile.

En décembre,

Reine des reinettes. — Arbre de vigueur moyenne; fruit excellent, se conservant jusqu'en avril.

Reinette de Canada. — Arbre vigoureux et fertile; fruit superbe et de bonne qualité, se conservant jusqu'en février et mars.

Reinette de Bretagne. — Arbre d'une vigueur moyenne; fruit d'excellente qualité.

En janvier, février, mars, avril, mai,

Api rose. — Arbre très fertile; fruit petit, de bonne qualité et se gardant longtemps.

Api noir. — Cet arbre, comme le précédent, est de vigueur moyenne; il aime les expositions chaudes et un peu ombragées.

Calville blanc. — Arbre de vigueur moyenne, très fertile· fruits très estimés.

Calville rouge. — Arbre faible, très fertile; donne des fruits excellents et superbes.

Reinette grise d'Hennebont. — Arbre fertile et vigoureux; fruits d'excellente qualité, se conservant jusqu'en mars et avril.

Royale d'Angleterre. — Arbre fertile et vigoureux; fruit remarquable par son volume.

Reinette Thouin. — Arbre de vigueur moyenne, très fertile; fruit de grosseur moyenne, mais excellent, se conservant jusqu'en mai.

Reinette grise haute Bonté. — Arbre vigoureux et fertile; fruits d'excellente qualité qui ont l'avantage de se conserver très longtemps.

Reinette de Caux. — Arbre de vigueur moyenne, très fertile très beaux fruits, d'assez bonne qualité.

Reine de Bretagne. — Vigoureux, très fertile; fruits très gros et magnifiques.

Pomme du Roirie. — Arbre de vigueur moyenne, fertile; excellent fruit, pas très gros; se gardant longtemps.

Reinette du Mans. — Arbre de vigueur moyenne, fertile; fruits excellents et de très longue garde.

Reinette d'Anjou. — Arbre de vigueur moyenne; fruits d'excellente qualité, se conservant jusqu'en avril et mai.

Nous avons, comme pour les poiriers, indiqué la vigueur de chaque variété de pommiers afin qu'on puisse donner à chacune la forme qui lui convient le mieux, et que, dans les plantations de cordons unilatéraux où les arbres sont destinés à être greffés par approche, on les place par ordre de force. Nous ferons remarquer, toutefois, que M. Du Breuil, après avoir longtemps conseillé cette greffe par approche, a cessé d'en être partisan. Nous persistons à la considérer comme avantageuse, à la condition que les arbres soient, comme nous disons, plantés par ordre de vigueur.

Le pommier prospère sur les montagnes de l'Auvergne et des Pyrénées, dans les herbages de la Normandie, en Bretagne, dans les plaines et les vallées des Flandres, en Allemagne, en Russie. La limite nord du pommier en Europe est en Suède et en Russie, au 66e degré de latitude; sa limite sud est au midi de l'Italie.

Le fruit du pommier est plus gros dans les vallées humides, mais plus savoureux sur les collines et les terrains non submergés. Le cidre provenant des pommes de vallées est toujours de qualité inférieure.

Les variétés de *pommes à cidre* se comptent par milliers, mais toutes ne sont pas également bonnes. En pressurant une pomme, elle donne du jus, mais souvent ce jus ne produirait qu'un cidre sans couleur ni saveur.

Le cidre n'est parfait qu'à la condition d'être clair, limpide, d'une belle couleur ambrée, d'un goût piquant, sans acidité. Pour l'obtenir tel, les cultivateurs de la Normandie vous diront qu'il faut brasser ensemble des pommes parfumées, des pommes douces ou sucrées et des pommes amères, dans la proportion d'une partie des premières pour deux parties de chacune des deux autres.

Ce mélange est basé sur cette observation que les pommes douces fournissent le sucre qui se transforme en alcool, les pommes parfumées rendent la boisson agréable au goût, et enfin les pommes amères apportent le principe conservateur du cidre. Ajoutons que cette combinaison n'est pas absolument rigoureuse. Il existe des variétés sucrées et amères, plus ou moins parfumées, suffisamment riches en alcool et en tannin, qui donnent à elles seules un cidre d'assez bonne qualité.

Pour avoir du cidre de conserve, on mélange un tiers de fruits doux et deux tiers de fruits amers; mais il est expressément recommandé de n'employer que des fruits sains, bien mûrs et exempts de pourriture.

L'influence du sol sur la qualité du cidre est manifeste. Dans le Calvados, le cidre de la vallée d'Auge est capiteux et de bonne garde, tandis que le cidre du Bessin et de la plaine de Bayeux, qui provient de marnes irisées, se conserve moins longtemps, quoiqu'il soit agréable à boire.

Depuis quelques années, les plantations de pommiers *à haute tige* ont pris un développement si considérable qu'il ne sera peut-être pas inutile d'en dire quelques mots.

Avant de planter le pommier à haute tige, on rapproche les branches, de façon à ne laisser à chacune qu'une longueur de 20 à 30 centimètres; on conserve les brindilles, afin d'attirer la sève.

Dans le verger, les arbres seront plantés à 9 mètres de distance sur la ligne, et les lignes seront espacées de 9 à 10 mètres.

Quand on plante dans un champ, il serait bon de ne former qu'une seule ligne qui fera le tour du champ.

Si l'on plante au milieu du champ, on fera courir les lignes du midi au nord.

On attendra pour greffer que les racines aient eu le temps de se développer dans le sol; une année suffit généralement pour que ce développement s'opère. Plus on greffe haut, moins les arbres sont vigoureux. On pourra greffer à 1 mètre du sol.

Quand l'arbre sera en production, il suffira d'une visite, chaque année, pendant l'hiver, pour enlever les branches inutiles et faciliter la circulation de la lumière. On pratiquera, en même temps l'échenillage et on fera disparaître les touffes de gui. Nous avons vu plein des voitures de ces guis qu'on transportait du pays de Dol à Saint-Malo, pour les expédier en Angleterre où on les recherche pour les fêtes de Noël.

Il arrive souvent que des cultivateurs sont embarrassés de leurs marcs de pommes. Ils ignorent que ce marc est un excellent engrais pour les arbres. Frère Henri, que nous avons eu déjà occasion de citer, raconte qu'un jour il remarqua qu'un tas de marc de pommes, dont la base recouvrait le pied de plusieurs pommiers faisant tête d'une pépinière, avait donné aux sujets dont la souche se trouvait recouverte par ce marc un développement double et triple de celui des autres restés en dehors de cette condition.

Plus tard, il fit répandre entre les vieilles souches épuisées d'une oseraie, à peu près une épaisseur de vingt-cinq centimètres de vieux marc. Dans l'année même, les souches qui, depuis longtemps, ne donnaient que des brins chétifs, produisirent une végétation extraordinaire qui se continua les années suivantes.

L'épreuve était faite et Frère Henri étendit cette sorte d'engrais au pied de quatre cents arbres à fruits à pépins, tant poiriers que pommiers.

Voici comment il procéda :

Au pied des arbres, grands comme petits, sur un rayon de 60 centimètres environ, il enleva la terre jusqu'à l'apparition des principales racines, et il fit mettre en place de cette terre la valeur d'une petite *brouettée de terrassier*, ou si l'on veut de trois ou quatre *fourchées* de marc, selon la plus ou moins grande profondeur à remplir

Après avoir légèrement appuyé du pied, la couche de terre enlevée fut remise sur le marc ; l'excédent de terre fut étalé sur les plates-bandes.

Les résultats obtenus par cet engrais furent remarquables.

Peut-être serait-il préférable que l'emploi du marc de

pommes ne fût fait qu'après avoir été mis préalablement en tas, afin qu'une fermentation se déclarât pour exciter le dégagement nécessaire de certains principes acides ou autres et qu'on ne s'en servît qu'au moment où commence la germination.

Maladies des pommiers.

Le pommier est exposé aux mêmes maladies, aux mêmes ennemis que le poirier. Mais il a, de plus que le poirier, un ennemi particulier et redoutable, c'est le *puceron lanigère.*

Le puceron lanigère, ainsi appelé à cause du duvet blanc et laineux qui le recouvre, fut, dit-on, importé d'Amérique en Angleterre, avec un envoi d'arbres, vers le commencement de ce siècle. Cet insecte attaque les rameaux dont il absorbe la sève, occasionne des exostoses sur les branches, et, pendant l'hiver, va se cacher autour du collet de la racine. Les branches attaquées languissent et l'arbre lui-même peut périr.

On a conseillé pour arriver à la destruction de cet insecte de couper sur le sujet tous les rameaux inutiles, puis de laver soigneusement avec une éponge imbibée de jus de tabac les parties malades.

Un autre moyen, que nous avons employé avec efficacité, est celui-ci :

Aussitôt qu'on s'aperçoit de la présence du puceron lanigère, frotter toutes les parties attaquées avec une brosse trempée dans de l'huile ou une solution de sulfhydrate de soude (4 grammes par litre d'eau), et, à la chute des feuilles, chauler l'arbre avec la même dissolution, quand même le puceron aurait disparu.

Si, l'année suivante, le puceron lanigère revient, on recommencera l'opération.

Nous avons vu faire usage d'huile de pétrole, et le résultat a été satisfaisant.

CHAPITRE XII

PÊCHER.

Culture, formes, taille et variétés du pêcher.

Le pêcher, dont les fruits sont si beaux, si suaves et si parfumés, n'est pas difficile sur la qualité du sol. Dans les terres humides ou peu profondes, le pêcher greffé sur amandier pousse d'abord vigoureusement, mais la gomme ne tarde pas à survenir et à ruiner l'arbre.

Le pêcher greffé sur franc est moins vigoureux que l'amandier; mais, ses racines étant moins pivotantes, il réussit dans les sols moins profonds et plus compacts. Dans les sols peu profonds ou très compacts, où ni l'amandier ni le pêcher franc ne prospéreraient, on emploie le prunier pour greffer les pêchers. Dans ce cas, on devra choisir les pruniers de semis qui n'offrent pas, comme le prunier provenant de drageons, l'inconvénient de produire constamment au pied des bourgeons qui les épuisent.

Enfin, si le sol est de mauvaise qualité, on a la ressource de planter des pêchers greffés sur épine noire, et on récoltera des fruits, l'arbre fût-il planté dans la craie ou dans l'argile.

Le pêcher s'accommode assez facilement de tous les climats; mais on choisira, de préférence, les variétés qui conviennent à la contrée qu'on habite.

Les meilleures expositions sont l'est et l'ouest, le levant et le couchant. Le nord est trop froid et le midi généralement trop chaud. Cependant, il faudrait choisir le midi pour les variétés précoces, comme pour les variétés tardives; il est, en outre, certaines variétés qui réussissent mieux au midi.

On plantera, de préférence, des sujets de force moyenne, des sujets de deux ans, qui offrent l'avantage d'une reprise presque certaine.

Dans la région du midi, le pêcher peut être cultivé en plein vent et soumis à toutes les formes. A partir du centre on le cultivera en espalier.

Le pêcher pousse très vite, acquiert un grand développement, et a une tendance à s'emporter par le haut. On devra donc, en règle générale, choisir des formes qui lui permettent de s'étendre, et surtout des formes à lignes horizontales. Mais, tout le monde n'ayant pas un jardin où l'on puisse donner aux pêchers un développement de six à huit mètres, on est obligé de recourir aux petites formes, malgré les inconvénients qu'elles présentent.

Cordon vertical. — On plante à 30 centimètres sur la ligne, et, à la taille, on supprime un tiers de la hauteur. On coupera sur un ou deux yeux les faux bourgeons qui existeraient sur la tige, afin qu'ils donnent du fruit l'année suivante. Si ces bourgeons sont trop nombreux, on en fera disparaître, en supprimant ceux qui sont en avant et même de côté.

En général, au pincement court, celui que nous pratiquerons sur le pêcher, la branche de charpente devra porter trois branches à fruits par étendue de $0^m,15$, une branche de chaque côté, et une en avant; on réduira à une, s'il y en a deux.

Si le prolongement est vigoureux, on pourra, chaque année, allonger d'un mètre. Lorsque l'arbre sera complètement formé, il sera bon de le rabattre, tous les trois ou quatre ans, de 35 à 40 centimètres, sur une branche à fruit qui formera le nouveau prolongement; on évitera ainsi les têtes de saule.

Mais nous le répétons, cette forme est incompatible avec la manière de végéter du pêcher. Ce ne sera qu'à force de mutilations qu'on maintiendra l'arbre dans d'aussi étroites limites; et ces mutilations amèneront infailliblement la gomme.

Cordons obliques. — La sève trouve dans l'oblique un peu plus à s'étendre que dans le cordon vertical; néanmoins cette forme est peu avantageuse, et, comme pour la précédente, on ne devra planter que des pêchers faibles.

On plante à 75 centimètres et on incline, à la plantation, sur un angle de 60 degrés, en attachant sur les lignes que l'on aura eu soin de tracer d'avance sur les murs. A la taille en sec, on supprimera environ le tiers de la longueur totale; les faux bourgeons seront coupés sur un œil ou deux et l'on fera disparaître ceux qui seraient superflus. L'allongement annuel sera le même que pour le cordon vertical.

Palmette en U. — Cette forme convient pour les murs très élevés; mais on aura encore, comme pour les formes précédentes, à lutter contre la vigueur des prolongements.

Un écartement de 30 à 35 centimètres entre les branches étant suffisant, on plantera à une distance de 70 ou 80 centimètres. A la taille, on rabattra à 35 centimètres au-dessus du sol; et, parmi les bourgeons qui naîtront au-dessous, on en choisira deux, un de chaque côté. Au moyen d'une baguette flexible, on dessinera un U et on dirigera les bourgeons sur l'une et l'autre branche de la baguette. Les autres bourgeons seront supprimés, on maintiendra l'équilibre entre les deux côtés au moyen des inclinaisons et des pincements. L'allongement pourra être d'un mètre par an.

Palmette à quatre branches ou U double. — La formation est la même que celle du poirier. On dessine, comme toujours, sur le mur, la forme de l'arbre. L'année même de la plantation, on rabat à $0^{m},40$ du sol; on prend à $0^{m},35$ deux bourgeons, l'un à droite et l'autre à gauche.

Lorsque ces deux bourgeons ont atteint de 8 à 10 centimètres, on les palisse horizontalement sur les baguettes de la charpente; puis, comme pour le poirier, on relève verticalement leur extrémité, et on les laisse croître ainsi jusqu'à une longueur de 12 à 15 centimètres. Alors, on les incline sur les baguettes décrivant l'U, mais de telle sorte que, à la naissance de l'U, il se trouve une feuille en dessus et, un peu plus haut, une feuille en dessous.

A la taille en sec, on rabat à 25 centimètres environ au-dessus du point de bifurcation.

L'année suivante, on pourra allonger de 60 à 70 centimètres, sans qu'il soit nécessaire d'opérer une taille en vert.

Candélabre. — On plante à 2 mètres de distance; on

choisit deux bourgeons qu'on conduit horizontalement sur les lignes de la charpente ; et, sur ces branches, on élève six montants, trois de chaque côté.

Palmette simple. — Forme gracieuse, facile à obtenir, celle qu'on rencontre le plus fréquemment dans les jardins. On rabat de façon à avoir trois bourgeons, dont l'un, le plus élevé, sera palissé verticalement, pour former la tige, tandis que les deux autres seront couchés horizontalement. On maintiendra le bourgeon vertical assez court, afin que les bourgeons placés horizontalement puissent se développer.

La distance entre chaque étage sera de 30 centimètres; on pourra commencer un nouvel étage lorsque les branches de l'étage inférieur auront atteint une longueur de 30 centimètres. Il sera donc possible de monter de deux étages par an, à partir de la première année.

Palmette Verrier. — On procèdera comme pour le poirier, avec cette différence qu'à raison de la vigueur du pêcher, on pourra marcher plus vite.

Avec la palmette à branches horizontales et la palmette Verrier, la sève peut s'étendre et l'arbre fructifie. Mais la forme par excellence pour le pêcher est la palmette à branches courbées; et, après la palmette à branches courbées, l'éventail.

Palmette à branches courbées. — On commence par dessiner la forme sur le mur, avec des gaules, ou mieux des lattes de sciage. On plante, de préférence, un sujet de deux ans, on recèpe à environ 30 à 40 centimètres du sol. On élève deux bourgeons, un à droite, l'autre à gauche de la tige, et lorsque ces bourgeons, qu'on a tenus droits pour favoriser leur développement, ont acquis une certaine longueur, on les abaisse et on les palisse horizontalement sur la première ligne AB.

A la taille d'hiver, on supprime seulement quelques centimètres de l'extrémité du prolongement afin de provoquer une pousse vigoureuse. On conduit le nouveau prolongement sur les lignes CE.

Par le seul effet de la courbure aux points C, il naîtra deux bourgeons qui formeront les branches CDF. En même temps, on formera les trois branches du bas se dirigeant vers le centre, en taillant les rameaux à fruits sur un œil à bois.

On continuera, l'année suivante, la formation de la char-

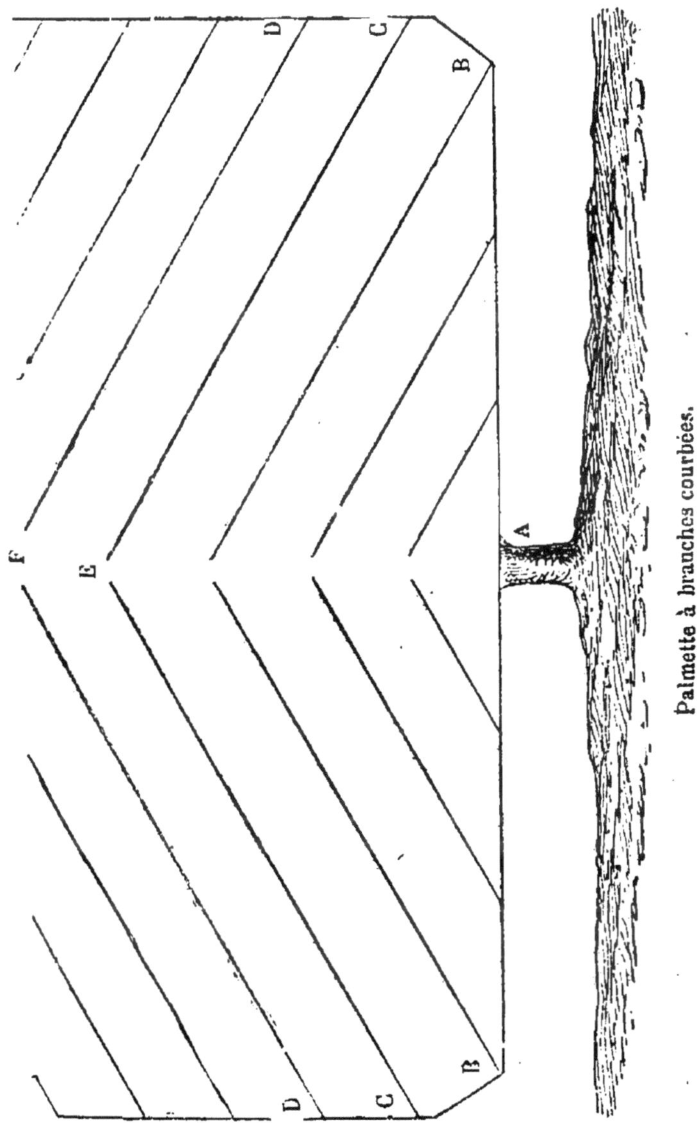

Palmette à branches courbées.

pente, en procédant comme on a fait pour les deux premières et principales branches.

La cinquième année, l'arbre couvrira le mur et sera à

fruits de la base au sommet; et cela, sans qu'on ait eu à

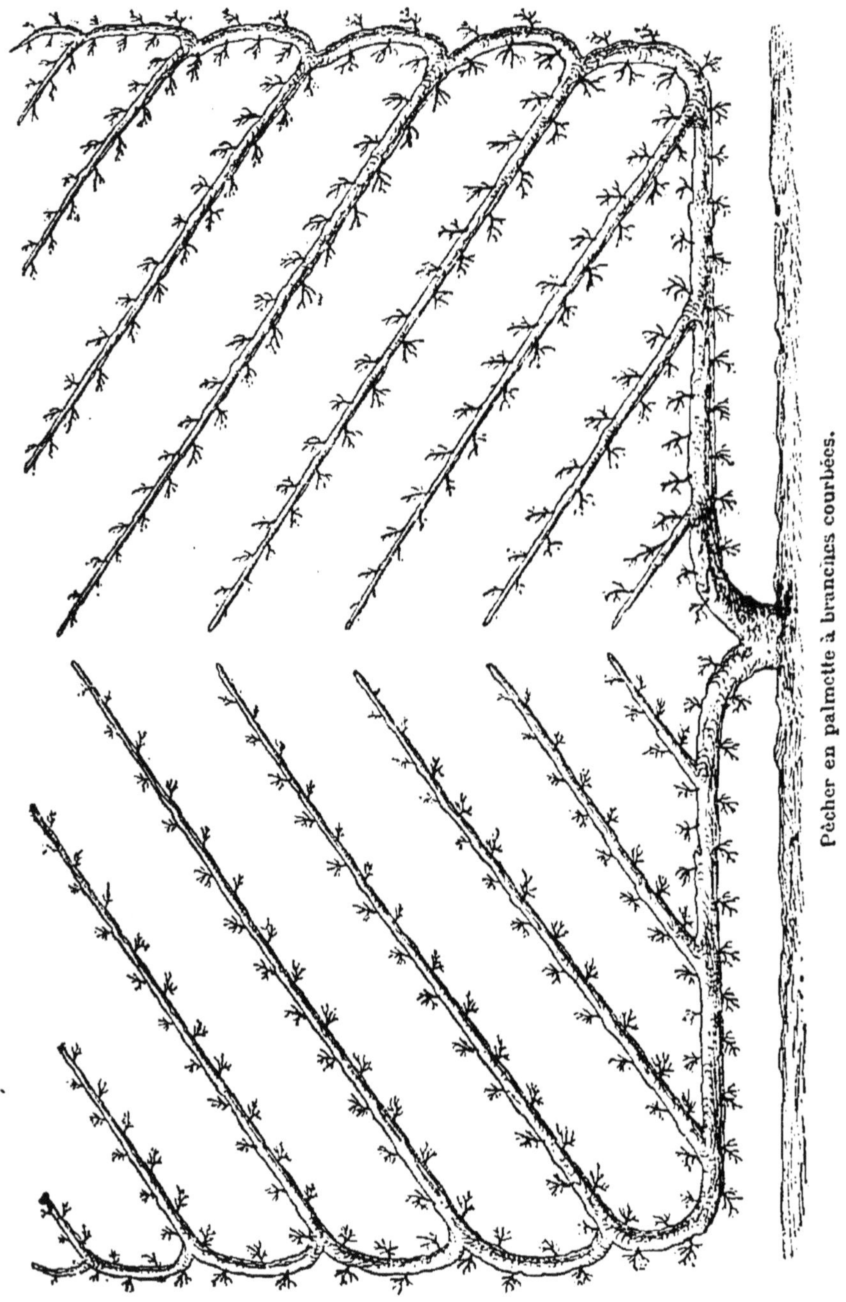

Pêcher en palmette à branches courbées.

opérer d'amputations, puisqu'il aura suffi de supprimer

quelques centimètres seulement de l'extrémité des prolongements pour assurer le développement de tous les yeux de la base.

Éventail. — Comme pour la palmette à branches courbées, on recèpe et on élève deux bourgeons qu'on palisse sur la première tige, pour former le premier étage. Par l'effet de la courbure, il naît plusieurs bourgeons aux points de cette courbure ; on en choisit un vigoureux de chaque côté, et, après avoir supprimé les autres, on le conduit sur la ligne.

On a ainsi formé le second étage. On formera de même les étages supérieurs. La quatrième année, on taillera sur un œil à bois les rameaux qui devront former les branches intérieures ; à la cinquième, le mur entier sera couvert.

A mesure que se développera la charpente, on appliquera aux bourgeons latéraux les opérations de la taille, afin de les convertir en rameaux à fruits. La première de ces opérations consistera à *éborgner* les yeux du prolongement qui seraient placés contre le mur. Ensuite, on procédera à l'*ébourgeonnement*, c'est-à-dire qu'on enlèvera les bourgeons doubles ou triples qui naîtront sur les yeux qu'on aura conservés, au-dessus, au-dessous et au milieu du prolongement ; on n'en conservera qu'un seul.

On laisse pousser les autres, et, le moment venu, on procède au *pincement*.

La fructification sur le pêcher n'a lieu que sur le bois d'un an, c'est-à-dire sur le bois de l'année précédente ; et tout rameau qui a fructifié ne portera plus jamais de fruits. On devra donc, par la taille, faire naître à la base des rameaux ayant des fruits des bourgeons destinés à fructifier l'année suivante, et obtenir que ces fruits soient le plus près possible de ces nouvelles productions.

La taille, telle qu'on la pratique à Montreuil, exige une très grande justesse d'appréciation, beaucoup de savoir et de temps. Les opérations à pratiquer pendant la végétation sont pour ainsi dire de tous les jours, sans compter qu'on est obligé de laisser un intervalle de 70 centimètres entre les branches pour le palissage des bourgeons.

La taille par le pincement long était généralement employée, lorsque M. Grin, de Chartres, imagina une nouvelle

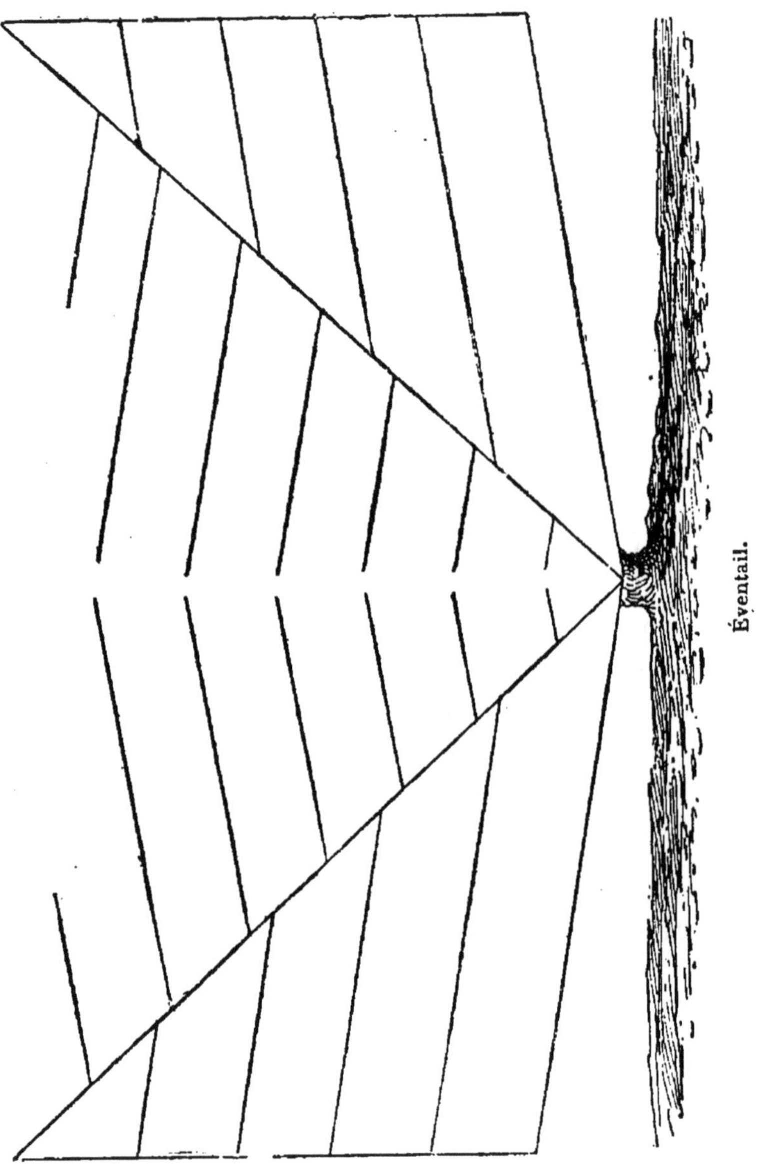

Éventail.

méthode qui a reçu des améliorations, et qne M. du Breuil a résumée :

Lorsque les bourgeons des prolongements successifs des

branches de la charpente atteignent une longueur d'environ six centimètres, on ne supprime que les bourgeons de der-

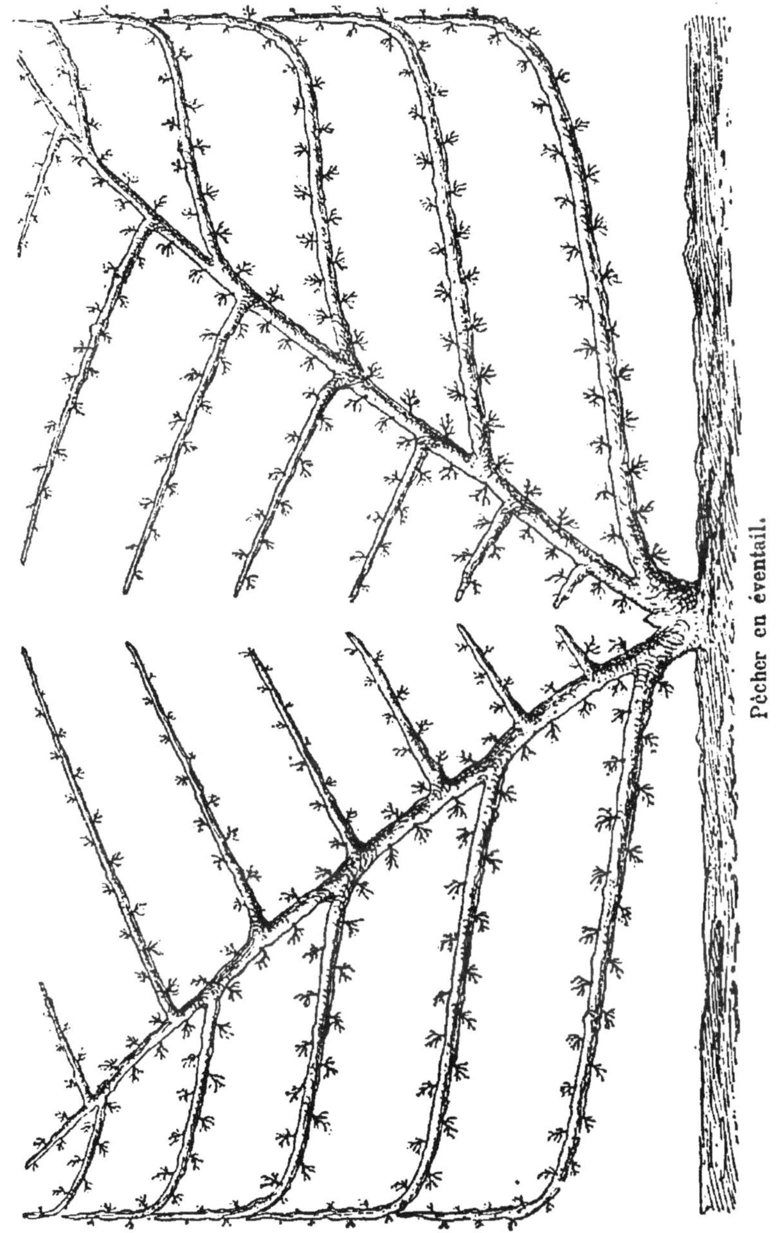

Pêcher en éventail.

rière, puis ceux qu sont doubles ou triples, de façon à n'en laisser qu'un seul à chaque point. Les bourgeons de devant sont seuls conservés. Au moment où ces bourgeons présentent une longueur d'environ 0m,08, on les pince avec les ongles au-dessus de deux feuilles de la base et bien développées. On ne comprend pas au nombre de ces feuilles les petites *folioles imparfaitement constituées* qui forment souvent une rosette à la partie inférieure du bourgeon. C'est ce pincement rigoureux qui a fait donner à cette méthode le nom de *pincement court*.

Ce pincement ne doit être pratiqué que successivement. On comprend, en effet, que si l'on opérait le même jour sur tous les bourgeons, il y aurait une suspension complète de végétation qui pourrait occasionner la maladie de la gomme.

En même temps qu'on procède à ce pincement, on coupera la moitié de la feuille conservée, afin de diminuer la vigueur du bourgeon anticipé qui naîtra à ce point. Dès que les bourgeons anticipés apparaissent à l'aisselle des deux feuilles conservées, on soumettra le bourgeon supérieur à un pincement sur deux feuilles, et on laissera l'autre s'allonger librement. Aussitôt que de nouveaux bourgeons naissent à l'aisselle des deux feuilles de la jeune pousse déjà opérée, on répète le pincement sur deux feuilles. Toutes ces suppressions doivent être faites lorsque les bourgeons atteignent une longueur de 0m,04.

Quant au bourgeon qu'on a laissé allonger, on le coupera vers le mois de juillet à une longueur d'environ 0m,20. Cette taille a pour but d'empêcher que la confusion ne se produise et qu'une partie de l'arbre ne soit soustraite à l'action du soleil.

A la taille d'hiver suivante, on taillera le bourgeon conservé sur le premier œil de la base. Les petits rameaux courts, charnus, couverts de boutons à fleurs, et résultant des pincements réitérés sur deux feuilles, seront destinés à la fructification.

Pendant l'été suivant, on laissera se développer l'œil conservé à la base du bourgeon et on le soumettra à la série d'opérations que nous avons expliquées.

A la seconde taille d'hiver, on coupera à la base le rameau fructifère de l'année précédente, et on opérera sur le second bourgeon comme on a opéré sur le premier.

Ainsi, d'après ce mode de procéder, on a, chaque année, au même point, deux bourgeons anticipés résultant d'un premier pincement fait à deux feuilles. L'un, le plus élevé, est soumis aux pincements réitérés pour préparer la fructification; l'autre, celui de la base, s'allonge librement et fournit un rameau dont la partie inférieure servira de point de départ à une nouvelle fructification.

Par suite de ces pincements répétés, il arrive que les prolongements se développent avec une vigueur extraordinaire et se couvrent sur toute leur longueur de bourgeons anticipés. Pour obvier à cet inconvénient, on a imaginé de conserver sur les pêchers vigoureux deux bourgeons de prolongement à l'extrémité de chaque branche, au lieu d'un seul. On palisse parallèlement ces deux bourgeons. La sève, ainsi partagée, agit avec moins de force sur chacun d'eux.

A la taille d'hiver suivante, on choisit celui des prolongements qui porte le moins de prolongements anticipés et on retranche les autres.

Cette méthode donne certainement de beaux résultats; mais n'est-il pas à craindre qu'elle n'ait de sérieux inconvénients?

M. le professeur Gressent, après s'être assuré que cette taille courte est nuisible aux jeunes arbres, a enseigné une méthode que nous devons faire connaître.

Lorsque les bourgeons auront développé quatorze ou quinze feuilles, pincer une fois pour toutes, sur neuf feuilles, les bourgeons faibles; sur dix feuilles, les bourgeons de vigueur moyenne, et sur douze, ceux très vigoureux.

S'il pousse un bourgeon anticipé sur le bourgeon pincé, on laissera se développer ce bourgeon jusqu'à ce qu'il ait douze feuilles. Alors, on taillera en vert avec la serpette, soit au-dessus, soit au-dessous du point où a été opéré le pincement, suivant que les yeux de la base seront ou ne seront pas suffisamment développés.

Si les arbres ne sont pas bien équilibrés, ou s'ils sont vigoureux, il se développera fréquemment, à l'extrémité du bourgeon pincé, deux bourgeons. On pincera le plus élevé sur huit feuilles, dès qu'il en aura douze, et, lorsque le bourgeon inférieur en aura produit huit, on détruira la bifurcation et on rapprochera le bourgeon inférieur sur trois feuilles. On fera même disparaître ce bourgeon, si les yeux de la base ne sont pas bien constitués.

On détruira toujours les bifurcations, en rapprochant au-dessus du bourgeon inférieur.

A la taille d'hiver, tailler sur six ou sept yeux, sur une fleur accompagnée d'un bouton à fleur.

Cette méthode nous a donné d'excellents résultats; mais elle a l'inconvénient de laisser sur l'arbre des bourgeons relativement longs puisque, à certains moments, ces bourgeons ont jusqu'à vingt feuilles.

Nous indiquerons, enfin, la manière de procéder de Frère Henri qui cultive à Rennes des pêchers couverts, tous les ans, de fruits magnifiques; cette méthode est d'une application facile.

Lorsque les bourgeons atteignent 8 centimètres, dans le courant d'avril, on les pince, suivant leur force, les plus faibles sur cinq feuilles, les plus vigoureux sur trois feuilles, non compris la rosette à la base du bourgeon.

De faux bourgeons ne tarderont pas à naître sur le bourgeon pincé. Si un seul apparaît, on le pincera sur une feuille au-dessus de ses feuilles stipulaires. S'il en pousse plusieurs, le supérieur ayant été pincé sur une feuille, les autres seront pincés sur leurs stipulaires.

S'il ne se produit pas d'autres bourgeons, les pincements seront terminés. Mais, le plus souvent, il naîtra d'autres bourgeons, et l'on continuera à pincer le bourgeon supérieur sur une feuille, les bourgeons inférieurs sur leurs stipulaires.

Par suite de ce pincement on aura toujours à la base le bourgeon de remplacement et de nombreuses productions fruitières.

A la taille en sec, on supprimera près le rameau de remplacement les branches qui ont donné du fruit; puis on taillera sur six ou sept yeux. Si le rameau de remplacement faisait défaut, on taillerait le rameau de façon à obtenir un ou deux fruits et un beau rameau de remplacement.

Au deuxième printemps, on supprimera les bourgeons devenus rameaux qui ne porteront pas de boutons à fleurs, à l'exception du bourgeon de remplacement. Les bourgeons accompagnant des fruits seront pincés sur leur rosette, et on répétera ce pincement aussi souvent qu'il sera nécessaire. Ce sera un moyen d'utiliser la sève au profit des fruits.

Les branches sur lesquelles les fruits n'auraient pas mûri seront rabattues sur leur bourgeon de remplacement.

Les bourgeons anticipés ou faux bourgeons qui se développeront pendant l'été à l'aisselle des feuilles sur les bourgeons de prolongement présentent un grave inconvénient. Ces bourgeons poussant avec rapidité ont des mérithalles d'une longueur démesurée, et, par suite, n'ont point d'yeux à la base. On devra donc pincer ces bourgeons très court, sur une feuille au-dessus des stipulaires, aussitôt qu'ils auront une longueur suffisante. A la chute des feuilles, les feuilles stipulaires de la base ou faux bourgeons donneront des yeux à bois, tandis que des boutons à fruit se formeront à l'aisselle des autres feuilles.

Si un nouveau bourgeon apparaissait sur le bourgeon pincé, on continuerait le pincement,

En suivant ces indications, les arbres seront couverts de fleurs ; mais on ne sera assuré de la récolte que si l'on prend soin de les abriter, de la fin de janvier, époque de la floraison, jusqu'au 20 mai environ, moment où les gelées tardives ne sont plus à craindre.

Variétés de pêchers.

Madeleine blanche. — Mûrit vers la mi-août; fruits gros et excellents.

Grosse mignonne. — Mûrit à la fin d'août; fruit de très bonne qualité, arbre très vigoureux et très fertile.

Belle Beauce. — Arbre vigoureux et fertile ; fruit superbe et excellent: mûrit à la fin d'août ou au commencement de septembre.

Belle de Vitry. — Arbre rustique, très vigoureux, très

fertile; fruit de très bonne qualité, mûrit en septembre.

Pêche de Choisy. — Arbre vigoureux, fruit d'excellente qualité, mûrissant vers la fin de septembre.

Pêche Alexis Lepère, obtenue par M. Alexis Lepère fils. Arbre vigoureux, propre aux grandes formes, très fertile; fruit superbe et de très bonne qualité.

Brugnon violet musqué. — Fruit moyen, mûrissant vers la fin de septembre.

Brugnon Gressent. — Arbre très vigoureux et très fertile, propre aux plus grandes formes; fruit gros et de qualité hors ligne.

Téton de Vénus. — Arbre très vigoureux, fertile, propre aux grandes formes, demande l'exposition du midi.

Maladies du pêcher.

Le pêcher est sujet à de nombreuses maladies dont quelques-unes, si l'on n'y prenait garde, le feraient périr rapidement. Nous citerons :

La *gomme*. — Matière gluante, qui n'est autre chose qu'une décomposition de la sève qui s'échappe par les déchirures de l'écorce. La plaie, en grandissant, gagne peu à peu toute la circonférence de la branche, à moins qu'on n'y apporte remède.

Le plus souvent la gomme provient d'une coupe mal faite, d'une coupe opérée avec un instrument qui a écrasé le bois ou déchiré les couches ligneuses. Elle peut être encore occasionnée par le pincement simultané des bourgeons, ou même par un changement brusque de température.

Le remède est des plus simples. Aussitôt que cette maladie se manifeste, on enlève l'écorce et le corps ligneux attaqués; on fait disparaître tout ce qui a pris une teinte rougeâtre, et on frotte avec des feuilles d'oseille; ensuite on couvre avec du mastic. S'il y avait lieu, on recommencerait.

La *cloque* est la conséquence ordinaire du brusque changement de la température, d'une nuit froide survenant après une journée chaude. La sève s'arrête, les feuilles se crispent, se contournent se boursouflent et jaunissent. Le bour geon ne tarderait pas à être atteint, les fruits tomberaient et la maladie gagnerait la branche entière, si l'on n'y prenait garde.

On prévient la cloque en abritant les arbres. Si le mal est léger, on le supprimera en enlevant les feuilles malades, tout en conservant le pétiole, et même en ne coupant de la feuille que la partie atteinte.

Lorsque toutes les feuilles et les bourgeons sont atteints, on coupera ces bourgeons sur un ou deux yeux et on obtiendra de nouvelles poussées vigoureuses.

Le *blanc*. — Sorte de lèpre occasionnée par un champignon qui envahit les feuilles et souvent même les fruits et les couvre d'une espèce de duvet ou poussière blanche.

Le seul remède efficace, s'il est employé à temps, est le soufrage. Lorsqu'on fait usage du soufflet projecteur, on se placera de côté et non en face, afin de mieux répandre le soufre sur les feuilles.

Le *blanc des racines* est une maladie terrible qui tue quelquefois les arbres en très peu de temps. Elle peut être causée par du fumier non assez consommé; mais elle se produit le plus souvent à la suite de pluies d'orage ou d'arrosements trop abondants.

Le remède, très difficile, consisterait à découvrir les racines, à les frotter avec un mélange de fleur de soufre, de charbon pilé et de sel. Encore le succès serait-il plus qu'incertain.

Le *rouge* se manifeste par la couleur rouge que prennent les rameaux; l'arbre languit et meurt. Cette maladie est d'autant plus redoutable qu'on n'en connaît pas la cause et que, dès lors, on n'a su encore indiquer de remède.

Les mêmes insectes qui nuisent au poirier s'attaquent au pêcher. On s'en débarrasse par les moyens que nous avons conseillés en traitant du poirier.

CHAPITRE XIII

ABRICOTIER.

L'abricotier prospère dans les terrains légers, chauds, sablonneux ; il réussit également dans toutes les bonnes terres de jardin. Ce qu'il redoute, ce sont les terres froides, compactes, sillonnées de cours d'eau souterrains peu éloignés de la surface du sol.

Les plâtras, les décombres, les terres sablonneuses sont les amendements qui lui conviennent.

L'abricotier est généralement greffé sur prunier ; ses racines peuvent dès lors se développer dans toutes les terres à prunier, c'est-à-dire de qualité ordinaire.

La floraison précoce de l'abricotier lui fait craindre, au printemps, l'abaissement de la température et le passage subit du froid au chaud. Le voisinage de constructions, de côteaux, et de tout autre obstacle aux vents et aux variations atmosphériques, est donc favorable à sa fructification. On plante, autant que possible, l'abricotier dans les situations abritées, dans les vallées épargnées par les brouillards, dans les cours, au pignon des maisons, où sa floraison est un peu préservée des accidents de température.

On peut dire, en général, que la prospérité de l'abricotier dépend plus de la température que de la qualité du sol. Ainsi à Bennecourt, dans le département de Seine-et-Oise, des côteaux élevés, à pente rapide, où l'on ne voyait, il n'y a pas bien longtemps, que des pierres servant au macadam parisien, sont aujourd'hui couverts de plantations d'abricotiers. C'est l'abricotier royal, qui domine sur ces côteaux ; il y est plus robuste et plus productif que les autres variétés. En une seule année, la récolte des abricots a rapporté aux habitants du village de Bennecourt plus de 140,000 francs.

Dans cette contrée, à cause de la nature particulière du sol, la majeure partie des abricotiers sont greffés sur amandier.

L'arbre est tenu en buisson ou en demi-tige sans forme bien régulière.

Chaque fois qu'on pourra planter un abricotier dans une cour abritée ou à l'abri d'un bâtiment, on devra en profiter. On sait que les abricotiers à haute tige donnent des fruits bien meilleurs que les abricotiers en espalier.

A la rigueur, l'abricotier pourrait être soumis à la plupart des formes d'espalier; mais il ne faut pas oublier que cet arbre, qui pousse très vite, dont l'existence est d'une douzaine d'années environ, a une tendance à s'emporter par la base et à s'éteindre par le sommet. Il est, en outre, très sujet à la gomme. Les formes moyennes, la palmette à branches horizontales conviennent parfaitement à l'abricotier.

La charpente sera conduite comme celle du poirier, mais, afin d'éviter la gomme, on ne fera usage que d'instruments bien tranchants, et lorsqu'on aura été obligé de procéder à une amputation un peu forte, on couvrira de mastic. On aura soin, surtout, d'éviter les cassements.

Comme pour toutes les espèces à noyaux, on recèpe l'année même de la plantation; 30 à 35 centimètres d'intervalle entre les branches charpentières seront suffisants. Si les prolongements sont palissés horizontalement, on n'aura à retrancher que quelques centimètres à leur extrémité; s'ils sont attachés verticalement, on retranchera moitié environ de leur longueur.

Comme ceux du pêcher, les rameaux de l'abricotier ne fructifient qu'une fois, et cela l'année qui suit leur naissance. Il faudra donc, également comme sur le pêcher, obtenir de nouveaux rameaux à fruits tous les ans, et supprimer ceux qui auront porté des fruits. Toutefois, sur l'abricotier, les yeux poussent aisément sur les vieux bois. Cet avantage permet de tailler court.

On ébourgeonnera de manière à ne laisser que trois bourgeons par 15 centimètres sur les branches charpentières; on supprimera les yeux doubles, et les bourgeons trop rapprochés qui prendraient les proportions de gourmands.

On pincera les bourgeons, les faibles sur cinq feuilles,

ceux de vigueur moyenne sur sept feuilles, et les bourgeons vigoureux sur huit ou neuf feuilles. A la suite de ce premier pincement, il naîtra des bourgeons anticipés sur le bourgeon pincé : on pincera le supérieur sur une feuille au-dessus du précédent, et les autres sur leurs stipulaires.

Les bourgeons anticipés qui se développeront sur les prolongements des branches charpentières seront pincés une première fois sur trois ou quatre feuilles, puis à une feuille seulement au-dessus du premier pincement.

A la taille d'hiver, on taillera sur cinq ou six boutons à fruits le rameau qui s'est développé sur le prolongement de la branche charpentière, ou sur cette branche elle-même.

Si le bourgeon, devenu rameau de remplacement, porte des boutons à fleurs, on rabattra le rameau ayant donné des fruits l'année précédente au-dessus de l'empatement du rameau de remplacement. Si au contraire le rameau de remplacement ne porte point de boutons à fleurs, on le rabattra sur un œil bien constitué, et l'on conserverait le rameau qui a déjà fructifié, dans le cas où il aurait encore des productions fructifères.

Pendant le cours de la végétation, on rabattra sur leur empatement les rameaux qui, soit par suite de gelée ou autre accident, n'auront pas conservé de fruits.

L'abricotier, avons-nous dit, est très sujet à la *gomme*, et il guérit difficilement. Lorsque cette maladie a attaqué une branche et qu'il ne reste plus d'espoir de la sauver, le mieux est de la sacrifier et d'en opérer l'amputation. Les yeux percent facilement sur le vieux bois, et cette branche se trouvera vite remplacée.

Variétés d'abricotiers.

Gros rouge précoce. — Arbre vigoureux et fertile; fruit gros et d'assez bonne qualité, mûrit en juillet.

D'Alexandrie. — Fruit de bonne qualité, mûrissant dans le courant de juillet.

Royal. — Arbre vigoureux et fertile; fruit de grosseur moyenne, de très bonne qualité, mûrissant au commencement d'août,

Pêche de Nancy. — Arbre vigoureux et fertile, planter à l'est et au sud-est; de très bonne qualité.

Abricot-pêche. — De l'espèce pêche de Nancy. Arbre vigoureux et fertile, fruit excellent.

CHAPITRE XIV

PRUNIER.

Le prunier est un des arbres fruitiers les moins difficiles sur la qualité du sol. Les terrains argilo-calcaires sont ceux qui lui conviennent le mieux : ses racines peu pivotantes n'exigent pas une couche fertile d'une grande profondeur. On peut dire qu'il vient partout, pourvu que le sol ne soit pas trop aride. Dans le midi, on le cultive en plein champ.

Le climat du prunier est celui de la vigne; cependant la culture de cet arbre s'avance assez loin dans le nord et réussit même où le raisin ne mûrit plus en treille. Dans les pays froids, les variétés délicates souffrent et on leur réserve les formes en espalier.

Le prunier est indépendant par sa nature, et il se plie assez difficilement aux petites formes. Il pousse avec énergie, il veut de l'air et de la lumière. Dans les endroits concentrés, trop chauds ou trop froids, comme certaines gorges de montagnes, et les cours entourées de bâtiments élevés, il végète mal ou noue son fruit avec difficulté.

Il y a des variétés de pruniers, dans les *Reine-Claude*, en *Mirabelle*, en *Damas*, qui reproduisent leur espèce par semis; mais la reproduction exacte du type est obtenue par le greffage.

Très souvent, on greffe le prunier sur des sujets appartenant à la même espèce, et provenant des rejetons qui poussent au pied de ces arbres quand les racines ont été blessées. Ces rejetons sont plantés en pépinière, puis greffés. Ce mode de multiplication est vicieux. On n'obtient ainsi que des arbres qui, privés de racines pivotantes, s'épuisent en rejetons que leurs racines traçantes développent en très grande abondance. En outre, ajoute M. du Breuil, ces arbres redoutent davantage la sécheresse et n'acquièrent jamais de grandes dimensions. Il vaut donc beaucoup mieux prendre des sujets obtenus de noyaux et choisis parmi les variétés vigoureuses.

Le prunier *Saint-Julien* est peut-être celui qu'on emploie le plus dans les pépinières pour le greffage. Une autre sorte, le mirobolan, élevé par semis, se prête au même but et convient aux sols calcaires.

Le mode de greffage est l'écusson ou la greffe en fente, soit en tête, soit en pied du sujet. Le greffage en tête est nécessaire aux variétés peu vigoureuses, comme la mirabelle.

Pour l'écussonnage, il sera bon d'avoir la précaution de faire lignifier les rameaux greffons, en rognant leur extrémité quinze jours à l'avance.

Nous avons dit que le prunier n'est pas difficile sur l'exposition. Il aime la chaleur, et cependant on voit fréquemment de ces arbres plantés aux expositions nord-est et sud-ouest couverts de fruits. C'est même à ces expositions que nous avons obtenu les récoltes les plus abondantes.

Les formes moyennes, les grandes formes, conviennent au prunier, surtout si on a soin de ne pas donner aux branches une inclinaison trop horizontale.

Le *buisson* est spécial à la mirabelle, parce que cette variété se ramifie facilement et reste naine sans que la serpette l'y oblige.

Les *palmettes*, les *candélabres* conviennent aux *Grosse Mirabelle*, *Reine-Claude*, *Monsieur hâtif*, *Monsieur jaune*, *Coé's golden drop*.

Pour toutes les formes, on recépe l'année de la plantation, et on procède comme pour les autres arbres.

Les pincements sur le prunier devront être courts, parce que, chez cet arbre, les yeux rudimentaires de la base ont tendance à s'éteindre. Lorsque le bourgeon aura 8 à 10 centimètres, on le pincera une première fois sur quatre ou cinq feuilles. S'il se développe d'autres bourgeons, le bourgeon supérieur sera pincé une ou deux feuilles au-dessus de son empatement et les autres sur leurs stipulaires.

Chaque nouveau pincement se fera sur une ou deux feuilles au-dessus du précédent.

Cette méthode est analogue à celle de Frère Henri pour le pêcher.

Une autre méthode, celle enseignée par M. le professeur Gressent, donne également de bons résultats :

Pratiquer le premier pincement sur cinq feuilles ; lorsqu'il ne se produira qu'un bourgeon anticipé, on pratiquera le second pincement sur huit feuilles. S'il y a deux bourgeons anticipés, on détruira la bifurcation en rapprochant au-dessus du bourgeon inférieur, et l'on pincera ce dernier bourgeon conservé sur huit ou neuf feuilles.

A la taille en sec, on taille sur les fleurs les plus rapprochées de la base, en tenant compte de la vigueur du rameau. Si le rameau est vigoureux, on pourra lui laisser davantage de fruits. Mais il en est du prunier comme des autres arbres : moins on laisse de fruits, plus ils sont beaux.

Si le rameau fructifère est pourvu d'un remplacement, on pourra le tailler au-dessus de ce remplaçant, pourvu que ce remplaçant porte lui-même quelques productions fructifères. Si, au contraire, le rameau qui a donné du fruit n'a pas de remplaçant, et qu'il soit pourvu de productions fruitières, on le taillera suivant sa force. S'il ne présente pas de boutons à fruits, on le rabattra sur un œil bien constitué.

Les bourgeons qui naîtront sur les lambourdes seront pincés sur trois ou quatre feuilles. Si on laissait ces bourgeons s'allonger, il ne tarderait pas à se transformer en branches.

Variétés de pruniers.

Mirobolan jaune. — Fruit moyen, mûrit en juillet.

Mirobolan rouge. — Fruit moyen, mûrit en juillet.

Monsieur — Arbre vigoureux et fertile ; beau fruit, gros

violet, de bonne qualité; — mûrissant fin juillet et août.

Reine-Claude, abricot vert. — Arbre vigoureux et très fertile; la meilleure des prunes, — mûrit en août.

Reine-Claude Victoria. — Arbre de vigueur moyenne, très fertile; beau fruit, d'excellente qualité, mûrissant en août.

Damas violet. — Arbre vigoureux, fertile; fruit moyen, rose violacé, arôme particulier; bon fruit en pâtisserie et en confiture de ménage; mûrit dans la seconde quinzaine d'août.

Reine-Claude transparente. — Fruit gros, excellent, très juteux, mûrissant au commencement de septembre.

Reine-Claude violette. — Fruit très sucré, tres juteux, petit, mûrissant au commencement de septembre.

Reine-Claude de Bavay. — Arbre fertile, de vigueur moyenne; fruit superbe qu'on ne devra cueillir que très tard, et que l'on conserves dix jours au moins au fruitier.

Coé's golden-drop (Goutte d'or de Coé). — Arbre de vigueur moyenne, assez fertile. Beau fruit; c'est, avec la Reine-Claude de Bavay, les deux meilleures variétés tardives, mûrissant en octobre.

Outre ces variétés de prunes destinées à être mangées fraîches, il en est d'autres plus spéciales à la confection de pruneaux et qui forment la base de plantations importantes.

Nous citerons parmi ces variétés :

La prune d'*Agen* ou d'*Ente;*
— *Quetsche;*
— *Sainte-Catherine;*
— *Datte;*
— *Diaprée;*
— *Norbert.*

La *Quetsche* est populaire en Lorraine, la *Sainte-Catherine* en Touraine, pour la fabrication du pruneau de Tours, et la prune d'*Ente* ou d'*Agen* dans le sud-ouest de la France.

CHAPITRE XV

CERISIER.

Le cerisier est peut-être l'arbre le plus facile à conduire de tous les arbres fruitiers ; il s'accommode de toutes les formes, de toutes les expositions, et donne des fruits magnifiques sous l'action de la taille.

Cet arbre pousse très vite, avec une grande vigueur ; il est donc préférable de le soumettre aux formes moyennes ou grandes, plutôt qu'aux petites, afin qu'il puisse avoir un certain développement.

La charpente s'établit comme celles du prunier, de l'abricotier.

Comme toutes les espèces à noyaux, le cerisier demande qu'il y ait, mélangée au sol, une certaine quantité de calcaire, sans quoi les fruits seraient amers.

Les endroits froids ou exposés au brouillard sont contraires à la floraison du cerisier, les expositions trop brûlantes le fatiguent.

En espalier, on le plante au nord, pour retarder d'un mois a maturité du fruit, et aux expositions chaudes pour la hâter de quinze jours.

A part le cerisier franc, qui se reproduit par le semis ou par le drageonnage, les variétés du cerisier se multiplient par le greffage sur le *merisier* ou sur le *mahaleb*, communément appelé *Sainte-Lucie*. Le merisier est exclusivement réservé pour les arbres à hautes tiges, le mahaleb pour les basses tiges. Cependant, on emploie le mahaleb ou Sainte-Lucie pour élever des cerisiers en haute tige dans les sols arides.

Le merisier est greffé à haute tige, à deux mètres du sol, en écusson on en fente. Le greffage en fente réussit mieux à l'automne, avant la chute des feuilles, lorsque la sève s'arrête.

On greffe le mahaleb par écusson, à $0^m,10$ du sol, quand même le cerisier devrait s'élever à tige, attendu que le sujet est ici moins vigoureux que la greffe. Les variétés faibles qui s'élèvent difficilement à haute tige par elles-mêmes seront surgreffées, à la hauteur de la couronne de branches, sur un bigarreautier, celui-ci étant greffé en pied sur le cerisier de Sainte-Lucie.

Le cerisier mahaleb ne doit jamais être planté ni profondément ni dans un sol humide; il ne tarderait pas à périr.

Nous avons dit pourquoi les formes grandes ou moyennes conviennent au cerisier.

On pourra donner la forme pyramidale aux cerisiers qui poussent droit et se ramifient d'eux-mêmes, tels que *Anglaise*, *Griotte du nord*, *Impératrice*. On rencontre cette forme dans les plates-bandes des jardins, dont le terrain aride convient moins au poirier.

La *palmette* convient aux variétés vigoureuses à rameaux flexueux, telles que la *Reine-Hortense*, la *Belle de Chatenay*, la *Montmorency*.

Le *Candélabre*, propre aux variétés dont la végétation est plus contenue, *Anglaise*, *Impératrice*, *Belle de Choisy*, se plante ainsi que les palmettes, en contre-espalier ou au mur. Les expositions chaudes seront attribuées aux variétés de primeur; au nord, les variétés tardives mûriront tard sans perdre sensiblement de leurs qualités.

On pratiquera le premier pincement du cerisier sur six ou sept feuilles ; les autres se feront successivement sur deux ou trois feuilles au-dessus du premier.

Si l'on préfère une autre méthode qui est d'un résultat non moins sûr, on fera le premier pincement sur sept à huit feuilles; le second sur six feuilles.

S'il pousse un troisième bourgeon, on rapprochera le premier bourgeon au-dessous du premier pincement.

Il pourra, après les pincements, se produire plusieurs bourgeons anticipés : on rapprochera, en détruisant la ou les bifurcations et on pincera sur six feuilles le bourgeon conservé.

Les bourgeons anticipés qui pousseront sur les prolongements devront être pincés sévèrement, c'est-à-dire aussitôt qu'ils montreront leur seconde paire de feuilles; et, s'il se développe un second bourgeon, on le pincera sur une ou deux feuilles.

On évitera de laisser des bourgeons sur les branches placées horizontalement. Ces bourgeons, par leur vigueur, nuiraient à l'équilibre de l'arbre. Si on n'a pas pratiqué l'ébourgeonnement, on coupera les bourgeons nés sur le dessus des branches sur deux feuilles, et le bourgeon amputé portera des boutons à fleurs.

Le cerisier est sujet à la gomme : on ne devra donc pas pratiquer de cassement sur cet arbre.

A la taille d'hiver, on taillera les rameaux sur les fleurs rapprochées de la base. Les yeux placés sur l'empâtement fourniront, pour l'année suivante, de nouveaux bourgeons. Si le rameau qui fructifie était pourvu d'un remplaçant, on le rabattrait au-dessus de ce remplaçant.

Variétés de cerisiers.

Anglaise hâtive. — Arbre vigoureux, propre aux grandes formes; fruit de bonne qualité, très doux, mûrissant en mai et dans le courant de juin.

Belle d'Orléans. — Arbre de vigueur moyenne, dont les fruits mûrissent de très bonne heure, fin de mai ou commencement de juin.

Montmorency. — Arbre très fertile, assez vigoureux; fruit un peu acide.

Belle de Choisy. — Arbre de vigueur moyenne, très fertile; fruit excellent.

Belle de Sceaux. — Arbre vigoureux et fertile, fruit excellent, un peu acidulé.

Belle magnifique. — Arbre vigoureux et fertile; fruit de bonne qualité.

Planchoury. — Arbre de vigueur moyenne, très fertile; propre aux formes moyennes; beau et bon fruit.

Spa. — Arbre assez faible, très fertile; très bon fruit, mûrissant à la fin d'août ou au commencement de septembre.

Rose de Charmeux. — Arbre assez fertile et assez vigoureux. Planté au nord et au nord-est, il garde ses fruits jusqu'en octobre, et souvent jusqu'aux premières gelées.

CHAPITRE XVI

FIGUIER, COGNASSIER, FRAMBOISIER, GROSEILLIER, NÉFLIER.

Figuier.

Le figuier est un arbre du midi; dans cette région, le tronc atteint souvent 2 mètres de hauteur, et la récolte des fruits est des plus abondantes.

Plus au nord, sous le climat de Paris, par exemple, le figuier est cultivé dans les jardins fruitiers, en cépées, aux endroits les plus chauds; à l'automne, on rapproche les branches par divisions de trois, de quatre, suivant leur nombre, et on les couche dans des fosses; on les recouvre de terre, et elles passent ainsi l'hiver à l'abri du froid. Au mois de mars, quand on n'a plus à craindre de fortes gelées, on les découvre et on les remet en place.

Alors, pour empêcher que les branches ne prennent un trop grand développement, et afin de favoriser l'accroissement des fruits, on éborgne l'œil terminal du bourgeon de prolongement, et aussi celui des bourgeons latéraux.

A vrai dire, c'est plutôt un élagage qu'une taille qu'on fait subir à l'automne au figuier. Cependant, avant d'enterrer les cépées, on rabattra les branches qui auront fructifié, sur les rameaux à fruits.

En Normandie, en Bretagne, et dans d'autres provinces de l'ouest, on se contente de planter le figuier dans un lieu abrité, à une exposition chaude, près d'un mur. Les résultats qu'on obtient sont généralement excellents, et cela sans qu'il soit besoin de couvrir les arbres pendant l'hiver.

On multiplie le figuier au moyen de marcottes et plus souvent au moyen de drageons qui sont immédiatement mis à demeure. Les deux premières années, on laisse pousser librement, afin d'obtenir un bon appareil de racines. La troisième année, on choisit le rameau le plus vigoureux, on le dresse sur un tuteur, et on supprime les autres. On favorise la production de ramifications à la hauteur qu'on jugera convenable, et puis on abandonnera le figuier à lui-même. Afin de mieux assurer le développement de ramifications, on pourra pincer le bourgeon terminal destiné à former la tige.

On supprimera, chaque année, les bourgeons inutiles qui se formeront au pied de l'arbre.

Dans le midi, on a deux récoltes de fruits; il est rare que, dans les régions plus au nord, les secondes figues arrivent à maturité.

Nous conseillerons de cultiver sous le climat de Paris, dans les régions du nord, les deux variétés qui réussissent le mieux : la *blanquette* et la *figue royale.*

Cognassier.

Le cognassier ne vient réellement bien qu'en haute tige. Comme le néflier, il porte ses fleurs à l'extrémité des rameaux : on ne devra donc pas tailler ces rameaux si l'on veut avoir des fruits.

La variété la plus estimée est le cognassier du Portugal, celle dont les fruits sont supérieurs et pour la grosseur et pour la qualité.

Le cognassier se multiplie par marcottes ou boutures.

Framboisier.

Le framboisier n'est pas difficile ; il vient partout, mais il préfère un sol frais, un peu humide. On le plantera, autant que possible, aux expositions du nord.

Cet arbre fructifie sur bois de deux ans, et le bois qui a donné des fruits meurt à la fin de l'année. Mais, chaque année, il pousse des racines de nouveaux bourgeons qui porteront des fruits l'année suivante; et ces nouveaux bourgeons sont presque toujours en si grand nombre qu'on est obligé de faire un choix et de supprimer les autres.

On multiplie le framboisier en séparant d'un pied-mère des bourgeons munis de leurs racines. Cette opération s'accomplit en novembre ou en décembre.

On cultive le framboisier de deux manières, en cépée et en ligne. Pour la cépée, on plantera à une distance de 2 mètres environ ; on enfoncera au pied de la cépée un piquet de

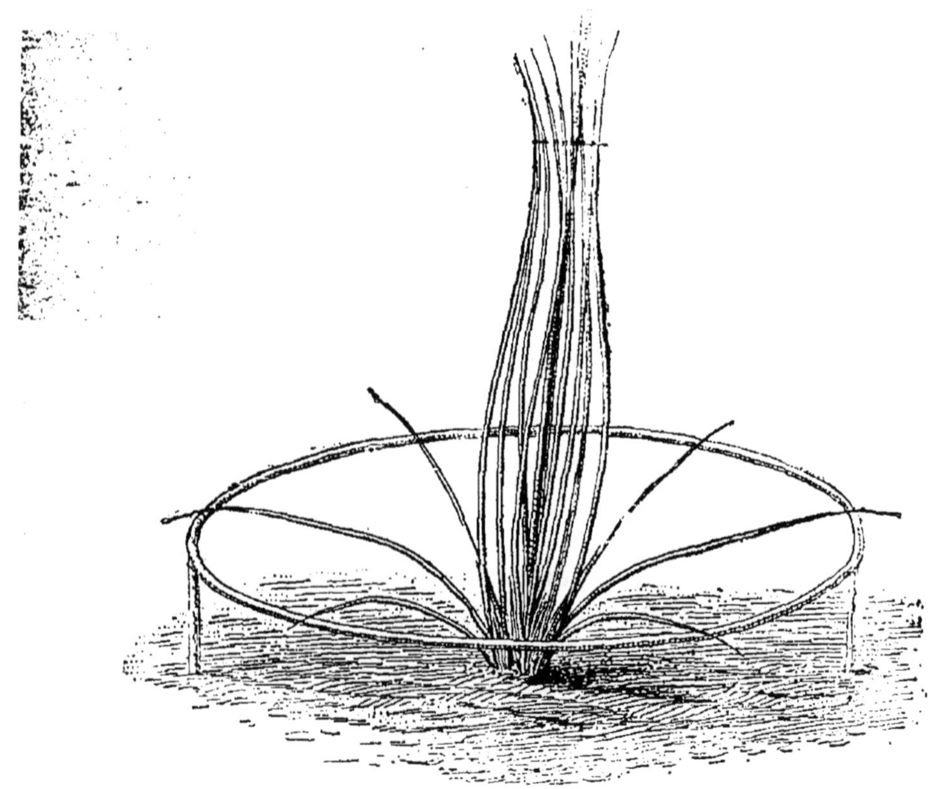

Framboisier en cépée.

1^{m} 50 d'élévation, et, sur des piquets à 75 centimètres du piquet central, on posera un cercle qui sera à 50 centimètres d'élévation au-dessus du sol. Le diamètre de ce cercle sera égal à la hauteur du piquet central, c'est-à-dire 1^{m},50.

Pour les framboisiers en ligne, on plantera à une distance d'un mètre environ, sur une plate-bande qui devra être creuse au milieu, afin que les arbustes trouvent toujours l'humidité qui leur est nécessaire. Sur chacun des bords de la plate-bande, on établira sur des piquets une ligne de fils de fer, à une élévation de 50 centimètres au-dessus du sol.

La plantation faite, on taillera les tiges à un mètre du sol. Celles qui ont fructifié l'été précédent périront à l'automne, et on les supprimera au printemps suivant; on conservera les autres, celles qui se sont développées pendant l'été et qui donneront des fruits. Mais on n'en choisira qu'un certain nombre, parmi les plus vigoureuses, six, huit ou dix sur chaque pied, et on retranchera les autres, ainsi que les bourgeons qui naîtraient ensuite.

Les tiges fructifères, taillées à 1 mètre du sol, seront palissées, celles de la cépée sur le cercle, à des distances égales; celles de la plantation en ligne, sur les fils de fer placés de chaque côté de la plate-bande.

Cette inclinaison favorisera le développement des bourgeons sur les tiges, et l'on obtiendra des fruits de la base au sommet.

Les nouveaux bourgeons qui poussent sur la souche croîtront librement; puis on les attachera au piquet qui servira de tuteur, et ils remplaceront, l'année suivante, ceux qui auront fructifié.

Le framboisier, comme le groseillier, demande une fumure abondante; à l'été, on paillera afin d'empêcher la trop grande sécheresse du sol.

Groseillier.

Le groseillier à grappes, épineux, noir ou cassis, est d'une fertilité remarquable, et il demande peu de soins. Il s'accommode de tous les climats, et à peu près de toutes les expositions. On le multiplie au moyen de boutures ou de drageons vigoureux.

Nous avons vu donner au groseillier toutes les formes, celles de la pyramide, de l'espalier, du contre-espalier et même du cordon vertical. Nous n'admettrons que deux formes, la pyramide à la rigueur et la forme en touffe ou cépée. C'est cette dernière que l'on préfère généralement, et avec raison, car c'est celle qui donne incomparablement les meilleurs résultats.

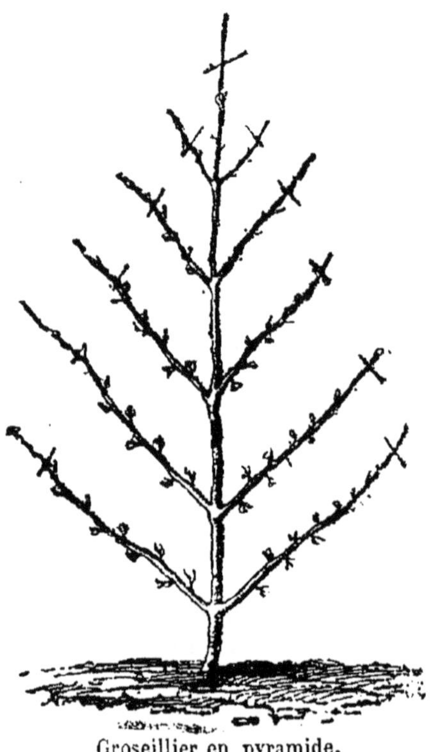

Groseillier en pyramide.

Pour la pyramide, on rabat à 30 centimètres audessus du sol, lorsque l'arbuste est bien enraciné, et on laisse allonger de 40 centimètres environ, la première année, et de 20 à 30, les années suivantes. Les branches latérales seront taillées de manière à ce qu'elles gagnent environ 10 centimètres chaque année.

Pour la forme en touffe, on rabat également à 25 ou 30 centimètres, lorsque l'arbuste a acquis un bon appareil de racines. Il pousse des bourgeons qu'on laisse se développer. Au printemps, on taille pour obtenir des ramifications. Au printemps suivant, on obtient de nouvelles ramifications, en taillant les prolongements de l'année précédente, et la cépée se trouve dès lors formée.

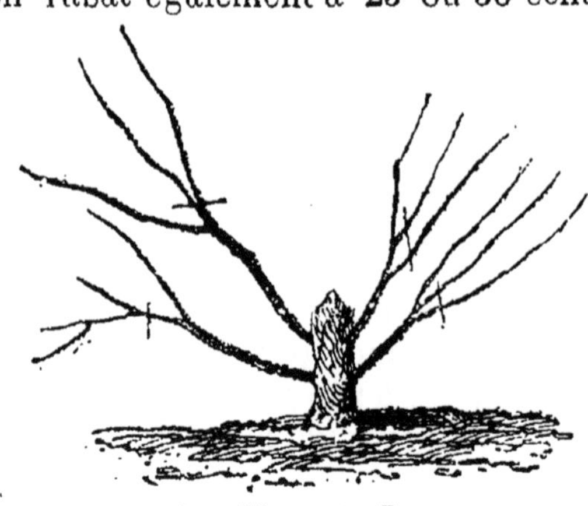

Groseillier en touffe.

On n'aura plus qu'à supprimer, à mesure qu'elles se produiront, les pousses qui viendraient obscurcir l'intérieur de la cépée, et à veiller à ce que le milieu soit bien évidé.

Pour obtenir les rameaux à fruits, sur la pyramide comme sur la cépée, il suffira d'un pincement ou d'un cassement en vert sur la cinquième ou sixième feuille des rameaux latéraux.

On ne devra pas perdre de vue que le groseillier, comme les arbres à noyaux, ne donne de fruit que sur les petits rameaux qui ont poussé l'été précédent.

CHAPITRE XVII

VIGNE.

Dans le midi, dans le centre de la France, la vigne est cultivée en plein vent, et elle mûrit parfaitement. Dans les régions du nord et de l'ouest, elle ne peut être cultivée qu'en espalier, contre des murs bien exposés au soleil ; et, encore, doit-on, dans ces conditions, ne planter que certaines variétés précoces.

Les seules variétés qui nous paraissent convenir dans les régions de l'ouest et du nord sont :

Le *Précoce malingre*, qui mûrit dès le commencement d'août. Ce raisin, qui est blanc, est de bonne qualité, et sa précocité le rend particulièrement propre aux climats relativement froids ou humides.

Le *Chasselas de Thomery*, si renommé pour son excellente qualité et la facilité avec laquelle il se conserve jusqu'aux mois de mars ou avril.

Le *Frankenthal*, raisin noir, à grappes énormes, de goût agréable, même lorsqu'il n'est pas parfaitement mûr

Le *Chasselas rose royal*, remarquable par son coloris, et se conservant très longtemps.

Multiplication.

La vigne peut être multipliée de plusieurs manières : par le semis, la bouture, la greffe, la marcotte.

La *multiplication par le semis* se fait au moyen des pépins. Ce procédé peut être appliqué par des pépiniéristes, mais il est rarement employé. Outre que les variétés qu'on obtient ainsi sont généralement inférieures aux précédentes, le fruit se fait attendre au moins cinq ou six ans.

Multiplication par bouture. De janvier à mars, on choisit sur les vignes qu'on veut multiplier des sarments vigoureux d'une longueur de 40 à 50 centimètres. On creuse sur la plate-bande une tranchée en formant un ados contre lequel on couche les sarments, à une distance de 25 à 30 centimètres les uns des autres, et de manière qu'ils forment un angle d'environ 45 degrés.

Un œil seulement devra rester au-dessus du sol. Pour éviter que le sarment ne se dessèche, on placera un paillis de fumier, et on arrosera profondément, pendant le cours de l'été; à mesure que le bourgeon se développera, on le palissera sur un tuteur, on enlèvera les vrilles et les bourgeons anticipés.

Au bout d'un an, on pourra mettre en place.

Multiplication par la greffe. — Ce procédé est employé soit pour changer la qualité d'un cep, soit pour s'assurer promptement de la valeur d'un plant de semis. Il est rare qu'on y ait recours. On opère en mars ou en avril, lorsque la sève est en mouvement. On commence par pratiquer sur le sujet une entaille d'une longueur de 20 centimètres environ ; puis, on place en terre, à côté du sujet, le plant à greffer. On enlève l'écorce sur la partie du greffon qui doit coïncider avec le sujet et on l'applique sur la rainure. On lie ensuite, avec de la laine, et on recouvre de mastic. Deux yeux seulement seront laissés au-dessus du point de soudure. Dans le courant de juin on supprimera le plus faible des bourgeons, et on pincera sur une feuille les bourgeons anticipés qui se produiraient.

A l'hiver suivant, on pourra sevrer la greffe.

Il peut arriver que le sujet à greffer soit très élevé et que le greffon soit trop court pour atteindre l'endroit où il doit être uni au sujet. Dans ce cas, on plante le greffon dans un pot qu'on place, soit au moyen d'une table, soit au moyen d'un échafaudage quelconque à la hauteur convenable, et opère comme nous avons dit précédemment.

Multiplication par marcotte. — C'est le moyen que l'on emploiera le plus habituellement, et qui, presque toujours,

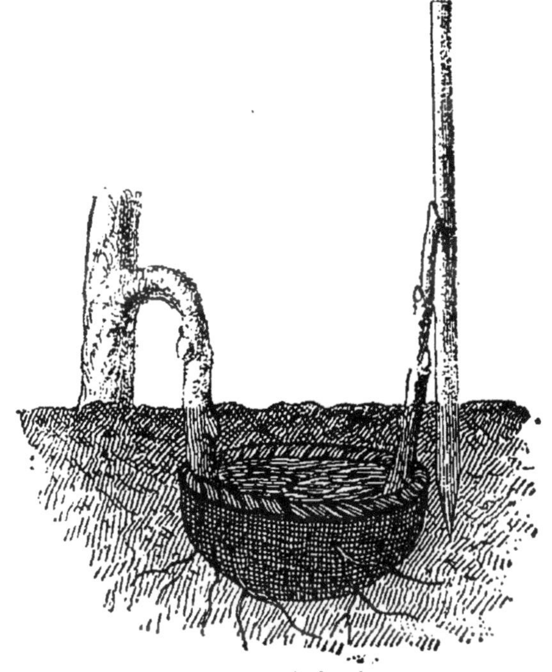

Marcottage de la vigne.

donnera d'excellents résultats. Du mois de janvier au mois de mars, on choisit sur le pied de vigne qu'on veut multiplier, un sarment vigoureux que, le plus souvent, on aura élevé à cet effet, l'année précédente; on couche ce sarment en terre, et on relève l'extrémité qu'on rabat sur deux yeux au-dessus de terre. Des racines se développent à la partie du sarment enterrée. Les deux yeux conservés produiront deux bourgeons : on conservera le mieux constitué et on le palissera sur un tuteur.

A l'hiver la marcotte sera sevrée, c'est-à-dire détachée du pied qui l'a produite.

Au lieu de coucher le sarment en pleine terre, on peut le placer dans un panier rempli de terreau et où il trouve une nourriture qui lui est particulièrement appropriée. Le panier est mis en terre; les jeunes racines, se font jour à travers les interstices. A l'hiver, on sèvre la marcotte, on expédie le panier plein de terre et on le plante de même.

Dans ces conditions la marcotte ne souffre pas de la déplantation; elle pousse avec vigueur et donne promptement des fruits.

Mais il faudrait se garder d'employer des pots au lieu de paniers. Les racines ne trouvant pas de place pour s'étendre, la végétation s'opérerait très mal.

Plantation.

La vigne redoute par-dessus tout l'humidité. Il sera donc nécessaire de se préoccuper de la nature du sous-sol. Afin d'obtenir d'abord une charpente vigoureuse et un bon appareil de racines, on mêlera à la terre des engrais azotés, tels que déchets de laine, engrais animaux. Mais ces engrais, qui produiront du bois, ne favoriseraient pas la production des fruits. Alors, lorsque la vigne sera vigoureuse, on fumera avec des feuilles décomposées, de la houille mêlée d'urines, des cendres, qui renferment beaucoup de potasse, et même des sarments qu'on mêle à des plâtres.

La plantation se fait en novembre ou en décembre, et même jusqu'en février. Si l'on plante des marcottes à racines nues, ou des boutures, on creuse un trou ou une tranchée de 50 centimètres environ de largeur, et de 40 centimètres de profondeur, à peu près, au pied du mur. On garnit le fond de fumier; on y place le plant ou la marcotte, et on relève l'extrémité de manière à laisser deux yeux seulement au-dessus du sol.

Lorsqu'on aura des paniers, on fera de même un trou ou une tranchée de 40 centimètres de profondeur et de 50 centimètres de largeur; on garnira le fond de fumier; on fendra le panier aux deux extrémités, afin qu'on puisse bien abaisser la marcotte des deux côtés ; on étalera avec soin les racines qui sortiront du panier, et on couchera la tige qu'on conduira jusqu'au mur, en la maintenant, s'il le faut, avec des crochets.

On taillera toujours sur deux yeux hors de terre, et on

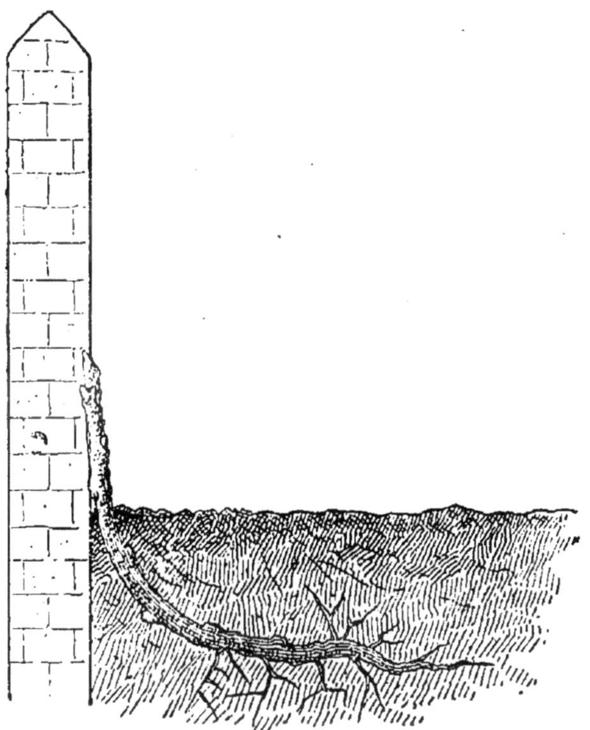

Plant de vigne au pied d'un mur.

emplira le trou. Ainsi que nous avons indiqué précédemment, on palissera le bourgeon qui aura été conservé.

Si l'on conseille de tailler sur deux yeux hors de terre, c'est afin que, dans le cas où l'œil sur lequel on a taillé viendrait à s'éteindre, on en ait un autre de réserve pour former la charpente.

Quel que soit le mode de plantation qu'on adopte, il sera bon que la terre ait été défoncée à une profondeur au moins de 30 centimètres.

Nous recommanderons de fumer les vignes à la fin de

l'automne, de leur donner un binage au printemps, de les pailler à l'été, surtout si elles sont au pied d'un mur, et de les arroser pour éviter la sécheresse.

Formes.

Les formes que l'on peut donner à la vigne sont très variées. Nous indiquerons celles qui semblent devoir être préférées : les cordons horizontaux Thomery, les cordons à coursons alternes, les cordons obliques brisés.

Cordons horizontaux Thomery. — Les cultivateurs de Thomery mettent entre deux cordons un intervalle de $0^m,44$, ils donnent à la longueur des bras $1^m,10$. Cette distance ne suffit pas dans les contrées de l'ouest, en Bretagne, en Normandie, où les terres étant très fortes, la vigne pousse avec une extrême vigueur. Dans ces cas, il y aura lieu, afin de laisser un espace convenable, de mettre 55 à 60 centimètres entre les cordons et de donner à chaque bras une longueur de 2 mètres environ.

C'est une question d'observation, et on devra se guider d'après la nature du sol.

Selon que l'on voudra superposer 3, 4 ou 5 cordons, on plantera les ceps à $0^m,80$, 1^m, $1^m,33$. Trois cordons se superposeraient, le premier à $0^m,30$, le second à $1^m,50$, le troisième à $0^m,90$. Pour quatre cordons, on commencerait le premier à $0^m,30$, le second à $1^m,50$, le troisième à $0^m,90$, le quatrième à $2^m,10$. Pour cinq cordons, le premier à $0^m,30$, le second à $1^m,50$, le troisième à $2^m,70$, le quatrième à $0^m,90$ et le cinquième à $2^m,10$.

Voici comment on procède : On incline le sarment à droite ou à gauche de façon que, au point de courbure, il se trouve un œil en dessus. Ensuite, on taille sur l'œil en dessous suivant qui donnera le prolongement du sarment courbé ; l'œil en dessus fournira le bras opposé.

En suivant un autre procédé, celui de M. Rose Charmeux, on opérera de la manière suivante : Pendant la végétation, si le bourgeon est vigoureux, on le taille en vert, sur un œil au-dessus du point ou l'on veut établir le cordon. Un bourgeon anticipé se développera : on le supprimera. L'œil placé près de ce faux bourgeon donnera à son tour naissance à un bourgeon qu'on laissera croître. A la taille suivante, on rabattra sur les deux yeux qui se trouvent à la base de ce bourgeon, en face l'un de l'autre, et qui fourniront les bras du cordon.

Cette seconde manière, quoique assez simple, n'est peut-être pas aussi facile que la première.

Dans tous les cas, et quelle que soit la disposition qu'on adopte, il est important de ne commencer un cordon qu'avec un sarment vigoureux. Si le sarment n'était pas suffisamment fort, il conviendrait de le rabattre et d'attendre l'année suivante.

Cette forme donnée à la vigne est assurément fertile ; mais il peut arriver, si l'on donnait aux bras une trop grande longueur, que les coursons, très vigoureux à la base et aux extrémités, soient faibles au milieu. C'est par suite de cet inconvénient que M. Rose Charmeux, maire de Thomery, chercha une autre forme et adopta, de préférence, les cordons à coursons alternes.

Cordons à coursons alternes. — Pour la formation de la charpente, nous procéderons ainsi : nous avons laissé pousser deux bourgeons sur la vigne plantée. On choisira de préférence le plus bas, et, pour favoriser son développement, on pincera sur cinq ou six feuilles le bourgeon supérieur. Lorsque le bourgeon inférieur aura atteint une longueur de 30 à 40 centimètres, on le supprimera, en rabattant au-dessus du bourgeon inférieur. On palissera ce dernier bourgeon, à mesure qu'il se développera, et l'on enlèvera les vrilles.

On ne laissera pas prendre au bourgeon de prolongement une longueur trop considérable, de crainte que les yeux de la base, les seuls dont on ait besoin, ne soient mal constitués. Un mètre cinquante pour les variétés vigoureuses, un mètre vingt pour les variétés de vigueur moyenne, sera une longueur suffisante.

Les coursons devant être à 30 centimètres de distance, on posera des lignes horizontales sur le mur, à 25 centimètres, afin de palisser les bourgeons qui naîtront. Les fils de fer sont ce qu'il y a de mieux pour le palissage.

A la taille d'hiver, on taillera sur trois yeux, afin d'obtenir trois bourgeons : celui du haut sera destiné à continuer le prolongement, et les deux inférieurs à former les deux premiers coursons.

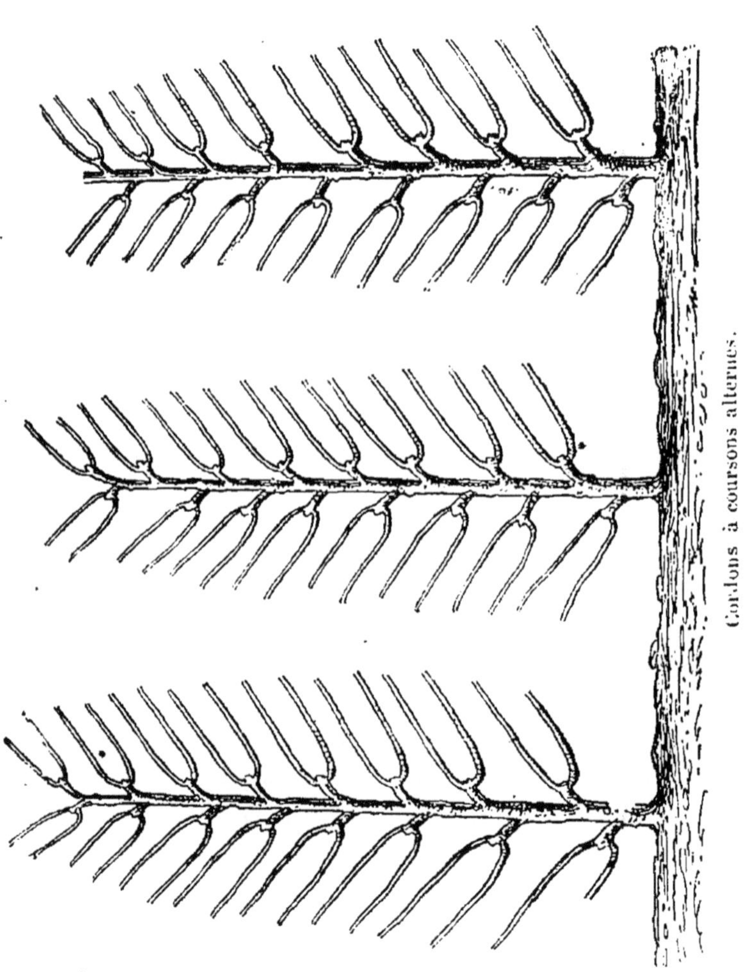

Cordons à coursons alternes.

On palissera presque horizontalement les deux bourgeons de la base, qui, peut-être, porteront des fruits ; dans ce cas, il ne faut leur laisser qu'une grappe de raisin, deux au plus. On les pincera à une longueur de 45 à 50 centimètres. Quant au bourgeon devant continuer le prolongement, on le palissera verticalement, et on le pincera lorsqu'il aura atteint un mètre de longueur. On supprimera les vrilles au fur et à mesure qu'elles se produiront, et, de même, les bourgeons anticipés.

L'année suivante, c'est-à-dire à la taille d'hiver, on taillera les deux coursons sur un œil, et on rabattra le prolongement sur une longueur de 50 à 60 centimètres, selon sa vigueur, sur un œil placé en avant, et qui sera destiné à le continuer. Les bourgeons qui naîtront seront traités comme les précédents, et ainsi de suite, jusqu'à ce qu'on ait atteint le haut du mur. La dernière année, ce sera le dernier courson qui terminera le prolongement.

Lorsque le mur à couvrir est élevé, on formera deux étages. Pour le plus élevé, on ne laissera pousser qu'un bourgeon, celui de prolongement, et on supprimera tous les autres; on enlèvera soigneusement les vrilles et les bourgeons anticipés. Lorsque le bourgeon aura atteint une longueur de 1^{m},20, on le pincera pour le rabattre ensuite, de manière à former un ou deux étages de coursons, selon la vigueur.

Pour les ceps devant couvrir la partie inférieure du mur, on procédera comme il a été dit précédemment.

Lorsque tous les ceps devront avoir la même hauteur, on plantera à 1 mètre de distance; à 50 centimètres, lorsque la moitié des vignes seulement devront atteindre le sommet du mur.

Cordons obliques brisés. — Cette forme convient pour les murs de toutes les hauteurs; elle est vite faite et est très fertile. On devra toujours la préférer aux cordons obliques qui offrent de sérieux désavantages.

On plante à 1 mètre de distance. Si le mur a une élévation de 2 mètres, on partagera la hauteur en trois parties, de 65 ou 70 centimètres environ.

Si le mur est plus élevé, on fera quatre brisures. Voici comment on opérera. Avant tout, on dessinera la forme sur le mur, avec des gaules ou mieux des lattes de sciage, afin d'obtenir toujours des lignes bien droites. On inclinera le sarment sur un angle de 50 centimètres et on le conduira jusqu'à la ligne où devra être formée la première brisure. On le taillera à ce point, sur un œil en dessus ; cet œil donnera naissance à un bourgeon qui continuera le prolongement et qu'on conduira jusqu'au point où devra être la seconde

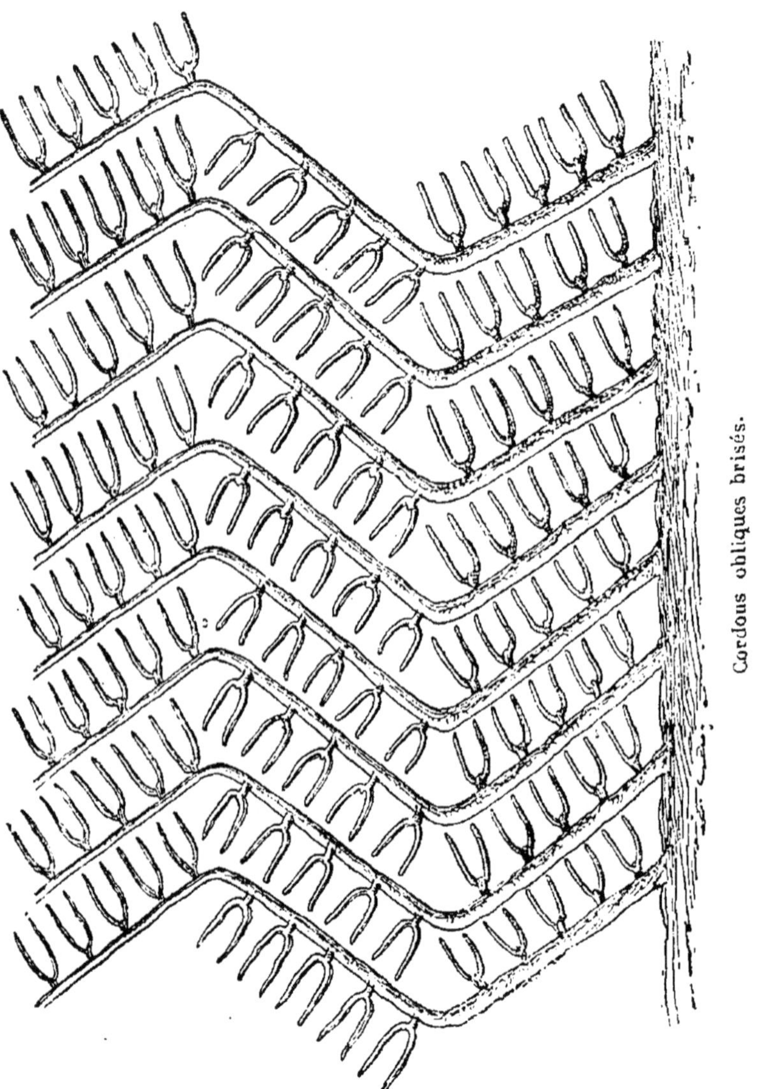

Cordons obliques brisés.

brisure. On taillera de même ce prolongement sur un œil en dessus, de façon à obtenir le prolongement devant fournir la quatrième brisure, si l'on doit en avoir quatre.

Ainsi, en trois ans, quatre ans au plus, le mur sera cou

vert. En même temps qu'on préparera le développement des prolongements, on éborgnera les yeux du dessous et on favorisera l'accroissement des bourgeons du dessus, destinés à fournir les coursons.

Par suite de cette suppression des coursons du dessous, les vignes auront une grande vigueur et donneront des produits remarquables.

Taille des rameaux.

Nous avons dit que les coursons de la vigne doivent se trouver à une distance de 30 centimètres les uns des autres. Chaque fois qu'on opérera une taille sur un bourgeon ou sur un sarment, on aura soin de laisser un onglet assez long. Le bois de la vigne, comme le bois du pêcher, est mou; il a beaucoup de moelle, et l'extrémité du bourgeon amputé périt jusqu'à un centimètre environ au-dessous de la coupe. En outre, on taillera en biseau, de façon à ce que si la vigne pleure, la sève ne puisse couler sur l'œil sur lequel on a taillé.

En nous occupant de la formation de la charpente des différentes formes, nous avons dit qu'on laissait croître jusqu'à une longueur de 40 centimètres ou plus, suivant sa vigueur, le bourgeon destiné à fournir le courson; ce bourgeon, qui portera des fruits, sera rabattu, l'année suivante, à la taille d'hiver, sur un œil bien constitué, au-dessus de son empâtement, si l'on opère sur du *chasselas* ou du *précoce malingre*. Nous disons sur un œil bien constitué, parce que si l'on taillait sur un œil faible, on serait exposé à n'avoir point de fruits.

Si le premier et le deuxième œil au-dessus de l'empâtement n'étaient pas bien fournis, on taillerait sur le troisième; et, dans ce cas, on éborgnerait les deux yeux précédents. Cet ébourgeonnement se pratique aussitôt que les yeux grossissent, ce qui est très facile, en cassant les bourres avec le doigt.

Le raisin de la vigne vient sur des bourgeons produits par des sarments nés de l'année précédente; d'autre part, il est acquis que plus le bourgeon est éloigné de l'extrémité du vieux bois, plus il porte de fruits. Nous devons donc avoir pour objet, en taillant la vigne, de favoriser la production des fruits et de conserver les coursons très courts.

Pendant l'été, le sarment que nous avons rabattu sur un œil bien constitué, le plus près de la base, produira un bourgeon à son extrémité, bourgeon qui donnera des fruits. D'autre part, l'œil de la base se développera en bourgeon. Dès lors, le courson sera constitué.

A la taille suivante, on taillera le tronçon de courson et le sarment. L'œil supérieur de ce sarment se développera à son tour en un bourgeon qui donnera des fruits, et l'œil de la base fournira le bourgeon de remplacement pour l'année suivante.

Si, postérieurement à la taille, il se développe des yeux qu'on n'avait pas aperçus en pratiquant le premier ébourgeonnement, et que ces yeux soient placés sur l'empâtement de façon à fournir un bon bourgeon de remplacement, on éborgnera ceux au-dessus en n'en conservant qu'un à la base, avec celui de l'extrémité.

Le *muscat* se taille sur le troisième œil; le *frankenthal* sur le quatrième. Il y aura donc lieu de conserver l'œil de la base, destiné à fournir le bourgeon de remplacement, et à tailler sur le troisième œil pour le muscat et sur le quatrième pour le frankenthal. Les yeux intermédiaires seront éborgnés. Pour le reste, on procédera comme il a été dit pour le chasselas et le précoce malingre.

Le courson aura donc toujours deux bourgeons, celui de l'extrémité qui donnera des fruits, celui de la base qui fournira le bourgeon de remplacement. Mais il peut arriver ou que les deux bourgeons portent des fruits, ou qu'il n'y en ait ni sur l'un ni sur l'autre. Dans le premier cas, afin de ne pas épuiser la vigne par une production trop abondante, on supprimera le bourgeon né sur l'extrémité du sarment pour ne conserver que le bourgeon né sur l'empâtement et qui sera à la fois bourgeon fructifère et bourgeon de remplacement.

On pourrait encore se contenter de supprimer les grappes

sur le bourgeon de remplacement, en n'en laissant que sur le bourgeon à fruit.

Les vignes ainsi cultivées seront très fertiles, mais à la condition qu'on pratiquera l'ébourgeonnement. Dès que les yeux auront produit des bourgeons d'un centimètre, on cassera à la base tous ceux qui seront inutiles et on ne conservera que celui de l'extrémité pour la production des fruits et celui de la base pour le bourgeon de remplacement.

On enlèvera les vrilles, au fur et à mesure du développement des bourgeons conservés. On supprimera les bourgeons anticipés qui naîtront à l'aisselle du bourgeon portant des grappes et de celui qui est destiné à le remplacer.

Lorsque les bourgeons conservés auront atteint de 40 à 50 centimètres, ils ne devront plus s'allonger. Les bourgeons anticipés qu'on laisserait vivraient aux dépens des fruits et nuiraient à la fructification pour l'année suivante. On devra donc pincer à 40 ou 45 centimètres environ celui de remplacement, et à deux feuilles au-dessus des fruits celui qui porte des grappes.

Il est un moyen de hâter de quinze jours à trois semaines la maturité du raisin : c'est, au moyen d'un *coupe-sève*, de pratiquer, immédiatement au-dessous du point d'attache de la grappe, de la plus basse, s'il y en a deux, une incision annulaire sur le bourgeon.

Cette opération doit être faite après l'épanouissement des fleurs.

Un second moyen de hâter la maturation du bois et par suite du raisin qui mûrit en même temps que le bois, consiste à supprimer un certain nombre de feuilles, en commençant par celles qui sont près du mur, puis successivement, en exposant complètement les grappes au soleil.

Enfin, pour augmenter la qualité et la beauté des grappes, on pourra pratiquer le *cisellement*. Cette opération, qui demande une certaine habitude, consiste à enlever, avec des ciseaux fabriqués à cet effet, l'extrémité de la grappe, qui mûrit rarement parfaitement et tous les grains avortés de l'intérieur, ceux qui seraient trop serrés. Les raisins conservés deviennent plus gros et beaucoup meilleurs. On n'aura rien perdu en poids et aura beaucoup gagné en qualité.

On enlèvera ainsi quelquefois un tiers, presque moitié des grappes, mais on ne devra pas s'en effrayer. C'est au moyen du ciselIement qu'on obtient ces magnifiques raisins qui font notre admiration.

Maladies de la vigne.

La vigne est exposée aux attaques de divers insectes et à certaines maladies.

Les *kermès* sont de tous les insectes les plus redoutables. Dans les jardins, on peut s'en débarrasser avec les moyens que nous avons signalés pour le poirier.

Lorsque des vignes en serre sont atteintes par les kermès, on pourra employer un remède excellent, très efficace : ce sera, après avoir fermé les ouvertures, de brûler du soufre. En quelques heures, les kermès seront détruits.

L'*oïdium*, qui se manifeste d'abord par des taches noires, ensuite par une poussière grisâtre, ressemblant à de la moisissure, est, à part le *phylloxéra*, la maladie la plus terrible de la vigne. On ne saurait dire comment ni pourquoi elle se produit.

Le meilleur, le seul remède qu'on connaisse jusqu'à ce jour est le soufrage. Si, dès que la maladie se déclare, on a le soin de soufrer énergiquement, deux fois au moins, à quelques jours d'intervalle, on aura de grandes chances de sauver la récolte. Mais, si on néglige cette précaution, non seulement on perdra la récolte de l'année, mais celle de l'année suivante sera compromise,

On a remarqué que l'oïdium attaque surtout les vignes fertiles, celles qui sont dans un sol manquant de calcaire ou de fumure, celles qui sont couvertes de nodosités. Dans ces cas, le remède se trouve tout indiqué.

La pauvreté du sol, ainsi que l'épuisement de la vigne donnent également naissance à une maladie connue sous le nom de *panachure*. Les feuilles jaunissent, les bourgeons s'étiolent et les raisins ne grossissent pas. Si le mal a pour cause l'épuisement de la vigne, produit par une récolte trop abondante, on supprimera les fruits de l'année, et on fumera abondamment. Si l'épuisement provient de l'état du sol, on pratiquera des amendements.

Conservation du raisin.

Nous ne connaissons pas de meilleure méthode pour conserver le raisin que celle dont M. Rose Charmeux est l'inventeur. Au lieu de détacher simplement la grappe, on coupe le sarment qui porte les grappes, quatre ou cinq yeux au-dessous de la première grappe, et, ensuite, la branche un ou deux yeux au-dessus de la grappe supérieure. On met le bout du sarment dans de l'eau.

On fabrique pour conserver le raisin des caisses dont l'intérieur est garni de zinc, de façon que l'eau ne puisse s'écouler; le couvercle est percé de petits trous.

On emplit la caisse d'eau en y mettant une certaine quantité de sulfate de fer, afin d'empêcher qu'elle ne se corrompe, et on introduit dans les trous le bout des sarments en les faisant plonger dans l'eau.

Le raisin ainsi conservé sera toujours frais et sans ride.

A défaut de caisse, on pourra encore, après avoir détaché la grappe avec un bout de sarment long d'environ 15 centimètres en dessous et 20 centimètres en dessus, et avoir ôté les feuilles, plonger le bout du sarment dans une petite fiole qu'on aura remplie d'eau mélangée de charbon en poudre.

Une autre méthode très simple, mais dont les résultats sont loin d'être aussi parfaits, consiste à étendre sur de la paille en un lieu bien sec les grappes cueillies bien mûres et bien saines.

Quelquefois, encore, on suspend les grappes à des ficelles tendues horizontalement, soit qu'on accroche à ces ficelles, le bout du sarment conservé, soit qu'on les suspende par la pointe, afin d'écarter les raisins les uns des autres.

CHAPITRE XVIII

RESTAURATION ET RAJEUNISSEMENT DES ARBRES.

Lorsque, par suite du défaut d'équilibre, les branches inférieures d'un arbre sont ruinées, ou lorsque des arbres atteints par la vieillesse languissent et ne produisent plus que des fruits rares et chétifs, doit-on arracher ces arbres et les remplacer? Non, à notre avis, si ces arbres sont pourvus de racines. Il sera préférable de procéder à leur restauration, à leur rajeunissement.

S'il s'agit d'arbres en pyramide ou en cône, afin de concentrer la sève dont l'arbre peut encore disposer, sur une étendue restreinte de la tige, et faire développer de nouveaux bourgeons et, par suite, de nouvelles racines, on coupera la tige aux deux tiers environ de la hauteur totale. Les branches, immédiatement au-dessous du point de section, seront rapprochées à 0m,04 environ de leur naissance; celles placées tout à fait à la base conserveront la moitié de leur longueur. Quant aux branches intermédiaires, on les taillera de façon que leur sommet forme une ligne oblique qui, partant de l'extrémité des branches inférieures, s'arrête au sommet des branches placées en haut de la tige. S'il manque des branches latérales, on pratiquera des entailles pour déterminer le développement de nouvelles branches ou on aura recours aux greffes par approche ou de côté Richard.

Pendant l'été suivant, on favorisera l'allongement des bourgeons inférieurs, en pinçant ceux du sommet, à l'exception, bien entendu, du bourgeon destiné à former le prolongement de la tige.

A la taille d'hiver, on laissera presque entières les branches inférieures, puis on raccourcira successivement les autres, en donnant seulement une longueur de 0m,15 à celles du sommet et de 0m,30 à la flèche.

Il sera quelquefois avantageux, au lieu de restaurer de

vieilles pyramides, de changer la forme de l'arbre et de les convertir en vases, en cônes ou en palmettes. Cette transformation n'offre pas de grandes difficultés.

Pour obtenir une forme en vase, on coupera l'arbre à 30 centimètres environ du sol, de manière à conserver quatre ou cinq branches convenablement espacées. On coupe ces branches en biseau et on applique sur chacune d'elles une greffe perfectionnée. On veille au développement de ces greffes, et on opère comme pour la confection des vases.

Pour transformer les vieilles pyramides en palmettes à branches horizontales, on commence par enlever toutes les branches de devant et de derrière de la pyramide; ensuite, on choisit, de chaque côté, des branches espacées d'environ 30 centimètres que l'on dirigera horizontalement en les palissant.

Dans ces diverses opérations, s'il manque des branches, on y pourvoit au moyen des greffes Agricola et Richard.

Arbres en espalier. — S'il s'agit d'obtenir une palmette, et que les arbres, sans avoir de forme régulière, présentent un bon appareil de racines, on cherchera parmi les ramifications de la base trois branches convenablement placées et destinées à former, l'une la tige et les deux autres les deux branches sous-mères. On supprimera toutes les autres et on taillera les deux branches latérales conservées sur une longueur d'environ 30 centimètres. On coupera la tige immédiatement au-dessus du point où devra naître le deuxième étage des branches sous-mères. Il ne restera plus qu'à donner les mêmes soins que pour la formation des palmettes.

Lorsqu'un vide se produit dans les cordons obliques ou verticaux, on coupe l'arbre que l'on veut conserver à 30 centimètres environ du sol, et cela vers le mois de novembre. Parmi les bourgeons qui pousseront au printemps, on en choisira un de chaque côté, les plus vigoureux et on supprimera les autres. Les deux bourgeons conservés serviront pour établir les deux branches d'un V double ou d'un candélabre.

Cette opération nécessitera quelquefois l'arrachage d'un ou plusieurs arbres à droite et à gauche de celui que l'on conservera. Dans ce cas, on procédera à cet arrachage avec précaution, et les arbres seront replantés dans un autre endroit du jardin et transformés en V double ou en candélabre.

Ce que nous venons de dire de la restauration et du rajeunissement des arbres fruitiers s'applique exclusivement aux arbres à fruits à pepins, le poirier et le pommier. Il n'en est pas de même pour les arbres à fruits à noyau.

Quand un pêcher est complètement ruiné, le mieux est de le recéper, si l'on trouve au pied de jeunes branches situées de telle façon qu'on puisse les utiliser pour former la nouvelle charpente. On procède alors comme pour la formation d'un jeune arbre.

Si les branches du pêcher sont saines, il sera quelquefois possible d'éviter la suppression de la tige. Selon le degré de dénudation de l'arbre, on coupera un tiers ou moitié des branches, de façon à obtenir un équilibre dans toutes les parties et, aussi, de bons prolongements. On garnira les parties dénudées au moyen de greffes herbacées.

La restauration de l'abricotier n'offre pas de difficultés, que l'arbre soit à l'espalier ou en plein vent. Il pousse très aisément du jeune bois sur ces arbres, de sorte qu'on arrive promptement à regarnir les branches dénudées. Il suffira de faire disparaître les têtes de saule et de raccourcir les branches. Si elles étaient complètement ruinées, on couperait ces branches à quelques centimètres de leur base ; il naîtrait des bourgeons qui les remplaceraient avantageusement.

Le prunier ne produit pas de bourgeons sur le vieux bois; on ne peut donc, pour regarnir des branches dénudées, procéder qu'au moyen de greffes par approche.

Si l'on veut tenter la restauration d'un cerisier, on rapprochera les vieilles branches, afin d'obtenir des bourgeons vigoureux, et, avec ces bourgeons, on établira une nouvelle charpente.

CHAPITRE XIX

SOINS GÉNÉRAUX A DONNER AU JARDIN FRUITIER.

Si l'on veut assurer aux arbres une végétation vigoureuse, on ne devra pas négliger la culture annuelle du sol, l'application des engrais, les moyens de protéger la fructification contre les gelées du printemps et les opérations utiles pour combattre la sécheresse.

Culture annuelle. — On labourera le sol, afin de le rendre perméable; on se servira non d'une bêche, parce qu'on s'exposerait à couper les racines, mais de la fourche à dents plates. On n'oubliera pas, en labourant, que les arbres greffés sur *cognassier*, sur *pommier paradis* et sur *prunier*, ont leurs racines très près de la surface de la terre.

On ne devra cultiver sur des plates-bandes que des légumes peu épuisants, comme les salades, et proscrire ceux qui exigent des soins dangereux pour les racines des arbres.

Fumure. — Les arbres nouvellement plantés devront être fumés assez abondamment; il en sera de même pendant le temps que durera la fermentation de la charpente. Plus tard, une fumure annuelle et pas trop copieuse sera suffisante. Les os concassés, des chiffons de laine, des débris de bourre, de plumes, en un mot, les matières à décomposition lente sont les meilleurs engrais. On évitera d'une façon absolue les engrais en fermentation.

Le labour fait, on étendra sur les plates-bandes un paillis qui entretiendra dans le sol une humidité bienfaisante et empêchera que le sol se durcisse sous l'influence des arrosements.

Dans le cas de sécheresse prolongée, il est un moyen efficace et facile de remédier à la souffrance des arbres : on mettra dans un grand baquet un tiers de crottin de cheval et deux tiers d'eau; lorsque le mélange commencera à fermenter, on répandra ce liquide à l'extrémité des racines, autour desquelles on aura eu soin de creuser un bourrelet. Deux arrosoirs, répandus le soir, suffiront pour un arbre ordinaire.

Le crottin de cheval pourra être remplacé par d'autres matières telles que du guano, des curures de pigeonnier, du jus de fumier, en dissolvant dans environ trente fois le volume d'eau.

Abris. — Les murs des jardins sont ordinairement pourvus d'un chaperon, mais cette saillie est insuffisante pour abriter les fleurs et les fruits contre les périls qui les menacent au printemps. Le moyen le plus simple pour protéger les arbres contre les variations de température et celui qui est encore le plus généralement adopté pour les pêchers de Montreuil, consiste dans l'emploi de paillassons. On fait sceller au mur, à 5 centimètres au-dessous du chaperon, et de mètre en mètre, des consoles en fer; sur ces consoles on pose des paillassons d'environ 60 centimètres de largeur.

Ces paillassons suffiront pour protéger les espaliers contre un abaissement de température d'environ un degré et demi au-dessous de zéro. Si la température dépasse cette limite, on ajoutera aux paillassons une toile très claire qu'on attachera à une tringle reliant entre elles les consoles. On fixe ces toiles au moyen de ficelles qu'on attache à des pieux enfoncés en terre, de distance en distance, sur le bord de l'allée.

Ces abris, placés vers la fin de février, seront maintenus jusque vers le 20 mai.

On pourrait abriter de la même manière les arbres à fruits à pepins; toutefois, on n'oubliera pas que les poiriers et les pommiers fleurissent plus tard et que leurs fleurs sont plus rustiques que celles des pêchers et des abricotiers.

Arbres en plein vent. — Les formes en vase s'abritent au moyen d'un capuchon en toile très claire. On enfonce quatre piquets dont la hauteur dépasse de 35 à 40 centimètres celle du vase et dont le diamètre excède d'autant celui de ce même vase. Ensuite on attache en haut de ces piquets un cercle sur lequel on posera le capuchon, qu'on maintiendra au moyen de ficelles.

Les arbres en cordons obliques ou verticaux, en palmettes, en contre-espaliers, pourront être abrités au moyen de toiles posées à cheval au-dessus des arbres et supportées par des poteaux qu'on relie les uns aux autres par des fils de fer.

CHAPITRE XX

RÉCOLTE DES FRUITS — FRUITIER.

Ainsi que nous l'avons déjà dit, certaines précautions sont nécessaires, si l'on tient à ce que les fruits se conservent dans le fruitier.

On devra, d'abord, ne procéder à la récolte que par un temps sec, vers le milieu du jour, lorsqu'il n'y a plus d'humidité dans l'atmosphère.

La récolte se fera par ordre de variétés, sans attendre que les fruits soient arrivés à une complète maturité. Les fruits cueillis trop tôt se rident; les fruits cueillis trop mûrs ne se gardent pas. Le meilleur moment pour faire la récolte sera celui où l'épiderme devient transparent. On cueillera les fruits non pas tous à la fois, mais et à mesure qu'ils atteindront le degré de maturité convenable.

Puis, afin que les fruits se débarrassent de la surabondance d'humidité qu'ils peuvent contenir, on les posera en un lieu bien sec, sur une table couverte de paille, et de façon qu'ils ne se touchent pas. On les laissera ainsi pendant sept ou huit jours: et alors on les portera au fruitier.

On choisira pour établir le fruitier une pièce où la température, toujours égale, ne dépasse pas cinq à six degrés au-dessus de zéro, qui soit privée de lumière, et dont l'atmosphère soit sèche.

On sait, en effet, que l'action de la lumière accélère la maturation des fruits, et que l'humidité hâterait leur décomposition.

La meilleure pièce pour un fruitier serait un sous-sol. A défaut de sous-sol, on pourra utiliser une cave à condition qu'il n'y aura pas d'humidité. Dans ce cas, on mettra des boiseries aux murs, et une double porte.

Si l'on place le fruitier ailleurs que dans une cave, ce sera, de préférence, dans une pièce au nord ou au nord-est, en vue de le soustraire aux brusques changements de température.

L'important, de toutes manières, est d'obtenir une température toujours égale et, surtout exempte d'humidité.

Des tablettes seront placées autour de la pièce, par étages superposés à intervalles de 40 centimètres environ, et ces tablettes, garnies d'un petit rebord, seront couvertes d'un peu de paille ou de mousse bien sèche.

On pourrait encore se servir d'une armoire, qu'on disposerait de la même manière.

On fait également des fruitiers au moyen de quatre montants sur lesquels on établit des étages à claire-voie, avec des lattes, à des intervalles de 30 à 35 centimètres. Ces fruitiers offrent un avantage, celui de pouvoir être transportés.

Quel que soit le mode qu'on aura adopté, on placera les fruits par variétés, et, lorsqu'ils auront été rangés, on fermera soigneusement le fruitier, qu'on visitera au moins une fois par semaine, pour enlever les fruits qui se gâteraient ou prendre ceux qui arriveraient à maturité.

Si, dans une de ces visites, on remarquait qu'il y ait sur les fruits quelque humidité, on ouvrirait de façon à donner un peu d'air, et on refermerait le fruitier lorsque l'humidité se serait évaporée.

CHAPITRE XXI

TRAVAUX MENSUELS SPÉCIAUX AU JARDIN FRUITIER

JANVIER

On profitera des petites gelées pour continuer les provisions de toutes les espèces de terres et d'engrais qui pourront être nécessaires dans le courant de l'année pour former les composts.

Quand le temps le permettra, on continuera les labours et les défoncements qui n'ont pu être faits les mois précédents; on préparera les trous pour les plantations des arbres.

On mettra à profit les grandes gelées pour raccommoder les outils, réparer les chaperons, les toiles à abris et fabriquer des paillassons.

Lorsque le temps sera humide, on enlèvera les mousses et les écorces inertes sur les vieux arbres, et ensuite on les chaulera. Il sera bon, en outre, de dépalisser les arbres en espaliers et de les débarrasser des branches inutiles. On rafraichira les onglets, s'il y a lieu.

On se hâtera de planter les derniers arbres.

On pourra commencer à tailler les amandiers, les pêchers, les abricotiers, les pruniers et les cerisiers, vers la fin du mois de janvier, mais à la condition que le temps soit doux.

Les fruits bons à manger dans ce mois sont, pour les poires à couteau : beurré d'hiver, passe-Colmar, doyenné d'hiver; pour les poires à cuire : bon-chrétien d'hiver, catillac, belle-angevine; pour les pommes à couteau : plusieurs reinettes, calville blanc.

FÉVRIER

Il faut se hâter de terminer les labours et les défoncements qui n'auraient pu être faits pendant les mois précédents, car la température ne peut tarder à s'élever.

A moins qu'il n'ait gelé trop fort, tous les arbres doivent être plantés.

On taillera les poiriers et les pommiers lorsque la température le permettra. S'il en est besoin, on réservera des rameaux pour greffer en avril et en mai. On mettra ces rameaux en serre, en les couchant, le long d'un mur, au nord ; trop d'humidité leur nuirait et les exposerait à pourrir.

Aussitôt la taille faite et les arbres palissés, on pratiquera avec la fourche à dents plates le labour du printemps au pied des arbres. On purgera la terre des mauvaises herbes, et on paillera ensuite.

On commencera à tailler la vigne. On placera les toiles ou les paillassons sur les arbres à fruits en espalier.

On visitera les amandes, châtaignes et tous les fruits qu'on a mis en cave dans des pots remplis de sable pour les stratifier. Si ces fruits n'étaient pas germés, on changerait le sable pour activer la germination.

Bouturer tous les arbres qui ont la faculté de s'enraciner par cette opération.

Les poires bonnes à manger en ce mois sont : les bergamotes, le beurré d'Arenberg, Colmar d'hiver, doyenné d'hiver, Joséphine de Malines. Les pommes comme en janvier.

MARS

La taille des arbres devra être terminée pour le 15 mars au plus tard. Dans le cas où cette opération aurait dû être retardée par suite des gelées, on réserverait pour en dernier lieu les poiriers et les pommiers vigoureux. Une taille tardive aidera à déterminer la fructification.

Il sera bon, d'ailleurs, dans la série des tailles à effectuer, de suivre un ordre qui est parfaitement motivé par la différence de situation et de disposition des arbres : on commencera par les espaliers, on passera ensuite aux contre-espaliers, et on finira par les quenouilles, les pyramides, etc.

Ainsi que nous l'avons déjà recommandé, aussitôt après la taille, on labourera la terre à leur pied, et on paillera, afin que les pluies entraînent dans la couche de terre occupée par les racines les parties solubles des engrais.

Si la saison est douce et avancée, on pourra commencer à éborgner les pêchers.

On fera la chasse aux limaçons et aux chenilles. On détruira les nids de guêpes.

On continuera et on achèvera la taille de la vigne.

On terminera les plantations des arbres en pépinière. On peut semer encore des arbres fruitiers à pépins, et un grand nombre d'espèces d'arbres et d'arbrisseaux divers.

On pratique dans ce mois les greffes Bertemboise, Richard et en fente anglaise pour souder ensemble les arbres à fruits à pépins.

Les poires bonnes à manger en ce mois sont : le doyenné d'hiver, plusieurs bergamotes, etc. En fait de pommes, on a, comme en janvier et en février, la plupart des reinettes, la calville blanc, etc.

AVRIL

Avec le mois d'avril commencent les opérations d'été. De même que pendant les mois précédents, on éborgne les yeux doubles ou triples du pêcher, et on ne laisse qu'un seul bourgeon à chaque attache.

Si le puceron ou la cloque apparaissent sur les pêchers, on enlèvera les feuilles qui en seront atteintes. On les coupe avec les ongles pour ne pas fatiguer les jeunes pousses. On pratiquera des incisions pour obtenir les branches latérales nécessaires pour assurer la forme des arbres.

En enlevant aux abricotiers les bourgeons inutiles, on aura soin de détruire une chenille verte qui nuit non seulement aux arbres, mais encore aux fruits qu'elle mange et fait tomber. On s'en débarrasse en pressant légèrement la feuille avec le pouce et l'index. On lave ensuite les arbres en les seringuant.

On continuera de même la chasse aux limaçons, et l'on

visitera les poiriers et les pommiers pour détruire les chenilles.

Vers la fin de ce mois, on commence à greffer en fente les cerisiers, les pruniers, pour finir par les poiriers et les pommiers.

On pratique également la greffe en couronne perfectionnée.

MAI

Les soins recommandés pour le mois précédent doivent être continués pendant le mois de mai; c'est l'époque où la végétation a le plus de vigueur et qui réclame toute l'attention et l'activité du jardinier.

Les espaliers seront visités avec soin. On retirera les bourgeons qui passeraient derrière les treillages et on attachera les plus longs. On continuera à détruire les insectes, les limaces et les limaçons, à enlever les feuilles cloquées, en un mot, tout ce qui pourrait nuire à la végétation.

On pourra encore greffer les pruniers, cerisiers, poiriers, pommiers.

Les greffes en fente faites dans ce mois pousseront de suite. Si la sécheresse est grande, on arrosera les arbres plantés de l'année précédente, et aussi les vieux arbres, pour empêcher que les fruits ne tombent.

Vers la fin du mois, on ôtera les abris, les toiles, les paillassons qu'on avait placés sur les arbres en espaliers: on choisira pour cette opération un temps sombre ; les jeunes pousses qui sont très tendres pourraient souffrir de l'ardeur du soleil.

On pratiquera les premiers pincements, mais lorsque le bourgeon sera déjà coriace. Ce travail, d'ailleurs, n'a pas d'époque déterminée : il se fait tout l'été, chaque fois que le besoin l'exige. Il a pour effet de répartir la sève dans toutes les parties de l'arbre et d'établir ainsi l'équilibre entre toutes les branches charpentières et fructifères. La blessure qu'on occasionne au rameau est le plus sûr moyen de déterminer sa fructification.

On favorisera le développement des bourgeons de prolongement, en détruisant les bourgeons qui les accompagnent.

JUIN

La végétation est en pleine activité : on devra donc donner aux arbres les mêmes soins que le mois précédent.

On continuera les pincements, on favorisera le développement des bourgeons de prolongement, en enlevant les productions qui naîtraient sur leur empâtement.

On veillera à l'équilibre des branches des arbres et, à cet effet, on aura recours aux inclinaisons, aux palissages et aux divers moyens que nous avons indiqués au chapitre spécial.

On pourra pratiquer la taille en vert sur des pêchers vigoureux.

JUILLET

On continue les travaux du mois précédent. S'il y a moins de pincements à faire, on aura à pratiquer des rapprochements sur les pêchers, les abricotiers, les cerisiers et les pruniers. Il y aura, en outre, de nombreux cassements en vert sur les poiriers et les pommiers.

On continuera le palissage des espaliers, et principalement des pêchers. On découvrira légèrement les fruits, en enlevant quelques-unes des feuilles qui les ombragent. On supprime, en même temps, les branches mal placées ou qui font confusion. Ce travail est nécessaire pour que les fruits puissent prendre de la couleur.

On palissera avec du jonc les prolongements qu'on avait laissés en liberté, afin de leur faire acquérir plus de vigueur.

Si les liens d'osier qu'on a placés au printemps paraissaient être trop serrés, on les enlèverait et on en placerait d'autres.

Les produits en fruits qu'on obtient dans ce mois sont : les cerises, les figues, les groseilles, les abricots, quelques prunes, Monsieur, Mirobolan, et vers la fin du mois, les poires beurré Giffard et d'épargne, etc.

AOUT

C'est au mois d'août que se préparent les premiers travaux d'automne, dont ceux d'hiver ne sont que la conséquence.

Quoique les chaleurs soient souvent plus fortes qu'en juillet, l'atmosphère est moins desséchante, et les nuits, plus longues, sont plus fraîches.

Pendant ce mois, on fait les derniers pincements sur les bourgeons qui ont été cassés en vert, et les derniers rapprochements sur les pêchers.

On continue le palissage des arbres fruitiers, qui donnent en août d'abondants produits. On a les premiers raisins, les cerises, des abricots, des prunes, un grand nombre de poires d'espèce fondante, quelques pommes, et surtout des pêches.

On met en place les prolongements de la charpente dont on a dû favoriser l'élongation pendant l'été.

On pourra, vers la fin du mois, enlever les bifurcations et les agglomérations de bourgeons.

On greffe les boutons à fruits sur les poiriers.

On pratique la greffe en écusson à œil dormant, sur tous les arbres fruitiers.

On continue la guerre aux guêpes et aux mouches qui attaquent les fruits.

SEPTEMBRE

A cette époque, une chaleur modérée vient remplacer les chaleurs caniculaires qui avaient presque suspendu la circulation de la sève ; celle-ci reprend son mouvement ascensionnel pour le conserver jusque vers la fin d'octobre. C'est le moment de renouveler les produits des jardins pour l'automne et le printemps prochain.

On opère les derniers pincements et les derniers rapprochements en vert.

On continue de greffer en écusson jusqu'au 15 septembre, sur les sujets très vigoureux.

C'est le moment d'effeuiller les vignes. On leur laisse seulement les feuilles principales et l'on supprime celles qui pourraient nuire à la maturation des grappes. Il faut qu'en regardant entre les feuilles, on aperçoive des espaces vides où les raisins se développent sous l'action directe de l'air et de la lumière.

La récolte des fruits commence, et cette récolte doit être faite avec le plus grand soin.

Les pêches qu'on récolte en ce mois sont : la belle-Beauce, belle-de-Vitry, mignonne, Lepère, etc. Les poires qu'on obtient sont : les beurré-d'Amanlis, beurré superfin, William, bonne d'Éze.

OCTOBRE

On commence les labours d'hiver et principalement dans les terres fortes. C'est le moment d'effectuer les changements projetés dans les jardins.

On fait les trous pour recevoir les arbres qui doivent être plantés.

On procède à la récolte des fruits de garde. Ainsi que nous l'avons déjà dit, cette opération devra se faire par un beau temps et avec soin ; car de la manière dont est faite la récolte dépend la conservation des fruits. Cueillis trop tôt, les fruits se rident et perdent beaucoup de leur qualité ; cueillis trop tard, ils ne se conservent pas longtemps, surtout ceux d'automne.

Tous les raisins destinés à prendre place dans le fruitier, chasselas, muscats et autres, doivent être cueillis par un beau temps.

On pourra tailler, après la chute des feuilles, les arbres faibles, et, dès la fin d'octobre, remplacer les arbres morts ou malades.

Les soirées devenant longues, on les occupe à réparer les paillassons et à en faire de nouveaux pour ne pas en manquer lorsqu'il en sera besoin.

On terminera le travail du mois en apportant des terres neuves, des gazons, des boues des rues longtemps exposées à l'air, et autres engrais, pour les répandre au pied des arbres.

Les poires à manger qu'on obtient dans ce mois sont : beurré-gris, Général Todtleben, beurré-Hardy, doyenné Boussock, Louise-bonne d'Avranches, etc. ; comme pommes, la belle-Dubois.

NOVEMBRE

On continuera la taille de ceux des arbres à fruits à pepins qui sont vieux, faibles ou malades. On supprime les arbres morts ; on défonce le sol et on remplace la terre usée par une bonne terre neuve et substantielle. On couche les figuiers et on les empaille pour les préserver de la gelée.

C'est le moment, aussitôt que les feuilles sont tombées, d'arracher dans les pépinières, les arbres qu'on a marqués. C'est aussi le moment de planter dans les terres légères.

On répand le fumier au pied des arbres et on laboure tout autour, sans endommager les racines, avec la fourche à dents plates.

Si l'été a été très chaud, il sera utile de chauler les arbres ; c'est le moyen de détruire les insectes.

On profitera d'un temps humide pour enlever la mousse des arbres.

On continuera les plantations, et on s'occupera des dispositions nouvelles et des changements à faire dans les jardins.

Les poires qu'on obtient dans ce mois sont : beurré d'Anjou, beurré-Picquery, duchesse d'Angoulème, doyenné du Comice, soldat-laboureur, etc. Les pommes qu'on récolte en novembre sont : Empereur Alexandre, calville Saint-Sauveur, belle Joséphine, reinette d'Angleterre, etc

DÉCEMBRE

On continuera les labours, les plantations d'arbres fruitiers, si le temps le permet. Il est très important de finir les travaux qu'on n'a pu terminer dans le mois précédent ; les froids se font déjà sentir et il n'y a plus de temps à perdre pour se mettre en garde contre les rigueurs de la saison.

Si l'état de la température le permet, on pourra commencer la taille des arbres à fruits à pepins, faibles, vieux ou malades. Cette opération réclame une grande attention : il ne faut pas perdre de vue que le but qu'on se propose est de donner à l'arbre une forme et des proportions qui soient utiles à la fructification.

Dans ce mois arrivent à maturité les poires : beurré Clairgeau, beurré Diel, passe-Crassane, triomphe de Jodoigne, etc.

Les pommes qu'on obtient sont surtout les reinettes.

FIN.

INDEX ALPHABÉTIQUE

B

D

E

F

G

H

Q

R

S

T

TABLE DES MATIÈRES

LIVRE PREMIER

LE JARDIN FLEURISTE

PREMIÈRE PARTIE.

NOTIONS PRÉLIMINAIRES.

DEUXIÈME PARTIE

TRAVAUX MENSUELS. ALTERNANCE.

TROISIÈME PARTIE.

CULTURE DES VÉGÉTAUX D'ORNEMENT.

QUATRIÈME PARTIE.

CINQUIÈME PARTIE.

MALADIES. — ANIMAUX NUISIBLES.

LIVRE DEUXIÈME

LE JARDIN POTAGER

PREMIÈRE PARTIE.

NOTIONS PRÉLIMINAIRES.

DEUXIÈME PARTIE.

DES PLANTES POTAGÈRES.

TROISIÈME PARTIE

ASSOLEMENT ET TRAVAUX MENSUELS.

QUATRIÈME PARTIE

MALADIES ET ANIMAUX QUI ATTAQUENT LES PLANTES POTAGÈRES.

LIVRE TROISIÈME

LE JARDIN FRUITIER

FIN DE LA TABLE DES MATIÈRES.

2009-89. — Corbeil. Imprimerie Crété.

www.ingramcontent.com/pod-product-compliance
Ingram Content Group UK Ltd.
Pitfield, Milton Keynes, MK11 3LW, UK
UKHW020254230726
13925UKWH00001B/36

9 782013 551311